AKADEMIE DER WISSENSCHAFTEN UND DER LITERATUR

Abhandlungen der
Mathematisch-naturwissenschaftlichen Klasse
Jahrgang 2008 · Nr. 1

Peter Ax

Plathelminthes aus Brackgewässern der Nordhalbkugel

AKADEMIE DER WISSENSCHAFTEN UND DER LITERATUR · MAINZ
FRANZ STEINER VERLAG · STUTTGART

Vorgelegt in der Plenarsitzung am 18. Februar 2006,
ausgegeben am 28. Februar 2008.

Foto auf dem Schutzumschlag:
Lagune Pollur der Insel Streymoy, Färöer.
Lebensraum genuiner Brackwasser-Plathelminthen.

Bibliografische Information Der Deutschen Nationalbibliothek

Die Deutsche Nationalbibliothek verzeichnet diese Publikation in der Deutschen National-
bibliografie; detaillierte bibliografische Daten sind im Internet über <*http://dnb.d-nb.de*>
abrufbar.

ISBN: 978-3-515-09181-7

© 2008 by Akademie der Wissenschaften und der Literatur, Mainz

Alle Rechte einschließlich des Rechts zur Vervielfältigung, zur Einspeisung in elektronische
Systeme sowie der Übersetzung vorbehalten. Jede Verwertung außerhalb der engen Grenzen
des Urheberrechtsgesetzes ist ohne ausdrückliche Genehmigung der Akademie und des
Verlages unzulässig und strafbar.

Umschlaggestaltung: die gestalten. Joachim Holz, Mainz
Druck: Grosch! Druckzentrum, Eppelheim
Gedruckt auf säurefreiem, chlorfrei gebleichtem Papier

Printed in Germany

Inhalt

Vorwort	5
I. Artenliste – Ökologische Kennzeichnung	7
II. Gruppen von Plathelminthes im Brackwasser	17
III. Vergleich ausgewählter Brackwasser-Lebensräume auf der Nordhalbkugel	27
IV. Zur geographischen Verbreitung genuiner Brackwasser-Plathelminthes	69
V. Systematik – Autökologie	75
Catenulida	75
Macrostomida	76
Prolecithophora	150
Proseriata	165
Tricladida	287
Rhabdocoela	300
Abkürzungen in den Abbildungen	665
Literatur	669

Vorwort

Brackwasser ist verdünntes Salzwasser im Grenzbereich zwischen Meer und Süßwasser. Brackgewässer existieren in unterschiedlichster Ausprägung. Sie reichen von ganzen Nebenmeeren wie Ostsee und Schwarzes Meer über umfangreiche Strandseen und die Ästuare großer Flüsse bis hin zu winzigen Arealen am Ende von Süßwasser-Rinnsalen oder im Supralitoral mariner Strände.

Brackwasser ist ein Lebensraum für sehr verschiedene Organismen. Populationen zahlreicher marin-euryhaliner Arten dringen vom Meer ein, Populationen limnisch-euryhaliner Arten immigrieren in geringerem Umfang aus dem Süßwasser. Brackwasser ist aber mehr als ein Invasionsraum für Fremde. Brackgewässer repräsentieren Biotope für Serien genuiner Brackwasser-Arten, welche nur hier im salzarmen Milieu zusagende Lebensbedingungen finden.

Plathelminthes stellen ein artenreiches Taxon wurmförmiger Metazoa in Brackgewässern und erscheinen für die Behandlung allgemeiner Probleme der Brackwasser-Biologie gut geeignet.

Seit der Mitte des vorigen Jahrhunderts habe ich mich für Plathelminthen aus Brackgewässern der nördlichen Hemisphäre interessiert. Die Studien erstrecken sich in Europa vom Finnischen Meerbusen über die Beltsee in die Nordsee; sie führen von der französischen Atlantikküste in das Mittelmeer und durch den Bosporus in das Schwarze Meer. Arbeiten auf den Färöer, Island und Grönland leiten an die Ostküste von Nordamerika – nach Kanada und südwärts nach South Carolina. Auf der anderen Seite des Kontinents waren wir an der Pazifikküste Alaskas und an der Beringstraße am Nordpolarmeer. Schließlich liegen erste Befunde über Brackwasser-Plathelminthen aus dem Norden Japans vor.

Heute sind 342 Arten mit Funden in Brackgewässern gut dokumentiert. Individuen von 259 Arten habe ich mikroskopiert, und 92 Arten wurden bisher neu beschrieben; 42 weitere neue Arten kommen in dieser Abhandlung hinzu.

In der Liste der Arten wird eine erste Zuordnung zu verschiedenen ökologischen Gruppen vorgenommen. Marin-euryhaline Immigranten bilden mit ~ 120 Arten die stärkste Komponente im Brackwasser, limnisch-euryhaline Einwanderer mit zwei Dutzend Arten die schwächste Gruppe.

Um 70 Arten sind als genuine Brackwasser-Plathelminthen ausweisbar; mit regelmäßigen Siedlungen zwischen Meer und Süßwasser wurden sie wiederholt in geographisch weit entfernten Gebieten gefunden. Etwa 100 Arten sind bisher nur einmal mit dem Originalfundort aus Brackgewässern gemeldet; bei besserer Kenntnis der Verbreitung dürften sich viele von ihnen als weitere spezifische Brackwasser-Plathelminthen erweisen.

Das Netz der Fundorte gestattet einen weiträumigen Vergleich der Plathelminthen-Fauna in separierten Brackwasser-Lebensräumen. Populationen identischer Brackwasserarten sind an marinen Küsten auf minutiöse Lokalitäten im Supralitoral begrenzt; im gleichförmigen Mesohalinicum der inneren Ostsee besiedeln sie dagegen Uferzonen und sublitorale Böden in weiter Ausdehnung. Große Ästuare von Weser und Elbe demonstrieren gleichermaßen wie brackige Mündungen kleinster Süßwasser-Zuflüsse in den Bosporus und das Schwarze Meer die konstante Existenz genuiner Brackwasser-Plathelminthen. Für Aussagen über Mittel und Wege der Ausbreitung war der Nachweis spezifischer Brackwasserarten auf isolierten Inseln inmitten des Nordatlantik aufschlußreich. In Nordamerika hat die Atlantikküste von Kanada die höchste Zahl von Übereinstimmungen mit Brackwasser-Plathelminthen von Europa. Aber selbst mit der Pazifikküste von Alaska gibt es beachtliche Identitäten; 3 klassische Brackwasserarten fanden wir bei Kotzebue an der Beringstraße. Geringer werden die Übereinstimmungen mit der Fauna von Brackgewässern in der warm-temperierten Klimazone; immerhin existieren in South Carolina noch einige aus Europa bekannte Brackwasserarten. Untersuchungen in Japan stehen am Anfang; bisher gibt es keine Identitäten zwischen Arten aus japanischen und europäischen Brackgewässern.

Im systematischen Teil werden Art für Art zunächst die Siedlungsorte detailliert erfaßt; sie bilden die Grundlage für präzise Aussagen zur Autökologie. Es folgen knappe Darlegungen der systematisch relevanten Merkmale in Wort und Bild für eine sichere lichtmikroskopische Determination lebender Tiere.

Die Acoela wurden nicht berücksichtigt. Mit Ausnahme von *Mecynostomum auritum* (Schultze, 1851) spielen sie in Brackgewässern aber auch kaum eine Rolle. Unter den 134 Plathelminthen der Baltischen See befinden sich nur 7 Acoela (KARLING 1974).

Die Monographie versteht sich als ein Beitrag zur evolutiven Entfaltung von Biodiversität im Milieu Brackwasser. Die Untersuchungen wurden von der Akademie der Wissenschaften und der Literatur in Mainz über Jahrzehnte im Rahmen des Projektes „Biologische Grundlagenforschung" gefördert.

I. Artenliste – Ökologische Kennzeichnung

Die in Brackgewässern der nördlichen Hemisphäre siedelnden Arten lassen sich in 4 Gruppen einteilen – Einwanderer aus dem Meer, Einwanderer aus dem Süßwasser, weit verbreitete Brackwasserarten und Brackwasserbewohner mit nur einem Fundort. Die einzelnen Arten werden mit entsprechenden Kürzeln versehen, wobei ich einige Süßwasserbewohner mariner Herkunft eingefügt habe. Eine ausführliche Behandlung der Spezifika dieser Gruppen folgt im nächsten Kapitel.

MI   Marin-euryhaline Immigranten aus dem Meer
(SB)   Süßwasserbewohner mit Herkunft aus Meer oder Brackwasser
SI   Limnisch-euryhaline Immigranten aus dem Süßwasser
BA   Genuine (spezifische) Brackwasserarten
BB   Aus Brackgewässern beschrieben – gewöhnlich aber nur vom Originalfundort bekannt.

Catenulida

BB   1. *Stenostomum karlingi* Luther, 1960

Macrostomida

BB   2. *Macrostomum hystricinum* Beklemischev, 1951
BB   3. *Macrostomum uncinatum* n. sp.
MI   4. *Macrostomum rubrocinctum* Ax, 1951
MI   5. *Macrostomum pusillum* Ax, 1951
SI   6. *Macrostomum distinguendum* Papi, 1951
SI   7. *Macrostomum rostratum* Papi, 1951
SI   8. *Macrostomum obtusum* Vejdovsky, 1895
BA   9. *Macrostomum curvituba* Luther, 1947
BA   10. *Macrostomum magnacurvituba* Ax, 1994
BB   11. *Macrostomum clavituba* n. sp.
BB   12. *Macrostomum extraculum* Ax & Armonies, 1990
BB   13. *Macrostomum gallicum* n. sp.
BB   14. *Macrostomum guttulatum* n. sp.

BB 15. *Macrostomum rectum* n. sp.
MI 16. *Macrostomum flexum* n. sp.
BB 17. *Macrostomum brevituba* Armonies & Hellwig, 1987
BB 18. *Macrostomum ermini* Ax, 1959
BA 19. *Macrostomum tenuicauda* Luther, 1947
BA 20. *Macrostomum minutum* Luther, 1947
BB 21. *Macrostomum longistyliferum* Ax, 1956
BB 22. *Macrostomum longituba* Papi, 1953
?   23. *Macrostomum ? mystrophorum* Meixner, 1926
BB 24. *Macrostomum semicirculatum* n. sp.
MI 25. *Macrostomum burti* Ax & Armonies, 1987
MI 26. *Macrostomum bicurvistyla* Armonies & Hellwig, 1987
BB 27. *Macrostomum bellebaruchae* n. sp.
BA 28. *Macrostomum hamatum* Luther, 1947
BB 29. *Macrostomum acutum* n. sp.
BB 30. *Macrostomum calcaris* n. sp.
MI 31. *Macrostomum balticum* Luther, 1947
BA 32. *Macrostomum spirale* Ax, 1956
BB 33. *Macrostomum axi* Papi, 1959
BB 34. *Macrostomum incurvatum* n. sp.
BB 35. *Psammomacrostomum equicaudum* Ax, 1966
BB 36. *Psammomacrostomum turbanelloides* Karling, 1974
SI 37. *Microstomum lineare* (Müller, 1774)
BA 38. *Dolichomacrostomum uniporum* Luther, 1947
MI 39. *Paromalostomum dubium* (Beauchamp, 1927)
MI 40. *Paromalostomum mediterraneum* Ax, 1955
MI 41. *Paramyozonaria simplex* Rieger & Tyler, 1974

Prolecithophora

MI 42. *Archimonotresis limophila* Meixner, 1938
MI 43. *Pseudostomum klostermanni* (Graff, 1874)
MI 44. *Pseudostomum quadrioculatum* (Leuckart, 1847)
MI 45. *Allostoma pallidum* Beneden, 1861
BA 46. *Allostoma graffi* (Beauchamp, 1913)
BA 47. *Allostoma catinosa* (Beklemischev, 1927)
SI 48. *Plagiostomum lemani* (Plessis, 1874)
MI 49. *Plagiostomum girardi* (O. Schmidt, 1857)
BA 50. *Multipeniata kho* Nasonov, 1927

Proseriata

SI	51.	*Otomesostoma auditivum* (Plessis, 1874)
BB	52.	*Japanoplana insolita* Ax, 1995
MI	53.	*Monocelis lineata* (Müller, 1774)
MI	54.	*Monocelis fusca* Oersted, 1843
BA	55.	*Pseudomonocelis agilis* (Schultze, 1851)
MI	56.	*Pseudomonocelis ophiocephala* (Schmidt, 1861)
BA	57.	*Minona baltica* Karling & Kinnander, 1953
BB	58.	*Minona gigantea* Ax & Armonies, 1990
MI	59.	*Minona dolichovesicula* Tajika, 1982
BB	60.	*Minona minuta* n. sp.
BB	61.	*Minona trigonopora* Ax, 1956
BB	62.	*Duplominona istanbulensis* (Ax, 1959)
BB	63.	*Duplominona filiformis* n. sp.
BB	64.	*Duplominona japonica* n. sp.
BA	65.	*Paramonotus hamatus* (Jensen, 1878)
MI	66.	*Promonotus schultzei* Meixner, 1943
BA	67.	*Promonotus ponticus* Ax, 1959
BB	68.	*Promonotus orientalis* Beklemischev, 1927
MI	69.	*Promonotus arcassonensis* Ax, 1959
MI	70.	*Archilina endostyla* Ax, 1959
BB	71.	*Archilina duplaculeata* (Ax & Armonies, 1990)
BB	72.	*Archilina japonica* n. sp.
BB	73.	*Tajikina tajikai* (Ax & Armonies, 1990)
BA	74.	*Archiloa rivularis* Beauchamp, 1910
BA	75.	*Archiloa petiti* Ax, 1956
MI	76.	*Archilopsis unipunctata* (Fabricius, 1826)
MI	77.	*Archilopsis spinosa* (Jensen, 1878)
MI	78.	*Archilopsis arenaria* Martens, Curini-Galetti & Puccinelli, 1989
BB	79.	*Archilopsis marifuga* Martens, Curini-Galetti & Puccinelli, 1989
BB	80.	*Monocelopsis carolinensis* n. sp.
MI	81.	*Coelogynopora biarmata* Steinböck, 1924
BA	82.	*Coelogynopora schulzii* Meixner, 1938
BA	83.	*Coelogynopora hangoensis* Karling, 1953
BB	84.	*Coelogynopora sewardensis* Ax & Armonies, 1990
BB	85.	*Coelogynopora coronata* n. sp.
MI	86.	*Coelogynopora axi* Sopott, 1972
BB	87.	*Coelogynopora faeroernensis* n. sp.
MI	88.	*Coelogynopora falcaria* Ax & Sopott-Ehlers, 1979

MI 89. *Coelogynopora scalpri* Ax & Sopott-Ehlers, 1979
MI 90. *Coelogynopora sequana* Sopott-Ehlers, 1992
MI 91. *Coelogynopora gynocotyla* Steinböck, 1924
BB 92. *Coelogynopora visurgis* Sopott-Ehlers, 1989
MI 93. *Coelogynopora tenuiformis* Karling, 1966
MI 94. *Invenusta paracnida* (Karling, 1966)
MI 95. *Archotoplana holotricha* Ax, 1956
BB 96. *Archotoplana macrostylis* Ax & Armonies, 1990
BB 97. *Otoplana bosporana* Ax, 1959
BB 98. *Alaskaplana velox* Ax & Armonies, 1990
BB 99. *Orthoplana sewardensis* Ax & Armonies, 1990
MI 100. *Itaspiella helgolandica* (Meixner, 1938)
MI 101. *Notocaryoplana arctica* Steinböck, 1935
BA 102. *Otoplanella schulzi* (Ax, 1951)
BA 103. *Bothriomolus balticus* Meixner, 1938
BB 104. *Postbursoplana pontica* Ax, 1959
MI 105. *Postbursoplana fibulata* Ax, 1956
BB 106. *Praebursoplana subsalina* Ax, 1956
MI 107. *Parotoplanella progermaria* Ax, 1956
MI 108. *Triporoplana synsiphonioides* Ax, 1956
BA 109. *Pseudosyrtis subterranea* (Ax, 1951)
SB 110. *Pseudosyrtis neiswestnovae* Riemann, 1965
SB 111. *Pseudosyrtis fluviatilis* (Gieysztor, 1938)
BA 112. *Philosyrtis fennica* Ax, 1954
BA 113. *Philosyrtis rotundicephala* Sopott, 1972
MI 114. *Nematoplana coelogynoporoides* Meixner, 1938

Tricladida

MI 115. *Cercyra hastata* Schmidt, 1861
MI 116. *Uteriporus vulgaris* Bergendal, 1890
BA 117. *Paucumara trigonocephala* (Ijima & Kaburaki, 1916)
BA 118. *Pentacoelum fucoideum* Westblad, 1935
BA 119. *Pentacoelum punctatum* (Brandtner, 1935)
MI 120. *Procerodes littoralis* (Ström, 1768)
BA 121. *Procerodes plebeia* (Schmidt, 1861)
MI 122. *Procerodes lobata* (Schmidt, 1861)
SI 123. *Planaria torva* Müller, 1773
SI 124. *Dugesia lugubris* (Schmidt, 1861)
SI 125. *Polycelis tenuis* Ijima, 1884

SI 126. *Dendrocoelum lacteum* (Müller, 1773)
SI 127. *Bdellocephala punctata* (Pallas, 1774)

Typhloplanoida

MI 128. *Byrsophlebs dubia* (Ax, 1956)
BB 129. *Byrsophlebs simplex* (Ax, 1959)
BB 130. *Maehrenthalia americana* Ax & Armonies, 1990
MI 131. *Brinkmanniella macrostomoides* Luther, 1948
MI 132. *Westbladiella obliquepharynx* Luther, 1943
BA 133. *Tvaerminnea karlingi* Luther, 1943
BA 134. *Coronhelmis lutheri* Ax, 1951
BB 135. *Coronhelmis subtilis* n. sp.
BB 136. *Coronhelmis conspicuus* Ax, 1994
BB 137. *Coronhelmis urna* Ax, 1954
BA 138. *Coronhelmis noerrevangi* Ax, 1994
BA 139. *Coronhelmis multispinosus* Luther, 1948
BB 140. *Coronhelmis exiguus* Ax, 1994
MI 141. *Coronhelmis tripartitus* Ehlers, 1974
BA 142. *Coronhelmis inornatus* Ehlers, 1974
MI 143. *Promesostoma marmoratum* (Schultze, 1851)
MI 144. *Promesostoma caligulatum* Ax, 1952
MI 145. *Promesostoma minutum* Ax, 1956
BA 146. *Promesostoma bilineatum* (Pereyaslawzewa, 1892)
BB 147. *Promesostoma nynaesiensis* Karling, 1957
BB 148. *Promesostoma ensifer* (Uljanin, 1870)
MI 149. *Promesostoma rostratum* Ax, 1951
MI 150. *Promesostoma gallicum* Ax, 1956
BB 151. *Promesostoma teshirogii* Ax, 1992
MI 152. *Promesostoma cochleare* Karling, 1935
MI 153. *Promesostoma balticum* Luther, 1918
BA 154. *Beklemischeviella contorta* (Beklemischev, 1927)
BA 155. *Beklemischeviella angustior* Luther, 1943
MI 156. *Ptychopera westbladi* (Luther, 1943)
BA 157. *Ptychopera plebeia* (Beklemischev, 1927)
BB 158. *Ptychopera japonica* n. sp.
BA 159. *Ptychopera spinifera* Hartog, 1966
BB 160. *Ptychopera subterranea* Ax, 1971
MI 161. *Ptychopera ehlersi* Ax, 1971
MI 162. *Ptychopera hartogi* Ax, 1971

MI   163. *Ptychopera avicularis* Karling, 1974
BB   164. *Ptychopera alascana* Ax & Armonies, 1990
MI   165. *Lutheriella diplostyla* Hartog, 1966
BA   166. *Proxenetes unidentatus* Hartog, 1965
MI   167. *Proxenetes flabellifer* Jensen, 1878
MI   168. *Proxenetes deltoides* Hartog, 1965
MI   169. *Proxenetes simplex* Luther, 1948
MI   170. *Proxenetes karlingi* Luther, 1948
MI   171. *Proxenetes pratensis* Ax, 1960
MI   172. *Proxenetes cisorius* Hartog, 1966
MI   173. *Proxenetes britannicus* Hartog, 1966
MI   174. *Proxenetes minimus* Hartog, 1966
MI   175. *Proxenetes cimbricus* Ax, 1971
MI   176. *Proxenetes puccinellicola* Ax, 1960
BB   177. *Proxenetes flexus* Ax, 1971
MI   178. *Messoplana falcata* (Ax, 1953)
MI   179. *Brederveldia bidentata* Velde & Winkel, 1975
MI   180. *Trigonostomum setigerum* Schmidt, 1852
MI   181. *Trigonostomum venenosum* (Uljanin, 1870)
BB   182. *Trigonostomum mirabile* (Pereyaslawzewa, 1892)
MI   183. *Paramesostoma neapolitanum* (Graff, 1882)
SI   184. *Typhloplana viridata* (Abildgaard, 1789)
SI   185. *Mesostoma lingua* (Abildgaard, 1789)
SI   186. *Castrada lanceola* Braun, 1885
SI   187. *Castrada hofmanni* Braun, 1885
SI   188. *Castrada intermedia* (Volz, 1898)
SI   189. *Olisthanellinella rotundula* Reisinger, 1924
BA   190. *Castrada subsalsa* Luther, 1946
BA   191. *Strongylostoma elongatum spinosum* Luther, 1950
BA   192. *Phaenocora subsalina* Luther, 1921
BA   193. *Opistomum immigrans* Ax, 1956
?   194. *Hoplopera littoralis* Karling, 1957
BA   195. *Hoplopera pusilla* Ehlers, 1974
BA   196. *Thalassoplanella collaris* Luther, 1946
BA   197. *Thalassoplanina geniculata* (Beklemischev, 1927)
BB   198. *Stygoplanellina halophila* Ax, 1954
BB   199. *Stygoplanellina saksunensis* n. sp.
BA   200. *Haloplanella obtusituba* Luther, 1946
BA   201. *Haloplanella curvistyla* Luther, 1946
?   202. *Haloplanella minuta* Luther, 1946

BB	203.	*Haloplanella carolinensis* n. sp.
?	204.	*Pratoplana salsa* Ax, 1960
MI	205.	*Anthopharynx vaginatus* Karling, 1940
MI	206.	*Acrorhynchides robustus* (Karling, 1931)
MI	207.	*Duplacorhynchus major* Schockaert & Karling, 1970
MI	208.	*Djeziraia euxinica* (Mack-Fira, 1971)
?	209.	*Gyratrix hermaphroditus* Ehrenberg, 1831
MI	210.	*Palladia nigrescens* (Evdonin, 1971)
BB	211.	*Phonorhynchus pernix* Ax, 1959
MI	212.	*Phonorhynchus bitubatus* Meixner, 1938
BB	213.	*Phonorhynchus laevitubus* n. sp.
BB	214.	*Phonorhynchoides flagellatus* Beklemischev, 1927
BB	215.	*Phonorhynchoides japonicus* n. sp.
BB	216.	*Phonorhynchoides carinostylis* Ax & Armonies, 1987
MI	217.	*Phonorhynchoides haegheni* Artois & Schockaert, 2001
Mi	218.	*Polycystis naegeli* Kölliker, 1845
?	219.	*Progyrator mamertinus* (Graff, 1874)
BB	220.	*Rogneda tripalmata* (Beklemischev, 1927)
MI	221.	*Brunetia camarguensis* (Brunet, 1965)
MI	222.	*Itaipusa karlingi* Mack-Fira, 1968
MI	223.	*Itaipusa scotica* (Karling, 1954)
BB	224.	*Itaipusa sophiae* (Graff, 1905)
SB	225.	*Itaipusina graefei* Karling, 1980
MI	226.	*Parautelga bilioi* Karling, 1964
BB	227.	*Pontaralia beklemischevi* Mack-Fira, 1968
BA	228.	*Pontaralia relicta* (Beklemischev, 1927)
BB	229.	*Utelga spinosa* (Beklemischev, 1927)
MI	230.	*Utelga pseudoheinckei* Karling, 1980
BB	231.	*Utelga carolinensis* n. sp.
BB	232.	*Utelga monodon* n. sp.
MI	233.	*Axiutelga aculeata* (Ax, 1959)
MI	234.	*Cystiplana paradoxa* Karling, 1964
MI	235.	*Cicerina brevicirrus* Meixner, 1928
MI	236.	*Cicerina tetradactyla* Giard, 1904
BB	237.	*Cicerina eucentrota* Ax, 1959
MI	238.	*Paracicerina maristoi* Karling, 1952
BA	239.	*Zonorhynchus tvaerminnensis* (Karling, 1931)
BB	240.	*Zonorhynchus ruber* n. sp.
MI	241.	*Placorhynchus octaculeatus* Karling, 1931
MI	242.	*Placorhynchus dimorphis* Karling, 1947

BB 243. *Placorhynchus separatus* n. sp.
BB 244. *Placorhynchus tetraculeatus* Armonies & Hellwig, 1987
BB 245. *Placorhynchus magnaspina* n. sp.
MI 246. *Placorhynchus echinulatus* Karling, 1947
BB 247. *Placorhynchus paratetraculeatus* Ax & Armonies, 1990
MI 248. *Placorhynchus pacificus* Karling, 1989
MI 249. *Chlamydorhynchus evekuniensis* Evdonin, 1977
BB 250. *Clyporhynchus monolentis* Karling, 1947
BB 251. *Prognathorhynchus campylostylus* Karling, 1947
BA 252. *Prognathorhynchus canaliculatus* Karling, 1947
BB 253. *Prognathorhynchus dividibulbosus* Ax & Armonies, 1990
MI 254. *Uncinorhynchus flavidus* Karling, 1947
MI 255. *Odontorhynchus lonchiferus* Karling, 1947
MI 256. *Neognathorhynchus lobatus* (Ax, 1952)
MI 257. *Gnathorhynchus conocaudatus* Meixner, 1929
MI 258. *Proschizorhynchus gullmarensis* Karling, 1950
MI 259. *Proschizorhynchus tricingulatus* Ax, 1959
MI 260. *Proschizorhynchus arenarius* (Beauchamp, 1927)
BB 261. *Schizorhynchus tataricus* Graff, 1905
MI 262. *Proschizorhynchella helgolandica* (L'Hardy, 1965)
BA 263. *Carcharodorhynchus subterraneus* Ax, 1951
MI 264. *Thylacorhynchus arcassonensis* Beauchamp, 1927
MI 265. *Thylacorhynchus macrorhynchos* n. sp.
MI 266. *Thylacorhynchus filostylis* Karling, 1956
MI 267. *Thylacorhynchus pyriferus* Karling, 1950
MI 268. *Thylacorhynchus conglobatus* Meixner, 1928
MI 269. *Baltoplana magna* Karling, 1949
BB 270. *Baltoplana valkanovi* Ax, 1959
BA 271. *Cheliplana deverticula* n. sp.
MI 272. *Cheliplana vestibularis* Beauchamp, 1927
MI 273. *Cheliplana stylifera* Karling, 1949
BB 274. *Cheliplana euxeinos* Ax, 1959
MI 275. *Cheliplana setosa* Evdonin, 1971
MI 276. *Cheliplanilla caudata* Meixner, 1938
MI 277. *Diascorhynchus serpens* Karling, 1949
BB 278. *Diascorhynchus caligatus* Ax, 1959
BA 279. *Diascorhynchus lappvikensis* Karling, 1963

Doliopharyngiophora

MI	280.	*Pseudograffilla arenicola* Meixner, 1938
?	281.	*Bresslauilla relicta* Reisinger, 1929
MI	282.	*Provortex balticus* (Schultze, 1851)
MI	283.	*Provortex impeditus* n. sp.
BA	284.	*Provortex pallidus* Luther, 1948
MI	285.	*Provortex karlingi* Ax, 1951
MI	286.	*Provortex psammophilus* Ax, 1951
MI	287.	*Provortex tubiferus* Luther, 1948
MI	288.	*Provortex affinis* (Jensen, 1878)
BA	289.	*Vejdovskya pellucida* (Schultze, 1851)
BB	290.	*Vejdovskya parapellucida* Ax, 1997
BA	291.	*Vejdovskya mesostyla* Ax, 1954
BA	292.	*Vejdovskya ignava* Ax, 1951
BA	293.	*Vejdovskya simrisiensis* Karling, 1957
MI	294.	*Vejdovskya halileimonia* Ax, 1960
BA	295.	*Vejdovskya helictos* Ax, 1956
BA	296.	*Haplovejdovskya subterranea* Ax, 1954
BB	297.	*Baicalellia posieti* Nasonov, 1930
MI	298.	*Baicalellia brevituba* (Luther, 1921)
BA	299.	*Baicalellia subsalina* Ax, 1954
BB	300.	*Baicalellia rectis* n. sp.
BB	301.	*Baicalellia anchoragensis* Ax & Armonies, 1990
BB	302.	*Baicalellia sewardensis* Ax & Armonies, 1990
BB	303.	*Baicalellia canadensis* Ax & Armonies, 1987
BA	304.	*Canetellia beauchampi* Ax, 1956
BB	305.	*Canetellia nana* n. sp.
MI	306.	*Hangethellia calceifera* Karling, 1940
BA	307.	*Coronopharynx pusillus* Luther, 1962
BA	308.	*Balgetia hyalina* Karling, 1962
MI	309.	*Balgetia semicirculifera* Karling, 1962
MI	310.	*Pogaina kinnei* Ax, 1970
MI	311.	*Pogaina oncostylis* Ax & Armonies, 1987
BB	312.	*Pogaina alascana* Ax & Armonies, 1990
BB	313.	*Pogaina japonica* n. sp.
BB	314.	*Pogaina scypha* n. sp.
BA	315.	*Selimia vivida* Ax, 1959
BB	316.	*Kirgisella forcipata* Beklemischev, 1927
BB	317.	*Annulovortex monodon* Beklemischev, 1953

BB	318.	*Eldenia reducta* n. sp.
SI	319.	*Microdalyellia armigera* (Schmidt, 1861)
SI	320.	*Microdalyellia fusca* (Fuhrmann, 1894)
SI	321.	*Microdalyellia brevimana* (Beklemischev, 1927)
SI	322.	*Gieysztoria virgulifera* (Plotnikow, 1906)
SI	323.	*Gieysztoria cuspidata* (Schmidt, 1861)
SI	324.	*Gieysztoria macrovariata* (Weise, 1942)
SI	325.	*Gieysztoria triquetra* (Fuhrmann, 1894)
BA	326.	*Gieysztoria expeditoides* Luther, 1955
BA	327.	*Gieysztoria maritima* Luther, 1955
BB	328.	*Gieysztoria subsalsa* Luther, 1955
BB	329.	*Gieysztoria knipovici* (Beklemischev, 1953)
BB	330.	*Gieysztoria bergi* (Beklemischev, 1927)
?	331.	*Halammovortex macropharynx* Meixner, 1938
BB	332.	*Halammovortex promacropharynx* n. sp.
BB	333.	*Halammovortex nigrifrons* (Karling, 1935)
BB	334.	*Halammovortex supranigrifrons* n. sp.
BB	335.	*Halammovortex pseudonigrifrons* n. sp.
?	336.	*Jensenia angulata* (Jensen, 1878)
BA	337.	*Jensenia parangulata* Ax & Armonies, 1990
BB	338.	*Beauchampiola canadiana* n. sp.
BB	339.	*Beauchampiola mackfirae* n. sp.
BB	340.	*Alexlutheria psammophila* n. sp.
BB	341.	*Axiola luetjohanni* (Ax, 1952)
BB	342.	*Axiola remanei* (Luther, 1955)

II. Gruppen von Plathelminthes im Brackwasser

Brackwasser ist das Milieu zwischen Meer und Süßwasser. Seine Einteilung in Salzgehaltsbereiche ist nach wie vor ein Gegenstand lebhafter Diskussionen (REMANE 1958, KINNE 1971, GERLACH 1994), die hier nicht weiter verfolgt werden. In der vorliegenden Abhandlung verwende ich die nachstehende, verbreitete Terminologie.

		Salzgehalt in ‰
Meer	Thalassicum (Euhalinicum)	40 – 30
Brackwasser	Polyhalinicum	30 – 18
	Mesohalinicum	18 – 5
	Pleiomesohalinicum	18 – 8
	Meiomesohalinicum	8 – 5
	Oligohalinicum	5 – 0,5
Süßwasser	Limneticum	< 0,5

MI – Euryhaline Immigranten aus dem Meer

Eine umfangreiche Teilgruppe mariner Einwanderer bilden **ausgeprägt euryhaline Arten**, welche über das polyhaline Brackwasser hinaus in das Mesohalinicum vorstoßen; diesbezügliche Befunde liegen heute für etwa 90 Plathelminthen vor.

Populationen verschiedener extrem euryhaliner Arten erreichen sogar das Oligohalinicum und siedeln bis an die Grenze zum Süßwasser. Auffällige Beispiele bilden *Archimonotresis limophila* (Prolecithophora), *Archilopsis spinosa*, *Coelogynopora biarmata* (Proseriata), *Promesostoma marmoratum*, *Placorhynchus octaculeatus* oder *Provortex balticus* (Rhabdocoela). Die Grenze zum Süßwasser bildet augenscheinlich aber eine unüberwindbare Barriere für marine Immigranten – ganz im Gegensatz zum Verhalten vieler Brackwasserarten (s. u.).

Als **gemäßigt euryhaline Arten** bezeichne ich Plathelminthen, die zwar das Polyhalinicum erreichen, am Übergang zum Mesohalinicum indes ihre Siedlungsgrenzen finden. Um das Thema nicht ausufern zu lassen, muß ich hier bei der Behandlung der beiden großen Brackwassermeere Ostsee und Schwarzes Meer verschiedene Wege gehen.

In der Ostsee schließe ich in der Regel jene Arten aus, die aus der Nordsee kommen und noch im Polyhalinicum der Beltsee existieren, indes nicht mehr im Mesohalinicum der Baltischen See zu finden sind. Das gilt insbesondere für Sandlückenbewohner – wie es weiter unten am Beispiel des Taxons Otoplanidae (Proseriata) detailliert dargelegt wird. Dagegen berücksichtige ich gewöhnlich die Halolenitobionten, welche in ufernahen Stillwasserbiotopen wie Lagunen, Strandtümpeln und Salzwiesen starke Schwankungen des Salzgehaltes an der Grenze zum Mesohalinicum tolerieren müssen.

Für die Plathelminthes des Schwarzen Meeres sind die Vergleichsmöglichkeiten zum Mittelmeer und auch innerhalb des Brackwasserbassins deutlich geringer. Ich muß deshalb alle hier lebenden Arten aufnehmen, soweit sie einwandfrei determinierbar erscheinen. Das allerdings hat seine Probleme. So ist die Liste von BĂCESCU et al. (1971) über 130 Plathelminthen-Arten aus dem Schwarzen Meer eine Literatur-Kompilation ohne eigenen Beitrag; sie enthält zahlreiche Namen nicht identifizierbarer Arten. Die erkennbaren Arten sind im Systematischen Teil dieser Arbeit behandelt.

(SB) – Süßwasserbewohner

An dieser Stelle sind 3 Arten zur Sprache zu bringen, die wir derzeit nur aus dem Limneticum kennen, eines Tages aber wohl auch in marinen oder brackigen Sanden finden werden.

Pseudosyrtis neiswestnovae und *Pseudosyrtis fluviatilis* gehören zu den Otoplanidae (S. 279, 280). *Itaipusina graefei* steht im Kalyptorhynchia-Taxon Koinocystididae (S. 464). Die Einbindung in Verwandtschaftsgruppen mariner Arten sowie ihre ökologische Lokalisation in Flüssen mit Verbindung zum Meer sprechen für eine junge Immigration aus salzhaltigem Milieu.

SI – Euryhaline Immigranten aus dem Süßwasser

Der immensen Zahl mariner Einwanderer stehen nur zwei Dutzend limnisch-euryhaliner Arten zur Seite, welche aus ihrem primär limnischen Lebensraum ohne erkennbare Veränderungen in schwach salzige Brackgewässer eingedrungen sind. Diese Interpretation gilt zunächst für einzelne Arten umfangreicher Taxa wie *Plagiostomum lemani* (Prolecithophora) und *Otomesostoma auditivum* (Proseriata) – ferner aber auch für die 5 bekannten Süßwasserplanarien *Planaria torva, Dugesia lugubris, Polycelis tenuis, Dendrocoelum lacteum* und *Bdellocephala punctata* (Tricladida).

Bei den Rhabdocoela rekrutieren sich Invasoren aus dem Süßwasser aus zwei supraspezifischen Taxa – den Typhloplanidae („Typhloplanoida") und den Dalyelliidae (Doliopharyngiophora). Bei den Typhloplanidae ist die Aussage einwandfrei für *Typhloplana viridata, Mesostoma lingua, Castrada lanceola, Castrada hofmanni* und *Castrada intermedia*, unklar allerdings für *Olisthanellinella rotundula* (S. 409). Die Dalyelliidae stellen 7 limnische Immigranten – *Microdalyellia armigera, Microdalyellia fusca, Microdalyellia brevimana* sowie *Gieysztoria virgulifera, Gieysztoria cuspidata, Gieysztoria macrovariata* und *Gieysztora triquetra*.

Wir kommen zu den Macrostomida. Die 3 *Macrostomum*-Arten *Macrostomum distinguendum, Macrostomum rostratum* und *Macrostomum obtusum* sind im Süßwasser verbreitet. Sie wurden indes nur selten im Brackwasser gefunden, letztgenannte Art überhaupt nur einmal auf Island an der Grenze zwischen Süßwasser und Brackwasser. Es steht außer Frage, daß es sich hier um Vorstöße aus dem Limneticum als primären Siedlungsraum handelt.

Ein interessanter Sachverhalt sei hervorgehoben. *Macrostomum distinguendum* lebt in einem limnischen Gezeitensandstrand der Elbe bei Hamburg und in einem Süßwasserfluß auf den Färöer in Gesellschaft mit der Brackwasserart *Macrostomum curvituba*. Die Interpretation ist indes total verschieden. Für *M. distinguendum* gehören die limnischen Flußsande zum primären Lebensraum. *M. curvituba* ist hier dagegen ein Immigrant aus dem Brackwasser; dieses Phänomen wird später ausführlich behandelt (S. 87, 91).

BA – Genuine (spezifische) Brackwasserarten

„Brackwasserspecies sind Arten, die im Brackwasser die Hauptentwicklung ihres Vorkommens zeigen, im Meer und Süßwasser nur vereinzelt auftreten" (REMANE 1958, p. 107).

„Spezifische oder genuine Brackwasser-Spezies sind Arten, die im Freiland und Experiment eine Grenze gegen Meerwasser (35 ‰ S) und Süßwasser erkennen lassen, oder zwischen euhalinem und limnischen Bereich das Optimum ihrer Lebenstätigkeit haben" (REMANE 1969, p. 19).

Man kann verschiedene Formulierungen dieser Definitionen hinterfragen. Worin liegt die Hauptentwicklung des Vorkommens? Wie erkennt man das Optimum der Lebenstätigkeit?

Die Begriffsbestimmungen können dennoch den Ausgangspunkt für einige allgemeine Aussagen über die Existenz genuiner Brackwasser-Plathelminthes bilden.

Heute sind um 70 Plathelminthes als Brackwasser-Arten mit Siedlungen zwischen dem Euhalinicum und Limneticum ausweisbar. Eine notwendige Bedingung für diese Interpretation ist der mehrfache Nachweis der einzelnen Arten in geographisch weit voneinander entfernten Brackgewässern.

Dabei bildet das Mesohalinicum das Zentrum der genuinen Brackwasserarten. Obwohl sie ganz überwiegend mariner Genese sind (S. 21), verläuft ihre Siedlungsgrenze zum Meer weitaus schärfer als gegen das Süßwasser. Spezifische Brackwasserarten findet man kaum im salzreichen Polyhalinicum – und mit Sicherheit gibt es keine auf diesen Salinitätsbereich beschränkten Brackwasser-Plathelminthes. Sofern für Arten mit regelmäßigen Siedlungen im Mesohalinicum einzelne Funde aus dem Meer (Euhalinicum) vorliegen, stellt sich die Frage, inwieweit Populationen aus Lebensräumen mit stark divergierendem Salzgehalt überhaupt Mitglieder eines einheitlichen Art-Taxons sind – so beispielsweise bei *Tvaerminnea karlingi* (S. 308).

Auf der anderen Seite besiedeln genuine Brackwasser-Plathelminthes in weiter Verbreitung das Oligohalinicum bis an die Grenze zum Süßwasser. Und die Immigration geht weiter in das Limneticum hinein, wenn die folgende Voraussetzung vorliegt. Es muß sich bei dem limnischen Lebensraum um strömendes Süßwasser mit offener Verbindung zum brackigen Milieu handeln – gleichgültig, ob das in winzigen Flußläufen oder großen Strömen der Fall ist. Aus einer Vielzahl einschlägiger Befunde gebe ich an dieser Stelle zwei Exempel.

Auf den Färöer habe ich am inneren Ende des Kaldbaksfjørdur der Insel Streymoy einen kleinen Süßwasserfluß ~ 50 m landwärts der Mündung in den Fjord untersucht. Hier waren Populationen der Brackwasserarten *Beklemischeviella contorta* und *Minona baltica* nachweisbar (AX 1995a).

Bei Hamburg-Harburg siedeln 6 Brackwasserarten in einem limnischen Gezeitensandstrand der Süderelbe – teilweise mit hoher Abundanz. *Macrostomum curvituba* (Macrostomida), *Coelogynopora schulzii*, *Paramonotus hamatus*, *Pseudosyrtis subterranea* (Proseriata) sowie insbesondere *Coronhelmis multispinosus* und *Vejdovskya ignava* (Rhabdocoela) bestimmen hier im ufernahen Limnopsammal der Elbe die Komposition der Plathelminthenfauna (DÜREN & AX 1993). In der Flußsohle der Elbe kommt (neben

Paramonotus hamatus) mit *Bothriomolus balticus* (Proseriata) eine weitere spezifische Brackwasserart hinzu (RIEMANN 1965).

Die Befunde haben Bedeutung für die kausale Interpretation der Existenz spezifischer Brackwasserarten (S. 24).

Zunächst aber kommen wir zur Frage nach der **evolutiven Herkunft der genuinen Brackwasserarten**. Inwieweit haben sich die spezifischen Brackwasser-Plathelminthes aus marinen Organismen entwickelt, in welchem Umfang stammen sie aus dem Süßwasser? Wie wir oben für 3 Süßwasserbewohner zeigen konnten (S. 18), läßt sich das Problem in aller Regel über eine Beurteilung der phylogenetischen Verwandtschaft der Brackwasserarten mit marinen oder limnischen Artengruppen lösen.

Thalassogene Brackwasserarten. Die überwältigende Mehrheit der Brackwasser-Plathelminthes ist mariner Herkunft. In der folgenden Liste sind die Taxa *Coronhelmis* und *Vejdovskya* jeweils mit mehreren Arten vertreten; eine evolutive Differenzierung im Brackwasser ist denkbar.

Dolichomacrostomum uniporum
Allostoma graffi
Allostoma catinosa
Multipeniata kho
Pseudomonocelis agilis
Minona baltica
Paramonotus hamatus
Promonotus ponticus
Archiloa rivularis
Archiloa petiti
Coelogynopora schulzii
Coelogynopora hangoensis
Otoplanella schulzi
Bothriomolus balticus
Pseudosyrtis subterranea
Philosyrtis fennica
Philosyrtis rotundicephala
Pentacoelum fucoideum
Pentacoelum punctatum
Tvaerminnea karlingi
Coronhelmis lutheri
Coronhelmis noerrevangi
Coronhelmis multispinosus

Coronhelmis inornatus
Promesostoma bilineatum
Beklemischeviella contorta
Beklemischeviella angustior
Ptychopera spinifera
Proxenetes unidentatus
Pontaralia relicta
Zonorhynchus tvaerminnensis
Prognathorhynchus canaliculatus
Cheliplana deverticula
Diascorhynchus lappvikensis
Provortex pallidus
Vejdovskya pellucida
Vejdovskya mesostyla
Vejdovskya ignava
Vejdovskya simrisiensis
Vejdovskya helictos
Haplovejdovskya subterranea
Baicalellia subsalina
Canetellia beauchampi
Coronopharynx pusillus
Balgetia hyalina

Limnogene Brackwasserarten. Die wenigen Brackwasserarten limnischer Herkunft stammen bezeichnenderweise aus den beiden Rhabdocoela-Taxa Typhloplanidae und Dalyelliidae, in welchen jeweils mehrere limnische Arten mit Populationen in Brackgewässern existieren (S. 403, 631).

Bei den Typhloplanidae wurden die 4 Brackwasserarten *Castrada subsalsa*, *Strongylostoma elongatum spinosum*, *Phaenocora subsalina* und *Opistomum immigrans* in supraspezifische limnische Taxa eingeordnet. Damit aber verlassen wir bei den Typhloplanidae bereits den sicheren Boden.

Hoplopera pusilla steht in einem supraspezifischen Taxon, das für terricole Arten errichtet wurde. Für die Brackwasserarten *Thalassoplanella collaris*, *Thalassoplanina geniculata* sowie *Haloplanella obtusituba* und *Haloplanella curvistyla* wurden separate Taxa eingeführt, stammesgeschichtliche Beziehungen zu bestimmten limnischen Repräsentanten indes nicht aufgedeckt.

Bei den Dalyelliidae steht es um unsere Aussagen kaum besser. Nur für die beiden Brackwasserarten *Gieysztoria expeditoides* und *Gieysztoria maritima* ist die Annahme einer Abstammung aus dem Limneticum sicher.

Brackwasserarten des Taxons *Macrostomum* mit unbekannter Abstammung. Meer, Brackwasser und Süßwasser bieten diverse Lebensräume für eine große Zahl von *Macrostomum*-Arten. *M. hystricinum*, *M. curvituba*, *M. tenuicauda*, *M. hamatum* und *M. spirale* sind ein gewichtiger Bestandteil der Brackwasser-Plathelminthes. Über ihre Herkunft und Wanderwege in Brackgewässer existieren indes keine begründeten Vorstellungen.

Mittel der Verbreitung und Ursachen der Brackwasserbindung. Die hohe Übereinstimmung in der Besiedlung der Küsten von Kontinenten und Inseln durch die benthale Meiofauna (Microfauna) bis hin zur Existenz identischer Arten ist Gegenstand intensiver Auseinandersetzungen über die „Means of Meiofauna Dispersal" (GERLACH 1977). Für Meerestiere ist das marine Milieu das primäre Transportmedium – unabhängig davon, wie die Verbreitung im Einzelfall ablaufen mag.

Anders ist die Sachlage bei den genuinen Brackwasser-Organismen. Da sie nicht im Euhalinicum siedeln, erscheint für sie der Wanderweg durch das marine Milieu im vitalen Zustand versperrt.

Ein auf die Arktis beschränkter Transport über Eisflösse ist denkbar. An der Unterseite von arktischem Meereis sind Algen, Krebse, Plathelminthen bei variablem Salzgehalt nachgewiesen (GRADINGER 1998).

Brackwasser-Organismen müssen dennoch über effektive Verbreitungsmittel verfügen, die eine rasche Besiedlung kleinster brackiger Lebensräume gestatten, wie sie an marinen Küsten leicht entstehen und wieder vergehen können. Ich belege das mit dem Nachweis zahlreicher Brackwasserarten im „Canal de Canet" am Mittelmeer (Abb. 9) – einem Graben ohne Verbindung zum Etang de Canet, der erst im letzten Krieg entstanden war (AX 1956a).

Eikapseln mit Stadien der Ontogenese sowie **Cysten** als Schleimabsonderungen von jungen bis adulten Tieren bilden potentielle Vehikel, in denen Brackwasser-Plathelminthen kleine und vielleicht auch größere Meeresgebiete in einem inaktiven Zustand überwinden können.

Für Eikapseln fehlt bislang eine Analyse neoophorer Brackwasser-Plathelminthen. Ich lege Beobachtungen an zwei Arten vor (Abb. 1). Individuen von *Vejdovskya pellucida* aus der Kieler Bucht befestigen ovoide Eikapseln mit einem langen, gewundenen Stiel an Hartsubstrat – im Labor

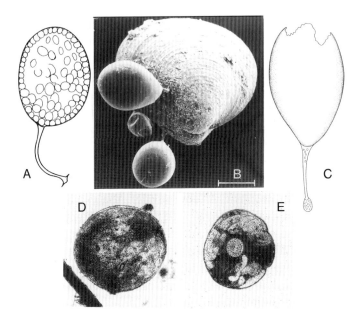

Abb. 1: Eikapseln und Cysten von Brackwasser-Plathelminthen. A. *Vejdovskya pellucida*. Gestielte, ovoide Eikapsel. Messungen an 2 Individuen (ohne Stiel): (1) Länge 123 μm, Breite 93 μm. (2) Länge 108 μm, Breite 80 μm. Kieler Bucht. Bottsand, Salzwiese (Original 1956). B–C. *Multipeniata kho*. B. Zwei gefüllte und eine leere, geschrumpfte Eikapsel, mit Stielen auf der Muschel *Corbicula japonica* befestigt. Maßstab 100 μm. C. Eikapsel mit irregulärer Öffnung. Länge der Kapsel = 350 μm, Stiel = 125 μm. Japanisches Meer, Aomori Prefecture, Jusan Lake (Ax & Schmidt-Rhaesa 1992). D–E. *Proxenetes unidentatus*. Zwei encystierte Individuen. Insel Sylt, Salzwiese. (Ax 1991, Fotos W. Armonies)

am Boden von Blockschälchen. Bei *Multipeniata kho* vom Japanischen Meer werden gestielte Eikapseln im weichen Sediment des Jusan Lake der Muschel *Corbicula japonica* in der Schloßregion angeheftet (AX & SCHMIDT-RHAESA 1992). Allerdings muß offen bleiben, inwieweit eine Verankerung an Hartsubstraten einer Verbreitung von Eikapseln förderlich ist. Eine größere Bedeutung ist dagegen wohl der Encystierung ohne Befestigung im Sediment beizumessen. Die Bildung von Cysten bei Verschlechterung von Lebensbedingungen ist insbesondere bei Salzwiesen-Bewohnern untersucht worden. Dabei sind Cysten für zahlreiche spezifische Brackwasserarten nachgewiesen oder vermutet (Abb. 1) – bei *Coelogynopora schulzii* (BILIO 1964), *Macrostomum curvituba*, *Macrostomum tenuicauda*, *Macrostomum hamatum*, *Ptychopera spinifera*, *Proxenetes unidentatus*, *Prognathorhynchus canaliculatus*, *Vejdovskya pellucida* (ARMONIES 1987).

Wir kommen zur **Kausalität der Brackwasserbindung**. Vordergründig liegt es nahe, den niedrigen **Salzgehalt an sich** für die Existenz im Milieu Brackwasser verantwortlich zu machen. Ein entsprechender Nachweis ist indes nicht leicht zu führen. *Haplovejdovskya subterranea* liefert ein einschlägiges Beispiel für die gute Übereinstimmung zwischen Freilandbefunden und experimentellen Daten. Populationen dieser Art siedeln in mesohalinen-oligohalinen Brackgewässern der inneren Ostsee und der Schlei in Schleswig-Holstein, im Supralitoral der Nordsee, in der Wesermündung und auf Island (S. 588). Diesem Verbreitungsbild stehen Toleranzexperimente mit Salinitätsoptima zwischen 5–10 ‰ bei 5° C zur Seite (JANSSON 1968).

Ein anderer Weg, um den Salzgehalt als besiedlungsbestimmenden Faktor wahrscheinlich zu machen, ist eine subtile Analyse kleinräumiger Verbreitungsmuster. ARMONIES (1987, 1988) hat in Salzwiesen der Insel Sylt für zahlreiche Arten eine bevorzugte Siedlung in bestimmten Konzentrationsbereichen der Salinität herausstellen können. Dabei ist für die Mehrzahl der genuinen Brackwasserarten der Bereich von 5–10 ‰ Salzgehalt eindeutig das Siedlungsareal größter Abundanz (Tab. 1). Zugleich ist eine hohe Toleranz gegenüber Salinitätsschwankungen eine notwendige Eigenschaft für Populationen ständig in Salzwiesen siedelnder Arten.

Wir können auf der anderen Seite gute Gründe für die Annahme ins Feld führen, daß auch andere Faktoren als der niedrige Salzgehalt für die Existenz bestimmter Arten im Milieu Brackwasser eine Rolle spielen. Wie oben gezeigt, dringen Populationen verschiedener Brackwasserarten in fliessende Süßgewässer vor. Allein in einem Gezeiten-Sandstrand an der Süderelbe (Hamburg-Harburg) siedeln 6 genuine Brackwasser-Plathelminthen von *Macrostomum curvituba* bis zu *Vejdovskya ignava* (S. 35, Tab. 2). Wie kann man ihre Existenz im salzfreien Milieu erklären? Möglicherweise ist die **Konkurrenz** mit marinen Arten für sie und auch weitere Brackwasser-Plathelminthen von Bedeutung. Im marinen Milieu sind sie den stenohalinen Meerestieren unterlegen, welche umgekehrt niedrige Konzentrationen der Salinität in Brackgewässern nicht tolerieren. Marin-euryhaline Arten dringen in begrenztem Umfang in das Brackwasser ein. Wir werden weiter unten an verschiedenen Beispielen zeigen, daß sie hier nur um die Hälfte der Plathelminthenfauna ausmachen. Die andere Hälfte wird von genuinen Brackwasserarten gestellt. Vielleicht war ein Milieu arm an Meerestieren einstmals der Freiraum für die Evolution spezifischer Brackwasserarten – also weniger niedriger Salzgehalt als solcher, als ein Milieu mit geringer Konkurrenz. Wenn mithin nicht notwendigerweise an Salz gebunden, wird die auffällige Einwanderung von Populationen bestimmter Arten in fließende Süßgewässer leichter erklärbar.

BB – Brackwasserbewohner mit einem einzigen Fundort

Von den genuinen Brackwasser-Plathelminthes müssen wir eine Gruppe von ~ 100 Arten trennen, die zwar aus Brackgewässern beschrieben wurden, aber eben nur von ihrem Originalfundort bekannt sind. Dieser Sachverhalt ist Ausdruck unseres geringen Kenntnisstandes; er erlaubt vorerst keine ökologische Charakterisierung.

In der großen Mehrzahl handelt es sich um Arten mit den nächsten Verwandten im Meer. Wenn wir einmal mehr über ihre Verbreitung wissen, werden sich die Arten dieser Gruppe weitgehend in marin-euryhaline Immigranten und genuine Brackwasserarten auflösen lassen.

Die Zahl der Beschreibungen neuer *Macrostomum*-Arten aus Brackgewässern ist ungewöhnlich hoch. Eingehendere Analysen der Verwandtschaftsbeziehungen innerhalb des Taxons sollten zur Lösung offener Fragen über die Herkunft von *Macrostomum*-Arten in Brackgewässern führen.

„Holeuryhaline" Plathelminthes

Macrostomum appendiculatum, *Gyratrix hermaphroditus* und *Bresslauilla relicta* wurden gewöhnlich als Arten mit Verbreitung im Meer, Brackwasser und Süßwasser angesprochen. Heute erscheint es indes mehr als zweifelhaft, ob überhaupt holeuryhaline Arten unter den Plathelminthes existieren.

Macrostomum appendiculatum ist mittlerweile als ein Name ohne Inhalt aus der Systematik der Macrostomida eliminiert worden (BEKLEMISCHEV 1951; AX 1959a; LUTHER 1960).

Unter dem Namen *Gyratrix hermaphroditus* verbirgt sich ein Komplex von Arten (ARTOIS & SCHOCKAERT 2001), für welchen eine differenzierte Aufschlüsselung allerdings noch nicht vorliegt.

Bresslauilla relicta ist nach der Originalbeschreibung (REISINGER 1929) nur noch an lebenden Individuen studiert worden. Das Tier hat ein weiches, strukturarmes Kopulationsorgan ohne Hartgebilde. Wir müssen heute in Frage stellen, ob sich die diversen Meldungen aus dem Süßwasser, Brackwasser und Meer sämtlich auf Mitglieder ein und derselben Art beziehen (S. 555).

III. Vergleich ausgewählter Brackwasser-Lebensräume auf der Nordhalbkugel

Eigene Freiland-Arbeiten im Laufe von 50 Jahren sowie diverse Studien engagierter Mitarbeiter bilden die Grundlage für einen weiträumigen Vergleich geographisch separierter Brackwasser-Lebensräume mit ihrer Plathelminthen-Fauna (Abb. 2).

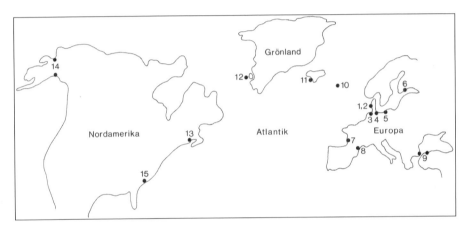

Abb. 2: Stationen der Freilandarbeiten. Erläuterungen im laufenden Text.

Wir beginnen mit unseren Darlegungen an der Nordseeküste – und zwar (1) am Sandstrand und (2) in Salzwiesen der Insel Sylt, sowie (3) im Mündungsareal von Weser und Elbe.

In der Ostsee folgt zuerst ein Beispiel aus der Beltsee, wo Sandstrände der (4) Schlei in Schleswig-Holstein ein artenreiches meso-oligohalines Brackwasserareal repräsentieren. Jenseits der Darßer Schwelle zwischen dem Darß und der dänischen Insel Falster sind wir dann in der Baltischen See, dem klassischen mesohalinen Brackwassermeer Nordeuropas. Wir verfolgen zuerst Sandstrände im (5) Greifswalder Bodden und enden am Ufer von (6) Lappvik im Finnischen Meerbusen. Dann drehen wir um und wandern über die Nordsee weiter an die europäische Atlantikküste. Hier hat sich der Flußlauf (7) Courant de Lège bei Arcachon als ein Brackwasser-

Lebensraum par Excellence für unsere Studien erwiesen. Die reichen Befunde aus den Jahren 1954 und 1964 werden jetzt erstmalig im Zusammenhang dargestellt.

Danach stehen wir gewissermaßen an einer Wegscheide. Bleiben wir zunächst in Europa, dann lassen sich zwanglos die Mittelmeer-Arbeiten über die Plathelminthes der französischen(8) Brackwasser-Strandseen Etang de Salses und Etang de Canet anschließen (AX 1956c). Wir erreichen dann den pontokaspischen Raum (9) mit Studien in brackigen Randgewässern vom Marmara-Meer und am Bosporus sowie der Untersuchung von Sandstränden am Schwarzen Meer (AX 1959c).

Wir setzen noch einmal am Atlantik an und überqueren jetzt den atlantischen Ozean mit Etappen auf den (10) Färöer (AX 1995a), auf (11) Island (1993) und auf (12) Grönland (1991).

Plathelminthes aus Brackgewässern der amerikanischen Atlantikküste waren bislang nahezu unbekannt. Wir haben zuerst in (13) New Brunswick, Kanada gearbeitet (AX & ARMONIES 1987), später in den Subtropen von (15) South Carolina, USA (1995, 1996, 1998).

Studien in (14) Alaska lieferten erste Daten über Brackwasser-Plathelminthen von der amerikanischen Pazifikküste bis hin zur Beringstraße (AX & ARMONIES 1990).

Ziemlich isoliert stehen unsere Befunde über Brackwasser-Plathelminthes aus (16) Japan (1990). Wir werden uns am Schluß der Übersicht um eine Einordnung bemühen.

Nordsee

1, 2 – Das Supralitoral als Lebensraum von Brackwasser-Organismen

Wenngleich die Küstenregionen der Nordsee durch das marine, euhaline Milieu geprägt sind und primär von stenohalinen Meeresorganismen besiedelt werden, stellen spezielle Biotope landwärts der Mittleren Hochwasserlinie (MHWL) geeignete Siedlungsmöglichkeiten für euryhaline Immigranten aus dem Meer und genuine Brackwasserorganismen. An lotischen Brandungsufern ist das der obere Hang von Sandstränden; an geschützten, lenitischen Ufern sind es vor allem Salzwiesen im Anschluß an das Watt der Gezeitenzone.

1 – Gezeiten-Sandstrand

In einem mittel-lotischen Gezeiten-Sandstrand markiert der „Strandknick" die Grenze zwischen dem flachen Sandwatt und dem leicht ansteigenden Sandhang.

Der Sandhang selbst ist in 3 Abschnitte unterteilbar (Abb. 3):

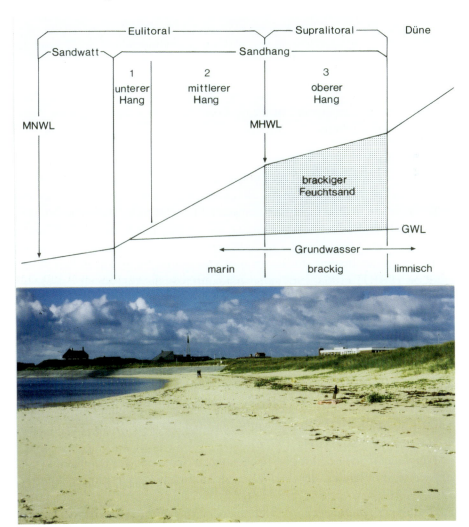

Abb. 3: Mittellotischer Gezeitensandstrand. Oben. Schema mit besonderer Kennzeichnung der permanenten, brackigen Feuchtsandzone als Lebensraum für genuine Brackwasser-Plathelminthen. GWL = Grundwasserlinie. MHWL = mittlere Hochwasserlinie. MNWL = mittlere Niedrigwasserlinie (Ax 1969). Unten. Sandstrand am Ostufer der Insel Sylt vor der

alten Wattenmeerstation des Alfred-Wegener-Instituts für Polar- und Meeresforschung. Der Pfahl im Vordergrund steht über dem Brackwasser-Lebensraum an der Grenze zwischen Supralitoral und Düne. Die beiden Personen im Hintergrund befinden sich in etwa an der Grenze zwischen unterem und mittleren Hang. (Foto 2001)

(1) Unterer Hang (= Quellhorizont). Das bei Hochwasser in den Sandhang eingetragene Wasser strömt bei Ebbe in zahllosen Mikroquellen aus.
(2) Mittlerer Hang. Grenze an der MHWL. Gekennzeichnet durch eine gezeitenperiodische Feuchtsandzone bei Niedrigwasser und ein marines Grundwasser.
(3) Oberer Hang im Supralitoral. Grenze am Dünenfuß. Gekennzeichnet durch eine permanente, brackige Feuchtsandzone mit variablem Salzgehalt und ein brackiges Grundwasser.

In den oberen Hang dringen marin-euryhaline Immigranten ein. Der brackige Feuchtsand des Supralitorals ist darüber hinaus ein charakteristischer Lebensraum für genuine Brackwasser-Organismen, wie wir es mit dem Nachweis zahlreicher Brackwasser-Plathelminthes belegen können. Soweit nicht anders vermerkt, stammen unsere Befunde vom mittel-lotischen Sandstrand am Ostufer von List/Sylt vor der alten Wattenmeerstation des Alfred-Wegener-Instituts für Polar- und Meeresforschung. Für diesen Strand hat P. SCHMIDT (1968, 1969) eine erste umfassende Analyse vorgelegt.

Ein brackiger Lebensraum existiert aber nicht nur im Supralitoral von Gezeiten-Sandstränden. Auch an gezeitenlosen Stränden im Polyhalinicum der Beltsee ist eine schwachsalzige Feuchtsandzone oberhalb des Wasserrandes entwickelt. Daten von einem Sandstrand der Kieler Bucht bei Schilksee sind fallweise in die folgende Übersicht eingefügt.

Proseriata
Coelogynopora schulzii. Feuchtsandzone des mittleren und oberen Sandhangs (SOPOTT 1972, 1973). Am Strand bei Tromsø, Norwegen in identischer Position (SCHMIDT 1972b).
  Otoplanella schulzi. Im oberflächennahen Sediment des Sandhangs, vorzugsweise im Bereich der MHWL und landwärts dieser Linie (SOPOTT 1972,1973)
  Philosyrtis rotundicephala. Tief gelegener Feuchtsand und oberes Grundwasser in 5–12 m Entfernung vom Strandknick (SOPOTT 1972).

Rhabdocoela
Coronhelmis lutheri. Mittlerer Sandhang. Ferner auf der dänischen Insel Rømø im oberen Sandhang eines Strandes bei Havneby (EHLERS 1974).

Coronhelmis multispinosus. Rømø. Havneby. Oberer Sandhang, zusammen mit *Coronhelmis lutheri* (EHLERS 1974).

Coronhelmis inornatus. Oberer Sandhang im Supralitoral. Feuchtsand, 7 m landwärts der MHWL (EHLERS 1974).

Hoplopera pusilla. Oberer Sandhang im Supralitoral. In der Kieler Bucht im gezeitenlosen Sandstrand oberhalb des Wasserrandes (EHLERS 1974).

Carcharodorhynchus subterraneus. Oberer Sandhang am Dünenfluß (SCHILKE 1970b). Kieler Bucht. Oberer Hang am gezeitenlosen Sandstrand von Schilksee (SCHMIDT 1972a).

Diascorhynchus lappvikensis. Keitum, Sylt. Oberster Bereich eines Sandstrandes an der Grenze zur Salzwiese (HELLWIG 1987).

Vejdovskya pellucida. Tromsø. Brackiger Feuchtsand im mittleren und oberen Sandhang (SCHMIDT 1972b). Kieler Bucht. Mittlerer Hang im gezeitenlosen Sandstrand (SCHMIDT 1972a).

Vejdovskya simrisiensis. Tromsø. Oberer Sandhang im Supralitoral, zusammen mit *Vejdovskya pellucida* (SCHMIDT 1972b). Kieler Bucht bei Schilksee. Sandhang im Supralitoral (SCHMIDT 1972a).

Haplovejdovskya subterranea. Keitum, Sylt. Oberes Supralitoral eines schwach lotischen Sandstrandes, zusammen mit *Diascorhynchus lappvikensis* (HELLWIG 1987).

2 – Salzwiesen

In Salzwiesen der Insel Sylt (Abb. 4) sind 103 Plathelminthes nachgewiesen (ARMONIES 1987, 1988). Wir haben 42 häufige Arten ausgewählt, die entweder als marin-euryhaline Immigranten (MI) in schwachsalzige Wiesenareale eindringen oder als genuine Brackwasser-Organismen (BA) nur im Mesohalinicum und Oligohalinicum leben. Mit *Ptychopera westbladi*, *Proxenetes cimbricus* und *Proxenetes puccinellicola* wurden 3 verbreitete euryhaline Arten hinzugefügt, welche ihre Siedlungsgrenzen am Übergang zwischen Polyhalinicum und Mesohalinicum finden.

Abb. 4: Salzwiese am Ostufer der Insel Sylt bei Rantum. Oben. Grenze zum vorgelagerten Schlickwatt. Unten. Salzwiesentümpel zwischen üppig wachsender Strandaster *Limonium vulgare*. (Foto 2001)

Tab. 1: Häufige Plathelminthes in Salzwiesen der Nordsee mit Siedlungen im Meso- und Oligohalinicum. Bevorzugte Salzkonzentration für jede Art angegeben (ARMONIES 1987, 1988).

		Salinitätsbereich in ‰ • Hohe Dichte ○ Geringe Abundanz						
		30	25	20	15	10	5	1
BA	*Macrostomum curvituba*			○	○	•	•	○
BA	*Macrostomum tenuicauda*				○	•	•	•
BA	*Macrostomum hamatum*					○	•	•
MI	*Macrostomum balticum*	○	•	•	•	•	○	
BA	*Macrostomum spirale*	○	•	•	•	○		
MI	*Monocelis lineata*	○	•	•	○			
BA	*Minona baltica*				○	•	•	○
BA	*Coelogynopora schulzii*			○	○	•	•	○
MI	*Uteriporus vulgaris*			○	○	•	•	○
MI	*Byrsophlebs dubia*	○	○	○				
BA	*Coronhelmis multispinosus*			○	○	○		
MI	*Ptychopora westbladi*	•	•	○				
BA	*Ptychopera spinifera*				○	•	•	
MI	*Ptychopera ehlersi*	○	○	○	○			
MI	*Ptychopera hartogi*			○	•	•	○	
MI	*Lutheriella diplostyla*			○	○	○	○	○
BA	*Proxenetes unidentatus*				○	•	•	○
MI	*Proxenetes karlingi*	○	○	○	○			
MI	*Proxenetes pratensis*	○	•	•	○			
MI	*Proxenetes cisorius*			○	•	•	○	
MI	*Proxenetes britannicus*	○	○	○	○			
MI	*Proxenetes minimus*			○	○	○	○	○
MI	*Proxenetes cimbricus*	•	•	○				
MI	*Proxenetes puccinellicola*	○	•	○				
SI	*Olisthanellinella rotundula*					○	•	○
BA	*Castrada subsalsa*					○	•	○
BA	*Hoplopera pusilla*						○	○
BA	*Thalassoplanella collaris*					○	•	○
BA	*Haloplanella obtusituba*			○	○	○		
?	*Pratoplana salsa*			○	○	○	○	
MI	*Acrorhynchides robustus*			○	○	○	○	○

		C1	C2	C3	C4	C5	C6	C7
MI	*Parautelga bilioi*	○	○	●	○	○		
MI	*Placorhynchus octaculeatus*			○	○	●	○	○
MI	*Placorhynchus dimorphis*			○	○		○	○
BA	*Prognathorhynchus canaliculatus*				○	●	○	
MI	*Pseudograffilla arenicola*	○	○	○	○	○		
?	*Bresslauilla relicta*	○	○	○	○	○		
BA	*Provortex pallidus*				○	●	●	○
MI	*Provortex karlingi*	○	●	●	○	○		
BA	*Vejdovskya pellucida*		○	○	○			
BA	*Vejdovskya mesostyla*						○	○
BA	*Vejdovskya ignava*				○	○	○	
MI	*Vejdovskya halileimonia*	○	●	●	○	○		
MI	*Baicalellia brevituba*		○	○	○	○	○	
BA	*Coronopharynx pusillus*							○

Die Salzwiesenbewohner zerfallen in zwei ökologische Gruppen. Etwa zur Hälfte sind sie marine Immigranten, zur anderen Hälfte spezifische Brackwasserarten überwiegend mariner Herkunft.

Biotopeigene Salzwiesenbewohner rekrutieren sich aus beiden Gruppen.

Gruppe 1. *Vejdovskya halileimonia* ist nur aus Salzwiesen bekannt und dabei vorzugsweise im Polyhalinicum gefunden worden. *Proxenetes cimbricus* und *Proxenetes puccinellicola* sind ebenfalls Immigranten aus dem Meer, welche überwiegend in Salzwiesen mit hohen Salzkonzentrationen leben. *Parautelga bilioi* kann angeschlossen werden; sie siedelt an der nordamerikanischen Atlantikküste aber auch in Sandböden.

Gruppe 2. Biotopeigene Salzwiesen-Plathelminthen und zugleich genuine Brackwasser-Organismen sind *Macrostomum tenuicauda* und *Ptychopera spinifera*. Wahrscheinlich gehört auch *Proxenetes unidentatus* in diese Gruppe.

3 – Mündungen von Weser und Elbe

Im primär brackigen Mündungsareal der Weser leben ~ 50 verschiedene Plathelminthes (DÜREN & AX 1993; KRUMWIEDE & WITT 1995). Von diesen sind 15 Arten als genuine Brackwasser-Organismen mit weiter Verbreitung interpretierbar; wir haben sie in der folgenden Tabelle 2 aufgeführt. 15 Brackwasser-Arten auf kleinstem Raum demonstrieren exemplarisch, auf welche Weise winzige, isolierte Brackwasserareale, die im Bereich von Fluß-

Tab. 2: Genuine Brackwasser-Plathelminthes im Mündungsareal von Weser und Elbe.

	Weser		Elbe
	Dedesdorf Mesohalinicum	Um Bremerhaven Meso-Oligohalinicum	Hamburg-Harburg Süßwasser
Macrostomum curvituba	X		X
Paramonotus hamatus		X	X
Coelogynopora schulzii	X	X	X
Bothriomolus balticus		X	
Pseudosyrtis subterranea	X	X	X
Philosyrtis fennica		X	
Coronhelmis multispinosus	X	X	X
Thalassoplanella collaris	X		
Haloplanella obtusituba		X	
Diascorhynchus lappvikensis	X		
Provortex pallidus		X	
Vejdovskya pellucida		X	
Vejdovskya ignava	X	X	X
Haplovejdovskya subterranea	X		
Baicalellia subsalina	X	X	

mündungen obligatorisch an marinen Küsten entstehen, gleichermaßen Stützpunkte für die Verbreitung zwischen geographisch entfernten Brackgewässern bilden können.

Ein separates Phänomen ist der erstaunliche Vorstoß genuiner Brackwasser-Arten in das Süßwasser. In der Elbe haben Populationen von 6 Arten die Grenze Brackwasser–Süßwasser überwunden und sind in einen limnischen Gezeiten-Sandstrand bei Hamburg-Harburg eingewandert (Abb. 5).

Abb. 5: Sandstrand der Elbe bei Hamburg-Harburg. Nordufer der Süderelbe; östlich der Elbbrücken bei Elbkilometer 614. Gezeitenabhängiger Süßwasserstrand mit Siedlungen einer Reihe genuiner Brackwasser-Plathelminthes. Orte der Probenentnahme: M = Strandknick; M – 5 und M + 3 Entfernungen vom Strandknick in Metern. (Düren & Ax 1993)

Beltsee

Das Polyhalinicum der westlichen Ostsee beherbergt im Kern eine Meeresfauna aus marin-euryhalinen Immigranten. Sie gehören nicht zum Gegenstand unserer Abhandlung (S. 18). Weitaus stärker noch als in der Nordsee existieren in der Peripherie zahlreiche unterschiedliche Brackgewässer als Lebensräume genuiner Brackwasserorganismen.

4 – Schlei in Schleswig-Holstein

Als Beispiel für die artenreiche Plathelminthen-Besiedlung eines meso-oligohalinen Brackgewässers der Beltsee wählen wir den Flußlauf der Schlei. Von der Mündung in die Kieler Bucht bis zum Haddebyer Noor und Selker Noor nimmt der Salzgehalt vom Mesohalinicum kontinuierlich bis auf 2–3 ‰ ab.

Wir haben überwiegend Sandproben aus der Uferzone studiert. Nur bei Schleswig und aus dem Haddebyer Noor kommen Proben aus Schlammböden hinzu; eine substratspezifische Besiedlung mit Plathelminthen war indes nicht erkennbar.

Tab. 3: Besiedlung der Schlei in Schleswig-Holstein. 1 Lindaunis und Lindauer Noor* (letzteres mit Salzgehalt von 5,5 ‰). 2 Missunde. 3 Große Breite bei Fleckeby. 4 Schleswig. 5 Haddebyer Noor. 6 Selker Noor. (Ax 1951a und weitere Funde aus den Jahren 1951–1954)

		Salzgehalt in ‰					
		12–13	7–8	6–7		2,5	2,5
		1	2	3	4	5	6
BA	*Macrostomum hystricinum*	○					○
BA	*Macrostomum curvituba*			●	○		
BA	*Dolichomacrostomum uniporum*			○	○		
MI	*Archimonotresis limophila*				○		
MI	*Monocelis lineata*	○					
BA	*Paramonotus hamatus*			○	○		
MI	*Promonotus schultzei*	○					
MI	*Coelogynopora biarmata*			○			
BA	*Coelogynopora schulzii*			○			
BA	*Pseudosyrtis subterranea*			○			
BA	*Tvaerminnea karlingi**	○					
BA	*Coronhelmis lutheri*			●			
BA	*Coronhelmis multispinosus*						○
MI	*Promesostoma marmoratum*	○		○	○		
MI	*Promesostoma rostratum*	○					
BA	*Beklemischeviella contorta*			○	○		
MI	*Ptychopera westbladi*	○					
MI	*Proxenetes simplex*	○					
BA	*Thalassoplanella collaris*		○				
MI	*Acrorhynchides robustus*	○	○	○		○	○
BA	*Zonorhynchus tvaerminnensis*				○		
MI	*Placorhynchus octaculeatus*	○		○	○	○	
BA	*Prognathorhynchus canaliculatus*			○			
MI	*Pseudograffilla arenicola*	○		○			
MI	*Provortex balticus*	○	○	○		○	○
MI	*Provortex karlingi*	○	○				

?	*Bresslauilla relicta*	○
BA	*Vejdovskya pellucida*	○
BA	*Vejdovskya ignava*	○
BA	*Haplovejdovskya subterranea*	○
MI	*Baicalellia brevituba*	● ○
BA	*Baicalellia subsalina*	● ○
MI	*Balgetia semicirculifera*	○

Von den nachgewiesenen Arten sind immerhin noch 15 als marin-euryhaline Immigranten ansprechbar, 17 als spezifische Brackwasserorganismen. Nahezu die Hälfte des Bestandes wird also weiterhin von Populationen euryhaliner Meeresbewohner gestellt.

Marine Organismen und Brackwasserarten dehnen sich weithin über die Küstenräume der Schlei aus; so siedeln sie im wasserbedeckten Ufersand ebenso wie im Feuchtsand des Sandhangs. Schärfere horizontale Zonierungen – wie an marinen Küsten – gehen hier im schwachsalzigen Milieu verloren.

Baltische See

(The Baltic proper)

5 – Greifswalder Bodden

Im Zusammenhang mit einer Überprüfung des harten Kopulationsorgans von *Provortex balticus* (Schultze, 1851) am Locus typicus im Greifswalder Bodden habe ich Plathelminthen von Sandböden um die Mündung des Flußes Ryck im Fischerdorf Wieck studiert.

Proben vom 30.9.2001. Salzgehalt 6–7 ‰. Grob-Feinsand der Uferzone in Höhe der Kleingärten „Seeblick" und im „Strandbad Eldena" (Abb. 6).

BA *Macrostomum curvituba*
BA *Macrostomum spirale*
MI *Monocelis lineata*
MI *Promonotus schultzei*
BA *Coronhelmis lutheri*
BA *Coronhelmis multispinosus*
MI *Promesostoma marmoratum*
MI *Proxenetes simplex*

BA *Thalassoplanella collaris*
MI *Acrorhynchides robustus*
MI *Cicerina tetradactyla*
MI *Placorhynchus octaculeatus*
MI *Placorhynchus dimorphus*
BA *Cheliplana deverticula*
MI *Provortex balticus*
BA *Vejdovskya pellucida*
BA *Vejdovskya ignava*
MI *Baicalellia brevituba*
BB *Eldenia reducta*

Mit den beobachteten 19 Arten ist gewiß nur ein Teil des tatsächlichen Plathelminthen-Bestandes erfaßt. Immerhin lassen sich zwei allgemeine Aspekte zur Komposition und Lokalisation der Fauna hervorheben. (1) Wie in schwachsalzigen Brackgewässern der Beltsee wird die Hälfte der Arten

Abb. 6: Greifswalder Bodden am Fischerdorf Wieck. Schwach lotischer Sandstrand im „Strandbad Eldena" südlich der Mündung des Flusses Ryck. Probenentnahme aus dem Sandhang mit Feinsand-Grobsand. (Foto 2001)

immer noch von marin-euryhalinen Immigranten gestellt. (2) Während genuine Brackwasser-Plathelminthes in der polyhalinen Beltsee auf periphere salzarme Lebensräume beschränkt bleiben, können sich die spezifischen Brackwasserarten östlich der Darsser Schwelle über den gesamten, nunmehr einheitlich meiomesohalinen Küstenbereich der Ostsee ausdehnen. Das ist mit dem geschilderten Verhalten im Brackwasser der Schlei vergleichbar.

Finnischer Meerbusen
6 – Sandstrand von Lappvik (Tvaerminne Region)

Im Brackwasser der Baltischen See wurden 127 Plathelminthen-Arten (ohne Acoela) nachgewiesen, welche ganz überwiegend im Finnischen Meerbusen repräsentiert sind (KARLING 1974). Von den Lebensräumen in der Region der Zoologischen Station Tvaerminne greife ich in Weiterführung des Vergleiches zwischen ufernahen Sandzonen den Sandstrand der Bucht von Lappvik heraus, an welchem wir qualitative und quantitative Untersuchungen durchgeführt haben (AX 1954; AX & AX 1970).

Der ~ 2 km lange Sandstrand hat eine submerse Uferzone aus Rippelmarken-Sand, eine Brandungszone von 1 m Breite und einen vegetationsfreien Sandhang von 8–10 m Ausdehnung (Abb. 7). Der Salzgehalt betrug am 1.9.1969 in der wasserbedeckten Uferzone 5,33 ‰, im Grundwasser des Sandhangs 1,5 m einwärts des Wasserrandes 5,26 ‰, an der 2 m-Marke aber nur noch 0,4 ‰. Der Wechsel vom Brackwasser zum Süßwasser vollzog sich also früh im Sandhang.

Der Artenbestand liefert ein Paradebeispiel für die Komposition der Plathelminthen-Fauna an der Grenze Brackwasser-Süßwasser eines meiomesohalinen Brackwassermeeres.

BA *Macrostomum curvituba*
BA *Dolichomacrostomum uniporum*
BA *Minona baltica*
BA *Coelogynopora schulzii*
BA *Bothriomolus balticus*
BA *Pseudosyrtis subterranea*
BA *Philosyrtis fennica*
BA *Coronhelmis lutheri*
BB *Coronhelmis urna*
BA *Beklemischeviella angustior* (Fund 1997)

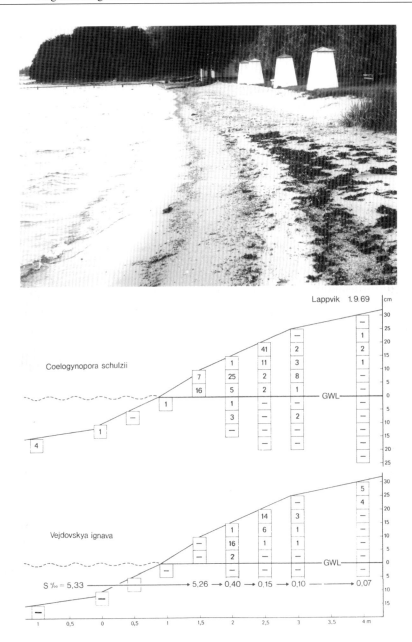

Abb. 7: Sandstrand der Bucht von Lappvik am Finnischen Meerbusen. Verteilungsmuster der Brackwasserarten *Coelogynopora schulzii* und *Vejdovskya ignava* im Sandhang. Die Kästchen enthalten absolute Individuenzahlen pro 50 cm³ Sand. Der Salzgehalt im freien Wasser der Uferzone und im Grundwasser des Sandhangs (1.9.1969) ist am unteren Bildrand angegeben. (Ax & Ax 1970)

BB *Stygoplanellina halophila*
MI *Placorhynchus octaculeatus*
BA *Prognathorhynchus canaliculatus*
MI *Diascorhynchus serpens*
BA *Diascorhynchus lappvikensis*
MI *Provortex balticus*
BA *Vejdovskya mesostyla*
BA *Vejdovskya ignava*
BA *Haplovejdovskya subterranea*

Genuine Brackwasser-Organismen beherrschen das Faunenbild mit 14 Arten. *Coronhelmis urna* (1 Fund) und *Stygoplanellina halophila* (? 2 Funde) sind mit Einschränkung hinzuzurechnen; sie wurden bislang nur im Brackwasser beobachtet.

Marin-euryhaline Immigranten treten mit den 3 Arten *Placorhynchus octaculeatus*, *Diascorhynchus serpens* und *Provortex balticus* stark zurück. Auf der anderen Seite habe ich die Süßwasserart *Prorhynchus stagnalis* Schultze (Lecithoepitheliata) nicht in die Liste aufgenommen; nur wenige Individuen fanden sich in limnischen Feuchtsandproben mit einem Salzgehalt von 0,15 ‰ und weniger.

Zwei allgemeine Aspekte resultieren aus der quantitativen Analyse der gesamten Fauna sowie den Befunden an einzelnen Brackwasser-Arten (Abb. 7):

(1) Die Fauna ist hier an der Grenze zum Süßwasser – ebenso wie an stärker halinen Küsten – auf die Feuchtsandzone oberhalb des Grundwasserspiegels beschränkt. Episodische Schwankungen des Wasserniveaus führen zu aperiodischen Wanderungen der Fauna im Strand.

(2) Brackwasserarten wie *Macrostomum curvituba*, *Coelogynopora schulzii* und *Vejdovskya ignava* konzentrieren sich auf den vorderen brackigen Hangabschnitt und die vorgelagerten Ufersande – wenngleich sie in der Lage sind über Flußmündungen in das Limneticum einzuwandern. Am offenen Meeresstrand rücken sie jedenfalls aus dem brackigen „Hinterstübchen" im Supralitoral mariner Küsten nach vorne in das ihnen offenkundig angenehmere Salinitätsspektrum vor.

Europäische Atlantikküste
7 – Courant de Lège bei Arcachon

Der Courant de Lège fließt von Norden auf das Becken von Arcachon zu und mündet bei dem Ort Arès. Wir haben das brackige Mündungsareal auf einer Strecke von 600–700 m von der Grenze zum Süßwasser bis kurz vor die Ausmündung untersucht (Abb. 8).

Abb. 8: Frankreich. Arcachon. Brackiges Mündungsareal des Courant de Lège im Norden des Beckens von Arcachon. Uferzone mit weichem Substrat aus Sand und Schlick. Oberes Bild mit Süßwasserzufluß von links; dahinter Polster von Cyanobakterien. (Foto 1964)

Zahlreiche Proben wurden am 15.9., 18.9. und 22.9.1964 aus dem Courant selbst und lateral zulaufenden Kanälen und Rinnsalen entnommen – vorwiegend detritusreicher Sand und Schlick, ferner Polster von Cyanobakterien auf Schlick (Fundort von *Macrostomum gallicum* und *Proxenetes flexus*), abgestorbene Vegetation (*Allostoma graffi*), detritusarmer Sand aus der Flußmitte in 30–40 cm Wassertiefe. In der folgenden Liste sind Salzgehaltswerte von 25–0 ‰ eingesetzt, wie sie bei Probenentnahme an den Fundstellen der einzelnen Arten existierten. Es handelt sich um ein sehr labiles System. In Abhängigkeit von Jahreszeit, Gezeiten und Witterung treten große Variationen der Salinitätsverhältnisse im studierten Mündungsareal auf (AMANIEU 1969).

Tab. 4: Plathelminthes aus dem Courant de Lège bei Arcachon. (1964)

Salinität in ‰
● Hohe Dichte
○ Geringe Abundanz

	25	22	21	17	14	13	12	11	10	2	0
MI *Macrostomum pusillum*				○							
BB *Macrostomum gallicum*										○	
MI *Archimonotresis limophila*	○	○							○	○	○
BA *Allostoma graffi*				○							
MI *Monocelis lineata*		○									
MI *Promonotus schultzei*	●	○								●	
MI *Promonotus arcassonensis*				○	○	○	○	●	○	●	○
BA *Archiloa rivularis*								●		●	●
BA *Archiloa petiti*				○							
MI *Coelogynopora biarmata*				○							
BA *Tvaerminnea karlingi*		●									
MI *Promesostoma marmoratum*	○			○		○		○		○	
MI *Promesostoma minutum*						○		○			
MI *Promesostoma cochleare*						●		○			
BA *Beklemischeviella contorta*			○	○							
MI *Proxenetes flexus*											○
BA *Thalassoplanella collaris*			○	○				○		○	○
? *Haloplanella minuta*	○										
MI *Acrorhynchides robustus*				○		○			○	○	●
MI *Phonorhynchus bitubatus*											○
MI *Cicerina tetradactyla*				○							○

BA	*Zonorhynchus tvaerminnensis*			○				○	○
MI	*Placorhynchus octaculeatus*			○					○
MI	*Placorhynchus dimorphis*								○
BB	*Placorhynchus tetraculeatus*								○
MI	*Uncinorhynchus flavidus*		○						○
MI	*Thylacorhynchus macrorhynchos*								○
BA	*Cheliplana deverticulata*			●	○		○	○	● ○
MI	*Pseudograffilla arenicola*		○						○
?	*Bresslauilla relicta*						○		○
MI	*Provortex balticus*	○		○			○	○	○ ○
BA	*Vejdovskya helictos*			○			○		○
BA	*Baicalellia subsalina*				●	●	○	●	● ●
BB	*Baicalellia rectis*								○
BA	*Canetellia beauchampi*				○	○	●		○ ○
BA	*Balgetia hyalina*			○					○
BA	*Selimia vivida*		○						○
?	*Halammovortex macropharynx*	○							○

38 Arten wurden im Courant de Lège nachgewiesen. Mit 19 Arten wird die Hälfte von marin-euryhalinen Immigranten gestellt. Den 13 genuinen Brackwasser-Organismen mit weiter Verbreitung füge ich 3 Arten mit nur einem Brackwasserfund (oder im Fall von *Placorhynchus tetraculeatus* mit 2 Funden) an.

Dennoch ist die Zahl der marinen Immigranten höher, wenn wir sie mit der Komposition der Plathelminthenfauna in Brackgewässern der Ostsee vergleichen. Das mag mit der reichen Meeresfauna der benachbarten Bucht von Arcachon in Zusammenhang stehen.

Von größerem Interesse erscheint mir die Zusammensetzung der Gruppe genuiner Brackwasserorganismen mit einer gewissen „Brückenposition" zwischen der Besiedlung nordischer, mediterran-pontischer und transatlantischer Brackgewässer. Für die „nordischen" Arten *Zonorhynchus tvaerminnensis*, *Cheliplana deverticula* und *Baicalellia subsalina* stellen die Siedlungen bei Arcachon das südlichste Vorkommen. Umgekehrt markieren die Funde von *Allostoma graffi*, *Vejdovskya helictos*, *Archiloa petiti* und *Selimia vivida* ihre nördliche, derzeit bekannte Verbreitungsgrenze. *Beklemischeviella contorta* und *Thalassoplanella collaris* strahlen von Europas Atlantikküste auf Inseln im Atlantik und Amerikas Atlantikküste aus.

Europäische Mittelmeerküste
8 – Etang de Salses und Etang de Canet

Untersuchungen an zwei französischen Brackwasser-Strandseen mit Salinitäten zwischen 16 und 6 ‰ (Abb. 9) liegen auf der Route vom Atlantik zum Ponto-Kaspischen Raum.

Abb. 9: Frankreich. Etang de Canet an der Mittelmeerküste (France Méridionale). Oben. Lenitische Uferzone mit einem Gürtel von *Phragmites communis*. Unten. „Canal de Canet". Im letzten Krieg entstandener Graben ohne Verbindung zum Etang. Besonders niedriger Salzgehalt (6–8 ‰). Siedlungsraum zahlreicher genuiner Brackwasser-Plathelminthen. (Ax 1956c)

36 Arten wurden nachgewiesen (AX 1956a); 15 marin-euryhaline Immigranten und 14 genuine Brackwasserarten bilden nahezu hälftig die dominierenden Komponenten. 4 aus den mediterranen Strandseen neu beschriebene Arten sind bislang nur von ihren Originalfundorten bekannt. Mit *Gieysztoria cuspidata* wurde ein einziger limnischer Immigrant im feuchten Ufersand (Oligohalinicum) am Etang de Canet beobachtet.

Es lohnt ein Blick auf die Verbreitung einiger genuiner Brackwasserarten. *Macrostomum hystricinum* steht an der Spitze geographisch weit verbreiteter Arten mit transatlantischen Siedlungen in Kanada, gefolgt von *Vejdovskya pellucida*, gleichfalls mit Fundorten auf beiden Seiten des Nordatlantik. *Vejdovskya ignava* ist über das Mittelmeer hinaus nur aus Brackgewässern von Nordsee und Ostsee bekannt. Sie kann einen nordischen Einwanderer repräsentieren, und das gilt insbesondere für *Canetellia beauchampi*, für welche eine weitere Station im Courant de Lège am Atlantik bekannt ist.

Ein Gegenstück ist gleichermaßen *Thalassoplanina geniculata*, die wir zwar nicht in den westlichen Brackwasser-Etangs, aber im Brackwasser der Camargue gefunden haben. Mit einer Verbreitung im Schwarzen Meer, Kaspischen Meer und Aralsee wurde sie als pontokaspisches Faunenelement angesprochen (S. 418).

Tab. 5: Artenbestand in den mediterranen Brackwasserstrandseen „Etang de Salses" (14–12 ‰ Salzgehalt) und „Etang de Canet" (12–6 ‰) (AX 1956c). Am Südufer des Etang de Salses wurden 1962 Werte von 22–23 ‰ S gemessen. (AX 1964)

		Etang de Salses	Etang de Canet
BA	*Macrostomum hystricinum*	X	X
MI	*Macrostomum pusillum*	X	
BB	*Macrostomum clavituba*		X
BB	*Macrostomum longistyliferum*		X
BA	*Macrostomum spirale*	X	
MI	*Archimonotresis limophila*	X	X
BA	*Allostoma graffi*	X	X
BA	*Allostoma catinosa*	X	
MI	*Plagiostomum girardi*	X	
MI	*Monocelis lineata*	X	X
BA	*Pseudomonocelis agilis*		X
BB	*Minona trigonopora*		X

MI	*Promonotus schultzei*	X	X
BA	*Archiloa petiti*	X	X
BB	*Praebursoplana subsalina*	X	
BA	*Pseudosyrtis subterranea*		X
MI	*Brinkmanniella macrostomoides*	X	
BA	*Tvaerminnea karlingi*	X	X
MI	*Promesostoma gallicum*	X	X
MI	*Promesostoma cochleare*	X	X
BA	*Ptychopera plebeia*	X	X
MI	*Proxenetes simplex*	X	
BA	*Opistomum immigrans*		X
MI	*Phonorhynchus haegheni*	X	
MI	*Placorhynchus octaculeatus*		X
MI	*Proschizorhynchus arenarius*	X	
MI	*Baltoplana magna*	X	X
MI	*Cheliplana vestibularis*		X
MI	*Pseudograffilla arenicola*	X	X
?	*Bresslauilla relicta*	X	X
BA	*Vejdovskya pellucida*	X	
BA	*Vejdovskya ignava*		X
BA	*Vejdovskya helictos*	X	
BA	*Canetellia beauchampi*	X	X
SI	*Gieyztoria cuspidata*		X
?	*Halammovortex macropharynx*	X	X

Bosporus – Schwarzes Meer

9 – Brackige Mündungen limnischer Zuflüsse

An die Befunde vom Mittelmeer lassen sich zwanglos Studien über kleinste Brackgewässer am Eingang in das Schwarze Meer anschließen (AX 1959a).

In 3 Mündungsarealen limnischer Zuflüsse in den Bosporus und einem Zufluß bei Sile direkt in das Schwarze Meer waren insgesamt 19 Arten nachweisbar.

Nur 5 Arten sind sicher als Immigranten aus dem Meer ansprechbar, wobei *Archimonotresis limophila* und *Placorhynchus octaculeatus* mit ausgeprägt euryhalinen Populationen bis an die Grenze zum Süßwasser vorstoßen.

Vergleichsweise hoch ist die Anzahl von 11 genuinen Brackwasserarten sowie zwei weiteren Arten, die nur aus Brackgewässern im Raum des Schwarzen Meeres bekannt sind – *Byrsophlebs simplex* und *Promesostoma ensifer*. Das gilt auch für die ? Brackwasserart *Promonotus ponticus*. Bis in das Mittelmeer reichen *Ptychopera plebeia* und *Thalassoplanina geniculata*, weiter zum Atlantik die Arten *Vejdovskya helictos* und *Selimia vivida*. Und schließlich treten *Pseudomonocelis agilis* und *Promesostoma bilineatum* in der Ostsee auf.

Tab. 6: Besiedlung brackiger Mündungsareale von Süßwasserzuflüssen in den Bosporus (1–3) und in das Schwarze Meer (4). (Ax 1959a). ● Hohe Dichte, ○ geringe Abundanz.

		Baltaliman 17 – 15 ‰ S	Kücüc Su 18 ‰ S	Gök Su 16 – 4 ‰ S	Sile 15 – 3 ‰ S
		1	2	3	4
BA	*Macrostomum hystricinum*				○
MI	*Archimonotresis limophila*		○	○	○
BA	*Allostoma graffi*	○	○	○	
MI	*Monocelis lineata*	○			
BA	*Pseudomonocelis agilis*	○		○	
BA	*Promonotus ponticus*	○	○	○	○
MI	*Archilina endostyla*	○		○	○
BA	*Archiloa petiti*	○			
BB	*Byrsophlebs simplex*	○	●		
BA	*Tvaerminnea karlingi*			○	
BA	*Promesostoma bilineatum*	●		○	
BB	*Promesostoma ensifer*		○		
BA	*Ptychopera plebeia*	○	○		
MI	*Proxenetes simplex*	○	○		
BA	*Thalassoplanina geniculata*				○
MI	*Placorhynchus octaculeatus*			○	○

? *Bresslauilla relicta*				o
BA *Vejdovskya helictos*				o
BA *Selimia vivida*	o	o		

Inmitten des Nordatlantik

Wir kommen zurück an den Atlantischen Ozean. Nach der Aufdeckung weitreichender Übereinstimmungen zwischen den Faunen von Brackwasser-Plathelminthen an den atlantischen Küsten von Kanada und Europa im Jahr 1984 (S. 59) erschienen folgende Fragen legitim: Gab es eine community genuiner Brackwasser-Plathelminthes schon zu Zeiten eines einheitlichen Nordkontinents (Laurasia), welche bei der Entstehung des Nordatlantik auf die neuen Blöcke Nordamerika und Eurasien verteilt wurde? Oder aber: Bilden geologisch junge Orte wie Vulkaninseln inmitten des Ozeans Verbindungspunkte für späte Überquerungen des Nordatlantik?

Unter diesem Gesichtspunkt gewannen Untersuchungen auf den Färöer (1992) und auf Island (1993) an Interesse.

10 – Färöer

Schon mit den ersten Proben aus dem inneren Ende des Kaldbaksfjord auf Streymoy (12.8.1992) gab es eine partielle Antwort auf die eben gestellten Fragen. Die Brackwasserart *Coronhelmis lutheri* wurde regelmäßig im wasserbedeckten Ufersand und im Feuchtsand oberhalb der Wasserlinie nachgewiesen – in einem Bereich mit rasch wechselnder Salinität vom vollmarinen bis zum limnischen Milieu. Diese Siedlung von *Coronhelmis lutheri* stammt also mit Sicherheit nicht aus der Zeit der Entstehung des Nordatlantik. Populationen der Art haben die Vulkaninseln der Färöer später erobert, wann und von wo aus auch immer.

Und diese Argumentation trifft auf weitere „klassische" Brackwasserarten zu, welche auf den Färöer leben (Tab. 7); auszunehmen ist *Coronhelmis noerrevangi*, die bisher von den Färöer, von Island und von Grönland bekannt ist, ferner *Coelogynopora hangoensis* mit dem westlichsten Fundort auf Grönland. Unsere Beobachtungen sagen selbstverständlich nichts für oder gegen die mögliche Existenz einer Gemeinschaft von Brackwasser-Plathelminthen an den Küsten eines ehemaligen Superkontinents Pangea.

Im übrigen habe ich für diese Übersicht aus den Beobachtungen auf den Färöer (AX 1995a) zwei Brackwasserbiotope herausgestellt, in denen Popu-

Vergleich ausgewählter Brackwasser-Lebensräume auf der Nordhalbkugel 51

Abb. 10: Färöer. „Süßwasser"-Lagune Pollur bei Saksun auf der Insel Streymoy. Oben: Schmale Verbindung zum Meer im Westen sichtbar. Unten: Sandstrand neben Süßwasserzufluß. Ort der Probenentnahme. (Fotos 1992)

Tab. 7: Besiedlung der Lagune Pollur bei Saksun (Streymoy) und der Bucht von Hvalvik (Streymoy) auf den Färöer. ● Hohe Dichte, ○ geringe Abundanz (1992).

		Saksun	Hvalvik	
		1	2a	2b
BA	*Macrostomum curvituba*	●		○
MI	*Macrostomum balticum*			○
MI	*Monocelis lineata*			●
BA	*Minona baltica*	○		○
BA	*Paramonotus hamatus*	○		○
MI	*Archilopsis unipunctata*			●
BA	*Coelogynopora schulzii*	○	●	
BA	*Coelogynopora hangoensis*			○
BA	*Coronhelmis lutheri*	●		
BA	*Coronhelmis noerrevangi*	○		○
MI	*Promesostoma marmoratum*	○		
BA	*Beklemischeviella contorta*	○		
BB	*Stygoplanellina saksunensis*	○		
MI	*Acrorhynchides robustus*			○
BA	*Prognathorhynchus canaliculatus*	○		○
MI	*Provortex impeditus*			○
BA	*Provortex pallidus*	○		
MI	*Provortex karlingi*	○		
BA	*Vejdovskya mesostyla*	○		

lationen aller Brackwasserarten vertreten sind. Die Liste der Funde aus der Lagune Pollur bei Saksun und der Bucht von Hvalvik (Tab. 7) umfaßt 19 Arten mit 7 marin-euryhalinen Immigranten und 11 spezifischen Brackwasserarten. *Stygoplanellina saksunensis* ist bisher nur aus der Lagune Pollur bekannt.

(1) **Saksun**. Die Lagune Pollur im Nordwesten der Insel Streymoy ist ein großes „Süßwasser"-Bassin mit einer schmalen Verbindung zum Meer, über welche Meerwasser eindringen kann. Wasserfälle entleeren sich in die Lagune. Im inneren Ostende war bei Untersuchungen am 6. und 19.8.1992 kein Salz nachweisbar. Die Proben stammen aus einem flachen, 20–30 m breiten Strand aus Mittel - Grobsand und Kies (Abb. 10).

(2) **Hvalvik**. Breite Bucht im Nordosten von Streymoy am Sund zwischen den Inseln Streymoy und Esturoy. (2a) Sandstrand mit schwach entwickeltem Brandungsufer. Salzgehalt 10 ‰ am 25.8.1992. (2b) Landwärts anschließendes Wiesengelände mit peripheren Arealen aus Mittel-Grobsand. Salzgehalt 5 ‰ am 16. und 25.8.1992.

Zwei weitere neue Arten aus Brackwasserbiotopen der Färöer wurden an den behandelten Strandzonen nicht beobachtet. *Coelogynopora coronata* stammt von einem Brandungsstrand bei Hosvik (Streymoy) nahe bei einem Süßwasserzufluß. Für *Coelogynopora faeroernensis* existieren zwei Fundstellen auf Streymoy. (a) Brandungssandstrand von Tjørnuvik mit Süßwasserzufluß, Salzgehalt 10 ‰; vergesellschaftet mit *Notocaryoplana arctica* (Otoplanidae). (b) Leymar. Im Feinsand einer Süßwasser-Lagune.

11 – Island

Neben den Färöer war Island der zweite Evidenzpunkt für eine Prüfung der Frage nach der Existenz von Brackwasser-Plathelminthen inmitten des atlantischen Ozeans. Wir haben im Juli 1993 in verschiedenen Brackgewässern 21 Arten nachweisen können. Mit 9 marin-euryhalinen Immigranten und 12 genuinen Brackwasserarten ist das Verhältnis der beiden ökologischen Gruppen zueinander ganz ähnlich wie auf den Färöer.

Wir dokumentieren zuerst die Siedlungen der 21 Arten in 5 verschiedenen Strandregionen im Südwesten der Insel (Tab. 8). Besonders artenreich ist das Brackwassergelände in der Bucht von Leiruvogur. Ökologische Leckerbissen bot die Süßwasserlagune Hlidarvatn, die von Topographie und Salzgehalt mit der Lagune Pollur (Saksun) auf den Färöer vergleichbar ist. Auf Island wurden die 3 Brackwasserarten *Macrostomum magnacurvituba*, *Prognathorhynchus canaliculatus* und *Haplovejdovskya subterranea* nur hier gefunden.

Abb. 11: Island. Oben. Bucht Leiruvogur am Kollafjørdur. Süßwasserfluß. Unten. Lagune Hlidarvatn an der Südküste der Insel. Sandstrand am Nordost-Ende der Lagune. (Fotos 1993)

Tab. 8: Besiedlung von 5 Strandregionen im Südwesten von Island.
● Hohe Dichte, ○ geringe Abundanz (1993).

		Blautos	Mitsandur	Leiruvogur		Holthos	Hlidarvatn
		1	2	3a	3b	4	5
BA	*Macrostomum magnacurvituba*						○
BA	*Macrostomum hamatum*					○	
SI	*Otomesostoma auditivum*						○
BA	*Minona baltica*	●	●	●		○	
BA	*Coelogynopora schulzii*	○					
BA	*Coelogynopora hangoensis*			●			●
BA	*Coronhelmis lutheri*	●		○			○
BA	*Coronhelmis noerrevangi*		○				
MI	*Promesostoma caligulatum*				○		
BA	*Beklemischeviella contorta*			○			
BA	*Proxenetes unidentatus*			○			
MI	*Proxenetes deltoides*			○	○		
MI	*Proxenetes karlingi*				○		
MI	*Acrorhynchides robustus*				○		
MI	*Placorhynchus octaculeatus*				○		
MI	*Chlamydorhynchus evekuniensis*				○		
BA	*Prognathorhynchus canaliculatus*					○	
MI	*Pseudograffilla arenicola*				○		
MI	*Provortex impeditus*			○	○		
BA	*Provortex pallidus*		●	○		○	
MI	*Provortex karlingi*	○					
BA	*Haplovejdovskya subterranea*						○
?	*Jensenia angulata*	○					
BA	*Jensenia parangulata*	○					

(1) **Blautos**. Felsbucht nordöstlich von Akranes. Supralitoral eines kleinen Sandstrandes, ~ 30 m landwärts der NWL (Brackwasser).

(2) **Bucht Mitsandur**. Sandstrand an der Nordseite des Hjalfjørdur. Supralitoral, Grobsand – Kies.

(3) **Bucht Leiruvogur** (Abb. 11). Salzwiesenareal am Südende des Kollafjørdur. (3a) Kleine Flußläufe mit Süßwasser. Mud bis Grobsand – Kies. (3b) Salzwiesentümpel mit Brackwasser.

(4) **Holthos**. Kleiner See an der Südküste der Insel. Grobsand – Kies der Uferzone; Salzgehalt 1 ‰.

(5) **Hlidarvatn** (Abb. 11). Große Süßwasserlagune an der Südküste von Island in Höhe von Reykjavik. Sandstrand am Nordost-Ende. Uferzone, reiner Mittel-Grobsand. Die Lagune hat im Süden eine lange, schmale Verbindung mit dem Meer. Salzgehalt 1 ‰ (Auskunft Dr. Ingolfson, Reykjavik).

Die bei den Färöer angelaufene Diskussion über die Besiedlung von Brackgewässern im Nordatlantik erhält neue Argumente. Auf den Färöer leben 8 Brackwasserarten mit Siedlungen an beiden Seiten des Atlantik, auf Island sind es 4 Arten. *Minona baltica* und *Coronhelmis lutheri* kennen wir bereits von den Färöer, *Macrostomum hamatum* und *Proxenetes unidentatus* kommen auf Island neu hinzu.

5 „mittelatlantische" Brackwasserarten sind im übrigen aus Europa bekannt: *Coelogynopora schulzii* (Färöer, Island), *Beklemischeviella contorta* (Färöer, Island), *Prognathorhynchus canaliculatus* (Färöer, Island), *Provortex pallidus* (Färöer, Island) und *Haplovejdovskya subterranea* (Island).

Diese Ergebnisse führen schließlich zur Frage nach den Übereinstimmungen der Brackwasser-Plathelminthen zwischen den Färöer und Island. Sie sind hoch, wie ein Vergleich der Tabellen 7 und 8 zeigt. 7 genuine Brackwasserarten siedeln mit identischen Populationen auf den Färöer und im Südwesten von Island.

12 – Grönland

Die Umgebung der Arktischen Station in Godhavn auf der Insel Disko ist für das Studium von Brackwasser-Plathelminthen wenig geeignet. Immerhin erbrachte das Mündungsgebiet einer Süßwasserlagune vor der Station in den Brandungssandstrand Sorte Sand einige Resultate (AX 1993b, 1994b, 1994c 1995b).

Das Sediment im Mündungsareal der Lagune ist ein reiner Mittel-Grobsand (Abb. 12). Bei Probeentnahmen im August 1991 war bei mäßigem Süßwasserausfluß kein Salz bestimmbar. Die folgenden 5 Arten wurden nachgewiesen:

Abb. 12: Grönland. Godhavn auf Disko. Oben: Brandungssandstrand „Sorte Sand" südlich der Arktischen Station. Der marine Strand ist Siedlungsraum der Otoplanidae *Notocaryoplana arctica* und *Itaspiella helgolandica*. Vorne die Mündung der Süßwasser-Lagune in den Strand. Unten: Mündungsgebiet der Süßwasser-Lagune mit reinem Sand zwischen Felsbrocken. Gebäude der Arktischen Station im Hintergrund. (Ax 1995b)

BA *Macrostomum magnacurvituba*
BA *Coelogynopora hangoensis*
BB *Coronhelmis conspicuus*
BB *Coronhelmis exiguus*
BA *Jensenia parangulata*

Die Arten *Macrostomum magnacurvituba*, *Coelogynopora hangoensis* und *Jensenia parangulata* lassen sich aufgrund ihrer weiteren Verbreitung als genuine Brackwasser-Organismen ausweisen. Das gilt möglicherweise auch für *Coronhelmis conspicuus* und *Coronhelmis exiguus*, die bislang nur mit dem Originalfundort von Grönland bekannt sind. Sie stehen jedenfalls in einem supraspezifischen Taxon mit Arten, deren Originalbeschreibungen sämtlich aus Brackgewässern stammen.

Coelogynopora hangoensis (auch Färöer und Island) ist die einzige Brackwasserart auf Grönland mit einem Nachweis in Europa.

Als „Stellvertreter" mutmaßlich auf Grönland fehlender Brackwasserarten erscheinen *Macrostomum magnacurvituba* für *Macrostomum curvituba* (ebenso auf Island) und *Coronhelmis conspicuus* für *Coronhelmis lutheri*. Selbst *Coronhelmis exiguus* kann man an dieser Stelle anfügen; sie ist der von beiden Seiten des Nordatlantik bekannten *Coronhelmis multispinosus* sehr ähnlich (AX 1994 b).

Aus einem supralitoralen Strandtümpel nördlich von Godhavn (Sandboden, Salzgehalt 5–6 ‰) kommt *Coelogynopora noerrevangi* hinzu. Auch hier handelt es sich wahrscheinlich um eine genuine Brackwasserart. *Coelogynopora noerrevangi* siedelt auf den Färöer und auf Island in klassischen Brackwasserbiotopen, wurde auf Grönland aber auch in Ufersanden mariner Prägung gefunden (AX 1995b).

Kanada

13 – New Brunswick

Strandregionen von New Brunswick in Kanada waren die ersten Orte, an denen wir 1984 erstaunliche Identitäten zwischen Brackwasser-Plathelminthen an beiden Seiten des Nordatlantik nachweisen konnten. So etwa war es eine große Überraschung, Populationen der aus der Ostsee beschriebenen *Coronhelmis multispinosus* und *Coronhelmis lutheri* im brackigen Supralitoral eines Sandstrandes am New River Beach zu finden.

Die Küsten von New Brunswick liefern mit Abstand die höchste Zahl an Übereinstimmungen mit genuinen Brackwasser-Plathelminthen, die gleichermaßen in europäischen Brackgewässern siedeln. Bei konsequenter Beschränkung auf „sichere" Brackwasserarten mit „Fundorten in geographisch weit entfernten Gebieten" verbleiben von 62 beobachteten Arten (AX & ARMONIES 1987) immer noch 14 genuine Brackwasserorganismen.

4 aus Brackgewässern von Kanada oder Alaska neu beschriebene Arten konnten wir für den Vergleich nicht berücksichtigen, weil sie bisher nur von Nordamerika bekannt sind. Es handelt sich um *Maehrenthalia americana*, *Placorhynchus separatus*, *Baicalellia canadensis* und *Halammovortex pseudonigrifrons*.

Die 14 genuinen Brackwasserarten (Tab. 9) wurden an 4 Positionen gefunden. 3 Probenorte liegen in der Quoddy Region im Osten von New Brunswick (1–3); einige Proben wurden in der Bay de Chaleurs gewonnen (4).

(1) **Brackwasserbecken Pocologan**. Ein kleines Areal, von 50 × 80 m Ausmaß. Mit einem Süßwasserzufluß an der Landseite und einer Straße an der Seeseite, unter welcher 4 Röhren das Becken mit dem Meer verbinden; bei Flut tritt Meerwasser ein. Mud in der Nähe des Süßwasserzuflusses, Sand in der Gezeitenzone, Grünalgenpolster.

(2) **New River Beach**. Supralitoral eines Sandstrandes (Brackwasserbedingungen).

(3) **Campobello Island**. Salzwiesenregion unter Süßwassereinfluß.

(4) **Elmtree River**. Salzwiese mit *Spartina* und *Salicornia* (hier *Ptychopera spinifera*). Mittel-Grobsand in schwachsalzigem Brackwasser (hier *Vejdovskya pellucida*).

Tab. 9: Genuine Brackwasser-Plathelminthes von der Atlantikküste Kanadas. (AX & ARMONIES 1987)

	Pocologan	New River Beach	Compobello Isld	Bay de Chaleurs
	1	2	3	4
Macrostomum hystricinum	X			
Macrostomum hamatum	X		X	
Minona baltica	X			
Coelogynopora schulzii		X		
Coronhelmis lutheri		X		
Coronhelmis multispinosus		X	X	
Beklemischeviella angustior	X			
Ptychopera spinifera				X
Ptychopera hartogi			X	
Proxenetes unidentatus	X			
Thalassoplanella collaris	X			
Stygoplanellina halophila (?)			X	
Haloplanella curvistyla	X			
Vejdovskya pellucida				X

Alaska

14 – Seward, Kotzebue

Die geringe Kenntnis pazifischer Plathelminthes dokumentiert die Tatsache, daß wir 18 der in Alaska studierten 37 Arten neu beschreiben mußten (AX & ARMONIES 1990). Von hohem Interesse bleibt aber die Gruppe der spezifischen Brackwasserarten; sie ist mit 9 identischen Arten in Europa und Alaska vertreten (Tab. 10).

Coronhelmis lutheri haben wir auch an der nordamerikanischen Atlantikküste gefunden. Eine Einschränkung betrifft *Jensenia parangulata*, für welche weitere Funde nur von Grönland und Island vorliegen.

Probenorte mit Brackwasser Plathelminthen, die in Tabelle 10 aufgeführt sind:

Kenai Peninsula. 1–3. Seward. (1) Fourth of July Beach. Grobsand, Kies, Steine. (2) Lowell Point. Grobsand, Kies, Steine; mit Salzwiesenareal. An den Stränden 1 und 2 fließt Gletscherwasser in den Lebensraum. Im Wechsel mit Überflutung durch Meerwasser entsteht Brackwasser mit stark wechselndem Salzgehalt. (3) Airport. Mudboden in Salzwiese. (4) Homer Spit. Sandhang. (5) Ninilchik. Brackwasserlagune. Mittelsand in Nähe des Cook Inlet River.

Kotzebue Sound. Kotzebue. (6) Sandstrand an Mündung eines Süßwasserzuflusses. (7) Mud in Salzwiese.

Abb. 13: Alaska. Seward, Kenai Peninsula. Fourth of July Beach. Strand mit grobem Sand, Kies und Steinen. Unter Einfluß von Schmelzwasser aus angrenzenden Gletschern. (Foto 1988)

Tab. 10: Brackwasserarten von Alaska mit Siedlungen identischer Populationen in Brackgewässern von Europa. (Ax & Armonies 1990)

	Kenai Peninsula					Kotzebue	
	July Beach	Lowell Point	Airport	Homer Spit	Ninilchik	Sandstrand	Salzwiese
	1	2	3	4	5	6	7
Macrostomum curvituba						X	
Macrostomum tenuicauda		X		X			
Macrostomum bicurvistyla	X	X					
Macrostomum spirale							X
Byrsophlebs dubia		X					
Coronhelmis lutheri						X	
Haloplanella obtusituba	X			X			
Coronopharynx pusillus	X	X			X		
Jensenia parangulata					X		

South Carolina

15 – Brackwasserstrand von Georgetown

In der warm-temperierten bis subtropischen Klimazone studierten wir einen Sandstrand im Brackwasser der Winyah Bay (1995, 1996, 1998). Der Morgan Park (East Bay Park) von Georgetown liegt im Norden der Bucht, wo die Flüsse Sampit, Pee Dee und Waccamav münden. Der kleine Sandstrand befindet sich am Südende des Parks zwischen dichten Beständen von *Phragmites* (Abb. 14). Proben aus dem Bereich der Gezeitenzone stammen von reinem Mittelsand sowie aus detritusreichem Sand zwischen *Phragmites* und unter Polstern von Cyanobakterien.

Salzgehalt und Temperatur. Im April 1995 wurden maximale Werte von 10–12 ‰ Salinität bestimmt. Bei regelmäßigen Messungen von Juli 1995 bis Oktober 1996 lagen die Salzgehaltswerte zwischen 5,5 und 0,1 ‰ bei Wassertemperaturen von 8,5° C (2/96) bis 29,1° C (8/96) (AX 1997a).

Gefundene Arten

Macrostomum acutum
Macrostomum calcaris
Monocelopsis carolinensis
Coronhelmis subtilis
Beklemischeviella angustior
Ptychopera spinifera
Haloplanella carolinensis
Phonorhynchus laevitubus
Parautelga bilioi
Utelga carolinensis
Zonorhynchus ruber
Placorhynchus magnaspina
Vejdovskya parapellucida
Halammovortex promacropharynx
Halammovortex supranigrifrons
Alexlutheria psammophila

Abb. 14: South Carolina. Kleiner Sandstrand des Morgan Park von Georgetown mit dichtem Wuchs von *Phragmites*. (Ax 1997a)

Im Vergleich mit der Atlantikküste von Kanada und auch der Pazifikküste von Alaska sind die Übereinstimmungen mit Brackwasserarten Europas deutlich geringer – wahrscheinlich als Folge des unterschiedlichen Temperaturregimes. Nur bei 3 Arten konnten Befunde an Individuen von South Carolina mit Beschreibungen aus Brackgewässern europäischer Küsten identifiziert werden. Das sind *Beklemischeviella angustior*, *Ptychopera spinifera* und *Parautelga bilioi* – offensichtlich eurytherme Arten, die auch weiter aus dem Norden von der kanadischen Atlantikküste bekannt sind.

Bei der großen Mehrzahl handelt es sich um Neubeschreibungen aus dem Übergangsbereich von Süßwasser zu Brackwasser in der Winyah Bucht. Allein *Monocelopsis carolinensis* stößt weit in das Süßwasser des Waccamav vor. Erst weitere Untersuchungen können zeigen, inwieweit diese Fauna von marin-euryhalinen Immigranten und/oder genuinen Brackwasserorganismen bestimmt wird.

Einzelne Arten aus der Winyah Bucht sind gut bekannten Arten aus nördlicheren Brackgewässern sehr ähnlich – etwa *Vejdovskya parapellucida* und *Vejdovskya pellucida* oder *Coronhelmis subtilis* und *Coronhelmis lutheri*.

Japan

16 – Aomori District, Honshu

Die 18 Arten, welche wir 1990 aus Brackgewässern im Norden von Honshu (Aomori District) studieren konnten, stehen in der folgenden Übersicht noch ohne weiterführende Charakterisierung. Wir betreten hier weitestgehend Neuland mit 14 Neubeschreibungen.

Japanoplana insolita und *Promesostoma teshirogii* wurden zwischenzeitlich publiziert (1992a, 1994a); die Beschreibungen der übrigen Arten stehen in dieser Abhandlung.

Allein für *Macrostomum balticum* ist die Frage nach der Identität zwischen Populationen aus japanischen und europäischen Brackgewässern diskutabel. Das Problem ist indes nicht gelöst. An dem sehr einfachen Stilett gibt es Unterschiede in der Struktur des terminalen Zipfels (S. 126).

Multipeniata kho hat als einzige Art ein Verbreitungsmuster in asiatischen Brackgewässern, das für die Existenz einer genuinen Brackwasserart spricht. Populationen siedeln an beiden Seiten des Japanischen Meeres und am Pazifik in Lebensräumen mit niedrigem Salzgehalt.

Zwei Arten bilden marin-euryhaline Immigranten in Brackgewässern von Japan. Das sind *Palladia nigrescens* und *Cheliplana setosa*, welche aus marinen Biotopen an russischen Küsten des Japanischen Meeres beschrieben wurden. *Cheliplana setosa* ist ferner in Kalifornien aus dem Meer bekannt.

Abb. 15: Japan. Ostufer des Jusan Lake am Japanischen Meer, Aomori District, Honshu. Detritusreicher Sand zwischen *Phragmites*. Lebensraum der Brackwasserart *Multipeniata kho*. (Foto 1990)

Tab. 11: Plathelminthes aus Brackgewässern im Norden von Honshu, Japan. (1990)

	Jusan Lake	Kominato River	Noheji River	Obuchi Pond	Takahoko Pond	Takase River
	1	2	3	4	5	6
Macrostomum guttulatum	X		X	X		
Macrostomum flexum	X					
Macrostomum semicirculatum				X	X	X
Macrostomum ? balticum				X		
Multipeniata kho	X	X			X	X
Japanoplana insolita		X				X
Minona minuta				X		
Duplominona filiformis						X
Duplominona japonica	X					
Archilina japonica			X			X
Promesostoma teshirogi	X				X	X
Ptychopera japonica				X		X
Palladia nigrescens		X		X		X
Phonorhynchoides japonicus						X
Utelga monodon				X		X
Cheliplana setosa						X
Pogaina japonica				X	X	X
Pogaina scypha				X	X	

Charakterisierung der Fundorte in Tab. 11

Japanisches Meer

(1) **Jusan Lake**. Westufer und Ostufer. Sand zwischen *Phragmites* (Abb. 15). Westufer. 15.8.1990: Salzgehalt 35 ‰. Rasche Abnahme im Grundwasser landwärts des Wasserrandes. *Macrostomum flexum, Duplominona japonica*. Ostufer. 15.8.1990: Salzgehalt 5 ‰. 5.9.1990: Süßwasser. *Macrostomum guttulatum, Macrostomum flexum, Multipeniata kho, Promesostoma teshirogii.*

Mutsu Bay

(2) **Kominato River**. Einige 100 m landeinwärts der Mündung bei Asadokoro. Algenpolster auf Schlick. 18.8.1990. Salzgehalt 15 ‰.

(3) **Noheji River**. 250 m vor der Mündung. Detritusreiches Sediment. 1.9.1990: Süßwasser.

Pazifischer Ozean

(4) **Obuchi Pond** nördlich des Ogawara Lake. Detritus-Sand, Algenpolster, Salzwiesensubstrat. 24.8.1990: 25–30 ‰ Salzgehalt in diversen Proben zwischen 200 m und 2,5 km Entfernung von der Mündung. „Brackwassersee" mit geringem Süßwasserzufluß.

(5) **Takahoko Pond**. „Brackwassertümpel", gleichfalls im Norden des Ogawara Lake. Detritusreicher Sand, flottierende Algen. 29.8.1990: Salzgehalt 3 ‰.

(6) **Takase River**. Ausfluß des Ogawara Lake in den Pazifischen Ozean. Mündungsbereich: Lagune 250 m landwärts der Küste. Schlick mit Diatomeen und Cyanobakterien; detritusreicher Sand; Algenpolster. 21.8.1990: Salzgehalt 15 ‰. Mehrzahl der angeführten Arten. Flußlauf 1 km Entfernung vom Meer. 21.8.1990: Süßwasser. Sand: *Archilina japonica*, *Promesostoma teshirogi*. In Algen: *Pogaina japonica*. Flußlauf 1,5 km von der Küste. 21.8.1990: Süßwasser. Algenpolster: *Archilina japonica*, *Japanoplana insolita* (zahlreich).

IV. Zur geographischen Verbreitung genuiner Brackwasser-Plathelminthes

Angaben zur geographischen Verbreitung von Arten sind bei den Plathelminthen leider gewöhnlich nicht mehr als Aufzählungen der jeweils bekannten Fundorte. Das Bild ihrer Verbreitung kann sich indes mit einigen neuen Funden fundamental verändern.

Beklemischeviella angustior war für lange Zeit nur aus der Ostsee bekannt und stand dementsprechend auf der stattlichen Liste potentieller „Baltic endemics" (KARLING 1974). Unlängst haben wir diese Brackwasserart an den Küsten von Kanada und South Carolina gefunden, was den Rückschluß auf eine weite Verbreitung an der nordamerikanischen Atlantikküste erlaubt. Das vorgeführte Exempel steht für viele weitere Arten. Die „Endemismen-Gruppe" des Balticums zerbröckelte zunehmend im Verlauf neuer Studien außerhalb der Ostsee; KARLINGs Annahme „that the true endemics are very few if any" (l. c. p. 83) fand Bestätigung.

Ein ähnliches Schicksal ergreift mehr und mehr die „Ponto-Aralo-Caspian Relicts" (MACK-FIRA 1974), an deren Herausstellung ich fleißig mitgestrickt habe (AX 1959a). *Thalassoplanina geniculata*, aus dem Kaspischen Meer, Aralsee und Schwarzen Meer war solange ein eindrucksvolles Beispiel für endemische Relikte eines einstmaligen Sarmatischen Binnenmeeres, bis wir sie am Mittelmeer im Brackwasser der Camargue nachweisen konnten. Ähnlich war zunächst die Einschätzung von *Selimia vivida* (Bosporus) als Relikt mit engen Beziehungen im Aufbau des Kopulationsorgans zu *Kirgisella forcipulata* aus dem Aralsee – aber dann haben wir die Art am Atlantik im Brackwasser des Courant de Lège bei Arcachon gefunden. Und selbst ein „klassischer" Endemismus-Fall wie *Pontaralia relicta* (Aralsee, Kaspisches Meer, Schwarzes Meer) ist dabei, diesen seinen Status zu verlieren. In einer Binnensalzstelle in Thüringen lebt eine „*Utelga sp.*" mit weitgehenden Übereinstimmungen im Geschlechtsapparat (KAISER 1974).

Beklemischeviella contorta wurde aus dem Aralsee beschrieben und sodann von LUTHER (1943) in der Ostsee identifiziert. Die Interpretation als ein glazial-marines Relikt im Aralo-Kaspium und in der Ostsee war verlockend (AX 1959a). Aber auch dieser Traum zerplatzte, als wir Siedlungen von *Beklemischeviella contorta* nicht nur im Brackwasser an der französischen Atlantikküste, sondern sogar inmitten des Nordatlantik auf den Färöer nachweisen konnten.

Beispiele dieser Natur sind beliebig vermehrbar, sollten dennoch aber nicht entmutigen, für Brackwasserarten mit mehreren Fundorten einen Rahmen zu entwerfen, in welchen sich neben weit verbreiteten Organismen andere Arten mit möglichen regionalen Begrenzungen auf der Nordhalbkugel einordnen lassen. Unter diesem Aspekt habe ich eine Reihe genuiner Brackwasser-Plathelminthen entsprechend ihren bisherigen Funden in Gruppen angeordnet und einige generalisierende Aussagen versucht, auch wenn sie im Stand der Untersuchungen unbefriedigend bleiben müssen. Eine positive Feststellung ist einfach, der Ausschluß von Arten für bestimmte Gebiete sehr schwer, wenn nicht unmöglich.

Von den 47 vorgestellten Arten sind 41 im Bereich von Nordsee und (oder) Ostsee nachgewiesen. Das besagt allerdings nur, daß Brackgewässer in diesen Gebieten intensiv studiert worden sind.

Ein breiter Strom von Brackwasserarten setzt sich über den Atlantik nach Kanada fort – und sogar noch weiter nach Alaska am Pazifik, hier allerdings mit deutlicher Abschwächung. Dagegen erlischt die Verbreitung von „europäischen" Brackwasserarten nach Süden an der nordamerikanischen Atlantikküste; in South Carolina habe ich nur die Arten *Ptychopera spinifera* und *Beklemischeviella angustior* gefunden.

Ein zweiter, wenn auch schwächerer Strom von Brackwasserorganismen, die mit nordeuropäischen Arten identisch sind, erstreckt sich entlang der europäischen Atlantikküste in das Mittelmeer und weiter über den Bosporus in das Schwarze Meer. Worte wie „Strom" oder „Ausstrahlung" machen dabei keine Aussage über Ursprung, Richtung und Wege der Wanderung einzelner Arten.

Gruppe I

Die Arten 1–6 mit *Coronhelmis lutheri* und *Macrostomum hystricinum* an der Spitze bilden eindrucksvolle Beispiele für genuine Brackwasser-Plathelminthen mit extrem weiter geographischer Verbreitung. Mit Siedlungen dieser Arten muß man bei jeder Untersuchung mesohaliner-oligohaliner Brackgewässer auf der Nordhalbkugel rechnen.

Gruppe II

Die Arten 7–11 sind fast nur aus Brackwassergebieten der Nord- und Ostsee bekannt, was für einen entsprechend regionalen Verbreitungsschwerpunkt spricht. Vorsicht ist indes geboten – wie es ein Fund von *Haplovejdovskya subterranea* auf Island anzeigt; mit nicht näher spezifizierten Funden an der schwedischen Westküste und im Weißen Meer (S. 591) rückt die Art an die Gruppe I heran.

Gruppe III

Die Arten 12–25 habe ich abgesetzt, weil für sie keine Funde aus brackigem Mesopsammal der Nordsee vorliegen. Ansonsten ist das eine heterogene Gruppe nordisch verbreiteter Arten mit Ausstrahlungen (S. 70) in den Nordatlantik bis an die amerikanische Küste und in das Mittelmeer.

Gruppe IV

Bei den Arten 26–41 kenne ich überhaupt keine Funde aus der Nordsee. Eine Häufung von Angaben existiert für die Ostsee – aber auch in dieser Gruppe gibt es Ausstrahlungen einzelner Arten auf den Atlantik, in das Mittelmeer und weiter in das Schwarze Meer. Den Wandel in der Interpretation von *Beklemischeviella contorta* von einem glazial marinen Relikt zu einer weit verbreiteten Brackwasserart haben wir oben angesprochen; sie könnte der Gruppe I angeschlossen werden.

Gruppe V

Die Arten 42–45 sind möglicherweise thermophile Brackwasser-Organismen. Wir kennen *Allostoma graffi*, *Vejdovskya helictos* und *Archiloa petiti* vom Ostatlantik (Arcachon), Mittelmeer und Bosporus. *Allostoma graffi* ist darüber vom Westatlantik (North Carolina) und aus dem Schwarzen Meer gemeldet. Von *Thalassoplanina geniculata* war oben die Rede (S. 69).

Gruppe VI

Es verbleiben als Arten 46 und 47 *Jensenia parangulata* und *Macrostomum magnacurvituba*, die aufgrund ihrer Existenz im Nordatlantik als thermophobe Brackwasser-Organismen einschätzbar sind.

Tab. 12: Verbreitung von 47 genuinen Brackwasserarten. Aufstellung der Liste anhand derzeit bekannter Fundorte.
Bei den folgenden Arten wird auf weitere Funde verwiesen, die in der Tabelle nicht erfaßt wurden, für die ökologische Charakterisierung aber von Bedeutung sind.
1 = Rømø (Dänemark). 2 = Kaspisches Meer, Aralsee. 10, 11 = Kieler Bucht. Supralitoral am Sandstrand von Schilksee. 14 = Schwarzes Meer. 26 = Øresund; Nord-Ostsee-Kanal (Schleswig-Holstein); Kieler Bucht; Schwarzes Meer. 27 = Kaspisches Meer, Aralsee. 31 = Nordsee (Niederlande). 32 = Nord-Ostsee-Kanal. 38 = Nord-Ostsee-Kanal. 40 = Nord-Ostsee-Kanal. 42 = Schwarzes Meer. North Carolina. Virginia. 45 = Kaspisches Meer, Aralsee.

		Sylt Sandstrand	Sylt Salzwiese	Schlei bei Kiel	Greifswald	Finnland	Arcachon	Mittelmeer	Bosporus, Sile	Färöer	Island	Disko/Grönland	Kanada	Alaska	South Carolina
		1	2	3	4	5	6	7	8	9	10	11	12	13	14
1	Coronhelmis lutheri	X		X	X	X				X	X		X	X	
2	Macrostomum hystricinum	X	X	X	X	X		X	X				X		
3	Coronhelmis multispinosus	X	X	X	X	X							X		
4	Coelogynopora schulzii	X	X	X		X				X	X				
5	Proxenetes unidentatus	X	X			X					X		X		
6	Ptychopera spinifera	X	X			X					X				X
7	Haplovejdovskya subterranea	X		X		X				X					
8	Diascorhynchus lappvikensis	X	X			X									
9	Bothriomolus balticus	X				X									
10	Hoplopera pusilla	X	X												
11	Otoplanella schulzi	X													
12	Macrostomum curvituba			X	X	X	X			X			X		
13	Thalassoplanella collaris			X	X	X	X	X					X		
14	Vejdovskya pellucida			X	X	X	X		X				X		
15	Minona baltica			X		X				X	X		X		
16	Vejdovskya ignava			X	X	X		X							
17	Macrostomum spirale			X		X			X					X	
18	Macrostomum hamatum			X		X					X	X			
19	Provortex pallidus			X		X				X	X				
20	Macrostomum tenuicauda			X		X								X	
21	Haloplanella obtusituba			X		X								X	
22	Haloplanella curvistyla			X		X							X		
23	Coronopharynx pusillus			X		X								X	
24	Vejdovskya mesostyla			X		X				X					
25	Philosyrtis fennica			X		X									
26	Promesostoma bilineatum								X						
27	Beklemischeviella contorta			X		X	X			X	X				
28	Tvaerminnea karlingi			X		X	X	X	X						
29	Pseudomonocelis agilis			X	X		X	X							

Zur geographischen Verbreitung genuiner Brackwasser-Plathelmintehes

		Sylt Sandstrand	Sylt Salzwiese	Schlei bei Kiel	Greifswald	Finnland	Arcachon	Mittelmeer	Bosporus, Sile	Färöer	Island	Disko/Grönland	Kanada	Alaska	South Carolina
		1	2	3	4	5	6	7	8	9	10	11	12	13	14
30	*Prognathorhynchus canaliculatus*			X		X				X	X				
31	*Paramonotus hamatus*			X		X				X					
32	*Zonorhynchus tvaerminnensis*			X		X	X								
33	*Baicalellia subsalina*			X			X								
34	*Dolichomacrostomum uniporum*			X		X									
35	*Pseudosyrtis subterranea*				X	X		X							
36	*Cheliplana deverticula*				X		X								
37	*Coelogynopora hangoensis*					X					X	X	X		
38	*Archiloa rivularis*					X									
39	*Beklemischeviella angustior*					X							X		X
40	*Canetellia beauchampi*					X	X	X							
41	*Opistomum immigrans*					X		X							
42	*Allostoma graffi*						X	X	X						
43	*Vejdovskya helictos*						X	X	X						
44	*Archiloa petiti*						X	X	X						
45	*Thalassoplanina geniculata*							X	X						
46	*Jensenia parangulata*											X	X	X	
47	*Macrostomum magnacurvituba*											X	X		

V. Systematik – Autökologie

Nach jüngsten genetischen Untersuchungen sollen die Proseriata *Monocelis lineata* und *Pseudomonocelis ophiocephala* jeweils aus Komplexen mehrerer kryptobionter „sibling species" bestehen (CASU & CURINI-GALLETTI 2004, 2006). Bei unseren Arbeiten an Plathelminthes war die Frage einer möglichen Existenz morphologisch nicht unterscheidbarer Zwillingsarten in Brackgewässern noch kein Thema.

Catenulida

Die Catenulida bilden ein Taxon mit limnischen Arten. LUTHER (1960) hat einen Vertreter aus dem Brackwasser des Finnischen Meerbusens und der schwedischen Ostseeküste beschrieben.

Stenostomum karlingi Luther, 1960

(Abb. 16)

Finnischer Meerbusen
Hangö, Kolaviken: „Küstengrundwasser." Tvärminne-Region: Uferwiesen auf Feinsandboden, 10–20 cm über dem Wasserspiegel (LUTHER 1960).

Schwedische Ostseeküste
Södermanland, Nynäshamn, Torö, Herrhamra (KARLING in LUTHER 1960).

Länge 0,3–0,6 mm. Meist solitär, seltener Ketten von 2 Zooiden. 1 Paar Wimpergrübchen weit vorne im relativ spitzen Vorderende. Hinterende abgerundet.
    Körper farblos oder sehr schwach gelblich. Keine Rhabditen, keine lichtbrechenden Organe.

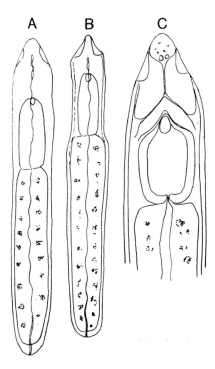

Abb. 16: *Stenostomum karlingi*. A, B. Habitus. C. Vorderende nach Lebendbeobachtungen. Finnischer Meerbusen. Tvärminne-Region. (Luther 1960)

Macrostomida

Es existieren nur wenige Versuche, die Monophylie einer Einheit Macrostomida und ihrer Teiltaxa unter Berücksichtigung von Merkmalen aus der Ultrastruktur zu begründen. Ich beziehe mich auf Arbeiten von SOPOTT-EHLERS & EHLERS (1999) sowie RIEGER (2001), um an dieser Stelle zunächst die Macrostomida selbst durch Autapomorphien zu charakterisieren und später dann auf die Untereinheiten zu kommen, welche mit Brackwasser-Repräsentanten in unsere Darstellung gehören.

In Übereinstimmung zwischen den genannten Autoren gelten zwei Merkmale als Autapomorphien der Macrostomida.
(1) Die Spermien haben zwei Sätze corticaler Mikrotubuli.
(2) Die Hartstrukturen des männlichen Kopulationsorgans bestehen aus Mikrotubuli mit angelagertem elektronendichten Material (BRÜGGE-

MANN 1985). Bei Vertretern von *Haplopharynx* – dem Adelphotaxon der Macrostomida – werden Mikrofibrillen statt eines Microtubuligerüstes angelegt.

Macrostomidae

„... the very heterogeneous Macrostomidae...will need taxonomic revision" (RIEGER 2001, p. 28). Ich kenne kein Merkmal, mit welchem das Taxon als Monophylum begründbar ist.

Macrostomum Schmidt, 1848

„Protonephridia with two-cell terminal weirs showing two rings of interdigitating microvilli" (SOPOTT-EHLERS & EHLERS 1999, p. 113). Die Reuse wird von der Terminalzelle und der ersten Kanalzelle gebildet (KUNERT 1988); zwischen einen distal gerichteten Kranz von Mikrovilli der Terminalzelle greift ein zweiter proximaler Kranz der Kanalzelle.

Macrostomum ist das artenreichste Taxon der Macrostomida mit Repräsentanten im Meer, Brackwasser und Süßwasser. Allein in Brackgewässern der Nordhalbkugel sind heute um 30 Arten nachgewiesen. Berücksichtigt man, daß viele Arten erst in jüngerer Zeit entdeckt wurden, so dürfte die Zahl der real in Brackgewässern existierenden Arten erheblich größer sein.

In der folgenden Übersicht bespreche ich Arten mit hakenförmigen und mit röhrenförmigen Stiletten nacheinander – kann damit aber keine Aussagen über Verwandtschaftsbeziehungen verbinden. Das gilt ebenso für den Versuch, Arten mit Rohrstiletten in gewissen Ähnlichkeitsgruppen anzuordnen.

Arten mit hakenförmigem Stilett

Macrostomum hystricinum Beklemischev, 1951

(Abb. 17)

M. hystricinum ist die älteste, aus dem Brackwasser bekannte *Macrostomum*-Art – unter dem Namen *M. hystrix* aus dem Greifswalder Bodden (SCHULTZE 1851). Seitdem ist sie in weiter Verbreitung entlang den europäischen Küsten, im Schwarzen Meer und im Kaspischen Meer + Aralsee in mesohalinen Brackwasserarealen nachgewiesen worden. *Macrostomum hystri*-

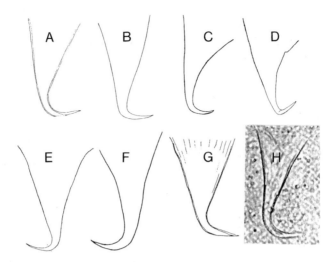

Abb. 17: *Macrostomum hystricinum*. Stilette einzelner Individuen von verschiedenen Fundorten in europäischen Brackgewässern und aus dem Schwarzen Meer. A. Finnland (Luther 1960). B. Frankreich (Ax 1956 c). C. Schwarzes Meer (Ax 1959a). D. Spanien (Gieysztor 1931 unter dem Namen *M. appendiculatum*). E. Italien (Papi 1951 unter dem Namen *M. appendiculatum*). F. Binnensalzstellen in Schleswig-Holstein (Rixen 1961). G. Niederlande (Tulp 1974). H. Schweden. (Karling 1974)

cinum gilt hier unter den *Macrostomum*-Arten mit hakenförmigem Stilett als die charakteristische Brackwasserart schlechthin – etwa so wie *Macrostomum curvituba* in der Gruppe der *Macrostomum*-Arten mit röhrenförmigem Stilett (S. 91).

Mit einigem Zögern identifizieren wir ferner Populationen von der Atlantikküste Kanadas mit *M. hystricinum*.

Ostsee
Finnischer Meerbusen (LUTHER 1960). Schwedische Ostküste (KINNANDER, KARLING – in LUTHER l.c). Greifswalder Bodden (SCHULTZE 1851). Kieler Bucht (Schlei, Windebyer Noor, Heiligenhafen. AX 1951a, 1952c).

Nordsee
Insel Sylt. Schlick und Sand in Pflanzenbeständen des Watts oberhalb der MHWL. Nicht im Euhalinicum (HELLWIG 1987). Salzwiese. In Beständen von *Sueda maritima* auf festem Schlick bei Rantum. 40–50 cm über der MHWL (ARMONIES 1987).

Belgische und holländische Brackwasserhabitate (HARTOG 1974, 1977; SCHOCKAERT et al 1989; TULP 1974).

Kanal
Isle of Man. Gezeitentümpel mit herabgesetztem Salzgehalt. Salcombe Ästuar bei Plymouth (WESTBLAD 1953).

Mittelmeer
Spanische Küste. Brackgewässer am See von Albufera bei Valencia (GIEYSZTOR 1931).
Frankreich. Etang de Canet (Pyrénées-Orientales) (AX 1956c). Camargue (AX & DÖRJES 1966).
Italien. Brackgewässer bei Pisa (PAPI 1951. Unter dem Namen *M. appendiculatum*).

Marmara-Meer
Brackwassersee bei Küçük Cecmece (AX 1959a).

Schwarzes Meer
Türkei. Brackiges Mündungsgebiet eines Süßwasserzuflusses bei Sile (AX 1959a).
Rumänien. Lagunen-Komplex Razelm-Sinoë. Brackwasser bei 3–3,4 ‰ Salzgehalt (MACK-FIRA 1968, 1974).

Kaspisches Meer (Baku, Lenkoran) und Aralsee (BEKLEMISCHEV 1951).
Kanada. New Brunswick. Supralitorale Lebensräume mit Salzpflanzen (AX & ARMONIES 1987).

Binnensalzstellen in Deutschland
Schleswig-Holstein: Oldesloe (RIXEN 1961).
Thüringen: Numburger Rieth. Mesohalines Wasser (KAISER 1974).

RIEGER (1977) hat mit einer Analyse der Stilette von Individuen aus Populationen von Nordamerika und Europa (ohne präzise Fundortsangaben) begonnen. Die vorläufigen Befunde deuten auf die Existenz von zwei getrennten Arten im Meer (*Macrostomum marinum*) und im Brackwasser (*M. hystricinum*).

Länge bis 1 mm (KARLING 1974). Ungefärbt. Mit Pigmentaugen.
    Stilett. Trichter mit distalwärts stark verjüngter Wand. Auffällig ist ihr überwiegend gerader Verlauf. Der Trichter ist am Eingang allenfalls leicht nach außen gebogen und im Verlauf der Verjüngung etwas einwärts geschwungen. Der Trichter geht am Ende in einen kurzen Haken über, der ungefähr im rechten Winkel abgebogen ist.
    Bei dem Stilett von *M. hystricinum* handelt es sich um ein relativ kleines Organ. Die Meßwerte von Individuen verschiedener Fundorte liegen eng beieinander – Finnland: Länge 38 µm, Breite des Trichters proximal 22 µm

(LUTHER 1960); Frankreich: Länge 38–40 µm (AX 1956c); Türkei: Länge 35–36 µm (AX 1959a); Kanada: Länge 30–41 µm, Breite des Trichters proximal 15–19 µm (AX & ARMONIES 1987). Nur GIEYSZTOR (1931) gibt für die spanische Mittelmeerküste mit 50 µm einen höheren Wert an.

Eine Kleinigkeit sollte Erwähnung finden. Richtet man das Stilett wie in unseren Abbildungen mit horizontaler Orientierung des Hakens aus, dann erscheint die Trichterwand proximal öfter an der dem Haken abgewandten Seite deutlich länger als an der gegenüberliegenden Seite.

MACK-FIRA (1971) beschrieb *Macrostomum peteraxi* als eine neue Art aus sublitoralen Sandböden an der rumänischen Schwarzmeerküste (Agigea, Costineşti, Vama Veche). „*M. peteraxi* appears in many features similar to *M. hystricinum*, but the drawings of the stylet of this species are too imprecise to allow any real comparison" (RIEGER 1977, p. 213).

Macrostomum uncinatum n. sp.

(Abb. 18)

Damit bin ich bei einer zweiten *Macrostomum*-Art mit hakenförmigem Stilett, die bisher nur aus dem Brackwasser bekannt ist. Die in Japan beobachteten Individuen gehören mit Sicherheit nicht zu *Macrostomum hystricinum* in der vorstehenden Charakterisierung oder zu einer anderen *Macrostomum*-Art mit Hakenstilett. Die japanische Brackwasser-Population ist eindeutig diagnostizierbar und entsprechend leicht zu identifizieren. Die Beschreibung als selbständige Art ist geboten.

Japan. Honshu, Aomori District
Ogawara Lake. In einer Lagune des Takase River, welcher den See mit dem Pazifik verbindet; zusammen mit *Macrostomum semicirculatum*. Detritusreicher Sand zwischen Wurzeln von *Phragmites* und Halophyten. 15 ‰ Salzgehalt bei Niedrigwasser. 21.8. und 29.8.1990.
Körperlänge 0,6 mm. Sehr schlank. Mit Pigmentaugen. Schwacher Besatz mit Rhabditen. Leicht gelblich getönt.

Stilett. Die kürzeste Entfernung zwischen den Enden des Organs beträgt maximal 50 µm. Proximal schwingen die Rohrwände trichterförmig nach außen; der Durchmesser beträgt hier 15–19 µm. Distal ragt die Rohrwand an der konkaven Seite weit über die konvexe Seite hinaus; es entsteht eine große ovoide Öffnung von 10–20 µm Länge.

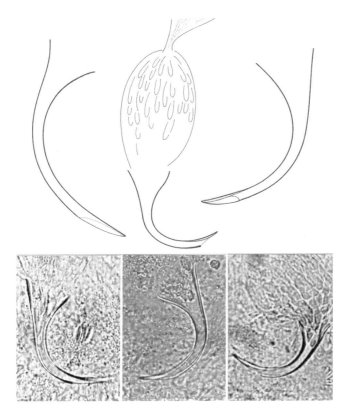

Abb. 18: *Macrostomum uncinatum*. Stilette verschiedener Individuen aus einer Lagune des Takase-River, Lake Ogawara. Japan. (Originale 1990)

M. uncinatum muß mit der Süßwasserart *M. karlingi* PAPI, 1953 verglichen werden. Ich hebe folgende Unterschiede hervor:
– Die Körperlänge von *M. uncinatum* beträgt nur etwa die Hälfte von *M. karlingi*.
– Über das männliche Kopulationsorgan von *M. karlingi* schreibt PAPI (1953, p. 15): „In der Mitte bildet das Stilett ein Knie im Winkel von etwa 60° und setzt sich als fast ganz gerades Rohr fort." Dagegen ist das Stilett von *M. uncinatum* durchgehend ein gleichbleibend geschwungenes Rohr.
– Das ökologische Verhalten ist gänzlich verschieden. Dem Nachweis von *M. uncinatum* in einer Brackwasserlagune von Japan steht die Interpretation von *M. karlingi* als eine boreoalpine Art in Europa (PAPI) gegenüber.

Macrostomum rubrocinctum Ax, 1951

Macrostomum parthenopeum **Beklemischev, 1951 (in litt.)**

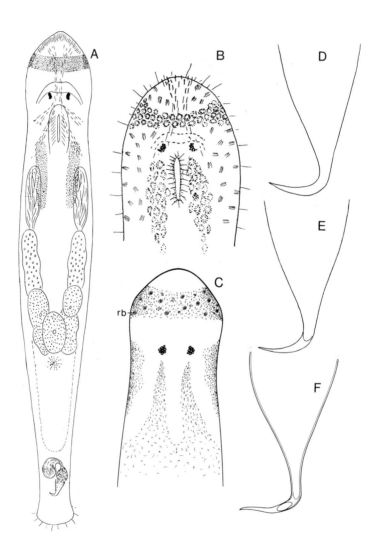

Abb. 19: *Macrostomum rubrocinctum*. A. Habitus und Organisation nach Lebendbeobachtungen. Kieler Bucht. B. Vorderende von der Dorsalseite. Gullmar Fjord, Schweden. C. Vorderende mit Pigmentierung. New Brunswick. D, E. Stilette von zwei Individuen aus der Kieler Bucht. F. Stilett eines Tieres von Kanada. (A, D, E Ax 1951a; B Westblad 1953; C, F Ax & Armonies 1987)

M. rubrocinctum ist aus dem marinen Milieu und aus polyhalinen (bis mesohalinen) Brackgewässern bekannt.

Marine Fundorte liegen im Gullmar Fjord an der schwedischen Westküste (WESTBLAD 1953) und im Golf von Neapel (BEKLEMISCHEV 1951 unter dem Namen *M. parthenopeum*). Aus dem Polyhalinicum der Kieler Bucht stammt die Originalbeschreibung (AX 1951a). In die schwach salzige innere Ostsee wandert *M. rubrocinctum* nicht ein.

Vom Schwarzen Meer gibt es Funde aus dem rumänischen Mangalia See bei 12 ‰ Salzgehalt (MACK-FIRA 1974). An den Küsten von New Brunswick haben wir Populationen der Art in Salzwiesentümpeln nachgewiesen (AX & ARMONIES 1987).

M. rubrocinctum ist ein Bewohner lenitischer Stillwasserbiotope. In der Kieler Bucht siedelt sie vor allem in flottierenden Ansammlungen von Algen (*Ulva*, *Enteromorpha*) über Mudböden, aber auch in dem weichen, sauerstoffarmen Sediment selbst (Gelting, Flensburg 1952; Bottsand, Kiel s. o.; Heiligenhafen 1951). Das stimmt überein mit einem Fundort von WESTBLAD (1953) im Gullmar Fjord. Hier wurde eine individuenreiche Population in schwarzem Mud mit Schwefelwasserstoff in einer Bucht (Fiskebäckskil) beobachtet, die mit Massen von Grünalgen gefüllt war.

Große Art mit Körperlängen zwischen 1,5 und 2,5 mm. Vorne setzt sich ein mächtiger Kopfabschnitt mit lateralen Verbreiterungen ab. Rostral läuft das Vorderende konisch zu.

Bewegung und Färbung liefern herausragende Kennzeichen. Die Tiere sind in der Phytalzone sehr agil. Dabei rotieren im und über dem Substrat schwimmende Individuen beständig um ihre Körperlängsachse.

Von der Pigmentierung imponiert ein rostrales Ringband. Vor den Augen läuft ein breiter Streifen purpurroter oder violetter Pigmentkörner um den Kopf. Das ist bei Tieren aus Kiel, von Schweden und von Kanada konstant beobachtet worden. Im Hinblick auf die übrige Pigmentierung variieren die Befunde. An Individuen der westlichen Ostsee habe ich hinter den Augen jederseits zwei Längsstreifen mit roten Pigmentkörnern gefunden; sie laufen dorsal und ventral nach hinten bis in die Höhe der Hoden (AX 1951a). Dagegen wurden an Tieren aus dem Gullmar Fjord hinter jedem Auge zwei Pigmentstreifen an der Dorsalseite beobachtet (WESTBLAD 1953). In Kanada waren zwei laterale Pigmentfelder und zwei mediane Streifen hinter den Augen erkennbar (AX & ARMONIES 1987); letztere setzen sich in eine dorsale Körperpigmentierung fort, welche sich bis in den Hinterkörper erstreckt.

Das hakenförmige Stilett von *M. rubrocinctum* ähnelt am ehesten dem Stilett von *M. hystricinum*. Allerdings ist die Trichterwand regelmäßig leicht geschwungen, während bei *M. hystricinum* der überwiegend gerade Verlauf auffällt. Im übrigen ist das Stilett von *M. rubrocinctum* mit Längen zwischen 50 und 60 µm (Messungen von WESTBLAD in Schweden sogar 75 µm) deutlich größer als das von *M. hystricinum* mit entsprechenden Werten zwischen 30 und 40 µm. Vielleicht besteht hier eine Korrelation zur Körperlänge.

Macrostomum beaufortensis Ferguson, 1937 von Beaufort, North Carolina lebt wie *M. rubrocinctum* zwischen Algen, schwimmt schnell und hat eine vergleichbare Pigmentierung aus rotbraunen Einschlüssen. Allerdings hat *M. beaufortensis* anstelle des rundum laufenden Ringbandes vor dem Mund nur ein breites Querband an der Ventralseite. Hinzu kommen zwei Pigmentbänder lateral vom Mund.

Die Stilette der beiden Arten sind ganz verschieden. Das Stilett von *M. beaufortensis* mißt nur 24 µm. Der kurze Trichter geht distal in einen großen, geschwungenen Haken über – ähnlich wie bei *Macrostomum pusillum* (S. 86). Außerdem ist bei *M. beaufortensis* die Vesicula granulorum reduziert und in den Trichter des Stiletts einbezogen.

Leider habe ich mit *M. beaufortensis* identifizierbare Individuen während Untersuchungen im Süden der USA weder am Originalfundort noch anderswo entdecken können.

Macrostomum pusillum Ax, 1951

(Abb. 20)

Psammobionter Organismus mit weiter Verbreitung an den Küsten Europas. Ferner von Kanada und Alaska bekannt (AX & ARMONIES 1987, 1990), neuerdings auch von South Carolina, USA (AX unpubl. 1995; 1998).

Detritusführende Sande an schwach lotischen Ufern bilden den spezifischen Lebensraum. Es gibt Ausstrahlungen in schlickreiche Sedimente und Salzwiesen (HARTOG 1977; HELLWIG 1987; ARMONIES 1987; ARMONIES & HELLWIG-ARMONIES 1987). Die oben genannten Beobachtungen von South Carolina stammen aus marinem Sandschlick vor dem Marine Field Laboratory, Georgetown der Universität von South Carolina, Columbia.

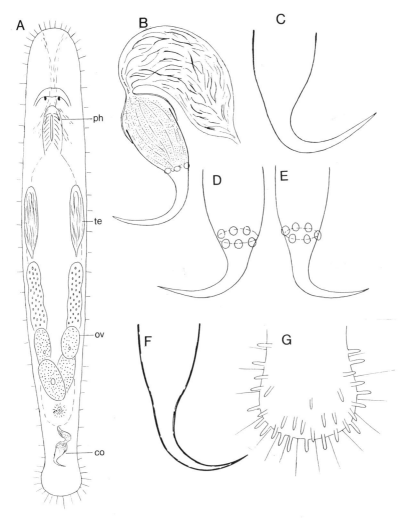

Abb. 20: *Macrostomum pusillum*. A. Habitus und Organisation nach Lebendbeobachtungen. Kiel. B. Kopulationsorgan. Mittelmeer. C–F. Stilette verschiedener Individuen von unterschiedlichen Meeresküsten. C. Mittelmeer. D, E. Kieler Bucht. F. Georgetown, South Carolina. G. Hinterende mit Haftpapillen und Tastgeißeln. (A, D, E, G Ax 1951a; B, C Ax 1956c; F Original 1995)

M. pusillum ist eine marine Art mit hoher Abundanz im Eu- und Polyhalinicum. Individuenreiche Populationen findet man gleichermaßen im vollmarinen Milieu der Nordsee wie im polyhalinen Wasser der westlichen Ostsee. In der schwachsalzigen inneren Ostsee kommt *M. pusillum* nicht vor.

Neben allgemeinen Daten über die Besiedlung von Brackgewässern in Belgien und Holland (HARTOG 1974, 1977; SCHOCKAERT et al. 1989) sind weiterführende, detaillierte Angaben begrenzt. In der Nivå Bucht des dänischen Øresunds lebt *M. pusillum* bei ~ 10–20 ‰ Salinität im Jahresverlauf (STRAARUP 1970). Am Mittelmeer habe ich *M. pusillum* im Etang de Salses bei 12–16 ‰ Salzgehalt gefunden (AX 1956c).

Kleine Art. Voll gestreckte Tiere erreichen 0,6–0,8 mm (WESTBLAD 1953). Mit Pigmentaugen. Gelbbraune Körperfärbung.

M. pusillum hat eine reiche Ausstattung mit Tastgeißeln (Sinneshaaren) am ganzen Körper; besonders lange Geißeln stehen am Vorder- und Hinterende.

Kleines Stilett. Die Längenwerte variieren selbst bei Individuen von weit entfernten Fundorten nur geringfügig zwischen 23 und 27 μm (AX & ARMONIES 1987, 1990). Die Trichterwand ist stark geschwungen. Der große Haken mit scharfer Spitze wird um etwa 90° gegen den Trichter abgebogen. Früher habe ich besondere, tropfenförmige Verdickungen im Inneren des Trichters hervorgehoben (AX 1951a). Diese Bildungen treten indes nicht konstant auf; so wurden sie von WESTBLAD (1953) nicht wiedergefunden. Vielleicht handelt es sich um verdichtetes Kornsekret.

In Form und Größe des Stiletts existieren gute Übereinstimmungen mit der schon erwähnten *M. beaufortensis* Ferguson (S. 84). Auf die zahlreichen Unterschiede bin ich früher näher eingegangen (AX 1951a). Sofern keine neuen Tiere bekannt sind, welche der Beschreibung von FERGUSON (l. c.) entsprechen, müssen *M. beaufortensis* und *M. pusillum* weiterhin als separate Arten behandelt werden.

Macrostomum distinguendum Papi, 1951

(Abb. 21)

Süßwasserart. Nachweis in Brackwasser im Binnenland der Wattenmeer-Insel Ameland. An der Grenze zum Brackwasser in der Elbe und auf den Färöer.

Niederlande
Insel Ameland. In schwachsalzigem Brackwasser von Poldern (TULP 1974).

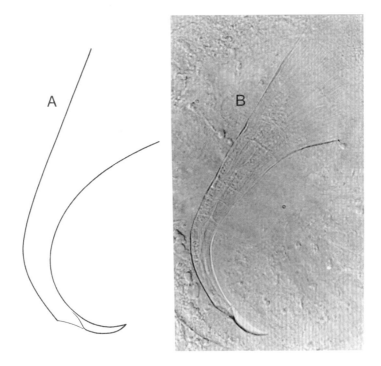

Abb. 21: *Macrostomum distinguendum*. Stilett. A. Zeichnung nach einem Individuum von den Färöer (Ax). B. Mikrofoto eines Tieres aus dem Limnopsammal der Elbe (Düren).

Elbe
Limnischer Gezeitenstrand aus Mittelsand bei Hamburg-Harburg. Vergesellschaftet mit den Brackwasser-Arten *Macrostomum curvituba, Coelogynopora schulzii, Paramonotus hamatus, Pseudosyrtis subterranea, Coronhelmis multispinosus* und *Vejdovskya ignava* (DÜREN & AX 1993).

Färöer
Süßwasserzufluß in den Sund zwischen den Inseln Streymoy und Esturoy bei Hósvik. In Mittelsand bis Kies, zusammen mit den Brackwasser-Arten *Macrostomum curvituba, Paramonotus hamatus, Minona baltica, Coronhelmis lutheri* (August 1992).

Daten von den Färöer.
Länge 1–1,3mm. Mit schwarzen Augen, Körper ungefärbt.
    Stilett hakenförmig. Länge 100–102 µm, gemessen an der konvexen Seite vom oberen Rand der proximalen Öffnung bis zur horizontal eingebogenen

Spitze. Die schräg gestellte proximale Öffnung wird 30 µm breit, die distale Öffnung an der konkaven Seite ist 8 µm lang. Vor dieser ist die solide Spitze des Stiletts leicht nach oben gestellt; sie besteht vollständig aus Hartsubstanz.

Macrostomum rostratum Papi, 1951

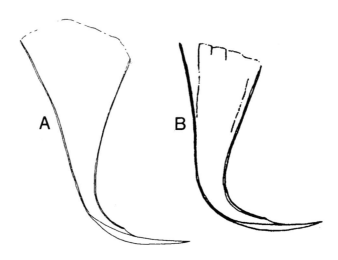

Abb. 22: *Macrostomum rostratum*. Stilette. A. Finnischer Meerbusen. (Luther 1960). B. Ameland, Niederlande. (Tulp 1974)

Süßwasserart. Zwei Fundorte im Brackwasser.

Niederlande
Wattenmeer-Insel Ameland. In schwachsalzigem Wasser von Poldern, zusammen mit *Macrostomum distinguendum* (TULP 1974).

Finnischer Meerbusen
Pojo Wiek, Klockarruden. Ekenäs Stadsfjärd. Salzgehalt etwa 1–2 ‰ (LUTHER 1960).

Farblos. Mit schwarzen Augen.

Stilett (nach LUTHER 1960, p. 71): „Stilett proximal trichterförmig, distalwärts schmäler werdend und im Bogen in eine schnabelschuhähnliche kompakte Spitze auslaufend. Stilett etwas spiralig gebogen, was am Quetschpräparat nicht immer hervortritt. Distale Öffnung des Stiletts (meist) auf dessen konkaver Seite, während auf der konvexen Seite die Kutikula (= Hartsubstanz) verdickt ist und in den spitzen Schnabel übergeht." Länge des Stiletts nach TULP (1974, fig. 3) bei 63 µm, nach LUTHER (1960, fig. 17) von 52–60 µm.

Macrostomum obtusum Vejdovsky, 1895

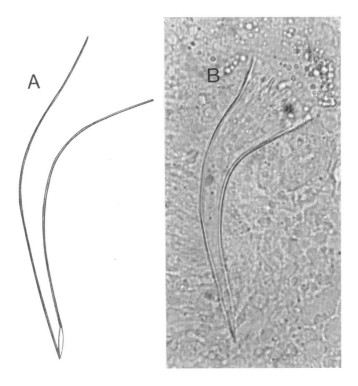

Abb. 23: *Macrostomum obtusum*. A. Zeichnung und B. Foto des Stiletts eines Individuums. In A ist die einwärts gerichtete, distale Öffnung sichtbar. (Originale Island 1993)

Süßwasserart

Island
Bucht Leiruvogur bei Reykjavik. Mittelsand in 2 Süßwasserzuflüssen in ein ausgedehntes Salzwiesengelände. Probenentnahme bei starkem Süßwasserstrom (Juli 1993). Keine marinen Arten, keine Brackwasserorganismen. Neben einem Individuum von *M. obtusum* habe ich einige Exemplare der limnischen *Prorhynchus stagnalis* (Lecithoepitheliata) gefunden.

Daten von Island
Kleiner schlanker Organismus unter 1 mm Körperlänge.
Länge des Stiletts 88 µm; der proximale Trichter beginnt mit 27 µm Breite. Nach Biegung des Trichters in der oberen Hälfte folgt ein gerades Rohr, das sich nach unten zunehmend verjüngt. Die distale Öffnung liegt wie bei einer Abbildung von LUTHER (1960, fig. 18 K) an der konkaven Seite des Rohres. In anderen Figuren von PAPI (1951) und LUTHER (l. c.) befindet sie sich an der konvexen Seite. Im übrigen kann ich anhand meiner knappen Beobachtungen keine Unterschiede zu den Darstellungen der genannten Autoren ausmachen.

Arten mit röhrenförmigem Stilett

Im Hinblick auf unsere zentrale ökologische Fragestellung beginne ich mit *M. curvituba* Luther, 1947. Unter den Arten mit Röhrenstilett ist sie ein ganz spezifischer, hervorragend ausgewiesener Brackwasserorganismus.

Das Rohr von *M. curvituba* hat terminal an der Innenseite eine Verdickung, welche in Form eines Ringwulstes die Mündung verengt. An *M. curvituba* (und die mögliche Schwesterart *M. magnacurvituba*) schließe ich Arten mit ähnlich strukturierten Rohrenden an. Das sind *M. clavituba* n. sp., *M. extraculum* Ax & Armonies, 1990, *M. gallicum* n. sp. und *M. guttulatum* n. sp. Es folgen Arten mit auswärts vorspringenden Verdickungen, die das Rohrlumen weitgehend unverändert lassen; *M. rectum* n. sp., *M. flexum* n. sp. und *M. brevituba* Armonies & Hellwig, 1987 bilden eine engere Gruppe gut vergleichbarer Arten.

Isoliert stehen *M. ermini* Ax, 1959 mit 2 getrennten Verdickungen am Rohrende und *M. tenuicauda* Luther, 1947 mit einseitiger Verlängerung des Rohres unter leichter Verdickung.

Eine Gruppe von Arten mit einfachen, geraden oder schwach gebogenen Rohren ohne auffällige Verdickungen oder andere Spezialstrukturen am distalen Ende bilden *M. minutum* Luther, 1947, *M. longistyliferum* Ax, 1956, *M. longituba* Papi, 1953 und *M. mystrophorum*; das Rohr von letzterer hat allerdings eine terminale U-förmige Einkrümmung.

Stark gebogene Rohre mit einer halbkreisförmigen Schwingung kennzeichnen *M. semicirculatum* n. sp. und *M. burti* Ax & Armonies, 1987. Sogar 2 Windungen haben die Rohre von *M. bicurvistyla* Armonies & Hellwig, 1987 und *M. bellebaruchae* n. sp.

Aufgrund der Ausgestaltung des Rohrendes zu einem kräftigen Haken, einem scharfen Stachel oder einem geschwungenen Sporn stelle ich dann *M. hamatum* Luther, 1947, *M. acutum* n. sp. und *M. calcaris* n. sp. zusammen.

Weitere Varianten in der Ausformung des Rohrendes präsentieren *M. balticum* Luther, 1947 und *M. spirale* Ax, 1956. Für beide Arten existieren zahlreiche Fundortsangaben mit einigen offenen Fragen zur Artidentität geographisch separierter Populationen. Im Zusammenhang mit *M. balticum* und *M. spirale* sind *M. axi* Papi, 1959 und *M. incurvatum* n. sp. zu besprechen. Am Schluß stehen Befunde an zwei nicht determinierten Populationen aus South Carolina, welche vorläufig als *M.* spec. 1 und *M.* spec. 2 geführt werden.

Macrostomum curvituba Luther, 1947

(Abb. 24)

„Alle bisherigen Funde kennzeichnen *M. curvituba* als Brackwasserart mit optimalen Entwicklungsmöglichkeiten bei Salzgehaltskonzentrationen unter 6 ‰." Diese Formulierung von ARMONIES (1987, p. 105) basiert auf Einsichten über die Verbreitung von *M. curvituba* in psammalen Brackgewässern von Nord- und Ostsee. Diverse einschlägige Angaben enthalten AX 1951a, 1954b; GERLACH 1954; BRINCK, DAHL & WIESER 1955; LUTHER 1960; STERRER 1965; JANSSON 1968; AX & AX 1970; KARLING 1974; ARMONIES 1988.

Es bleibt fraglich, ob *M. curvituba* überhaupt permanente Siedlungen im euhalinen marinen Milieu entfalten kann. So wäre etwa die Angabe für Kristineberg an der schwedischen Westküste (WESTBLAD 1953) im Hinblick auf die einzelhaften Bedingungen am Fundort zu prüfen. Auf der anderen Seite teilt *M. curvituba* die Tendenz vieler Brackwasserorganismen zur lokalen Invasion in Flußläufe. Populationen der Art sind in Sandstränden von Elbe und Weser nachgewiesen (AX 1957; DÜREN & AX 1993; MÜLLER & FAUBEL 1993).

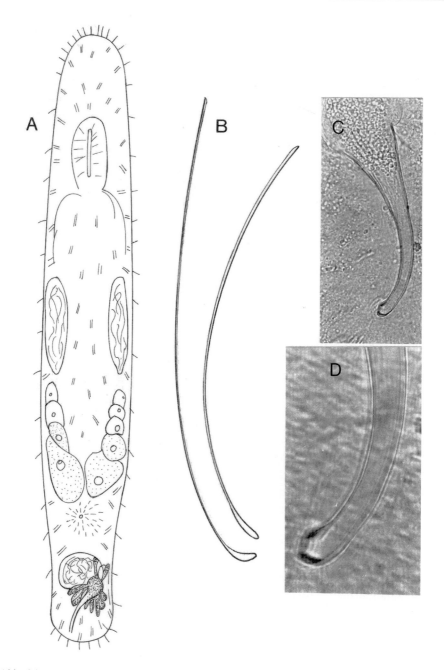

Abb. 24: *Macrostomum curvituba*. A. Habitus und Organisation. Fleckeby, Schlei. Brackwasser in Schleswig-Holstein. B–D. Stilette verschiedener Individuen von den Färöer. Süßwasserbucht Hósvik auf Streymoy. (Originale 1948, 1992)

Die ökologische Einschätzung von *M. curvituba* als Brackwasserart anhand der Untersuchungen an den Küsten von Nordeuropa findet auf dem Weg nach Westen eindrucksvolle Bestätigung. Inmitten des Nordatlantik siedelt *M. curvituba* auf den Färöer in weiter Verbreitung im Grenzbereich Brackwasser-Süßwasser (AX 1995a). Und im Kotzebue-Sund an der Bering-Straße haben wir eine Population von *M. curvituba* an einem Sandstrand im Auslauf eines kleinen Flusses bei 10 ‰ Salzgehalt gefunden (AX & ARMONIES 1990).

Seltsamerweise konnten wir *M. curvituba* aber weder auf Grönland noch auf Island nachweisen. In vergleichbaren Lebensräumen lebt dort die weiter unten zu kennzeichnende *M. magnacurvituba*.

Untersuchungen der Abundanzdynamik im Jahreszyklus können die ökologische Charakterisierung aufgrund reiner Verbreitungsdaten entscheidend spezifizieren. Entsprechende Daten liegen für *M. curvituba* aus einer unbeweideten Salzwiese auf Sylt vor (ARMONIES 1987). *M. curvituba* bevorzugt niedrige Temperaturen. Höhere Individuendichten wurden von Januar bis Mai bei Salzkonzentrationen zwischen 20 und 2 ‰ angetroffen. In dieser Zeit vollzieht sich die Populationsentwicklung, wobei eine relativ hohe Salzkonzentration als Bedingung für das Verlassen der Cysten gilt. Die Sommermonate werden überwiegend im Juvenilstadium oder im encystierten Zustand überdauert.

Die Bevorzugung niedriger Temperaturen mag ein Grund dafür sein, daß *M. curvituba* nicht südlich des 53° nördlicher Breite nachgewiesen ist (AX & ARMONIES 1990).

Eine Paralleluntersuchung über Plathelminthes von Sylt im Grenzraum Watt-Salzwiese wurde von HELLWIG (1987) durchgeführt. *M. curvituba* besiedelt das Watt, aber nur den oberen Sandhang von Stränden, die an Salzwiesen angrenzen und entsprechend niedrige Salinitätsbedingungen aufweisen. Das ist ein eindringliches Beispiel für die Forderung nach subtiler Analyse von Fundortsdaten, wenn sie für eine ökologische Charakterisierung der sie besiedelnden Populationen von Arten einsetzbar sein sollen.

Körperlänge nach LUTHER (1960) 1,25–1,5 mm; nach unseren Messungen in Alaska zwischen 0,7 und 1,2 mm (AX & ARMONIES 1990). Ungefärbt, kein Augenpigment.

Stilett. Meßwerte des langen, leicht gebogenen Rohres: Kieler Bucht ~ 75 µm; Durchmesser proximal 18 µm, distal 4 µm (AX 1951a). Innere Ostsee 80–98 µm; Durchmesser proximal 16 µm, distal 5 µm (LUTHER 1960).

Alaska (Kotzebue Sund) 89–91 µm; Durchmesser proximal 12–15 µm, distal 4–5 µm (AX & ARMONIES 1990). Färöer 87–102 µm (AX 1994c).

Das Rohr ist am Ende schief abgeschnitten und einwärts verdickt, sodaß hier ein abgerundeter Ringwulst entsteht, der die Mündung einengt (LUTHER 1947, p. 27). Es existiert also keine äußere knopfförmige Verdickung wie bei *M. tuba* (Graff, 1882) oder *M. rectum* n. sp. und *M. flexum* n. sp. (S. 103).

Die minutiös übereinstimmende Ausformung des distalen Rohrendes bei Tieren aus der Ostsee, von den Färöer oder von Alaska ist hervorzuheben. Die äußere Wand des Rohres biegt sich stark nach innen; dadurch gerät die distale Öffnung nahezu quer zur Längsrichtung des Rohres. Zudem ist die Verdickung des Ringwulstes im Außenrand deutlich stärker als an der konkaven Seite.

Macrostomum magnacurvituba Ax, 1994

(Abb. 25)

M. magnacurvituba ist bislang nur von Island und Grönland bekannt. Populationen der Art nehmen hier im Grenzbereich Brackwasser-Süßwasser die Position von *M. curvituba* ein, welche – wie oben erwähnt – auf diesen Inseln anscheinend fehlt.

Grönland
Insel Disko. Sandsediment im Mündungsareal der Süßwasserlagune vor der Arktischen Station Godhavn (AX 1994c, 1995b). Während der Untersuchung im August 1991 unter Süßwasserausstrom (Locus typicus).

Island
„Süßwasser-Lagune" Hlidarvatn an der Südseite von Island am Beginn der ostwärts gerichteten Halbinsel Reikjanes (siehe S. 53). Mit einer schmalen Verbindung zum Meer. Strand aus Mittel- bis Grobsand am Nordostende der Lagune (AX 1994c). An diesem Fundort war während der Untersuchungen im Juli/August 1993 nur um 1 ‰ Salzgehalt meßbar.

Körperlänge trotz des enormen Stiletts mit etwa 1 mm ähnlich wie bei *M. curvituba*. Wie diese Art ist auch *M. magnacurvituba* ungefärbt und mangels von Pigment ohne lichtoptisch erkennbare Augen.

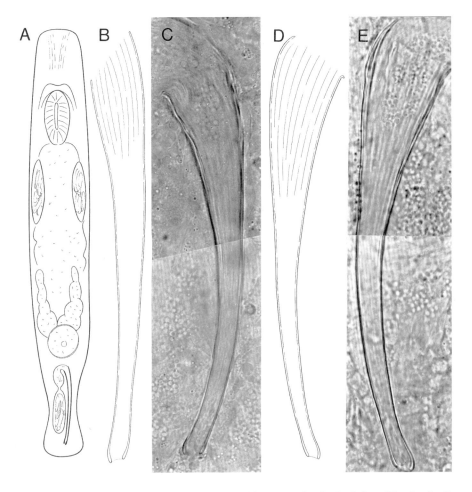

Abb. 25: *Macrostomum magnacurvituba*. A. Habitus (Grönland). B. Stilett (Grönland). C. Stilett (Grönland). D. Stilett (Island). E. Stilett (Island). (Ax 1994c)

Das Stilett ist leicht gekrümmt, aber deutlich weniger als bei *M. curvituba*. Die auffälligste Differenz zwischen den beiden Arten liegt in der Länge des Rohres. Bei Tieren von Grönland habe ich Werte zwischen 140 und 163 µm gemessen, an Individuen von Island Rohrlängen von 148, 150, 156 und sogar 175 µm festgestellt (AX 1994c).

Ein weiterer Unterschied resultiert aus der Form des distalen Rohrendes. Die Mündung ist bei *M. magnacurvituba* nur wenig abgeschrägt; die distale Öffnung liegt in der Längsrichtung des Rohres. Außerdem ist der nur schwache Ringwulst am Ende des Rohres rundum gleichmäßig entwickelt.

Macrostomum clavituba n. sp.

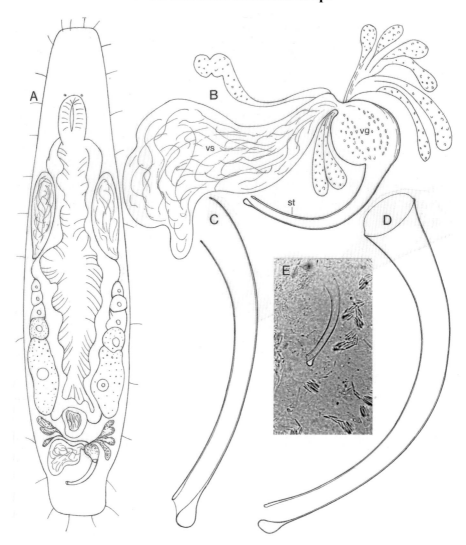

Abb. 26: *Macrostomum clavituba*. A. Habitus und Organisation nach dem Leben. B. Männliches Kopulationsorgan mit Samenblase, Körnerdrüsenblase und Stilett. C, D. Stilette von zwei verschiedenen Individuen. E. Mikrofotografie des Stiletts der Abb. C. Etang de Salses, Pyrénées-Orientales, Frankreich. (Originale 1962)

Französische Mittelmeerküste
Etang de Salses, Pyrénées-Orientales. Mittelsand am Südufer des Brackwasser-Etangs. Feuchtsand etwa 30 cm landwärts des Wasserrandes, in 10 cm Tiefe. Salinität um 15 ‰. September 1962.

Länge 1–1,2 mm; ungefärbt. Zwei kleine Augen dicht vor dem Pharynx.

An zwei genau analysierten Individuen habe ich eine identische Struktur des harten Kopulationsorgans festgestellt. Die Länge des Stiletts wurde zu 70 und 75 µm gemessen. Das stark geschwungene Rohr beginnt mit leicht erweiterter Öffnung. Am distalen Ende ist das Rohr auf der konkaven Seite nur leicht verdickt, auf der konvexen Seite dagegen außen stark keulenförmig angeschwollen. In dieser auffälligen Struktur des Rohrendes liegt das artspezifische Merkmal von *M. clavituba*.

Zum Vergleich ziehen wir 3 *Macrostomum*-Arten mit röhrenförmigen Stiletten von ähnlicher Größe heran. Mit *M. curvituba* kann man die Biegung des Rohres herausstellen. *M. clavituba* hat aber keinen umlaufenden Ringwulst im Inneren des Rohrendes und dementsprechend keine wesentliche Verengung der terminalen Öffnung. *M. extraculum* Ax & Armonies, 1990 trägt eine sehr ähnliche Keule einseitig am Rohr, ist aber durch die gedrehte Form des Stiletts gänzlich verschieden. Bei der marinen *M. mediterraneum* Ax, 1956 schließt eine Keule das Rohr terminal ab; dadurch wird die distale Öffnung zur Seite verschoben (AX 1956c, fig. 7). Zudem ist das Rohr von *M. mediterraneum* nur wenig gebogen.

Macrostomum extraculum Ax & Armonies, 1990

(Abb. 27)

Alaska
Ninilchik auf der Kenai Halbinsel. Brackwasserlagune in der Nähe des Cook Inlet. Mittelsand mit Detritus aus der Uferzone. Salzgehalt bei Probenentnahme am 16.7.1988 = 5 ‰ (AX & ARMONIES 1990).

Körperlänge 1–1,2 mm. Zwei pigmentierte Augen. Ungefärbt. Mit starken Bündeln von Rhabditen.

Das röhrenförmige Stilett wird 68–72 µm lang; Durchmesser der proximalen Öffnung 18–22 µm, der distalen Öffnung 3 µm.

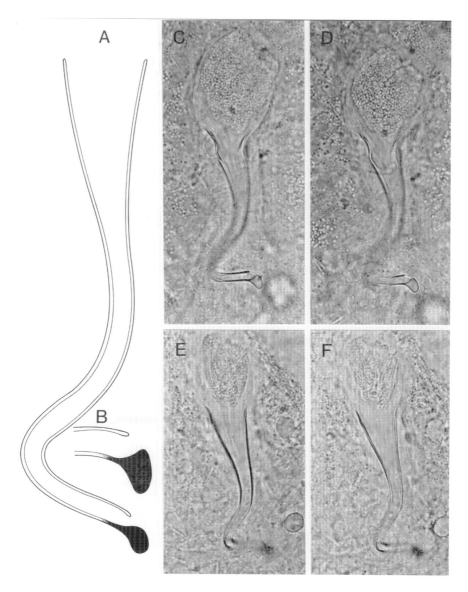

Abb. 27: *Macrostomum extraculum*. A. Stilett. B. Distalende des Stilettrohres, vergrößert. C–D. Stilett eines Individuums. E–F. Stilett eines anderen Tieres. In beiden Fällen unter verschiedener Scharfeinstellung. Alaska. Kenai Halbinsel, Ninilchik. (Ax & Armonies 1990)

Die Ausformung des Stiletts zu einem Korkenzieher mit keulenförmiger Verdickung am Ende ist einmalig im Taxon *Macrostomum*. Die Keule selbst ist in erster Linie mit dem Stilettende von *M. clavituba* vergleichbar (S. 96). Die Keule ist hier wie dort nur an einer Seite des Rohres entwickelt. Die Verdickung ist indes bei *M. extraculum* nicht nur nach außen gerichtet; die Keule springt hier auch leicht nach innen vor und drängt dadurch die distale Rohröffnung etwas von der terminalen Position ab.

Macrostomum gallicum n. sp.

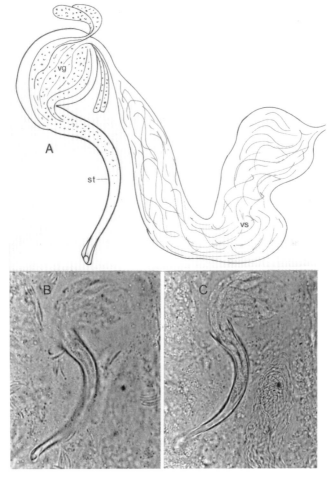

Abb. 28: *Macrostomum gallicum*. A. Männliches Kopulationsorgan mit langgestreckter Samenblase, gut abgesetzter ovoider Körnerdrüsenblase und stark gebogenem Stilettrohr. B. Stilett mit Scharfeinstellung auf das distale Ende. C. Stilettrohr unter Fokussierung auf Anfang und mittleren Abschnitt. Arcachon, Frankreich. (Originale 1964)

Französische Atlantikküste

Arcachon. Süßwasserzufluß Courant de Lége in die Nordspitze der Bucht von Arcachon. Grenzbereich zwischen Brackwasser und Süßwasser. In Polstern von Cyanobakterien auf zähem Schlickboden (1964).

Schlanker, kleiner Organismus von 0,7 mm Länge. Mit Augen. Ungefärbt. Leicht abgesetzte Schwanzplatte.

Das Stilett ist ein stark gebogenes Rohr mit geschwungenem Trichter am proximalen Ende. Die Entfernung zwischen den Rohrenden wurde an der konkaven Seite zu 65 µm gemessen. In lateraler Ansicht ist das distale Ende auf beiden Seiten angeschwollen, was für eine rundum verlaufende Verdickung spricht. Diese beginnt gleitend am Rohr und nimmt zum Rohrende kontinuierlich zu. Dabei kommt es allenfalls zu einer leichten Verengung des Rohrdurchmessers.

Macrostomum guttulatum n. sp.

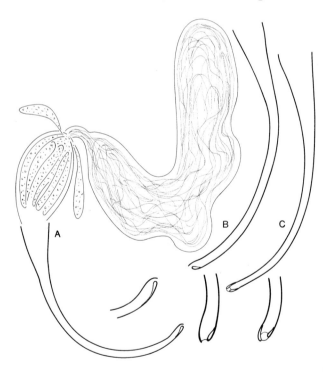

Abb. 29: *Macrostomum guttulatum* aus Japan. A. Kopulationsorgan von einem Individuum aus dem Noheji-River (Locus typicus). Vergrößertes Distalende über dem Stilettrohr.

B. Stilett eines anderen Individuums aus dem Noheji-River; mit vergrößertem Ende unter dem Stilettrohr. C. Stilett eines Individuums vom Jusan Lake; vergrößertes Ende wiederum unter dem Rohr. In A und B ist das Rohr in Seitenansicht dargestellt. Tropfen am kürzeren Ende der konvexen Rohrwand. In der Aufsicht C fließt der Tropfen um das Rohrende herum. (Originale 1990)

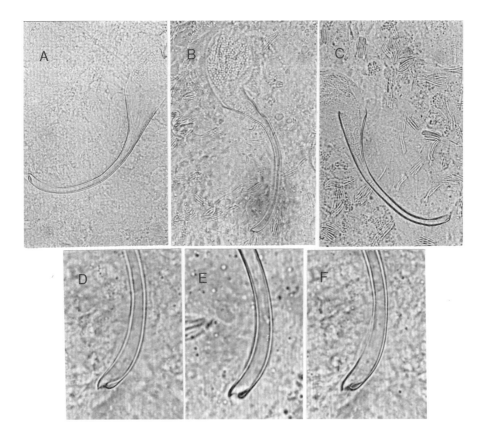

Abb. 30: *Macrostomum guttulatum*. Mikrofotografien von Kopulationsorganen verschiedener Individuen aus dem Noheji-River. A–C. Stilette in Totalansicht. D–F Distalenden in unterschiedlicher Scharfeinstellung. (Originale 1990)

Japan. Honshu, Aomori District
Von *M. guttulatum* sind mehrere japanische Fundstellen bekannt.
(1) Eine individuenreiche Population fand ich im Noheji-River – in etwa 250 m Entfernung von der Mündung des Flusses in die Mutsu Bay. Der

Siedlungsraum in ufernahem Grobsand-Kies war nach starkem Regen unter Süßwassereinfluß (1.9.1990). Dieser Fundort im Noheji-River wird als Locus typicus festgelegt. Im Bereich der Flußmündung wurden 10 ‰ Salzgehalt gemessen.

(2) Ein Fund stammt vom Ostufer des Jusan Lake. Das Substrat bestand aus Sandboden zwischen *Phragmites* – zusammen in einer Probe mit *Macrostomum flexum* n. sp. (S. 104) (Salzgehalt 5 ‰, 15.8.1990).

(3) Schließlich wurde *M. guttulatum* im Obuchi Pond nördlich des Ogawara Lake nachgewiesen – hier in Salzwiesenboden vergesellschaftet mit *M. semicirculatum* n. sp. (24.8.1990, S. 114).

Körperlänge 0,8 mm. Mit Pigmentaugen. Im übrigen ohne Pigmentierung. Bei Individuen vom Jusan Lake war der Darm mit Diatomeen gefüllt.

Das Stilettrohr ist nur mäßig geschwungen. Oberes und unteres Drittel werden gleichsinnig eingebogen; in der Mitte kann das Rohr stellenweise gerade verlaufen. Die Übergänge sind gleitend.

Für die Länge des Stiletts habe ich an 4 Individuen 80, 90, 92 und 100 µm gemessen (kürzeste Entfernung zwischen den Rohrenden an der konkaven Seite). Proximal hat das Rohr einen Durchmesser von 15–18 µm, unter zunehmender Verjüngung in der Mitte um 4 µm. Distalwärts verbleibt das Rohr eng; die Mündung wird durch eine tropfenförmige Verdickung der Rohrwand eher noch weiter verkleinert. In dem terminalen Tropfen oder Tröpfchen finden wir ein artspezifisches Merkmal von *M. guttulatum*. Betrachtet man das geschwungene Rohr in „Seitenansicht", so tritt der Tropfen konstant am kürzeren Ende der konvexen Rohrwand hervor. An der gegenüberliegenden konkaven Seite greift die unverdickte Rohrwand über den Tropfen und damit über die Rohrmündung herüber. Das ist gleichsam die „Normalansicht" im Quetschpräparat (Abb. 29 A, B). Bei günstiger Aufsicht auf die runde Rohrmündung sieht man den Tropfen seitlich um das Rohr herumfließen; er fließt aber an der konvexen Seite nicht zusammen (Abb. 29 C).

An verschiedenen Individuen habe ich einen unregelmäßigen Verlauf der Rohrwand beobachtet. Vergleichbare Unregelmäßigkeiten treten auch bei *M. semicirculatum* auf. Ich halte das für das Ergebnis von Entwicklungsstörungen.

Macrostomum rectum n. sp.

(Abb. 31 A)

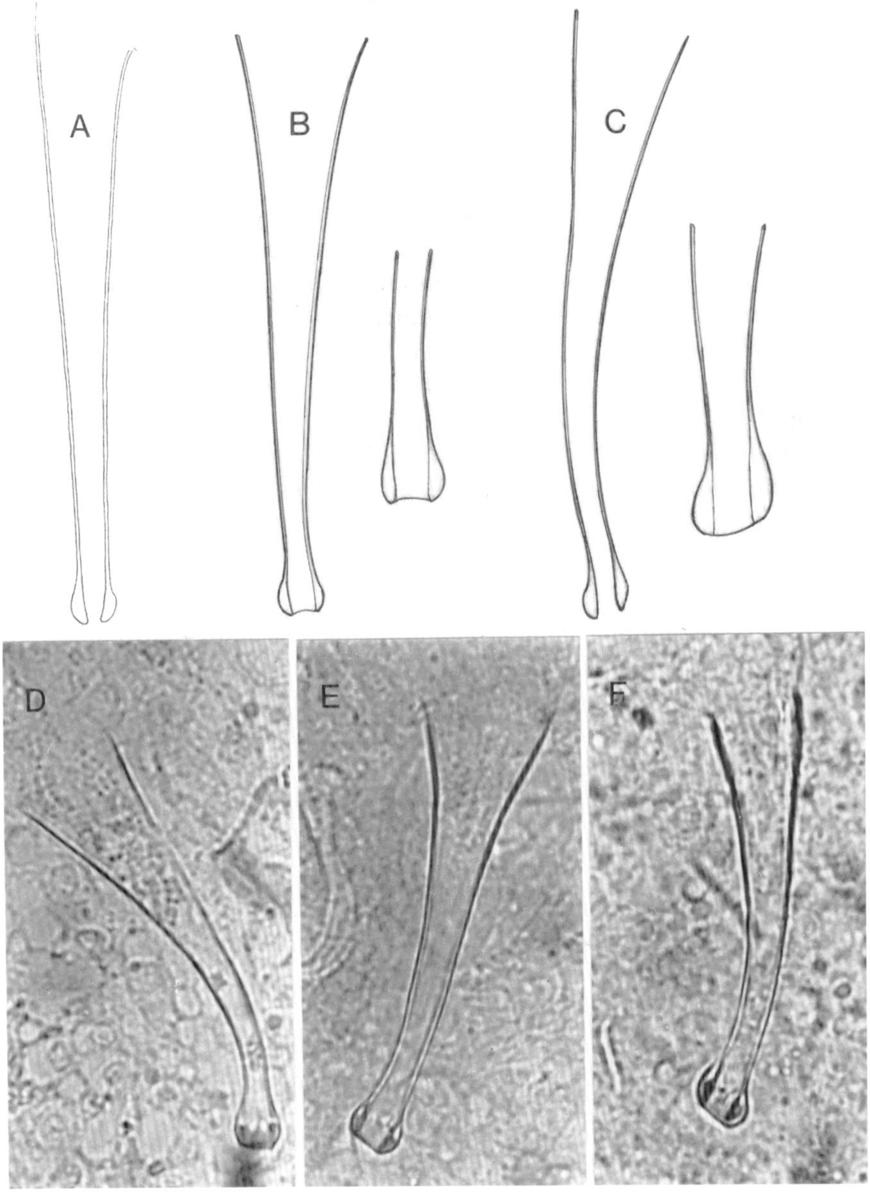

Abb. 31: A. *Macrostomum rectum*. Finnischer Meerbusen (Luther 1960). B–F. *Macrostomum flexum*. Japan. Skizzen und Mikrofotografien von Stiletten verschiedener Individuen aus dem Jusan Lake. In B und C vergrößertes Distalende neben dem Stilett. (Originale 1990)

Finnischer Meerbusen
Tvärminne. Feinsand + Gyttja, etwa 14 m tief (Fund von KARLING 1959. In LUTHER 1960).

Die Kennzeichnung der neuen Art basiert auf einer Stilett-Zeichnung von KARLING, die LUTHER (1960, fig. 20 A) fälschlicherweise in die Darstellung von *M. minutum* einbezogen hat und die KARLING (1974) dann allein für *M. minutum* in der „Turbellarian fauna of the Baltic Proper" auswählte. Die Skizze von KARLING hat jedoch nichts mit dem gebogenen Stilettrohr von *M. minutum* (sensu LUTHER 1960, fig. 20 B) zu tun.

Das Stilettrohr von *M. rectum* ist „straight and short" (KARLING 1974, p.44). Am distalen Ende ist die Außenwand des Rohres stark ringförmig verdickt, wogegen das Lumen des Rohres kaum verengt wird. Das entspricht der Struktur am Ende des langen Rohres von *M. tuba* (LUTHER 1960). Meßwerte über das kurze Rohr von *M. rectum* liegen nicht vor.

Fernerhin ist unbekannt, ob *M. rectum* ohne Augenpigment wie *M. minutum* ist oder pigmentierte Augen wie *M. flexum* besitzt.

Macrostomum flexum n. sp.

(Abb. 31 B–F)

Japan. Honshu, Aomori Prefecture
Jusan Lake am Japanischen Meer. (1) Westufer unter marinen Bedingungen. Feuchtsand landwärts der Wasserlinie (15.8.1990. Salzgehalt 28 ‰. 1 Expl.). (2) Ostufer unter dem Einfluß von Süßwasserzustrom. Erdig verfestigter Sandboden zwischen Wurzeln von *Phragmites* (15.8.1990. Salzgehalt 5 ‰. Mehrere Exemplare). Feinsand der Uferzone (5.9.1990. Süßwasser. Mehrere Individuen).

Kleine Organismen. Länge des Körpers nur etwa 0,5 mm. Ungefärbt, gewöhnlich aber eine gelbliche Tönung durch Diatomeen im Darm. Mit Pigmentaugen.

Psammobiontes, stark haptisches Tier. Kann lebhaft frei über dem Substrat schwimmen.

Das Stilett ist stets ein leicht gebogenes Rohr mit schwach trichterförmiger proximaler Öffnung. Die kolbenförmige Anschwellung am distalen Ende stimmt mit der Verdickung am Rohrende von *M. rectum* überein. Die

Länge des Rohres wurde an verschiedenen Individuen zu 51, 55 und 60 µm gemessen. Der Durchmesser der oberen Öffnung liegt zwischen 12 und 17 µm, der der unteren Öffnung bei 4–5 µm.

Trotz weitreichender Übereinstimmungen zwischen *M. rectum* und *M. flexum* fehlen für ein sicheres Urteil über ihre Beziehungen zueinander wichtige Daten von der erstgenannten Art – Mangel oder Existenz pigmentierter Augen, Körpergröße, Stilettlänge. Bei den geographisch weit entfernten Fundorten und unterschiedlichen Siedlungsräumen muß ich *M. rectum* und *M. flexum* derzeit als separate Taxa behandeln, um mögliche signifikante Unterschiede nicht durch Zusammenführung unter einem Artnamen zu verdecken.

Macrostomum brevituba Armonies & Hellwig, 1987

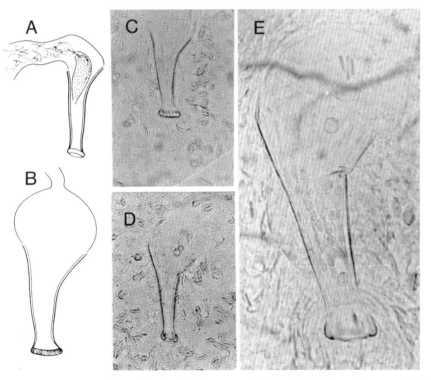

Abb. 32: *Macrostomum brevituba*. A–E. Stilette verschiedener Individuen bei unterschiedlicher Vergrößerung und Festlegung im Quetschpräparat. In B und C erscheint die distale Verdickung des Rohres in winzige Perlen gegliedert. In D und E ist die Rohrwand im proximalen Drittel einseitig eingeknickt. Sylt. (Armonies & Hellwig 1987)

Nordsee
Sylt. Salzwiesen nördlich des Ortes Kampen. In oberirdischem, freiliegenden Wurzelwerk des Andel (*Puccinellia maritima*). Regelmäßig über das Jahr hinweg. 1982, 1983 (ARMONIES 1987, ARMONIES & HELLWIG 1987).

Körperlänge 0,8–1,2 mm; im Mittel 1 mm. Ungefärbt, ohne Augenpigment.
    Stilett. Ein 60–70 µm langes, gerades und ausgesprochen breites Rohr. Gleichmäßige Verjüngung von proximal 26–32 µm auf distal 12 µm. Am Ende wird die Rohrwand außen ringförmig verdickt – ganz wie bei *M. rectum* und *M. flexum*. Dieser distale Ring ist offenbar in winzige Abschnitte oder Perlen gegliedert (Abb. 32 B); das kann ein artspezifisches Eigenmerkmal von *M. brevituba* sein.

Macrostomum ermini Ax, 1959

(Abb. 33)

Schwarzes Meer
Sile. Sandstrand aus detritusarmen Fein- bis Mittelsand. Bisher gibt es nur einen Fundort (AX 1959a). Es ist dies ein hoch im Sandhang gelegener Brackwassertümpel mit zwei Messungen des Salzgehaltes von 17,9 und 14,5 ‰ im September 1956.

Körperlänge 1–1,2 mm. Leicht gelblicher Farbton. Mit braunschwarzen Pigmentaugen.
    Das Stilett ist ein sehr langes, schlankes Rohr mit nur leichter Krümmung. An 3 Individuen wurden Längen von 132, 140 und 164 µm gemessen. Artspezifische Strukturen befinden sich am distalen Ende des Rohres. Das Stilett läuft an einer Seite in einen kleinen, soliden Haken aus, welcher rechtwinklig abgestellt ist. Oberhalb davon ist die gegenüberliegende Wand nach innen eingezogen und kolbenförmig angeschwollen. In der halbkreisförmigen Linie zwischen diesen beiden Verdickungen dürfte sich die distale Rohröffnung befinden. Ungewöhnlich ist die Position der ovoiden Vesicula granulorum. Die Blase setzt mit einem Stiel am proximalen Rohrende an und biegt dann scharf nach hinten um.

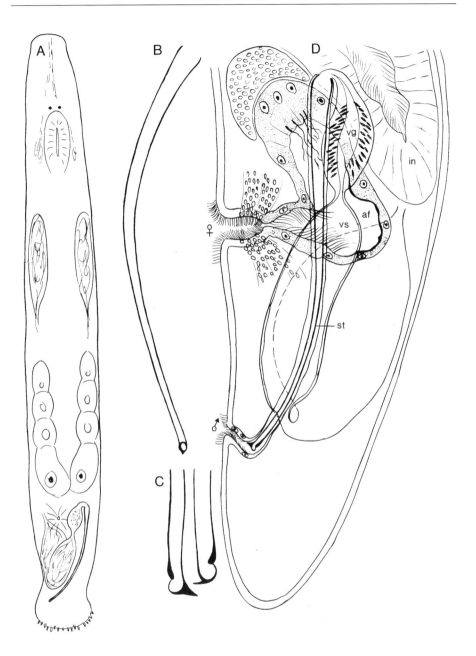

Abb. 33: *Macrostomum ermini*. A. Habitus und Organisation nach Lebendbeobachtungen. B. Stilettrohr des Kopulationsorgans. C. Distalende des Stiletts von zwei Individuen, stärker vergrößert. D. Sagittalrekonstruktion der Genitalorgane im Hinterkörper. Sile, Schwarzes Meer. Türkei. (Ax 1959a)

Macrostomum tenuicauda Luther, 1947

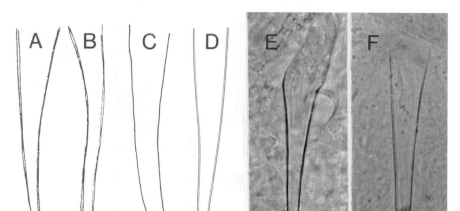

Abb. 34: *Macrostomum tenuicauda*. Stilette von Individuen verschiedener Fundorte. A, B. Tvärminne, Finnland (Luther 1947). C. Binnensalzstelle bei Bad Oldesloe, Schleswig-Holstein (Rixen 1961). D, E. Seward, Kenai Halbinsel, Alaska (Ax & Armonies 1990). F. Sylt, Nordsee. (Armonies in Ax & Armonies 1990)

M. tenuicauda ist ein spezifisches Brackwassertier mit überwiegender Zahl der Funde aus dem Lebensraum der Salzwiesen (ARMONIES 1988).

Norwegische Küste. Salzwiese im Raunefjord (KARLING 1974).

Nordsee
Niederlande. In oligo- und mesohalinen Salzwiesen (HARTOG 1974, 1977). Im Brackwasser (SCHOCKAERT et al. 1989).
Sylt. Wiesenregion, deren Salzkonzentrationen wenigstens 3 Monate lang unter 15 ‰ lagen; noch bei Konzentrationen unter 1 ‰ aktiv (ARMONIES 1987).

Ostsee
Finnischer Meerbusen (Hangö, Tvärminne). Uferzone, „gerne im Wurzelgeflecht der Strandpflanzen" (LUTHER 1960).

Alaska
Kenai-Halbinsel. (1) Seward: Sandstrand Lowell Point. Im Feinsand des unteren Hangs mit austretendem Süßwasser. (2) Homer Spit. Im Sandhang hinter einem Dünenwall (AX & ARMONIES 1990).

Binnensalzstellen in Deutschland
Schleswig-Holstein: Oldesloe. Salzwiese, Salinität 13 ‰ (RIXEN 1961).
Thüringen: Brackwasser der Werra bei Frankenroda (Kaiser 1974)

Körperlänge im Finnischen Meerbusen 0,6–1,2 mm (LUTHER 1960), nach unseren Messungen in Alaska 0,7–0,8 mm. Ungefärbt. Die Ausbildung von Pigmentgrana in den Mantelzellen der Augen ist variabel. Auf Sylt und in Alaska wurden Individuen mit und ohne Augenpigment in einer Population gefunden.

Das Stilett ist ein weitgehend gerades Rohr mit distalwärts zunehmender Verjüngung. Die Länge des Rohres beträgt 66 µm (Finnland, 1 Messung), 65–75 µm (Oldesloer Salzstelle), 62–65 µm (Sylt) und 55–65 µm (Alaska). Am distalen Ende ist eine Rohrseite verlängert, leicht verdickt und gewöhnlich nach innen gebogen. Dadurch kommt dann die Öffnung mehr oder weniger in eine Linie mit der kürzeren Rohrwand zu liegen.

Macrostomum minutum Luther, 1947

(Abb. 35)

Ostsee
Finnischer Meerbusen. Zwei Individuen aus größerer Wassertiefe. (1) Ekenäs. Gyttja, Ton- und Sandboden, 25 m tief. (2) Tvärminne. Gyttja und Sand (LUTHER 1947, 1960).
Kieler Bucht. Sandstrand bei Schilksee. 6 Expl. subterran im Sandhang landwärts der Wasserlinie (SCHMIDT 1972a).

Nordsee
Sylt. In Salzwiesen mit lockeren, sandigen Böden; unregelmäßig in geringer Dichte (ARMONIES 1987). Im oberen Teil von Sandstränden, die an Salzwiesen anschließen (HELLWIG 1987).

Unter dem Namen *Macrostomum tuba* var. *minuta* n. var. beschreibt LUTHER (1947) ein *Macrostomum*-Individuum aus dem Brackwasser des Finnischen Meerbusen (Fundort 1), das von PURASJOKI (1945) entdeckt wurde.

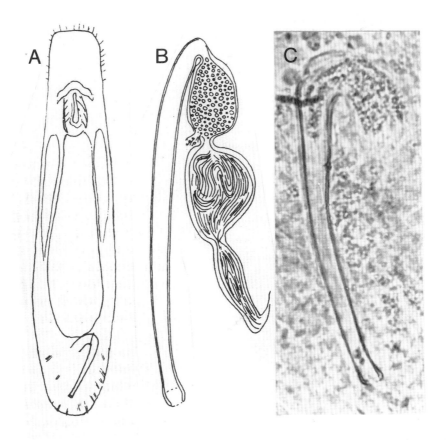

Abb. 35: *Macrostomum minutum*. A. Umriß eines 0,8 mm langen Tieres. B. Kopulationsorgan. Stilett. 75 µm lang. C. Stilett. (A, B Luther 1960; C Hellwig 1981)

BEKLEMISCHEV (1951) trennt das Tier als Vertreter einer separaten Art *M. minutum* Luther, 1947 von *M. tuba* ab. LUTHER (1960) fand ein weiteres Exemplar in sublitoralem Sediment des Finnischen Meerbusens (Fundort 2).

Die folgenden Daten basieren auf Beobachtungen von LUTHER an diesen beiden Individuen.

Länge 0,5–0,8 mm. Körper weißlich, wenig durchsichtig. Kein Augenpigment.

Das Stilett (1947, fig. 47; 1960, fig. 20 B) ist ein schwach gebogenes Rohr von 75–82 µm Länge. Das Rohr verjüngt sich distalwärts sehr langsam oder bleibt nahezu gleichbreit. Allein das Ende ist rundlich verbreitet, die Wand indes nur schwach verdickt.

Das gerade Stilett mit stark verdickter Spitze (LUTHER 1960, fig. 20 A) gehört nicht zu *M. minutum*. Es repräsentiert vielmehr eine separate Art, die oben als *M. rectum* beschrieben wurde.

Damit kann ich die Einordnung der Tiere aus der Kieler Bucht und von der Insel Sylt begründen.

SCHMIDT (1972a, p. 17) schreibt über die Individuen von Schilksee bei Kiel: „Das Stilett stimmte besonders gut mit Abbildung 20 B in LUTHER (1960) überein." Das ist die Wiedergabe eines schwach gebogenen Rohres ohne auffällige Verdickung am Ende.

M. HELLWIG und W. ARMONIES verdanke ich Beobachtungen über *M. minutum* von Sylt. Mikrofotografien verschiedener Individuen dokumentieren wiederum ein schwach gebogenes Stilettrohr mit leichter terminaler Verbreiterung (Abb. 35 C). Für die Länge des Rohres hat HELLWIG (1981) einen Wert von 72 µm gemessen, ARMONIES an zwei Individuen 100 und 105 µm bestimmt (briefl. Mitt.).

Macrostomum longistyliferum Ax, 1956

(Abb. 36 A–C)

Frankreich
Nur von einer Stelle im meiomesohalinen Brackwasser des mediterranen Etang de Canet bekannt. Dabei handelt es sich um eine Feuchtsandzone mit Cyanobakterien am Ufer des „Canal du Canet" (AX 1956c).

Relativ große Art von 1,5–1,6 mm Länge. Ungefärbt. Mit Pigmentaugen.

Stilett von 140–150 µm Länge. Das lange, schlanke Rohr verläuft im proximalen Abschnitt weitgehend gerade, weiter distalwärts wird es leicht zur Seite ausgestellt.

Zwei Sonderheiten zeichnen das Distalende des Rohres aus. (a) Im Anschluß an eine kontinuierliche Verjüngung des Stiletts kommt es in der terminalen Partie unmittelbar vor der Öffnung erneut zu einer leichten Anschwellung. (b) Vor dem Ende ist die Rohrwand einseitig durch einen spaltförmigen Einschnitt unterbrochen.

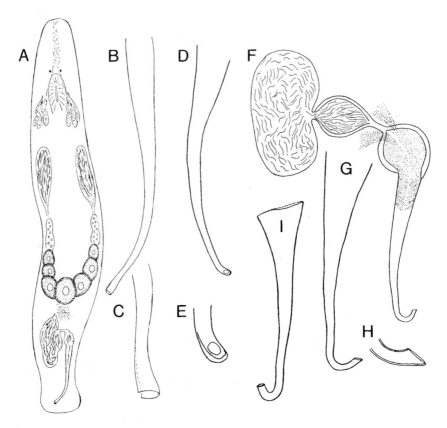

Abb. 36: A–C. *Macrostomum longistyliferum* vom Etang de Canet, Frankreich. A. Organisation nach Quetschpräparat. B. Stilett. C. Stilettspitze, stark vergrößert. D–E. *Macrostomum longituba* von S. Rossore bei Pisa, Italien. D. Stilett. E. Spitze des Stiletts mit Öffnung an konkaver Seite. F–H. *Macrostomum mystrophorum* von S. Rossore bei Pisa, Italien. F. Kopulationsorgan mit langem Ductus intervesicularis zwischen Samen- und Körnerdrüsenblase. G. Stilett. H. Stilettspitze, stark vergrößert. I. *Macrostomum mystrophorum* aus der Steiermark, Österreich. Stilett. (A–C Ax 1956c; D–E Papi 1953; F–H Papi 1953; I Meixner 1926)

Macrostomum longituba Papi, 1953

(Abb. 36 D, E)

Italien
S. Rossore bei Pisa. Überschwemmungszone und kleiner Brackwassergraben (Salinität 2,5 ‰) in Nähe des Meeresufers. Nördlich der Mündung des Arno.

Körperlänge etwa 1 mm. Pigmentbecher der Augen aus dunkelbraunen Körnchen.

Stilett ein langes, schwach gebogenes Rohr, das 143 µm erreichen kann. Die Weite nimmt distalwärts allmählich ab. „Die Spitze ist etwas angeschwollen, löffelförmig, mit einer ovalen, subterminalen Öffnung an der konkaven Seite versehen" (PAPI 1953, p. 5).

M. longistyliferum und *M. longituba* stammen beide aus schwachsalzigen Brackgewässern am Mittelmeer. Am distalen Ende des langen Stilettrohres existieren keinerlei kutikulare Verdickungen, aber kleine, signifikante Unterschiede. Bis zu einer besseren Kenntnis führen wir die mediterranen Brackwasser-Populationen aus Italien und Frankreich als separate Arten weiter.

Macrostomum ?mystrophorum Meixner, 1926

(Abb. 36 F–H)

Italien
S. Rossore bei Pisa. Wie *M. longituba* in überschwemmter Zone in der Nähe des Meeresufers. In temporären Gewässern mit schwankendem Salzgehalt (5.15 ‰ am 26.3.1953). Zwischen Algen und gelbem Schlamm auf schwarzem Sapropel (PAPI 1953).

Die Brackwasser-Population vom Mittelmeer wird von PAPI (1953, p. 13) identifiziert mit einer „Leitform der reophilen Quellmoosfauna Mittel- und Obersteiermarks", die „an dem dünnen, bis etwa 100 µ langen, nicht zugespitzten oder geknöpften …, sondern am Ende U-förmig umgebogenen Stiletröhrchen" (MEIXNER 1926, p. 602) kenntlich ist.

Die folgenden Daten stammen von PAPI (1953) nach Erhebungen an Individuen vom Mittelmeer.

Länge bis 1,8 mm. Farbloser Körper, gelblicher Darm. Augen mit kleinem Pigmentbecher.

Das Stilettrohr kann eine Länge von 134 µm erreichen; zumeist wurden aber kürzere Stilette gefunden. Das distale Ende ist U-förmig gebogen. Die Weite der proximalen Öffnung mißt knapp 30 µm. Der Durchmesser nimmt im Verlauf der oberen zwei Drittel des Rohres allmählich ab. An der distalen, 5 µm breiten Öffnung des Hakens erweitert sich das Lumen sehr schwach. Es gibt keine Verdickungen am Rohrende.

Die Überlegungen PAPIs (l. c.) zur Identität von Populationen aus der Steiermark und von der italienischen Meeresküste bleiben fragwürdig, solange genaue Untersuchungen an Individuen aus den Alpen mit präzisen Angaben zum Lebensraum fehlen.

Macrostomum semicirculatum n. sp.

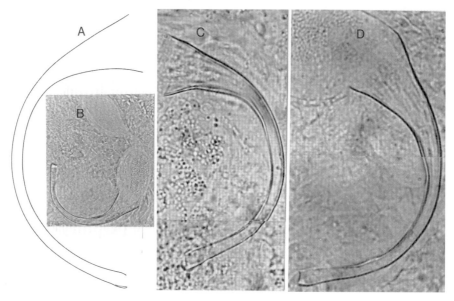

Abb. 37: *Macrostomum semicirculatum*. A–D. Halbkreisförmige Stilettrohre von Individuen verschiedener Fundstellen im Bereich des Lake Ogawara, Japan. (Originale 1990)

Japan. Honshu, Aomori District
Sämtliche Funde der Art stammen aus dem Umfeld des Ogawara Lake. Bei dem See selbst handelt es sich um einen Süßwassersee. Kleinere Areale mit Brackwasser haben wir an verschiedenen Stellen in der Peripherie des Ogawara Lake gefunden.

(1) Der Takase River (Locus typicus) verbindet den See mit dem Pazifischen Ozean. Der Fluß erweitert sich nach Norden in eine Lagune, in welcher bei Niedrigwasser ein Salzgehalt von 15 ‰ gemessen wurden (21.8.1990). Nachweis an mehreren Stellen im Feinsand der Uferzone (29.8.1990).

(2) Obuchi Pond. „Brackwassersee" nördlich des Ogawara Lake. Mit hohem Salzgehalt von 25–30 ‰ am 24.8.1990. Eine Population in Salzwiesensubstrat am Ufer.

(3) Takahoko Pond. Weiterer „Brackwassertümpel" im Norden des Lake Ogawara. Im Bereich einer Schleuse. Um 3 ‰ Salzgehalt, im Ufersand (29.8.1990).

Körperlänge um 0,7 mm. Mit Pigmentaugen und gelblicher Färbung des Parenchyms. Sehr schlank und sehr beweglich. Kommt häufig aus dem interstitiellen Lückensystem des Sandbodens und schwimmt dann elegant über dem Substrat.

Das Stilett ist ein schlankes, stark gebogenes Rohr, das in etwa die Form eines Halbkreises einnimmt. An der konkaven Seite beträgt die kürzeste Entfernung zwischen den Rohrenden ~ 60 µm. Die proximale Öffnung hat einen Durchmesser von 18–21 µm. Das Rohr verjüngt sich dann kontinuierlich auf 3–4 µm Breite, um kurz vor der terminal gelegenen, distalen Öffnung noch einmal auf 5–6 µm anzuschwellen. Besondere Verdickungen existieren am Rohrende im Gegensatz zu *M. guttulatum* und vielen anderen *Macrostomum*-Arten nicht.

Macrostomum burti Ax & Armonies, 1987

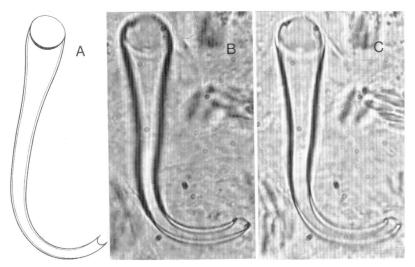

Abb. 38: *Macrostomum burti*. Stilett. A. Zeichnung nach einem Individuum. B, C. Mikrofotografien von einem anderen Tier unter verschiedener Fokussierung. Deer Island, New Brunswick, Kanada. (A Ax & Armonies 1987; B, C Originale 1984)

Die Art ist nur von New Brunswick, Kanada bekannt. Individuenreiche Populationen wurden bei unseren Untersuchungen 1984 regelmäßig in Stillwasserbiotopen (oft mit vermindertem Salzgehalt) von der Gezeitenzone bis in supralitorale Salzwiesen gefunden (AX & ARMONIES 1987).

Quoddy Region: Dear Island, Campobella Island, Sam Orr Pond, Brackwasserbucht Pocologan. Bay des Chaleúrs: Miguasha Cliff, Aestuar des Elmtree River.

Körperlänge 1–1,2 mm. Mit 2 Pigmentbecherocellen. Ungefärbt.

Das röhrenförmige Stilett erreicht nur 45–53 µm. Das Rohr verjüngt sich kontinuierlich von der proximalen Öffnung mit 9–10 µm Durchmesser auf etwa 2 µm am distalen Ende. Hier ist die Rohrwand bogenförmig eingeschnitten, ähnlich wie bei *M. calcaris*. Es gibt keine terminalen Verdickungen oder andere spezielle Strukturen. Das Rohr verläuft im oberen Teil weitgehend gerade, ist dann aber im letzten Drittel halbkreisförmig geschwungen.

Macrostomum bicurvistyla Armonies & Hellwig, 1987

(Abb. 39)

Nordsee
Insel Sylt. Ostufer bei Kampen. Schlick zwischen *Spartina anglica*, wenig oberhalb der mittleren Hochwasserlinie. 1982 (ARMONIES & HELLWIG 1987).

Alaska
Kenai Halbinsel. Seward: (1) Fourth of July Beach. Unterer Sandhang, unter dem Einfluss von ausströmenden Süßwasser. Grobsand, Kies, Steine. (2) Lowell Point. Sandstrand mit ausfließendem Schmelzwasser (AX & ARMONIES 1990).

An der Nordsee werden bis 1,5 mm Körperlänge erreicht. In Alaska liegen unsere Meßwerte an zahlreichen Individuen bei 1 mm. Seltsamerweise haben wir in den Populationen der beiden Alaska-Strände einige Riesen von 3–4 mm gefunden, welche – offensichtlich in Korrelation hierzu – laterale Darmdivertikel aufwiesen. In der übrigen Organisation mit Länge und Form der Stilettrohre gab es indes keine wesentlichen Unterschiede zu Tieren „normaler" Größenordnung.

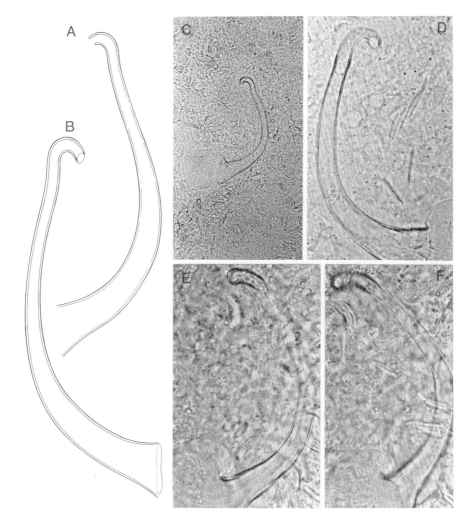

Abb. 39: *Macrostomum bicurvistyla*. A–F. Stilette von Individuen verschiedener Fundstellen der Kenai Halbinsel, Alaska. A, E, F. Seward. Fourth of July Beach. B, C, D. Seward. Lowell Point. (Ax & Armonies 1990)

Individuen der studierten Populationen von Nordsee und Pazifik haben kleine, pigmentierte Augen und zeichnen sich durch dicht gepackte Rhabditenbündel aus; sie sind im übrigen ungefärbt.

Stilett. Nordsee: Länge 105–125 µm, Durchmesser proximal 20 µm, distal 7 µm. Alaska: Länge 120–148 µm; Durchmesser proximal 20–25 µm, distal 6–7 µm.

Einzigartig ist die Form des Stiletts mit zwei Schwingungen oder Biegungen. Nach einem langen gleichmäßigen Bogen unter zunehmender Verjüngung dreht sich das Rohr im letzten Viertel deutlich nach außen, um danach schärfer nach innen einzubiegen. Das Stilett von *M. bicurvistyla* ist ein zweifach in derselben Richtung gebogenes Rohr.

Macrostomum bellebaruchae n. sp.

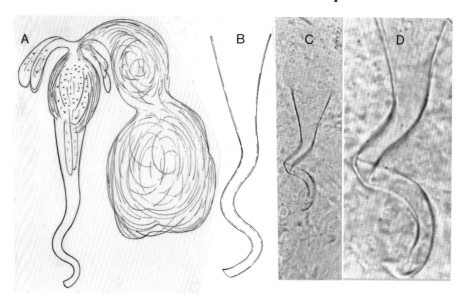

Abb. 40: *Macrostomum bellebaruchae*. A. Männliches Kopulationsorgan mit langgestreckter Samenblase, klar abgesetzter ovoider Körnerdrüsenblase und Stilett. B. Stilett mit langem Trichter und zwei annähernd gleichförmigen Windungen. C und D. Mikrofotografien des Stiletts. Die obere Windung ist im Präparat eingeknickt. Georgetown, South Carolina. Hobcaw Barony. (Originale 1998)

USA

Georgetown, South Carolina. Südseite der Hobcaw Barony im Mündungsareal der Winyah Bucht in den Atlantischen Ozean. Reiner Mittelsand der Uferzone (Locus typicus). Salzfreies Wasser bei Probenentnahme am

26.4.1998. Geringer Brackwassereinfluß wie am Morgan Park (S. 62) wahrscheinlich.

Stark haftfähiger Organismus von 1–1,2 mm Länge. Rhabditen gut entwickelt; im übrigen ungefärbt und ohne pigmentierte Augen.

Männliches Kopulationsorgan mit V. seminalis, klar abgesetzter V. granulorum und Stilett. Das Stilettrohr mißt 56 µm. Die obere Hälfte ist ein langgestreckter Trichter mit zunehmender Verjüngung. Es folgt ein schlanker Rohrabschnitt mit zwei gegenläufigen, etwa gleichgestellten Windungen. Distal läuft das Rohr einfach ohne Verdickung aus.

Für *M. bellebaruchae* ist nur ein Fundort im Grenzraum zwischen Meer und Süßwasser bekannt. Dementsprechend muß offen bleiben, ob es sich um einen marinen Immigranten in das Brackwasser oder um eine limnogene Population handelt.

Für einen Vergleich bietet sich in erster Linie *M. extraculum* (S. 97) von Alaska (Brackwasserlagune Ninilchik der Kenai Halbinsel) an. Auch hier hat das Stilettrohr im Anschluß an einen langen, schlanken Trichter zwei Windungen. Allerdings gibt es nur eine schwache obere Windung, dagegen aber eine ausgesprochen starke distale Einkrümmung. Ein wesentlicher Unterschied zum einfachen Rohrende von *M. bellebaruchae* ist dann die solide, konische Verdickung am distalen Ende bei *M. extraculum*.

Macrostomum hamatum Luther, 1947

(Abb. 41, 42)

Weite Verbreitung im Nordatlantik. Alle Funde stammen aus Brackgewässern; das erlaubt die Interpretation als spezifischer Brackwasserorganismus.

Kanada
New Brunswick. (1) Campobello Island, Upper Duck Pond. Salzwiesenkante an der Uferböschung. (2) Brackwasserbucht Pocologon. Sandboden aus der Gezeitenzone (AX & ARMONIES 1987).

Island
See Holtsós an der Südseite der Insel. Grobsand-Kies am nördlichen Ufer. Süßwasser (1 ‰ Salzgehalt; Auskunft Dr. Ingolfson). 1993.

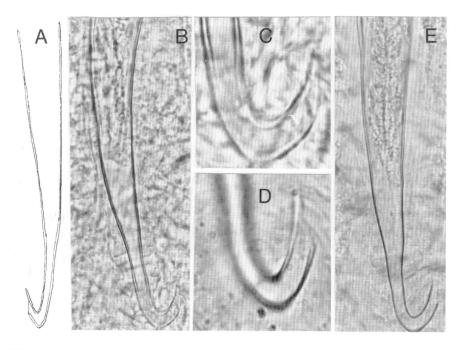

Abb. 41: *Macrostomum hamatum*. Stilettrohre und Stilettspitzen von Individuen verschiedener Fundorte. A. Tvärminne, Finnland (Luther, 1960). B, C. Sylt, Nordsee (Ax & Armonies 1987) D, E. Kanada, Campobello Island. (Ax & Armonies, 1987)

Nordsee
Niederlande. Aestuarien im Südwesten. Isolierte Brackwassergräben (HARTOG 1974, 1977). „Netherlands Delta area. Brackish water habitats" (SCHOCKAERT et al. 1989).
Sylt. In Salzwiesen von Sylt wurde *M. hamatum* nur bei Salzkonzentrationen unter 12 ‰ angetroffen; sie ist auf höher gelegene Salzwiesen beschränkt. Bevorzugung des Oligohalinicums (ARMONIES 1987; 1988).

Ostsee
Frische Nehrung. Haffseite der Nehrung. Detritusreicher Sand, um 4 ‰ Salzgehalt (AX 1951a). Askö (südlich Stockholm). Sand, um 6 ‰ (FENCHEL & JANSSON 1966). Finnischer Meerbusen. Umgebung der Zoologischen Station Tvärminne. Uferregion. Vorstoß in Feuchtsande landwärts der Wasserlinie; oft in Böden mit Wurzelgeflecht der Ufervegetation (LUTHER 1947, 1960; AX 1954b; KARLING 1974).

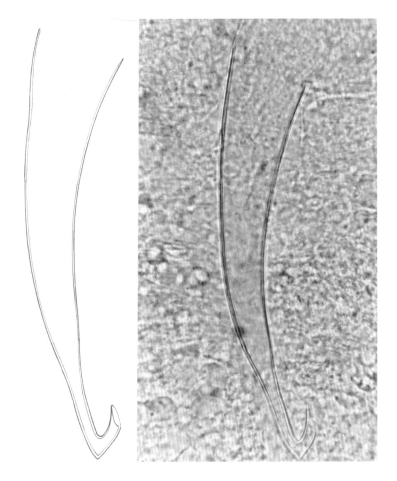

Abb. 42. *Macrostomum hamatum*. Stilette von Individuen einer Population aus dem See Holtsós, Island. (Originale 1993)

Körperlänge 1,5–2 mm. Farblos. Mit sehr kleinen Pigmentbecherocellen. Wir haben in Kanada um 10 Pigmentgranula pro Auge gezählt. LUTHER (1960) gibt für Individuen aus Finnland nur 5–6 Körner an; hier können Pigmentaugen sogar fehlen.

Stilett. In Kanada haben wir Längen von 108, 111 und 126 µm gemessen, in Island 125 µm und auf Sylt bis 150 µm (AX & ARMONIES 1987). Das Stilettrohr ist nur ganz schwach gebogen, wobei die Rohrwand leicht unregelmäßig verlaufen kann. Das letzte Drittel des Rohres ist deutlich verjüngt. Das artspezifische Merkmal ist der prominente, nach oben gebogene

Haken am distalen Ende des Rohres. Die Außenwand des Hakens ist weitgehend gerundet oder ganz leicht zugespitzt. Auffällig ist die ungewöhnlich schräge oder schiefe Öffnung infolge der weit nach oben gezogenen Innenwand des Hakens.

Macrostomum acutum n. sp.

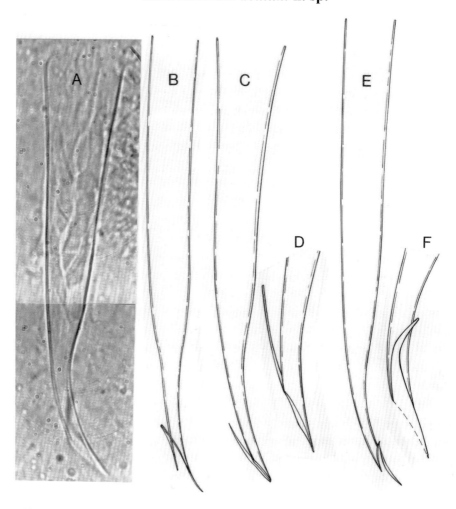

Abb. 43: *Macrostomum acutum*. Stilette verschiedener Individuen. In D Vergrößerung des Distalendes des vorstehenden Stilettrohres C, in F Vergrößerung von E. Alle Figuren von Tieren eines Sandstrandes der Stadt Georgetown, SC. USA. (Originale 1996)

USA
Georgetown, South Carolina.
Morgan Park (East Bay Park) im nördlichen Teil der Winyah Bucht. Sandstrand unter Gezeiteneinfluß (Locus typicus). Salzgehalt zwischen 0,1 und 5,5 ‰ (AX 1997a). In Proben vom Oktober 1996.

Körperlänge bis 1 mm. Ohne Pigmentaugen, ungefärbt.

Stilett. Länge nach Messungen an mehreren Exemplaren in engen Grenzen zwischen 68 und 72 µm; damit deutlich kürzer als das Rohr von *M. hamatum*. Das Rohr verläuft weitgehend gerade bis auf das leicht gebogene und deutlich verjüngte letzte Drittel. Am distalen Ende steht das Rohr an einer Seite weit über; es resultiert eine ungewöhnlich schräge Öffnung von 8–9 µm Länge. Von der Öffnung her springt das Rohr in einen scharfen Stachel um, der nahezu um 180° nach vorne gerichtet ist. Gewöhnlich handelt es sich um ein ± gerades, spitz zulaufendes Gebilde; Länge 12 µm nach einer Messung. Nur einmal habe ich einen deutlich gebogenen Stachel gesehen.

Macrostomum calcaris n. sp.

(Abb. 44, 45)

USA
Georgetown, South Carolina.
(1) Morgan Park (East Bay Park) in der nördlichen Winyah Bucht. Im selben Brackwasser-Sandstrand wie *Macrostomum acutum*. April 1998.
(2) Maryville (südlicher Stadtteil von Georgetown). Kleiner Sandstrand zwischen Schilf an der Mündung des Sampit River in die Winyah Bucht (Locus typicus). In Sichtweite des weiter westlich gelegenen Morgan Park. April 1998.

Kleine, sehr schlanke Organismen von knapp 0,8 mm Länge. Psammobionte, langsam kriechende Individuen; dabei stark dehnbar und kontraktil.

Keine Pigmentaugen, ungefärbt. Rhabditen gut entwickelt, insbesondere im Hinterende.

Stilett. Langes, schlankes Rohr mit einer Schwingung in der Mitte. Das Rohr verjüngt sich distalwärts kontinuierlich ohne Absatz. Auffällig ist das distale Ende; die Mündung ist tief bogenförmig eingeschnitten. Messungen der Länge: 80, 84 und 88 µm.

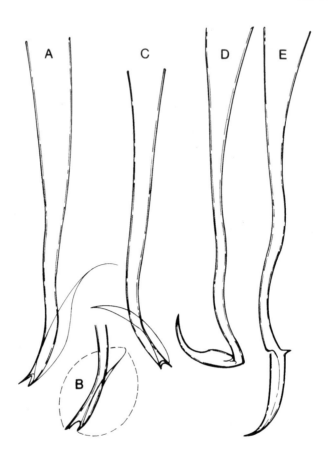

Abb. 44: *Macrostomum calcaris*. Stilette verschiedener Individuen. A–C. Normale Ausrichtung des distalen Sporns nach vorne. In B ist die schwach verfestigte Blase um das Rohr durch eine Strichlinie markiert. D. Der Sporn wird seitlich abgestellt und in E in Verlängerung des Rohres nach hinten gerichtet. Georgetown, SC. USA. (Originale 1998)

Das Rohr trägt am Ende einen großen geschwungenen Sporn von 32–40 µm Länge. In der Norm ist der Sporn streng nach vorne gerichtet; er kann aber zur Seite gestellt und sogar ganz nach hinten geführt werden. Der Sporn ist augenscheinlich schwächer verfestigt als das Stilettrohr; er wird im Quetschpräparat mit der Zeit zunehmend schlechter erkennbar. Das Ende des Sporns scheint eine leicht verfestigte Blase zu stützen, die sich im Gewebe um das letzte Drittel des Rohres undeutlich abzeichnet.

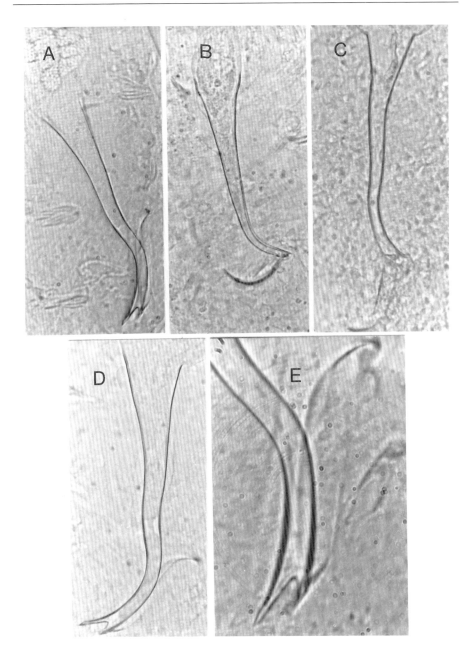

Abb. 45: *Macrostomum calcaris*. Stilette verschiedener Individuen. A–C. Orientierung des distalen Sporns nach vorne, zur Seite und nach hinten. D. Stilett mit normaler Position des Sporns. E. Distalende mit tief geführten Bogen in der Rohrwand. Georgetown, SC. USA. (Originale 1998)

Macrostomum balticum Luther, 1947

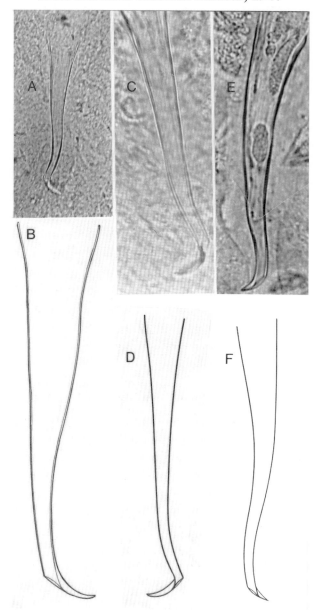

Abb. 46: *Macrostomum balticum*. Stilette von Individuen verschiedener Fundorte. A. Kieler Bucht. Bottsand, Kiel (Original 1966). B. Kieler Bucht. Gelting, Flensburg (Original 1952). C, D. Färöer. Hvalvik (Original 1992). E, F. Japan. Honshu, Obuchi Pond (Original 1990). Art-Identität fraglich.

Mit ähnlich weiter Verbreitung wie die Brackwasserart *Macrostomum hystricinum* (S. 77) – im Gegensatz zu dieser aber ein marin-euryhaliner Organismus, wenn auch mit ausgeprägter Tendenz zur Einwanderung in Brackwasserareale. Bewohner von Sandböden und Salzwiesen.

Norwegen. Trondheimsfjord. Salzwiese in der Nähe von Selva (van der VELDE 1976).

Nord- und Ostsee
Frankreich, Belgien, Niederlande. Im Meer und Brackwasser (SCHOCKAERT et al. 1989).
In Salzwiesen der Deltaregion der Niederlande. Vom Euhalinicum bis in das Mesohalinicum (HARTOG 1966a, 1968b, 1974, 1977). Salzwiese der Insel Texel (van der VELDE & van der WINKEL 1975).
Schwedische Westküste. Gullmar Fjord. Bis 12 ‰ Salzgehalt (WESTBLAD 1953). Kristineberg, Halland (LUTHER 1960).

Deutsche Küsten
Sandwatt des Königshafens von Sylt (AX 1951a; Reise 1984). Brackwassertümpel im Sandstrand von Amrum. Salzgehalt 1–6 ‰. (AX. l. c.). Grenzraum Watt-Salzwiese auf Sylt (HELLWIG 1987). Einstufung der Art als Besiedler poly- bis mesohaliner lenitischer Stillwasserbiotope.
In Salzwiesen von Nordsee und westlicher Ostsee (AX 1960; BILIO 1964; ARMONIES 1987; 1988).
Nord-Ostsee-Kanal. In Aufwuchs auf Hartböden. 10 ‰ Salzgehalt (Schütz 1966).
Kieler Bucht. Bottsand bei Kiel. 1966. Gelting bei Flensburg. Detritusreicher Grobsand in Stillwasserbucht, 1952.

Innere Ostsee
Finnischer Meerbusen. Umgebung von Tvärminne. Schwedische Ostküste (LUTHER 1960, KARLING 1974).

Färöer
Bucht von Hvalvik mit weiter Öffnung zum Sund zwischen den Inseln Streymoy und Eysturoy. Detritusreicher Sand der Uferzone, 5 ‰ Salzgehalt (16.8.1992).

Französische Atlantikküste
Bucht von Arcachon. (1) Reservoirs à Poissons am Ostufer bei Certes. Regelmäßig in Polstern von Cyanobakterien auf Schlickboden. Salzgehalt

32,8 ‰. (2) Region Près Salés. Salzwiesengelände. *Vaucheria*-Polster auf Schlick (September 1964).

Mittelmeer
? San Rossore bei Pisa, Italien. Überschwemmungsareal am Meeresufer. Salzgehalt 2 ‰ (PAPI 1953). Beschrieben unter dem Namen *M. balticum meridionalis*. Artidentität fraglich (s.u.).

? Japan
Honshu, Aomori District. Obuchi Pond. See mit Salzwasser bis Brackwasser nördlich des Ogawara Lake (Salinität 25–30 ‰). Salzwiesensubstrat am Ufer (24.8.1990).

Länge des Körpers (1,25 mm Finnland; 0,9 mm Färöer) und des Stiletts sind deutlich geringer als bei *M. spirale*. Farblos; mit Augen.

Stilett. LUTHERs Darstellung aus dem Finnischen Meerbusen (1960) sowie meine Beobachtungen aus der westlichen Ostsee und von den Färöer stammen zweifelsfrei von Individuen derselben Art. Messungen der Stilettlänge aus Finnland liegen bei 73–76 µm, von den Färöer bei 70–75 µm. Vom oberen Trichter verjüngt sich das Rohr unter leichter Windung kontinuierlich distalwärts. Am Ende steht ein geschwungener Zipfel oder Stiefel, der in stumpfem Winkel seitlich am Rohr ansetzt (Abb. 46 A–D). Bei identischer Stilettstruktur habe ich an 2 Individuen von Arcachon geringere Rohrlängen von 62 und 64 µm gemessen.

Mit Reserve stelle ich Beobachtungen an Individuen aus Japan zu *M. balticum*. Bislang ist es nicht gelungen, Art-Identität zwischen Plathelminthes aus Brackgewässern von Japan und solchen aus nordischen Brackwasser-Lebensräumen wahrscheinlich zu machen (AX 1992b).

Bei Tieren aus Nordjapan habe ich ein Stilett gefunden, das in Länge (77 µm) und Form weitgehend mit den Beobachtungen von den Färöer und Nordeuropa übereinstimmt. Mein Zögern resultiert aus Unterschieden im distalen Anhang (Abb. 46 E, F). Der hier spitz zulaufende Zipfel erreicht allenfalls die Hälfte der Länge des Stiefels bei Individuen nordischer Populationen von *M. balticum*.

Die von PAPI (1953) beschriebene Mittelmeerform *M. balticum meridionalis* gehört wahrscheinlich nicht zu *M. balticum*. Das Rohr ist länger (90 µm) und deutlich stärker gekrümmt. Möglicherweise besteht eine Beziehung zur gleichfalls mediterranen *M. incurvatum* (Seite 133). Eine neue detaillierte Analyse der Stilettspitze ist für ein Urteil erforderlich.

Macrostomum spirale Ax, 1956

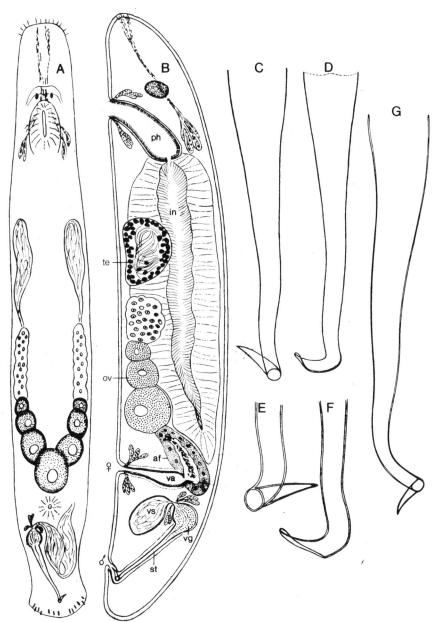

Abb. 47: *Macrostomum spirale*. A. Habitus und Organisation nach dem Leben. B. Sagittalrekonstruktion nach Schnittserien. C. Stilett mit scharf abgesetztem Haken bei schwachem Deckglasdruck. D. Stilettrohr mit schuhförmigem Distalende nach starkem Deckglasdruck. E

und F. Entsprechende Rohrenden stärker vergrößert. G. Stilett eines Individuums aus der Ostsee. Rohrende vor dem Haken stärker geschwungen. A–F Mittelmeer, Etang de Canet. (Ax 1956c). G. Ostsee, Gelting, Flensburger Förde. (Original 1953)

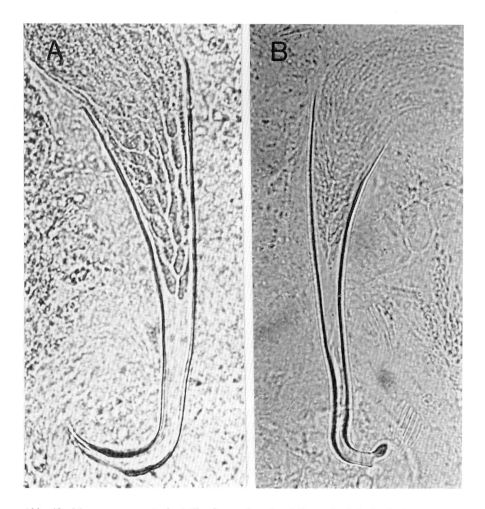

Abb. 48: *Macrostomum spirale*. Mikrofotografien des Stiletts. A. Sylt (Hellwig 1981). B. Kotzebue, Alaska. (Ax & Armonies 1990)

Mittelmeer
Brackwasser-Strandseen der Region Pyrénées-Orientales.
  Etang de Canet. Zahlreich in feuchtem Ufersand mit Cyanobakterien. Mesohalinicum (AX 1956c).
  Etang de Salses. Mittelsand am Südufer. Im Feuchtsand der Uferzone; teilweise zusammen mit *Macrostomum incurvatum* (S. 133). Salzgehalt 13–15 ‰. September 1962.

Der Kanal
Plymouthregion (England). Salzwiese (HARTOG 1968a).

Nordsee
Niederländische Deltaregion. Salzwiesen, Sand- und Mudwatt der Gezeitenzone (HARTOG 1966a; 1974; 1977).
  Sylt. Salzwiesen. Maximale Aggregationsdichten (bis 588 Ind./10cm^2) bei 20 ‰ Salzgehalt (ARMONIES 1987).

Ostsee
Kieler Bucht. Bottsand bei Kiel, Gelting bei Flensburg (Salzwiesen, Salzwiesentümpel, Algenwatten) (AX 1960; BILIO 1964).
  Greifswalder Bodden. Ufer der Ortschaft Wieck an der Mündung des Flusses Ryck, Fein- bis Mittelsand. Salzgehalt 6–7 ‰. September 2001. Es gibt keine weitere Fundortsangabe aus der inneren Ostsee.

Alaska
Kotzebue. Salzwiese östlich des Dorfes. Salzgehalt 7–11 ‰ (AX & ARMONIES 1990).

Ausführliche Beschreibung in AX 1956c. Große Tiere mit Körperlängen um 1,3 mm oder mehr; 1,5 mm in AX & ARMONIES 1990; 1,6 mm nach ARMONIES 1987.
  Stilett. Vom Mittelmeer (Etang de Canet) und aus der Ostsee (Flensburger Förde) liegen Zeichnungen und Messungen vor, von Alaska (Kotzebue) zusätzlich Mikrofotografien. Die Länge beträgt 120–130 μm. Das Stilett ist ein leicht geschwungenes Rohr mit einem distal scharf abgesetzten Haken. Für ein Individuum aus der Ostsee habe ich eine deutlich stärkere Krümmung des Rohres vor dem Haken gezeichnet (Abb. 47 G).
  Im schwach gequetschten Normalzustand setzt der Haken unter spitzem Winkel an das Rohr an (Abb. 47 C, E). Bei starkem Deckelglasdruck wird diese Stellung aufgehoben; das Stilettende wechselt in die Form eines kleinen Schuhes über (Abb. 47 D, F).

In der Gegenüberstellung von Mikrofotografien aus der Nordsee und von Alaska (Abb. 48) sieht man aber Unterschiede, deren Bedeutung in weiteren Studien geprüft werden muß. Jedenfalls ist das schuhförmige Ende des Stiletts von *M. spirale* nicht mit dem Stiefel von *M. balticum* identisch.

Macrostomum axi Papi, 1959

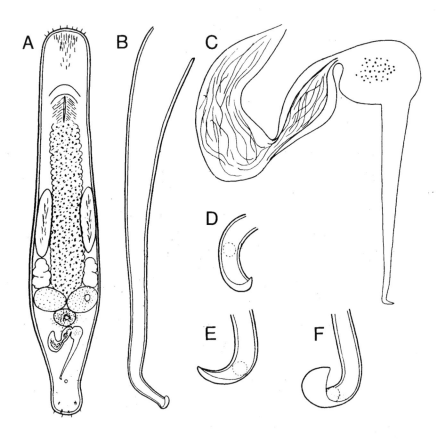

Abb. 49: *Macrostomum axi*. A. Habitus und Organisation nach dem Leben. B. Stilett. C. Kopulationsorgan nach Quetschpräparat eines lebenden Tieres. D–F. Stilettspitzen verschiedener Individuen. San Rossore bei Pisa. (Papi 1959)

Italien
S. Rossore bei Pisa. Psammaler Brackwasser-Lebensraum der Küste mit Schwankungen des Salzgehaltes zwischen 1 und 16 ‰.

Länge etwa 0,8 mm. Körper ungefärbt. Ohne Pigmentaugen.

Das röhrenförmige Stilett erreicht maximal eine Länge von 88 µm. Der Durchmesser der proximalen Öffnung beträgt 12 µm. Das Rohr ist geschwungen mit einer leichten Biegung in der oberen Hälfte und einer entgegengesetzten Krümmung im letzten Drittel. Im Anschluss daran ist das Rohr schräg zur Seite gestellt. Das schnabelförmige, gekrümmte Ende läuft spitz zu. Die distale Öffnung ist rund; sie liegt subterminal an der konvexen Seite des Rohrendes.

PAPI (1959) hat einen sorgfältigen Vergleich mit *M. spirale* AX, 1956 geführt. Ich stelle einige Unterschiede heraus. Körperlänge: *M. axi* 0,8 mm, *M. spirale* 1,3–1,6 mm. Augen: *M. axi* ohne Pigment, *M. spirale* mit Pigment. Länge des Stiletts: *M. axi* knapp 90 µm, *M. spirale* 120–130 µm.

Beachtung verdient ferner die Form des Stilettrohres. Der kleine Schuh, den das Rohrende von *M. spirale* bei starkem Deckglasdruck einnimmt (S. 131), weist in diesem Zustand Ähnlichkeiten mit dem Rohrende von *M. axi* auf. Ferner gibt es verblüffende Übereinstimmungen in den Schwingungen des Stilettrohres zwischen *M. spirale*-Individuen von Alaska (AX & ARMONIES 1990, fig. 10 und 11) und *M. axi* vom Mittelmeer. Neue Populationsstudien sind erforderlich.

Macrostomum incurvatum n. sp.

(Abb. 50)

Frankreich
Etang de Salses. Pyrénées-Orientales.
Mittelsand am Südufer des Brackwassersees. Nur vereinzelt in verschiedenen Feuchtsandproben landwärts des Wasserrandes. Salzgehaltswerte zwischen 10 und 20 ‰. September 1962. Fundort wie für *Macrostomum clavituba* (S. 97). Ausführliche Darstellung des Lebensraumes in einer Studie über *Gnathostomaria lutheri* (Gnathostomulida) (AX 1964).

Körperlänge um 1 mm. Ungefärbt. Zwei kleine, schwarze Augen.

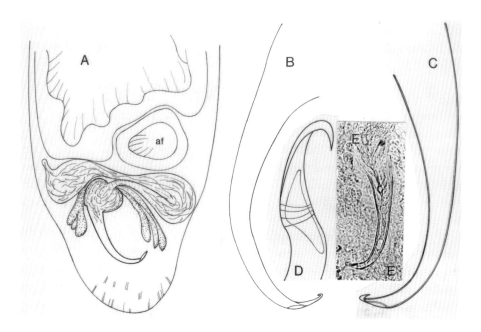

Abb. 50: *Macrostomum incurvatum*. A. Hinterende mit partiell bewimpertem Antrum femininum und männlichen Genitalapparat nach Lebendbeobachtungen. B. Stilett mit stark nach oben eingekrümmter Spitze am distalen Ende. C. Stilett eines anderen Individuums. D. Spitze des Stiletts mit terminaler Einkrümmung und Aufsicht auf die distale Öffnung. E. Mikrofotografie eines Stiletts; die gekrümmte Spitze ist undeutlich. Etang de Salses, Pyrénées-Orientales. Frankreich. (Originale 1962)

Stilettrohr. Messungen der Länge an zwei Individuen: 110 und 127 µm. Das Rohr ist stark gebogen, proximal mit weiter trichterförmiger Öffnung, distal mit scharfer Spitze. Die Spitze ist am Ende eingekrümmt, um ~ 180° umgeschlagen. Die distale Öffnung liegt an der konvexen Seite des gebogenen Rohres ein ganzes Stück vor der Spitze.

In dem spitzen Rohrende kann man nach Ähnlichkeiten mit *M. axi* suchen. Ganz verschieden von dieser Art ist das stark geschwungene Rohr mit einem weiten proximalen Trichter.

Macrostomum spec. 1 und 2

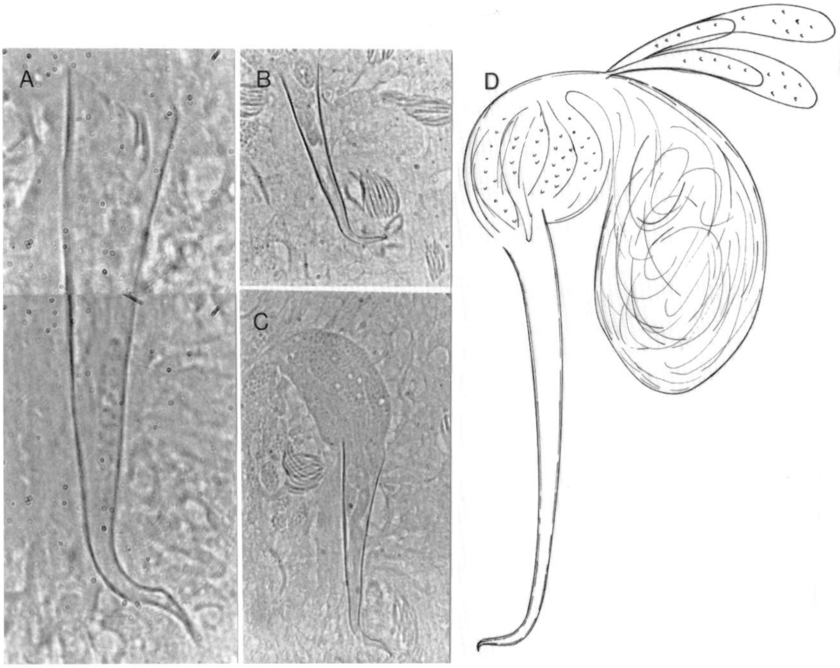

Abb. 51: *Macrostomum* spec 1. A–D. Stilettrohre verschiedener Individuen. In A ist die lange Spitze deutlich nach unten gerichtet. Georgetown, South Carolina. (Originale 1996)

Neben den neuen *M. acutum* und *M. calcaris* habe ich im Sandstrand des Morgan Park von Georgetown, SC wenige Individuen von zwei verschiedenen Arten gefunden, die infolge unzureichender Daten weder eingeordnet, noch als Vertreter neuer Arten beschrieben werden können, wohl aber an den vorgelegten Abbildungen wiederzuerkennen sind. Dabei bestehen für Spec. 1 Ähnlichkeiten mit *M. balticum* und für Spec. 2 mit *M. spirale* – zwei Arten, die bisher nicht von Amerika bekannt sind.

Spec. 1 (Abb. 51)
Georgetown. Beschreibung des Lebensraumes in AX (1997a). Oktober 1996. Körperlänge um 1 mm. Mit Augen, ungefärbt.

Stilett: Länge 88 µm (eine Messung). Ende des schlanken Rohres nahezu rechtwinkelig abgestellt. Bei einem Tier ist die Spitze dann wieder stark nach unten gerichtet (was möglicherweise auf stärkeren Deckglasdruck zurückgeht).

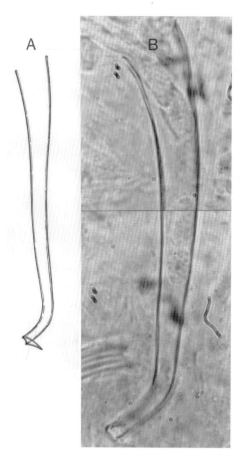

Abb. 52: *Macrostomum* spec 2. A, B. Stilett eines Individuums. In der Mikrofotografie B ist nur der Ansatz des Hakens am Rohrende sichtbar. Georgetown, South Carolina. (Originale 1995)

Spec. 2 (Abb. 52)

Georgetown. Beschreibung des Lebensraumes in AX (1997a). April 1995. Ein Individuum von 1 mm Länge. Mit Augen.

Stilett: Röhrenförmig, Länge 90 µm: Das Rohr ist vor dem distalen Ende stärker gekrümmt; es folgt ein kurzer terminaler Haken, der stark abgebogen ist. Bei Scharfeinstellung der Fotos auf das Rohrende ist der Haken aus der Bildebene heraus nach oben gestellt – und deshalb nicht sichtbar.

Psammomacrostomum Ax, 1966

Das männliche Kopulationsorgan ist ein muskulöser, ausstülpbarer Cirrus ohne Hartstrukturen. Der Mangel sklerotisierter Elemente wird als Apomorphie bei den Macrostomidae interpretiert (RIEGER 2001). Im Vergleich mit anderen stilettlosen Taxa wie *Antromacrostomum* Faubel, 1974, *Siccimacrostomum* Schmidt & Sopott-Ehlers, 1976 und *Dunwichia* Faubel, Blome & Cannon, 1994 ist unentschieden, inwieweit hier synapomorphe Übereinstimmungen oder Konvergenzen vorliegen.

Als psammobionte Organismen ohne Pigmentaugen und mit einem Büschel langer Cilien an der Schwanzplatte.

Bisher nur zwei Arten bekannt, die beide aus Brackgewässern stammen – *P. equicaudum* Ax, 1966 und *P. turbanelloides* Karling, 1974.

Psammomacrostomum equicaudum Ax, 1966

(Abb. 53 A–D)

Französische Atlantikküste
Bucht von Arcachon. Brackwasser aus dem Mündungsgebiet des Eyre. Grobsand-Kies (AX 1966).

Nordsee
Weser. Im Poly- und Mesohalinicum des Mündungsareals. Feinsand, Grobsand (KRUMWIEDE & WITT 1995).

Nach kurzer Diagnose (1966) wurde eine anatomisch-histologische Analyse vorgelegt (AX & FAUBEL 1974).

Körperlänge 1–1,2 mm. Adaptationen an den Lebensraum Mesopsammal: Augenlos, ungefärbt, starke dorsoventrale Abplattung. Allseitig intensiv haftfähig. Lange Tastborsten am ganzen Körper. Cilienbüschel von 60–70 µm Länge an der verbreiterten Schwanzplatte.

Lange paarige Hoden und paarige Ovarien folgen in der Körperlängsachse aufeinander. Das männliche Kopulationsorgan von ~ 100 µm Länge (Messung im Sagittalschnitt) besteht aus einer großen ovoiden Samenblase, einem Kranz von Kornsekretdrüsen und einem kurzen weichen Cirrus, der ausstülpbar ist.

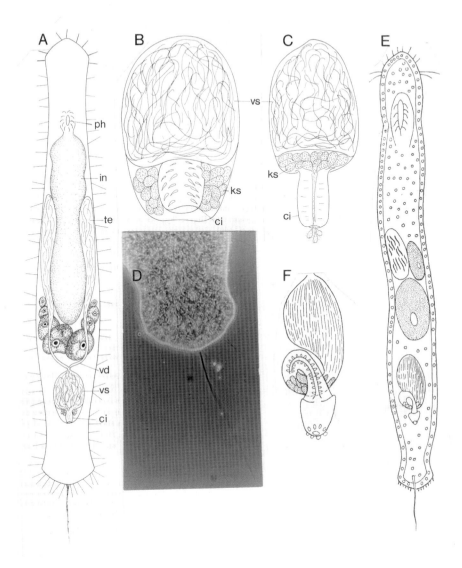

Abb. 53: *Psammomacrostomum*. A–D. *Psammomacrostomum equicaudum* von Arcachon, Frankreich. A. Habitus und Organisation nach dem Leben. B. Weiches Kopulationsorgan mit invaginiertem Cirrus. C. Kopulationsorgan mit distal vorgestülpten Cirrus (B und C nach Quetschpräparat). D. Hinterende mit Büschel von Cilien. E–F. *Psammomacrostomum turbanelloides* von der schwedischen Ostseeküste. E. Habitus und Organisation. F. Männliches Kopulationsorgan mit bogenförmigen Cirrus. (A–C Ax & Faubel 1974; D Ax 1966; E, F Karling 1974)

Im weiblichen Geschlecht gibt es einen Genitalporus ventral weit vor der männlichen Genitalöffnung. Weder Vagina noch Antrum femininum vorhanden.

Psammomacrostomum turbanelloides Karling, 1974

(Abb. 53 E–F)

Ostsee
Schwachsalziges Brackwasser der schwedischen Ostseeküste. Nynäsham südlich von Stockholm. Grobsand am Wasserrand (KARLING, 1974).
Französische Kanalküste
  Bucht der Seine bei Honfleur. Detritusreiches Sandwatt (SOPOTT-EHLERS & EHLERS 2001).

Beobachtungen von KARLING an einem lebenden Individuum.
  Zylindrischer Körper von 1,2 mm Länge. Am Kopf ein Paar lateraler Bündel von sensorischen Haaren. Hinten wie bei *P. equicaudum* ein Schwanz (Flagellum) aus langen Cilien.
  Hoden und Ovar unpaar in der Körpermitte. Männliches Kopulationsorgan im Hinterkörper. Die große Vesicula seminalis verjüngt sich distalwärts zu einem drüsigen Abschnitt. Es folgt ein gebogener Cirrus, der sich in ein trichterförmiges männliches Antrum öffnet.

Microstomidae

Als Autapomorphien gelten ein präoraler Darmblindsack und kraniale bewimperte Sinnesgruben in der Epidermis.
  Dagegen wird das auffällige Phänomen einer ungeschlechtlichen Vermehrung durch Querteilungen des Körpers als Plesiomorphie beurteilt (RIEGER 2001). Charakteristisch ist das Bild von Ketten zusammenhängender Zooide mit der Anlage neuer Organe vor ihrer Trennung (Paratomie).

Microstomum lineare (Müller, 1774)

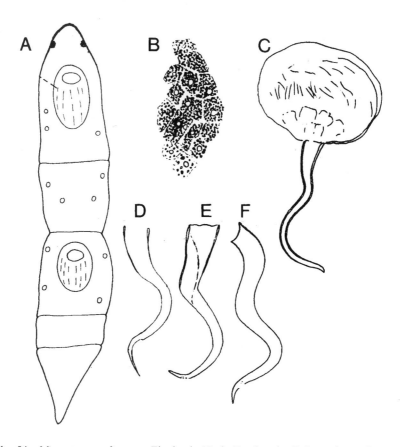

Abb. 54: *Microstomum lineare*. Finnland. Nach Funden in Süß- und Brackwasser. A. Tierkette mit mehreren Zooiden (? Brackwasser). Zwei epidermale Augenflecke am Vorderende. Bildung des zweiten Pharynx im ersten Zooid des Hinterkörpers. B. Augenfleck aus Epithelzellen mit Pigmentkörnern. C. Kopulationsorgan mit Samenblase und Stilett. Täktom träsk. D–F. Stilette verschiedener Individuen. D. Brackwasser bei Tvärminne. E. Skogby träsk, Süßwasser. F. ? Finnischer Meerbusen. (A, F Karling 1974; B–E Luther 1960)

M. lineare ist ein Süßwasserorganismus mit weiter Verbreitung in der Paläarktis.

Als Beispiel für die Einwanderung in das Brackwasser verweise ich auf die ausführlichen Daten von LUTHER (1960) aus dem Finnischen Meerbusen. *M. lineare* ist hier wie im Süßwasser ausgesprochen euryök. Populationen der Art leben in geschützten Buchten in der Vegetationszone von Süßwasserpflanzen ebenso wie an exponierten Ufern mit marinen Algen und in der *Zostera*-Association sandiger Böden. Vegetationsfreie Sedimente werden von der Uferzone bis in Tiefen von 30 m und mehr besiedelt. Grenzwerte sind nach LUTHER ein oberer Salzgehalt von 7 ‰ und maximal 52 m Wassertiefe.

Eine separate Invasion in das Brackwasser von Poldern auf der niederländischen Wattenmeer-Insel Ameland dokumentieren Funde von TULP (1974).

Solitäre Tiere messen nach LUTHER 0,4–0,8 mm. Bei ungeschlechtlicher Vermehrung entstehen Zooid-Ketten von 4–5 mm, ausnahmsweise 8 mm Länge.

Am Vorderende liegen zwei rote Augenflecke in der Epidermis. Es handelt sich um längliche Gebilde aus 15–20 Zellen mit farbigen Körnern (LUTHER l. c.). Der Darm reicht mit einem präcerebralen Blindsack in das Vorderende.

Paarige Hoden im Hinterkörper, ein unpaares Ovar davor. Männliches Kopulationsorgan mit einer kugeligen Samenblase, die distal von einem Drüsenkranz umgeben ist und mit einem harten Stilett. Dabei handelt es sich um ein spiralig gekrümmtes Rohr mit scharfer Spitze.

Dolichomacrostomidae

Ein abgeleitetes Merkmal innerhalb des Taxons ist der unpaare Hoden. Auch das Ovar ist gewöhnlich unpaar. Da indes Arten wie *Paromalostomum notandum*, *P. mediterraneum* oder *Paramyozonaria simplex* mit zwei weiblichen Gonaden existieren, dürfte der paarige Zustand von Ovarien in das Grundmuster der Einheit gehören.

Eindeutige Autapomorphien der Dolichomacrostomidae bilden ein accessorisches Drüsenorgan mit einem Drüsenstilett (kann sekundär fehlen), ein atriales Bursalorgan mit einem Hartapparat aus Mundstück, Mittelstück und Spermatuben sowie ein gemeinsamer weiblicher und männlicher Genitalporus.

Von der monographischen Bearbeitung der Dolichomacrostomidae (RIEGER 1971a, b) sind die Teile III und IV nicht erschienen. Ich behandle 4 Arten aus den Taxa *Dolichomacrostomum* Luther, 1947, *Paromalostomum*

Meixner in Ax, 1951a und *Paramyozonaria* Rieger & Tyler, 1974, für welche Funde aus Brackgewässern vorliegen.

Dolichomacrostomum uniporum Luther, 1947

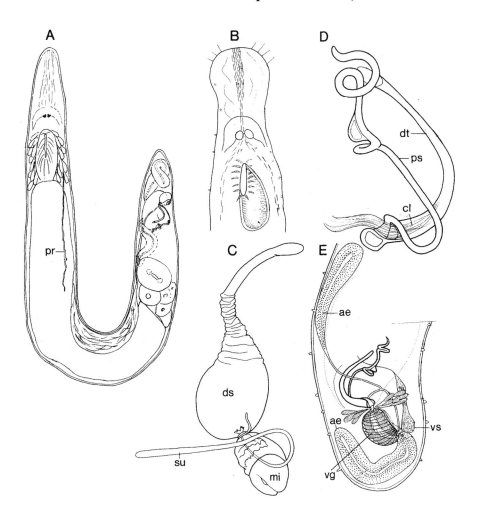

Abb. 55: *Dolichomacrostomum uniporum*. Sämtliche Figuren nach Lebendbeobachtungen an Individuen aus dem Finnischen Meerbusen. A. Organisation nach Quetschpräparat. B. Keulenförmiges Vorderende. C. Bursalorgan mit Hartapparat. D. Männlicher Hartapparat aus Penisstilett und Drüsenstilett. E. Hinterende mit männlichen Genitalorganen. (A Luther 1947; B, C, D Sterrer in Rieger 1971b; E Rieger 1971b)

D. uniporum ist ein psammobionter Organismus. Dabei liegen die Fundorte überwiegend in Brackgewässern.

Ostsee
Finnischer Meerbusen (Tvärminne, Hangö). Schwedische Ostküste (Skane, Ahus). Kieler Bucht: Nur in schwachsalzigem Brackwasser der Schlei (Fleckeby, Schleswig) (LUTHER 1947, 1960; AX 1951a; AX & AX 1970, RIEGER 1971b).

Nordsee
Schwedische Westküste (Halland und Laxvik). Feinsand in flachem Wasser, in Strandlagunen, in Felstümpeln mit fast süßem Wasser (Luther 1960; RIEGER 1971b).

Atlantik
North Wales. Verschiedene Fundstellen. Fein- bis Mittelsand, teilweise etwas mit Schlamm vermischt und brackig (BOADEN 1963a; RIEGER 1971b).

Die Artidentität von Tieren außerhalb der Ostsee ist vorläufig nicht nachzuprüfen, da Abbildungen fehlen (RIEGER 1971b).

Auszüge aus den Darstellungen von LUTHER (1947, 1960) und RIEGER (1971b).

Körperlänge 0,7–1 mm. Vorderende mit stumpfer Spitze oder abgerundet (LUTHER); Vorderende keulenförmig angeschwollen (RIEGER). Mit pigmentierten Augen. Ungefärbt.

Ein Hoden, ein Ovar und eine Geschlechtsöffnung. Ovar aber offenbar paarig angelegt (RIEGER 1971b).

Penisstilett ~ 175 µm lang. Der proximale Endtrichter ist in die Verlötungsstelle mit dem Drüsenstilett einbezogen. Der folgende biegsame Rohrabschnitt ist ohne Spiralwindungen. Große Mittelschlinge. Distaler Endabschnitt mit asymmetrischer Verdickung und einer einfachen Endspirale.

Drüsenstilett ~ 90 µm lang. Ein gebogenes Rohr, bei welchem Anfang und Ende im Winkel von etwa 90° zueinander stehen. Das Stilett empfängt das Sekret der paarigen accessorischen Drüsen. Die Ausleitungskanäle der Drüsen vereinigen sich vor Eintritt in das Drüsenstilett.

Hartapparat im Bursalorgan. Das sackförmige Mittelstück ragt mit einem trichterförmigen Mundstück in den anschließenden Ductus spermaticus. Das Mittelstück ist ferner mit einer Spermatube von 80–90 µm Länge verbunden. Vereinzelte, nicht angeschlossene Spermatuben sind im Bursalgewebe eingebettet, können aber auch ganz fehlen.

Paromalostomum dubium (Beauchamp, 1927)

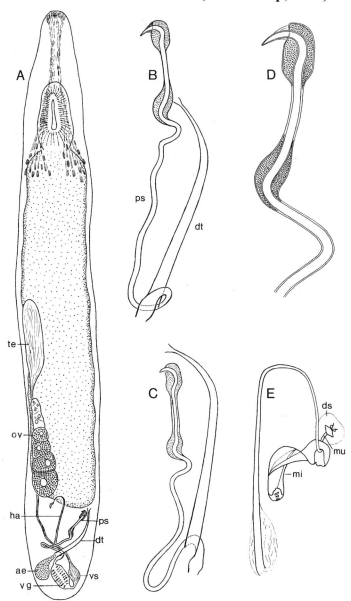

Abb. 56: *Paromalostomum dubium*. Nach Lebendbeobachtungen. A–D aus der Kieler Bucht. E von Arcachon (Atlantik). A. Habitus und Organisation. B, C. Männlicher Hartapparat mit Penisstilett und Drüsenstilett von zwei verschiedenen Individuen. D. Distalende des Penisstiletts bei starker Vergrößerung. E. Hartapparat des Bursalorgans. (A–D Ax 1951b; E Rieger 1971b)

P. dubium ist ein mariner Organismus mit schwachem Vorstoß in das Brackwasser. Der einzige diesbezügliche Fundort liegt im Schwarzen Meer.

Atlantik
Arcachon (BEAUCHAMP 1927a; RIEGER 1971b); North Wales (BOADEN 1963a).

Nordsee
Deutsche Bucht. Amrum (REMANE 1955). Sylt: Hörnum, List (AX 1951b; PAWLAK 1969; ARMONIES & HELLWIG-ARMONIES 1987).
Westküste von Jütland. Esbjerg (WESTBLAD 1953).
Skagerrak: Gullmar Fjord (RIEGER 1971b)

Ostsee
Kieler Bucht. Sublitoraler Sand (AX 1951b; RIEGER 1971b).

Schwarzes Meer
Sile. Reiner Mittelsand. 50 m Entfernung vom Ufer, 1 m Wassertiefe (AX 1959a).

Große Art mit einer Körperlänge von 2 mm. Ungefärbt, keine Pigmentaugen. Der unpaare Hoden liegt etwas hinter der Körpermitte. Es folgt das unpaare Ovar im zweiten Körperabschnitt.

Penisstilett ~ 190 µm lang. Mit 5 Hauptabschnitten (RIEGER 1971b): Proximaler Trichter mit ringförmiger Verdickung – Verlötungsstelle mit dem Drüsenstilett – biegsamer Rohrabschnitt – Mittelschlinge – starrer Distalteil mit blasenförmiger Anschwellung am Beginn und erneuter Verbreiterung am Ende. Das Rohr verläuft als ein gleichbleibend dünner Kanal durch die beiden Verdickungen; es mündet in einen schwach spiraligen, abgewinkelten Haken.

Drüsenstilett ~ 105 µm lang. Als Besonderheit ist die trichterförmige Erweiterung am distalen Ende des Rohres zu nennen. In das Stilett mündet proximal eine unpaare accessorische Drüse.

Hartapparat des Bursalorgans. Das Mittelstück (mi) ist ein spiralig aufgerollter Lappen mit einem Umgang. Von seinem vorderen Abschnitt führt ein kurzes Mundstück (mu) zum blasenförmig erweiterten Ductus spermaticus (ds). An der Eintrittstelle des Mundstücks befinden sich zwei scheibenförmige Verdickungen. Im vorderen Teil des Mittelstücks steckt die Spitze einer Spermatube mit anhängendem Spermabläschen.

Paromalostomum mediterraneum Ax, 1955

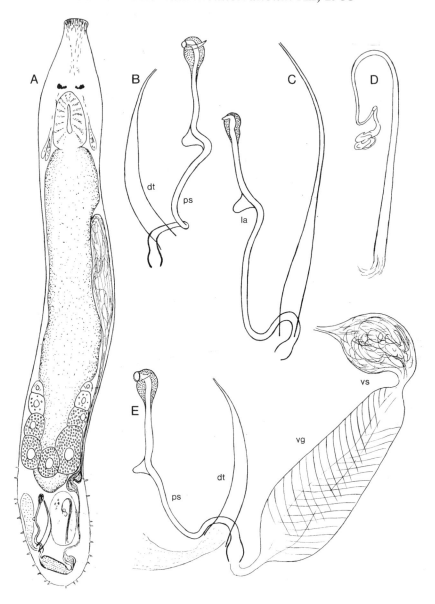

Abb. 57: *Paromalostomum mediterraneum*. Nach Lebendbeobachtungen an Individuen aus dem Mittelmeer (A, B, D, E) und aus dem Marmara Meer (C). A. Habitus und Organisation. B. Männlicher Hartapparat mit Penisstilett und kurzem Drüsenstilett. C. Desgl. mit langem Drüsenstilett. D. Hartapparat des Bursalorgans. E. Kopulationsorgan mit Hartapparat, Vesicula granulorum und Vesicula seminalis. (A, B, D, E Ax 1955; C Ax 1959a)

Neben *P. dubium* haben wir eine zweite *Paromalostomum*-Art im Schwarzen Meer gefunden, letztere auch im Marmara Meer (AX 1959a). Bei guter Übereinstimmung mit *P. mediterraneum* aus dem Mittelmeer besteht ein erheblicher Unterschied in der Länge des Drüsenstilett. Vor neuen Untersuchungen muß der Vorbehalt gegen die Behandlung der Populationen aus dem Mittelmeer, Marmara Meer und Schwarzen Meer als Mitglieder einer Art bestehen bleiben.

Mittelmeer
Bucht von Banyuls-sur-Mer. Feinsand der Uferzone vor dem Laboratoire Arago der Universität Paris.

Marmara Meer
Pendik, Florya. Fein- bis Mittelsand.

Schwarzes Meer
Sile. Feinsand.

Französische Atlantikküste
Bucht von Arcachon. Banc d'Arguin. Im Sandhang (Sept. 1964).

Die folgenden Daten sind der Beschreibung von *P. mediterraneum* aus der Bucht von Banyuls-sur-Mer entnommen. Ein Meßwert aus dem Marmara Meer wird eingefügt.

Kleine Art. Länge 0,6–0,8 mm. Vorderende leicht knopfartig abgesetzt, Hinterende rund. Augen mit nierenförmigen Pigmentbechern.

Unpaarer Hoden kurz vor oder in der Körpermitte. Paarige Ovarien im letzten Körperdrittel. Den ursprünglichen Zustand der weiblichen Gonade teilt *P. mediterraneum* mit *P. notandum* Ax, 1951. Das ist wahrscheinlich eines der Merkmale, aufgrund welcher RIEGER (1971a, p. 249) die beiden Arten in einem separaten Taxon *Cylindromacrostomum* vereinigen will. Diese Maßnahme wurde aber nicht vollzogen.

Penisstilett. Das Rohr beginnt mit einem keulenförmigen Bulbus, verjüngt sich dann und ist in seinem Verlauf geschlängelt. Im distalen Drittel setzt seitlich eine Lamelle an. Das ist eine weitere Übereinstimmung mit *P. notandum*. Die Form des Stilettendes teilt *P. mediterraneum* dagegen mit *P. dubium*. Das Rohr liegt hier in einer soliden Verdickung (kegelartige Manschette).

Das Drüsenstilett von Individuen aus dem Mittelmeer ist kürzer als das Penisstilett; es erreicht hier nur 42 µm Länge. In den Brackwasserpopulationen überragt das Drüsenstilett umgekehrt das Penisstilett um ein ganzes Stück. Messungen an einem Exemplar aus dem Marmara Meer ergaben

172 µm Länge. Das ist der wesentliche, oben schon erwähnte Unterschied zwischen Individuen aus dem vollmarinen Mittelmeer und seinen brackigen Randmeeren.

Die Hartteile des Bursalorgans sind nur unvollständig bekannt. Nach einer großen Windung mündet die Spermatube in das kleine, ovoide Mittelstück.

Paramyozonaria simplex Rieger & Tyler, 1974

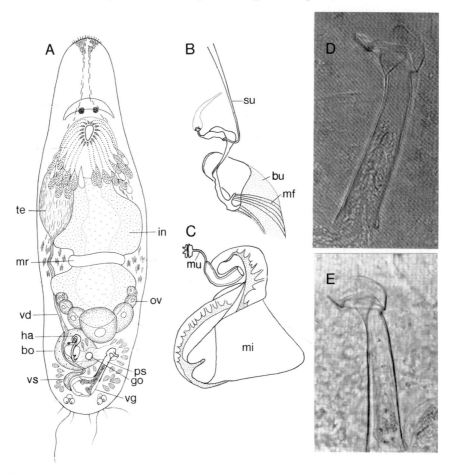

Abb. 58: *Paramyozonaria simplex*. A. Habitus und Organisation nach Lebendbeobachtungen. B. Hartapparat des Bursalorgans. C. Mittelstück des Hartapparates bei stärkerer Vergrößerung. D. Penisstilett (New River Inlet, North Carolina) E. Penisstilett New River Beach, New Brunswick, Kanada. (A–D Rieger & Tyler 1974; E Original 1984)

Nordamerikanische Atlantikküste
USA. North Carolina. (1) New River Inlet, ungefähr 1 Meile von der Mündung entfernt. Fein- bis Mittelsand nahe der Niedrigwasserlinie. (2) Bogue Banks, 1 Meile südwestlich von Atlantic Beach. Fein- bis Mittelsand im flachen Sublitoral (RIEGER & TYLER 1974).
Kanada. New Brunswick. New River Beach, Carrying Cove. Reiner Sand eines Strandtümpels landwärts der mittleren Hochwasserlinie (AX & ARMONIES 1987).
Die Fundstellen am New River Inlet (North Carolina) und New River Beach (Brunswick) liegen wahrscheinlich in brackigem Milieu.

Angaben nach RIEGER & TYLER (1974). Körperlänge 0,5–0,7 mm. Farblos. Mit Pigmentaugen. Mit einem kräftigen Muskelring um den Darm. Unpaarer Hoden vor dem Muskelring. Paarige Ovarien im Hinterkörper.
Penisstilett. Breite, nach vorne gerichtete Tube von 66 bis 68 µm Länge. Mit Verdickungen und Faltenbildungen am Distalende. Ohne accessorisches Drüsenorgan und entsprechend kein Drüsenstilett.
Hartapparat des Bursalorgans. Kompliziert gefaltetes Mittelstück mit 10 µm langem Mundstück und einer Spermatube von 85–90 µm Länge.
Auch wenn keine Zeichnungen vorliegen, zeigt ein Vergleich von Fotografien der Penisstilette von Individuen aus North Carolina und New Brunswick weitreichende Übereinstimmungen. Bisher gibt es indes keine Beobachtungen über den bursalen Hartapparat kanadischer Tiere. Die Frage nach der Identität zwischen den beiden Populationen kann deshalb nicht abschließend beantwortet werden.

Prolecithophora

Zwei Merkmale aus der Struktur der Spermien können als Autapomorphien der Prolecithophora interpretiert werden und somit die Monophylie des ranghohen Taxons begründen. In den (1) aciliären Spermien befindet sich (2) ein auffallendes intraspermiales Membransystem (EHLERS 1985, 1988; SCHMIDT-RHAESA 1993; JONDELIUS, NORÉN & HENDELBERG 2001).

Unsere Kenntnisse über Prolecithophora aus Brackgewässern sind gering. *Allostoma graffi* ist ein spezifischer Brackwasserorganismus mit weiter Verbreitung – bekannt von beiden Seiten des Nordatlantik, aus dem Mittelmeer und dem Schwarzen Meer.

Zwei weitere Arten unterschiedlicher Herkunft sind wiederholt im Brackwasser nachgewiesen worden. *Archimonotresis limophila* ist aus dem Meer in das Mesohalinikum der inneren Ostsee eingedrungen, in Brackwasser-Strandseen am Mittelmeer und in das Schwarze Meer. Umgekehrt verliefen Invasionen der limnischen *Plagiostomum lemani* aus dem Süßwasser in den Finnischen Meerbusen und in schwedische Küstengewässer der Ostsee, in das Schwarze Meer und in das Kaspische Meer.

Allostoma catinosa aus der Bucht von Odessa ist wie *A. graffi* als genuine Brackwasserart eingeschätzt worden; ihre Eigenständigkeit steht indes in Frage. Auch *Plagiostomum ponticum* ist aus dem Schwarzen Meer beschrieben, wird heute aber mit der marinen *P. girardi* synonymisiert.

Multipeniata kho ist augenscheinlich eine dritte Brackwasserart der Prolecithophora. Sie siedelt in Brack- und Süßgewässern auf beiden Seiten des Japanischen Meeres und auf Honshu „um die Ecke" in der Mutsu Bucht und am Pazifik.

Die Angaben über Funde von *Allostoma pallidum*, *Pseudostomum klostermanni* und *Pseudostomum quadrioculatum* im Schwarzen Meer sind nicht hinreichend dokumentiert.

Arten früherer Beschreibungen (ULIANIN 1870; PEREYASLAWZEWA 1892; GRAFF 1911), für welche keine weiteren Befunde aus Brackgewässern vorliegen, lasse ich unberücksichtigt (vgl. WESTBLAD 1955).

Archimonotresis limophila Meixner, 1938

Prolecithoplana lutheri Karling, 1940: LUTHER 1960; KARLING 1993

(Abb. 59 A)

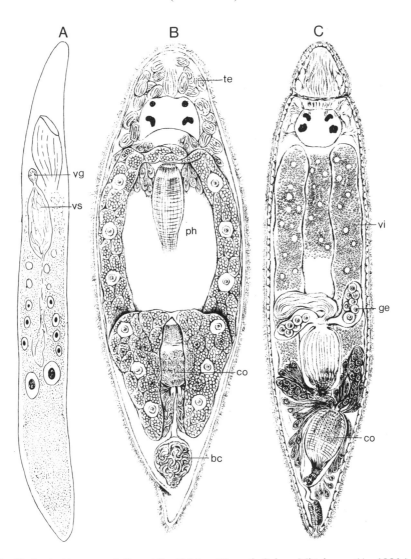

Abb. 59: A. *Archimonotresis limophila*. Habitus. Etang de Salses, Mittelmeer. (Ax 1956c). B. *Pseudostomum klostermanni*. Organisation nach dem Leben. Rumänien, Schwarzmeerküste. (Mack-Fira & Cristea-Nastasesco 1971) C. *Allostoma pallidum*. Organisation nach dem Leben. Rumänien, Schwarzmeerküste. (Mack-Fira 1968a).

A. limophila ist eine euryhaline und euryöke Art mit weiter Verbreitung entlang den europäischen Küsten und weiter über den Bosporus in das Schwarze Meer (Übersichten AX 1959a, HELLWIG 1987).

Die Funde im Mesohalinikum der inneren Ostsee (Schweden, Finnland) sind bei KARLING (1940) und LUTHER (1960) herausgestellt.

Länge bis 2 mm. Drehrunder, gestreckter bis fadenförmiger Körper. Unpigmentierte Augen, undurchsichtig. Gelbliche Färbung durch Drüsensekrete. Pharynx plicatus im Vorderende.

A. limophila hat eine unpaare Gonade in der Form eines dorsorostralen männlich-weiblichen Keimlagers. Spermien sammeln sich in einer unpaaren Vesicula seminalis ventral hinter dem Pharynx. Ein kurzer Ductus intervesicularis führt nach vorne zur Vesicula granulorum; sie stellt das Kopulationsorgan dar. Besondere Penisstrukturen oder Hartgebilde gibt es nicht.

Pseudostomum klostermanni (Graff, 1874)

(Abb. 59 B)

MACK-FIRA & CRISTEA-NASTASESCO (1971) melden *P. klostermanni* mit einer Abbildung aus dem Schwarzen Meer. Die Identifikation der rumänischen Population mit *P. klostermanni* in früheren Bearbeitungen (etwa KARLING 1940) wird allerdings nicht begründet.

Pseudostomum quadrioculatum (Leuckart, 1847)

Die aus Sewastopol von PEREYASLAWZEWA abgebildete „*Cylindrostoma klostermanni*" (1892, t. VI, f. 41) erweist sich auf Grund des Baues der Samenfäden als mit *P. quadrioculatum* identisch (KARLING 1940, p. 40).

Allostoma pallidum Beneden, 1861

(Abb. 59 C)

Die Meldung von *A. pallidum* aus Brackwasser der rumänischen Schwarzmeerküste wird von MACK-FIRA (1968) mit einer Zeichnung begleitet. Gründe für die Identifikation mit *A. pallidum* in der Bearbeitung durch WESTBLAD (1955) werden indes nicht genannt.

Allostoma graffi (Beauchamp, 1913)

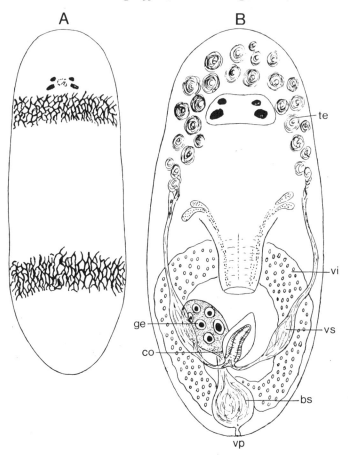

Abb. 60: *Allostoma graffi*. A. Habitus. B. Organisation nach Lebendbeobachtungen. Etang de Canet, Mittelmeer. (Ax 1956c)

A. graffi ist ein stenohaliner Brackwasser-Organismus und ein stenotoper Phytalbewohner.

Populationen der Art leben an beiden Seiten des Nordatlantik. *A. graffi* wurde an der französischen Atlantikküste in einem Brackwassergebiet bei Saint-Jean-de Luz (Basses-Pyrénées) entdeckt (BEAUCHAMP 1913c, d), im Courant de Lège bei Arcachon (1964) und an der nordamerikanischen Atlantikküste in Brackwasserbiotopen von North Carolina und Virginia gefunden (JONES 1941; FERGUSON & JONES 1949). Am Mittelmeer ist die Art in den brackigen Etangs de Salses und de Canet nachgewiesen (AX 1956c). Sie siedelt in Süßwasserzuflüßen des Bosporus (AX 1959a) und im Schwarzen Meer in der Bucht von Odessa (BEKLEMISCHEV 1927b).

Länge 0,3–0,6 mm. 4 Pigmentaugen. Zwei quer über den Rücken verlaufende Pigmentbänder bilden ein charakteristisches Eigenmerkmal von *E. graffi*. Es handelt sich um ein schwarzes Pigment in netzförmiger Ausprägung. Im übrigen hat der Körper eine gelbe Farbe.

Gonaden. Die follikulären Hoden befinden sich in der Kopfregion. Die beiden Vitellarienstränge kommunizieren oberhalb des Pharynx. Das unpaare Germar liegt dorsal.

Der muskulöse Penis von 25–30 µm Länge (JONES l. c.) befindet sich ventral und ist nach vorne gerichtet.

Das weibliche Geschlecht hat eine separate Vagina externa subterminal am Hinterende; sie führt nach vorne in eine umfangreiche Bursa seminalis.

Allostoma catinosa (Beklemischev, 1927)

(Abb. 61)

A. catinosa wird wie *A. graffi* als eine genuine Brackwasserart eingeschätzt (AX 1956c). Die Art wurde zweimal im Schwarzen Meer beobachtet – in der Bucht von Odessa (BEKLEMISCHEV 1927b) und an der rumänischen Küste bei Agigea (MACK-FIRA 1974). An der französischen Mittelmeerküste siedelt *A. catinosa* im Brackwasser des Etang de Salses (AX l. c.).

Die folgende Darstellung bezieht sich auf meine Bearbeitung von Tieren aus dem Etang de Salses.

Länge 1–1,2 mm. Das Vorderende ist durch eine Wimperrinne abgesetzt. Das Hinterende läuft in einen kleinen Schwanz aus. *A. catinosa* hat 4 Pigmentaugen. Der Körper ist grau gefärbt.

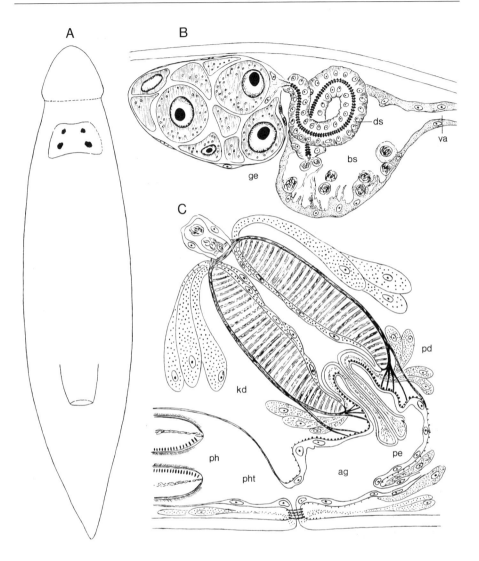

Abb. 61: *Allostoma catinosa*. A. Habitus. B. Germar, Ductus spermaticus und Bursa seminalis. Rekonstruktion nach Sagittalschnitten. C. Kopulationsorgan nach Sagittalschnitten. Penis partiell distalwärts in das Atrium genitale vorgestoßen. Etang de Salses, Mittelmeer. (Ax 1956c)

Der Pharynx plicatus liegt im Hinterende. Die gemeinsame Öffnung für Pharynx, Kopulationsorgan und unpaaren Germovitellodukt (Ovidukt) befindet sich ventral im letzten Körperdrittel.

Gonaden. Zwei Hoden liegen dorsolateral unmittelbar hinter dem Gehirn; sie sind durch eine breite Transversalbrücke miteinander verbunden. Den unpaaren Germarteil der Germovitellarien erkennt man dorsal in der Körpermitte. Lateral schließen ohne Abgrenzung die Vitellarien an. Sie bilden zwei lange Stränge in den Körperseiten. Vorne entsteht durch Verschmelzungen ein Ring um den Darm.

Männliche Ausleitungsorgane. Die Vasa deferentia schwellen im Hinterkörper zu großen Samenblasen an; diese vereinigen sich vor dem Kopulationsorgan zu einem unpaaren Ductus seminalis. Das Kopulationsorgan besteht aus einer enormen Vesicula granulorum mit extrem starker Ringmuskulatur und einem gut entwickelten Penis. Dieser kann zum einen wie ein Handschuhfinger tief in die Vesicula granulorum zurückgezogen sein, andererseits weit in das Genitalatrium vorgestoßen werden.

Weiblicher Zuleitungsapparat. Der Vaginalporus öffnet sich direkt am Hinterende. Davor erweitert sich die Vagina zu einer großen Ampulle. Sie endet im Körper in einer umfangreichen Bursa hinter dem Germar. Eine charakteristische Struktur hat der Ductus spermaticus. Proximal entspringt aus der Bursa ein langer Kanal, der von zahlreichen Matrixzellen umstellt wird. Sie scheiden zum Lumen eine Hartsubstanz in Form zahlreicher „kutikularer" Ringe aus. Der Ductus spermaticus bildet insgesamt eine große Spirale, deren Ende zum Germar gerichtet ist.

Trotz weitreichender Übereinstimmungen ist die Population vom Brackwasser der Mittelmeerküste nicht zweifelsfrei mit der Beschreibung von *A. catinosa* aus der Bucht von Odessa identifizierbar. Von den Differenzen stelle ich die Struktur des Ductus spermaticus heraus. In der Zeichnung von BEKLEMISCHEV (l. c. taf. I, fig. 2) ist dieser nicht spiralig aufgerollt, sondern gerade gestreckt und erheblich kürzer.

WESTBLAD (1955) stellt *A. catinosa* mit einem Fragezeichen zu *Allostoma pallidum* Beneden, 1861. KARLING (1993) teilt offensichtlich diese Auffassung, wenn er Abbildungen aus AX (1956c) unter dem Namen *A. pallidum* zitiert. Die Daten über diese Art (WESTBLAD l. c.) reichen mir nicht zur Lösung der Frage.

MACK-FIRA (1968, 1974) nennt *A. pallidum* neben *A. catinosa* für Rumäniens Schwarzmeerküste, allerdings ohne Erläuterungen.

Plagiostomum O. Schmidt, 1852

Plagiostomum lemani (Plessis, 1874)

(Abb. 62 A)

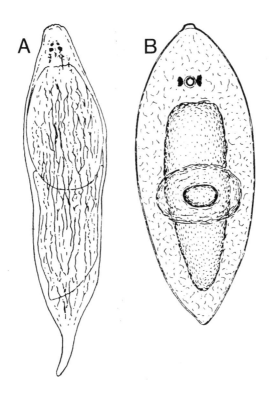

Abb. 62: Zwei limnische Immigranten aus den Taxa Prolecithophora (A) und Seriata (B). – A. *Plagiostomum lemani*. Habitus eines Individuums aus dem Lojosee (Süßwasser), Finnland. B. *Otomesostoma auditivum*. Habitus. Tier aus Finnland, vermutlich Süßwasser. (Luther 1960)

Im artenreichen Taxon *Plagiostomum* gibt es mit *P. lemani* eine limnische Art. Populationen dieser Art sind an verschiedenen, geographisch separierten Stellen wiederholt in schwachsalzige Brackgewässer eingedrungen. Bei den großen Tieren zeichnet sich auf dem milchweißen Körper ein Muster verzweigter, gelbbrauner bis brauner Pigmentstreifen ab.

LUTHER (1960) gibt ausführliche Daten aus der Tvärminne-Region des Finnischen Meerbusen. *P. lemani* lebt dort vorzugsweise in der Vegetationszone in einer Salzgehaltsspanne von 1–7 ‰. WESTBLAD (1935) erwähnt *P. lemani* bei der Beschreibung von *Pentacoelum fucoideum* (Tricladida) aus *Fucus* von der schwedischen Ostseeküste bei Karlskrona, Salzgehalt 8 ‰.

Nach BEKLEMISCHEV (1927a) siedelt die Art weit verbreitet im Kaspischen Meer. Schließlich meldet MACK-FIRA (1974) *P. lemani* aus dem Lagunen-Komplex Razelm-Sinöe an der rumänischen Schwarzmeerküste bei 1–2 ‰ Salinität.

Plagiostomum girardi (O. Schmidt, 1857)

(Abb. 63)

***Plagiostomum ponticum* Pereyaslawzewa 1892: AX 1956c; MACK-FIRA 1974.**

AX und MACK-FIRA haben Brackwasser-Funde einer *Plagiostomum*-Art als *P. ponticum* angesprochen, welche von PEREYASLAWZEWA von Sewastopol aus dem Schwarzen Meer beschrieben worden ist. KARLING (1962a, 1978) synonymisiert *P. ponticum*, *P. caecum* Böhmig, 1914 und *P. mirabile* Marcus, 1948 mit *Plagiostomum girardi* und gliedert diese Art in die europäische Subspecies *P. girardi girardi* sowie die Subspecies *P. girardi bermudensis* von Bermuda.

Siedlungen in Brackgewässern unter dem Namen *P. ponticum*.

Mittelmeer
Frankreich. Etang de Salses, Salzgehalt 12–16 ‰. Im Lückensystem zwischen den Röhren des Polychaeten *Merceriella enigmatica* Fauvel (AX 1956c).

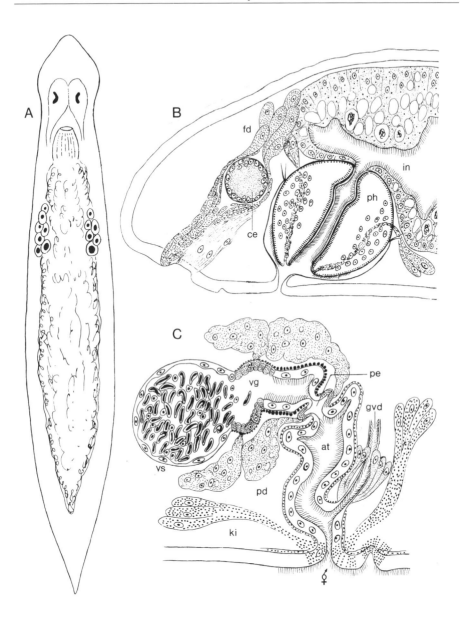

Abb. 63: *Plagiostomum girardi*. A. Habitus. B. Sagittalschnitt durch das Vorderende mit Frontaldrüsen, Pharynx und bewimperten Darm. C. Sagittalrekonstruktion des Kopulationsorgans von einem stark kontrahierten Tier. Etang de Salses, Mittelmeer. (Ax 1956c)

Schwarzes Meer
Bucht von Sewastopol (PEREYASLAWZEWA 1892).
Rumänien. Agigea, Costinesti, Vama Vech; Mamaia, zahlreich zwischen *Enteromorpha* und *Cystoseira* (MACK-FIRA 1974).

Angaben zur Identifizierung nach Tieren einer Population aus dem Brackwasser des Etang de Salses. Weitere Charakterisierung von *P. girardi* in KARLING (1978).

Länge bis 4 mm. Das Vorderende läuft in einen abgerundeten Vorsprung aus. Durch Einschnürungen in Höhe der Augen setzt sich eine Kopfpartie ab. Die beiden Augen bestehen jeweils aus 3 Retinakolben, die in Pigmentbecher eingehüllt sind.

Paarige Gonaden. Germarien lateral im Vorderkörper hinter dem Pharynx. Die Vitellarien liegen dorsolateral, die Hoden darunter ventrolateral. Ein gemeinsamer Genitalporus befindet sich ventrocaudal, dahinter eine Grube mit zugeordneten Drüsen.

Das Kopulationsorgan beginnt mit einer großen Vesicula seminalis. Es folgt die kleinere Vesicula granulorum, welche sich in einen bewimperten Distalsack öffnet. Eine anschließende Ringfalte repräsentiert den Penis. Das schlauchförmige Atrium commune empfängt vorne (oben) den Penis und von dorsal den Germovitellodukt.

Multipeniata kho Nasonov, 1927

(Abb. 64, 65)

Das Taxon *Multipeniata* wurde aus Brackgewässern der russischen Küste des Japanischen Meeres beschrieben (NASONOV 1927, 1932) – mit *M. kho* aus dem Fluß Gladkaja bei Possiet und *M. batalansae* aus dem Fluß Maiche, der in die Ussuri-Bucht mündet. Unsere Funde in Japan stützen die Annahme von KARLING & JONDELIUS (1995), daß es sich hierbei um Populationen einer Art handelt, die unter dem Namen *Multipeniata kho* zu führen ist.

Japan. Honshu. Aomori Distrikt.
In Brackwasser und Süßwasser, häufiger zusammen mit *Japanoplana insolita* (Proseriata) (S. 166).

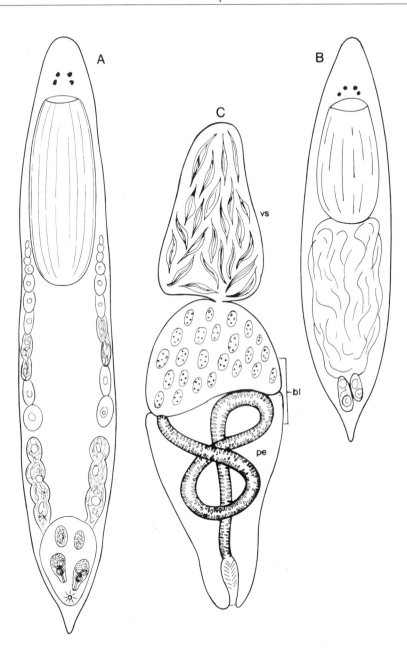

Abb. 64: *Multipeniata kho*. A. Adultus mit mehreren Kopulationsorganen im Hinterende. B. Habitus (Jungtier). C. Kopulationsorgan mit großen Spermien in der Vesicula seminalis, Tropfen mit Sekretgrana im oberen Teil des Bulbus penis und Penisschlauch mit 2 Windungen im unteren Teil. Japan, Jusan Lake. (A Ax & Schmidt-Rhesa 1992; B, C Originale 1990)

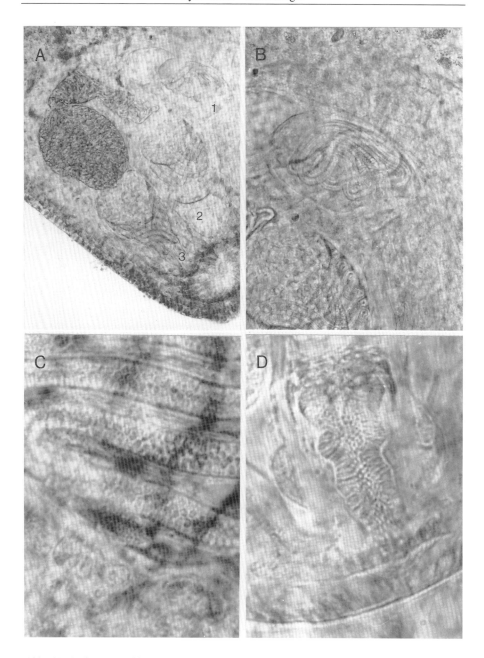

Abb. 65: *Multipeniata kho*. A. Drei Kopulationsorgane im Hinterende eines Individuums mit zunehmender Ausreifung von 1 nach 3. B. Ein Kopulationsorgan mit etwa 5 Windungen des Penisschlauches im Bulbus penis. C. Ausschnitt aus dem Penis mit dicht gestellten Sekreten. D. Endteil des Penis. Japan, Jusan Lake. (Originale 1990)

Japanisches Meer
Jusan Lake. Detritusreicher Sand zwischen *Phragmites* am Ostufer des Sees. Süßwasser bei Probenentnahme am 5.9.1990.

Mutsu Bucht
Mündungsareal des Kominato River bei Asadokoro. Schlammboden. Mehrere 100 m vor der Flußmündung bei 15 ‰ Salzgehalt; weitere 300 m flußaufwärts im Süßwasserbereich. 18.8.1990.

Pazifischer Ozean
Takase River
Der Ogawara Lake mündet über den Fluß Takase in den Pazifik. Etwa 250 m vor der Küste steht der Takase River mit einer großen Lagune in Verbindung. Wiederholte Probenentnahme aus dem Mündungsbereich der Lagune. 21.8.1990: Detritusreicher Sand vor Salzpflanzen, Salzgehalt 15 ‰. 29.8.1990: Algenpolster. Feinsand, Salzgehalt 13 ‰. 1.9.1990: Algenpolster. Kein Salzgehalt meßbar.
Takahoko Pond (nördlich des Ogawara Lake)
Flottierende Algen im Mündungsgebiet, Salzgehalt 3 ‰, 29.8.1990.
Obuchi Pond (weiter nördlich)
„Brackwassersee" mit geringem Süßwasserzufluß. Detritusreicher Sand der Uferzone, Salzgehalt 28 ‰, 24.8.1990.

Beobachtungen an japanischen Populationen (Kominato River, Jusan Lake). Länge 3–4 mm. Rötlich gefärbter Körper. Mit 4 Pigmentaugen. Der große Pharynx nimmt das erste Körperdrittel ein. Hinterende mit einem deutlich abgesetzten Schwänzchen.

Mehrere ovoide bis birnenförmige Kopulationsorgane in unterschiedlicher Reife in einem Individuum. Die Vesicula seminalis des ausdifferenzierten Kopulationsorgans erreicht die Länge des anschließenden Bulbus penis. Zusammen messen sie 300–400 µm. Der reife Bulbus ist proximal mit Kornsekreten in großen tropfenförmigen Gebilden erfüllt. An einem näher studierten Tier nahm der Penis (Cirrus) mit 2 großen Schleifen den hinteren Teil des Bulbus ein. An anderen Individuen waren ~ 5 Windungen nachweisbar (Abb. 65 B).

In der Wand des Penis stehen winzige, ovoide bis stabförmige Sekrete (Länge 2 µm) in dichten Querreihen. Am Ende erweitert sich das Penisrohr; möglicherweise ist das letzte Stück mit feinen Stacheln (Länge 3 µm) besetzt.

NASONOV (1927, 1932) hat das Taxon *Multipeniata* ohne distinkte Unterscheidung der von ihm errichteten Arten *M. kho* und *M. batalansae* beschrieben (KARLING & JONDELIUS 1995). Aus den Diagnosen von NASONOV (l. c.) kann man auf folgende Differenz verweisen. Bei *M. kho* bildet der Penis 2–3 Schleifen im Bulbus penis; bei *M. batalansae* sind es 4–5 Schleifen. Wie geschildert, habe ich indes im Jusan Lake nebeneinander Individuen mit 2 Windungen und Tiere mit etwa 5 großen Schleifen im ausdifferenzierten Kopulationsorgan gefunden. Das spricht für die oben erwähnte Gleichsetzung der beiden Arten.

M. kho ist wahrscheinlich eine spezifische Brackwasserart. Die Funde auf beiden Seiten des Japanischen Meeres und weiter an der Pazifikküste Japans liegen überwiegend in Brackgewässern mit schwachem Salzgehalt. In Japan dringen Populationen in angrenzendes Süßwasser vor.

Proseriata

Das Problem der Monophylie einer Plathelminthen-Einheit Proseriata ist umstritten – und gleichermaßen unsicher sind die „intragroup relationships" ranghoher Teiltaxa (LITTLEWOOD et al 2000; CURINI-GALLETTI 2001). Um 60 Arten mariner Herkunft sind aus Brackgewässern der Nordhalbkugel bekannt; sie stehen in den konventionellen supraspezifischen Taxa Monocelididae, Coelogynoporidae, Otoplanidae und Nematoplanidae. Nur wenige Arten überwinden die Grenze Brackwasser – Süßwasser und siedeln mit Populationen in küstennahen Süßgewässern. Das sind *Minona baltica, Paramonotus hamatus, Pseudomonocelis agilis, Archilina japonica* und *Monocelopsis carolinensis* (Monocelididae), die 4 *Coelogynopora*-Arten *C. biarmata, C. schulzii, C. hangoensis, C. visurgis* (Coelogynoporidae) sowie *Bothriomolus balticus, Pseudosyrtis subterranea, P. fluviatilis* und *P. neiswestnovae* (Otoplanidae). Die Begründungen für die Interpretation als „junge" Invasoren aus dem Meer finden sich bei den einzelnen Arten.

Zwei Arten stehen isoliert. *Otomesostoma auditivum* wandert vom Süßwasser in schwachsalzige Brackgewässer ein. *Japanoplana insolita* ist nur aus Brackwasser und Süßwasser von zwei Flußläufen im Norden von Japan bekannt.

Otomesostoma auditivum (Plessis, 1874)

(Abb. 62 B)

Mit *O. auditivum* existiert eine einzige Süßwasserform der Proseriata, die „spätestens seit dem Tertiär im Süßwasser lebt" (LUTHER 1960, p. 111). Sie dringt aus dem limnischen Milieu in den Grenzbereich zum Brackwasser vor.

Finnischer Meerbusen
Nur in stark ausgesüßten Buchten, „wobei die Isohaline von 3 ‰ nicht oder kaum überschritten wird" (LUTHER, l. c.).

Island
Südküste. Nordostende der Süßwasserlagune Hlidarvatn. Sandstrand aus reinem Mittel- bis Grobsand. Vergesellschaftet mit den Brackwasserarten

Coronhelmis lutheri, *Coelogynopora hangoensis*, *Haplovejdovskya subterranea*, *Macrostomum magnacurvituba* und *Prognathorhynchus canaliculatus*. Die Lagune hat eine lange, sehr schmale Verbindung zum Meer. An dem Fundort am Nordost-Ende war nur um 1 ‰ Salzgehalt nachweisbar (23.7. und 1.8.1993)

Länge 3–4 (5 mm). Körper mit blattähnlichem Umriß, vorne und hinten spitz zulaufend. Graubraune bis gelbbraune Färbung. Seitlich der Statocyste liegen braune bis schwarze Augenflecke, die je einen Retinakolben enthalten. Kurzer Pharynx plicatus, der in der Ruhe vertikal gestellt ist und deshalb von oben kreisrund oder oval erscheint.

Japanoplana insolita Ax, 1994

(Abb. 66)

Japan. Honshu, Aomori Distrikt.
1. Kominato River. Areal der Mündung in die Mutsu Bucht bei Asadokoro. Schlammboden mit Algenpolstern. Mehrere 100 m einwärts der Flußmündung. Salzgehalt 15 ‰; Schlammboden. Weitere 300 m flußaufwärts. Süßwasser.
2. Takase River. Ausfluß des Ogawara-Sees in den Pazifik. Flottierende Algenpolster. Etwa 1,5 km von der Mündung entfernt. Süßwasser.

Japanoplana insolita ist bisher allein in Brackwasser und Süßwasser nachgewiesen. Bei nur 2 Fundorten in Nordjapan sind weiterführende Aussagen über das ökologische Verhalten der Art nicht möglich.

Spindelförmiger Körper von nur 0,5 mm Körperlänge mit einem charakteristischen subepithelialen Pigment. Winzige rostbraune Granula verdichten sich zu folgenden Pigmentfeldern: (1) Ein kleiner, unpaarer Pigmentfleck in der Körperspitze; (2) zwei laterale Felder am Ende des 1. Körperdrittels; (3) zwei weitere laterale Felder und ein unpaares Medianfeld in der Körpermitte; (4) ein Pigmentband im letzten Körperdrittel. Eine Statocyste liegt vorne unter dem Gehirn. Komplexe accessorischer Zellen links und rechts vom Statolithen sind charakteristische Elemente der Statocysten-Konstruktion, die als Autapomorphie eines Taxons Lithophora innerhalb der Proseriata angesprochen wird (SOPOTT-EHLERS 1985; EHLERS & SOPOTT-EHLERS 1990).

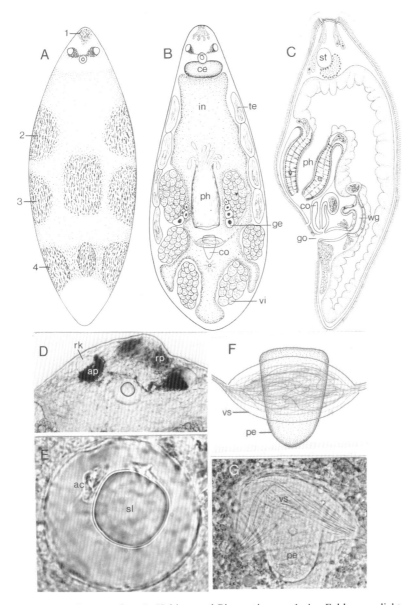

Abb. 66: *Japanoplana insolita*. A. Habitus und Pigmentierung. 1–4 = Felder aus dicht angeordneten, rostbraunen Pigmentgranula. B. Organisation nach Lebendbeobachtungen. C. Darstellung der inneren Organisation in der Sagittalebene. D. Rostrales Sensorium mit Augen, Statocyste und Gehirn sowie einem Pigmentfeld in der Körperspitze. E. Statocyste mit accessorischen Zellen am zentralen Statolithen. F. Kopulationsorgan eines lebenden Individuums mit quer ausgezogener Samenblase und eingestülpten, zapfenförmigen Penis. G. Mikrofotografie des Kopulationsorgans. Der Penis liegt unter der Samenblase. Japan. (Ax 1994a)

Zwei Augen sind lateral vor der Statocyste ausgebildet. Glänzende, ovoide Retinakolben werden etwa zur Hälfte von mützenförmigen Pigmentbechern umschlossen.

Eine geringe Zahl follikulärer Gonaden ist mit der minimalen Körpergröße korreliert. 4 Paar Hodenfollikel und anschließend 3 Paar Vitellarienfollikel liegen in serialer Abfolge lateral im Körper. Die paarigen Germarien sind den Vitellarienfollikeln neben dem Pharynx plicatus angefügt. Das weiche Kopulationsorgan liegt dicht hinter dem Pharynx. Der zapfenförmige doppelwandige Penis wird von einer voluminösen Penisscheide umgeben. Die unpaare Samenblase über dem Penis empfängt zwei Vasa deferentia von den Körperseiten. Ein dicker weiblicher Genitalkanal beginnt oberhalb des Kopulationsorgans und neigt sich hinter diesem zur Ventralseite. Penis und weiblicher Kanal vereinigen sich in einem gemeinsamen Genitalporus.

Monocelididae

Monocelis **Ehrenberg, 1831**

Das Taxon *Monocelis* ist reich an Arten, aber arm an systematisch verwertbaren Merkmalen (KARLING 1966a; CURINI-GALLETTI & CANNON 1996b). Das Taxon *Monocelis* ist nicht als ein Monophylum begründet.

Auf der Nordhalbkugel immigrieren zwei Arten aus dem marinen Milieu in Brackgewässer – *Monocelis lineata* und *Monocelis fusca*. Individuen beider Arten tragen gewöhnlich einen unpaaren „Augenfleck" vor der Statocyste. Nach Ultrastruktur-Untersuchungen an *Monocelis fusca* und *Pseudomonocelis agilis* (s. u.) ist das ein mehrzelliger, subepithelialer Pigmentschirm über den paarigen Ocellen, deren Mantelzellen selbst unpigmentiert sind (SOPOTT-EHLERS 1983, 1984).

Monocelis lineata (Müller, 1774)

(Abb. 67 A–E).

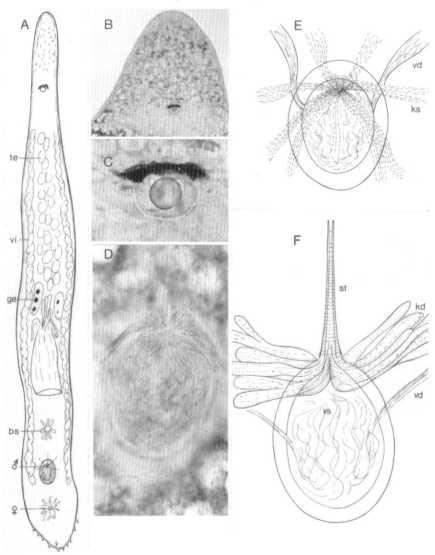

Abb. 67: *Monocelis*. A–E. *Monocelis lineata*. A. Habitus und Organisation nach dem Leben. B. Vorderende. C. Pigmentschirm und Statocyste im Vorderende. D. Unbewaffnetes Kopulationsorgan mit Fokussierung auf die Sekrete der Körnerdrüsen. Quetschpräparat. E. Kopulationsorgan. Männlicher Genitalporus unter dem vorderen Drittel. F. *Monocelis fusca*. Kopulationsorgan mit sklerotisiertem Stilettrohr. Quetschpräparat. (A, E, F Originale aus der Kieler Bucht, Stillwassergebiet Bottsand, 1949; B, C, D Originale von Disko, Grönland 1991)

Erfreulicherweise existiert eine Neubearbeitung. CURINI-GALLETTI & MURA (1998) dokumentieren anhand eigener Aufsammlungen die Artidentität von Populationen aus dem Nordatlantik und vom Mittelmeer.

Zahlreiche Brackwasserfunde reichen in der Ostsee bis zu 5 ‰ Salzgehalt im Finnischen Meerbusen (LUTHER 1960). Im Mediterraneum habe ich *M. lineata* in dem schwachsalzigen Etang de Canet (Frankreich) und am Bosporus beobachtet (AX 1956c, 1959a).

In Schnittserien ist das unbewaffnete Kopulationsorgan dorsoventral eiförmig gestreckt, 55–75 µm hoch und 35–58 µm breit. Besondere Beachtung verdient die Art der muskulösen Ausstattung. Proximal überwiegen Längsmuskeln in schwacher Ausprägung. Distalwärts nehmen Ringmuskeln zu; sie bilden schließlich die gesamte Muskulatur der konischen, ~ 10 µm langen Penispapille (CURINI-GALLETTI et al., l. c.).

Beobachtungen an Tieren aus der Ostsee und von Grönland mögen für die Identifikation von *M. lineata* anhand lebender Individuen von Nutzen sein (Abb. 67 D, E). Das Kopulationsorgan hat in der Aufsicht unter dem Deckglas eine runde bis leicht ovoide Form von 60–70 µm Länge. Der Porus der Penispapille zeichnet sich im vorderen Drittel ab; Stränge des Sekrets von Prostatoiddrüsen (Kornsekret) laufen von allen Seiten auf ihn zu.

Monocelis fusca Oersted, 1843

(Abb. 67 F)

Monocelis fusca hat am distalen Ende des weichen Kopulationsorgans ein hartes, nach vorne gestelltes Stilett. Wie für *M. lineata* ist eine Revision des Taxons dringend erforderlich. Derzeit akzeptieren wir nur Individuen, die „ein schlankes, allmählich zur Spitze verengtes Röhrchen" tragen (GRAFF 1913, p. 426) als Mitglieder einer *Monocelis fusca* genannten Art. Über entsprechende Abbildungen dokumentiert sind Funde von der norwegischen Küste (JENSEN 1878, taf. VI, fig. 1, 2), von den Niederlanden (HARTOG 1964a, taf. I, fig. D) und aus der Kieler Bucht (Abb. 67 F). Messungen des Stilettrohres an Individuen aus dem südwest-holländischen Deltagebiet liegen zwischen 70 und 85 µm, bei Tieren aus der Kieler Bucht bei 50–62 µm. Trotz der Längendifferenz besteht an der Artidentität der Populationen aus Nord- und Ostsee kein Zweifel. In den genannten Abbildungen sind subtile Übereinstimmungen in der Ausformung zarter Ringe erkennbar, die quer über das Stilettrohr verlaufen.

HARTOG (l. c.) charakterisiert in der Darstellung von *M. fusca* eine zweite „Form" mit einem kurzen konischen Penis (Länge bis 25 µm), welcher nur leicht oder überhaupt nicht sklerotisiert ist. Diese Form gehört nicht zu *M. fusca* in der vorstehenden Umgrenzung.

Monocelis fusca ist ein weitgehend stenohaliner Meeresorganismus, der allenfalls in salzreicheres Brackwasser vordringt. In den Niederlanden ist *M. fusca* „most common in the euhaline section and the saltier part of the polyhaline section of the Deltaic area" (HARTOG 1964a, p. 15). Ganz entsprechend ist die Art in der Ostsee auf das Polyhalinicum der Kieler Bucht (Ausnahme Bottsand) beschränkt.

Pseudomonocelis Meixner, 1943

Die Arten des Taxon *Pseudomonocelis* und *Acanthopseudomonocelis mirabilis* zeichnen sich durch die apomorphe Position der Germarien hinter dem Pharynx aus (MEIXNER 1943; SCHOCKAERT & MARTENS 1987; CURINI-GALLETTI & CANNON 1995; CURINI-GALLETTI 1997). Die vergleichbare postpharyngeale Lage der Germarien bei *Pseudominona dactylifera* (KARLING 1978) muß als eine Konvergenz gelten.

Pseudomonocelis agilis ist offensichtlich ein genuiner Brackwasserorganismus. Populationen der Art leben in nordischen und mediterranen Gewässern mit niedrigem Salzgehalt. Lokale Vorstoße in Süßwasserflüsse sind bekannt. Dagegen ist *P. ophiocephala* eine marin-euryhaline Art des Mittelmeeres mit Existenz im Schwarzen Meer.

Pseudomonocelis agilis (Schultze, 1851)

(Abb. 68 A–C)

Pseudomonocelis cetinae Meixner, 1943

Im Raum der Ostsee siedelt *P. agilis* nur in Lokalitäten mit annähernd mesohalinen Bedingungen. Die Art wurde von Greifswald jenseits der Darsser Schwelle beschrieben (SCHULTZE 1851), in der Schlei (REMANE 1937)

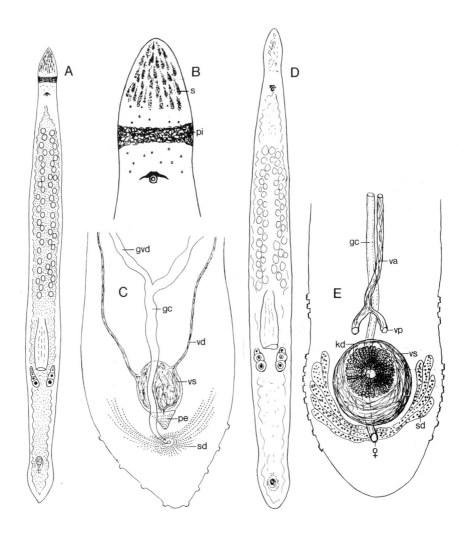

Abb. 68: *Pseudomonocelis*. A–C. *P. agilis*. A. Habitus. B. Vorderende mit lichtbrechenden Sekreten in der Spitze und folgendem rötlichen Pigmentband. C. Hinterende mit Kopulationsorgan und ausleitenden Genitalgängen. D–E. *P. ophiocephala*. D. Habitus. E. Genitalapparat im Hinterkörper. Ansicht von ventral. Eine Eigenheit ist die Existenz paariger Vaginalporen an der Ventralseite. (A–C Nord-Ostsee-Kanal, Schleswig-Holstein. Ax 1952c; D–E Bosporus, Türkei. Ax 1959a)

und im Nord-Ostsee-Kanal von Schleswig-Holstein (AX 1952c; SCHÜTZ & KINNE 1955; SCHÜTZ 1963, 1966) nachgewiesen.

Diesem ökologischen Verhalten entsprechen Befunde über Siedlungen am Mittelmeer. Unter dem Namen *Pseudomonocelis cetinae* wurde die Art aus dem süßen Mündungsareal der Cetina (Dalmatien) bekannt (MEIXNER 1943), später dann in den französischen Küstenseen Etang de Canet (Pyrénées-Orientales) und Etang de Grande Palun (Camargue) (AX 1956a; SOPOTT-EHLERS 1993) festgestellt, ferner in Süßwasserzuflüssen des Bosporus nachgewiesen (AX 1959c).

Die Individuen der studierten nordischen und mediterranen Populationen haben einen Gürtel aus rotem Pigment vor der Statocyste sowie dunkle Sekrete in der Körperspitze. Das und die Existenz in Brackwassergebieten sprechen für die Gleichsetzung von *P. agilis* Schultze und *P. cetinae* Meixner (AX 1959a). HARTOG (1964a, p. 16) akzeptiert die Synonymisierung. SCHOCKAERT & MARTENS (1987) wollen die Frage unter zoogeographischen Aspekten offenhalten. Es sind aber gerade die genuinen Brackwasserarten, die immer wieder durch weite geographische Verbreitung in isolierten Brackgewässern überraschen.

Pseudomonocelis ophiocephala (Schmidt, 1861)

(Abb. 68 D, E)

Mittelmeer (SCHMIDT 1861; MEIXNER 1943; AX 1959a; SCHOCKAERT & MARTENS 1987, CURINI-GALLETTI & CASU 2005), Marmara-Meer und Bosporus (AX 1959a), Schwarzes Meer (MARINOV 1975; KONSOULOVA 1978; MURINA 1981).
Am Bosporus wurde eine Population von *P. ophiocephala* in subterranem Grobsand-Kies landwärts des Wasserrandes bei einem Salzgehalt um 11 ‰ nachgewiesen.

Sehr variable Körperlänge von 1–7 mm (SCHOCKAERT et al. 1987). Ein spezifisches Merkmal der Art ist die Aufspaltung der Vagina in zwei kurze Kanäle, welche durch separate Vaginalporen dicht vor dem Penis an der Ventralseite münden. Im Vergleich mit *P. agilis* ist der Mangel von Pigmenten im Vorderende hervorzuheben.

Minona Marcus, 1946

Minona baltica Karling & Kinnander, 1953

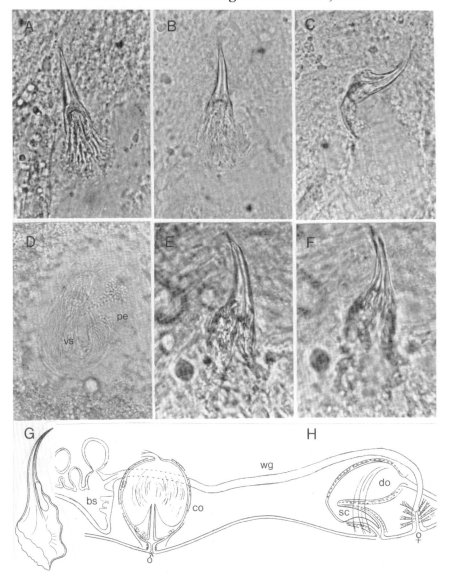

Abb. 69: *Minona baltica*. A–C. Island, Leiruvogur. A, B. Stachel des Drüsenorgans in Aufsicht. C. Stachel in Seitenansicht. D–F. Färöer, Hosvik. D. Kopulationsorgan. Rechts oben

liegt der zapfenförmige Penis mit regelmäßig angeordneten Sekretkörner. E, F. Stachel des Drüsenorgans. G. Kanada, Pocologan, New Brunswick. Stachel des Drüsenorgans. H. Sagittalschnitt durch den Genitalapparat. Nach Individuen aus der inneren Ostsee. (A–F Originale; G Ax & Armonies 1987; H Luther 1960)

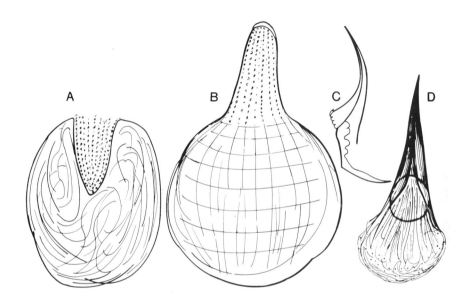

Abb. 70: *Minona baltica* von Island, Leiruvogur. A. Kopulationsorgan mit eingestülptem Penis. B. Kopulationsorgan im Quetschpräparat mit vorgestülptem Penis. C. Stachel des Drüsenorgans in Seitenansicht mit abgeknickter Basis. D. Stachel in Aufsicht mit plattenförmiger, gestreifter Basis. (Originale 1993)

M. baltica kann als ein genuiner Brackwasserorganismus angesprochen werden, weil wir die Art (a) nur aus Brackgewässern und angrenzendem Süßwasser kennen sowie (b) eine weite Verbreitung von der inneren Ostsee quer über den Nordatlantik bis Kanada dokumentierbar ist.

Ostsee
Finnischer Meerbusen, Schären von Stockholm, Gotland (LUTHER 1960); Kieler Bucht (AX 1960; BILIO 1964).

Schwedische Westküste
Laxvik; Kristineberg. Ohne nähere Fundortsangaben (KARLING & KINNANDER 1953; KARLING 1974).

Deutsche Bucht
Sylt. Salzwiesen auf der Insel Sylt (ARMONIES 1987; 1988).

Niederländische Deltaregion
Salzwiesen. „*M. baltica* ... may be regarded as characteristic for the mesohalinicum" (HARTOG 1964a, p. 28).

Färoer
Insel Streymoy. Mehrere Fundstellen. Sandböden in Brackwasser und ufernahem Süßwasser (AX 1995a).

Island (1993, unpubl.)
Leirovogur. Bucht mit ausgedehntem Salzwiesengelände, in das zwei Süßwasserflüsse münden. Zahlreich in Grobsand-Kies eines Flußlaufes. Süßwasser bei Ebbe.
Süßwassersee Holthos an der Südküste der Insel. Grobsand-Kies am Nordufer. Salzgehalt 1 ‰. (Auskunft von Herrn Ingolfson: Lebensraum des Amphipoden *Gammarus duebeni*).
Akranes. Blautos. Kleine Felsbucht nordöstlich von Akranes. Sandstrand. 30 m landwärts der Wasserkante. Massenhaft.
Hvalfjördur. Bucht von Midsandur. Sandhang hoch im Supralitoral. Zahlreich.

Kanada
New Brunswick. Quoddy Region. Brackwasserbucht Pocologan (AX & ARMONIES 1987).

Körperlänge zwischen 5 und 7 mm. Vorderende spitz zulaufend, am Ende aber mit einer knopfartigen Verdickung.

Das unbewaffnete, annähernd kugelförmige Kopulationsorgan steht senkrecht auf die Ventralseite. Dorsal befindet sich eine große Samenblase, ventral steht ein kurzer, zapfenförmiger Penis. LUTHER (1960, fig. 31 B, C) macht auf regelmäßig angeordnete Höcker in der Wand des Penis aufmerksam, die auch an Individuen von den Färöer und von Island deutlich werden (Abb. 70 A, B); wahrscheinlich handelt es sich um Sekretkörner.

Bei Tieren von Island habe ich einen Durchmesser des Kopulationsorgan von ~ 100 µm gemessen (Quetschpräparat) sowie den drüsigen Peniszapfen in Ruhelage und vorgestülptem Zustand beobachtet (Abb. 70 A, B).

Das Drüsenorgan mit Stachel liegt hinten im Körper dicht vor der weiblichen Geschlechtsöffnung, mündet aber getrennt vom ♀-Porus. Größe und Form des Stachels sind für die Gleichsetzung von Individuen verschiedener Fundorte als Mitglieder einer Art von Bedeutung ebenso wie für die Abgrenzung gegen Individuen anderer Arten. KARLING & KINNANDER (1953) geben für Individuen aus der inneren Ostsee eine Stachellänge von 25–50 µm an. Die meisten Werte liegen zwischen 40 und 60 µm. HARTOG (1964a) meldet 50 µm für Tiere von den Niederlanden; ich habe auf den Färöer 48 µm gemessen, in Island 50 und 58 µm, in Kanada 42 µm.

Der Stachel ist gegliedert in den gebogenen, kräftig sklerotisierten Distalteil und in eine nur schwach verfestigte proximale Basis. Bei Aufsicht ist der Stachel naturgemäß kaum gebogen; die gequetschte Basis wird als ein plattenförmiges Gebilde mit unregelmäßiger Streifung sichtbar. In Seitenansicht ist die Basis gegen den gebogenen Distalteil deutlich abgeknickt.

Im weiblichen Geschlecht vereinigen sich die beiden Germovitellodukte zum weiblichen Genitalkanal (= unpaarer Germovitellodukt); dieser mündet ein Stück hinter dem Drüsenorgan. Wo die Germovitellodukte zusammenfließen entsteht ein Bursalorgan aus Anschwellungen des Gewebes mit Blasen. Es existiert keine Verbindung nach außen, weder Vagina noch Vaginalporus.

Minona gigantea Ax & Armonies, 1990

(Abb. 71 A–F)

Mit einigem Zögern haben wir eine Population von der amerikanischen Pazifikküste als separate Art neben *M. baltica* gestellt, verbunden mit der Vorstellung, die beiden Arten könnten Adelphotaxa sein (AX & ARMONIES 1990).

M. gigantea ist bisher nur von einem Sandstrand bei Seward, Alaska bekannt. Das Material wurde am Lowell Point aus Sand-Kies Sediment im Bereich eines ausfließenden Süßgewässers bei Ebbe entnommen (4.8.1988). Zur Zeit des Niedrigwassers war kein Salz nachweisbar.

Von den Übereinstimmungen mit *M. baltica* sind hervorzuheben: (a) Die Körperlänge von 5–6 mm. (b) Das weiche, rundliche Kopulationsorgan mit zapfenförmigen Penis; die Granulation in Abb. 71 B entspricht möglicherweise den oben genannten Sekretkörnern im Penis von *M. baltica*. (c) Der Stachel des Drüsenorgans von 45 µm Länge ist hier wie dort nur in der distalen Hälfte stark sklerotisiert. Auch bei *M. gigantea* ist der lappenförmige Basisteil schwächer verfestigt und mit einem streifigen Muster versehen. Als eine kleine Divergenz kann vielleicht gelten, daß der stark sklero-

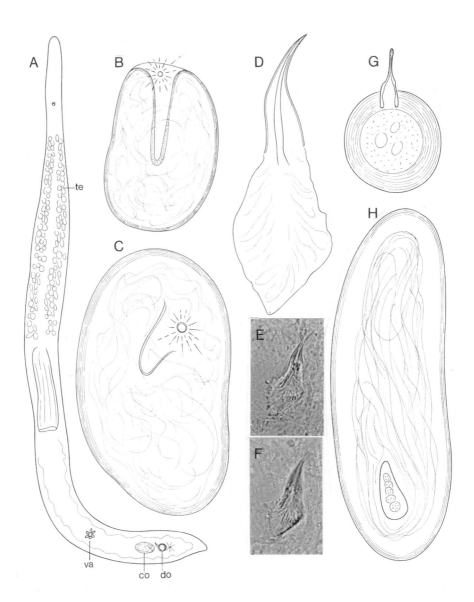

Abb. 71: A–F. *Minona gigantea*. A. Habitus und Organisation. Anordnung der Hodenfollikel in zwei Reihen. B, C. Kopulationsorgan mit zapfenförmigen Penis. D. Stachel des Drüsenorgans. E, F. Stachel des Drüsenorgans bei verschiedener Fokussierung. G, H. *Minona dolichovesicula*. G. Drüsenorgan mit Stachel. H. Kopulationsorgan mit hinten gelegenem Penis. Beide Arten von Alaska, Seward: Lowell Point. (Ax & Armonies 1990)

tisierte distale Stachel bei *M. gigantea* zur Basis hin breiter ausläuft als bei *M. baltica*.

Ein wesentlicher Unterschied existiert dann in der Ausprägung einer Vagina bei *M. gigantea*. Vom weiblichen Genitalgang zweigt sie auf halbem Weg zwischen Pharynx und Kopulationsorgan zur Ventralseite ab. Die Vagina wird von einem umfangreichen Komplex accessorischer Drüsen umgeben.

Ein Eigenmerkmal von *M. gigantea* ist vielleicht die Anordnung der Hodenfollikel in zwei getrennten lateralen Reihen im Vorderkörper.

Minona dolichovesicula Tajika, 1982

(Abb. 71 G, H)

Als *Minona dolichovesicula* werden derzeit 4 Individuen/Populationen des Pazifik geführt – von Hokkaido, Japan (TAJIKA 1982), aus dem San Juan Archipel von Washington, USA (SOPOTT-EHLERS & AX 1985), von Alaska (AX & ARMONIES 1990) und vom Großen Barriere-Riff in Australien (CURINI-GALLETTI & CANNON 1996a). Sie zeichnen sich durch ein langgestrecktes, sack- oder wurstförmiges Kopulationsorgan aus. Das ist fraglos ein apomorphes Merkmal. Es gibt indes u. a. Unterschiede in der Länge des Kopulationsorgans und in den Ausmaßen des Drüsenstachels, die Zweifel an der Zusammenführung in einer Art aufkommen lassen („...a species-complex might exist at present under the name *M. dolichovesicula*." CURINI-GALLETTI et al. l. c. p. 199).

Wir beschränken uns hier auf die Population von Alaska, weil allein sie im Brackwasser nachgewiesen ist.

Seward, Alaska
Sandstrand Lowell Point. Sandhang unter dem Einfluß von Süßwasser, das bei Niedrigwasser in den Strand austritt.
Sandstrand am Homer Spit. Zahlreich im Sandhang (Salinität nicht gemessen). (AX et al. 1990).

Das Kopulationsorgan wird um 170 µm lang. Da sich die muskulöse Blase in der Längsachse nach vorne neigt, kommt der kurze Penis nach hinten in eine terminale Lage. Das runde Drüsenorgan trägt einen Stachel von 30 µm Länge.

Minona minuta n. sp.

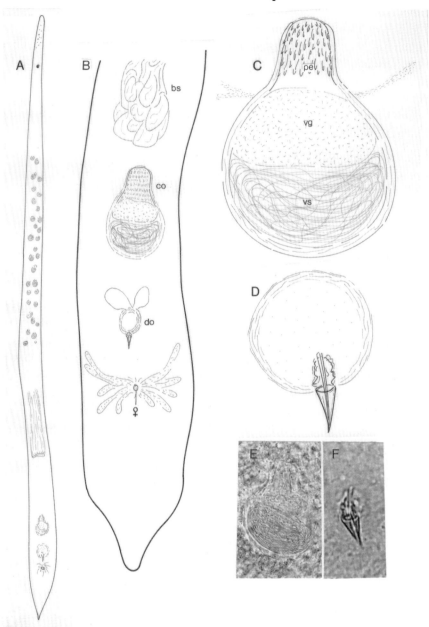

Abb. 72: *Minona minuta*. A. Habitus. B. Hinterende mit Anordnung der Genitalorgane. C. Kopulationsorgan mit unbewaffneten Penis. D. Drüsenorgan mit Stachel. E. Kopulationsorgan. F. Stachel des Drüsenorgans. Japan, Aomori Distrikt. Obuchi Pond. (Originale. 1990)

Japan. Honshu, Aomori Distrikt.
„Brackwassersee" Obuchi Pond, nördlich vom Ogawara Lake. Nur geringer Süßwasserzufluß. Verschiedene Messungen der Salinität zwischen 25 und 30 ‰ (24.8.1990). Detritusreicher Sand der Uferzone mit massenhaften Siedlungen von *Corophium*. *Minona minuta* war häufig vertreten.

Im Vergleich mit *Minona baltica* eine kleine Art von nur 2,5 – 3 mm Länge. Keine Pigmentierung.

Zahlreiche Hodenfollikel in unregelmäßiger Anordnung im Vorderkörper. Vor dem Kopulationsorgan ein blasiges Bursagewebe; die Frage, ob eine Vagina ausgebildet ist, war am Quetschpräparat nicht entscheidbar.

Das Kopulationsorgan habe ich nur mit vorgestülptem Penis gesehen (Abb. 72 C); hierbei handelt es sich um einen Zapfen von 20 µm Länge; unregelmäßige Sekretstreifen laufen in Längsrichtung an der Oberfläche. In der anschließenden rundlichen Blase (Länge 60 µm) ist die vordere Hälfte mit Kornsekret, der hintere Teil mit Spermien erfüllt. Ob sie eigene Umwandungen als Vesicula granulorum und Vesicula seminalis aufweisen, bleibt unentschieden.

Der Stachel des Drüsenorgans mißt nur 18 µm. Eine spitze, leicht gebogene Tüte überragt die Wand des Drüsenorgans; ein zentraler Stab erstreckt sich in das Organ und wird dabei von unregelmäßigen Verfestigungen umgeben. Das Drüsenorgan und der weibliche Genitalporus liegen ein ganzes Stück auseinander; sie münden sicher getrennt aus.

Im Taxon *Minona* existieren gewisse Ähnlichkeiten zu *M. baltica*. Unterschiede liegen in der oben genannten Körperlänge sowie in Größe und Struktur des Stachels vom Drüsenorgan. Der Stachel erreicht bei *M. minuta* weniger als die Hälfte des Stachels von *M. baltica*; die Spitze ist im Gegensatz zu *M. baltica* nur ganz schwach gebogen. Im Kopulationsorgan von *M. baltica* gibt es keine Anhäufungen von Kornsekret.

Minona trigonopora Ax, 1956

(Abb. 73, 74)

Französische Mittelmeerküste
Etang de Canet. Im Grobsand-Kies eines Brandungsufers an der Westseite. Salzgehalt 10–12 ‰ (Ax 1956c).

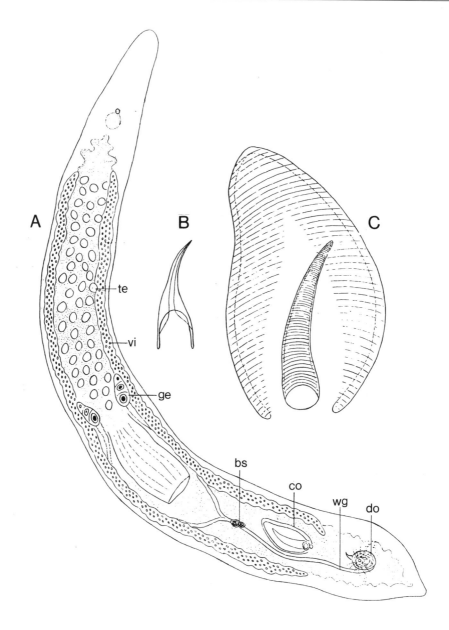

Abb. 73: *Minona trigonopora*. A. Habitus und Organisation. B. Stachel des Drüsenorgans. C. Kopulationsorgan mit schlauchförmigen Penis im Inneren. Frankreich, Etang de Canet. (Ax 1956c)

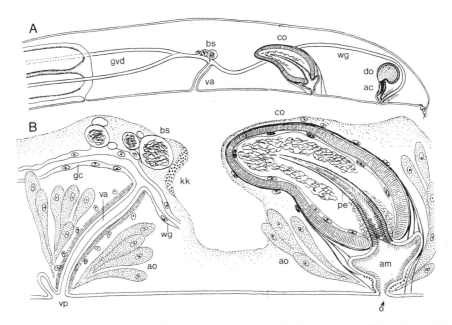

Abb. 74: *Minona trigonopora*. A. Anordnung der Geschlechtsorgane im Hinterkörper. B. Vagina, Bursa seminalis und Kopulationsorgan nach Sagittalschnitten. Frankreich, Etang de Canet. (Ax 1956c)

Körperlänge ~ 3 mm. Ohne Pigment. Zahlreiche Hodenfollikel ungeordnet im Vorderkörper.

Das Kopulationsorgan ist ein großer, rostral gerichteter Sack mit sehr kräftiger Ringmuskulatur und auswärts folgenden, schwachen Längsmuskeln. Zwischen dem Kopulationsorgan und dem männlichen Genitalporus befindet sich ein umfangreiches Atrium masculinum. Das bewimperte Epithel senkt sich zu einem langen Penis (Ductus ejaculatorius) in das Kopulationsorgan ein. Der Penis ist innen bewimpert, außen von schwacher Ringmuskulatur mit eng stehenden Fibrillen umgeben.

Der rostral gerichtete Abschnitt des Kopulationsorgans ist mit Sperma gefüllt, Kornsekret dagegen nicht vorhanden. Möglicherweise sind accessorische Genitaldrüsen, die in den männlichen Porus münden, ein Äquivalent von Kornsekretdrüsen.

Das Drüsenorgan ist weit getrennt vom Kopulationsorgan; es liegt wenig vor dem Hinterende des Körpers. Der gebogene Stachel läuft distal spitz zu; seine Länge beträgt 26–28 µm.

Wir kommen zum weiblichen Leitungssystem. Auf halbem Weg zwischen Pharynx und Kopulationsorgan liegt die Vagina als ein schräg nach hinten und oben gerichtetes Rohr. Der Vaginalporus ist wie der ♂-Genitalporus von accessorischen Drüsen umgeben. Die Vagina endet dorsal in der Bursa seminalis, einem syncytialen Gewebe mit Sperma in der Darmwand. Von vorne tritt der unpaare Endabschnitt der Germovitellodukte in die Bursa ein und setzt sich nach hinten in den weiblichen Genitalkanal fort. Dieser mündet zusammen mit dem Drüsenorgan in einen gemeinsamen Porus.

Einen vergleichbar langen, leicht gebogenen Penisschlauch hat *Minona cornupenis* (KARLING 1966a). Ein inneres Epithel erscheint auch hier als Fortsetzung der Wand des Atrium masculinum, ist allerdings unbewimpert. Ferner hat der Penis von *M. cornupenis* im Unterschied zu *M. trigonopora* ein äußeres Epithel, das außen wahrscheinlich aus der Wand des Kopulationsorgans umschlägt (KARLING l. c., fig. 56).

Duplominona Karling, 1966

Duplominona istanbulensis (Ax, 1959)

(Abb. 75)

Schwarzes Meer, Marmara Meer
D. istanbulensis ist eine psammobionte Art. Bisherige Funde stammen aus reinem Fein- bis Mittelsand an Küsten des Schwarzen Meeres (Sile) und des Marmara Meeres (Florya) (AX 1959a).

Kleiner, schlanker Organismus von etwa 1 mm Länge. Ungefärbt, durchsichtig.
Nur etwa 8 Hodenfollikel vorhanden; sie sind im Vorderkörper in einer Reihe an der Ventralseite aufgestellt. Im Kopulationsorgan füllt die Vesicula seminalis die hintere Hälfte. Von den Seiten treten Kornsekrete ein und ordnen sich vor der Samenblase zu Strängen an. Der langgestreckte Cirrus trägt an der Innenwand zahllose, sehr feine Stacheln. Infolge extrem enger

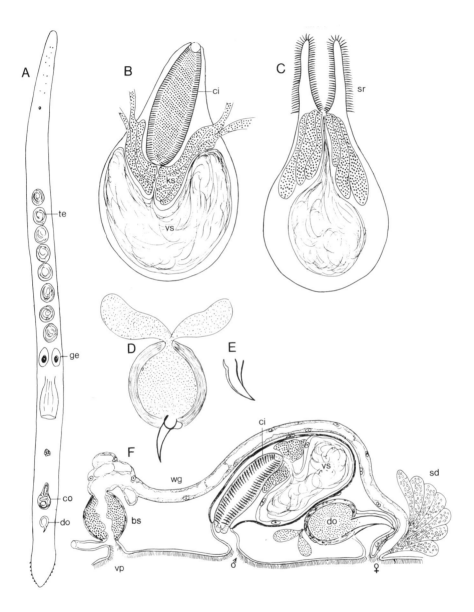

Abb. 75: *Duplominona istanbulensis*. A. Habitus und Organisation. B. Kopulationsorgan mit eingestülptem Cirrus. Quetschpräparat. C. Cirrus etwa zur Hälfte ausgestülpt. D. Drüsenorgan. E. Stachel des Drüsenorgans von einem anderen Individuum. F. Kopulationsapparat in Sagittalrekonstruktion nach Schnittserie. Marmara Meer. (Ax 1959a)

Stellung erscheinen sie in der Aufsicht auf den eingestülpten Cirrus median als Punktreihen; peripher folgt eine feine Streifung. Aber erst beim Vorstülpen des Cirrus werden die Stacheln als nadelförmige Elemente sichtbar.

Das Drüsenorgan folgt unmittelbar auf das Kopulationsorgan. Der Stachel ist ein kurzer, einfacher Haken von 12–17 µm Länge.

In der Mitte zwischen Pharynx und Kopulationsorgan liegt das Bursalorgan des weiblichen Geschlechts. Eine kurze Vagina führt in eine muskulöse, sekreterfüllte Blase; auf diese folgt nach oben ein vakuolisiertes Syncytium mit Kontakt zum Darmepithel. Der unpaare Endabschnitt der Germovitellodukte tritt ventral von vorne in das Bursalorgan ein. Der meist so bezeichnete weibliche Genitalkanal entsteht dorsal aus dem Vakuolengewebe, läuft über das Kopulationsorgan nach hinten und mündet dicht hinter dem Porus des Drüsenorgans.

Duplominona filiformis n. sp.

(Abb. 76, 77)

Japan. Honshu, Aomori Distrikt
Lake Ogawara. Mündung des Sees (Lagune) in den Takase River, welcher zum Pazifik fließt. Mehrere Individuen im Fein- und Mittelsand der Lagunen-Mündung. Kein Salzgehalt bei Niedrigwasser (29.8. und 1.9.1990).

Fadenförmig dünner Körper von 2–3 mm Länge. Unpigmentiert. Lebhaft kriechender Organismus mit raschem Wechsel der Bewegungsrichtung. Gutes Haftvermögen.

Hodenfollikel im Vorderkörper in zwei, leicht unregelmäßigen Reihen angeordnet.

Bursalorgan. Einige Blasen zwischen Pharynx und Kopulationsorgan repräsentieren wahrscheinlich die Bursa. Ein caudalwärts folgender Schlauch dürfte die Vagina mit ventralem Porus bilden; dieser mündet entweder dicht vor dem Kopulationsorgan oder zusammen mit der männlichen Öffnung.

Kopulationsorgan. Das rundliche bis ovoide Organ wird ~ 65 µm lang. Es besteht aus der proximalen Vesicula seminalis und einem kurzen distalen Cirrus von nur 25 µm Länge. Kornsekretdrüsen habe ich nicht beobachtet. Der Cirrus kann im eingestülpten Zustand ganz in die runde Kopulationsblase eingeschlossen sein, kann sich aber auch stärker als ein Zapfen am Vorderende absetzen.

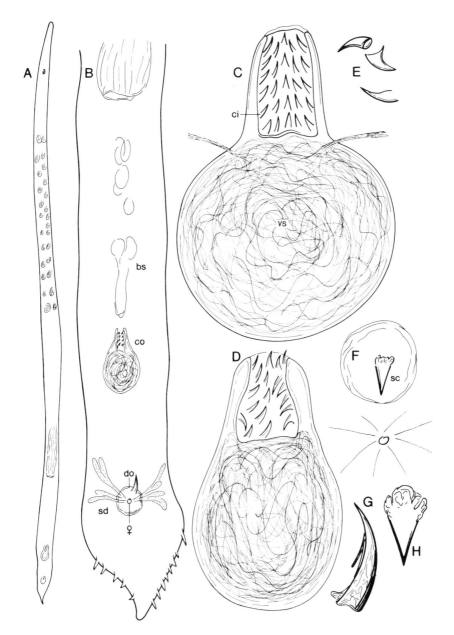

Abb. 76: *Duplominona filiformis*. A. Habitus. B. Postpharyngealer Körper mit Bursa, Kopulationsorgan und Drüsenorgan. C, D. Verschiedene Zustände des weichen Kopulationsorgans. In beiden Fällen ist der Cirrus eingestülpt. E. Einzelne große Stacheln des Cirrus. F. Drüsenorgan und caudal folgender weiblicher Genitalporus. G. Stachel des Drüsenorgans in Seitenansicht. H. Stachel in Aufsicht. Japan. Aomori Distrikt. Lake Ogawara. (Originale 1990)

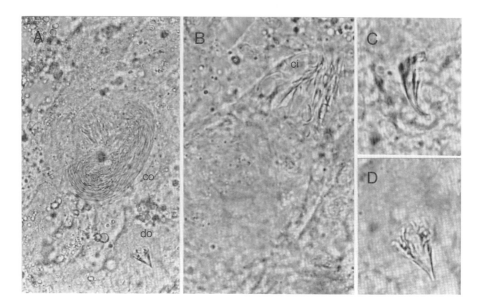

Abb. 77: *Duplominona filiformis*. A. Kopulationsorgan und Drüsenorgan. B. Cirrus vor der Samenblase. C. Stachel des Drüsenorgans in Seitenansicht. D. Stachel in Aufsicht. Japan. Aomori Distrikt. Lake Ogawara. (Originale 1990)

Die Bestachelung des Cirrus ist besonders hervorzuheben. Es gibt nur 10–12 Längsreihen von Stacheln, wobei die einzelne Reihe lediglich aus 5–6 Stacheln besteht. Die gebogenen Cirrusstacheln sind ziemlich groß; sie erreichen 5 µm Länge.

Drüsenorgan. Der Stachel ist mit 15 µm Länge sehr klein. In der Seitenansicht ist die Spitze deutlich gebogen. In der Aufsicht erscheint der Stachel als eine Tüte mit unregelmäßig sklerotisiertem Aufsatz. Meine Befunde über die Mündung des Drüsenorgans sind nicht einheitlich. Einmal habe ich den weiblichen Porus mit Schalendrüsen exakt in Höhe des Drüsenorgans gefunden, was für eine kombinierte Mündung spricht. An einem anderen Quetschpräparat waren Drüsenorgan und weiblicher Genitalporus deutlich getrennt.

Drei *Duplominona*-Arten mit großen Cirrusstacheln und ohne Stilett im Cirrus sind für einen Vergleich heranzuziehen. *D. paucispina* hat Stacheln von übereinstimmender Länge um 5 µm, besitzt aber nur einen einzigen Kranz aus 9 Stacheln (MARTENS 1984). Bei *D. kaneohei* stehen die

Stacheln wie bei *D. filiformis* in Längsreihen, sind dort aber mit 10–18 µm zwei- bis dreimal so lang (KARLING et al. 1972). Die besten Übereinstimmungen bestehen mit *D. darwinensis* aus Australien. Der Cirrus dieser Art ist 20–25 µm lang; er trägt 60–80 Stacheln, die proximal 5–7 µm und distal 3 µm messen (MARTENS & CURINI-GALLETTI 1989). Bei *D. filiformis* nimmt die Länge der Stacheln distalwärts nicht ab; außerdem gibt es hier kein Kornsekret im Cirrus.

Duplominona japonica n. sp.

(Abb. 78)

Japan, Honshu, Aomori Distrikt
Jusan Lake am Japanischen Meer. Am Westufer des Sees im Fein- bis Mittelsand. Salzgehalt des freien Wassers 35 ‰. Rasche Abnahme im Grundwasser am Ufer. Bereits bei 1 m landwärts des Wasserrandes wurden Werte zwischen 8 und 12 ‰ gemessen; bei 1,5 m war schon Süßwasser vorhanden (15.8.1990). 3 Exemplare.

Schlankes, stark haptisches Tier. Länge nur 1–1,2 mm. Unpigmentiert. Mit zwei Reihen von Hodenfollikeln im Vorderkörper.

Bursalorgan. Ein leicht abgesetzter Bereich im Darmgewebe mit etwa 10 Blasen, die teilweise mit Sperma gefüllt waren, liegt ein ganzes Stück vor dem Kopulationsorgan. Aus dem Bursabereich entspringt wie bei *D. filiformis* ein nach hinten gerichtetes schlauchförmiges Gebilde, das eine Vagina sein kann. Eine gemeinsame Öffnung mit dem männlichen Porus ist unwahrscheinlich.

Kopulationsorgan. Das Organ besteht aus einem rundlichen, stark muskulösen Behälter für Sperma (Vesicula seminalis) und Kornsekret (V. granulorum) sowie einem langen, streng nach vorne gerichteten Cirrus mit Stilett.

Die Wand des Cirrus ist rundherum mit nadelförmig feinen Stacheln von 7 µm Länge besetzt. Das Stilett im Inneren des Cirrus ist ein gerades Rohr mit der beachtlichen Länge von 68–70 µm; es verjüngt sich nach vorne kontinuierlich. Die proximale Öffnung wird 12 µm breit; die distale Öffnung erreicht nur 5 µm Durchmesser und ist leicht schräg abgeschnitten. Das Rohr kann im letzten Drittel noch einmal ganz leicht anschwellen.

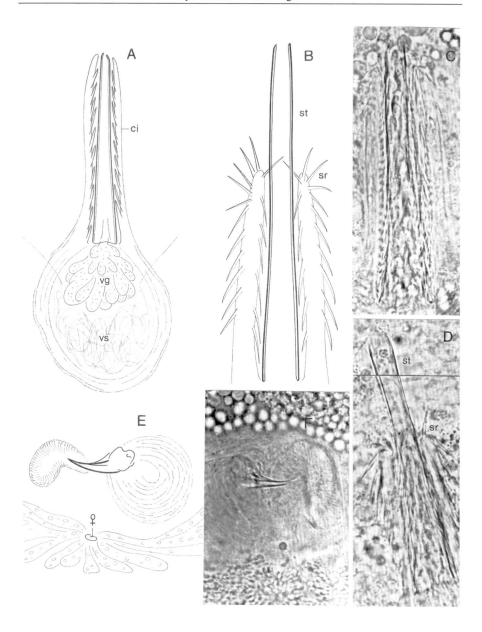

Abb. 78: *Duplominona japonica*. A. Kopulationsorgan mit eingestülptem Cirrus und zurückgezogenen Stilett. B. Stilett wird vorgestoßen, der Cirrus ist partiell ausgestülpt, die nadelförmigen Stacheln schlagen nach außen um. C und D. Mikrofotografien der beiden Zustände von Cirrus und Stilett wie sie in A und B dargestellt sind. E. Drüsenorgan und weiblicher Porus mit Schalendrüsen. F. Drüsenorgan mit auffälligen, gestreiften Gang für die Ausführung des Stachels. Japan. Aomori Distrikt. Jusan Lake. (Originale 1990)

Drüsenorgan. Hier handelt es sich um eine kleine, stark muskulöse Blase; ich habe keine Sekrete erkannt. Der Stachel von 17 µm Länge ist mit schwach sklerotisierter Basis in der Muskelblase verankert; der distale Abschnitt ist leicht gebogen. Der Stachel mündet über ein auffälliges wurstförmiges Gebilde mit Streifung nach außen, wahrscheinlich getrennt vom caudal folgenden Porus des weiblichen Genitalkanals.

Zwei *Duplomina*-Arten haben ein vergleichbar langgezogenes Stilett im Cirrus, jedoch mit klaren Unterschieden zu *D. japonica*. Bei *D. galapagoensis* von Galapagos hat das Stilettrohr nur 45 µm Länge; es verbreitert sich proximal und ist hier nach außen umgeschlagen. Ferner messen die Cirrusstacheln nur 2 µm (AX & AX 1977). Bei *D. samalonae* von Indonesien wird das Stilett umgekehrt 100 µm lang; der Cirrus mit Stilett füllt im invertierten Zustand das Kopulationsorgan in der Längsrichtung aus. Auch hier sind die Cirrusstacheln mit 1–3 µm sehr klein (MARTENS & CURINI-GALLETTI 1989).

Paramonotus hamatus (Jensen, 1878)

(Abb. 79)

Es existieren nur wenige Meldungen der Art – sie aber dokumentieren eine strenge Bindung von *Paramonotus hamatus* an mesohaline bis oligohaline Brackgewässer, verbunden mit einer Tendenz zur Immigration in das angrenzende limnische Milieu.

Atlantik
Auf den Färöer inmitten des Nordatlantik habe ich *P. hamatus* regelmäßig im Grenzbereich zwischen Brackwasser und Süßwasser gefunden, am inneren Ende des Kaldbaksfjørdur nördlich von Torshavn, in den Buchten von Hosvik und Hvalvik und in der limnischen Lagune Pollur bei Saksun (AX 1995a).

Nordsee
Für die niederländische Deltaregion der Provinz von Zuid-Holland heißt es bei HARTOG (1964a, p. 26) über *P. hamatus*: „Near Den Bommel it is indeed an inhabitant of the mesohalinicum." Der mittlere Salzgehalt beträgt bei Hoch- und Niedrigwasser nur wenige ‰. SCHOCKAERT et al. (1989) bestätigen die Existenz in Brackgewässern der Niederlande. Von der Nordsee her hat *Paramonotus hamatus* diverse Sande von Weser und Elbe

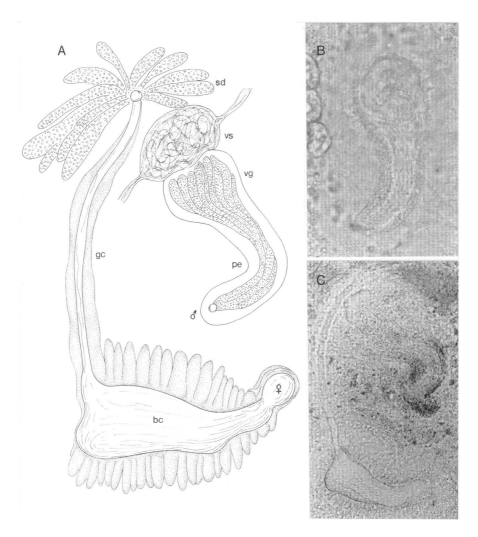

Abb. 79: *Paramonotus hamatus*. A. Ausleitender Genitalapparat. Kreis zwischen den Schalendrüsen markiert die Vereinigung der paarigen Germovitellodukte zum unpaaren Endabschnitt (gemeinsamer Germovitellodukt, weiblicher Genitalkanal). B. Muskulöser Penis. C. Genitalapparat. Gemeinsamer Germovitellodukt, Penis und Bursa copulatrix treten hervor. Färöer, Saksun. (1992. Originale)

erobert. In der Weser ist die Art vom Ästuarbereich bei Bremerhaven bis zum Strand von Baden südöstlich von Bremen nachgewiesen, in der Süderelbe im süßen Gezeitensandstrand bei Hamburg-Harburg (KRUMWIEDE & WITT 1995; DÜREN & AX 1993). *Paramonutus hamatus* wurde im Hamburger Hafen aber auch in tiefem Wasser der Fahrrinne beobachtet (RIEMANN 1965, 1966).

Ostsee

Im Raum der polyhalinen Kieler Bucht siedelt *P. hamatus* nur in schwachsalzigen Randgebieten, wie es die Funde in der Schwentine-Mündung und in der Schlei (Große Breite mit einem Salzgehalt um 7–8 ‰; Haddebyer Noor 2,5 ‰) demonstrieren (AX 1951a).

Für das Mesohalinikum der inneren Ostsee sind die zahlreichen Daten aus der Umgebung der Zoologischen Station Tvärminne repräsentativ (LUTHER 1960, KARLING 1974). Die Funde reichen von der Uferzone bis in 34 m Tiefe und in Richtung auf die ausgesüßte Pojo-Wiek bis 1–3 ‰ Salzgehalt.

Bei dem geschlossenen Bild, das die vorliegenden Daten vermitteln, erscheint die Interpretation von *Paramonutus hamatus* als eine Brackwasserart sehr gut gesichert (HARTOG 1971). Man wird annehmen dürfen, daß der Originalfundort bei Bergen (JENSEN 1878) einem Areal mit vermindertem Salzgehalt entstammt.

Obwohl Hartstrukturen am Kopulationsorgan fehlen, sind Individuen von *Paramonutus hamatus* leicht zu identifizieren. Körperlänge um 2–3 mm. Schon bei schwacher Vergrößerung treten mächtige, zu den Körperseiten gerichtete Darmdivertikel hervor. An Tieren von den Färöer habe ich im Vorderkörper 3 Paar großer lateraler Divertikel ausgemacht, was exakt der Originalbeschreibung von JENSEN (1878) entspricht. Zwischen die Divertikel drängen sich zunächst Hodenfollikel und im Anschluß an die Germarien vor der Pharynxwurzel dann die follikulären Vitellarien.

Im männlichen Geschlecht gehen die große Samenblase, die Körnerdrüsenblase und der stark gekrümmte Penis gleitend ineinander über.

Im weiblichen Leitungssystem ist die Vereinigung der paarigen Germovitellodukte durch einen Kranz von Schalendrüsen gut markiert. Der dann folgende unpaare Gang erweitert sich hinter dem Penis zu einer großen Blase, die gewöhnlich als Bursa copulatrix bezeichnet wird. Als ein artspezifisches Merkmal hebt sich die Blase in Form eines quergestellten Organs deutlich ab.

Promonotus Beklemischev, 1927

Promonotus schultzei Meixner, 1943

(Abb. 80 A, B)

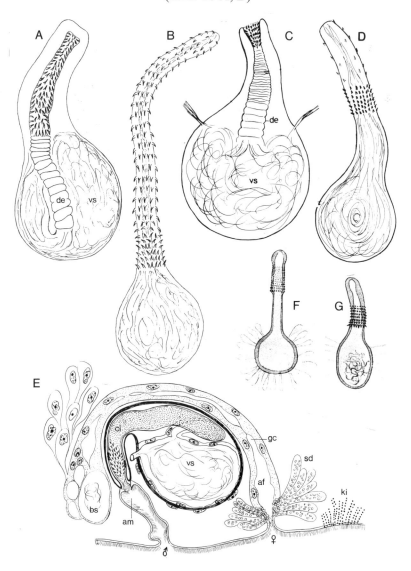

Abb. 80: A–B. *Promonotus schultzei*. A. Kopulationsorgan mit eingestülptem Cirrus. Stacheln nach vorne orientiert. Ductus ejaculatorius in einer Spirale aufgerollt. B. Cirrus voll-

ständig ausgestülpt. Stacheln bis auf die letzten Reihen nach hinten umgeschlagen. C–E. *Promonotus ponticus*. C. Kopulationsschlauch invaginiert; Stacheln stehen im Ende des Cirrus eng zusammen. D. Cirrus ausgestülpt; wenige Stachelkränze in der Mitte des Cirrus. E. Kopulationsorgan nach Sagittalschnitten. F. *Promonotus hyrcanus*. Kopulationsorgan mit ausgestülptem Cirrus. G. *Promonotus orientalis*. Cirrus ebenfalls ausgestülpt. A, B Etang de Canet, Mittelmeer; C–E Bosporus; F Kaspisches Meer; G Aralsee. (A, B Ax 1956c; C–E Ax 1959b; F, G Beklemischev 1927a)

P. schultzei ist ein Halolenitobiont mit weiter Verbreitung in marinen Stillwasserbiotopen europäischer Küsten; ich verweise auf zusammenfassende Darstellungen bei LUTHER 1960, HARTOG 1964a, SOPOTT 1972, KARLING 1974 und HELLWIG 1987.

P. schultzei ist zugleich eine extrem euryhaline Art. Es gibt individuenreiche Siedlungen in kleinsten mesohalinen Lebensräumen in Nachbarschaft des Meeres oder an der Grenze zum Süßwasser – etwa im Etang de Canet an der Mittelmeerküste (AX 1956c) oder im Courant de Lège, der am Atlantik in das Becken von Arcachon mündet (1964). Auf der anderen Seite findet man *P. schultzei* überall im Brackwassermeer der Ostsee bis in den Finnischen Meerbusen. In diesem Zusammenhang sind Befunde von HARTOG (1964a) in der niederländischen Deltaregion hervorzuheben. Hier ist *Promonotus schultzei* auf das Euhalinicum und das salzreichere polyhaline Brackwasser beschränkt. Das mag eine Folge der starken täglichen Salzgehaltsschwankungen sein, wie sie das Wasser des mittleren Aestuarbereiches im Vergleich mit dem konstanten mesohalinen Milieu der inneren Ostsee auszeichnen.

Körperlänge 1,5–2,5 mm. Ohne Pigmentschirm vor der Statocyste und ohne besonderes Körperpigment.

Im Kopulationsorgan folgt auf die Vesicula seminalis zuerst ein nackter Ductus ejaculatorius und dann ein ausstülpbarer Cirrus, der in ganzer Länge mit Stacheln besetzt ist. Der Ductus ejaculatorius liegt in engen Windungen aufgerollt, wenn der Cirrus zurückgezogen ist. Bei Vorstülpung des Cirrus streckt sich der Ductus und bildet nunmehr die Innenwand des Kopulationsschlauches.

Die Cirrusstacheln folgen in zahlreichen Kränzen dicht aufeinander; sie messen nur 2–4 µm und werden nach vorne kleiner. Im retrahierten Cirrus zeigen die Stacheln distalwärts zur Spitze des Organs. Bei Ausstülpung des Cirrus schlagen sie um und sind dann nach hinten gerichtet. Nur die Stacheln der letzten 5–6 proximalen Kränze bleiben nach vorne orientiert.

Promonotus ponticus Ax, 1959

(Abb. 80 C–E)

Türkische Schwarzmeerküste (Sile), Bosporus und Marmara-Meer. Detritusreiche Substrate in Mündungsarealen von Süßwasserzuflüssen mit schwankendem Salzgehalt zwischen 4 und 19 ‰ (AX 1959a, b).
Rumänische Schwarzmeerküste. Delta der Donau (MACK-FIRA 1974).

Promonotus ponticus ist möglicherweise ein spezifischer Brackwasserorganismus. Es gibt allerdings keinen Nachweis außerhalb des Schwarzmeer-Raumes.

Körperlänge 1,5–2 mm. Der Modus der Bestachelung des Cirrus liefert das wesentliche Differentialmerkmal im Vergleich mit *P. schultzei*. Die Individuen von *P. ponticus* haben nur 6–7 Stachelkränze. Der einzelne Kranz umfaßt jeweils etwa 14 Stacheln von 1,5 µm Länge. Im invaginierten Zustand stehen die Stacheln dicht zusammen an der Innenwand am Ende des Cirrus. Am vorgestoßenen Kopulationsschlauch befindet sich die Stachelzone im mittleren Teil des Cirrus auf der Außenwand.

Vor dieser Gruppe eng zusammen liegender Stacheln befinden sich auf dem distalen Teil des ausgestülpten Cirrus weitere stachelartige Erhebungen. Diese Stacheln sind nur schwach sklerotisiert; sie stehen locker in weiten Abständen.

Promonotus orientalis Beklemischev, 1927

(Abb. 80 G)

Aralsee
Bei Aralsk auf Sandboden in 5–8 m Wassertiefe.

BEKLEMISCHEV (1927a) hat den Cirrus von *P. orientalis* am Quetschpräparat nur im ausgestülpten Zustand gesehen – und in dieser Position existiert weitreichende Übereinstimmung zu *P. ponticus* mit dem Verdacht auf Artidentität. *P. orientalis* besitzt 6–8 Stachelkränze. Proximal sind die Stacheln ~ 2 µm lang; distalwärts werden sie zunehmend kleiner. die obere Hälfte des ausgestülpten Cirrus ist stachelfrei.

Geringe Unterschiede zu meiner Darstellung von *P. ponticus* liegen in der distalen Verkleinerung der Stacheln und ihrem vollständigen Mangel am distalen Abschnitt des Cirrus.

Eine bessere Beurteilung des Status der Populationen vom Schwarzen Meer und aus dem Aralsee ist über einen Vergleich von Schnittserien zu erwarten. Dabei ist die Frage nach Existenz oder Mangel eines Cirrusbeutels bei *P. orientalis* zu klären.

BEKLEMISCHEV (1927a) versteckt in der Beschreibung von *Promonotus orientalis* einen Fund aus dem Kaspischen Meer unter einem eigenen Namen *P. hyrcanus* und spricht von zwei vikariierenden Arten. Sie sollen sich hauptsächlich durch die Gestalt und Bewaffnung des Cirrus unterscheiden. Neben fragwürdigen Differenzen im Vergleich der beiden Figuren (Abb. 80 F, G) gibt es indes keine weiteren Angaben im Text.

Promonotus arcassonensis Ax, 1959

(Abb. 81)

P. arcassonensis wurde aus marinen Sanden der Bucht von Arcachon beschrieben (AX 1959b) und später im Brackwasser des Courant de Lège gefunden, der von Norden in das Becken mündet (1964 unpubl.). *P. arcassonensis* lebt hier verbreitet in diversen Sand- und Schlickböden des Aestuars bis an die Grenze zum Süßwasser, an welcher *Arenicola marina* seine Siedlungen einstellt (AMANIEU 1969, fig. 14). Ich habe die Art oft zusammen mit *Archiloa rivularis* (S. 208) beobachtet, gelegentlich auch mit *Promonotus schultzei*. Wie diese ist *P. arcassonensis* also eine marin-euryhaline Art, allerdings mit geringer Kenntnis ihrer Verbreitung. Ein Fund liegt von Sandstränden der Insel Helgoland in der Deutschen Bucht vor (SOPOTT 1972).

Kleinere Art von 0,6–0,7 mm Länge mit gedrungenem Habitus. Die Anordnung der Gonaden ist ungewöhnlich. Die Hoden bilden im Vorderkörper 2 getrennte Reihen aus jeweils 6–8 großen Follikeln. Auf die Hoden folgen erst dicht vor dem Pharynx 2 Reihen von Vitellarien, gleichfalls in Form großer Follikel. Die ventralwärts verschobenen Germarien liegen im Anschluß an die Hoden unter dem ersten Paar der Vitellarienfollikel.

Das Kopulationsorgan besteht aus Samenblase, Körnerdrüsenblase und einem zapfenförmigen Penis (Cirrus). Die Abschnitte gehen ineinander über und sind von einer einheitlichen Muskelwand umschlossen.

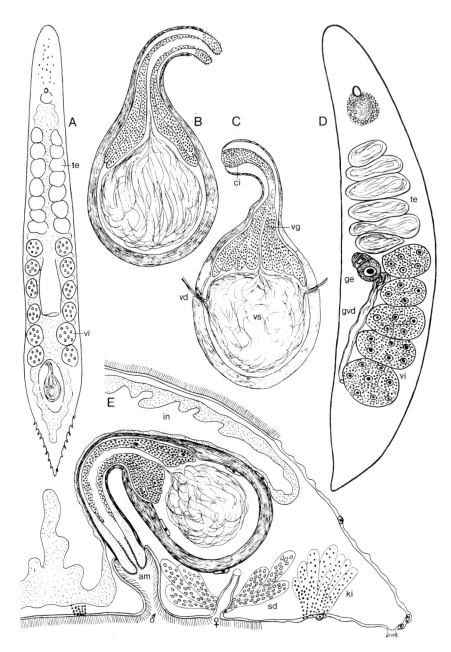

Abb. 81: *Promonotus arcassonensis*. A. Habitus mit Anordnung von Hoden und Vitellarien. B. Kopulationsorgan im Quetschpräparat. Stachelteil des Cirrus etwa zur Hälfte vorgestülpt. C. Kopulationsorgan mit retrahiertem Cirrus. D. Anordnung der Gonaden nach Sagittalschnitten. E. Kopulationsorgan nach Sagittalschnitten. Arcachon, Frankreich. (Ax 1959b)

Das Ende des kurzen Cirrus ist innen auf 20 µm Länge mit winzigen Stacheln besetzt. Die Stacheln messen kaum 1 µm; sie stehen dicht zusammen, ohne Anordnung zu Querreihen. Im Quetschpräparat wird der Stachelabschnitt etwa zur Hälfte nach außen vorgestülpt.

Archilina Ax, 1959

Taxon mit zahlreichen Arten, für welches MARTENS & CURINI-GALLETTI (1994, 1995) folgende Merkmale hervorheben: Existenz einer kurzen Vagina externa mit Vaginalporus vor dem männlichen Kopulationsorgan. Mit einer praepenialen Bursa als Teil des weiblichen Genitalkanals. Kompaktes Kopulationsorgan ohne spezialisierte Strukturen der Kornsekretdrüsen.

Die Merkmale treten in weiterer Verbreitung innerhalb der Monocelididae auf und müssen demgemäß als Plesiomorphien angesprochen werden. Ein Taxon *Archilina* ist derzeit nicht als Monophylum begründbar.

Archilina endostyla Ax, 1959

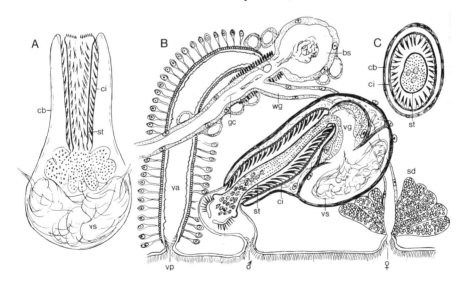

Abb. 82: *Archilina endostyla*. A. Kopulationsorgan mit Stilett im Inneren des Cirrus. B. Genitalregion mit Vagina, Bursa seminalis, Kopulationsorgan und weiblichen Kanal nach Sagittalschnitten. C. Querschnitt durch Cirrus mit Stilett. Bosporus, Türkei. (Ax 1959a)

Die ersten Brackwasserfunde stammen aus dem Schwarzen Meer (Sile) und vom Bosporus (Baltaliman, Bebek) (AX 1959a). Mittlerweile ist die psammobionte Art in weiter Verbreitung um das Mittelmeer und im Schwarzen Meer nachgewiesen (MACK-FIRA 1974; KONSOULOVA 1978; MARTENS & CURINI-GALLETTI 1994).

Archilina endostyla kann als ein marin-euryhaliner Organismus mit ausgeprägter Tendenz zur Besiedlung von Brackgewässern interpretiert werden.

Körperlänge 1,5–1,8 mm. Unpigmentiert. Die auffälligste Eigenart von *A. endostyla* ist die Kombination eines bestachelten Cirrus mit einem langen Stilettrohr im Kopulationsorgan.

Die Länge der Stacheln beträgt 8–12 µm, die des Stilettrohres 60 µm. Variationen dieser Werte bei verschiedenen Mittelmeer-Populationen haben MARTENS et al. (l.c.) wiedergegeben.

Das Stilett ist ein Teil des Ductus ejaculatorius, welcher im Inneren des Cirrus vorgestülpt wird (MARTENS et al., l. c.). An der Außenseite ist das Epithel degeneriert, die Basallamina zur Rohrwand verdickt und ausgehärtet. Das innere Epithel ist mit Zellhälsen prostatischer Drüsen versehen. Am distalen, leicht ausgestülpten Ende des Cirrus befindet sich eine Kappe von kleinen, nur 2–3 µm langen Stacheln.

Archilina duplaculeata (Ax & Armonies, 1990)

(Abb. 83)

***Archiloa duplaculeata* Ax & Armonies, 1990**

Unvollständige Beobachtungen. Die Art wird von MARTENS & CURINI-GALLETTI (1994) mit Vorbehalt in das Taxon *Archilina* gestellt.

Alaska
Seward. Sandstrand Lowell Point. In Grobsand und Kies des Sandhangs bei ausströmendem Süßwasser.

Körperlänge 3 mm. Kopulationsorgan mit einem Cirrus von ~ 85 µm Länge. Zahlreiche Cirrusstacheln vorhanden; sie werden bis 8 µm lang.

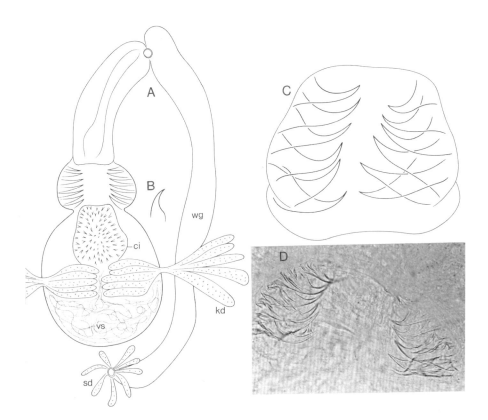

Abb. 83: *Archilina duplaculeata*. A. Kopulationsorgan, Vagina und weiblicher Genitalkanal. B. Einzelner Stachel des Cirrus. C, D. Gruppe langer Stacheln vor dem Cirrus des Kopulationsorgans. Seward, Alaska. (Ax & Armonies 1990)

Besonders hervorzuheben ist eine zweite Gruppe großer Stacheln vor dem Cirrus. Diese Stacheln erreichen 35 µm Länge; sie sind leicht gebogen und stehen einander in 2 Gruppen von jeweils 6 gegenüber. Die Zuordnung dieser Stacheln im Genitaltrakt ist ungeklärt; sie sind jedenfalls kein Bestandteil des Cirrus. Ein Porus etwa 300 µm vor dem Kopulationsorgan kann die separate Öffnung der Vagina sein.

Archilina japonica n. sp.

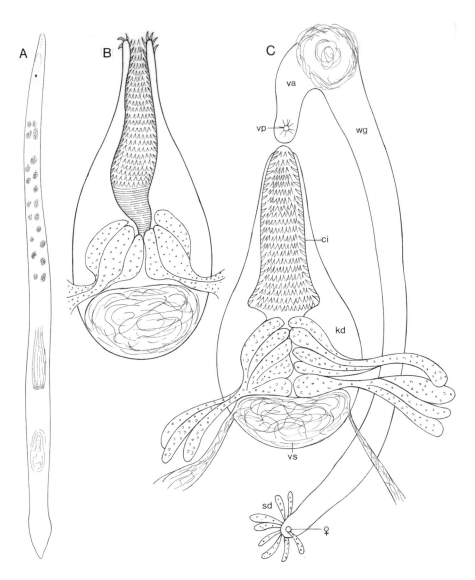

Abb. 84: *Archilina japonica*. A. Habitus. B. Cirrus partiell ausgestülpt. C. Retrahierter Cirrus, Vaginalporus dicht vor dem männlichen Porus, Bursa und weiblicher Genitalkanal. Lebendbeobachtungen. Japan, Honshu. (Originale 1990)

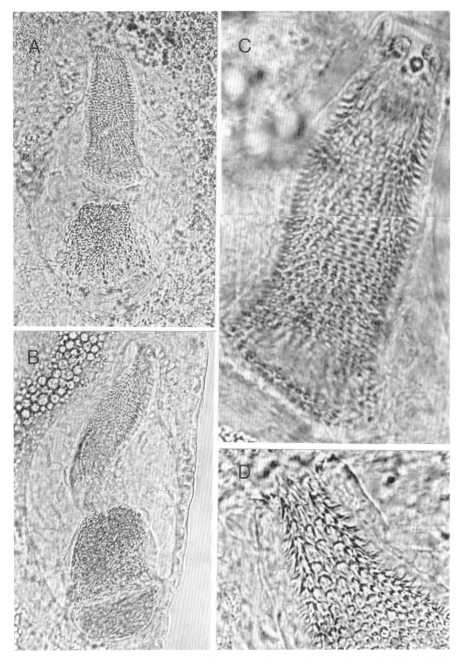

Abb. 85: *Archilina japonica*. A. Kopulationsorgan mit retrahiertem Cirrus. B. Cirrus leicht vorgestülpt. C. Cirrus mit proximaler Verbreiterung. D. Spitze des Cirrus mit wenigen ausgestülpten Stacheln. Japan, Honshu. (Originale 1990)

Japan, Honshu, Aomori Distrikt
Lake Ogawara. Lagune 250 m E von der Meeresküste. Detritusreicher Sand zwischen Salzpflanzen, vor *Phragmites*-Gürtel. Bei Niedrigwasser 15 ‰ Salzgehalt (21.8.1990).
Takase River. Proben bei ~ 1 und 1,5 km Entfernung von Mündung in den Pazifik. Sandböden am Nordufer. Bei Niedrigwasser kein Salzgehalt (21.8. 1990). 50–100 m Entfernung von der Mündung. Kein Salzgehalt (1.9.1990). Mündung des Lake Ogawara in den Takase River. In Fein- und Mittelsand, zusammen mit *Duplominona filiformis* (29.8. und 1.9.1990). Bei Niedrigwasser kein Salzgehalt.
Noheji River. Etwa 250 m vor Mündung in die Mutsu Bay am Pazifik. Grobsand-Kies der Uferzone. Kein Salzgehalt (1.9.1990).

Kleiner Organismus von 1–1,2 mm Länge. Öltröpfchen im Vorderende; unpigmentiert. Gutes Haftvermögen. Hodenfollikel in zwei Reihen im Vorderkörper.

Das ovoide Kopulationsorgan wird 130–140 µm lang mit starker Verjüngung zum Vorderende. Auf die Vesicula seminalis und Stränge von Kornsekret folgt der Cirrus; er nimmt über die Hälfte der Länge des Kopulationsorgans ein. Im invaginierten Zustand ist das proximale Ende stempelförmig verbreitert. Der Cirrus ist dann in ganzer Länge mit etwa 1000 kleinen Stacheln besetzt. Die Stacheln sind in ~ 50 Querreihen angeordnet; jede Reihe umfaßt etwa 20 Stacheln. Im Prozeß der Evagination verjüngt sich der Cirrus proximal und legt dabei einen kurzen unbestachelten Abschnitt frei, der eine Querstreifung aufweist. Die Stacheln messen um 2 µm; von der breiten Basis laufen sie in eine gebogene Spitze aus. Ich habe keine Unterschiede zwischen Stacheln des Cirrus gesehen.

Der Vaginalporus liegt kurz vor dem männlichen Genitalporus, aber deutlich getrennt von diesem. Das dokumentiert eine Sagittalschnittserie (die im übrigen unergiebig ist). Die Vagina läuft vor dem Kopulationsorgan nach oben und endet in einer Bursa seminalis. Der weibliche Genitalkanal erstreckt sich von der Bursa über das Kopulationsorgan nach hinten; er mündet über eine eigene Öffnung aus.

Herausragendes Eigenmerkmal von *Archilina japonica* ist die riesige Zahl winziger, gleichförmiger Stacheln im Cirrus. Für einen Vergleich bietet sich in erster Linie *A. israelitica* an (CURINI-GALLETTI & MARTENS 1995). Diese Art hat gleichfalls eine hohe Zahl von mehreren 100 Cirrusstacheln; hier gibt es indes nur 25–32 Querreihen mit 15–18 Stacheln pro Reihe. Zudem ändert sich die Länge der Stacheln distalwärts von 3–4 µm über 8–10 µm und wieder 3–5 µm bis zu 1–2 µm ganz an der Spitze.

Tajikina tajikai (Ax & Armonies, 1990)

Archiloa tajikai Ax & Armonies, 1990

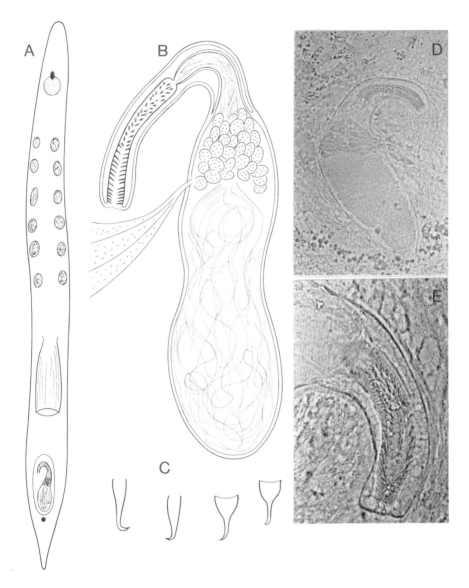

Abb. 86. *Tajikina tajikai*. A. Habitus. B. Männliches Kopulationsorgan (Quetschpräparat). C. Verschiedene Stacheln des Cirrus. D. Männliches Kopulationsorgan. E. Cirrus (Quetschpräparat). A, C, D, E Alaska, Seward: Lowell Point; B Alaska, Kotzebue. (Ax & Armonies 1990)

Die von uns als Schwesterarten angesprochenen Taxa *Archiloa juliae* Tajika, 1982 und *Archiloa tajikai* werden von MARTENS & CURINI-GALLETTI (1994, 1995) in einem neuen Taxon *Tajikina* zusammengeführt. Als provisorische Autapomorphie gilt die Vagina interna (Konvergenz zu *Archiloa*) mit einer klaren Verbindung zum weiblichen Genitalkanal. Ferner wird auf die zahlreichen Kornsekretdrüsen verwiesen, für welche im Kopulationsorgan keine abgegliederte Blase existiert.

Alaska
Seward. (1) Sandstrand Lowell Point. Fein- bis Mittelsand im unteren Hang bei ausströmendem Süßwasser. (2) Ninilchik. Sandstrand an der Mündung des Flusses Ninilchik (Salzgehalt 30–37 ‰).
Kotzebue. Sandstrände in der Nähe der Siedlung (Messungen des Salzgehaltes an verschiedenen Stellen zwischen 10 und 16 ‰).

Körperlänge 1,5 mm. Das Kopulationsorgan liegt weit hinten im verjüngten Caudalende. Das Organ beginnt proximal mit einer langgestreckten Vesicula seminalis. Diese Blase geht in einen zweiten Abschnitt mit peripher angeordnetem Kornsekret und zentraler Ansammlung von Sperma über. Das distale Ende des Kopulationsorgans ist mit einem Cirrus von 20 µm Länge zur Ventralseite gerichtet. Die Cirrusstacheln sind proximal um 3 µm lang und hier zunächst unregelmäßig angeordnet. Die Stacheln erreichen distal 5 µm Länge und stehen dann in regelmäßigen Reihen.

Bei der Schwesterart *T. juliae* von Hokkaido wachsen die Stacheln distalwärts von 2 auf 12 µm an.

Archiloa Beauchamp, 1910

Im Vergleich mit dem vorstehenden (?) paraphyletischen Taxon *Archilina* ist *Archiloa* durch zwei apomorphe Merkmale als ein Monophylum begründbar. 1. Vagina interna in der Vereinigung von Vaginalporus und männlichem Porus in einem gemeinsamen Atrium genitale, aber ohne postpeniale Verbindung mit dem weiblichen Genitalkanal. 2. Neben dem normalen Cirrus ein kleiner accessorischer Cirrus mit Stacheln im Cirrusbeutel (MARTENS & CURINI-GALLETTI 1994).

Nach der Vereinigung von *Archiloa rivularis* und *Archiloa westbladi* (s. u.) stehen nur die beiden Brackwasserarten *A. rivularis* Beauchamp, 1910 und *Archiloa petiti* Ax, 1956 im Taxon *Archiloa*.

Archiloa rivularis Beauchamp, 1910

Archiloa westbladi Ax, 1954

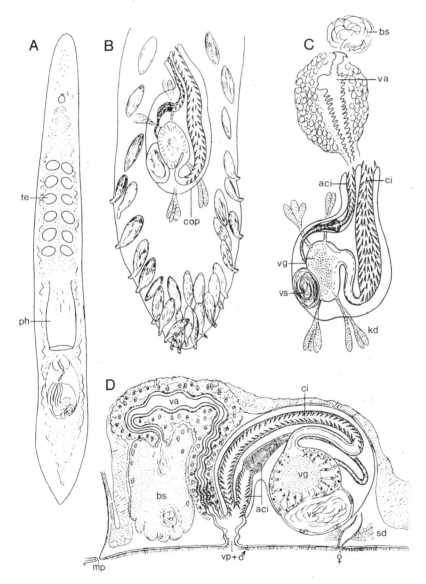

Abb. 87: *Archiloa rivularis* (*A. westbladi*). A. Habitus. B. Hinterende mit Kopulationsorgan und zahlreichen großen Klebdrüsen. C. Vagina und Kopulationsorgan nach Lebendbeobachtungen. D. Kopulationsorgan, Vagina und Bursa seminalis nach Sagittalschnitten. Nord-Ostsee-Kanal. Schleswig-Holstein. (Ax 1954c)

„I do not exclude the possibility that this species is identical with *A. westbladi* Ax, 1954. The „ligament" of *A. rivularis* resembles the „Stacheldivertikel" of *A. westbladi*" (KARLING et al. 1972, p. 255).

A. rivularis wurde aus einem küstennahen, limnischen Biotop bei Saint-Jean-de-Luz südlich von Biarritz beschrieben. Die Darstellung von *A. westbladi* gründet sich auf Individuen aus dem Brackwasser des Nord-Ostsee-Kanals in Schleswig-Holstein. Später habe ich reiche Populationen der Art im Grenzbereich Brackwasser-Süßwasser bei Arcachon gefunden – ganz nahe also dem Siedlungsareal von *A. rivularis* und in einem übereinstimmenden Milieu. Das unterstützt die Überlegungen von KARLING et al. (l. c.) zur Identität der beiden Arten. Mit einer gewissen Reserve nehme ich die Gleichsetzung vor und stelle *A. westbladi* als jüngeres Synonym zu *A. rivularis*. Die Zurückhaltung resultiert aus dem Umstand, daß von Arcachon leider keine Beobachtungen über die Validität möglicher Unterschiede zwischen *A. rivularis* und *A. westbladi* (AX 1954c) vorliegen.

Funde an der französischen Atlantikküste
Saint-Jean-de-Luz (Basses-Pyrènèes). 1. Vorwiegend Süßwasser in der gemeinsamen Mündung von zwei Flüssen östlich der Stadt. Biotop normalerweise durch Sandwall vom Meer getrennt; kann aber bei Sturmflut vom Meerwasser erreicht werden (BEAUCHAMP 1910). 2. Brackwasser bei Socoa (BEAUCHAMP 1913d).
 Siedlungsareal bei Arcachon. Im Süßwasserzufluß Courant de Lège, welcher von Norden in die Bucht von Arcachon mündet. Sand der Uferzone bei ~ 12 ‰ bis in den limnischen Bereich (Sept. 1964).

Französische Nordseeküste. Brackwasser (SCHOCKAERT et al. 1989).

Nord-Ostsee-Kanal. Schirnauer Mühle. Detritusreicher Feinsand der Uferzone. Salzgehalt 5–10 ‰ (AX 1954c). Fahrrinne in 11 m Wassertiefe; sehr häufig auf detritusreichen Böden bis 5 ‰ Salzgehalt (SCHÜTZ 1963).

Die Körperlänge beträgt bei Saint-Jean-de-Luz ~ 4–5 mm; die Tiere haben hier etwa 40 Hodenfollikel (BEAUCHAMP 1910). Individuen aus dem Nord-Ostsee-Kanal werden nur 1,2–1,5 mm lang und tragen 12–14 Hodenfollikel. Der Größenunterschied kann mit der Besiedlung stark differierender Sedimente korreliert sein. Die Population vom Atlantik stammt aus Kies, jene vom Nord-Ostsee-Kanal aus Feinsand. Und die unterschiedliche Zahl der Hoden kann dann ihrerseits mit der Körpergröße zusammenhängen.

Wir skizzieren das Kopulationsorgan nach Ax (1954c). In einem großen muskulösen Cirrusbeutel liegen die Vesicula seminalis, die Vesicula granulorum, der normale Cirrus und ein besonderer Nebencirrus (accessorischer Cirrus, Stacheldivertikel). Der normale Cirrus ist dicht mit Stacheln von 6–8 μm Länge besetzt. Der accessorische Cirrus trägt distal zunächst identische, voneinander isolierte Stacheln, deren Größe nach innen abnimmt; es folgt einwärts eine Stachelbürste aus ganz dicht gestellten feinsten Stacheln oder Lamellen, und im Anschluß daran gibt es noch einmal eine Gruppe kleiner normaler Stacheln. Über einen Muskelstrang ist der Nebencirrus an der Vesicula granulorum angeheftet.

Der geschilderten Struktur des accessorischen Cirrus entspricht in der Darstellung von BEAUCHAMP (l. c.) offensichtlich ein hohles „ligament" im Cirrusbeutel, das eine regelmäßige, transversale-Fältelung (? Stacheln) aufweist. Vielleicht war ein detaillierter Aufschluß seinerzeit nicht möglich.

Vagina und Bursa stimmen in beiden Darstellungen prinzipiell überein. Die Vagina ist aus dem gemeinsamen Atrium mit dem Kopulationsorgan halbkreisförmig nach vorne gerichtet und öffnet sich ventralwärts in eine große, sackförmige Bursa seminalis.

Archiloa petiti Ax, 1956

(Abb. 88, 89)

Bosporus.
Baltaliman. Mündung eines Süßwasserzuflusses. Grobsand-Kies (AX 1959a).

Französische Mittelmeerküste.
In Brackwasserseen. Etang de Salses mit einem Salzgehalt zwischen 12 und 16 ‰. Brandungsufer aus Grobsand. Etang de Canet mit 10–12 ‰ Salzgehalt; auch in einem separierten Brackwasserareal (Canal de Canet) mit nur 6–8 ‰. Grobsand in wasserbedeckter Uferzone und anschließender Feuchtsand mit Cyanobakterien (AX 1956c).

Französische Atlantikküste
Arcachon. Im oberen Brackwasserbereich des Süßwasserzuflusses Courant de Lège. Im Feuchtsand der Uferzone (Sept. 1964).

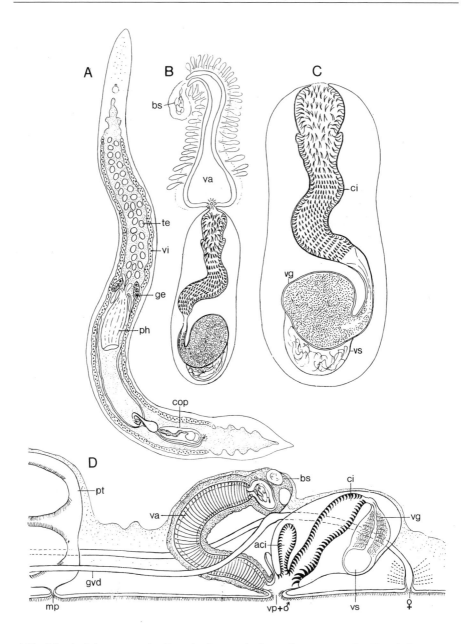

Abb. 88: *Archiloa petiti*. A. Organisation nach Quetschpräparaten. B. Kopulationsorgan, Vagina und Bursa seminalis nach Lebendbeobachtungen. C. Cirrus, Vesicula granulorum und Vesicula seminalis im Cirrusbeutel. Aufsicht. Der vorne oben gelegene Nebencirrus wurde am lebenden Tier zuerst nicht erkannt. D. Genitalregion nach Sagittalschnitten. Nebencirrus jetzt vor dem normalen Cirrus sichtbar. Französische Mittelmeerküste. (Ax, 1956c)

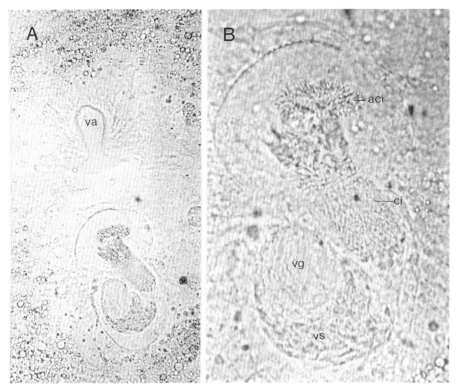

Abb. 89: *Archiloa petiti*. A. Kopulationsorgan und rostral folgende Vagina. B. Kopulationsorgan mit Vesicula granulorum, V. seminalis, nach vorne gerichtetem Cirrus und accessorischen Cirrus an der Spitze. Letzterer ist im fotografierten Quetschpräparat als kleiner Schlauch nach rechts gedrückt. Courant de Lège bei Arcachon. (Original 1964)

Belgische Küste. Eulitoraler Sand im Brackwasser (SCHOCKAERT et al. 1989).

Deutsche Nordseeküste. Sandwatt am Ostufer der Insel Sylt. Wenige Individuen um die mittlere Hochwasserlinie (HELLWIG 1987).

A. petiti siedelt ganz überwiegend in Brackwasserbiotopen. Die jüngsten Funde an der Nordseeküste dokumentieren allerdings, daß auch höhere Salinität toleriert wird (HELLWIG 1987).

Wahrscheinlich aber ist *Archiloa petiti* wie die oben behandelte *Archiloa rivularis* (*A. westbladi*) eine Brackwasserart.

Langgestreckter, schlanker Körper von 3–4 mm Länge. Ohne spezifische Pigmentierung. Normale Anordnung der Gonaden mit 30–40 Hodenfollikeln im Vorderkörper, zwei langen Reihen von Vitellarien an den Seiten und den beiden Germarien dicht vor dem Pharynx.

In der generellen Konstruktion des Kopulationsorgans existieren weitreichende Übereinstimmungen zwischen *A. rivularis* und *A. petiti* mit den Elementen Samenblase, Körnerdrüsenblase, Cirrus und Nebencirrus in einem umfangreichen Cirrusbeutel. Im Cirrus steigt die Länge der Stacheln distal an der Ventralseite auf 9–10 µm an.

Den accessorischen Cirrus habe ich bei den ersten Beobachtungen am lebenden Tier nicht erkannt, sondern erst an Schnittserien festgestellt. Auf Mikrofotografien von Archachon zeichnet er sich als kleine, quer orientierte Wurst vor dem Cirrus ab. Im übrigen existieren klare Unterschiede zwischen den beiden Arten. Bei *A. rivularis* entspringt der Nebencirrus hinter dem Cirrus aus dem Atrium genitale, bei *A. petiti* liegt er vor dem Cirrus. Ferner ist der accessorische Cirrus bei *A. petiti* ein einfacher Schlauch mit einheitlichen kleinen Stacheln. Ein Retraktormuskel zieht von seiner Spitze zur Wand des Cirrusbeutels.

Deutlich verschieden ist schließlich der Verlauf der Vagina. Während sie sich bei *A. rivularis* in einem Halbkreis nach vorne neigt, wendet sich die Vagina bei *A. petiti* genau umgekehrt bogenförmig nach hinten. Die vergleichsweise kleine Bursa seminalis liegt über dem Vorderteil des Kopulationsorgans.

Archilopsis Meixner, 1938

Zwei Merkmale werden als Autapomorphien einer monophyletischen Artengruppe *Archilopsis* angesprochen (MARTENS, CURINI-GALLETTI & PUCCINELLI 1989; MARTENS & CURINI-GALLETTI 1995): (1) Entleerung der Kornsekretdrüsen (Prostatadrüsen) über zwei Prostatadukte in das Kopulationsorgan. (2) Caudale Ausdehnung der Vagina interna zu einem langen Vaginaldukt, welcher hinter dem Penis mit einer Bursa und dem weiblichen Kanal verbunden ist.

Die Vereinigung der Vagina mit dem männlichen Porus ist in dieser Interpretation als Konvergenz zur Vagina interna bei *Tajikina* und *Archiloa* zu bewerten.

Unsicherheiten über den Status von *Archilopsis*-Populationen verschiedener Fundorte haben durch Untersuchungen von MARTENS, CURINI-GALLET-

TI & PUCCINELLI (1989) ein Ende gefunden. *A. unipunctata* und *A. spinosa* wurden eindeutig als separate Arten charakterisiert, dazu zwei Arten neu beschrieben. Natürlich kann es weitere, bisher unbekannte *Archilopsis*-Arten geben. Jedenfalls aber sind Fundortsangaben für *A. unipunctata* und *A. spinosa* vor der Übersicht von MARTENS et al. (1995) durchweg fragwürdig geworden.

Für alle 4 *Archilopsis*-Arten liegen Befunde aus Brackgewässern vor.

Archilopsis unipunctata (Fabricius, 1826)

(Abb. 90–92)

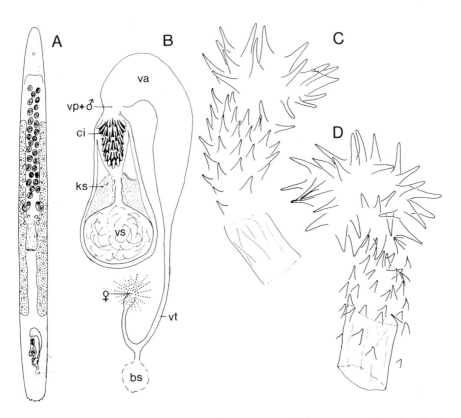

Abb. 90: *Archilopsis unipunctata*. A. Habitus. B. Kopulationsorgan nach Lebendbeobachtungen; Stilett nicht sichtbar. C und D. Cirrus mit Stilett von gequetschten Tieren. Ohne Fundortsangabe. C vermutlich von Kanada, St. Andrews.(Martens et al. 1989)

214 Systematik – Autökologie

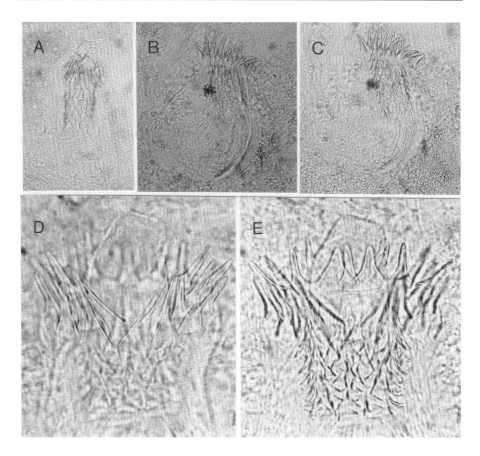

Abb. 91: *Archilopsis unipunctata* von Island. Reykjavik, Ellidaar. Cirrus bei unterschiedlicher Vergrößerung. A. Invertierter Ruhezustand. B und C. Ausstülpung großer distaler Stacheln bei Deckglasdruck; in C ist das Stilett einwärts der kleinen proximalen Stacheln sichtbar. D. Fokussierung auf große schlanke Stacheln im distalen Gürtel. E. Scharfeinstellung auf große Stacheln mit breiter Basis im distalen Gürtel und auf kleine Stacheln im proximalen Teil des Cirrus. (Originale 1993)

Eurytope und euryhaline Art des Nordatlantik, vorwiegend in lenitischen Lebensräumen. In der Ostsee bis in das Brackwasser des Finnischen Meerbusens (KARLING 1974; MARTENS et al. 1989). In der Wesermündung bis zum Polyhalinicum (KRUMWIEDE & WITT 1995).

Einige unpublizierte Funde von Island und von den Färöer beziehen sich wahrscheinlich auf Individuen des Taxons *Archilopsis unipunctata*; sie sind durch Mikrofotografien dokumentiert (Abb. 91, 92).

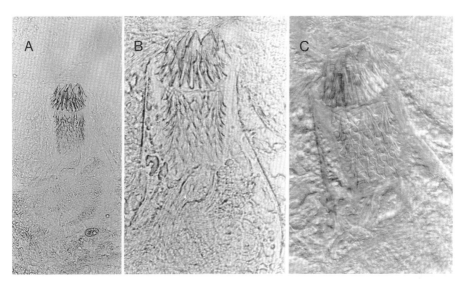

Abb. 92: *Archilopsis unipunctata* von den Färöer. Kaldbaksfjørdur, Streymoy. A. Kopulationsorgan. Distaler Stachelgürtel deutlich vom übrigen Cirrus abgesetzt. B. Cirrus. Stacheln mit breiter Basis im distalen Gürtel sichtbar. C. Cirrus. Scharfeinstellung auf die kleinen dreieckigen Stacheln im proximalen Abschnitt des Cirrus. (Originale 1992)

Island (1993)
Reykjavik. Fluß Ellidaar. Zahlreich im brackigen Mündungsbereich. Schlicksand am Wasserrand. Bei Probeentnahmen an verschiedenen Stellen Salzgehaltswerte zwischen 1 und 10 ‰; bei Ebbe vollständig unter Süßwassereinfluß.

Färöer (1992)
Kaldbaksbotnur am inneren Ende des Kaldbaksfjørdur, Streymoy. Mittel-Grobsand der Uferzone. Hvalvik, Streymoy. Detritusreicher Mittel-Grobsand, 5 ‰ Salzgehalt. Nordskali, Esturoy. Grobsand-Kies. Limnische Bedingungen unter breit austretendem Süßwasserzufluß.

Körperlänge 3–4mm.
Kopulationsorgan nach MARTENS et al. (1989): Cirrus ~ 75 µm lang, mit kontinuierlicher Erweiterung vom proximalen zum distalen Ende. Distal mit einem Gürtel großer Stacheln (18–25 µm lang); proximale Stacheln erheblich kürzer (5–7 µm). Die kleinen proximalen Stacheln sind dreieckig mit einer gerundeten Spitze. Die meisten der großen Stacheln sind breit an der Basis, verengen sich abrupt und enden in langen, schlanken Spitzen; sie sind

terminal abgerundet. Unter diesen distalen Stacheln sind 2 oder 3 größer als die übrigen und haben nicht die abrupte Verengung. In der proximalen Hälfte befindet sich eine zentrale stilettartige Struktur, 40–45 µm lang und 27–30 mm breit. Das Stilett ist nur sichtbar in gut gequetschten Tieren und an Schnittserien.

Aufnahmen von Island und von den Färöer zeigen eine deutliche Abgliederung des distalen Gürtels großer Stacheln vom übrigen Cirrus.

Archilopsis spinosa (Jensen, 1878)

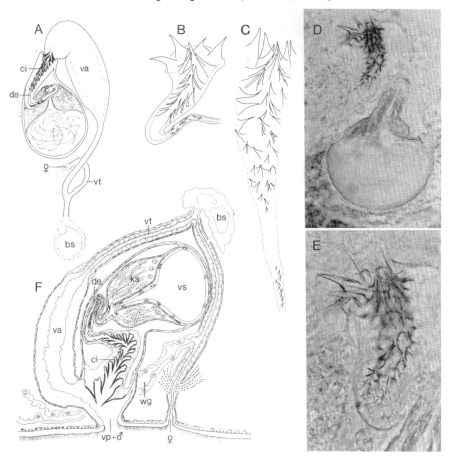

Abb. 93: *Archilopsis spinosa*. A. Kopulationsorgan nach Lebendbeobachtungen. B und C. Cirrus und Ductus ejaculatorius mit einer Reihe winziger Stacheln von gequetschten Tieren. D. Kopulationsorgan und E. Cirrus eines Individuums von Kanada. F. Sagittalrekonstruktion der Genitalorgane nach Schnitten. (A, B, C, F Martens et al. 1989; D, E Ax & Armonies 1987)

Archilopsis inopinata Martens, Curini-Galletti & Puccinelli n. n. in AX & ARMONIES 1987.

JENSEN (1878) hat eine isolierte Reihe kleiner Stacheln im Ductus ejaculatorius beschrieben, aber erst MARTENS et al. (1989) haben diese spezielle Struktur als ein Eigenmerkmal von *A. spinosa* ausgewiesen – und erst seitdem existieren zuverlässige Fundortsangaben; sie liegen ganz überwiegend im marinen Milieu europäischer Küsten (MARTENS et al. l. c.).

KRUMWIEDE & WITT (1995) melden *A. spinosa* aus schwachsalzigem Brackwasser des Weserästuars; Populationen der Art siedeln hier bis in den Grenzbereich zum Süßwasser.

Der einzige außereuropäische Nachweis stammt von der Ostküste Kanadas. An einem Sandstrand der Insel Deer Island (New Brunswick) gefundene Individuen (AX & ARMONIES 1987) wurden von P. MARTENS zunächst als Vertreter einer neuen Art angesprochen (*A. inopinata*), später aber mit *A. spinosa* identifiziert.

Körperlänge wie bei *A. unipunctata* etwa 3–4 mm.

Kopulationsorgan nach MARTENS et al. (1989): Cirrus ~ 90 µm lang, ohne Stilett. Bei gradueller Verbreiterung des Cirrus von proximal nach distal werden die Stacheln zunehmend länger – von 3–4 µm bis zu 17–20 µm. Im langen Ductus ejaculatorius befindet sich eine isolierte Reihe von 9–13 sehr kleiner Stacheln an einer Seite des Lumens.

Unsere Aufnahmen des Cirrus von einem kanadischen Individuum stimmen mit den Figuren von Martens et al. (1989) perfekt überein. Im Ductus ejaculatorius sind Stacheln undeutlich erkennbar; wir haben dieser Struktur bei Lebendbeobachtungen allerdings keine Aufmerksamkeit geschenkt.

Archilopsis arenaria Martens, Curini-Galletti & Puccinelli, 1989

(Abb. 94 A–D)

A. arenaria Martens, Curini-Galletti & Puccinelli n. n. in AX & ARMONIES 1987

Psammobionte Art. Erst mit wenigen Funden in marinen Sandstränden von Europa – entlang der belgischen Küste, bei Roscoff und auf Sylt (MARTENS et al. l. c.).

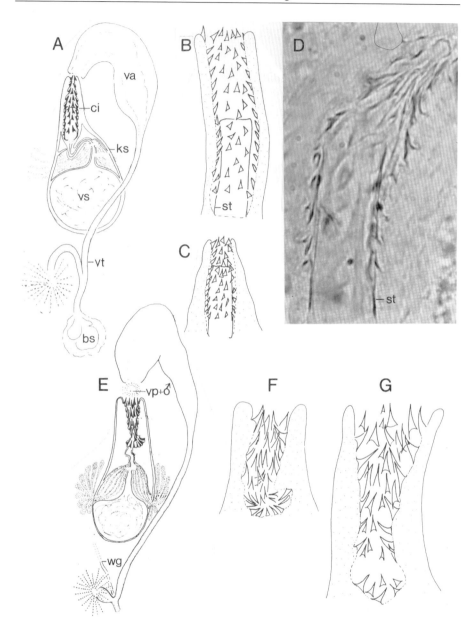

Abb. 94: A–D. *Archilopsis arenaria*. A. Kopulationsorgan nach Lebendbeobachtungen. B und C. Cirrus mit Stilett von gequetschten Tieren. D. Cirrus mit Stilett eines Individuums von Kanada. E–G. *Archilopsis marifuga*. E. Kopulationsorgan nach Lebendbeobachtungen. F und G. Cirrus von verschiedenen gequetschten Tieren. (A–C, E–G Martens et al. 1989; D Ax & Armonies 1987)

Die Art dringt in Brackgewässer vor: Belgien (SCHOCKAERT et al. 1989). Weserästuar. Mittel- und Grobsande im Poly- und Mesohalinicum der Flußmündung (KRUMWIEDE & WITT 1995).

Kanada. Campobello Island. Mittel- bis Grobsand der Gezeitenzone mit Halophyten (AX & ARMONIES 1987).

Körperlänge 2,5–3 mm.

Kopulationsorgan nach MARTENS et al. (1989): Cirrus um 40 µm lang. Die proximalen 2/3 des Cirrus bilden in Abhängigkeit vom Stilett eine gerade Tube; distal verengt sich der Cirrus. Der Cirrus ist mit kleinen, dreieckigen Stacheln besetzt. Die Länge der gleichförmigen Stacheln nimmt distalwärts von 4 auf 7 µm zu. *A. arenaria* hat ein deutlich vortretendes Stilett. Die Länge beträgt 27–37 µm, die Breite 10–13 µm.

An einem Individuum von der kanadischen Ostküste haben wir den Cirrus zu 53 µm Länge vermessen, die des Stiletts zu 30–31 µm.

Archilopsis marifuga Martens, Curini-Galletti & Puccinelli, 1989

(Abb. 94 E–G)

Die wenigen sicher determinierten Funde stammen überwiegend aus lenitischen Lebensräumen von Brackgewässern (Belgien, Frankreich, Niederlande: MARTENS et al. 1989; SCHOCKAERT et al. 1989). Unlängst im Poly- und Mesohalinicum des Weserästuars nachgewiesen (KRUMWIEDE & WITT 1995).

Körperlänge 2–3 mm.

Kopulationsorgan nach Martens et al. (1989): Cirrus von 50–55 µm Länge, ohne ein inneres Stilett. Der proximale Teil des Cirrus ist leicht verbreitert. Nach einer Verengung im proximalen Drittel erweitert sich der Cirrus distalwärts wieder. Der Cirrus hat uniforme Stacheln, die sich kontinuierlich verjüngen und in eine scharfe Spitze auslaufen. Die Länge der Stacheln nimmt distalwärts von 7 auf 12–14 µm zu. Im Quetschpräparat ist zu beobachten, daß die ersten proximalen Stacheln leicht von den übrigen Stacheln abgesetzt sind.

Monocelopsis carolinensis n. sp.

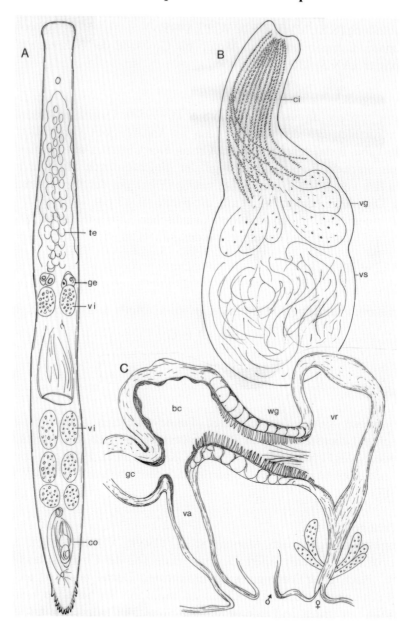

Abb. 95: *Monocelopsis carolinensis*. A. Habitus und Organisation nach Lebendbeobachtungen. B. Kopulationsorgan mit Cirrus, Körnerdrüsenblase und Samenblase. C. Sagittalschnitt durch die Genitalregion im Hinterende. South Carolina, USA. (Originale 1995)

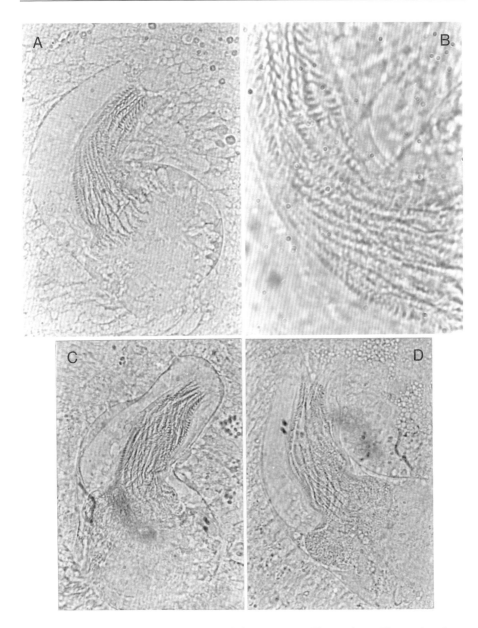

Abb. 96: *Monocelopsis carolinensis*. Kopulationsorgan. A. Eingestülpter Cirrus mit anhängender Blase aus Vesicula granulorum und Vesicula seminalis. B. Teil des Cirrus bei starker Vergrößerung. Längsreihen dicht stehender, kleiner Stacheln. C und D. Cirrus bei starkem Deckglasdruck leicht vorgestülpt. South Carolina, USA. (Originale 1995)

MARTENS & CURINI-GALLETTI (1994, 1995) führen die Arten *Monocelopsis otoplanoides* Ax, 1951 und *Mesoda septentrionalis* Sopott, 1972 im Taxon *Monocelopsis* zusammen. Habitus und Bewegungsweise von Otoplanidae, Zahl und Lokalisation der Vitellarien (1 Paar vor dem Pharynx, 3 Paar zwischen Pharynx und Kopulationsorgan) und Morphologie der Chromosomen werden als Autapomorphien von *Monocelopsis* interpretiert. Anhand identischer Ausprägung der beiden ersten Merkmale kann die neue Art aus South Carolina dem Taxon zugeordnet werden; Zahl und Struktur der Chromosomen sind unbekannt.

Monocelopsis carolinensis ist bisher nur in Sandstränden aus Arealen mit schwachsalzigem Brackwasser und Süßwasser nachgewiesen, nicht an benachbarten marinen Stränden der Küste von South Carolina. Mangels hinreichender Untersuchungen sind über die Existenz von *M. carolinensis* im marinen Milieu keine Aussagen möglich.

Fundorte
Winyah Bay, Georgetown, South Carolina, USA. Im Übergangsbereich zwischen Brackwasser und Süßwasser.
a) Sandstrand des East Bay Park (Morgan Park) in Georgetown (Locus typicus). Regelmäßig 1995, 1996, 1998.
b) Sandstrand der Hobcaw Barony vor dem Hobcaw House. 1998.
Waccamaw River nördlich von Georgetown. Sandufer von Hagleys Landing in Höhe von Pawleys Island. Süßwasser. 1995.
Holotypus: Sagittalschnittserie P 2281 Paratypen: P 2282–P 2288 Zoologisches Museum der Universität Göttingen.

Körperlänge um 1,5 mm; Kopfende leicht verbreitert. Ähnlich wie bei den Otoplanidae schnellt *M. carolinensis* rasch und unruhig durch das Interstitium lotischer Ufersande. Diese Lokomotion wird nur von kurzen Phasen plötzlicher Verankerung zwischen Sandkörnern unterbrochen.

Die Epidermis ist rundum bewimpert, die Zellkerne sind überall eingesenkt. Ein Cilienkleid fehlt nur am Hinterende caudal des weiblichen Genitalporus.

Die Hoden bilden im Vorderkörper einen medianen unpaaren Strang von etwa 40 Follikeln. Vor dem Pharynx folgen die Germarien und ein Paar großer Vitellarienfollikel. Zwischen Pharynx und Kopulationsorgan liegen konstant 3 Paare follikulärer Vitellarien.

Cirrus, Vesicula granulorum und Vesicula seminalis stehen hintereinander. Der Cirrus hat eine Länge von 75–90 µm; er ist im eingestülpten Zustand stets leicht gebogen. Die Innenwand des Cirrus trägt winzige Stacheln in 12–14 Längsreihen. Die 2–3 µm langen Stacheln stehen in den einzelnen Reihen in regelmäßiger, dichter Abfolge. Die Stachelreihen konvergieren zur Spitze des Cirrus. Sie weichen proximal auseinander und drehen sich dabei unter partieller Überkreuzung.

Die Vagina mit Ring- und Längsmuskeln mündet separat vor dem männlichen Genitalporus. Sie empfängt vorne den unpaaren Germovitellodukt und erweitert sich danach zur Bursa copulatrix. Von dieser läuft der weibliche Genitalkanal lateral des männlichen Kopulationsorgans nach hinten, öffnet sich dorsalwärts in eine Vesicula resorbiens und endet ventral im Eilegeporus.

Das Epithel von Bursa copulatrix, Vesicula resorbiens und weiblichem Genitalkanal erscheint syncytial mit starker Vakuolisierung im Bereich des Kanals. Die Bursa und der anschließende Abschnitt des Kanals zeichnen sich durch „kutikulare" Verfestigungen der Innenwand aus. Im Kanal handelt es sich um dichte, zum Lumen gerichtete Fortsätze des Epithels. Zusätzliche Stacheln am Eingang in die Vesicula resorbiens habe ich an zwei Schnittserien gesehen.

Die Anordnung der Hodenfollikel in einem lockeren medianen Strang im Vorderkörper ist bei den Monocelididae verbreitet. In dieser Ausprägung erscheint *M. carolinensis* ursprünglich; bei *M. otoplanoides* und *M. septentrionalis* stehen die Hoden wie die Vitellarienfollikel in zwei Reihen.

Einen Cirrus mit regelmäßigen Längsreihen uniformer kleiner Stacheln teilen *M. carolinensis* und *M. otoplanoides*. Dabei existieren aber markante artspezifische Unterschiede. Mit 20 µm mißt der Cirrus von *M. otoplanoides* nur ¼ der Länge des Cirrus von *M. carolinensis*. Ferner zeigen die Stachelreihen von *M. otoplanoides* proximal keine Überkreuzungen (AX 1951a, p. 306, fig. 14).

Coelogynoporidae

Coelogynopora Steinböck, 1924

Coelogynopora ist ein umfangreiches supraspezifisches Taxon psammobionter Plathelminthen. Die Einordnung in dieses Taxon bereitet offenbar keine Schwierigkeiten, wie es die Beschreibung zahlloser *Coelogynopora*-Arten belegen mag. Ich sehe indes kein Merkmal, das als Autapomorphie interpretierbar ist und also die Monophylie einer Systemeinheit *Coelogynopora* begründen könnte.

Weit verbreitet ist eine Stilettappratur aus einem zentralen Nadelkomplex und zwei caudalen Begleitnadeln. Will man dieses Merkmal für die Verwandtschaftsforschung einsetzen, wäre vorab zu entscheiden, inwieweit die Ausprägung einer weichen Penispapille ohne Stilettapparatur (*Coelogynopora gynocotyla*, *C. visurgis*) als ein primärer oder sekundärer Zustand interpretierbar ist. Probleme erwachsen auch aus der Verteilung des Sonnenorgans. Es liegt nahe, eine einmalige Entstehung des charakteristischen Nadelkranzes hinter dem Kopulationsorgan zu postulieren (SOPOTT 1989). Das Sonnenorgan ist indes bei Arten mit Stilettapparatur (*C. schulzii*, *C. solifer*) und mit weichem Penis (*C. visurgis*) realisiert.

In der folgenden Darstellung sind 12 Arten mit Funden in Brackgewässern zur Sprache zu bringen. Aber nur *C. schulzii* und *C. hangoensis* sind hinreichend in diesem Milieu dokumentiert, um als genuine Brackwasser-Organismen gelten zu können.

Coelogynopora biarmata Steinböck, 1924

(Abb. 97)

Euryhaliner Organismus. Im euhalinen, marinen Milieu an beiden Seiten des Nordatlantik (KARLING 1974; RISER 1981). Im Brackwasser von Schleswig-Holstein (Schlei); über die Frische Nehrung (AX 1951a) bis in den Finnischen Meerbusen (LUTHER 1960) und in das Schwarze Meer (VALKANOV 1954, 1955; MARINOV 1975; KONSOULOVA 1978). Wandert in Flußmündungen ein: Elbe, Weser (RIEMANN 1966; KRUMWIEDE & WITT 1995).

Neuer Fund von den Färöer (1992).
Sorvágur auf der Insel Varga. Sandwatt. Mittel-Grobsand im Bereich kleiner Süßwasserzuflüsse; bei Hochwasser ein mariner Lebensraum.

Biotop
Coelogynopora biarmata siedelt überwiegend im Brandungssandstrand (Otoplanen-Zone). In der Kieler Bucht habe ich hier regelmäßig individuenreiche Populationen in der Gesellschaft der Otoplanidae *Bothriomolus balticus* und *Itaspiella helgolandica* gefunden (AX 1951a).

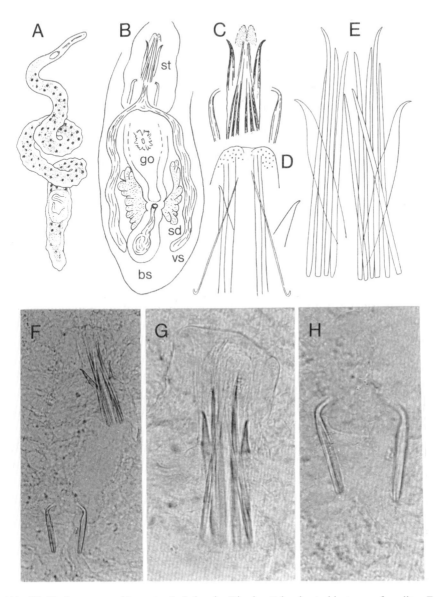

Abb. 97: *Coelogynopora biarmata*. A. Lebendes Tier in stärker kontrahiertem, aufgerollten Zustand. B. Gesamter Genitalapparat nach Quetschpräparat. C. Stilettapparatur mit zentralem Nadelkomplex und caudalen Begleitnadeln (Kristineberg, Schweden). D. Zentraler Nadelkomplex, stärker gequetscht (Hangö, Finnland). E. Zentraler Nadelkomplex (Kiel, Deutschland). F–H. Mikrofotografien der Stilettapparatur von den Färöer. F. Zentraler Nadelkomplex und Begleitnadeln. G. Zentraler Komplex. H. Begleitnadeln. (A–D Karling 1958; E Ax in Luther 1960; F–H Originale 1992)

Aber auch aus anderen psammalen Lebensräumen liegen Beobachtungen vor – so an der Nordsee vom Sandwatt vor dem Brandungsufer (SOPOTT 1972) oder im Finnischen Meerbusen aus Mittelsand in einigen Metern Wassertiefe (STERRER 1965).

Körperlänge 0,8–1 cm. Studien der Stilettapparatur mit zentralem Nadelkomplex und den beiden caudalen Begleitnadeln gibt es von der Nordsee (Helgoland: STEINBÖCK 1924; Kristineberg: KARLING 1958), aus der Ostsee (Finnischer Meerbusen: KARLING & KINNANDER 1953; KARLING in LUTHER 1960, Kieler Bucht: AX in LUTHER 1960) und aus dem Nordatlantik (Färöer: 1992, unpubl.).

Als ein herausragendes, bei keiner anderen *Coelogynopora*-Art realisiertes Merkmal stellen wir die terminale Einkrümmung der Begleitnadeln an den Anfang. Das distale Ende dieser Nadeln ist nahezu rechtwinklig nach innen gebogen; die Spitze erscheint dabei gegabelt.

Nord- und Ostsee. Im zentralen Nadelkomplex sind 3 verschiedene Formen von Nadeln zu unterscheiden. (a) In der Mitte stehen 6–8 schlanke Nadeln parallel nebeneinander; sie erreichen 115 µm Länge. (b) Lateral schließen zwei mächtige kegelartige Gebilde an, welche schräg nach außen gestellt werden. Die Kegelnadeln verjüngen sich distalwärts und enden in leicht seitwärts gebogene Spitzen; Länge 65 µm. (c) Die Kegel werden von zwei feinen, distal konvergierenden Nadeln überkreuzt (Abb. 97 D); in Abb. 97 E sind sie zusammen über den rechten Kegel geschoben.

Färöer. Mikrofotografien (Abb. 97 F) von dem Fundort auf der Insel Varga (s. o.) belegen die Identität mit Individuen aus der Nord- und Ostsee. Die parallel orientierten Nadeln der Gruppe a wurden hier zu 100 µm Länge vermessen. Die lateralen Kegelnadeln (Gruppe b) sind mit 78 µm Länge erheblich kürzer. Und schließlich werden in Abb. 97 G auch die feinen, überkreuzenden Nadeln (Gruppe c) erkennbar; sie laufen distal spitz zusammen. Die terminal eingekrümmten Begleitnadeln erreichen eine Länge von 54 µm.

Coelogynopora schulzii Meixner, 1938

(Abb. 98–100)

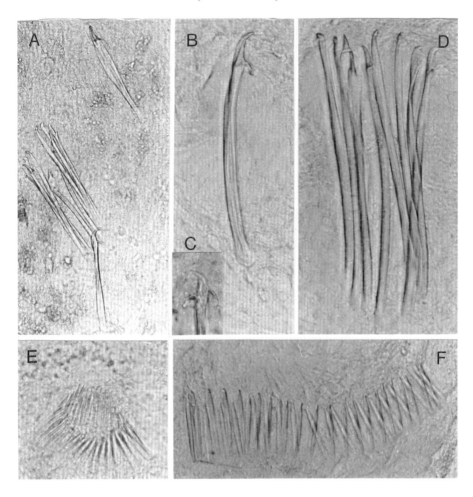

Abb. 98: *Coelogynopora schulzii* von den Färöer. A. Stilettapparatur aus zentralem Nadelkomplex und zwei rechts abgesetzten Begleitnadeln. B. Begleitnadel. C. Vorderende einer Begleitnadel mit helmartiger Struktur unter der Spitze. D. Zentraler Nadelkomplex aus 9 Nadeln. E. Sonnenorgan mit natürlicher Anordnung der Nadeln. F. Sonnenorgan mit bandförmig in die Breite gequetschten Nadeln. A–D, F Fundort Hvalvik; E Fundort Hosvik. (Originale 1992)

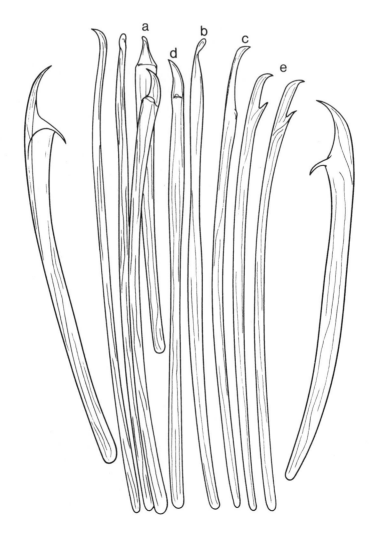

Abb. 99: *Coelogynopora schulzii* von den Färöer. Zeichnerische Darstellung des zentralen Nadelkomplexes nach der Fotografie der Abbildung 98D. An den Seiten stehen die Begleitnadeln. (Original 1992)

C. schulzii wurde von REMANE & SCHULZ (1935) im „Küstengrundwasser" der Kieler Bucht (Schilksee) entdeckt. Die Art gilt heute als eine der klassischen Brackwasser-Plathelminthen schlechthin. Unter Hinweis auf Zusammenfassungen bei LUTHER (1960) und KARLING (1974) verwerte

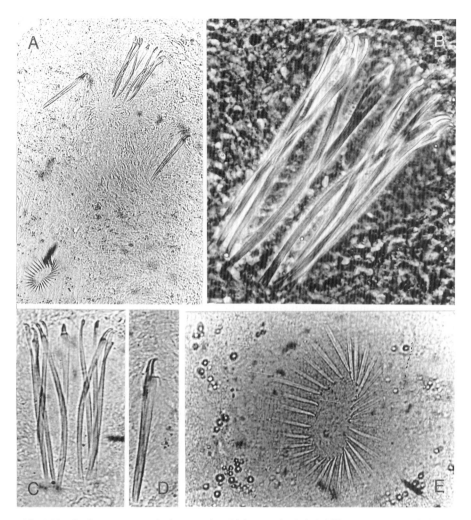

Abb. 100: *Coelogynopora schulzii* aus der Kieler Bucht bei Schilksee. A. Gesamtheit der sklerotisierten Elemente (Sonnenorgan links unten). B. Zentraler Nadelkomplex (Phasenkontrast). C. Zentraler Nadelkomplex. D. Begleitnadel. E. Sonnenorgan. (Originale P. Schmidt 1967. Vgl. Publikation 1972a)

ich für ein Bild des ökologischen Verhaltens eine Auswahl relevanter Arbeiten.

An Sandstränden im Eu- und Polyhalinicum besiedelt *Coelogynopora schulzii* generell nur die brackige Feuchtsandzone landwärts des Brandungsufers und oberhalb des Grundwasserspiegels – in einander entsprechenden Lebensräumen auf beiden Seiten des Nordatlantik (SOPOTT 1972; SCHMIDT 1972a und b; RISER 1981). Auch im Mesohalinicum existiert *C. schulzii* weiterhin in der subterranen Feuchtsandzone, taucht hier aber auch in wasserbedeckten Sandregionen des Ufers auf – etwa in der Schlei (Schleswig-Holstein) oder im Finnischen Meerbusen (AX 1951a, 1954; Ax & AX 1970). Über das Milieu brackiger Flußmündungen (KRUMWIEDE & WITT 1995) verlief die Einwanderung in Sandufer von Weser und Elbe (SOPOTT-EHLERS 1989; DÜREN & AX 1993).

Es gibt aber noch einen ganz anderen Wanderweg – gewissermaßen „aufs Land". Im Grenzraum Sandwatt-Salzwiese siedelt *C. schulzii* oberhalb der mittleren Hochwasserlinie (HELLWIG 1987). Von hier aus dringt sie weiter vor in das Lückensystem von Salzwiesenböden (AX 1960; BILIO 1964a; HARTOG 1964a; ARMONIES 1987; 1988).

In der niederländischen Deltaregion hat HARTOG (1964a, c) Populationen von *C. schulzii* nur im Bereich euhaliner und polyhaliner Salzwiesen gefunden. Ebenso wie *Promonotus schultzei* fehlt die Art im mittleren, mesohalinen Areal mit starken Salzgehaltsschwankungen (S. 195).

Neue Funde
Färöer (1992; bereits gemeldet in AX 1995a)
Saksun, Streymoy. Süßwasserlagune mit Verbindung zum Meer. Sandstrand am Ostende der Lagune
Hosvik, Streymoy. Kleine Bucht im Sund zwischen den Inseln Streymoy und Eysturoy. Strand aus Mittel- bis Grobsand im Bereich eines Süßwasserzuflusses.
Hvalvik, Streymoy. Sandboden in einem Salzwiesenareal der Uferzone. Zusammen mit *Coelogynopora hangoensis* (s. u.). 5 ‰ Salzgehalt.
Island (1993)
Blautos, nördlich von Akranes. Kleiner Sandstrand zwischen Felsen. Im Feuchtsand des Supralitorals, 30 m landwärts des Wasserrandes (vgl. *Jensenia angulata*, S. 652).

Beobachtungen von den Färöer (Abb. 98, 99)
  Länge über 1 cm. Auffallend träge Bewegung. Der Vergleich der sklerotisierten Hartteile mit Aufnahmen vom Locus typicus in der Kieler Bucht (Abb. 100) belegt die Zugehörigkeit zu einer Art.
  Stilettapparatur. Der zentrale Nadelkomplex besteht aus 9 Teilen. (a) Die robuste, unpaare Mediannadel wird 90–96 µm lang. Die übrigen 8 Nadeln erreichen Werte zwischen 120 und 135 µm.

Ein genau analysiertes Individuum vom Fundort Hvalvik zeigte eine Differenzierung in 4 Paare: (b) Zwei distal gerundete Nadeln. (c) Zwei schlank zulaufende Nadeln mit leicht gebogener Spitze. (d) Zwei Nadeln mit Verdickung unter der Spitze. (e) Zwei Nadeln mit einem nach vorne gerichteten Hakenfortsatz. Über Konstanz oder Variation dieses Musters gibt es keine Untersuchungen.

Für die caudalen Begleitnadeln wurden Werte von 90, 110 und 120 µm Länge gemessen. Sie tragen einen nach unten gerichteten Fortsatz. Einmal habe ich hier eine helmartig umlaufende Struktur gesehen (Abb. 98 C), ein kragenartiges Häutchen nach KARLING (1958).

Das Sonnenorgan im weiblichen Genitalapparat besteht bei Individuen von den Färöer aus einem Kranz von ~ 40 Nadeln. Länge zwischen 25 und 37 µm; mit leichter Verdickung unter der Spitze.

? Siedlung am Mittelmeer
Etang de Salses (1962). Feuchtsand des Ufers am Ausfluß des Brackwasser-Sees in das Mittelmeer, zusammen mit *Axiutelga aculeata* (S. 476).

Zwei Exemplare mit 13 Nadeln im zentralen Nadelkomplex – einer unpaaren Mediannadel und jederseits 6 weiteren Nadeln. Zeichnerische oder fotografische Dokumentation liegt nicht vor. Die Frage, ob es sich um *C. schulzii* oder eine separate Art handelt, bleibt offen.

Coelogynopora hangoensis Karling, 1953

in KARLING & KINNANDER 1953

(Abb. 101)

Trotz einer vergleichsweise geringeren Zahl von Fundorten kann *C. hangoensis* wie *C. schulzii* aufgrund sehr spezifischer Einfügung in den Grenzraum zwischen Meer und Süßwasser als eine genuine Brackwasserart mit Tendenz zur Siedlung in küstennahen Süßwasserarealen eingeschätzt werden (AX 1993b).

Der Locus typicus der Art liegt im klassischen mesohalinen Brackwasser des Finnischen Meerbusens (KARLING). Am Fundort Hvalvik, Streymoy auf den Färöer wurden 5 ‰ Salzgehalt gemessen. Und auf Grönland lebt *C. hangoensis* in der sandigen Mündung einer Süßwasserlagune vor der arktischen Station bei Godhavn, Disko (AX). Allein für den Fund bei Tromsø, Norwegen (SCHMIDT 1972b) fehlen nähere Angaben.

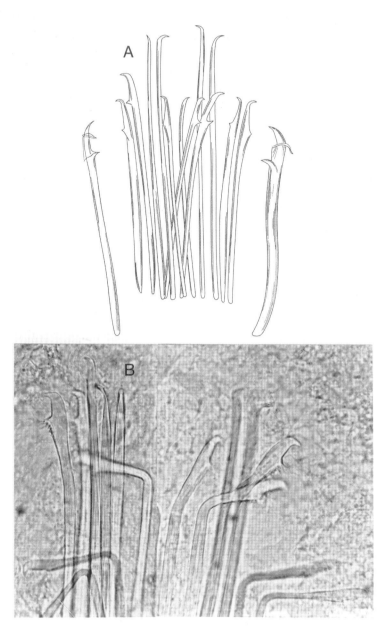

Abb. 101: *Coelogynopora hangoensis*. Stilettapparatur. A. Individuum von den Färöer. Zentralkomplex mit 4 langen Nadeln ohne Sporn und 8 kürzeren Nadeln mit Hakenfortsatz. Begleitnadeln mit kragenförmigen Aufsatz. B. Exemplar von Island, Hlidarvatn. Zentralkomplex aus 15 Nadeln, teilweise abgeknickt. Nur vorderer Teil abgebildet. Bei der Nadel ganz links oben Aufspaltung des Spornes in feine Stacheln. (A Ax 1993b; B Original 1993)

Neue Funde auf Island (1993)
Süßwasser-Lagune Hlidarvatn an der Südseite von Island am Beginn der Halbinsel Reikjanes. Vergesellschaftet mit *Haplovejdoskya subterranea, Coronhelmis lutheri* u. a. (Fundortsbeschreibung S. 591).
Hvalfjördur. Bucht Midsandur an der Nordseite des Fjordes. Grobsand-Kies im Supralitoral.

Stilettapparatur
Der zentrale Nadelkomplex setzt sich normalerweise aus 12 Nadeln zusammen, jedoch ist diese Zahl nicht konstant. Abweichungen bei Tieren aus Finnland sind 11 oder 13 Nadeln (KARLING 1958). Zwei auf Grönland studierte Individuen besitzen 13 Nadeln (AX 1993b), und in Populationen von Island habe ich Exemplare mit 11, 13, 14 und 15 Nadeln gefunden.

In der Regel stehen 4 Nadeln ohne Sporn in der Mitte; sie bilden zugleich die längsten Elemente des Komplex (Finnland 115–140 µm; Färöer 105–110 µm; Island 100–125 µm). Bei den übrigen Nadeln ist ein spornartiger Fortsatz entwickelt; sie sind zumeist deutlich kürzer.

Die caudalen Begleitnadeln haben ebenfalls einen Hakenfortsatz (Sporn) unter der scharf gebogenen Spitze. Längenwerte: Finnland 80–90 µm; Färöer 75µm; Grönland 80–90 µm; Island 95 µm.

Es existieren teilweise minutiöse Übereinstimmungen zwischen Tieren weit entfernter Fundstellen. Bei Individuen von Finnland und den Färöer tragen die Begleitnadeln gleichermaßen einen kragenartigen Aufsatz oberhalb des Sporns. Und die von KARLING (1958) aus Finnland beschriebene Aufspaltung der Sporne bei Hakennadeln des zentralen Komplexes habe ich im Material von Island wiedergefunden.(Abb. 101 B).

Coelogynopora sewardensis Ax & Armonies, 1990

(Abb. 102)

Seward, Alaska
In den Sandstränden Fourth of July Beach und Lowell Point zusammen mit *Archotoplana macrostylis* (S. 257). Austritt von Schmelzwasser benachbarter Gletscher in den Lebensraum.

Länge 7–8mm.
Stilettapparatur aus zentralem Komplex von 10 Nadeln mit Hakenfortsatz und 2 caudalen Begleitnadeln ohne Sporn.

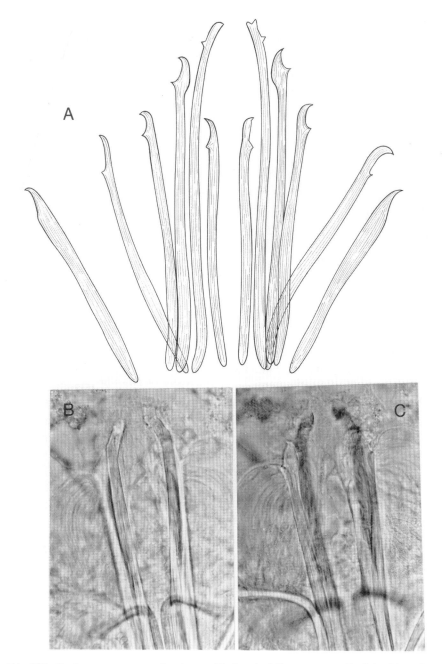

Abb. 102: *Coelogynopora sewardensis* von Alaska. A. Stilettapparatur. B. Scharfeinstellung der beiden längsten Nadeln. C. Fokussierung auf die nach außen folgenden Nadeln des zentralen Komplexes. (A Ax & Armonies 1990; B, C Originale 1988)

Im zentralen Komplex bilden die beiden medianen Nadeln die kürzesten Elemente (92–100 µm Länge). Sie sind deutlich getrennt von jederseits 4 symmetrisch angeordneten Nadeln, welche proximal eng zusammen liegen und hier möglicherweise partiell verschmolzen sind. Ihre Länge nimmt von innen nach außen ab, von 168–155 µm auf 110–100 µm.

Coelogynopora coronata n. sp.

(Abb. 103)

Färöer (1992)
Hosvik auf der Insel Streymoy. Brandungsstrand aus Grobsand-Kies in der Nachbarschaft eines Süßwasserzuflusses (Locus typicus). Zusammen mit *Itaspiella helgolandica* (Otoplanidae).
Körperlänge 8–10 mm. Sehr schnelle Bewegung.

Stilettapparatur
Nach Beobachtungen an lebenden Tieren und den vorliegenden Mikrofotografien existiert nur ein Kranz von 17 (oder 19) unterschiedlich differenzierter Nadeln – also keine Gliederung in zentralen Nadelkomplex und Begleitnadeln.
Nadelkranz: (a) Unpaare kurze Nadel (nur 30 µm lang), von welcher zwei Halbkränze mit symmetrischer Anordnung verschiedener Nadeln ausgehen. (b) Zuerst schließt beiderseits eine dicke Hakennadel von 45 µm Länge an. (c) Es folgen mehrere schlanke, leicht geschwungene Nadeln. Bei Lebendbeobachtungen wurden jeweils 5 Nadeln gezählt; bei Auswertung der Fotografien finde ich 6 geschwungene Nadeln. (d) 4 gespornte Nadeln schließen den Kranz.

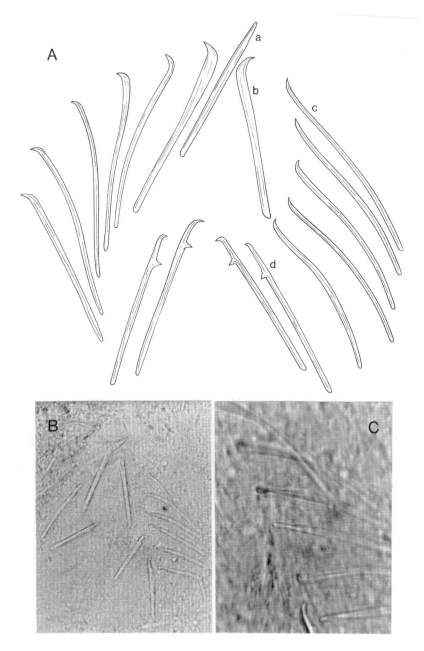

Abb. 103: *Coelogynopora coronata* von den Färöer. A. Stilettapparatur aus einem Nadelkranz. Erläuterung der unterschiedlich differenzierten Nadeln a–d im Text. B. Mikrofotografie mit 6 geschwungenen Nadeln der Gruppe c auf der rechten Seite; links nicht erfaßt. C. Geschwungene Nadeln stärker vergrößert. (Originale 1992)

Coelogynopora axi Sopott, 1972

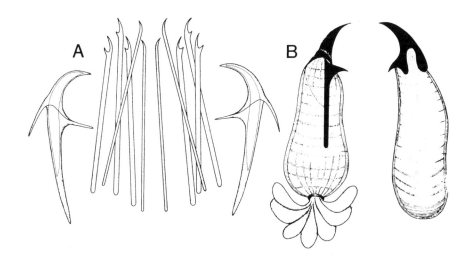

Abb. 104: *Coelogynopora axi* vom Sandwatt der Insel Sylt. A. Stilettapparatur nach Lebendbeobachtungen. B. Caudale Begleitnadeln mit muskulösem Sekretbulbus; links Rekonstruktion nach Schnittserien, rechts Sagittalschnitt. (SOPOTT 1972)

Nach der Beschreibung aus dem marinen Sandwatt der Insel Sylt (SOPOTT 1972) liegen zwei Meldungen aus Brackgewässern vor – einmal aus dem Polyhalinicum des Weser-Ästuars (KRUMWIEDE & WITT 1995), zum anderen aus belgischen Brackwasserhabitaten bei Zwin und Dievengat (SCHOCKAERT et al. 1989). Die Art ist also in unsere Übersicht aufzunehmen, auch wenn nähere Angaben zu den beiden Brackwasser-Fundorten fehlen. C. axi ist ferner aus einem Salzwiesengraben von List/Sylt gemeldet (HELLWIG-ARMONIES & ARMONIES 1987).

Stilettapparatur
Der zentrale Nadelkomplex umfaßt 10 Nadeln. 4 Stäbe mit leicht gebogener Spitze sind ohne Sporn; ein Paar wird 67–69 µm lang, das andere um 50 µm. Jeweils 3 Hakennadeln mit Sporn schließen zu den Seiten an; sie erreichen 58–68 µm Länge.

Von besonderem Interesse sind die caudalen Begleitnadeln (Länge 40 µm). Von den beiden Fortsätzen unter der Spitze ist nur der median gerichtete Sporn ein massiver Hakenfortsatz. Der laterale Sporn gehört zu einem kapuzenartigen Mantel, welcher einem muskulösen Bulbus mit Sekretgrana aufliegt; Drüsen münden von hinten ein.

Eine Verbindung der caudalen Begleitnadeln mit Drüsensäcken wurde auch für *Coelogynopora solifer* beschrieben (SOPOTT 1972).

Coelogynopora faeroernensis n. sp.

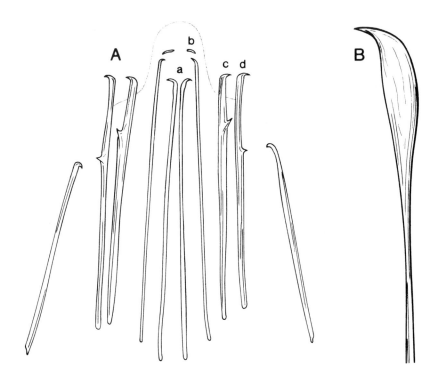

Abb. 105: *Coelogynopora faeroernensis* von den Färöer. A. Stilettapparatur. B. Blattförmiges Distalende in der Nadelgruppe b. (Originale vom Fundort Tjørnuvik, Streymoy 1992)

Färöer (1992)
Tjørnuvik im Norden der Insel Streymoy (Locus typicus). 1. Brandungssandstrand einer zur See offenen Bucht. Mit 2 Süßwasserzuflüssen in den Strand. Bei Probenentnahme während Niedrigwasser 10 ‰ Salzgehalt. Zusammen mit *Notocaryoplana arctica* (Otoplanidae). 2. Zahlreich im Feinsand eines Zuflusses bei starkem Süßwasserausstrom.

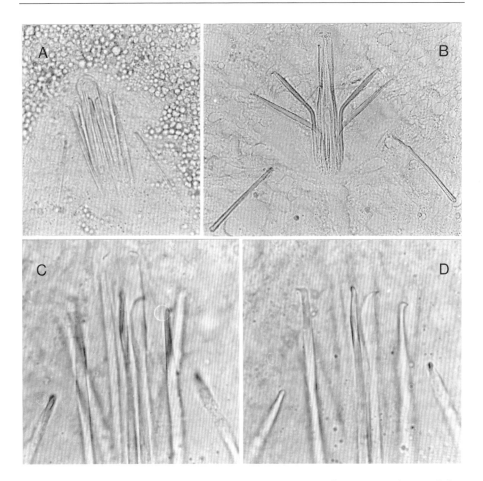

Abb. 106: *Coelogynopora faeroernensis* von den Färöer. A. Stilettapparatur in natürlicher Lage. B. Stilettapparatur nach starker Quetschung. Nadelpaare c und d abgeknickt, Begleitnadeln stärker zu den Seiten gedrückt. C. Spitzen der 8 zentralen Nadeln und der beiden Begleitnadeln bei Ölimmersion. Plättchen über den Nadeln b sichtbar. D. Dasselbe Präparat unter Scharfeinstellung auf das Nadelpaar a (links in Aufsicht; rechts in Seitenansicht). (Originale vom Sandstrand in Tjørnuvik, Streymoy 1992)

Leynar im Westen von Streymoy. Im Feinsand einer Süßwasser-Lagune landwärts von Sanddünen.

Extrem schlanke Tiere von nur wenigen mm Länge. Bei 2–3 mm messenden Individuen ist die Stilettapparatur bereits ausgebildet.

Stilettapparatur

Zusammensetzung aus zentralem Komplex von 8 Nadeln sowie zwei einfachen Begleitnadeln. Abmessungen: 1. Individuum mit Werten zwischen 50 und 60 µm im zentralen Komplex und 45 µm für die Begleitnadeln (möglicherweise nicht voll ausgewachsen). 2. Individuum mit 72 µm für die längsten Nadeln; 57 µm für die Begleitnadeln.

Der zentrale Komplex hat median 2 Paare unterschiedlicher Nadeln. (a) In der Mitte stehen 2 schlanke Stäbe mit auswärts gebogener Spitze; in Seitenansicht wird eine blattförmige Verbreiterung des Distalendes deutlich. (b) Lateral folgen 2 gleichfalls schlanke Nadeln, nunmehr aber mit einwärts gerichteter Spitze. Über diesen Nadeln liegen zwei feste Plättchen in der Penispapille; sie bewegen sich zusammen mit den zugeordneten Nadeln. (c) Ein Paar kräftiger Nadeln mit Sporn in normaler Höhe. (d) Den Abschluß bilden zwei wiederum kräftige Nadeln mit tiefer ansetzendem Sporn. Es bleibt offen, ob das ein konstantes Merkmal ist.

Coelogynopora falcaria Ax & Sopott-Ehlers, 1979

(Abb. 107)

Coelogynopora falcaria: AX & ARMONIES 1990

Alaska
Kenai Halbinsel. (1) Sandstrand Lowell Point. Im Sandhang bei wechselnden, niedrigen Salinitäten (0–14 ‰). (2) Ninilchik. Mündungsbereich des Flußes in den Sandstrand. In verschiedenen Proben von Süßwasserbedingungen ansteigend bis zu 37 ‰ Salzgehalt.

Stilettapparatur
Nach der Originalbeschreibung von San Juan-Island (Washington) hat *C. falcaria* einen zentralen Nadelkomplex aus 34 Elementen in halbbogenförmiger Aufstellung; es gibt keine Begleitnadeln. (a). In der Mitte des Komplexes stehen 2 Paar gebogener Nadeln mit sichelförmiger Spitze (Länge 88 µm). Bei Individuen von Alaska sind nur die beiden inneren Nadeln bauchig erweitert; die äußeren Nadeln erscheinen als schlanke Gebilde (60–67 µm). (b) 3 Paar stabförmiger Nadeln schließen an; in Abb. 107 B von Alaska nicht gezeichnet, in den zugeordneten Mikrofotografien aber erkennbar. (c) Außen folgen jederseits 8 s-förmig geschwungene Nadeln (61–70 µm); in Abb. 107 B

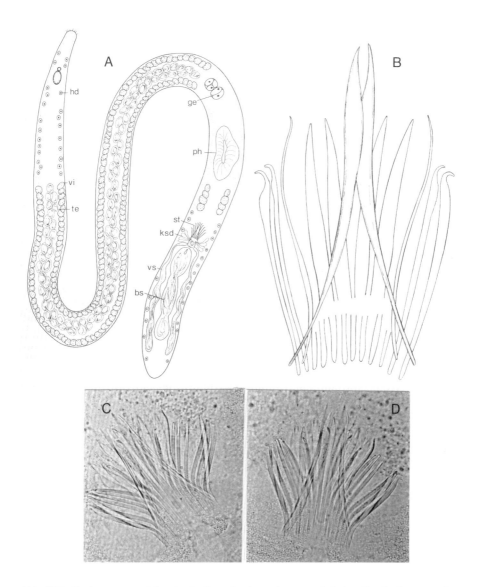

Abb. 107: *Coelogynopora falcaria*. A. Organisationsschema nach Lebendbeobachtungen. San Juan-Island, Washington. B. Stilettapparatur. C, D. Mikrofotografien der Stilettapparatur. B–D Ninilchik, Alaska. (A Ax & Sopott-Ehlers 1979; B–D Originale 1988)

wurden jeweils nur 2 Nadeln vollständig gezeichnet. (d) Im Hintergrund befinden sich schließlich 8 breite, gerade Nadeln (44–48 µm), von denen 4 wiedergegeben sind.

Coelogynopora scalpri Ax & Sopott-Ehlers, 1979

(Abb. 108)

Coelogynopora scalpri: AX & ARMONIES 1990

Alaska
Homer Spit, Kenai Halbinsel. Im Hang eines Sandstrandes; Salzgehalt am Fundort nicht gemessen. Die Art wird deshalb nur mit Vorbehalt in die Abhandlung über Plathelminthes aus Brackgewässern aufgenommen.

Im Vergleich der Zeichnungen von Hartstrukturen in der Originalbeschreibung aus dem San Juan Archipel, Washington, mit solchen von Alaska kann man Zweifel an der Artidentität der studierten Individuen haben. Entsprechende Bedenken werden jedoch bei der Gegenüberstellung von Mikrofotografien der Stilettapparatur (AX & SOPOTT-EHLERS 1979, fig. 8; AX & ARMONIES 1990 fig. 13; diese Arbeit, Abb. 108 B–D) zerstreut.

Ich stelle ergänzende Daten von Alaska mit einer unveröffentlichten Zeichnung vor. Der zentrale Nadelkomplex besteht aus 3 Paar stark unterschiedlicher Nadeln. (a) Die beiden großen inneren Stäbe (130 µm) sind proximal deutlich angeschwollen, distal minutiös nach innen gebogen. Zwei Paar winziger knopfartiger Strukturen, die distal in Abständen zwischen den Stäben liegen, könnten die Spitzen zarter Nadeln sein, die den Stäben eng anliegen oder mit diesen verschmolzen sind. (b) Es folgen auswärts kurze dicke Nadeln (85 µm) mit einer ringförmigen Verbreiterung etwas unter der Spitze. (c) An den Seiten stehen wieder zwei schlanke Nadeln (115 µm) mit einem prominenten Hakenfortsatz in der Mitte. Das distale Ende ist stumpf und leicht einwärts gebogen.

Proximal stehen die 3 beschriebenen Elemente auf jeder Seite eng zusammen und sind kaum auseinander zu halten; vielleicht ist das ein Resultat partieller Verschmelzung.

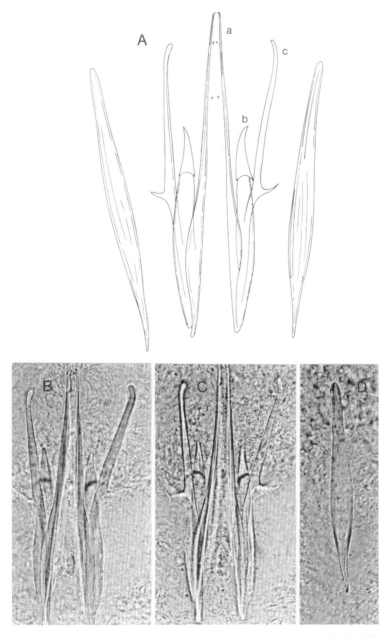

Abb. 108: *Coelogynopora scalpri* von Alaska. A. Stilettapparatur. Zentraler Nadelkomplex aus 6 Nadeln, von denen jeweils 3 proximal zusammenlaufen. Caudale Begleitnadeln, proximal mit scharfer Spitze. B–D. Mikrofotografien der Stilettapparatur eines Individuums. B, C. Zentralkomplex bei verschiedener Fokussierung. D. Begleitnadel. (Originale Ax 1988)

Coelogynopora sequana Sopott-Ehlers, 1992

Coelogynopora bresslaui Steinböck, 1924: KARLING 1958, 1974

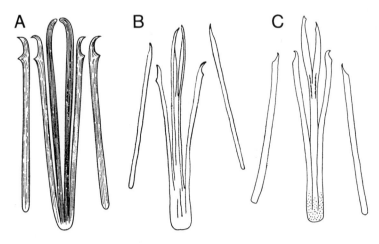

Abb. 109: *Coelogynopora sequana*. Stilettapparatur verschiedener Individuen. A. Seine-Mündung, Frankreich. B. Falsterbo, Schweden. C. Hangö, Finnland. (A Sopott-Ehlers 1992a; B Karling 1958; C Karling 1974)

Französische Kanalküste. Mont St. Michel. Mündung der Seine bei Honfleur (SOPOTT-EHLERS 1992a).

Deutsche Nordseeküste. Polyhalines und mesohalines Brackwasser der Wesermündung (KRUMWIEDE & WITT 1995).
Ostsee. Falsterbo (Schweden), Hangö (Finnland) (KARLING 1958, 1974)

C. sequana gehört in eine Gruppe von *Coelogynopora*-Arten, bei denen die zentralen Nadeln der Stilettapparatur basal miteinander verwachsen sind.
 Von Individuen der oben genannten Fundorte liegen Abbildungen vor, welche sie zweifelsfrei als Angehörige einer Art ausweisen; diese war neu zu beschreiben (SOPOTT-EHLERS 1992a).

Körperlänge 6 mm.

4 verwachsene Nadeln bilden den zentralen Nadelkomplex. Die 2 mittleren haben eine schwach gebogene Spitze ohne Sporn (Länge: 83 µm bei Individuen aus Schweden, 85–90 µm bei Tieren aus der Seine). Dagegen tragen die lateralen Nadeln einen Sporn oder Hakenfortsatz (Länge 72 µm Schweden, 75–78 µm Seine). Die caudalen Begleitnadeln sind bei Tieren aus Schweden (Länge 65 µm) ohne Sporn, bei Exemplaren von der Seine (Länge 60–65 µm) mit Hakenfortsatz.

Coelogynopora gynocotyla Steinböck, 1924

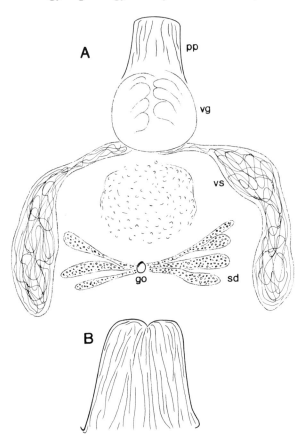

Abb. 110: *Coelogynopora gynocotyla* von den Färöer. A. Kopulationsorgan mit weichem Penis, Körnerdrüsenblase und paarigen Samenblasen. B. Penispapille mit leichter Eindellung am Vorderrand. (Originale vom Brandungssandstrand Tjørnuvik, Streymoy 1992)

C. gynocotyla wurde von Helgoland beschrieben (STEINBÖCK 1924), siedelt im Sandwatt von Sylt (SOPOTT 1972) und wechselt in der Kieler Bucht in das Sublitoral (AX 1951a, p. 354). Weitere Funde aus dem marinen Milieu liegen von belgischen Sandstränden vor (SCHOCKAERT et al. 1989).

Die Bearbeitung durch SOPOTT (l. c.) liefert die Basis für die Wiedererkennung der Art. Eine Identifikation bleibt aber insoweit problematisch als *C. gynocotyla* einen weichen Penis ohne Stilettapparatur besitzt. Nur mit Reserve kann ich deshalb auf den Färöer studierte Individuen ohne sklerotisierte Strukturen als Angehörige der Art ansprechen.

Färöer
Brandungssandstrand von Tjörnuvik, Streymoy. Lebensraum unter Süßwassereinfluß. Bei Probenentnahme während der Ebbe wurden 10 ‰ Salinität gemessen. Individuenreiche Population zusammen mit *Coelogynopora faeroernensis* und *Notocaryoplana arctica* (Otoplanidae).

Kopulationsorgan
Die weiche Penispapille ist im Quetschpräparat nach vorne gerichtet. Durch eine geringe Eindellung in der Mitte des Vorderrandes erscheint sie schwach zweigeteilt. Bei streifigen Verdichtungen könnte es sich um Längsmuskeln (SOPOTT l. c.) handeln. Dieser vordere Abschnitt wird ~30 µm lang. Zusammen mit gleitend anschließendem Kornsekretbehälter werden um 60 µm erreicht, welche SOPOTT für die Länge der Penispapille bei Tieren von Sylt angibt.

Coelogynopora visurgis Sopott-Ehlers, 1989
(Abb. 111)

C. visurgis ist bislang nur aus der Weser, Niedersachsen bekannt. Die Art wurde von einem Sandstrand bei Bollen, südlich Bremen beschrieben. Infolge artifizieller Versalzung durch Kaliabwässer hatte das Weserwasser hier zur Zeit der Probenentnahme im Mai 1978 einen Salzgehalt von 2,8 ‰ (SOPOTT-EHLERS 1989). Ein weiterer Nachweis stammt von einem Strand bei Baden, Kreis Verden (leg. P. SCHMIDT & W. WESTHEIDE; Abbildung des Fundortes in AX & AX 1970). Schließlich dokumentiert eine Angabe für oligohalines Brackwasser aus der Wesermündung (KRUMWIEDE & WITT 1995) die Immigration der Art aus primär salzhaltigem Milieu in die Weser.

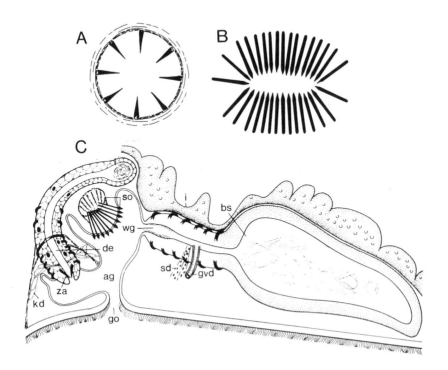

Abb. 111: *Coelogynopora visurgis*. A. Querschnitt durch den vorderen Teil der Penispapille mit lumenwärts gerichteten Zähnchen. B. Nadeln des Sonnenorgans. C. Wiedergabe der Genitalregion nach Sagittalschnitten. Weser. (Sopott-Ehlers 1989)

Kleine Art mit Individuen von 2–2,5 mm Körperlänge.

Das Kopulationsorgan besteht aus einer muskulösen Penispapille ohne die verbreitete Stilettapparatur aus zentralem Nadelkomplex und Begleitnadeln. In diesem Punkt besteht Übereinstimmung mit *Coelogynopora gynocotyla*. Allerdings sind bei *C. visurgis* 6–8 Zähnchen von 5–7 µm Länge vorhanden; sie erstrecken sich von der Innenwand des Penis in sein Lumen.

C. visurgis hat wie *C. schulzii* (S. 227) und *C. solifer* (SOPOTT 1972) ein Sonnenorgan, das dem weiblichen Genitalsystem zugeordnet wird. Das Sonnenorgan steht hinter der Penispapille in der Dorsalwand des Genitalatriums; 25–30 Nadeln von 10 µm Länge ragen mit ihren Spitzen in das Atrium.

Coelogynopora tenuiformis Karling, 1966

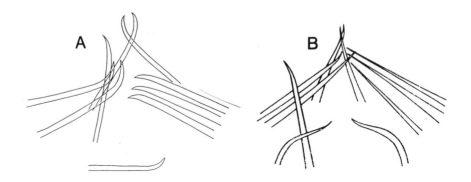

Abb. 112: *Coelogynopora tenuiformis*. Stilettapparatur. A. Individuum von der amerikanischen Pazifikküste. Kalifornien. Oben 8 Nadeln der zentralen Gruppe. Darunter eine Begleitnadel quergestellt. B. Individuum aus dem Schwarzen Meer. Bulgarien. Oben zentrale Gruppe aus 8 Nadeln. Unten Begleitnadeln. (A Karling 1966a; B Konsoulova 1978)

Für die Art existieren nur zwei Meldungen von weit voneinander entfernten Fundorten. Das Material der Originalbeschreibung stammt von Kalifornien (Pacific Grove. KARLING 1966a). Aus dem Schwarzen Meer wird *C. tenuiformis* für die bulgarische Küste angegeben (KONSOULOVA 1978). Die Daten sind unzureichend.

C. tenuiformis hat eine Stilettapparatur aus sehr einfachen Nadeln. Nach KARLING (1966a, fig. 7) gibt es eine vordere (zentrale) Gruppe aus 8 Nadeln und zwei hintere Begleitnadeln. Die Spitzen aller Nadeln sind leicht gebogen; mit Werten von 34–41 µm handelt es sich um kleine Hartteile. Auch KONSOULOVA (1978) bildet von Individuen aus dem Schwarzen Meer 10 einfache Nadeln ab.

Für eine zweifelsfreie Zuordnung der beiden bisher studierten Populationen zu einer Art erscheinen eingehendere Untersuchungen erforderlich.

Invenusta paracnida (Karling, 1966)

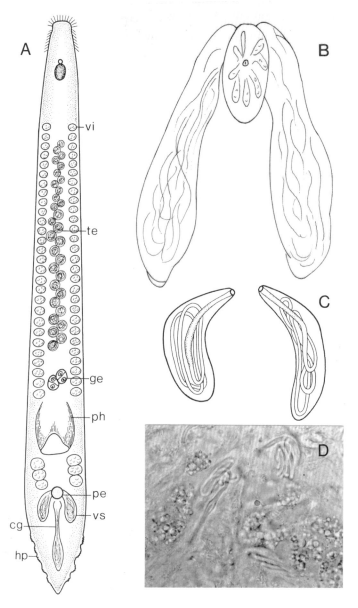

Abb. 113: *Invenusta paracnida*. A. Organisation. B. Kopulationsorgan mit weichem Penis und 2 Samenblasen. C. Paracniden. D. Mikrofotografie von Paracniden. Alle Figuren nach Lebendbeobachtungen. A, C San Juan Island, Washington. (Sopott-Ehlers 1976); B, D Seward, Kenai Peninsula, Alaska. (Originale 1988)

I. paracnida war vom Pazifik zunächst nur aus dem marinen Milieu bekannt (KARLING 1966a; SOPOTT-EHLERS 1976; TAJIKA 1981).

Wir haben die Art in Alaska auf der Kenai Halbinsel an verschiedenen Sandstränden unter Süßwassereinfluß (Seward, Ninilchik, Anchor Point) bis zu Salinitäten von 5–6 ‰ bei Niedrigwasser gefunden (AX & ARMONIES 1990).

Körperlänge 3–4 mm. Gegenüber dem merkmalsarmen unbewaffneten Kopulationsorgan zeichnen sich *Invenusta paracnida* und *I. aestus* Sopott-Ehlers, 1976 durch sehr charakteristische Hautdrüsen aus, welche KARLING (1966b) als Paracniden bezeichnet hat. Einzellige Drüsen unter der Epidermis produzieren ovoide Kapseln mit aufgerolltem Faden und einem verdickten Endstück im Inneren, welche verblüffend an Nesselkapseln (Cniden, Nematocysten) der Cnidaria erinnern.

Otoplanidae

Primärer Lebensraum und Wimpernkriechsohle

Das Gros der Otoplanidae besiedelt Brandungsufer am Sandstrand von Meeresküsten – und das Gros der Arten hat eine Konzentration der Körperciliatur auf eine „Kriechsohle" aus Wimpern an der Ventralseite. Ein Zusammenhang zwischen diesen Phänomenen liegt nahe.

Hohe Bewegungsintensität mit Hilfe der Wimpernkriechsohle und extremes Anheftungsvermögen über eine reiche Ausstattung mit Haftpapillen sind herausragende Eigenschaften für ein Leben inmitten ständig hochgeschleuderter und wieder niederprasselnder Sandmassen. Sie dokumentieren sich in hastigem Voranschnellen, einer plötzlichen Verankerung in völliger Ruhe und erneutem Antrieb, vielfach unter ruckartiger Änderung der Bewegungsrichtung. Diese Eigenschaften sind nicht nur bei Ausprägung der ventralen Kriechsohle vorhanden, sondern auch bei vollständig bewimperten Arten, die derzeit in einem nicht-monophyletischen Taxon „*Archotoplana*" zusammengestellt werden. Ich habe den otoplanidenhaften Bewegungslauf bei *Archotoplana holotricha* studiert (AX 1956a), und für *Archotoplana yamadai* wird gleichermaßen ein „Stillstehen" vermeldet (TAJIKA 1983). Es gibt hier aber Unterschiede. *Archotoplana macrostylis* hat einen beständigeren, relativ langsamen Lauf im Brandungsufer (AX & ARMONIES 1990).

Ungeachtet von Differenzen im Bewegungsmodus leben alle „Archotoplana"-Arten im Brandungssandstrand. Wir können also mit guten Gründen eine einmalige Eroberung des Lebensraumes durch eine Stammart postulieren, bei welcher erste Adaptationen in der Lokomotion zunächst unter holotricher Bewimperung abliefen. Ich formuliere diese Überlegungen, weil hier die Besiedlung eines bestimmten Biotops zur Autapomorphie eines Monophylums werden kann – die Besiedlung des Biotops „Brandungssandstrand" als eine Autapomorphie für die Begründung der Monophylie einer Einheit Otoplanidae einschließlich der Archotoplana-Arten. Ich halte das für ein wichtiges Argument in der Diskussion um die Position von Archotoplana innerhalb der Proseriata (CURINI-GALLETTI 2001).

In dieser Gedankenführung vollzog sich die Evolution der ventralen Wimpernkriechsohle der Otoplanidae erst nach der Eroberung des Brandungssandstrandes in diesem Milieu und wurde dann zur Voraussetzung für die enorme Speziation in der Einheit. Das Taxon „Archotoplana" ist über die primäre holotriche Bewimperung selbstverständlich nicht als Monophylum ausgewiesen.

Wenn die Wimpernkriechsohle im Brandungsufer entstanden ist, muß man nach Erklärungen für die Siedlung von Arten mit diesem Organ im Sublitoral suchen. Ich kann hier nur zwei eindrucksvolle Fälle mit extrem unterschiedlichen Evolutionsrichtungen herausstellen. (1) *Pseudorthoplana foliacea* ist als vagiler Organismus mit einem breiten, blattförmigen Körper hervorragend in sublitorales Schillsediment eingepasst; ihr Lebensraum ist der Bruchschill von Molluskenschalen in einigen Metern Wassertiefe bei Helgoland und Neapel (AX, WEIDEMANN & EHLERS 1978). Die klassisch otoplanidenhafte Bewegung mit dem schnellen Gleiten, das ganz plötzlich von Ruhepausen unterbrochen wird, dürfte vom Ufersand in das sublitorale Sediment mitgenommen worden sein. (2) *Pluribursaeplana illgi* hat andersherum gewissermaßen Züge eines sedentären Organismus im Sublitoral evolviert; die Art existiert im San Juan Archipel (Washington, USA) im Schill bis in 55 m Tiefe (AX & AX 1967) und repräsentiert hier mit 4 Längsreihen einzeln stehender Haftpapillen eine äußerst klebrige Form, die sich nur schwer aus dem Sediment isolieren läßt.

Ein ganz anderes Phänomen ist die Abwanderung bestimmter Arten aus dem Eulitoral in das Sublitoral bei Verminderung des Salzgehaltes. Wir werden diese „Brackwasser-Submergenz" im folgenden Kapitel ansprechen.

Salinität

Im zweiten Punkt allgemeiner Überlegungen sind wir bei einer Diskussion von Siedlungen unter differierenden Salzgehaltsbedingungen. Das Gros der Otoplanidae wird von marin-stenohalinen Arten gebildet. Immerhin werden wir in unserer Zusammenstellung eine erhebliche Anzahl von Arten behandeln, die weit in Brackgewässer vorstoßen, dabei in einzelnen Fällen zu Brackwasserorganismen geworden sind und dann sogar in das limnische Milieu eindringen. Vor der einzelhaften Behandlung dieser Arten machen wir als Exempel einen Vergleich zwischen Siedlungen in Nord- und Ostsee (AX 1956a; SOPOTT 1972).

1. Marin-stenohaliner Vertreter

Die arktisch-boreale *Notocaryoplana arctica* (AX 1995b) ist die einzige Art, die im Bereich der deutschen Küsten nur in der Nordsee siedelt. Sie stellt hier einen regelmäßigen Bewohner des extrem lotischen Brandungssandstrandes am Westufer der Insel Sylt. Für das Gebiet der Ostsee kann *Notocaryoplana arctica* ausgeschlossen werden.

2. Euryhaline Arten mit Einwanderung aus der Nordsee in die westliche Ostsee

Die Mehrzahl der Otoplanidae dringt aus dem marinen Milieu in das Polyhalinicum der Kieler Bucht vor, überschreitet jedoch nicht die Grenze zum Mesohalinicum der inneren Ostsee. Dementsprechend werden wir diesen Komplex begrenzt euryhaliner Arten nicht in unserer Studie berücksichtigen – mit Ausnahme von *Itaspiella helgolandica*, die andernorts weiter in Brackgewässer vorstößt. Wir wollen an dieser Stelle nur festhalten, daß die Invasoren in ihrem ökologischen Verhalten in zwei Gruppen zerfallen.

(a) Nur einzelne Arten verbleiben in ufernahen Sanden. So siedelt *Itaspiella helgolandica* gleichermaßen im Brandungssandstrand am Ostufer von Sylt wie in der Otoplanen-Zone der Kieler Förde. *Otoplanella baltica* ist in Nord- und Ostsee ein Bewohner schwach lotischer Strände, überwiegend von Fein- bis Mittelsanden seewärts des Brandungsufers.

(b) Das Gros der euryhalinen Arten verschwindet aus der Uferzone und wandert in der Kieler Bucht in sublitorale Sande von mehreren Metern Wassertiefe ab – zeigt hier also das Phaenomen der „Brackwasser-Submergenz" (REMANE 1955, 1958) in Siedlungsräume mit stabileren Salzgehaltsverhältnissen. Repräsentanten dieser ökologischen Gruppe sind *Dicoelandropora atriopapillata, Bulbotoplana acephala, Paroto-*

plana capitata, Parotoplana papii, Parotoplanina geminoducta, Kataplana germanica, Otoplanidia endocystis.

3. Brackwasserarten

Otoplanella schulzi ist nur von der Nordsee und aus der Kieler Bucht bekannt. Die Art lebt in beiden Regionen im Sandstrand, aber nicht unmittelbar unter dem Einfluß der Brandungswellen. Die Siedlungen liegen vielmehr ungewöhnlich hoch im Strand, in einer Feuchtsandzone des Supralitorals, in welcher der Salzgehalt unter wechselndem Einfluß von Meerwasser und Regenwasser herabgesetzt wird.

Philosyrtis rotundicephala läßt sich anschließen. Sie ist allein von der Nordsee bekannt – und hier wie *Otoplanella schulzi* hoch im Sandhang am Ostufer von Sylt.

Bothriomulus balticus verläßt weitgehend das marine Milieu und wird zur auffälligsten Art im Brandungssandstrand der gesamten Ostsee. Der Schwerpunkt der Siedlungen verlagert sich dabei in das Mesohalinicum der inneren Ostsee. Darüber hinaus immigriert *Bothriomulus balticus* in psammale Süßgewässer – dokumentiert durch Siedlungen in der Elbe und im schwedischen Binnensee Vättern.

Philosyrtis fennica ist eine kleine Brackwasserart mit wenigen Funden aus Sandstränden des Mesohalinicums – Weserästuar, Finnischer Meerbusen.

Mit *Pseudosyrtis subterranea* rücken wir erneut zum Süßwasser vor. Bei weiter Verbreitung in Brackwasserarealen (Nordsee, Ostsee, Mittelmeer, Schwarzes Meer) wandert die Art in Ufersande von Elbe und Weser ein.

4. Süßwasserbewohner

Die Vorliebe von *Pseudosyrtis subterranea* für das limnische Milieu führt uns schließlich zu Siedlungen von zwei Arten, die wir bisher nur aus dem Süßwasser kennen. *Pseudosyrtis neiswestnovae* lebt in der Elbe in bewegten Sandböden der Fahrrinne. *Pseudosyrtis fluviatilis* existiert mit Sicherheit nur in der Weichsel; der Artstatus von Populationen aus Pripet und Oka ist ungeklärt. Umgekehrt aber ist klar, daß sie alle Immigranten oder Abkömmlinge von Immigranten aus dem marinen Milieu sind.

„*Archotoplana*" Ax, 1956

Die holotriche Bewimperung der „*Archotoplana*"-Arten ist eine Plesiomorphie (S. 251). Ich kenne kein Merkmal für eine mögliche Begründung der Monophylie eines supraspezifischen Taxons *Archotoplana*.

Archotoplana holotricha Ax, 1956 wurde aus marinem Milieu an der französischen Mittelmeerküste bei Banyuls sur Mer beschrieben. Individuenreiche Populationen leben im Brackwasser der bulgarischen Schwarzmeerküste bei Varna (MARINOV 1975; KONSOULOVA 1978). *A. dillonbeachensis* Karling, 1964 von Kalifornien sowie *A. yamadai* Tajika, 1983 und *A. abutaensis* Tajika 1983, aus Hokkaido, Japan sind nur von marinen Sandstränden bekannt. Dagegen siedelt *A. macrostylis* Ax & Armonies, 1990 in Alaska unter stark schwankenden Salinitäten und konnte sogar mehrere Tage in Süßwasser gehältert werden.

Archotoplana holotricha Ax, 1956

(Abb. 114)

Archotoplana holotricha ist ein charakteristischer Bewohner der „Otoplanen-Zone" von Brandungssandstränden des Mittelmeeres und des Schwarzen Meeres.

Die Körperlänge wurde am Mittelmeer (Banyuls sur Mer) zu 3 mm bestimmt. KONSOULOVA (1978) fand an der bulgarischen Küste Korrelationen zu unterschiedlichem Sediment – 2–3 mm bei Individuen aus Feinsand, 5–6 mm Länge in Populationen aus grobem Sand.

Aus Beobachtungen vom Mittelmeer
Die Hoden sind im Vorderkörper in zwei lateralen Reihen angeordnet, wobei jeweils mehrere Hodenbläschen zu einem Follikelhaufen vereinigt werden. Die Vitellarienfollikel liegen in zwei kleinen Gruppen vor und hinter dem Pharynx.
Das Begattungsorgan hat eine große, schlauchförmig gestreckte Vesicula seminalis und eine kleine ovoide V. granulorum. Die Stilettapparatur besteht aus einem Trichterrohr von 20–22 µm Länge und zahlreichen einförmigen Nadeln, die 27–28 µm erreichen. Die Zahl der Nadeln variiert; bei 3 Individuen wurden 32, 45 und 48 Nadeln bestimmt. Unter dem distalen hakenförmigen Ende befindet sich ein proximal gerichteter Seitenast oder auch nur eine leichte lamellenartige Verdickung.

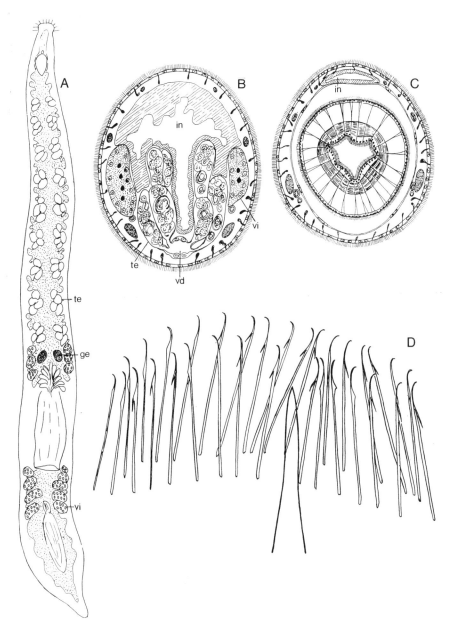

Abb. 114: *Archotoplana holotricha*. A. Habitus und Anordnung der Gonaden. B und C. Körperquerschnitte zur Demonstration der vollständigen Bewimperung am ganzen Körper, B vor dem Pharynx durch laterale Vitellarienfollikel und einwärts folgende Gruppen von Hodenfollikeln, C durch den Pharynx. D. Stilettapparatur nach Quetschpräparat. Französische Mittelmeerküste. (Ax 1956a)

Archotoplana macrostylis Ax & Armonies, 1990

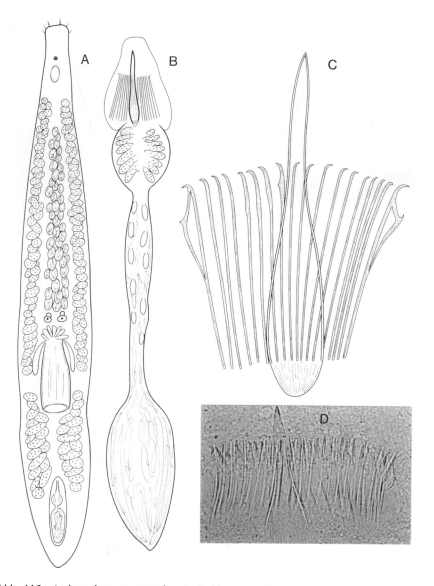

Abb. 115: *Archotoplana macrostylis*. A. Habitus und Organisation nach Lebendbeobachtungen. B. Kopulationsorgan mit Stilettapparatur, Vesicula granulorum und Vesicula seminalis; bei letzterer kann der vordere Abschnitt im Quetschpräparat langgestreckt sein. C. Stilettapparatur mit zentralem Stilett und einem Teil der zahlreichen Hakennadeln. D. Mikrofoto der Stilettapparatur mit zentralem Stilett und allen Hakennadeln. Seward, Alaska. (Ax & Armonies 1990)

Seward, Alaska
Die Brandungssandstrände Fourth of July Beach und Lowell Point unterliegen im Sommer dem Zustrom von Schmelzwasser angrenzender Gletscher; sie werden bei Ebbe zu winzigen Süßwasserarealen.

Länge bis 4 mm. Pharynx an der Grenze zum letzten Körperdrittel. Die Hoden bilden einen unpaaren medianen Strang im Vorderkörper; es folgen am Ende die paarigen Germarien. Vitellarienfollikel wurden an einem lebenden Tier in zwei langen Reihen vor und hinter dem Pharynx gesehen, an Schnittserien nur postpharygeal.

Stilettapparatur
Die artspezifischen Unterschiede zwischen den *Archotoplana*-Arten in Form, Größe und Zahl der einzelnen Elemente sind bei Ax & ARMONIES 1990 tabellarisch erfaßt. Das zentrale Stilett ist bei *A. macrostylis* kein Trichterrohr, sondern bildet zumindest proximal eine gestreckte Grube mit keulenförmiger Anschwellung; distal läuft das Stilett spitz zu. Mit 78–83 μm ist das Stilett doppelt so lang oder länger als bei den übrigen *Archotoplana*-Arten.

Das Stilett wird von 40–52 Hakennadeln umstellt; sie erreichen 45–50 μm und haben damit ungefähr die zweifache Länge der Nadeln bei den anderen Arten. Unter der gebogenen Spitze entspringt ein geschwungener Nebenast, der seinerseits einen winzigen, nach außen gerichteten Vorsprung trägt. Der Nebenast ist nur bei exakter Lateralansicht der Hakennadeln sichtbar.

Euotoplanida

Gehen wir von der Vorstellung aus, daß die evolutive Herausbildung einer ventralen Wimpernkriechsohle einmal im interstitiellen Milieu des Brandungssandstrandes abgelaufen ist (S. 251), dann läßt sich anhand dieser Apomorphie eine umfangreiche Einheit Euotoplanida postulieren, in welche alle Otoplanidae mit Ausnahme der „*Archotoplana*"-Arten gehören.

Otoplana bosporana Ax, 1959

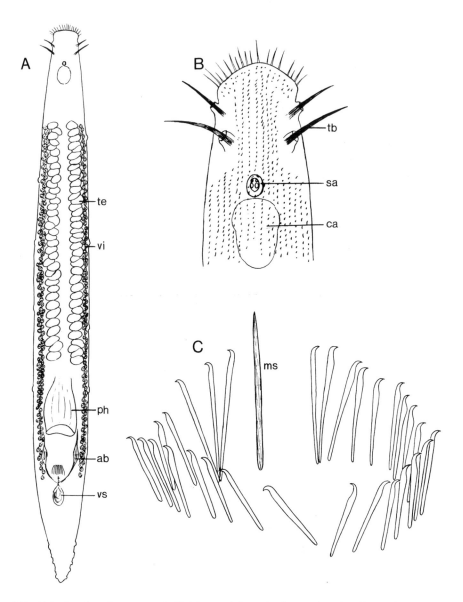

Abb. 116: *Otoplana bosporana* A. Habitus und Organisation nach Lebendbeobachtungen. B. Vorderende mit Tastborsten. C. Stilettapparatur nach Quetschpräparat. Bosporus, Türkei. (Ax 1959a)

Bosporus, Türkei
Otoplanen-Zone aus Grobsand-Kies. Brackwasser im Mündungsbereich des Flusses Kücük Su in den Bosporus.

Im Taxon *Otoplana* werden derzeit zwei Arten zusammengeführt – *Otoplana intermedia* Plessis 1889 aus dem Mittelmeer und *Otoplana bosporana* Ax, 1959 vom Bosporus. Ein gemeinsames Eigenmerkmal ist der akzessorische männliche Genitalkanal. Dieser Gang unbekannter Funktion entspringt rechts an der Grenze zwischen Vesicula seminalis und V. granulorum, wendet sich zur Ventralseite und mündet separat von der Geschlechtsöffnung aus. Eine weitere mögliche Autapomorphie von *Otoplana* ist der Mangel eines Trichterrohres in der Stilettapparatur; hier ist die Bewertung aber unsicher.

In zwei Merkmalen existieren artspezifische Unterschiede zwischen den beiden Arten (AX 1959a).
(1) Körperlänge. *O. bosporana* erreicht maximal 3 mm, *O. intermedia* wird bis 8 mm lang.
(2) Ausprägung der Stilettapparatur. *O. bosporana* besitzt 29–33 dicke Hakennadeln mit einem bauchigen Vorsprung unter der gebogenen Spitze. Bei kranzförmiger Anordnung nimmt die Länge der Nadeln von dorsal (59 µm) nach ventral (33 µm) kontinuierlich ab. Als Besonderheit ist ein kräftiger Medianstachel von 63 µm Länge hervorzuheben; er läuft ohne Haken distal gerade aus.

Dagegen hat *O. intermedia* nur 22–24 schlanke Nadeln mit einem Keilvorsprung unter dem distalen Haken. Die längsten Stacheln messen 80–90 µm. Der für *O. bosporana* charakteristische Medianstachel fehlt.

Alaskaplana velox Ax & Armonies, 1990

(Abb. 117 A–F)

Seward, Alaska
Brandungssandstrand „Lowell Point" (vgl. S. 61) mit Grobsand, Kies und Steinen. Lokalisation im Niedrigwasserbereich. Messungen des Salzgehaltes: 2.8.1988 = 13–14 ‰; 5.8.1988 = 21 ‰.

Sehr bewegliche Tiere mit beachtlicher Länge von 3–4 mm. Das Vorderende trägt lateral zwei Paar kräftiger Tastborsten.

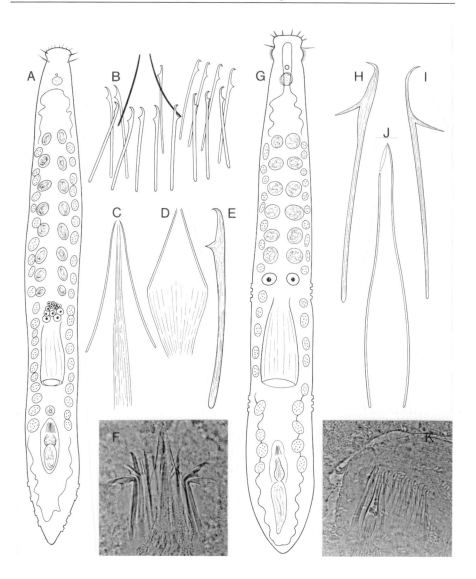

Abb. 117: A–F. *Alaskaplana velox*. A. Habitus und Organisation nach Lebendbeobachtungen. B. Stilettapparatur mit Trichterrohr (mediane Platte) und voller Nadelzahl. C, D. Ausformung des Rohres verschiedener Individuen. E. Einzelne Hakennadel. F. Mikrofoto der Stilettapparatur. Nadeln im Quetschpräparat teilweise abgeknickt. G–K. *Orthoplana sewardensis*. G. Habitus und Organisation nach Lebendbeobachtungen. H, I. Hakennadeln der Stilettapparatur. J. Medianes flaschenförmiges Stilett. K. Mikrofoto der gesamten sklerotisierten Stilettapparatur. Alle Bilder Alaska. Seward: Lowell Point. (Ax & Armonies 1990)

Anordnung der Gonaden. 7–8 Paar Hodenfollikel liegen im Vorderkörper; die Follikel sind deutlich voneinander getrennt. Die Germarien sind in einzelne Follikel mit Oocyten separiert und bilden als solche einen Haufen vor dem Pharynx. Die Vitellarien erstrecken sich in zwei Follikelreihen vom Vorderkörper bis in die Höhe des Kopulationsorgans.

Der sklerotisierte Stilettapparat besteht aus 12–14 Hakennadeln und einer „median plate" (AX & ARMONIES 1990). Die Nadeln von 45–48 µm Länge tragen unter der gebogenen Spitze einen deutlichen Keilvorsprung. Für die Mittelplatte der Originalbeschreibung habe ich meine Aufzeichnungen aus Alaska noch einmal geprüft. Der vordere (distale) Teil von 30–35 µm Länge erscheint als ein Trichterrohr. Die Struktur streifiger Muster, die in der Rohrspitze ansetzen (Abb. 117 C) und von hier nach hinten laufen oder erst am Ende des Trichters aufscheinen (Abb. 117 D) ist nicht hinreichend geklärt.

Ein Eigenmerkmal von *Alaskaplana velox* ist eine Vagina zwischen Pharynx und Kopulationsorgan mit einem ventralen Porus und einer Verbindung zum unpaaren Germovitelloduct des weiblichen Systems.

Orthoplana sewardensis Ax & Armonies, 1990

(Abb. 117 G–K)

Seward, Alaska
Im oben charakterisierten Brandungssandstrand „Lowell Point" (S. 61, 259), und zwar im Bereich der Hochwasserlinie. Von der variablen Salinität bilden im Zeitraum der Untersuchung 5 ‰ (5. 8. 1988, Niedrigwasser) und 26 ‰ (4.8.1988, Hochwasser) extreme Werte.

Körperlänge bis 3 mm. Ein Paar großer Tastborsten lateral hinter dem abgesetzten Köpfchen. 6 Paar Hodenfollikel und 1 Paar Germarien im Vorderkörper. Die Vitellarien bilden zwei lange Reihen locker stehender Follikel in den Körperseiten.

Das Kopulationsorgan hat eine zylindrische Vesicula seminalis und eine ebenfalls gestreckte Vesicula granulorum; beide Blasen sind von kräftiger Ringmuskulatur umgeben und beide sind innen bewimpert. Der sklerotisierte Apparat besteht aus einem zentralen Stilett und einem Kranz von Hakennadeln. Das flaschenförmige Stilett (Rinne oder Rohr) hat eine schräge distale Öffnung; die Länge beträgt 37–41 µm. Die Zahl der Nadeln variiert zwischen 23 und 34, ihre Länge zwischen 27 und 38 µm. Ein auffallend langer, schlanker Fortsatz unter der Hakenspitze ist schräg nach hinten gerichtet.

Das Taxon *Orthoplana* ist derzeit eine provisorische Zusammenstellung von 5 Arten ohne Begründung als Monophylum. Die Unterschiede von *O. sewardensis* zu den 4 anderen, marinen Arten in der Stilettapparatur sind in AX & ARMONIES 1990 wiedergegeben.

Itaspiella helgolandica (Meixner, 1938)

(Abb. 118)

Otoplana helgolandica Meixner, 1938
Otoplana armata Ax, 1951
Itaspiella armata: AX 1956a; KARLING 1964; AX & AX 1967
Itaspiella helgolandica: SOPOTT 1972; AX & ARMONIES 1987; 1990; AX 1995b

Itaspiella helgolandica besiedelt nordische Brandungssandstrände in weiter Verbreitung. *Otoplana armata* (AX 1951) wurde später zusammen mit *Otoplana helgolandica* in ein neues separates Taxon *Itaspiella* gestellt (AX 1956a) und schließlich mit *Itaspiella helgolandica* synonymisiert (SOPOTT 1972).

Die folgenden Daten demonstrieren die Einwanderung aus dem marinen Milieu in salzreicheres Brackwasser.

Westliche Ostsee. Polyhalinicum der Kieler Bucht (AX, 1951a; SCHMIDT 1972a). Nicht im Mesohalinikum der inneren Ostsee.

Färöer. Skalafjordur. Gut entwickelter Sandstrand mit Brandungszone aus Grobsand-Kies. Zahlreich bei einem Salzgehalt von 10–15 ‰ (1992). Ferner bei Hosvik (Streymoy), zusammen mit *Coelogynopora coronata* (S. 235).

Kanada. Baie des Chaleurs am Atlantik. Marin-brackiges Mündungsareal des Elmtree River (AX & ARMONIES 1987).
Alaska. Kotzebue. Strand mit Grobsand und Steinen. Nachweis bis in einen Süßwasserausfluß. Salinität 10–16 ‰ (AX & ARMONIES 1990).

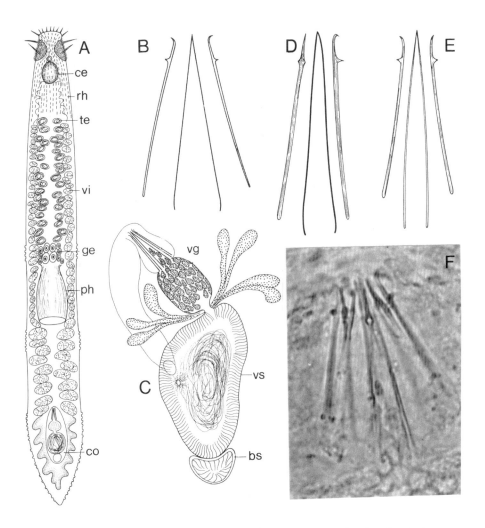

Abb. 118: *Itaspiella helgolandica*. A. Habitus und Organisation nach Lebendbeobachtungen. B. Stilettapparatur. C. Kopulationsorgan und Bursa caudal der Vesicula seminalis. A–C San Juan Island, Washington, USA. D. Stilettrohr und 2 Hakennadeln; linke Nadel von oben, rechte Nadel in Seitenansicht. Kotzebue, Alaska, USA. E. Zentrales Stilettrohr und 2 der 8 Hakennadeln in Seitenansicht. F. Mikrofoto der gesamten Stilettapparatur mit Tichterrohr und 8 Hakennadeln. E und F Baie des Chaleurs, Kanada. (A–C Ax & Ax 1967; D Ax & Armonies 1990; E, F Ax & Armonies 1987)

Körperlänge 1,2–1,6 mm; in einer Population aus dem San Juan Archipel der nordamerikanischen Pazifikküste wird 2–2,5 mm erreicht (AX & AX 1967). Entsprechende Unterschiede gibt es in der Zahl der Hodenfollikel – verbreitet 10–12 Paare, 17–19 Paare bei der eben genannten pazifischen Population. Umgekehrt wurden bei Individuen aus dem Brackwasser von Kotzebue nur 6–9 Paare gezählt.

Für die Artidentität von Individuen aus weit entfernten Fundorten spricht eine durchgehend hohe Übereinstimmung in der Ausprägung der Stilettapparatur.

Trichterrohr stets eine enge Tüte. Länge: Kieler Bucht 42–45 µm; San Juan Island, Pazifik 38–40 µm; Kotzebue, Alaska 38–39 µm; Baie des Chaleurs, Kanada 38 µm; Disko, Grönland 46–50 µm; Skalafjordur, Färöer 43–45 µm.

8 gerade Hakennadeln mit kleinem, spitzen Fortsatz unter dem gekrümmten Ende. Länge: Kieler Bucht 34–35 µm; San Juan Island, Pazifik 32–33 µm; Kotzebue, Alaska 36 µm; Baie des Chaleurs, Kanada 32–34 µm; Disko, Grönland 35–40 µm; Skalafjordur, Färöer 30–33 µm.

Im übrigen sind zwei Merkmale aus der Organisation von *Itaspiella helgolandica* hervorzuheben. Die paarigen Germarien vor dem Pharynx sind jederseits in mehrere, einzelne Follikel aufgegliedert. Eine unpaare Bursa liegt hinter dem männlichen Kopulationsorgan; sie ist durch einen bewimperten Bursastiel mit dem Atrium genitale verbunden.

Notocaryoplana arctica Steinböck, 1935

(Abb. 119)

Otoplana glandulosa Ax, 1951
Notocaryoplanella glandulosa: AX 1956a; AX & AX 1967; SOPOTT 1972; AX & ARMONIES 1987.
Notocaryoplana arctica: AX 1995b

Nach der Charakterisierung als ein Taxon mit arktisch-borealer Verbreitung haben die letzten Befunde von Westgrönland (Disko) definitiv zur Synonymisierung von *Notocaryoplanella glandulosa* mit *Notocaryoplana arctica* aus Ostgrönland geführt (AX 1995b). Damit wird die von TAJIKA (1983) propagierte Aufrechterhaltung der Taxa *Notocaryoplana* und *Notocaryoplanella* hinfällig.

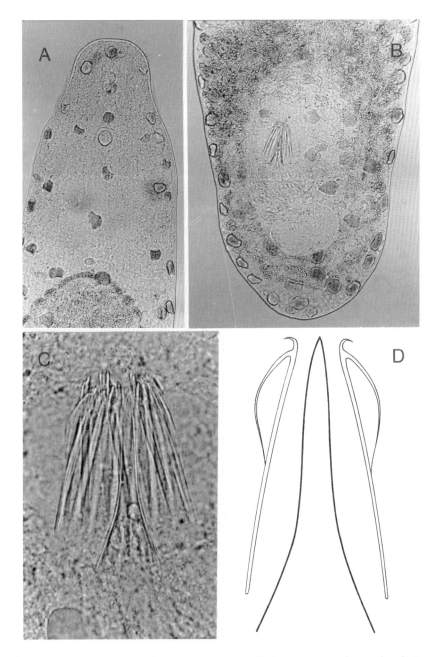

Abb. 119: *Notocaryoplana arctica*. A. Vorderende mit Statocyste. B. Hinterende mit Kopulationsorgan. (In A und B stark lichtbrechende Hautdrüsen sichtbar, die im lebenden Tier goldgelb gefärbt erscheinen). C und D. Stilettapparatur nach Lebendbeobachtungen (Quetschpräparat). San Juan Island, Washington, USA. (Ax & Ax 1967)

N. arctica ist als ein weitestgehend stenohaliner Meeresorganismus auszuweisen. Wir haben sie oben als die einzige Art der Otoplanidae herausgestellt, welche im Bereich der deutschen Küsten nur in der Nordsee siedelt. Jetzt gibt es einen Fundort auf den Färöer (1992), an welchem *N. arctica* bei Ebbe in schwach salzigem Brackwasser mit 10 ‰ Salinität existiert. Es handelt sich um den unter Süßwasserzustrom stehenden Brandungssandstrand von Tjørnuvik, Streymoy, wo wir *Notocaryoplana arctica* zahlreich neben *Coelogynopora faeroernensis* und *Coelogynopora gynocotyla* (S. 246) nachgewiesen haben.

Notocaryoplana arctica ist eine große Art der Otoplanidae mit einer Körperlänge von 4–5 mm. Goldgelbe Hautdrüsen aus zwei Zellen verleihen dem gesamten Tier eine gelbliche Färbung.

Von der Stilettapparatur sind zwei Merkmale hervorzuheben. (a) Das Trichterrohr hat eine breit auslaufende proximale Öffnung. (b) Die Stilettnadeln tragen distal eine große geschwungene Lamelle. Die Messwerte schwanken in relativ engen Grenzen. Länge des Trichterrohres: 50–58 µm (68 µm in Island, 77 µm auf Disko, Grönland). Zahl der Hakennadeln: 12–14 (18 in Kanada). Länge der Nadeln, die stets kürzer als das Trichterrohr sind: 43–48 (60 µm auf Disko, Grönland).

In der Population aus dem Brackwasser von Tjørnuvik wurde die Länge des Rohres zu 50 µm bestimmt, die Länge der Hakennadeln zu 46–48 µm.

Otoplanella schulzi (Ax, 1951)

(Abb. 120)

Otoplanella schulzi ist bisher nur von North Wales, der Nordsee und aus der westlichen Ostsee (Kieler Bucht) bekannt – dabei mit einem scharf umschriebenen Siedlungsareal im lotischen Sandstrand. *Otoplanella schulzi* kann trotz der Existenz im marinen Brandungsufer als ein Brackwasserorganismus ausgewiesen werden.

Basis dieser Aussage sind quantitative, jahreszyklische Analysen an einem Sandstrand am Ostufer des Ortes List auf der Nordseeinsel Sylt (SOPOTT 1973). Rund um das Jahr siedelt *Otoplanella schulzi* in oberflächennahem Sand etwa 10–15 m landwärts des Knicks, an welchem das horizontale Sandwatt in den leicht geneigten Sandhang übergeht (Abb. 120 D). Das ist ein Areal um die mittlere Hochwasserlinie, das gerade noch von

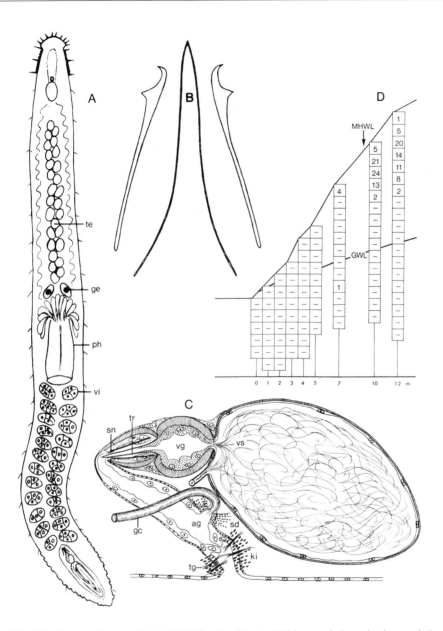

Abb. 120: *Otoplanella schulzi* (A–C Kieler Bucht). A. Habitus und Organisation nach Lebendbeobachtungen. B. Stilettapparatur: Trichterrohr und 2 Nadeln aus dem Nadelkranz um das Rohr. C. Sagittalrekonstruktion des Kopulationsorgans. D. Verteilungsmuster im Sandstrand am Ostufer von List/Sylt. Juni 1970. Die Individuenzahlen in den Kästchen beziehen sich auf 100 cm³ Sediment. GWL = Grundwasserlinie. MHWL = Mittlere Hochwasserlinie. (A–C Ax 1956a; D Sopott 1973)

Meerwasser erreicht wird, ebenso aber auch häufig der Aussüßung durch Regenwasser unterliegt.

Auf Helgoland wurde *Otoplanella schulzi* in einem entsprechenden Raum nachgewiesen – im oberflächlichen Sediment eines Sandhangs der Düne (SOPOTT l. c.). In North Wales lebt die Art hoch im Sandhang „near brackish water outflow" (BOADEN 1963a, p. 85).

Mit den Befunden von Sylt gab es eine Erklärung für erste eigentümliche Daten aus der Kieler Bucht (AX 1951a). Am Sandstrand von Schilksee wurde *Otoplanella schulzi* zunächst allein bei starker Wasserbewegung zahlreich in der Brandungszone nachgewiesen. Dieses Phänomen war jetzt als eine seewärtige Verdriftung aus dem Oberflächensediment des supralitoralen Sandhanges interpretierbar (SOPOTT l. c., p. 46).

Neue Funde auf Sylt melden ARMONIES & HELLWIG-ARMONIES (1987).

Körperlänge um 2 mm. Das schwach abgesetzte Kopfende ist nur mit kurzen Tastgeißeln ausgestattet – ein ungewöhnlicher Zustand im Vergleich mit den kräftigen Sinnesborsten am Vorderende vieler Otoplanidae. Anordnung der Gonaden identisch mit *Otoplanella baltica* (Meixner, 1938). Hodenfollikel in einem unpaaren Strang im Vorderkörper. Paarige Germarien vor dem Pharynx. Vitellarien in zwei Follikelreihen in der zweiten Körperhälfte zwischen Pharynx und Kopulationsorgan.

Kopulationsorgan mit ungewöhnlich großer, eiförmiger Vesicula seminalis und kleiner kugeliger Vesicula granulorum.

Die Stilettapparatur besteht aus einem Trichterrohr und einem Kranz von 10–13 Nadeln. Das Rohr mit breiter proximaler Öffnung wird 30 µm lang. Die Nadeln von 30–35 µm Länge haben einen auffallenden keilförmigen Fortsatz unter der hakenförmigen Spitze.

Bothriomolus balticus Meixner, 1938

(Abb. 121)

Bothriomolus balticus ist eine herausragende Leitform der Brandungszone (Otoplanen-Zone) der gesamten Ostsee von der Kieler Bucht bis zum Finnischen Meerbusen mit einer besonders hohen Abundanz im Mesohalinicum.

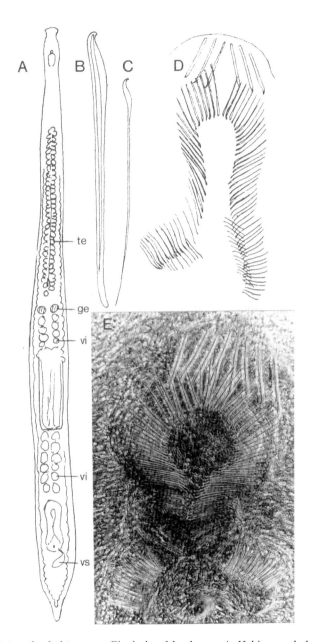

Abb. 121: *Bothriomolus balticus* vom Finnischen Meerbusen. A. Habitus nach dem Leben. B. Grober Stachel aus der vorderen Querreihe der sklerotisierten Kopulationsapparatur. C. Dünner Stachel aus der zweiten, anschließenden Stachelgruppe (Nadelgruppe). D. und E. Gesamtansicht der sklerotisierten Stachelapparatur des Kopulationsorgans als Zeichnung und Mikrofotografie. (A–D Luther 1960; E Original 1969)

Für das massenhafte Vorkommen im schwachsalzigen Brackwasser finnischer Sandstrände (LUTHER 1960) liegen quantitative Daten mit Werten zwischen 1300 und 2300 Individuen pro 1 dm^3 vor (STERRER 1965; AX & AX 1970).

Darüber hinaus existiert *Bothriomolus balticus* im Süßwasser. Einen spezifischen Lebensraum in der Elbe stellen reine, bewegte Wandersande der Stromsohle oberhalb von Hamburg (RIEMANN 1965, 1966). In dem schwedischen Binnensee Vättern charakterisiert *Bothriomolus balticus* die Brandungsufer von Sandstränden ähnlich wie in der Ostsee. Die Besiedelung des Süßwassersees muß hier aus einer Zeit stammen, in welcher der Vättern und die Ostsee offen verbunden waren (KARLING 1970).

Meldungen aus dem Bereich mariner Küsten sind dagegen gering; die wenigen Fundorte sind jeweils im Hinblick auf mögliche Süßwassereinflüsse genau zu prüfen. In das Bild einer psammobionten Brackwasserart paßt für das Weserästuar die Besiedlung lotischer Strände im Mesohalinicum (KRUMWIEDE & WITT 1995), ebenso wie auf der Insel Sylt der vollständige Mangel von *Bothriomolus balticus* am brandungsreichen Weststrand und am Ostufer vor der alten Wattenmeerstation des Alfred-Wegener-Instituts für Polar- und Meeresforschung, dem Paradestrand unserer langjährigen Untersuchungen. Wenn dann einige Individuen weiter südlich von diesem Strand bis zur Blidselbucht gefunden wurden (AX 1956a; SOPOTT 1972, 1973), so ist der lokale Ausstrom von Süßwasser aus den Dünen in den Sandstrand in Betracht zu ziehen. Das gilt auch für Meldungen von *B. balticus* aus einem Sandstrand bei Tromsø (SCHMIDT 1972b) und von der schwedischen Westküste (Koster, Kilesand) (KARLING 1974).

Alles in allem sprechen die vorliegenden Befunde für die Interpretation von *Bothriomolus balticus* als einem ausgeprägten Brackwasserorganismus mit weitreichendem Rückzug (oder unter Abdrängung) aus dem Meer, aber mit einer starken Tendenz zur Besiedlung lotischer Sande in limnischen Lebensräumen.

Damit stehen wir vor der Beurteilung von *Bothriomolus constrictus* von der französischen Kanalküste bei Portel. Bezeichnenderweise wurde die Population in einem Gezeitensandstrand mit beständigem Zustrom von Süßwasser aus der anschließenden Felsküste gefunden (HALLEZ 1910). Wahrscheinlich sind *B. balticus* und *B. constrictus* Mitglieder einer Art (LUTHER 1960). Dafür spricht auch der transatlantische Nachweis an der Ostküste der USA bei Boston. „A closely related, perhaps identical species is abundant in sandy beaches at Nahant" (KARLING 1974, p. 34). Vorbedingung einer möglichen Gleichsetzung ist die Präsentation eindeutiger Ergebnisse von diesen Fundstellen.

Großer Vertreter der Otoplanidae mit einer Länge bis 6 mm. Der Pharynx liegt hinter der Mitte des Körpers.

Anordnung der Gonaden. Die Hodenfollikel sind dicht gedrängt und bilden einen unpaaren Strang im Vorderkörper. Sie beginnen in einigem Abstand vom Gehirn und enden bereits ein ganzes Stück vor dem Pharynx. Es folgen die paarigen Germarien und noch in Front des Pharynx setzen die beiden Reihen von Vitellarienfollikeln ein. Vitellarien fehlen in Höhe des Pharynx und erstrecken sich danach kaudalwärts bis zum Kopulationsorgan.

Einzigartig für *Bothriomolus balticus* ist die immense Zahl sklerotisierter Stacheln der Kopulationsapparatur bei gleichzeitigem Mangel eines Trichterrohres. Im Quetschpräparat zeichnen sich die Stacheln (Borsten, Nadeln) in zwei Garnituren ab (LUTHER 1960; KARLING & KINNANDER 1953). (1) Vorne stehen in einer Querreihe zumeist 6–8 kräftige Stacheln (Variation von 3–12) von 50–130 µm Länge; sie sind distal durch eine deutliche Verdickung und des weiteren durch einen kleinen Haken an der Spitze ausgezeichnet. (2) Es schließen 130–200 dünne Stacheln ähnlicher Länge (50–120 µm) an; auch sie sind zunächst terminal noch leicht verdickt und hakenförmig, bilden weiter hinten schließlich aber ganz einfache, zarte Nadeln. Die Stacheln der zweiten Gruppe stehen vorne in einem geschlossenen Bogen; sie laufen dann in zwei ± parallelen Reihen nach hinten, welche am Ende auseinander weichen. Dabei sind die letzten schwachen Nadeln umgebogen und überdecken partiell die vorhergehenden Stacheln.

Postbursoplana Ax, 1956

Der Ursprung paariger Bursastiele aus der hinteren Wand des Atrium genitale kann eine Autapomorphie des Taxons *Postbursoplana* bilden, in welchem derzeit 4 Arten stehen – *P. minima* Ax, 1956 (Atlantik), *P. fibulata* Ax, 1956 (Mittelmeer, Schwarzes Meer), *P. pontica* Ax, 1959 (Schwarzes Meer) und *P. propontica* Ax, 1959 (Marmara-Meer). Wir haben die beiden aus dem Brackwasser des Schwarzen Meeres gemeldeten Arten zu behandeln.

Postbursoplana pontica Ax, 1959

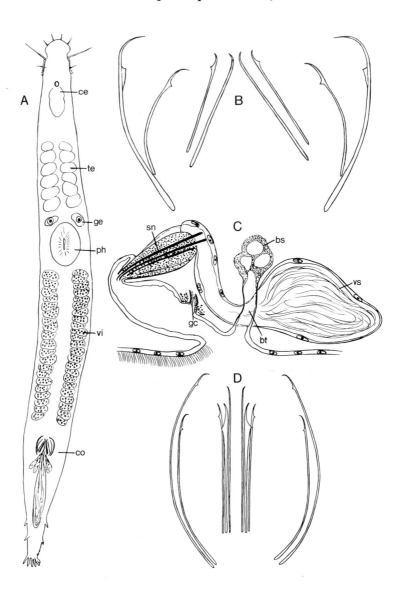

Abb. 122: A–C. *Postbursoplana pontica* vom Schwarzen Meer. A. Habitus und Organisation nach Lebendbeobachtungen. B. Stilettapparatur aus 8 Nadeln (Quetschpräparat). C. Sagittalrekonstruktion des Kopulationsorgans nach Schnittserie. D. *Postbursoplana fibulata* (Banyuls sur Mer, Französische Mittelmeerküste). Stilettapparatur aus 10 Nadeln. (A–C Ax 1959a; D Ax 1956a)

Bisher nur von türkischen Küsten des Schwarzen Meeres bekannt. In der Otoplanenzone von Sandstränden (Kilyos, Sile).

Kleine Art von nur 0,4–0,5 mm Länge. Der Pharynx liegt wenig vor der Körpermitte und läßt vorne Raum für 5–6 Paar Hodenfollikel und die Germarien. Zwei Reihen von Vitellarienfollikel sind auf den Hinterkörper beschränkt.

Die Stilettapparatur umfaßt 8 Nadeln. In der Mitte stehen 4 annähernd gerade Nadeln (26–30 µm Länge) zusammen, wobei die 2 lateralen Nadeln dieser Gruppe einen kleinen keilförmigen Vorsprung unter der Spitze tragen. Es folgen nach außen jederseits 2 gebogene Spangen mit Keilvorsprung (Länge ganz außen 40–42 µm).
Vom Marmara-Meer habe ich *Postbursoplana propontica* mit Differenzen in Körperlänge (0,7–0,8 mm) und Stilettapparatur beschrieben. Sämtliche Nadeln sind hier länger. Die beiden Arten können Adelphotaxa einer relativ jungen Speziation bilden (AX 1959a).

Postbursoplana fibulata Ax, 1956

(Abb. 122 D)

Vom Mittelmeer (Banyuls sur Mer) aus der Otoplanen-Zone beschrieben, wurde die Art später im Schwarzen Meer in der Otoplanen-Zone (Rumänien. MACK-FIRA 1974) und in sublitoralen Sanden (Bulgarien. KONSOULOVA 1978) nachgewiesen.

P. fibulata und *P. minima* haben eine Stilettapparatur aus 10 Nadeln, wobei 6 Elemente eine mittlere Nadelgruppe bilden. Diese 6 Nadeln sind bei *P. fibulata* annähernd gleichlang, während bei *P. minima* ein Paar kurzer Nadeln deutlich herausfällt.

Bei MACK-FIRA (1974) kann man aus einer Abbildung mit Mühe 6 zentrale Nadeln mit geringen Längendifferenzen ablesen. Nach den Figuren von KONSOULOVA (1978) erscheint die Identifikation einwandfrei.

Praebursoplana subsalina Ax, 1956

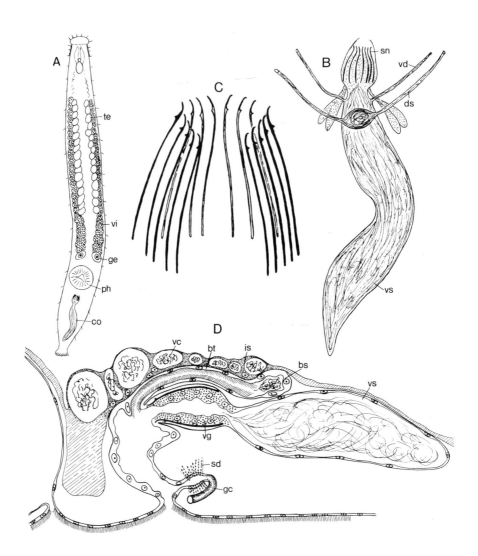

Abb. 123: *Praebursoplana subsalina* vom Etang de Salses. Französische Mittelmeerküste. A. Habitus und Organisation. Pharynx weit im Hinterkörper. Praepharyngeale Anordnung aller Gonaden. B. Kopulationsorgan und Bursa nach Lebendbeobachtungen. Aus der Bursa über der Samenblase entspringen paarige Ductus spermatici, die nach vorne zu den Germarien führen. C. Stilettapparatur. D. Sagittalrekonstruktion von Kopulationsorgan und Bursalorgan nach Schnittserien. (Ax 1956a)

Im Brackwasser des Etang de Salses am Mittelmeer (Frankreich). Bisher ein einziger Fundort. Subterran am Ufer des Etangs in 30–40 cm Tiefe bei einem Salzgehalt von 5,4 ‰ (AX 1956a, c).

Zusammen mit 2 marinen Arten ist *P. subsalina* Mitglied eines Taxons *Praebursoplana*, das durch den weit nach hinten verschobenen Schlundkopf und die praepharyngeale Anordnung aller Gonaden sehr gut als ein Monophylum begründet ist. Weitere Eigenheiten liegen in der Struktur des Bursalorgans mit einem Bursastiel, der vor dem Kopulationsorgan aus dem Atrium genitale entspringt und paarigen Ductus spermatici, welche von der Bursa zu den Germarien verlaufen.

P. subsalina hat eine einfache Stilettapparatur. Sie besteht aus einem Kranz von 16 uniformen Hakennadeln mit einem kleinen Keilvorsprung unter der gebogenen Spitze. Die Länge beträgt nur 40 µm.

Oberhalb des Kopulationsorgans bildet der Darm ein Resorptionsgewebe für die Verdauung von überschüssigem Fremdsperma.

Parotoplanella progermaria Ax, 1956

(Abb. 124 A, B)

Mittelmeer. Französische Küste. Von der Otoplanen-Zone bis in 1 m Wassertiefe. Grobsand-Kies (Le Racou).

Schwarzes Meer. Bulgarische Küste. Otoplanen-Zone (KONSOULOVA 1978)

Körperlänge 1,2–1,5 mm. Hodenfollikel in zwei Reihen im Vorderkörper. Eine Apomorphie bildet die Anordnung der weiblichen Gonaden mit den Germarien an der Spitze. Die paarigen Germarien liegen zwischen den vorderen Hodenfollikeln. Die Vitellarien schließen direkt an und reichen nach hinten bis zum Kopulationsorgan.

Die Stilettapparatur besteht aus einem Kranz von Nadeln um die Penispapille; ihre Länge beträgt ~ 55 µm. Zwei Nadeln im vorderen Teil des Kranzes laufen distal ohne Vorsprung aus; die Spitzen sind leicht nach außen gebogen. 10–12 kräftige Nadeln zeichnen sich durch eine distale Klaue aus; ein keilartiger Vorsprung läuft hier auf die hakenförmige Spitze der Nadel zu.

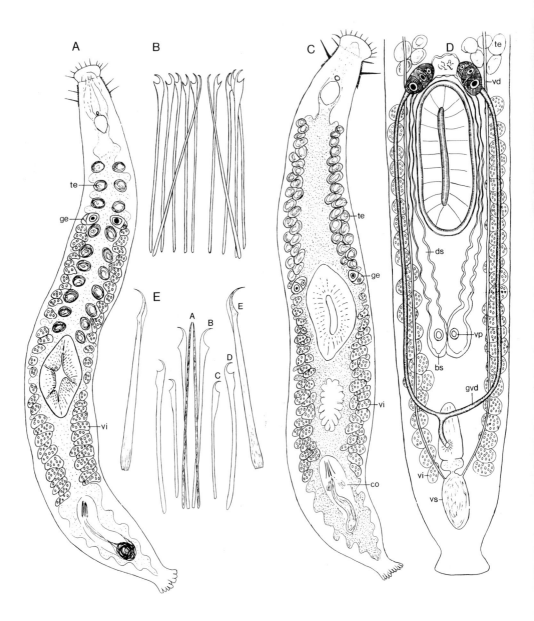

Abb. 124: A–B. *Parotoplanella progermaria*. A. Organisation nach Lebendbeobachtungen. B. Stilettapparatur mit 2 einfachen Nadeln und 10–12 Hakennadeln mit distaler Klaue. C–E. *Triporoplana synsiphonioides*. C. Organisation nach dem Leben. D. Genitalorgane im Horizontalschnitt. Paarige Vaginen hinter dem Pharynx. E. Stilettapparatur mit 5 Paar unterschiedlicher Nadeln (Erläuterungen im Text). Figuren nach Individuen von der französischen Mittelmeerküste. (Ax 1956a)

Triporoplana synsiphonioides Ax, 1956

(Abb. 124 C–E)

Mittelmeer. Französische Küste. Geröllstrand in einer Felsbucht bei Banyuls sur Mer.

Schwarzes Meer. Bulgarische Küste. Wie *Postbursoplana fibulata* (S. 273) mit Präferenz in sublitoralem Sand in 1 m Wassertiefe (KONSOULOVA 1978).

Ein Eigenmerkmal von *T. synsiphonioides* bilden paarige Bursalorgane auf halbem Weg zwischen Pharynx und der ♂-Geschlechtsöffnung. Zwei schlauchförmige Vaginen führen von den ventralen Vaginalporen zu geräumigen Bursablasen. Von diesen Bursen laufen zwei weite Gänge als Ductus spermatici nach vorne zu den Germarien.

T. synsiphonioides ist durch eine Stilettapparatur aus 5 Paaren verschieden differenzierter Nadeln ausgezeichnet (Abb. 124 E). Die Wiedergabe der Nadeln durch KONSOULOVA (1978) spricht für die Identität der Populationen aus dem Mittelmeer und Schwarzen Meer. In der folgenden Darstellung der Paare A–E setze ich die Messwerte von KONSOULOVA (l. c) in Klammern hinter die Daten der Originalbeschreibung.

A. Median zwei gerade Stäbe, distal spitz, nur schwach gebogen, ohne Fortsatz. Länge 77 µm (78–81 µm).
B. Zwei lange Hakennadeln mit einfachem Keilvorsprung. Gleichlang wie A oder wenige µm kürzer (74 µm).
C. Kurze Hakennadeln mit leicht verbreitertem Keilvorsprung. Länge 45 µm (40 µm).
D. Längere Hakennadeln mit prominentem, keilförmigen Vorsprung. Länge 66 µm (62–66 µm).
E. Laterale Nadeln mit dickem Schaft und sichelförmiger Spitze. Nur mit kleinem Vorsprung, gegenüber einer schwach sklerotisierten Lamelle. Länge 72 µm (70 µm).

Pseudosyrtis Ax, 1956

Mit nur 4 psammobionten Arten ist das Taxon *Pseudosyrtis* aus allen 3 aquatischen Großlebensräumen bekannt – mit der marinen Art *P. calcaris*

Sopott-Ehlers, 1976 von den Kanarischen Inseln, mit *P. subterranea* (Ax, 1951) aus diversen europäischen Brackgewässern sowie den limnischen Arten *P. fluviatilis* (Gieysztor, 1938) aus Flußsanden von Weichsel, Pripet und Oka sowie *P. neiswestnovae* Riemann, 1965 aus der Elbe.

Streng genommen gehört nur *P. subterranea* in die vorliegende Studie. Wir berücksichtigen zusätzlich die beiden Süßwasser-Vertreter, weil sie unbestritten Immigranten aus dem marinen Milieu repräsentieren und vielleicht noch heute mit identischen Populationen in küstennahen Brackgewässern existieren.

Die *Pseudosyrtis*-Arten haben ein Trichterrohr als Bestandteil der Stilettapparatur, womit sie leicht von habituell ähnlichen Organismen wie etwa *Philosyrtis*-Arten unterscheidbar sind. Infolge seiner weiten Verbreitung gehört ein Trichterrohr wahrscheinlich aber in das Grundmuster der Otoplanidae und kann als plesiomorphes Merkmal nichts für die Zusammenführung seiner Träger in monophyletische Taxa beitragen.

Pseudosyrtis subterranea (Ax, 1951)

(Abb. 125 A–C)

Weite Verbreitung in der inneren Ostsee (Finnland Schweden), Kieler Bucht, an der Nordseeküste (Schweden, Deutschland, Belgien), im Mittelmeer (Frankreich) und Schwarzem Meer (Bulgarien) (AX 1951a, 1954b, 1956c; KARLING & KINNANDER 1953; KARLING in LUTHER 1960; KARLING 1974; JANSSON 1968; SCHOCKAERT et al. 1989; VALKANOV 1954, 1955).

Als Bewohner des „Küstengrundwassers" beschrieben, ist *Pseudosyrtis subterranea* offensichtlich ein typischer Repräsentant der Fauna der brackigen Feuchtsandzone oberhalb des Grundwasserhorizontes. Nach KARLING (1960) existiert *P. subterranea* an stärker salzhaltigen Küsten nur in diesem Lebensraum, besiedelt in großen Brackwasserarealen bezeichnenderweise aber auch oberflächliche Sandschichten.

P. subterranea gehört zur Kerngruppe psammobionter Brackwasser-Plathelminthen mit Tendenz zur Immigration in das limnische Milieu. In Frankreich haben wir Vertreter der Art am schwachsalzigen Etang de Canet 30–50 cm tief im Sand bei einer Salinität von 0,9 ‰ (AX 1956c) gefunden. Über den Ästuarbereich hinaus (KRUMWIEDE & WITT 1995) wandert *P. subterranea* in Ufersande von Elbe und Weser ein (DÜREN & AX 1993).

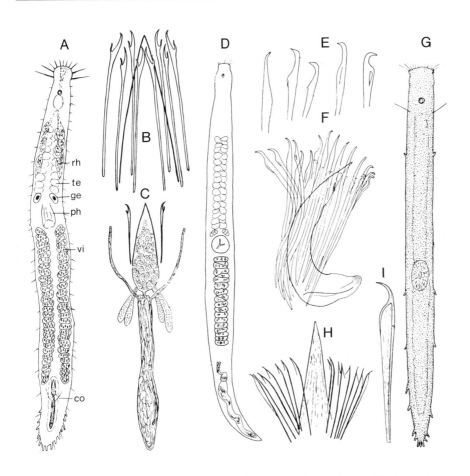

Abb. 125: A–C. *Pseudosyrtis subterranea* (Brackwasser, Kieler Bucht). A. Habitus und Organisation nach Lebendbeobachtungen. B. Stilettapparatur: Trichterrohr umgeben von 8 Hakennadeln. C. Kopulationsorgan mit Stilettapparatur, rundlicher Vesicula granulorum und schlauchförmiger Vesicula seminalis. D–F. *Pseudosyrtis neiswestnovae* (Süßwasser, Elbe). D. Habitus und Organisation nach Lebendbeobachtungen. E. Spitzen von Hakennadeln unterschiedlicher Ausprägung. Ganz links Nadel mit einfacher Spitze (dorsal-vorn im Nadelbündel), ganz rechts Nadel mit Nebenast (ventral-hinten im Bündel). F. Stilettapparatur mit gebogenem Trichterrohr. G–I. *Pseudosyrtis fluviatilis* (Süßwasser, Weichsel). G. Habitus. H. Stilettapparatur. I. Einzelne Nadel mit kräftigem Nebenast. (A–C Ax 1956a; D–F Riemann 1965; G–I Gieysztor 1938)

Körperlänge bis 1 mm. Das knopfartig abgesetzte Kopfende ist mit auffallend langen und kräftigen Tastborsten besetzt.

Der Pharynx liegt etwas vor der Körpermitte und schafft dadurch Raum für etwa 10 Paar praepharyngealer Hodenfollikel. Ein Paar Germarien vor dem Pharynx, zwei Reihen von Vitellarienfollikeln hinter dem Pharynx bis zur Höhe des Kopulationsorgans.

Mit ursprünglicher Gliederung des Kopulationsorgans in 3 Abschnitte – (1) eine schlauchförmige Vesicula seminalis mit scharfer Abschnürung gegen die (2) ovoide Vesicula granulorum, auf welche (3) die sklerotisierte Stilettapparatur folgt.

In der Stilettapparatur gibt es ein basal auffallend weites Trichterrohr (Länge 35–38 µm) und zumeist 8 Hakennadeln (35–43 µm), welche das Rohr umstellen. Bei letzteren ist der nach oben gerichtete, schlank zulaufende Keilfortsatz sehr charakteristisch, „wodurch jede Borste zweigegabelt erscheint" (KARLING in LUTHER 1960, p. 135).

Pseudosyrtis neiswestnovae Riemann, 1965

(Abb. 125 D–F)

Elbe. In bewegten Sandböden der Fahrrinne (Stromrinne, Strommitte, Flußsohle). Regelmäßig oberhalb von Hamburg in 2–8m Wassertiefe. Seltener in der Unterelbe mit westlichstem Fundort in Höhe von Stader Sand; 10 m Wassertiefe (RIEMANN 1965, 1966).

Mit 1,5–2 mm Körperlänge handelt es sich um die größte Art im Taxon *Pseudosyrtis*. Das Kopfende ist im Vergleich zu *P. subterranea* nur schwach mit Tastborsten ausgestattet. Der Pharynx liegt in der Körpermitte.

Aus der Anordnung der Gonaden heben wir zwei Eigenheiten hervor. Im Vorderkörper sind 16–17 Hodenpaare zu einem medianen Strang vereinigt – gegenüber zwei getrennten Follikelreihen bei *P. subterranea*. Ganz ungewöhnlich verhält es sich dann mit den Vitellarien. *P. neiswestnovae* besitzt 16–20 breite Follikel in einer Längsreihe zwischen Pharynx und Kopulationsorgan.

Die Stilettapparatur liefert weitere artspezifische Merkmale. Das Trichterrohr ist gebogen; es windet sich proximal unter starker Krümmung aus einem Bündel von Hakennadeln, distal steht die weite, schräg abgeschnittene Öffnung.

P. neiswestnovae hat eine hohe Zahl von 20–23 Hakennadeln mit Längen zwischen 70 und 78 µm. In dem Nadelbündel eines Individuums sind die distalen Enden der einzelnen Nadeln nicht einheitlich. Dorsal-vorn im Bündel liegen Nadeln mit einfacher Spitze, ventral-hinten befinden sich Nadeln mit einem kräftigen Nebenast.

Pseudosyrtis fluviatilis (Gieysztor, 1938)

(Abb. 125 G–I)

In Flußsanden der Weichsel, des Pripet und der Oka.

GIEYSZTOR (1938) behandelt Tiere aus Weichsel und Pripet (leg. J. WISZNIEWSKI) und nimmt außerdem den Fund einer Otoplanide aus der Oka (NEISWESTNOVA-SHADINA 1935) in die Beschreibung von *Otoplana fluviatilis* auf. Die Charakterisierung der Art basiert indes nur auf einem Tier aus der Weichsel mit männlichen Geschlechtsorganen.

Die Stilettapparatur besteht aus einem Trichterrohr und 15 Nadeln von 37 µm Länge. Die Spitze der Nadeln läuft geschwungen aus. Unter der Spitze entspringt ein nach hinten gerichteter, kurzer Nebenast. Zwischen Haupt- und Nebenast ist eine zarte Membran ausgespannt, die bis zum Proximalende des Stachels verläuft.

Das mag zur Unterscheidung der Weichsel-Population von *P. subterranea* und *P. neiswestnovae* genügen. Bis zur Kenntnis der Geschlechtsorgane von Tieren aller 3 limnischen Populationen bleibt allerdings ungeklärt, ob es sich um eine oder mehrere Arten handelt. Und diese Klärung ist die Voraussetzung für eine Antwort auf die Frage nach einer einmaligen Einwanderung in das Süßwasser oder wiederholt getrennter Immigrationen aus Ostsee, Schwarzem Meer und Kaspischen Meer.

Philosyrtis Marcus, 1950

MARCUS (1950) ist mit der validen Beschreibung von *Philosyrtis eumeca* der Autor des Taxons *Philosyrtis* und nicht GIARD (1904), dessen *Philosyrtis monotoides* ein nicht identifizierbares Iuvenilstadium der Otoplanidae darstellt (AX & AX 1967). Heute stehen in dem supraspezifischen Taxon *Philosyrtis* 7 Arten – *P. eumeca* Marcus, 1950 aus Brasilien, *P. fennica* Ax, 1954 aus dem Finnischen Meerbusen, *P. sanjuanensis* Ax & Ax, 1967 von der nordamerikanischen Pazifikküste; *P. rotundicephala* Sopott, 1972 von der Nordseeinsel Sylt, *P. santacruzensis* Ax & Ax, 1974 von Galapagos, *P.*

rutilata Sopott, 1976 von Arcachon (Frankreich) und Sylt sowie *P. eoomansi* Martens & Schockaert, 1981 aus den Niederlanden.

Das Problem der Monophylie einer Einheit *Philosyrtis* ist ungeklärt. Im Rahmen unserer Brackwasser-Studie sind nur die beiden Arten *P. fennica* und *P. rotundicephala* zu behandeln.

Philosyrtis fennica Ax, 1954

(Abb. 126 A, B)

Wahrscheinlich wie *Pseudosyrtis subterranea* ein spezifischer Brackwasserorganismus, allerdings bisher nur mit wenigen Fundorten.

Der Locus typicus liegt im Finnischen Meerbusen. In einem Sandstrand bei Lappvik wurde *Philosyrtis fennica* in der Brandungszone (Otoplanen-Zone) und im landwärts folgenden „Küstengrundwasser" nachgewiesen (AX 1954b). In letzterem Fall dürfte wie für *Pseudosyrtis subterranea* der originäre Lebensraum im subterranen Feuchtsand oberhalb des Grundwasserhorizontes liegen (AX & AX 1970). Unweit von Lappvik ist Hangö ein weiterer Fundort (KARLING 1974).

Mittlerweile ist *Philosyrtis fennica* auch von der Nordsee bekannt – aus einem Salzwiesengraben von Sylt (HELLWIG-ARMONIES & ARMONIES 1987) und von Sandstränden im Mesohalinicum des Weserästuars bei Bremerhaven (KRUMWIEDE & WITT 1995).

Der fadenförmige Körper wird bis 1 mm lang. Am abgesetzten Kopfende treten 2 lateral abragende Tastborsten besonders hervor. Der kurze Pharynx liegt vor der Körpermitte.

Anordnung der Gonaden. 3 Paar Hodenfollikel und 1 Paar Germarien vor dem Pharynx. 2 Reihen follikulärer Vitellarien zwischen Pharynx und Kopulationsorgan.

Das männliche Kopulationsorgan ist in zwei Abschitte gegliedert. (1) Eine sklerotisierte Stilettapparatur aus 30–40 schlanken Nadeln umstellt eine langgestreckte Vesicula granulorum. (2) Es folgt eine rundliche bis eiförmige Vesicula seminalis.

Die Stilettapparatur erreicht in leicht gequetschtem Zustand eine Gesamtlänge von 65–70 µm. Wir unterscheiden 3 Nadelgruppen.

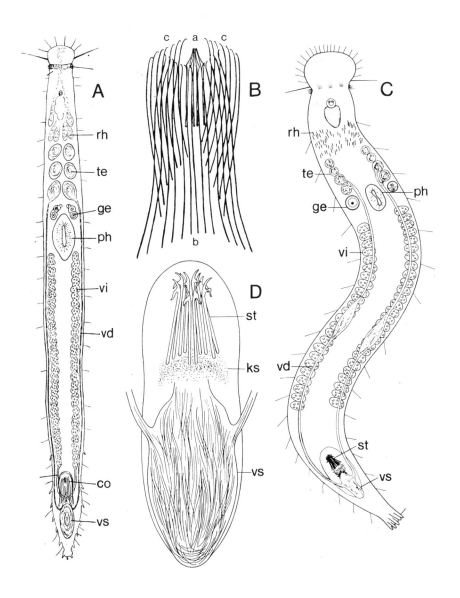

Abb. 126: A–B. *Philosyrtis fennica* (Lappvik, Finnischer Meerbusen). A. Habitus und Organisation nach Lebendbeobachtungen. B. Stilettapparatur mit 3 verschiedenen Nadelgruppen (Erläuterung im Text). C–D. *Philosyrtis rotundicephala* (Sylt, Nordsee). C. Organisation nach Quetschpräparaten. D. Kopulationsorgan mit Stilettapparatur aus 10 gleichförmigen Hakennadeln. (A, B Ax 1954b; C, D Sopott 1972)

(a) Etwa 8 kurze Nadeln bilden vorne einen medianen Kranz. Die zugespitzten Enden laufen vorne eng zusammen. Nur die Nadeln der Gruppe a haben einen kleinen keilförmigen Vorsprung unterhalb der Spitze.
(b) Oberhalb des Kranzes breitet sich ein dorsaler Fächer von 13–16 sehr langen und schlanken Nadeln aus; die Spitzen sind nach außen gebogen.
(c) Zwei ventrale Gruppen von jeweils 7–8 schlanken Nadeln, stehen vorne weit auseinander, laufen nach hinten indes zusammen.

SCHMIDT (1972b) ordnet eine Population von Tromsø mit einer Stilettapparatur aus entsprechenden 3 Nadelgruppen der Art *Philosyrtis fennica* zu, stellt indes deutliche Unterschiede im Bau der Nadelgruppe A heraus. Sie besteht im Material von Norwegen aus 6 Nadeln mit gebogener Spitze, welche in 2 Dreiergruppen angeordnet sind; die äußeren Nadeln tragen einen langen, nach hinten gerichteten Dorn. Das stimmt gut überein mit *P. sanjuanensis*, nicht aber mit *P. fennica*. Die Zuordnung zu dieser Art muß in Frage gestellt werden.

Philosyrtis rotundicephala Sopott, 1972

(Abb. 126 C, D)

P. rotundicephala ist nur im Sandhang am Ostufer der Insel Sylt vor der alten Wattenmeerstation des Alfred-Wegener-Instituts für Polar- und Meeresforschung nachgewiesen. Populationen der Art besiedeln den Sandhang in 5–12 m Entfernung landwärts vom Strandknick, 40–140 cm tief im Substrat. Ihr Lebensraum ist hier die Feuchtsandzone und das anschließende obere Grundwasser (SOPOTT 1972).

Das Siedlungsareal ist ein Brackwasser-Biotop, wie wir es bei der Darstellung von *Otoplanella schulzi* (S. 266) näher ausgeführt haben. Infolge der sehr spezifischen Lokalisation im Sandstrand können wir auch *P. rotundicephala* als einen Brackwasserorganismus ansprechen – mit der bei nur einem Fundort gebotenen Zurückhaltung.

Die Länge des Körpers liegt bei 0,6–0,7 mm. Vom Habitus ist das namensgebende knopfartig abgesetzte Vorderende hervorzuheben. Die wesentlichen Eigenmerkmale ergeben sich im Aufbau der Stilettapparatur. Als einzige Art des Taxons *Philosyrtis* hat *P. rotundicephala* einen einheitlichen Satz uniformer Nadeln. 10 Hakennadeln von 23–25 µm Länge sind in einem Kreis angeordnet; sie tragen unter der gebogenen Spitze einen geschwungenen, nach hinten gerichteten Fortsatz.

Nematoplanidae

Nematoplana coelogynoporoides Meixner, 1938

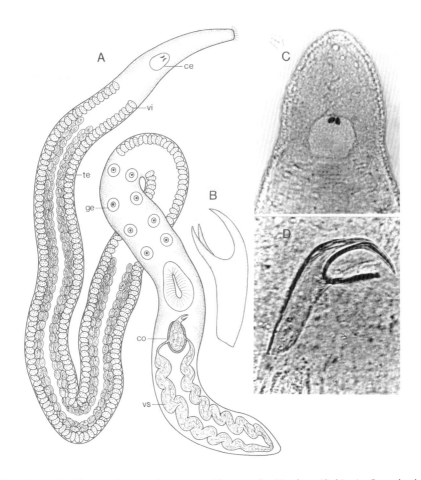

Abb. 127: A, B. *Nematoplana coelogynoporoides* von der Nordsee (Sylt). A. Organisation nach Lebendbeobachtungen. B. Stilett des Kopulationsorgans in Seitenansicht. C, D. *Nematoplana* spec. von der Pazifikküste der USA (Sandstrand auf San Juan Island, Washington). C. Vorderende mit intracerebralen Pigmentbecherocellen. D. Stilett. (A, C, D Originale 1951, 1965; B Sopott 1972)

N. coelogynoporoides ist von Sandstränden der Nordsee und des Mittelmeeres bekannt (BOADEN 1963a; SOPOTT 1972; EHLERS 1980; SCHOCKAERT et al. 1989). Die Art dringt in das Polyhalinicum der westlichen Ostsee vor und siedelt hier im Sandhang von Stränden der Kieler Bucht (SCHMIDT 1972a). Damit allein wäre *N. coelogynoporoides* noch nicht Gegenstand unserer Abhandlung. Indes hat RIEMANN (1966) einige Exemplare im mesohalinen Bereich der Elbe-Mündung bei Otterndorf nachgewiesen.

N. coelogynoporoides kann als ein fadenförmiger Organismus über 1 cm lang werden. Das röhrenförmige Stilett läuft distal in einen kräftigen Haken mit dorsaler vorderer Öffnung aus. Ventral stehen dem Haken zwei Apophysen als Muskelansätze gegenüber; in der Seitenansicht liegen sie gewöhnlich übereinander und erscheinen so als ein einheitlicher Stab. Die Länge des Stiletts schwankt zwischen 98 und 163 µm (SOPOTT 1972).

Im Anschluss an *N. coelogynoporoides* sind zahlreiche neue *Nematoplana*-Arten beschrieben worden (TAJIKA 1979; CURINI-GALLETTI & MARTENS 1992; CURINI-GALLETTI, OGGIANO & CASU 2001, 2002), die eine weltweite Verbreitung des Taxons im marinen Interstitial dokumentieren. Ich reproduziere eigene Aufnahmen einer undeterminierten Population aus dem San Juan Archipel der nordamerikanischen Pazifikküste (Abb. 127 C, D).

Tricladida

Aufgrund der Zentimetergröße und weiter Verbreitung in Süßgewässern sind die Tricladen (Planarien) das Paradebeispiel für freilebende Plathelminthen. Dabei lassen sie sich über diverse Autapomorphien einwandfrei als ein Monophylum begründen. Zu den nicht miteinander korrelierten, abgeleiteten Eigenmerkmalen gehören:
(1) Ein Darm mit 3 Ästen. Aufteilung an der Pharynxwurzel in einen unpaaren, nach vorne gerichteten Divertikel und zwei laterale, nach hinten laufende Fortsätze.
(2) Die rostrale Position der Germarien in Höhe des Gehirns am Anfang der weiblichen Gonaden.
(3) Ein transitorischer Embryonalpharynx in der Ontogenese zum Aufschlucken von Vitellocyten im Inneren der Eikapsel.
(4) Zahlreiche Nephridioporen in serialer Anordnung.
(5) Aufstellung von Haftdrüsen in einem randständigen Ring an der Ventralseite des Körpers.

Die klassische Einteilung der Tricladida in die marinen Maricola, die limnischen Paludicola und die landlebenden Terricola (HALLEZ 1890) ist in der phylogenetischen Systematik in Bewegung geraten (SLUYS 1989a; CARRANZA et al. 1998a; BAGUÑÀ et al. 2001). Wir diskutieren für unsere Fragestellung die neue Gliederung in die ranghöchsten Adelphotaxa Maricola und Continenticola (Paludicola + Terricola). Die ungeklärte Position der höhlenbewohnenden Cavernicola (SLUYS 1990) wird nicht verfolgt.

Für die Begründung der Maricola als Monophylum berufen sich die eben genannten Autoren auf ein einziges Merkmal aus der Morphologie – die Aufstellung von Haftpapillen im marginalen Haftzellenring. Ihre Interpretation als Autapomorphie der Maricola ist indes angreifbar. Die Haftpapillen sind Träger des „duo-gland adhesive system" (TYLER 1976) aus 3 Zellen – der Klebdrüse, der Lösungsdrüse und einer epidermalen Ankerzelle. Das weit verbreitete Zwei-Drüsen-Haftorgan (Kleborgan) gehört in das Grundmuster einer umfassenden Plathelminthen-Einheit Rhabditophora (EHLERS 1985).

Die Tricladida sind ein subordiniertes Teiltaxon der Rhabditophora. Das Zwei-Drüsen-Haftsystem muß mit anderen Worten in die Evolution des Grundmusters der Tricladida aufgenommen worden sein (Plesiomorphie).

Das nur den Tricladida eigene marginale Haftzellenband entstand dagegen erst innerhalb ihrer Stammlinie (Autapomorphie). Dabei wurden die vorhandenen Zwei-Drüsen-Haftorgane in Form von Papillen in das neu evolvierte Haftzellenband einbezogen. So war ein marginales Band mit Haftpapillen am Ende der Stammlinie im Merkmalsmosaik der Stammart der Tricladida vorhanden. Diese Konstruktion wurde in die Maricola weitergeführt und bildet mithin für sie in der Gesamtheit (Band + Papillen) ein plesiomorphes Merkmal. Es bleibt zu prüfen, inwieweit die Morphologie überhaupt eine Stütze hergeben kann für die Behauptung der Monophylie der Maricola im Rahmen einer „robust molecular phylogeny of the Tricladida" (CARRANZA et al. 1998).

Auf der anderen Seite sind die Continenticola durch den Mangel eben dieser Haftpapillen mit Zwei-Drüsen-Haftorganen im Ringband als Monophylum ausweisbar. Eine Reduktion der sehr effektiven Ankereinrichtungen kann im Zusammenhang stehen mit dem Wechsel aus einem lotischen Lebensraum der Meeresküste in das lenitische Milieu eines Süßwasser-Biotops (SLUYS 1989a). Und da Haftpapillen bei allen Continenticola fehlen, können wir einen einmaligen Wechsel durch eine Stammart postulieren. Als weitere Autapomorphien der Continenticola werden Resorptionsvesikel in modifizierten Vitellarienfollikeln (Abbau überschüssiger Fremdspermien) sowie eine Reduktion der Zahl longitudinaler Nerven herausgestellt.

Maricola

Bei der großen Mehrzahl der Maricola handelt es sich um Meeresbewohner im vollmarinen Milieu. Vergleichsweise wenige Arten dringen in Brackgewässer ein oder treten im Süßwasser auf (SLUYS 1989b). Im schwachsalzigen Finnischen Meerbusen leben beispielsweise allein die euryhaline *Procerodes littoralis* und der Brackwasserorganismus *Pentacoelum fucoideum* (LUTHER 1961).

Wir behandeln in unserer Übersicht nur Arten, von denen wiederholt Populationen in separierten Brackwasserarealen vorgefunden worden sind. Für die vorangestellten Arten mit einmaligem Nachweis in Brack- oder Süßwasser verweise ich auf die Monographie von SLUYS (1989b).

Brackwasser
Sabussowia wilhelmi Ball, 1973
Pisquid River, von Algen: Prince Edwards Island. Kanada.
Procerodella japonica (Kato, 1955)

Brackwasser Hôjôzu-gata, Toyama Prefäktur. Japan.
Procerodella asahinai (Kato, 1943)
Brackwassersee Yûdonuma, Provinz Tokadu, Hokkaido. Japan.

Süßwasser
Miroplana trifasciata Kato, 1931
Tokio. Ufer des Flußes Arakawa, 20 Meilen Entfernung von der Mündung. Süßwasser-Habitat mit Pflanzen wie *Ceratophyllum* und *Potamogeton*. Japan.
Pentacoelum hispaniensis Sluys, 1989
Künstliche Bewässerungskanäle zu Orangenhainen. Bei Algemesi, 30–40 km südlich von Valencia. Spanien.
Oahuhawaiiana kazukolinda Kawakatsu & Mitchell, 1984
Manoa Stream. Schmaler Süßwasserfluß. In 3,5 km Entfernung vom Wakiki Strand und in ~ 300 m Höhe. St. Louis Heights, Honolulu, Oahu Island. Hawaii.
Procerodes anatolica (Benazzi, 1981)
Viehtränke. Eindringen von Seewasser möglich. Vilayet Sinop, Gerze. Türkei.

Cercyra hastata Schmidt, 1861

(Abb. 128 A, B)

Verbreitung. Mittelmeer, Schwarzes Meer (SLUYS 1989b). Untersuchungen zur Biologie liegen von MURINA (1981) vor. *C. hastata* bildet zusammen mit *Pseudomonocelis ophiocephala* (S. 173) die Hauptkomponente des *Saccocirrus*-Sandes in der Bucht von Sewastopol. Individuen der Art existieren im Litoral über das Jahr hinweg und können 7 Generationen von Nachkommen in ihrer Lebensspanne erzeugen. Diese beträgt in Aquarium-Kulturen maximal 7 Monate.

Körperlänge bis 7 cm bei einer Breite von 1,75 mm; größter Durchmesser am Hinterende des Pharynx.
    Färbung. Ein breites Pigmentband vor den Augen zeichnet *Cercyra hastata* aus. Im übrigen ist die Färbung an der Dorsalseite ziemlich variabel. Sie erscheint bräunlich bis gelblich mit Anordnung des Pigments in einem irregulären netzförmigen Muster. Das Pigment kann aber auch vollständig fehlen.

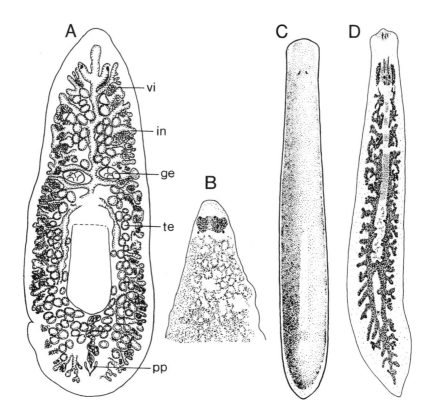

Abb. 128: A, B. *Cercyra hastata*. A. Totalpräparat in Dorsalansicht. B. Vorderende mit Pigmentband. C. *Uteriporus vulgaris*. Habitus, Dorsalansicht. D. *Paucumura trigonocephala*. Äußerlich erkennbare Merkmale eines lebenden Tieres. (A, B, D Sluys 1989b; C Ball & Reynoldson 1981)

Uteriporus vulgaris Bergendal, 1890

(Abb. 128 C)

Uteriporus vulgaris ist eine marin-euryhaline Art mit zahlreichen Funden an beiden Seiten des Nordatlantik (SLUYS 1989b). Die Verbreitung reicht von vollmarinen Küsten in das Polyhalinicum der westlichen Ostsee. Spezifische Lebensräume sind Steinufer und Salzwiesen. In unserem Zusammenhang sind letztere hervorzuheben. In der niederländischen Deltaregion der Flüsse

Rhein, Maas und Schelde ist *U. vulgaris* sehr häufig in Salzwiesen des Euhalinicums und Polyhalinicums (HARTOG 1963). Auf Sylt werden lockere Wiesenböden bei einer Salzgehaltskonzentration zwischen 2 und 20 ‰ besiedelt. *U. vulgaris* findet hier im Mesohalinicum optimale Lebensbedingungen (ARMONIES 1987; 1988). Zu euryhalinen Meerestieren mit Vorstoß in das pleiomesohaline Brackwasser (8–15 ‰) wird die Art von BILIO (1967) gerechnet. SCHOCKAERT et al. (1989) melden *Uteriporus vulgaris* aus belgischen Brackwassergebieten.

Körperlänge zwischen 3,5 und 9 mm. Der Kopf ist abgerundet oder leicht dreieckig. Der Vorderkörper wird in Höhe der Augen etwas eingeschnürt und verbreitert sich danach zunehmend. Das Hinterende ist stumpf zugespitzt. Färbung der Dorsalseite variabel – milchweiß, gelbbraun oder blaßbraun. Ventralseite unpigmentiert.

Zwei Receptaculum-Gänge und ihre caudalen Anschwellungen bilden das auffälligste Eigenmerkmal der inneren Organisation. Die Gänge entspringen aus einer vor dem männlichen Kopulationsapparat liegenden Bursablase mit ventralem Porus; sie laufen lateral vom Kopulationsorgan nach hinten und treffen hier auf die Germovitellodukte (Ovidukte). Letztere vereinigen sich zum unpaaren weiblichen Genitalkanal, der hinter dem männlichen Kopulationsorgan in das Atrium genitale mündet. *U. vulgaris* zeichnet sich also durch zwei Genitalporen in der Körperlängsachse aus.

Paucumara trigonocephala (Ijima & Kaburaki, 1916)

(Abb. 128 D)

Verbreitung. Japan (Oginohama, Provinz Rikuzen; Itsukushima, Provinz Aka). Australien. Bismarck Inseln.

„*Paucumara trigonocephala* appears to prefer low salinity biotops such as (1) the mouth of rivers where, at least during ebb, the water is fresh, or (2) lakes in the proximity of the sea" (SLUYS 1989b, p. 195).

Körperlänge 2–4 mm. Vom Habitus ist die dreieckige Ausformung des Vorderendes hervorzuheben. Die Augen liegen in beachtlichem Abstand zum Vorderende.

Färbung. Jeweils ein dunkler Streifen erstreckt sich von den Augen rostralwärts. Hinter den Augen verlaufen zwei braune Bänder seitlich der Mittellinie des Körpers nach hinten.

Pentacoelum fucoideum Westblad, 1935

Pentacoelum caspium Beklemischev, 1954

(Abb. 129 A)

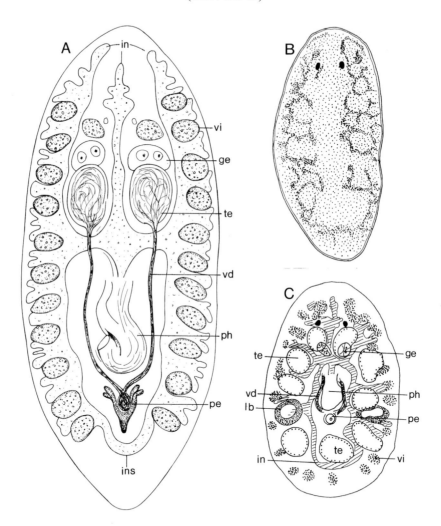

Abb. 129: *Pentacoelum*. A. *P. fucoideum*. Organisation (Nord-Ostsee-Kanal bei Kiel). B, C. *P. punctatum*. B. Habitus mit Pigmentierung (Louisiana, USA). C. Organisation nach Totalpräparat. (A Original 1951; B, C Sluys 1989b)

Nord-Ostsee-Kanal in Schleswig-Holstein (AX 1952c; SCHÜTZ 1966).
In der Baltischen See an der Schwedischen Küste und im Finnischen Meerbusen (WESTBLAD 1935; LUTHER 1961).
Kaspisches Meer bei Lenkoran als *P. caspium* (BEKLEMISCHEV 1954). Synonymisierung mit *P. fucoideum* Westblad durch SLUYS 1989b; bei kaspischen Individuen bleiben die caudalen Darmäste im Hinterkörper unverschmolzen.

P. fucoideum ist nur aus Gebieten mit vermindertem Salzgehalt bekannt und kann deshalb als eine der seltenen Brackwasserarten unter den Tricladida gelten. Ihr spezifischer Lebensraum ist der Algenbewuchs auf Hartböden.

Lebende Tiere erreichen 1,2 mm Länge und werden 0,5 mm breit. Ohne Körperpigment. Schwach entwickelte Augenbecher mit sehr kleinen, nur wenig gefärbten Pigmentgrana.

Pentamerer Darm mit einem Ast nach vorne, einem Paar lateraler Äste und einem Paar nach hinten ziehender Äste, welche hinter dem Penis zusammenfließen.

Pentacoelum punctatum (Brandtner, 1935)

(Abb. 129 B, C)

Sabussowia punctata **Brandtner, 1935**

Pentacoelum punctatum: **SLUYS & BUSH 1988; SLUYS 1989b**.

Brackwasserart mit amphiatlantischer Verbreitung.

Deutsche Ostseeküste
Unterlauf des Ryck zwischen Greifswald und Wiek. Mesohalines bis oligohalines Brackwasser. Im Algenbewuchs der Uferplanken (BRANDTNER 1935).

Louisiana, USA
Ausfluß des Lake Pontchartrain. „Low salinity habitat" (SLUYS & BUSH 1988).

Mit 1,9–2 mm Länge werden Individuen dieser Art im Leben deutlich größer als *P. fucoideum*. Im übrigen sind zwei, an lebenden Tieren leicht feststellbare Unterschiede hervorzuheben.

P. fucoideum ist pigmentfrei. *P. punctatum* hat dorsal dichte Pigmentanhäufungen von brauner Farbe unter dem Hautmuskelschlauch. Bei Individuen von Louisiana ordnen sich die Pigmentgrana zu einem irregulären Netzmuster an.

P. fucoideum hat nur 1 Paar großer Hoden im Vorderkörper. Dagegen befinden sich bei *P. punctatum* jeweils 5–6 Hodenfollikel an den Körperseiten zwischen Darmdivertikeln und ein unpaarer Follikel caudal des Kopulationsorgans einwärts der hinteren Darmschlinge.

Procerodes littoralis (Ström, 1768)

(Abb. 130 A, B)

In weiter Verbreitung an den Atlantikküsten von Nordamerika und Europa nachgewiesen (SLUYS 1989b); in der Ostsee bis in das schwachsalzige Brackwasser des Finnischen Meerbusens (LUTHER 1961).

Procerodes littoralis ist ein extrem euryhaliner Organismus, welcher den Wechsel der Lebensbedingungen von Meer- zu Süßwasser in Stunden und weniger überdauert (PANTIN 1931). Das hängt mit der häufig beobachteten Besiedlung von Süßwasserrinnsalen zusammen, welche die Gezeitenzone bei Niedrigwasser durchqueren (HARTOG 1968a). Die hier lebenden Populationen sind in jedem Gezeitenzyklus zweimal einem plötzlichen Salinitätssprung ausgesetzt (Schockbiotop: HARTOG 1964).

Körperlänge zumeist zwischen 3 und 7 mm; Breite 0,75–1,25 mm. Das leicht konvexe Kopfende trägt 2 distinkte Tentakel.

Die Färbung der Dorsalseite ist variabel – graubraun, fahlbraun oder auch dunkelbraun mit mehr oder weniger ausgeprägt fleckiger Erscheinung. Die Pigmentierung des Kopfes ist gewöhnlich auf 3 Streifen beschränkt, die zwischen den Augen zusammenlaufen.

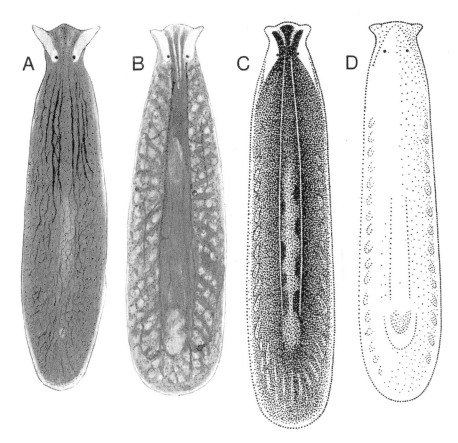

Abb. 130: *Procerodes*. A, B. *P. littoralis*. Verschieden gefärbte Individuen (Tvärminne, Finnischer Meerbusen). C. *P. plebeia* mit dunkler Pigmentierung (Plymouth, England). D. *P. lobata*. Die Tiere sind unpigmentiert (Plymouth, England). (A, B Luther 1961; C, D Hartog 1968a)

Procerodes plebeia (Schmidt, 1861)

(Abb. 130 C)

Verbreitung. Mittelmeer, Schwarzes Meer, Ostatlantik (Plymouth, England).

„*P. plebeia* occurs in brackish water springs or in otherwise brackish habitats" (SLUYS 1989b, p. 288).

Körperlänge bis 7 mm, Breite 1–1,25 mm. Kopf seitlich mit kleinen, aber auffälligen Öhrchen. Die Dorsalseite zeigt eine braune bis schwarzbraune Färbung. Die Tentakel, die Stirn vor den Augen und die Körperkanten sind unpigmentiert. Die Augen sind sehr klein.

P. plebeia mag an der dunklen Pigmentierung, den kleinen Tentakeln und den kleinen Augen erkannt werden (SLUYS l. c.). Im Genitaltrakt ist *P. plebeia* durch eine gut entwickelte Penispapille mit einer dicken Zone von Ringmuskeln charakterisiert.

Procerodes lobata (Schmidt, 1861)

(Abb. 130 D)

Weite Verbreitung im Mittelmeerraum mit frühen Funden aus dem Schwarzen Meer (Sewastopol, Yalta, Sukhumi) (SLUYS 1989b); später auch von der rumänischen Küste bekannt (MACK-FIRA 1974). Ausführliche Daten über Siedlungen in Sandstränden bei Plymouth (England) liefert HARTOG (1968a).

Körperlänge 5–7 mm, Breite 0,5–1 mm. Körperseiten verlaufen nahezu parallel. Gut entwickelte Aurikel. Vorderende leicht konvex, Hinterende rundlich.

P. lobata besitzt kein Körperpigment und unterscheidet sich dadurch deutlich von *P. littoralis* und *P. plebeia*.

Continenticola

Als alte Süßwasserbewohner sind verschiedene limnische Planarien sekundär in brackige Randzonen von Meeresküsten eingedrungen. Ich werte exemplarisch die eingehenden Untersuchungen von LUTHER (1961) in Finnland aus.

Im Brackwasser des Finnischen Meerbusens leben Populationen von *Planaria torva*, *Dugesia lugubris*, *Polycelis tenuis*, *Dendrocoelum lacteum* und *Bdellocephala punctata*.

Planaria torva Müller, 1773

(Abb. 131 A)

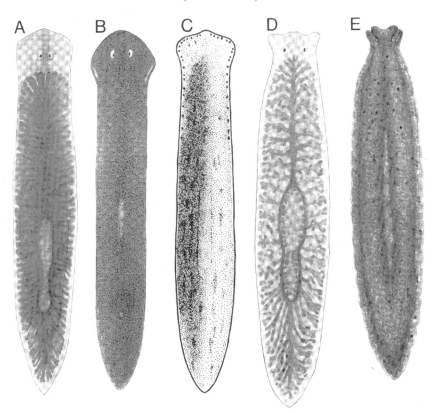

Abb. 131: Limnische Tricladida. *A. Planaria torva* (Tvärminne, Finnischer Meerbusen). B. *Dugesia lugubris* (Insel Brännskär bei Tvärminne, Finnischer Meerbusen). C. *Polycelis tenuis* (England). D. *Dendrocoelum lacteum* (Tvärminne, Finnischer Meerbusen). E. *Bdellocephala punctata*. (A, B, D, E Luther 1961; C Ball & Reynoldson 1981)

„*P. torva* ist an den Meeresküsten Südfinnlands die häufigste Triclade. Sie lebt besonders an steinigen Ufern und in der Fucus-Region bis etwa 10 m Tiefe ist sie zahlreich" (LUTHER 1961, p. 14)

LUTHER (l. c.) stellt zahlreiche Funde im Raum der Ostsee zusammen. Die obere Verbreitungsgrenze liegt bei etwa 8 ‰ Salzgehalt (REMANE 1950).

Länge 10–13 mm. Körper langgestreckt, Vorderende abgerundet bis abgestutzt oder in der Mitte in stumpfen Winkel etwas vorragend, Seitenlappen schwach angedeutet. Hinterende in stumpfe Spitze auslaufend. Dicht beieinander stehende Augen von hellem Hof umgeben. Grundfarbe ein helleres oder dunkleres Grau (LUTHER l. c.).

Dugesia lugubris (Schmidt, 1861)
(Abb. 131 B)

Tvärminne-Region am Finnischen Meerbusen. „Von den äussersten Schären bei einem Salzgehalt von 5–6 ‰ und dem entsprechenden Biotopen mit *Fucus*, Rotalgen und *Mytilus* in Tiefen von 0–8½ m bis zu reinem Süßwasser in Pojowiek" (LUTHER 1961, p. 17).

In experimentellen Untersuchungen war *D. lugubris* bis zu 5 ‰ Salzgehalt lebensfähig (SCHMITT 1955).

Länge 17(–20) mm. Vorderende kopfartig verbreitert, abgerundet oder stumpf dreieckig mit der größten Breite etwas hinter den Augen. Diese liegen weit voneinander in pigmentlosen Flecken. Aurikularsinnesorgane seitlich am Kopf gelegene helle Streifen. Farbe dunkelgrau bis schwarz (LUTHER l. c.).

Polycelis tenuis Ijima, 1884
(Abb. 131 C)

Im Finnischen Meerbusen häufig in der Uferzone – unter Steinen und an Pflanzen, z. B. *Fucus*. LUTHERs (1961, p. 22) Funde stammen aus seichtem Wasser bis 1 m Tiefe. Aus der Zusammenstellung weiterer Beobachtungen in der Ostsee geht hervor, daß *P. tenuis* einen Salzgehalt bis zu 6–7 ‰ verträgt.

Länge 10–11 mm. Vorderrand in der Mitte in stumpfen Winkel vorspringend und seitlich davon schwach eingebuchtet. Die seitlichen Ecken des Kopfes als abgerundete Lappen entwickelt, dahinter eine schwache halsartige Einschnürung. Farbe meist dunkelbraun bis schwarz. Zahlreiche kleine, schwarze Augen am Rand der vorderen Körperhälfte.

Dendrocoelum lacteum (Müller, 1773)

(Abb. 131 D)

Im Finnischen Meerbusen überall an den Ufern verbreitet – unter Steinen und in der Vegetation. Bei guten Sauerstoffbedingungen noch unterhalb des *Fucus*-Gürtel bis in 40 m Tiefe, wo der Salzgehalt der Baltischen See 5–7 ‰ beträgt (LUTHER 1961, p. 27).

Länge bis 21 mm. Abgestutzter Kopf in der Mitte mit einem Haftapparat. Dabei handelt es sich um eine nach unten und vorne offene Grube mit einem bogenförmigen caudalen Wulst. Seitlich stehen kurze stumpfe Tentakel; an deren Basis befinden sich zwei kleine, schwarze Augen (LUTHER l. c.). Auffälligstes Merkmal ist der Mangel an Körperpigment, wodurch Darmdivertikel mit dunklem Inhalt im milchweißen Körper aufscheinen.

Bdellocephala punctata (Pallas, 1774)

(Abb. 131 E)

Im Finnischen Meerbusen in verschiedener Vegetation und unter Steinen, vom Ufer bis in 2 m Wassertiefe (LUTHER 1961, p. 30).

Länge 20 mm, maximal 30 mm. Eine laterale Einschnürung begrenzt vorne einen kleinen Kopfabschnitt. Dieser trägt terminal einen Saugnapf und ist dementsprechend in der Mitte eingebuchtet. Durch tiefe Furchen setzt sich jederseits ein tentakelartiger Kopflappen ab. Am Ende der Furchen liegt jeweils ein pigmentloser Fleck, in welchen sich die beiden Augen befinden. Farbe schokoladenbraun mit schwarzen Punkten und Flecken (LUTHER l. c.).

Rhabdocoela

Der Pharynx bulbosus (Tonnenpharynx) der Rhabdocoela repräsentiert die höchste Differenzierungsstufe des Pharynx compositus (zusammengesetzter Pharynx). Zwei evolutive Neuheiten (Autapomorphien) begründen die Monophylie des Taxons. (1) Ein distinktes Septum trennt den Schlundkopf vollständig vom übrigen Körper. (2) Die Pharynxtasche ist stark verkürzt und überzieht nur noch das distale Drittel des Schlundkopfes.

Innerhalb der Rhabdocoela existieren zwei Ausprägungen des Pharynx bulbosus – der Pharynx rosulatus bei den Typhloplanoida sowie der Pharynx doliiformis der Doliopharyngiophora.

Der Pharynx rosulatus wird senkrecht zur Ventralseite gestellt. Das ist der ursprüngliche Zustand des Tonnenpharynx; als plesiomorphes Merkmal kann er das Taxon „Typhloplanoida" nicht als eine monophyletische Einheit begründen. Demgegenüber ist der Pharynx doliiformis durch (1) die Verlagerung in das Vorderende, (2) einen vollständigen Verlust der Bewimperung und (3) die Bildung eines Kropfes ausgezeichnet. Das sind 3 Autapomorphien des Monophylums Doliopharyngiophora.

„Typhloplanoida"

Wir beginnen mit den „Typhloplanoida" – einem Paraphylum ohne abgeleitete Eigenmerkmale. Mangels der Möglichkeit einer phylogenetischen Systematisierung behalten wir vorerst die überkommene Bezeichnung „Typhloplanoida" für die Versammlung der Rhabdocoela mit dem plesiomorphen Pharynx rosulatus bei. Wir können im Rahmen dieser Abhandlung auch an der herkömmlichen Klassifikation in supraspezifische Taxa mit „Familien-Rang" (KARLING 1974) wenig ändern, werden fallweise aber auf die Begründung monophyletischer Teiltaxa eingehen. Ein großes Monophylum der „Typhloplanoida" bilden die Kalyptorhynchia mit ihrem rostralen Rüsselorgan.

Byrsophlebidae

Mit separaten Genitalporen hinter der Mundöffnung an der Ventralseite; die männliche Öffnung liegt vor dem weibliche Porus. Das ist ein sekundärer Zustand innerhalb der Rhabdocoela, mit Sicherheit unabhängig entstanden von den getrennten Genitalporen bei *Paramesostoma* (KARLING & MACK-FIRA 1973) und dem Kalyptorhynchia-Taxon *Gyratrix*. Der Zustand der Byrsophlebidae kann als eine Autapomorphie des Monophylums gelten. Eine Revision hat KARLING (1985) durchgeführt.

Byrsophlebs dubia (Ax, 1956)

(Abb. 132 A–D)

B. dubia ist ein euryhaliner Besiedler mariner, lenitischer Biotope (HELLWIG 1987) mit Ausstrahlungen in das Mesohalinicum.

Nordsee
Frankreich. Brackwasser (SCHOCKAERT et al. 1989). Südwestlicher Teil der Niederlande. Salzwiesen im Euhalinicum und Polyhalinicum. In Brackwassertümpeln mit durchschnittlicher Salinität im Mesohalinicum (HARTOG 1965, 1977).
Sylt. Salzwiesen: Vereinzelt in polyhalinen Andelrasen (ARMONIES 1987). Watt: Schlickige Habitate über der MHWL, vor allem *Spartina*-Bestände (HELLWIG 1987).

Ostsee
Kieler Bucht. Sand der Uferzone mit Detritus (AX 1956c).
Finnischer Meerbusen. Tvärminne. *Auf Fucus* (LUTHER 1962).

Mittelmeer
Französische Etangs de Sigean und de Lapalme. Flockiger Detritus und schlammiger Sand. Euhalinicum (AX 1956c).

Pazifik
Alaska. Seward. Airport. Salzwiese; schlickiges Sediment mit Algenbedeckung (Salzgehalt 7–8 ‰). (AX & ARMONIES 1987).

Länge 0,7–0,8 mm. Mit Augen. Grau, ungefärbt. Schneller, agiler Schwimmer. Paarige Hoden, paarige Vitellarien und ein unpaares Germar.

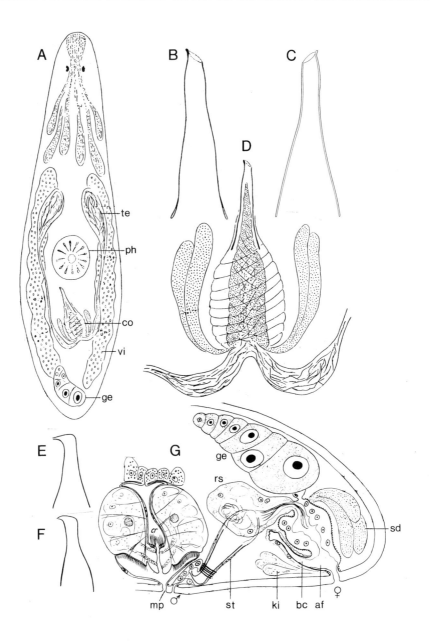

Abb. 132: A–D. *Byrsophlebs dubia*. A. Organisation nach Lebendbeobachtungen. B, C. Stilette verschiedener Individuen. D. Männliches Kopulationsorgan. A, B, D Frankreich. (Ax 1956c); C Alaska. Seward. (Ax & Armonies 1990). E–G. *Byrsophlebs simplex*. E, F. Stilette von zwei Individuen. G. Sagittalrekonstruktion des Pharynx und der Genitalorgane. Bosporus. (Ax 1959a)

Stilett (hartes Kopulationsorgan). Länge 45–46 µm (französische Mittelmeerküste), 49 µm (Kieler Bucht), 54 µm (Finnischer Meerbusen), 55 µm (Seward, Alaska). Das Rohr verjüngt sich distalwärts, wobei die Wand in leichten Wellen verläuft. Die distale Öffnung ist schräg abgeschnitten; das längere Rohrende ist knopfartig verdickt. Das Rohr wird im Quetschpräparat mit dem Distalende nach vorne gerichtet – zum männlichen Genitalporus hinter dem Pharynx.

Byrsophlebs simplex (Ax, 1959)

(Abb. 132 E–G)

Bosporus
Mündungsgebiet des Kücük Su. Detritusreicher Sand, Schlicksand. Salzgehalt ~18–19 ‰.

Marmara-Meer
Brackwasser-Strandsee Kücük Cekmece. Sand der Uferzone. Salzgehalt 7,3 ‰ (AX 1959a).

Länge 0,6 mm. Mit Pigmentaugen. Bräunlicher Farbton. Paarige Hoden, paarige Vitellarien, unpaares Germar. Das Stilett ist ein einfaches Rohr von 27–28 µm Länge. Der proximale Trichter ist stärker erweitert. Distal läuft das Rohr schlank zu und endet in einer nach vorne gerichteten Spitze, die im Quetschpräparat zur Seite gestellt wird. Die männliche Geschlechtsöffnung liegt dicht hinter der Mundöffnung.

Maehrenthalia americana Ax & Armonies, 1990

(Abb. 133)

Byrsophlebidae spec. 1: AX & ARMONIES 1987

Alaska. Pazifikküste
Homer Spit. Sand und Schlick aus der Gezeitenzone, Salzwiesentümpel. Anchorage. Salzwiese, Schlick. Hope. Schlickwatt, Salzgehalt 12–15 ‰ (AX & ARMONIES 1990).

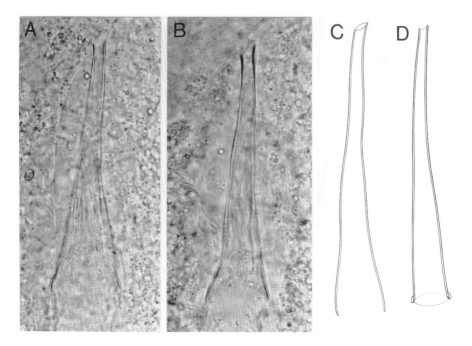

Abb. 133: *Maehrenthalia americana*. A–C. Stilette verschiedener Tiere von Alaska. (Ax & Armonies 1990). D. Stilett eines Tieres von Kanada. (Ax & Armonies 1987)

Kanada. Atlantikküste
Pocologan. Brackwasserbucht; detritusreicher Sand (AX & ARMONIES 1987).

Länge 0,8 mm. Mit Pigmentaugen. Ungefärbt. Paarige Hoden, paarige Vitellarien, unpaares Germar.

Langes schlankes Stilett, welches sich distalwärts zunehmend verjüngt und am Ende schräg abgeschnitten ist. Die Wand des Rohres ist leicht gewellt. Messwerte. Alaska: Länge 98–110 µm. Durchmesser proximal 22 µm, distal 6 µm. Kanada: Länge 83–98 µm. Durchmesser proximal 20 µm, distal 3–4 µm.

Promesostomidae

Brinkmanniella macrostomoides Luther, 1948
(Abb. 134 A–C)

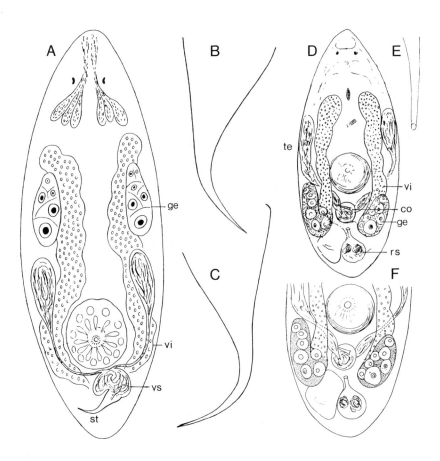

Abb. 134: A–C. *Brinkmanniella macrostomoides*. A. Organisation nach Lebendbeobachtungen. B, C. Stilette verschiedener Individuen. Frankreich, Etang de Salses. (Ax 1956c). D–F. *Westbladiella obliquepharynx*. D. Organisation nach dem Leben. Kristineberg. (Luther 1943). E. Stilett. F. Hinterende vergr. Kristineberg. (Karling 1974)

Marin-euryhaliner Organismus mit weiter Verbreitung an den europäischen Küsten (EHLERS 1974) – insbesondere in Sanden mit hohem Detritusgehalt. Auch an der kanadischen Atlantikküste nachgewiesen (AX & ARMONIES 1987).

Brackwasser
Französische Mittelmeerküste. Etang de Salses (AX 1956c).
Dänemark. Niva Bay am Øresund (STRAARUP 1970).
Finnischer Meerbusen. Bis in 36 m Tiefe (LUTHER 1962; KARLING 1974).

Länge 0,4–0,5 mm, an beiden Enden abgerundet. Mit Pigmentaugen. Die Färbung variiert von pigmentlos, schwach gelblich über rotbraun bis zu dunklem, netzförmigen Parenchympigment.

Der Pharynx liegt weit hinten im letzten Körperdrittel. Hoden ventral vor dem Pharynx. Germovitellarien. Die Germarien befinden sich ungewöhnlich in der vorderen Körperhälfte und legen sich hier den langgestreckten Vitellarabschnitten an.

Das muskulöse Kopulationsorgan trägt ein trichterförmiges Stilett mit scharfer gebogener Spitze. Die Länge beträgt bei Tieren aus dem Finnischen Meerbusen 58–66 µm (LUTHER 1943), bei Individuen vom Mittelmeer 48–55 µm (AX 1956c).

Westbladiella obliquepharynx Luther, 1943

(Abb. 134 D–F)

Marin-euryhaline Art mit einer Fundstelle im Mesohalinicum (Finnischer Meerbusen).

Nordsee
Niederlande. Salzwiesen, Schlickwatt, Sandwatt; im Euhalinicum und Polyhalinicum (HARTOG 1974, 1977).
Meldorfer Bucht, Nordstrand. Andelrasen (AX 1960; BILIO 1964).
Sylt. Andelrasen (ARMONIES 1987). Schlickiges Sediment mit *Spartina* und *Salicornia* im Grenzraum Watt – Salzwiese (HELLWIG 1987).
Schwedische Westküste. Kristineberg. In 10–30 cm Wassertiefe (RIEDL 1954; WESTBLAD in LUTHER 1943, 1962).

Ostsee
Finnischer Meerbusen. Tvärminne. Mundboden bis in 12 m Tiefe (LUTHER 1962; KARLING 1974).

Länge 0,4–0,5 mm. Körper vorne zugespitzt, hinten abgerundet. Pigmentaugen nahe dem Vorderende. Ungefärbt. Hoden seitlich vor dem Pharynx. Paarige Germovitellarien. Die Vitellarabschnitte erstrecken sich lateral bis in die Nähe des Gehirns. Die Germarteile liegen hinten. Kleines rundliches Kopulationsorgan. In diesem liegt an der hinteren Wand das Stilett in Form eines kurzen, geraden und spitz zulaufenden Rohres. Das Stilett ist mit Retraktoren versehen, offenbar einziehbar (LUTHER 1962).

Tvaerminnea karlingi Luther, 1943

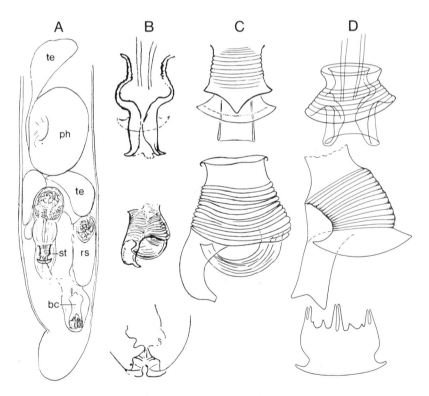

Abb. 135: *Tvaerminnea karlingi*. A. Genitalregion im Hinterteil des Körpers. Finnland. B. Beobachtungen am Finnischen Meerbusen. Oben: Stilett in Dorsalansicht. Mitte: Stilett in Lateralansicht. Unten: Hartstruktur der Bursa copulatrix. C. Beobachtungen vom Mittelmeer.

Oben: Stilett in Dorsalansicht. Mitte: Stilett in Seitenansicht. D. Beobachtungen von der amerikanischen Pazifikküste. Oben: Stilett in Dorsalansicht. Mitte: Stilett in Lateralansicht. Unten: Harte Platte der Bursa copulatrix. (A, B Luther 1962; C Ax 1956c; D Karling 1986)

Ostsee
Finnischer Meerbusen. Hangö, Tvärminne, Henriksberg, Syndalsholmen, Lappvik (LUTHER 1962).
Schwedische Ostseeküste. Åhus (KARLING in LUTHER 1962).
Öresund. Niva Bucht (STRAARUP 1970).
Kieler Bucht. Schlei. Lindauer Noor. Salzgehalt 5,5 ‰ (AX 1951a).

Nordsee
Sylt. Sandwatt im euhalinen Milieu (HELLWIG 1987).
Nordwales. Anglesey. Grober Sand aus Kies und Molluskenschalen. „Grundwasser" im vollmarinen Bereich (BOADEN 1963a).

Mittelmeer
Frankreich. Etang de Salses (12–14 ‰ Salzgehalt) und Etang de Canet (6–8 ‰) (AX 1956c).

Bosporus
Süßwasserzufluß Gök Su. 8,8–10 ‰ Salzgehalt (AX 1959a).

Pazifikküste der USA
Kalifornien. Elkhorn. Brackwasser unter Mud und Algen an einem Sandstrand (KARLING 1986 als *T. k. pacifica*).

Euryhaline Art oder Brackwasser-Organismus von Sand und Mudböden. Weitaus die Mehrzahl der vorstehenden Funde stammt aus schwachsalzigen, meist mesohalinen Brackgewässern. Immerhin gibt es zwei Angaben aus dem Euhalinicum – von Nordwales (BOADEN l. c.) und von Sylt (HELLWIG l. c.). Im übrigen wird von KARLING (1986) in Frage gestellt, ob die in der Ostsee, am Mittelmeer und in Kalifornien studierten Populationen als Mitglieder einer (ungegliederten) Art angesprochen werden können. Sorgfältige neue Studien des offenbar variablen harten Kopulationsorgans erscheinen wünschenswert.

Körperlänge 0,8–1 mm (LUTHER 1962; KARLING 1974). Stark veränderbare Körperform. Farbe schwach gelblich. Ohne Augen. LUTHER (l. c.) hebt die Gliederung des Kopulationsorgans in 3 Abschnitte hervor. Das Organ beginnt proximal mit einer kugelförmigen Blase für Sperma und

Kornsekret. Es folgt ein zylindrischer oder in der Mitte bauchig erweiterter muskulöser Abschnitt. Distal steht das harte Kopulationsorgan (Stilett) von 25–30 µm Länge (Messungen von KARLING l. c. am Pazifik) Ich habe Zeichnungen dieses Teiles von Tieren aus Finnland, Frankreich und Kalifornien in der Abb. 135 nebeneinander gestellt.

In der Dorsalansicht hat das Stilett eine symmetrische Figur. Der proximale, geringelte Teil endet in einer halbmondförmigen, quergestellten Platte. Unter dieser ragt ein Rohr nach unten. In der Lateralansicht erscheint die geringelte Partie bauchig angeschwollen. Das distalwärts anschließende Rohr (Haken) entspringt an einer Seite. Die sackförmige Bursa copulatrix hat eine partiell verfestigte Basalmembran. Bei finnischen Tieren zeigen sich am Ende zahnartige Strukturen (LUTHER 1962). Vergleichbar ist bei pazifischen Individuen eine Platte mit verschiedenen Vorsprüngen (KARLING 1986). Für die Mittelmeer-Populationen aus französischen Strandseen liegen keine Beobachtungen vor.

Coronhelmis Luther, 1948

In die Diagnose von *Coronhelmis* hat LUTHER (1948, 1962) das kugelige Kopulationsorgan mit Hartapparat aus basaler Manschette und anschließendem Stachelkranz aufgenommen. Ein Stilett dieser Konstruktion kann eine Autapomorphie des Taxon *Coronhelmis* bilden. Die Manschette fehlt allerdings bei der hier eingeordneten *C. inornatus* Ehlers, 1974.

Wir haben 9 Arten zu behandeln, die sämtlich aus Brackgewässern beschrieben worden sind. Es gibt überhaupt nur von wenigen Arten einzelne Funde im marinen Milieu, wogegen *C. multispinosus* mit regelmäßigen Siedlungen im Limnopsammal von Elbe und Weser auftritt. *C. lutheri, C. multispinosus* und wahrscheinlich auch *C. noerrevangi* repräsentieren genuine Brackwasserorganismen. Für die übrigen Arten liegen leider nur einzelne Funde aus Brackgewässern vor, die eine sichere ökologische Charakterisierung vorerst nicht gestatten.

Coronhelmis lutheri Ax, 1951

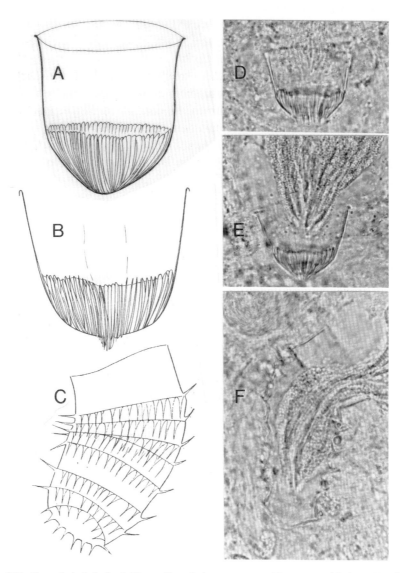

Abb. 136: *Coronhelmis lutheri*. Hartes Kopulationsorgan von Tieren verschiedener Fundorte. A. Fleckeby, Schlei. Kieler Bucht. Becherform im Ruhezustand. B. Tvärminne, Finnland. Einige Stacheln treten distal aus dem Becher aus. C. Tvärminne, Finnland. Distaler Abschnitt teleskopartig ausgezogen. Die Stacheln ordnen sich in Kränzen an. D–F. Akranes, Island. D, E. Ruhezustand; in E treten Kornsekretstränge in den Becher ein. F. Stachelteil vollständig ausgestülpt; unterhalb der schräg gestellten Manschette ein langer Schlauch mit mehreren Stachelkränzen. (A Ax 1951a; B Original 1997; C Karling 1974; D–F Ax 1994b)

„*Coronhelmis lutheri* ist mittlerweile zu der klassischen borealen Brackwasserart unter den Plathelminthen avanciert, wenn wir als Maßstab die Häufigkeit des Nachweises auf der Nordhalbkugel gelten lassen"(AX 1994b).

Dieser Art und *C. multispinosus* (S. 321) stehen mit *Macrostomum curvituba* und *Vejdovskya pellucida* weitere prominente Brackwasserorganismen zur Seite – und sie leben dabei oft zusammen in einem Biotop.

Fundmeldungen für *C. lutheri* reichen von der Beringstraße (Kotzebue) und der kanadischen Küste (New Brunswick) über den Nordatlantik (Island, Färöer) und die deutsche Nordseeküste in die innere Ostsee.

Kotzebue, Alaska
Mündungsareal eines Süßwasserflusses in den Kotzebue Sund südlich des Ortes.
Mittel- bis Grobsand, Salzgehalt 10 ‰ (AX & ARMONIES 1990).

New Brunswick, Kanada
Im Sand eines Strandtümpels am New River Beach, landwärts der mittleren Hochwasserlinie (AX & ARMONIES 1987).

Island
Bucht Blautos auf der Halbinsel Akranes. Grobsand-Kies im Supralitoral eines Sandhangs. Leirovogur bei Reykjavik. Mittelsand der Deltaregion; bei Niedrigwasser 1–2 ‰ Salzgehalt. Strandlagune Hlidarvatn auf der Halbinsel Reykjanes. Sandstrand im Nordosten; Grobsand-Kies. Süßwasser (AX 1994b).

Färöer
Schon in den ersten Proben von den Färöer tauchte *C. lutheri* auf – in Sand und Kies im inneren Ende des Kaldbaksfjordes der Insel Streymoy. Regelmäßige Messungen des Salzgehaltes (August 1992) in der Uferzone ergaben überwiegend 5–10 ‰, dokumentierten an 6 Tagen Meerwasser und an 3 Tagen Süßwasser.

In der berühmten Lagune Pollur bei Saksun siedelte eine individuenreiche Population im Süßwasser der Uferzone aus Grobsand-Kies. Weitere Fundortsangaben in AX (1994b).

An den marinen Atlantikküsten Europas ist Randbiotopen mit Brackwasserbedingungen offenkundig noch zu wenig Aufmerksamkeit geschenkt worden, um regelmäßige Siedlungen von *C. lutheri* aufzudecken. Sie fehlt indes augenscheinlich in bestimmten gut studierten Regionen – so etwa in

Sanden von Elbe und Weser, wo *C. multispinosus* vorkommt (S. 35) oder im Courant de Lège im Norden der Bucht von Arcachon, in welchem wir viele genuine Brackwasser-Plathelminthen nachweisen konnten (S. 46).

An salzreichen Küsten von Europa (Euhalinicum, Polyhalinicum) mag ebenso wie für *Vejdovskya pellucida* (S. 578) der brackige Sandhang jenseits der Hochwasserlinie einen spezifischen Lebensraum für *C. lutheri* repräsentieren. Jedenfalls lassen sich hier einschlägige Befunde von EHLERS (1974) auf den Nordseeinseln Rømø und Sylt sowie von SCHMIDT (1972a) aus einem Sandhang der Kieler Bucht in das Bild einordnen, das wir an marinen Stränden in Kanada und auf Island gewonnen haben (s. o.).

Ein grundsätzlicher Lebensraumwechsel findet in der Ostsee statt, wenn der Salzgehalt in den mesohalinen Bereich absinkt. Jetzt lebt *C. lutheri* regelmäßig in oberflächlichen, dem freien Wasser ausgesetzten Sandschichten. Das trifft im Raum der Kieler Bucht zunächst nur auf periphere Brackwasserareale zu – etwa auf Siedlungen in der Großen Breite der Schlei bei Fleckeby oder einen Süßwasserzufluß bei Surendorf in einem Milieu von 6–7 ‰ Salzgehalt (AX 1951a). Jenseits der Darßer Schwelle sind Sandböden dann generell freier Lebensraum für *Coronhelmis lutheri*. Im Greifswalder Bodden habe ich eine Population bei Greifswald-Wieck nördlich der Mündung des Ryck gefunden. Detritusreicher Fein-Mittelsand der Uferzone, von schwarzem FeS-Sand unterlagert (September 2001. Salzgehalt 6–7 ‰). Bei dieser Sachlage kann es nicht wundern, daß *C. lutheri* in Ufersanden am Finnischen Meerbusen und entlang der Ostseeküste von Schweden (LUTHER 1962; STERRER 1965; JANSSON 1968; AX & AX 1970) oberhalb und unterhalb der Wasserlinie siedelt.

C. lutheri fehlt in einem Brackwasserbiotop der Insel Disko, Grönland. Sie wird hier durch *C. conspicuus* ersetzt (S. 315). Ebensowenig habe ich *C. lutheri* an der Küste von South Carolina gefunden. Im Brackwasser der Winyah Bay bei Georgetown tritt die nachfolgend beschriebene *C. subtilis* an ihre Stelle (S. 313).

Körperlänge 0,8–1,4 mm. Undurchsichtig; bei auffallendem Licht weiß, bei durchfallendem Licht gelblich.

Das harte Kopulationsorgan erreicht nur 24–25 µm Länge. Nach entsprechenden Messungen auf Island und den Färöer (AX 1994b) habe ich diesen Wert unlängst in Tvärminne, Finnland (1997) bestätigen können. Im becherförmigen „Ruhezustand" entfallen ~ 15 µm auf eine durchsichtige Manschette mit proximal umgeschlagenen Rand und 10 µm auf einen gestreiften distalen Abschnitt; hier verbergen sich Querreihen von Stacheln. Bei Deckglasdruck kann der gestreifte Bereich teleskopartig ausgestoßen werden; so entsteht ein langes sack- oder schlauchförmiges Gebilde mit maximal 8 Kränzen feiner Stacheln (LUTHER 1962; KARLING 1974; EHLERS 1974).

Coronhelmis subtilis n. sp.

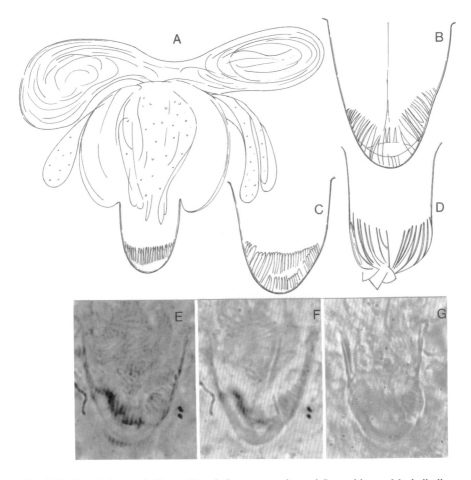

Abb. 137: *Coronhelmis subtilis*. A. Kopulationsorgan mit zwei Samenblasen, Muskelbulbus und Hartorgan (Stilett). B–D. Zeichnungen des Hartorgans verschiedener Individuen. In D treten nach Deckglasdruck lamellenartige Stacheln distal hervor. E–F. Mikrofotografien. Alle Bilder von Tieren aus dem Sandstrand des Morgan Park von Georgetown, South Carolina, USA. (A–C, E, F 1995; D, G 1996)

Georgetown, South Carolina, USA
Morgan Park (East Bay Park) im nördlichen Teil der Winyah Bay. Sandstrand unter Gezeiteneinfluß (Locus typicus). Übergangsbereich zwischen oligohalinem Brackwasser und Süßwasser. April 1995, Oktober 1996.

Länge um 1 mm. Überwiegend ungefärbt. Allerdings war bei Individuen aus beiden studierten Populationen der Jahre 1995 und 1996 eine leicht rötliche Tönung des Vorderendes erkennbar.

Das becherförmige Kopulationsorgan mit Manschette und gestreiftem Stachelabschnitt zeigt auf den ersten Blick gute Übereinstimmungen mit dem entsprechenden Hartorgan von *C. lutheri*. Auch die Meßwerte gleichen einander. Die Länge des Bechers beträgt 25–26 µm bei *C. subtilis*; die Manschette wird proximal 24–25 µm breit.

Es existieren indes subtile, signifikante Unterschiede.
(1) Die Hartstruktur ist bei *C. subtilis* insgesamt schwächer differenziert als bei *C. lutheri* – ein eindeutiger Sachverhalt wenn man beide Arten kennt, der allerdings schwer quantifizierbar ist.
(2) In der Wand der Manschette gibt es bei *C. subtilis* regelmäßig eine längsorientierte Leiste. Eine vergleichbare Struktur habe ich bei *C. lutheri* nicht gesehen.
(3) Der gestreifte distale Abschnitt setzt bei *C. lutheri* mit einer ± einheitlichen horizontalen Linie ein. Dagegen sind die Stacheln von *C. subtilis* mehr bogenförmig angeordnet, was eine Eindellung des oberen Randes zur Folge hat.
(4) Die 8 Stachelkränze im Kopulationsorgan von *C. lutheri* dürfte es bei *C. subtilis* nicht geben. Möglicherweise existiert hier nur ein Kranz. Bei starkem Deckglasdruck traten bei Individuen von *C. subtilis* kleine lamellenartige Stachel hervor; sie können dem letzten Kranz platter Stacheln entsprechen, die EHLERS (1974, fig. 11) für *C. lutheri* abgebildet hat.

Coronhelmis lutheri-Populationen von Kanada sind identisch mit Populationen von *C. lutheri* aus Europa. Evolutive Veränderungen müssen in Brackgewässern entlang der nordamerikanischen Atlantikküste eingetreten sein.

Coronhelmis conspicuus Ax, 1994

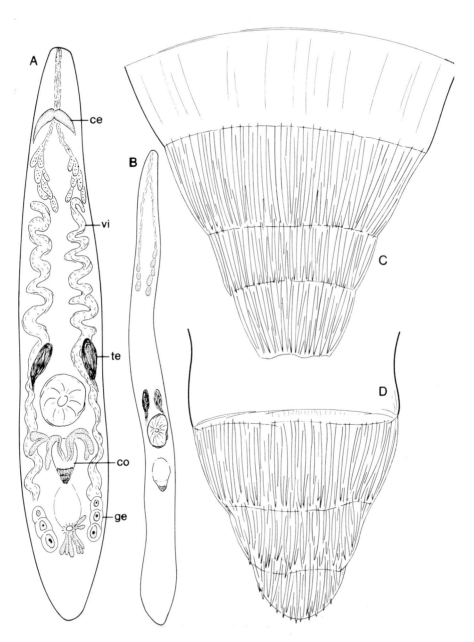

Abb. 138: *Coronhelmis conspicuus*. A. Organisation. B. Habitus. C und D. Hartorgan (Stilett) verschiedener Individuen im Ruhezustand. Disko, Grönland. (Ax 1994b)

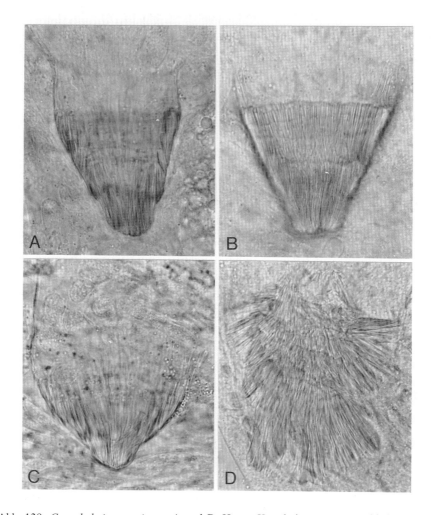

Abb. 139: *Coronhelmis conspicuus*. A und B. Hartes Kopulationsorgan verschiedener Individuen im Ruhezustand. C. und D. Kopulationsorgane nach unterschiedlich starker Quetschung durch Deckglasdruck. In D ist eine Anordnung der gespreizten Stacheln in 3 Gruppen erkennbar. Disko, Grönland. (Ax 1994b)

Grönland, Insel Disko.
Ausfluß der Süßwasserlagune vor der Arktis Station der Universität Kopenhagen bei Godhavn. Mittel-Grobsand, 20–30 m vor der Mündung. Kein Salzgehalt bei Probenentnahme im August 1991. *C. conspicuus* erscheint in diesem Lebensraum als Stellvertreter von *C. lutheri*.

Mit 1,5–2 mm Länge eine große Art im Taxon *Coronhelmis*. Ungefärbt. Stark dehnbar und kontraktionsfähig; mit intensivem Haftvermögen.

Das harte Kopulationsorgan ist im Normalzustand schwach gequetschter Tiere ~ 60 µm lang. Dabei hat das Organ entweder einen vasenförmigen Umriß mit distalwärts gerade zusammenlaufenden Wänden oder stärker die Form einer Urne.

Die proximale durchsichtige Manschette wird ~ 18 µm lang. Es folgt ein umfangreicher gestreifter Teil mit einer dichten Anordnung parallel orientierter Stacheln. Hierbei handelt es sich um plattenförmige, spitz zulaufende Elemente von 20–30 µm Länge. Im Normalzustand sind sie in 3 Reihen (oder auch nur 2 Reihen) angeordnet. Bei starkem Deckglasdruck wird der Stachelteil distalwärts ausgestoßen. Ich habe 4–5 Querreihen von Stacheln gesehen ohne eine vollständige Ausstülpung zu erzielen.

Bei einem Individuum wurde eine Länge von 80 µm für das harte Kopulationsorgan gemessen; dabei entfielen 25 µm auf die Manschette.

Im Vergleich von *C. conspicuus* und *C. lutheri* existieren signifikante Unterschiede in der Größe des harten Kopulationsorgans und in der Anordnung der Stacheln im eingestülpten Normalzustand. Das Kopulationsorgan von *C. conspicuus* ist weit über doppelt so lang wie das von *C. lutheri*. Bei *C. conspicuus* stehen die Stacheln im eingestülpten Ruhezustand in 2–3 Etagen; bei *C. lutheri* erzeugen die zusammengelegten Stacheln eine einheitliche Streifung des distalen Becherabschnitts.

Ein Vergleich mit *C. urna* erfolgt im Anschluß an die Darstellung dieser Art.

Coronhelmis urna Ax, 1954

(Abb. 140)

Finnischer Meerbusen
Sandstrand von Lappvik (AX 1954b). Etwa 1m landwärts des Wasserrandes, subterran in feuchtem Substrat aus Mittelsand, Grobsand und Kies. Bei Grabungen wird hier in 20–40m Tiefe der Grundwasserhorizont erreicht. Nach unseren Erfahrungen über das Verteilungsprinzip des subterranen Psammon leben die Tiere in der Feuchtsandzone oberhalb des Grundwasserspiegels (AX & AX 1970).

Länge 1–1,4 mm. Am Vorderende quer abgestutzt, am Hinterende leicht zugespitzt. Gelblichgrau gefärbt, sehr undurchsichtig.

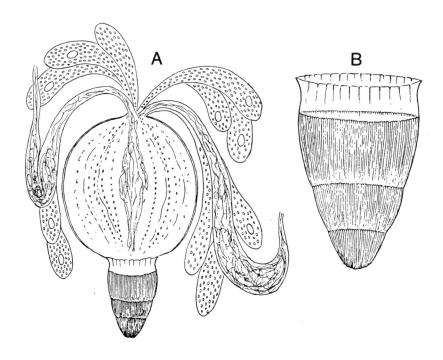

Abb. 140: *Coronhelmis urna*. A. Kopulationsorgan mit muskulöser Blase und Stilett. B. Hartorgan (Stilett) stärker vergrößert. Finnischer Meerbusen, Lappvik. (Ax 1954b)

Das Kopulationsorgan besteht wie bei *C. lutheri* und *C. conspicuus* aus einer muskulösen Blase mit Sperma und Kornsekret sowie dem harten Stilettapparat. Dieser hat die Form einer Urne. Die Länge beträgt 45 μm, wobei 8–9 μm auf die kurze proximale Manschette entfallen. Im Bereich dieser Manschette ist die Wand zu einer seichten Ringfurche eingedellt. Der anschließende gestreifte Abschnitt umfaßt 4/5 des Hartorgans. Wie bei *C. conspicuus* besteht er aus parallel orientierten Stacheln, die bei schwacher Anquetschung des Tieres durch zwei quer verlaufende Linien in 3 Etagen angeordnet sind.

Die Länge des harten Kopulationsorgans liegt zwischen der von *C. conspicuus* (60 μm) und der von *C. lutheri* (24 μm). Hervorzuheben ist ferner die extrem kurze Manschette von *C. urna*; sie ist kürzer als bei *C. lutheri* (15 μm). Schon dieser Sachverhalt spricht gegen die Annahme von LUTHER (1962), es handele sich bei den Figuren von *C. urna* (AX 1954b, fig. 30, 31) um ein partiell vorgestülptes Hartorgan von *C. lutheri*. Vielmehr ist wahrscheinlich, daß die Anordnung der Stacheln von *C. urna* in 3 Etagen dem Normalzustand (Ruhezustand) entspricht, wie wir ihn bei *C. conspicuus* gefunden haben. Es wäre wünschenswert, *C. urna* am Locus typicus im Finnischen Meerbusen erneut zu studieren. Derzeit müssen *C. urna* und *C. conspicuus* als einander nächst stehende Arten im Taxon *Coronhelmis* gelten.

Coronhelmis noerrevangi Ax, 1994

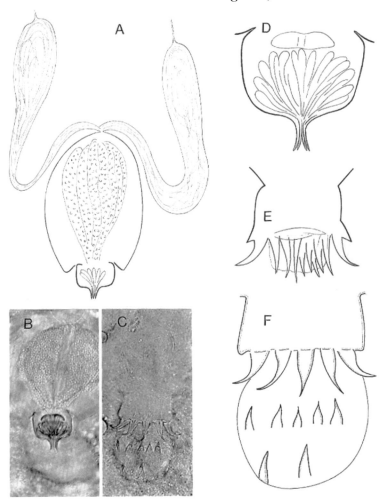

Abb. 141: *Coronhelmis noerrevangi*. A. Kopulationsorgan mit Samenblasen, ovoidem Muskelbulbus und Hartorgan (Stilett). B. Kopulationsorgan im Ruhezustand. C. Kopulationsorgan

mit ausgestülptem Stachelsack. D. Hartes Kopulationsorgan im Ruhezustand. Im Inneren der vielfach eingefaltete Sack. E. Beginn der distalen Ausstülpung des Kopulationsorgans. Die Stacheln treten in einer Reihe hervor. F. Vollständig ausgestülpter Sack mit 3 Kränzen großer Stacheln. A, D, E Färöer, Hvalvik; B, C, F Grönland, Disko. (Ax 1994b)

C. noerrevangi wurde auf Grönland, Island und den Färöer ganz überwiegend im Brackwasser und in küstennahen Süßwasserarealen gefunden (AX 1994b). Möglicherweise handelt es sich neben *C. lutheri* und *C. multispinosus* um eine weitere Brackwasserart des Taxons *Coronhelmis*. Allerdings liegt jeweils eine Fundstelle auf Grönland und Island im marinen Milieu.

Grönland
Godhavn auf Disko. (a) Sandstrand nördlich des Ortes. Tümpel im Supralitoral des Sandhangs. Grobsand. Salzgehalt 5–6 ‰. (b) Kleines Sandareal zwischen Felsen, südlich von Godhavn. Grobsand-Kies. Marin (1991).

Island
Hvalfjørdur. (1) Bucht Midsandur an der Nordseite des Fjords. Im Supralitoral eines Sandhanges, vermutlich Brackwasser. Grobsand-Kies. (2) Mündung des Flusses Laxévogur in die Bucht Laxarnesa. Uferzone. Grobsand. Kies. Bei Probenentnahme kein Salzgehalt meßbar. (3) Watt im Westen des Fjordes. Sand-Schlick am Südufer. Marin (1993).

Färöer
Insel Streymoy. (a) Hvalvik. Detritusreicher Mittel-Grobsand aus Brackwasserbiotop in Wiesengelände. Salzgehalt 5 ‰ (Locus typicus). (b) Saksun. Lagune Pollur. Uferzone. Grobsand-Kies. Süßwasser bei Probenentnahme (1992).

Körperlänge 0,8–1,2 mm. Ungefärbt. Das weiche, muskulöse Kopulationsorgan hat eine rundliche bis ovoid gestreckte Form. Das Hartorgan (Stilett) ist im Ruhezustand ein Becher, dem sich distal ein Zapfen aus eng zusammengelegten, mit den Spitzen nach außen gestellten Stacheln anschließt. Meßwerte an einzelnen Individuen von den 3 Inseln: Grönland – Länge 20 µm, Breite 17 µm. Island – Länge 22 µm, Breite 17 µm. Färöer – Länge 17 µm, Breite 18 µm. Im Ruhezustand erkennt man im Inneren des Bechers einen pilzförmigen Körper, welcher die vielfach gefaltete Wand eines weichen Sackes repräsentiert. Bei einem Individuum konnte ich den distalwärts vollständig ausgestülpten, ovoiden Sack studieren. Der Stachelzapfen am Bechergrund hat sich zu 3 Kränzen großer Stacheln entfaltet. Der erste Kranz besteht aus 8 kräftigen Stacheln von 9 µm Länge. Es folgt ein zweiter Kranz mit 5 Stacheln von 5 µm Länge. Im dritten „Kranz" habe ich schließlich nur zwei Stacheln von 7 µm Länge beobachtet. Weitere Studien müssen klären, inwieweit es sich hierbei um ein konstantes oder variables Muster handelt.

In jedem Fall ist *C. noerrevangi* neben *C. lutheri*, *C. subtilis*, *C. conspicuus* und *C. urna* ein weiterer Vertreter des Taxons *Coronhelmis* mit einem distal ausstülpbaren Stachelsack im harten Kopulationsorgan. Gegen diese 4 Arten mit einer Vielzahl schlanker Stacheln setzt sich *C. noerrevangi* durch die dicken und nur in geringer Zahl entwickelten Stacheln deutlich ab.

Coronhelmis multispinosus Luther, 1948

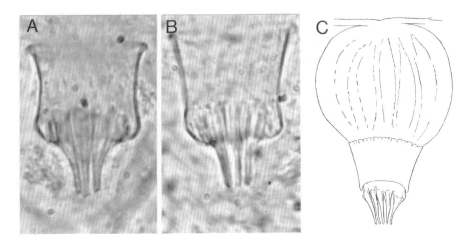

Abb. 142: *Coronhelmis multispinosus*. A und B Mikrofotografien des Stiletts verschiedener Individuen von Campobello Island, New Brunswick, Kanada. C. Kopulationsorgan mit Muskelbulbus und Stilett. Finnischer Meerbusen. (A, B Ax & Armonies 1987; C Luther 1948)

Wie *C. lutheri* von beiden Seiten des Nordatlantik bekannt – allerdings nur in einem Areal an der nordamerikanischen Küste.

Kanada

3 Lokalitäten mit Brackwasser von New Brunswick. (1) New River Beach. Mittelsand der Uferzone neben einem Süßwasserausfluß. (2) Campobello

Island. Herring Cove. Ästuar des Lake Glensevern. (3) Campobello Island. Upper Duck Pond. Salzwiese.

Belgien Niederlande
Brackwasser, Salzwiesen (SCHOCKAERT et al. 1989; HARTOG 1977). Ein Fund aus marinem Sandstrand.

Dänemark
Römö. Sandhang oberhalb der MHWL (EHLERS 1974).

Deutsche Küsten
Sylt. Sandwatt vor der Wattenmeerstation List. Wenige Individuen im marinen Milieu (EHLERS 1974). Sandstrand im Königshafen; mariner Bereich. 1 Expl. (HELLWIG 1987).
Salzwiesen auf Sylt (ARMONIES 1987, 1988) und an der Ostsee (AX 1960; BILIO 1964).
Weser-Ästuar. Mittelsande und Schlickwatten im Oligohalinicum. 1 Tier bei Sahlenburg im marinen Bereich (KRUMWIEDE et al. 1995).
Limnopsammal von Elbe und Weser (AX 1957; SOPOTT-EHLERS 1989; DÜREN & AX 1993; MÜLLER & FAUBEL 1993).
Kieler Bucht. Bottsand. „Cyanophyceensand" mit Cyanobakterien (Brackwasser-Lebensraum) (AX 1951a; GERLACH 1954). Schilksee. Im Supralitoral eines Sandhanges (SCHMIDT 1972a). Schlei. Selker Noor. Oligohalines Brackwasser (AX 1951a).
Greifswalder Bodden. Greifswald-Wieck. Nördlich der Mündung des Flusses Ryck. Detritusreicher Fein-Mittelsand der Uferzone, von FeS-Sand unterlagert. Sandstrand im Ortsteil Eldena südlich des Ryck. Reiner Fein-Mittelsand, ~ 20 m vor dem Sandhang (2001).

Innere Ostsee
Schwedische Küste; Finnischer Meerbusen bis 25 m Wassertiefe (LUTHER 1962, STERRER 1965, JANSSON 1968, KARLING 1974).
C. multispinosus gilt wie *C. lutheri* als eine Brackwasserart. Wir müssen indes auf einige wenige Funde im marinen Milieu hinweisen (Belgien, Sylt, Wesermündung); sie wurden oben spezifiziert. Es handelt sich hierbei aber wohl kaum um konstante Siedlungen in einem genuinen Lebensraum der Art.

Körperlänge 0,5–1,25 mm (LUTHER 1962). Sehr undurchsichtig, aber ohne Pigment. Kopulationsorgan. Der harte Apparat (Stilett) besteht aus einer sich distalwärts leicht verjüngenden Manschette und einem mit ihr fest verbundenen Kranz von 8–10 Stacheln, deren Spitzen sich aneinander legen.

Die Manschette ist am proximalen Rand oft mit Einschnitten versehen (LUTHER 1948, 1962).

Längenwerte des Hartorgans habe ich an der Ostsee und an der kanadischen Atlantikküste von mehreren Individuen bestimmt. Sie liegen in der Kieler Bucht (Bottsand) zwischen 16 und 19 µm; in Kanada bei 21–23 µm, wobei die proximale Öffnung 18 µm Breite erreicht und die Stacheln ~ 13 µm lang werden (AX & ARMONIES 1987; AX 1994b).

Coronhelmis exiguus Ax, 1994

(Abb. 143)

Grönland, Insel Disko
Zusammen mit *Coronhelmis conspicuus* im Mündungsbereich der Süßwasserlagune vor der dänischen Arktis Station bei Godhavn. Mittel-Grobsand, 20–30 m vor der Mündung. Süßwassermilieu bei Probenentnahmen im August 1991.

Länge 0,8–1 mm. Sehr schlanker Körper mit einem leicht verbreiterten Vorderende. Ungefärbt.

Das Ausmaß des harten Kopulationsorgans beträgt nach Messungen an 3 Individuen übereinstimmend 30 µm. Davon entfallen nur ~ 5 µm auf die proximale stachelfreie Manschette. Bei zwei der studierten Individuen setzt sich die Manschette lateral gleitend in zwei große Stacheln fort. Zwischen diesen liegen 6–8 schlankere Stacheln in Form eines Kranzes. Bei dem 3. Exemplar lief die Manschette lateral offensichtlich in 2 kürzere Stacheln aus.

Stacheln und Manschette sind wie bei *C. multispinosus* starr miteinander verschmolzen. Die Stacheln werden durch Deckglasdruck allenfalls etwas gespreizt (Abb. 143 D);dabei habe ich eine Papille (Sack) gesehen, die sich distalwärts leicht zwischen den Stacheln vorstülpt.

C. exiguus und *C. multispinosus* sind bisher die beiden einzigen *Coronhelmis*-Arten mit starrer Verbindung zwischen der Manschette und einem Kranz kräftiger Stacheln im harten Kopulationsorgan. Unterschiede ergeben sich in zweifacher Hinsicht. (1) Das harte Organ von *C. exiguus* wird um etwa ein Drittel länger als das von *C. multispinosus*. (2) Gegenüber der kurzen Manschette und den langen Stacheln bei *C. exiguus* nehmen Manschette und Stachelkranz von *C. multispinosus* jeweils um die Hälfte des Organs ein.

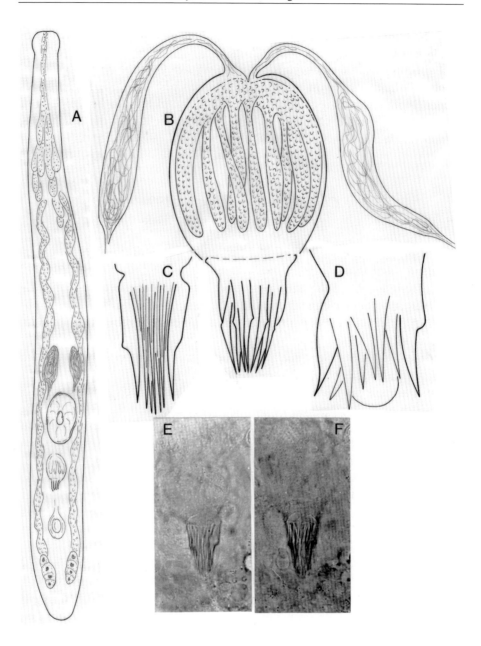

Abb. 143: *Coronhelmis exiguus*. A. Habitus und Organisation. Vorderende leicht verbreitert. B. Kopulationsorgan mit weichem, muskulösen Behälter und Hartapparat (Stilett) mit kurzen lateralen Stacheln. C und D. Andere Individuen mit langen Lateralstacheln. E und F. Mikrofotografien des Hartapparates. Grönland, Godhavn auf Disco. (Ax 1994b)

Coronhelmis tripartitus Ehlers, 1974

(Abb. 144 A)

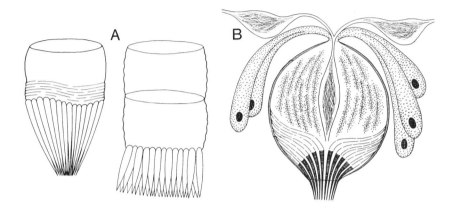

Abb. 144: A. *Coronhelmis tripartitus*. Hartes Kopulationsorgan. Links im Ruhezustand, rechts nach starkem Deckglasdruck. B. *Coronhelmis inornatus*. Kopulationsorgan mit muskulösem Sperma-Kornsekretbehälter und einzeln stehenden Stacheln. Sylt. (Ehlers 1974)

Nordseeinsel Sylt
Sandstrand vor der Wattenmeerstation List des Alfred-Wegener-Instituts für Polar- und Meeresforschung. Im Sandwatt, 2–5 m vor dem Strandknick sowie subterran im Sandhang (EHLERS 1974).

Körperlänge 0,6–1 mm.
Das harte Kopulationsorgan (Stilett) mißt 15–20 µm im Ruhezustand; die proximale Öffnung wird 11–14 µm weit. Das 3-teilige Organ beginnt mit einfacher Manschette. Es folgt ein Ring mit deutlicher Ringelung. Den Abschluß bildet ein Kranz von 25–30 langen Stacheln; sie konvergieren distalwärts.
  Nach starkem Deckglasdruck ist die Manschette gewellt. Der mittlere Abschnitt hat sich gestreckt; die Wandung erscheint ebenfalls gewellt. Die Stacheln sind gespreizt (EHLERS 1974).

Coronhelmis inornatus Ehlers, 1974

(Abb. 144 B)

Nordseeinsel Sylt
Sandstrand vor der Wattenmeerstation List des Alfred-Wegener-Instituts für Polar- und Meeresforschung. Supralitoraler Sandhang. Feuchtsand 7 m oberhalb der MHWL, 10–75 cm unterhalb der Sandoberfläche (EHLERS 1974).
  Salzwiesenböden aus grobem Detritus und grobem Sand (ARMONIES 1987).
  An den beiden Fundorten im Supralitoral und in Salzwiesen dürfte der mittlere Salzgehalt im Mesohalinicum oder tiefer liegen (ARMONIES l. c.).

Kleine Art von 0,6–0,8 mm Länge. Das Kopulationsorgan besteht aus einem großen Muskelbulbus und 10–15 einzelnen Stacheln. Diese sitzen dem Bulbus ohne Manschette direkt auf. Die größten mittleren Stacheln messen 11–12 µm.
  Durch den Mangel einer Manschette weicht *C. inornatus* deutlich von allen übrigen *Coronhelmis*-Arten ab.

Promesostoma Graff 1882, *Promesostoma* s. str. Luther 1943

LUTHER (1943) umgrenzt ein Taxon *Promesostoma* s. str., das gemäß seiner Charakterisierung durch folgende Autapomorphien als Monophylum ausgewiesen werden kann. Das ellipsoide muskulöse Kopulationsorgan ist durch einen langen dünnen Ductus ejaculatorius mit dem Stilett verbunden. Bei diesem handelt es sich um ein langes Rohr in einem entsprechend gestreckten männlichen Genitalkanal. Der Kanal ist proximal zu einer Blase (Bursa) erweitert, welche der Speicherung von Fremdsperma dient. Bei der Begattung führt der Geschlechtspartner die Spitze seines Stilettrohres in die Blase ein.
  Luther hat seinerzeit 4 Arten für das Taxon *Promesostoma* s. str. anerkannt – *P. marmoratum*, *P. bilineatum*, *P. balticum* und *P. cochleare*; sie alle sind im Brackwasser repräsentiert. Mittlerweile ist die Zahl auf etwa 35 *Promesostoma*-Arten angestiegen, wobei 7 weitere Arten aus Brackgewässern bekannt geworden sind. Allerdings hat sich mit *P. bilineatum* nur eine Art im Salinitätsspektrum so etabliert, daß sie als ein genuiner Brack-

wasserorganismus gelten kann. *P. nynaesiensis* und *P. balticum* sind nur aus der Ostsee bekannt, *P. teshirogii* ist nur in Brackgewässern aus dem Norden von Japan nachgewiesen. Aber das besagt wenig, solange keine weiteren Funde aus dem Meer oder Brackwasser vorliegen.

Promesostoma bilobata Ax & Armonies, 1987 aus Algenwatten verschiedener Salzwiesen von New Brunswick, Kanada habe ich nicht berücksichtigt, weil mir die Salzgehaltsverhältnisse an den Untersuchungsstellen nicht bekannt sind und weitere, geographisch separierte Fundorte fehlen.

Bei *P. gracilis* Ax, 1951 und *P. neglectum* Karling, 1967 zögere ich, Meldungen aus dem Brackwasser des Øresund (STRAARUP 1970) in die Darstellung aufzunehmen. Der Name *P. gracilis* steht zwar in einer Tabelle; die Art wird aber im laufenden Text nicht behandelt. *P. neglectum* ist möglicherweise mit *P. meixneri* Ax, 1951 identisch (EHLERS 1974; EHLERS & SOPOTT-EHLERS 1989).

Promesostoma marmoratum (Schultze, 1851)

(Abb. 145)

P. marmoratum ist eine marin-euryhaline Art mit weiter Verbreitung an beiden Seiten des Nordatlantik und im Mittelmeer. Ältere Fundortsangaben sind allerdings fragwürdig (AX 1959a; LUTHER 1962). Hier kann ich nur einige Befunde herausstellen, über welche die vielfach parallele Einwanderung von *Promesostoma marmoratum*-Populationen aus dem Meer in schwachsalziges Brackwasser dokumentiert wird.

Kanada
Brackwasserbucht Pocologon an der Küste von New Brunswick. Unter Süßwassereinfluß. Lenitischer Lebensraum mit sandigem Mud und Algen (AX & ARMONIES 1987).

Färöer
Lagune Pollur im Nordwesten der Insel Streymoy. Das innere Ende der großen Bucht steht nur aperiodisch unter dem Einfluß von Meerwasser. Während der Untersuchungen im August 1992 herrschten Süßwasserbedingungen (AX 1995a). Neben 11 Brackwasser-Arten wurde eine individuenarme Population von *P. marmoratum* festgestellt.

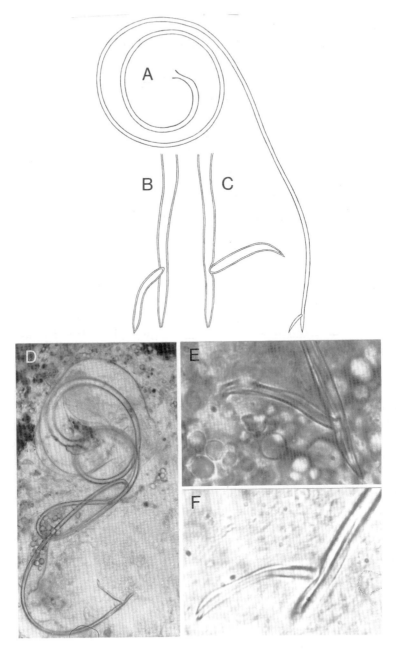

Abb. 145: *Promesostoma marmoratum*. A. Stilettrohr. Totalansicht. B und C. Distalende des Rohres mit beweglichem Sporn. Mündung des gerade auslaufenden Rohres sichtbar. Zeichnungen nach Individuen aus der Kieler Bucht (Ax 1952b). D. Stilett. Totalansicht. E, F. Spitze des Rohres mit Sporn. Mikrofotografien von New Brunswick, Kanada (Ax & Armonies 1987)

Nordsee
Niederlande. Sand- und Mudwatt, Salzwiesengräben. Vom marinen Milieu bis zum Mesohalinicum (HARTOG 1977).
Deutschland. Mündungsareal der Weser. Poly- bis Mesohalinicum (KRUM-WIEDE & WITT 1995).

Westliche Ostsee
Einzige *Promesostoma*-Art, die aus dem Polyhalinicum der Kieler Bucht in das mesohaline Brackwasser der Schlei (Fleckeby, Schleswig) vordringt (AX 1951a).

Baltische See jenseits der Darßer Schwelle.
Greifswald ist der Locus typicus von *P. marmoratum*. Repräsentanten der Art habe ich 2001 im Fischerdorf Wieck beiderseits der Mündung des Ryck im Greifswalder Bodden gefunden.

„*Promesostoma marmoratum* gehört an der Südküste Finnlands zu den häufigsten Turbellarien" (LUTHER 1962, p. 61). Auf verschiedenen Böden (Sand, Steine, Schlamm, Gyttja), vorzugsweise in Vegetation (*Fucus*gürtel, Bestände von *Scirpus*, *Phragmites* und *Chara*).

Spindelförmiger Körper mit durchschnittlicher Länge von 1,5 mm. Feinkörniges braunes Pigment liegt dorsal im Parenchym unter der Haut. Mehrere unregelmäßige Pigmentstreifen entspringen in der Augenregion; sie anastomosieren miteinander, und das führt zu netzartigen Strukturen.

Die Pigmentierung ist bei Individuen aus detritusreichen bis schlammigen Stillwasserbiotopen besonders kräftig ausgeprägt, bei Tieren aus Sandböden dagegen schwach entwickelt; hier kann das Pigment sogar völlig fehlen (AX 1951a, p. 327, 328).

Das Stilett des Kopulationsorgans ist proximal in 2 (–3) Windungen aufgerollt. Das Rohr endet in einer Spitze, in der die distale Öffnung liegt (Abb. 145 B, C, E). Charakteristisch für *P. marmoratum* ist ein beweglicher Sporn, der „lateral" kurz vor dem Rohrende inseriert. Der Sporn wird bei Tieren aus Kanada 32 µm lang, die Strecke von der Gelenkung des Spornes bis zur Rohrspitze erreicht 14 µm (AX & ARMONIES 1987).

Promesostoma caligulatum Ax, 1952

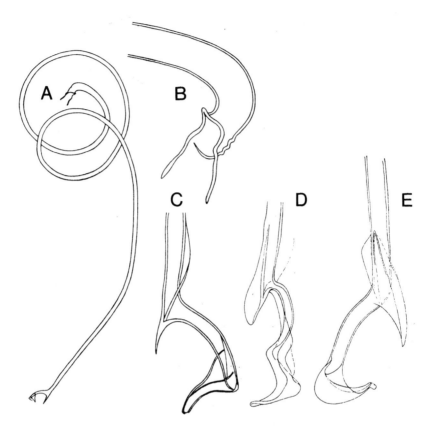

Abb. 146: *Promesostoma caligulatum*. A–C. Kieler Bucht. A. Stilettrohr. Totalansicht. B. Proximaler Trichter mit einer Leiste über dem Rohr. C. Distales Ende mit Haken und Stachel. D–E. Finnischer Meerbusen. D, E. Spitze des Stiletts verschiedener Individuen. (A–C Ax 1952b; D–E Luther 1962)

Euryhaline Art mit Siedlungen in stark differierenden Lebensräumen. Ich stelle unpublizierte Befunde aus Frankreich näher dar.

Island. Bucht Leirovogur. Brackwassertümpel (S. 55).
Tromsø (SCHMIDT 1972b). Nordwales (BOADEN 1963a). Nordirland (BOADEN 1966). Mündung der Zwin an Grenze Niederlande-Belgien (HARTOG 1965). Im Euhalinum und Polyhalinicum von Salzwiesen der Niederlande (HARTOG 1977).

Sylt (ARMONIES & HELLWIG-ARMONIES 1987).
Wesermündung. Im Oligo-, Meso- und Polyhalinicum (KRUMWIEDE & WITT 1995). Sylt (EHLERS 1974).
Bucht von Arcachon (1954, 1964)
Sandstrand (Prallhang) bei Biologischer Station. Certes (Réservoirs à Poissons): Schlick. Près Salés: Schlick in Salzwiesengelände. Ile aux Oiseaux: Salzwiesentümpel zwischen *Spartina*.
St. Jean-de-Luz
Mündungsareal des Flußlaufes La Nivelle. Schlicksand am Ufer bei 32 ‰ Salzgehalt.

Öresund
Brackwasser der Niva Bucht (STRAARUP 1970).

Ostsee
Kieler Bucht. Bülk: Mittel-Grobsand, 5–6 m Wassertiefe (AX 1952b).

Finnischer Meerbusen
Tvärminne, Henriksberg: Sandböden mit Detritus. Von der Uferzone bis in 8 m Wassertiefe (LUTHER 1962; KARLING 1974).

Körperlänge 1,5–1,8 mm (Kiel), 0,8–1,1 mm (Finnischer Meerbusen). Schwach entwickeltes braunes Pigment in netzförmiger Anordnung; kann fehlen.

Das Stilettrohr ist wie bei *P. marmoratum* proximal in 2–3 Windungen gelegt. Messungen der Länge liegen zwischen 1170 und 1350 µm. Der äußere Durchmesser beträgt 5–6 µm (LUTHER). Am Eingangstrichter läuft eine Leiste über das Rohr hinweg und ragt seitlich als kleiner Vorsprung ab.

Das artspezifische Merkmal liefert die Gestalt des Rohrendes. Hier geht das Rohr in einen großen, stumpfen Haken über – mit der Form eines Stiefels (AX) oder Fußes (LUTHER). Diesem Haken steht auf der anderen Seite ein scharfer, nach unten gerichteter Sporn (Stachel) gegenüber.

Promesostoma minutum Ax, 1956

(Abb. 147)

Als 3. Art mit proximal aufgerolltem Stilettrohr und der Besiedlung von Brackwasser schließe ich die psammobionte *P. minutum* an. Sie wurde aus dem marinen Milieu der Bucht von Arcachon beschrieben (AX 1956b).

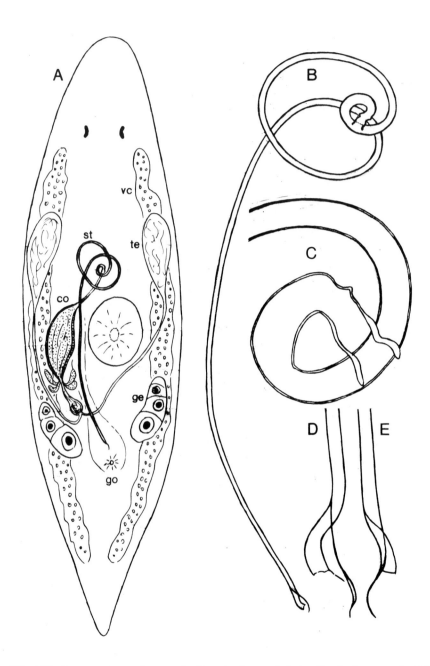

Abb. 147: *Promesostoma minutum*. A. Organisation nach Lebendbeobachtungen. B. Stilettrohr in Totalansicht. C. Proximaler Abschnitt des Stilettrohres. D und E. Rohrenden von verschiedenen Individuen. Arcachon, Frankreich. (Ax, 1956b)

Bei späteren Studien am Courant de Lège (September 1964), der von Norden in das Becken mündet, habe ich *P. minutum* in Sandböden von zwei kleinen Zuflüssen gefunden. Der insgesamt schwächere Salzgehalt unterliegt Schwankungen in Abhängigkeit von den Gezeiten. Bei der Probenentnahme wurden Werte von 12,3 bzw 16,7 ‰ Salzgehalt gemessen.

Mit nur 0,5 mm Länge handelt es sich um eine sehr kleine Art im Taxon *Promesostoma*. Mit Augen. Mit diffuser bräunlicher Färbung, aber ohne Netzpigment.

Das lange Stilettrohr ist proximal in 2–3 Windungen gelegt. Zwei Merkmale des Stiletts können als artspezifische Eigenheiten von *P. minutum* gelten. Zum einen schließt an den proximalen Trichter sogleich die erste, ungewöhnlich enge Rohrwindung an. Auf der anderen Seite ist das Distalende des Rohres leicht hakenförmig abgebogen. Neben dem Haken verlängert sich eine Rohrwand stabartig.

Promesostoma bilineatum (Pereyaslawzewa, 1892)

(Abb. 148 A–D)

P. bilineatum kann mit guten Gründen als eine spezifische Brackwasserart im Taxon *Promesostoma* interpretiert werden. Bisher sind nur Populationen aus Brackgewässern bekannt – und das in zwei geographisch separierten Regionen.

Schwarzes Meer
Sewastopol (PEREYASLAWZEWA 1892), Odessa (BEKLEMISCHEV 1927), Rumänien (MACK-FIRA 1974).

Am Bosporus wurden Populationen von *P. bilineatum* in verschiedenen Süßwasserzuflüssen mit herabgesetztem Salzgehalt zwischen 13,8 und 17,3 ‰ nachgewiesen (Baltaliman, Gök Su, Kücuk Su) – vornehmlich in Algenbewuchs, aber auch in detritusreichem Grobsand und Kies (AX 1959a).

Öresund
Roskildefjord. Gershøje. 11–14 ‰ Salzgehalt (STRAARUP 1970).

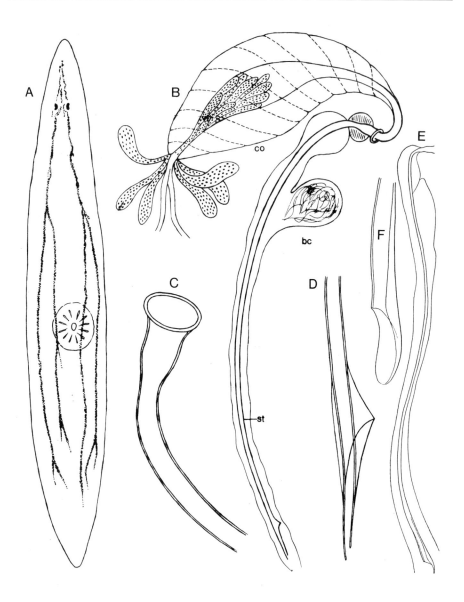

Abb. 148: A–D. *Promesostoma bilineatum*. A. Körper mit 2 dorsalen Pigmentstreifen im Parenchym, welche sich nach hinten verzweigen. B. Männliches Kopulationsorgan. C. Trichterförmiger Anfang des Stilettrohres. D. Distales Ende des Stilettrohres mit kragenartiger Struktur. Kieler Bucht. (Ax 1952b). E–F. *Promesostoma nynaesiensis*. E. Stilettrohr, total. F. Löffelförmiges Ende des Rohres. Schwedische Ostseeküste. (Karling, 1957)

Nord-Ostsee-Kanal
Eingang in die Kieler Förde. Im Aufwuchs an Holzpfählen. Salzgehalt 10 ‰ (AX 1952a, b). Des weiteren im Kanal zwischen 7 und 10 ‰ in geringer Dichte (SCHÜTZ 1966).

Kieler Bucht
Stillwasserbiotop bei Heiligenhafen. In schwimmenden Algenwatten.

Körperlänge 1–1,5 mm. Im Gegensatz zu *P. marmoratum*, *P. rostratum* oder *P. gallicum* mit einem vergleichsweise konstanten Pigmentmuster. Zwei braunschwarze Pigmentstreifen erstrecken sich an der Dorsalseite von vorne nach hinten. Zwischen Augen und Pharynx werden die Streifen jederseits in zwei Bänder aufgeteilt.

Das leicht gekrümmte Stilett ist mit 240–250 µm erheblich länger als das Rohr von *P. gallicum*. Um den proximalen Trichter läuft am Anfang ein verdickter, harter Ring. Oberhalb der schrägen distalen Öffnung trägt das Rohr einen dreieckig zugespitzten Kragen.

Wie bei *P. gallicum* (S. 341) erkennt man im proximalen Teil des männlichen Genitalkanals eine deutliche Bursa copulatrix als einseitige Ausstülpung.

Promesostoma nynaesiensis Karling, 1957

(Abb. 148 E, F)

P. nynaesiensis besiedelt die Feuchtsandzone landwärts der Wasserlinie von Sandstränden (was früher unscharf als „Küstengrundwasser" bezeichnet wurde). Dabei ist die Art bisher nur aus der Ostsee bekannt – von der Kieler Bucht, der schwedischen Ostseeküste und vom Finnischen Meerbusen (LUTHER 1962; JANSSON 1968; KARLING 1974).

P. nynaesiensis kommt nach KARLING (1957) der eben besprochenen *P. bilineatum* am nächsten. Im Vergleich der beiden Arten hebe ich folgende Eigenheiten von *P. nynaesiensis* hervor.

P. nynaesiensis ist pigmentlos gegenüber den Längsstreifen im Rücken von *P. bilineatum*.

Das Stilett wird mit Werten zwischen 363 und 399 µm erheblich länger als das von *P. bilineatum*. Dabei ist das Rohr proximal rechtwinkelig geknickt, distal löffelförmig mit verdickter Schale gestaltet.

Promesostoma ensifer (Ulianin, 1870)

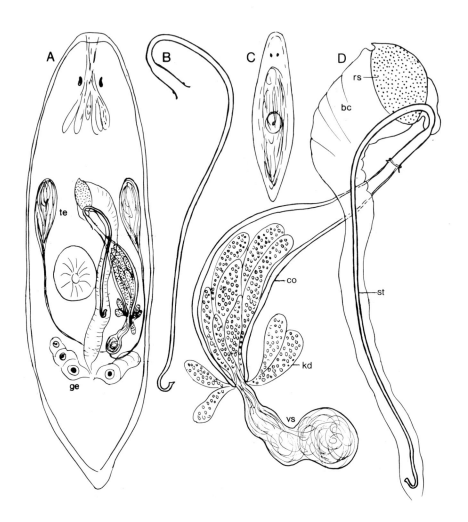

Abb. 149: *Promesostoma ensifer*. A. Organisation nach Lebendbeobachtungen. B. Stilettrohr. C. Habitus. D. Kopulationsorgan. Quetschpräparat. Bosporus. (Ax 1959a)

P. ensifer ist aus dem Schwarzen Meer, vom Bosporus und aus dem Marmara-Meer bekannt. Weiterführende ökologische Aussagen sind derzeit nicht möglich.

Schwarzes Meer
Sewastopol (ULIANIN 1870; PEREYASLAWZEWA 1892)

Bosporus
Mündungsgebiet des Süßwasserzuflusses Kücük Su. Salzgehalt 17,6 ‰. Schlicksand mit fädigen Algen (AX 1959a).

Marmara-Meer
Prinzeninsel Heybeli. In *Cystoseira*-Bewuchs (AX 1959a).

Körperlänge nur 0,5–0,6 mm. Ohne Netz- oder Streifenpigment.

Männliche Geschlechtsorgane mit langem Ductus seminalis vor dem muskulösen Kopulationsorgan.

Das Stilett ist ein relativ kurzes Rohr ohne spiralige Windungen. Es ist im mittleren Abschnitt nur leicht geschwungen. Anfang und Ende sind jeweils um ~ 180° eingebogen. Der proximale Trichter wird wie bei *P. bilineatum* von einem dicken Ring umgürtet. Es folgt ein weiter, etwa 25 µm langer Halsteil; dieser verjüngt sich noch vor der oberen Biegung zu einem dünnen Rohr. Der Durchmesser nimmt bis zum Distalende nur wenig ab. Am eingekrümmten Ende gibt es keine weiteren Strukturen. Der männliche Genitalkanal ist proximal zu einer umfangreichen Bursa copulatrix erweitert. Ein Receptaculum seminis mit körniger Struktur setzt sich ab.

Promesostoma rostratum Ax, 1951

(Abb. 150, 151)

Marine, weitgehend stenohaline Art – bekannt von beiden Seiten des Nordatlantik.

Amerikanische Atlantikküste. Kanada, New Brunswick (AX & ARMONIES 1987).

Grönland, Disko (AX 1993c, 1995b).

Europäische Atlantikküste. Tromsø (SCHMIDT 1972b). Nordwales (BOADEN 1963a), Roscoff (EHLERS 1974). Arcachon (AX 1956b; Ile aux Oiseaux 1964 unpubl.), Niederlande (SCHOCKAERT et al. 1989), Sylt (EHLERS 1974; ARMONIES 1987; HELLWIG 1987; HELLWIG-ARMONIES & ARMONIES 1987).

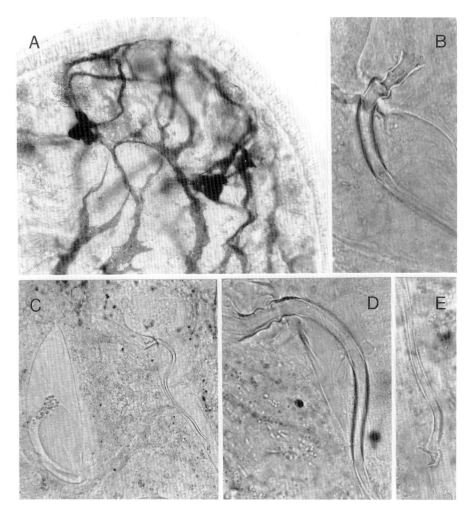

Abb. 150: *Promesostoma rostratum*. A. Vorderende mit Augen und subepidermalem Pigmentmuster. B. Proximaler Abschnitt des Stilettrohres. C. muskulöses Kopulationsorgan mit auffälligen Sekretgrana (links) und Stilettrohr (rechts). D. Proximaler Rohrteil von einem anderen Individuum als B. E. Distaler Abschnitt des Stilettrohres mit Schnabel. Disko, Grönland. (Ax 1993c)

Die Artidentität zwischen separierten Populationen des Atlantik ist durch einen subtilen Vergleich von Individuen der Inseln Sylt und Disko (EHLERS 1974, AX 1993c) nachgewiesen.

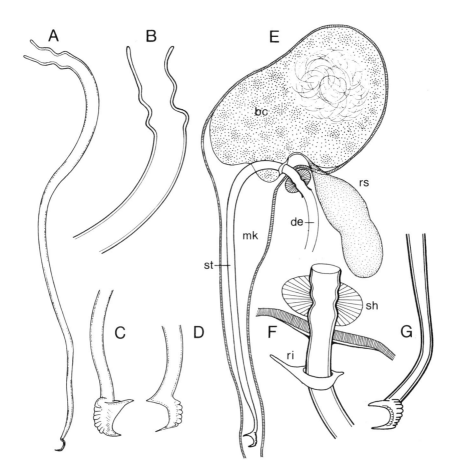

Abb. 151: *Promesostoma rostratum*. A. Stilettrohr, total. B. Proximaler Abschnitt des Rohres. C und D. Distaler Schnabel des Stiletts von verschiedenen Individuen. E. Stilett im Genitalkanal, Bursa copulatrix und Receptaculum seminis. F. Proximaler Abschnitt des Stiletts mit Sphinkter, Muskelhülle und gespörntem Ring. G. Distaler Abschnitt mit Schnabel. A–D Disko, Grönland. (Ax 1993c). E–G. Sylt. (Ehlers 1974)

P. rostratum lebt im Polyhalinicum der westlichen Ostsee (AX 1951a), ist aber nicht in die schwachsalzige östliche Ostsee eingewandert; sie wäre hier dem Augenmerk von LUTHER und KARLING kaum entgangen.

Überhaupt sind keine Siedlungen im zentralen Brackwasserbereich des Mesohalinicums bekannt, mit Ausnahme einer Angabe aus den Niederlanden

(HARTOG 1977). Wir haben die Art weder auf den Färöer noch in Brackgewässern von Alaska oder South Carolina gefunden.

Was berechtigt dann überhaupt die Aufnahme in unsere Brackwasser-Monographie? Es gibt zwei begrenzt positive Hinweise.

Für den Øresund liegen Meldungen aus der Niva Bucht, dem Isefjord und dem Roskilefjord vor (STRAARUP 1970) – und zwar aus einem Salinitätsspektrum von rund 10–20 ‰. Aus der Schlei in Schleswig-Holstein existieren Aufsammlungen von Lindaunis bei einem Salzgehalt von 12–13 ‰ (AX 1951a).

Im übrigen ist *P. rostratum* ein ausgeprägter Stillwasserbewohner. Schlickböden, detritusreiche Tümpel in Salzwiesen, Prielränder, Algenwatten am Boden bilden Lebensräume, in denen es zu Massenentfaltungen kommen kann. Dagegen wird bei Meldungen aus detritusarmen Sanden durchgehend eine geringe Abundanz betont.

Körperlänge bis ~ 1,2 mm. In Gestalt und Pigmentierung mit *P. marmoratum* zu verwechseln. Tiere aus lenitischen Biotopen zeichnen sich wie dort durch ein intensives rot- bis schwarzbraunes Körnerpigment aus, angeordnet in Streifen oder Netzen unter der dorsalen Epidermis. Und wie bei *P. marmoratum* besteht ein unverkennbarer Zusammenhang mit dem Siedlungssubstrat. Schwache Ausprägung oder Mangel von Pigmentierung findet man in Populationen von Sandbiotopen.

P. rostratum hat ein relativ kurzes, nur leicht gebogenes Rohr von 160–200 µm Länge (EHLERS 1974; AX 1951a, 1993c). Das Rohr ist proximal nicht aufgerollt, sondern bildet hier allenfalls einen Halbkreis. Artspezifische Merkmale liegen an den Enden. Im Anschluß an die proximale Öffnung ist das Rohr zwei- bis dreimal gewellt oder ausgebuchtet. Bei Tieren von Sylt hat EHLERS (l. c.) unterhalb davon einen Ring mit Sporn beobachtet (Abb. 151 F). Das distale Ende ist auf einer Länge von 6–7 µm zu einem Schnabel verbreitert. Den beiden Schnabelfortsätzen steht außen eine Reihe von Leisten oder Lamellen gegenüber.

Ein weiteres charakteristisches Merkmal befindet sich im muskulösen Kopulationsorgan. Etwa in der Mitte fällt hier eine Gruppe großer, stark lichtbrechender Sekretgrana auf (Abb. 150 C).

Promesostoma gallicum Ax, 1956

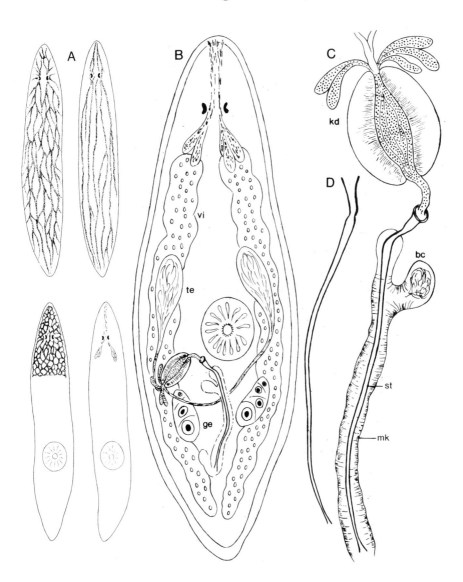

Abb. 152: *Promesostoma gallicum*. A. Verschiedene Individuen mit stark divergierender Ausprägung des Körperpigments – von enger netzartiger Struktur bis zu völligem Mangel. B. Organisation nach Lebendbeobachtungen. C. Kopulationsorgan. D. Stilettrohr. Französische Mittelmeerküste. (Ax 1956c)

P. gallicum ist bisher nur von der französischen Mittelmeerküste bekannt, hier indes in einem extrem weiten Salinitätsspektrum nachgewiesen – von den Salines de la Nouvelle (49 ‰) und dem Etang de Sigean (30–36 ‰) bis in die schwachsalzigen Strandseen Etang de Salses (12–15 ‰) und Etang de Canet (herunter bis auf 6–8 ‰).

Unabhängig vom Salzgehalt ist *P. gallicum* in der Saline und den Etangs ein regelmäßiger Bewohner des Phytals, wurde in geringer Dichte aber auch in Sand und Schlamm gefunden (AX 1956c).

Länge 1–1,4 mm. Körper mit konisch zulaufendem Vorder- und Hinterende. In den Populationen verschiedener Etangs habe ich extrem variable Pigmentierungsmuster gefunden – ohne erkennbaren Bezug zu bestimmten Lebensräumen.

Das Stilett ist mit 150 µm Länge ausgesprochen kurz und hat in seinem Verlauf nur leichte Biegungen. Unterhalb des proximalen Trichters gibt es unregelmäßige Einschnürungen der Rohrwand. Am Ende öffnet sich das Rohr ganz einfach in einen kleinen Trichter; es existieren keinerlei zusätzliche Strukturen. Der männliche Genitalkanal erweitert sich oben an einer Seite zu einer rundlichen Bursa copulatrix.

Promesostoma teshirogii Ax, 1992

(Abb. 153)

P. teshirogii ist bislang nur im Norden von Honshu, Japan nachgewiesen. Sie siedelt im Aomori-Distrikt an beiden Seiten der Insel in Brackgewässern. Die Proben stammen vom August 1990 (AX 1992a).

Japanische See
Ostufer des Jusan Lake. Erdig verfestigter Sandboden zwischen *Phragmites*. Salzgehalt 5 ‰.

Pazifik
Mündungsbereich des Takase River, über den der Ogawara-See in den Pazifischen Ozean ausfließt. Bei Niedrigwasser kein Salz nachweisbar. (1) Sandstrand etwa 1 km vor der Mündung, 0–0,5 ‰ Salzgehalt. (2) Sandstrand einer Lagune, die sich in den Fluß öffnet. Takahoko Pond nördlich des Ogawara Lake. Im Feinsand der Uferzone und in flottierenden Algen. Salzgehalt 3 ‰ bis herunter zu Süßwasser.

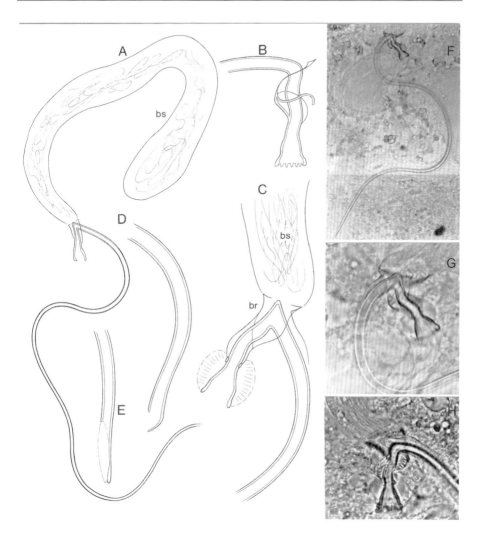

Abb. 153: *Promesostoma teshirogii*. Japan. A. Stilettrohr mit Bursatrichter und langgestreckter Bursa seminalis. B. Proximalende des Stilettrohres mit rundlichem Knickbereich. Oberes Ende des Rohres eines anderen Individuums mit scharfem Knick und Ansatz des Bursatrichters am Rohr. D und E. Distalenden des Rohres von verschiedenen Individuen. F. Stilettrohr, Totalansicht. G. Proximalende des Rohres mit scharfem Knick. Mit Bursatrichter. H. Proximalende des Rohres mit weichem Knick von einem anderen Individuum; Ansatz der spermaführenden Bursa am Trichter erkennbar. A, C, D, F, G Jusan Lake, Honshu. B, E Takahoko Pond, Honshu. H Ogawara Lake, Honshu, Japan. (A-G Ax 1992a; H Original 1990)

Körperlänge um 0,7–0,8 mm, maximal bis 1 mm. Lebhaft schwimmende Tiere mit konisch zulaufenden Vorder- und Hinterenden. Mit 2 Pigmentaugen. Körper ungefärbt oder schwach rötlich.

Das einfache Stilettrohr erreicht um 200 µm Länge. Von der proximalen Öffnung verläuft das Rohr zunächst nach vorne, um dann mit scharfem Knick caudalwärts umzubiegen. Dadurch erhält das Rohr hier gewöhnlich die Form eines Dreiecks mit rostralwärts gerichteter Spitze; es gibt in den studierten Populationen aber auch Individuen mit mehr rundlichem Knickbereich (Abb. 153 B, H). Am einfachen Distalende ist das Rohr schräg abgeschnitten; es kann hier leicht anschwellen oder löffelförmig verdickt sein.

Als ein spezifisches Merkmal der Art muß ein kleiner Bursatrichter im proximalen Knickbereich des Rohres gelten. Der schwach verfestigte Trichter beginnt an einer leistenförmigen Verdickung des Rohres. Er läuft von hier mit geschwungenen Wänden nach vorne und nimmt dabei die Form einer Vase an. Der Trichter führt in eine schlauchförmige, nach vorne gerichtete Bursa seminalis.

Einen vergleichbaren „Bursatrichter" am Stilettrohr hat *P. infundibulum* Ax, 1968 von der nordamerikanischen Pazifikküste. Hier handelt es sich indes um ein großes, weit vom spiralig aufgerollten Rohr abragendes und stark verfestigtes Gebilde.

Promesostoma cochleare Karling, 1935

(Abb. 154)

In der Kieler Bucht lebt *P. cochleare* im gezeitenlosen Brandungsstrand; sie siedelt hier regelmäßig im Grobsand-Kies der Otoplanen-Zone (AX 1951a). Im Finnischen Meerbusen wurde die Art aus Grobsanden in 2–6 m Wassertiefe beschrieben (KARLING 1935), entfaltet sich aber auch hier in schwachsalzigen ufernahen Sanden bis hin in die Otoplanen-Zone (LUTHER 1962; STERRER 1965). Entsprechendes gilt für die schwedische Ostseeküste (BRINCK, DAHL & WIESER 1955).

Im übrigen kennen wir *P. cochleare* von beiden Seiten des Nordatlantik und aus dem Mittelmeer

Kanada, New Brunswick (AX & ARMONIES 1987)
Deer Island. Grobsand und Kies der Gezeitenzone.
Bay de Chaleur. Petit Rocher. Mündungsgebiet des Elmtree River. An der Innenseite des Flußlaufes mit Süßwasserbedingungen bei Niedrigwasser. Hier

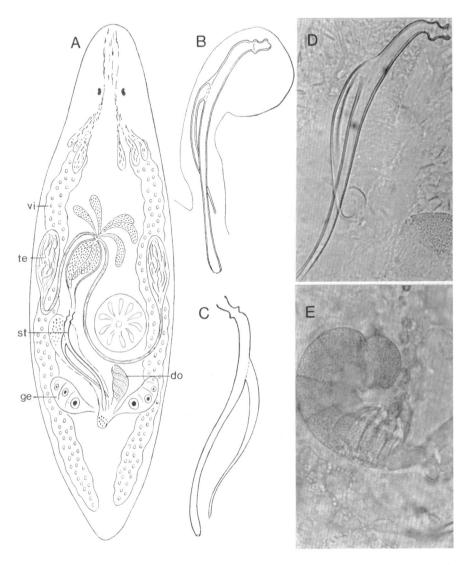

Abb. 154: *Promesostoma cochleare*. A. Organisation nach Lebendbeobachtungen. Etang de Salses. Französische Mittelmeerküste. B. Stilett. Finnischer Meerbusen. C. Stilett. Etang de Salses. D. Stilett. Baie de Chaleurs, Kanada. E. Drüsenorgan vom Distalende des Genitalkanals. Baie de Chaleurs. (A, C Ax 1956c; B Karling 1974; D, E Ax & Armonies 1987)

wie in der Kieler Bucht in Gesellschaft von *Itaspiella armata* (Meixner) und *Baltoplana magna* Karling.

Europäische Atlantikküste
In marinen Sandstränden von Tromsø (SCHMIDT 1972b), Halmstad, Schweden (LUTHER 1962) und Sylt (AX 1952b; EHLERS 1974; HELLWIG 1987).

Am Mittelmeer haben wir *P. cochleare* in den französischen Brackwasserstrandseen Etang de Salses und Etang de Canet gefunden – in ersterem gibt es einen Brandungssandstrand und wiederum war die Art hier vertreten, erneut zusammen mit dem Kalyptorhynchier *Baltoplana magna* (AX 1956c).

Die folgenden Daten basieren auf KARLING (1935), LUTHER (1962) und eigenen Beobachtungen.

Spindelförmiger Körper von 0,9–1,1 mm Länge. Mit Augen. Ungefärbt, durchsichtig.

P. cochleare ist durch die Verzweigung des Stiletts in Haupt- und Nebenrohr gekennzeichnet. Das Hauptrohr wurde in Finnland zu 140–155 µm gemessen (KARLING), am Mittelmeer zu 110–120 µm Länge (AX 1956c). Das Hauptrohr verliert in seinem Verlauf wenig an Stärke und erweitert sich am Ende sogar leicht kolbenförmig. Das Nebenrohr von 75–80 µm Länge (LUTHER) verjüngt sich distalwärts zunehmend und wird schließlich sehr eng. Auf Mikrofotografien von kanadischen Tieren ist das Endstück des Nebenrohres zu einem Halbkreis eingerollt.

Ein weiteres Eigenmerkmal der Art ist ein schneckenartig gewundenes Drüsenorgan unbekannter Funktion, das in das Atrium genitale mündet. Es handelt sich um eine mit Sekretkörnern gefüllte Blase, die durch Querlinien in Fächer gegliedert erscheint.

Promesostoma balticum Luther, 1918

(Abb. 155)

P. balticum ist allein in sublitoralen Böden der Ostsee nachgewiesen. Offenkundig siedelt die Art nicht in der Uferzone, was der Grund für unsere geringen Kenntnisse sein mag.

Finnischer Meerbusen
Tvärminne-Region. Bewohner von feinem Schlamm-Gyttja-Boden in Tiefen von etwa 20–55 m. Funde bei Helsinki in 3 m und 7 m Wassertiefe (LUTHER 1962; KARLING 1974).

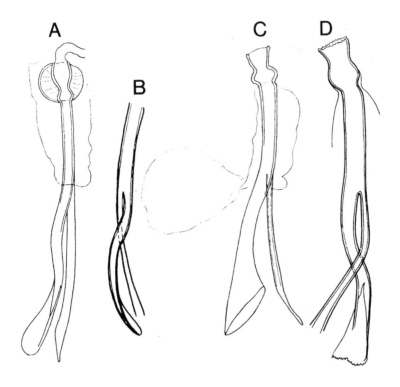

Abb. 155: *Promesostoma balticum*. A. Stilett total, mit Sphinkter um den proximalen Trichter. B. Zweigeteiltes distales Ende des Stiletts. C und D. Stilette verschiedener Individuen. Finnischer Meerbusen. (A-C Luther 1962; D Karling 1974)

Kieler Bucht
Stoller Grund. Schlamm in 23 m Tiefe (AX 1951a, p. 323).

Länge 1 mm. Undurchsichtig infolge massenhafter Ausbildung dermaler Rhabditen. Keine Augen, kein Pigment.

Das Stilett ist ein gerades, enges, schwach gebogenes Rohr. Für die Länge gibt LUTHER (1962) mit 55 µm und 135 µm zwei ganz verschiedene Werte an (? Meßfehler).

Nach dem ersten einfachen Drittel spaltet sich das Rohr in zwei Äste. Ein gröberer Ast erweitert sich distal und hat eine große, schräg gestellte Öffnung. Auch der andere schwächere Ast ist am Ende schräg abgeschnitten. Dieser Darstellung von LUTHER entsprechen seine Abbildungen nur partiell (1962, fig. 27) und das gilt auch für die Wiedergabe von KARLING (1974, fig. 94).

Trigonostomidae

Beklemischeviella Luther 1943

Hartes Kopulationsorgan (Stilett) mit einem Trichter und einem hakenförmig zurückgebogenen Rohr, das mit gewundenen Lamellen besetzt ist.

Das männliche Genitalatrium hat im Unterschied zu den übrigen Taxa der „*Proxenetes*-Gruppe" (*Ptychopera, Lutheriella, Proxenetes, Ceratopera, Messoplana, Brederveldia*) keine Hartstrukturen. Das ist ein plesiomorphes Merkmal.

LUTHER (1943) vereinigt zwei Arten in einem supraspezifischen Taxon *Beklemischeviella*. Das sind *B. contorta* aus dem Aralsee und *B. angustior* mit Locus typicus im Finnischen Meerbusen.

Beide Arten sind mittlerweile von mehreren, geographisch weit getrennten Orten bekannt geworden – und dabei stets in schwachsalzigem Brackwasser bis in den Grenzbereich zum Süßwasser. Sie können heute als genuine Brackwasserorganismen ausgewiesen werden.

Beklemischeviella contorta (Beklemischev, 1927)

(Abb. 156)

Island
Bucht Leiruvogur. In 2 kleinen Flüssen. Grobsand. Süßwasser (1993).

Färöer
Wiederholt in Randzonen mit limnischem Milieu (AX 1995a).
Saksun. Lagune Pollur. Sand der Uferzone am inneren Ende der Lagune; zur Zeit der Probenentnahme mit Süßwasser (13.8.1992).

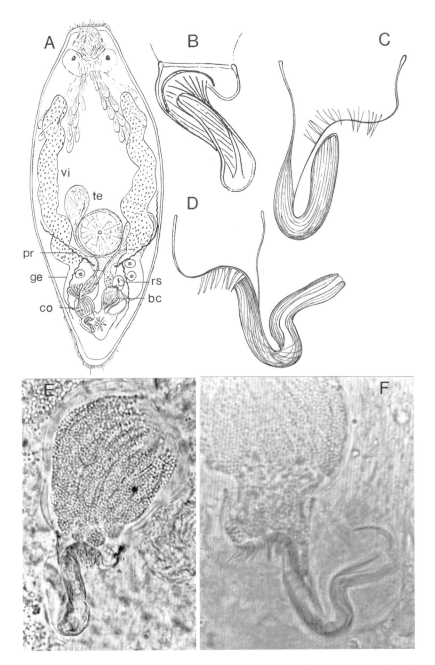

Abb. 156: *Beklemischeviella contorta*. A. Organisation nach Lebendbeobachtungen. B–F. Hartes Kopulationsorgan (Stilett) in verschiedenen Positionen. B, E. Ruhestellung. Oberer Rohrabschnitt bogenförmig in den Napf zurückgezogen. Zweite Rohrhälfte nach oben umgeschlagen.

Ab- und aufsteigende Rohrhälfte liegen übereinander. C. Boden des Napfes vorgebeult, Rohr distalwärts ausgestoßen. Ab- und aufsteigende Rohrhälfte liegen jetzt nebeneinander. D, F. Zweite Rohrhälfte weit zur Seite gedreht. A, B Finnischer Meerbusen, Tvärminne. (Luther 1943); C Färöer, Saksun. D, F Färöer, Skalafjordur. E. Französische Atlantikküste. Arcachon, Courant de Lège. (Originale 1964, 1992)

Skalafjordur. Süßwasserlagune.
Kaldbaksbotnur am inneren Ende des Kaldbaksfjordur. In einem Süßwasserzustrom, etwa 50 m flußaufwärts. Limnische Bedingungen (29.8.1992). Zusammen mit *Minona baltica* (S. 176).

Französische Atlantikküste
Bucht von Arcachon. Sandboden im Brackwasser des Courant de Lège und des Estuaire de l'Eyre (AX 1971).

England
Ästuar des Flusses Avon (Devonshire). Detritusreicher Sand in einem schmalen Seitenarm. Bei Niedrigwasser fließt Süßwasser über die Fundstelle (HARTOG 1964b).

Ostsee
Kieler Bucht. Brackige Randgebiete. Windebyer Noor bei Eckernförde. Schlei (Fleckeby, Haddebyer Noor) (AX 1951a).
Frische Nehrung (AX 1951a)
Schwedische und finnische Küste (LUTHER 1962; STERRER 1965; KARLING 1974).

Kaspisches Meer
In der Nähe von Lenkoran (BEKLEMISCHEV 1953).

Aralsee
Hafen von Aralsk, 1 Expl. (BEKLEMISCHEV 1927a).

Länge 0,6–1 mm (LUTHER 1962); 0,5–0,6 mm (Färöer, unpubl.). Das langgestreckte Tier kann lebhaft frei über dem Substrat schwimmen. Mit schwarzen Pigmentaugen. Körper ungefärbt.

Das harte Kopulationsorgan (Stilett) besteht aus 2 Teilen – einem proximalen Napf und einem distalen Rohr. Zur Darstellung müssen wir die Ruheposition von Bildern bei der Ausfuhr des Rohres unterscheiden.

Ruhestellung (Abb. 156 B, E): Der Napf setzt mit breiter Öffnung am Muskelbulbus des Kopulationsorgans an. Die Wand des Napfes schwingt proximalwärts leicht nach außen. Der Boden des Napfes ist tief nach innen eingezogen oder eingebeult. In dieser Beule inseriert mit fächerförmiger Verbreiterung der Rohrabschnitt. Das Rohr tritt unter schräger Orientierung aus dem Napf aus, schlägt alsbald aber in einer Schlinge um und läuft nach oben zum Napf zurück. Das Rohr zeigt eine charakteristische lamellenartige Streifung.

Ausfuhr des Rohres zur Verankerung im Geschlechtspartner: Im Quetschpräparat habe ich zwei Stellungen gesehen. (1) Die Beule des Napfes wird nach unten gedrückt. Das Rohr streckt sich; ab- und aufsteigende Abschnitte legen sich nebeneinander (Abb. 156 C). Diese Position entspricht der Darstellung von BEKLEMISCHEV (1927a, Abb. 3a). (2) Das Rohrende schwingt weiter nach außen an die Seite des übrigen Stiletts (Abb. 156 D, E).

Am Boden des Napfes wird in beiden Positionen eine Reihe aus ~ 10 Stacheln von 6 µm Länge sichtbar. Meine Beobachtungen stammen von den Färöer. Die Länge des Stiletts beträgt in der Position 1 (Saksun) = 40 µm, in der Position 2 (Skalafjordur) = 33 µm. HARTOG (1964b) gibt einen Wert von 30–36 µm an.

BEKLEMISCHEV (1953) beschreibt den Fund einer *Beklemischeviella*-Art aus dem Kaspischen Meer als neue Art *B. brevistyla*. Nach LUTHER (1962) werden indes keine Unterschiede zu *B. contorta* aus der Ostsee angeführt. Auch im Hinblick auf die jetzt bekannte weite geographische Verbreitung ist die Interpretation der Funde aus dem Kaspischen Meer als separate Art unwahrscheinlich.

Hartogia pontica Mack-Fira, 1968 von der rumänischen Schwarzmeerküste ist vermutlich identisch mit *Beklemischeviella contorta*.

Beklemischeviella angustior Luther, 1943

(Abb. 157)

Kanada
New Brunswick. Brackwasserbecken Pocologan. Zwischen abgelagerten Grünalgen. Sand und Mud in der Nähe eines Süßwasserzuflusses (AX & ARMONIES 1987).

South Carolina
Winyah Bay. Sandstrand am Morgan Park der Stadt Georgetown mit geringem Salzgehalt. Detritusreicher Sand der Uferzone mit Polstern von Cyanobakterien (AX 1997a).

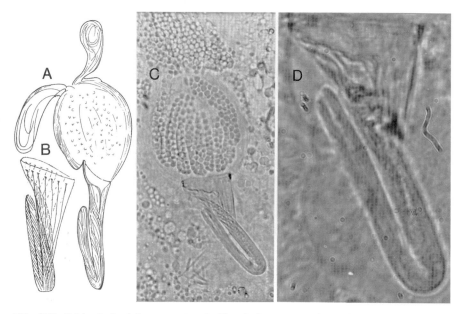

Abb. 157: *Beklemischeviella angustior*. A. Kopulationsorgan mit Muskelbulbus und Stilett. Georgetown, South Carolina, USA. B. Stilett. Finnischer Meerbusen, Tvärminne. C und D. Mikrofotografien des Stiletts bei verschiedener Vergr. Georgetown, South Carolina. (A, C, D Ax 1997a; B Luther 1948)

Ostsee
Finnischer Meerbusen. Umgebung von Tvaerminne bis in 34 m Wassertiefe. Eigene Funde am Sandstrand von Lappvik (1997). Schären von Stockholm (LUTHER 1962, KARLING 1974).

Länge 0,6–1,2 mm (Finnischer Meerbusen); 0,7–0,8 mm (Kanada); 0,7 mm (South Carolina) (LUTHER 1962; AX & ARMONIES 1987; AX 1997a). Wie bei *B. contorta* ist die schnelle Bewegung herauszustellen. Mit Pigmentaugen. Ungefärbt.

Das harte Kopulationsorgan (Stilett) habe ich an 3 Fundstellen vermessen. Die Länge betrug bei Individuen von Finnland (Lappvik) = 54 μm, von Kanada = 61 μm und von South Carolina = 50 μm.

Im Unterschied zu *B. contorta* gibt es beim Stilett von *B. angustior* keine Differenzierung in Napf und Rohr. Das Hartorgan beginnt mit einer trichterförmigen Öffnung (Durchmesser 27 μm) und verjüngt sich kontinuierlich in der Form eines Rohres. Wie bei *B. contorta* schlägt es in der zweiten Hälfte nach vorne um und wie dort zeichnet sich das Stilett auch bei *B. angustior* durch eine charakteristische Längsstreifung aus.

Ptychopera Hartog, 1964

Pharynx im Vorderkörper. Gliederung des weiblichen Zuleitungsapparates in die Bursa copulatrix, einen engen Ductus spermaticus und ein kleines Receptaculum seminis mit langem Mundstück. Vergleichbare Verhältnisse bei *Beklemischeviella* Luther und *Lutheriella* Hartog.

Ptychopera westbladi (Luther, 1943)

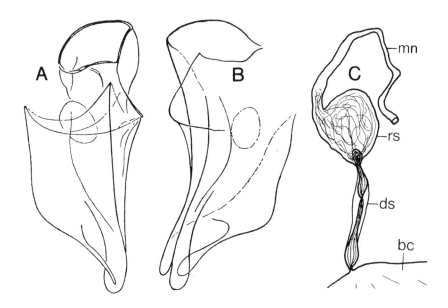

Abb. 158: *Ptychopera westbladi*. A, B. Stilett und harter Mantel des Genitalkanals von verschiedenen Individuen. Etang de Lapalme, Frankreich. C. Weiblicher Zuleitungsapparat mit Bursa copulatrix, Ductus spermaticus, Receptaculum seminis und Mundstück des Receptaculums. Nordseeinsel Sylt. (A, B Ax 1956c; C Ehlers in Ax 1971)

Kanada
New Brunswick. St. Andrews, Deer Island, Campobello Island, St. John. Häufig in lenitischen Habitaten, insbesondere in Salzwiesenböden (AX & ARMONIES 1987).

Europa
Weite Verbreitung an den Küsten von Nordatlantik, Nordsee und westlicher Ostsee, an der französischen Atlantikküste und im Mittelmeer (ARMONIES 1987, 1988; HELLWIG 1987 mit Literatur). Nach diesen Autoren sind Habitate der Stillwasserart auf Sylt insbesondere Sand- bis Schlickwatt, *Spartina*-Bestände, Gräben und Tümpel in Salzwiesen sowie der untere Andelrasen.

P. westbladi ist nur einmal in der schwachsalzigen inneren Ostsee gefunden worden, an der schwedischen Küste bei Nynäshamn (KARLING 1974). Sie fehlt im Finnischen Meerbusen.

Gemäß der skizzierten Verteilung resultiert im Grundsatz eine Beschränkung auf Stillwasser-Biotope im euhalinen, marinen Milieu und im polyhalinen Brackwasser.

Länge 0,5–0,7 mm (1 mm nach KARLING 1974). Färbung indigoblau bis schwarz. Schneller Schwimmer wie *P. plebeia* (s. u.).

Stilett. Das harte Kopulationsorgan wird 60–65 µm lang (HARTOG 1964b). Im Zentrum steht ein relativ schlanker Trichter. Dieser läuft distalwärts in einen leicht gebogenen Finger aus, welcher am Ende kolbenförmig anschwillt. Der weite Mantel des Genitalkanals läuft in zwei abgerundete Fortsätze aus; ein dickeres Gebilde und ein schlanker Stab flankieren den Kolben des Stiletts. Im proximalen Teil zeichnet sich eine rundliche Öffnung ab („window" in der Formulierung von KARLING 1974).

Die Wand der Bursa copulatrix hat zahlreiche kutikulare Längsleisten. Der um 40 µm messende Ductus spermaticus ist im mittleren Bereich stark eingeschnürt. Das lange Mundstück entspringt unweit der Mündung des Ductus spermaticus aus dem Receptaculum seminis.

Ptychopera plebeia (Beklemischev, 1927)

(Abb. 159)

Schwarzes Meer
Bucht von Odessa (BEKLEMISCHEV 1927).

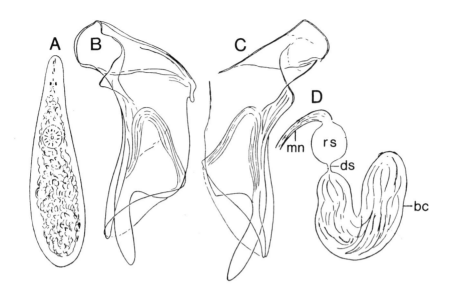

Abb. 159: *Ptychopera plebeia*. A. Habitus eines schwimmenden Tieres mit verdicktem Hinterkörper. B, C. Stilett und harter Mantel des Genitalkanals verschiedener Individuen. D. Weiblicher Zuleitungsapparat. Etang de Canet, Frankreich. (Ax 1956c)

Marmara Meer
(a) Prinzeninsel Heybeli. (b) Stillwasser bei Tuzla: Weitgehend abgeschlossene Flachwasserbucht mit hohem Salzgehalt um 34 ‰ (AX 1959a).

Mittelmeer
Französische Strandseen. Etang de Salses und Etang de Canet mit Brackwasser im mesohalinen Bereich (AX 1956c).

P. plebeia ist ein Stillwasserbewohner. Mit einer Ausnahme bisher nur aus Brackwasserbiotopen bekannt.

Länge 0,5 mm. Kann schnell über dem Boden schwimmen, wobei sich das Vorderende verjüngt.

Im Stilett gibt es gute Übereinstimmungen mit dem entsprechenden Organ von *P. westbladi*, aber auch deutliche Unterschiede. Das harte Kopulationsorgan von *P. plebeia* erreicht 80 µm (Messungen an Individuen vom Etang de Canet). Der zentrale Teil ist breiter als bei *P. westbladi*, läuft aber wie dort in einen gerundeten Finger aus. Der feste Mantel des männlichen Genitalkanals trägt zahlreiche Falten; er verjüngt sich neben dem Finger des

Stiletts zu einem Fortsatz, welcher dem dickeren Gebilde bei *P. westbladi* entsprechen dürfte.

Der weibliche Zuleitungsapparat hat eine sackförmige Bursa copulatrix, einen sehr kurzen Ductus spermaticus, ein rundes Receptaculum seminis und ein leicht gebogenes Mundstück. Anders als bei *P. westbladi* entspringt das Mundstück gegenüber der Einmündung des Ductus spermaticus aus dem Receptaculum seminis.

Ptychopera japonica n. sp.

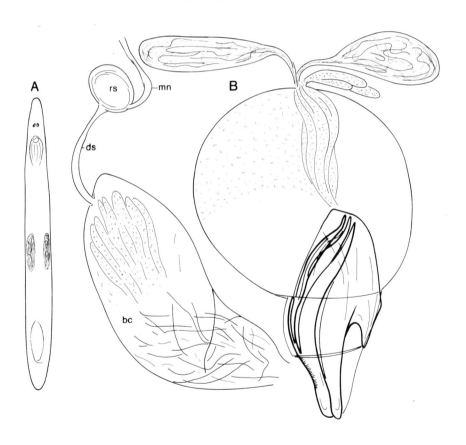

Abb. 160: *Ptychopera japonica*. A. Habitus eines schwimmenden Tieres. B. Männliches Kopulationsorgan und weiblicher Zuleitungsapparat. Japan. Lagune des Takase River am Ogawara Lake. (Original 1990)

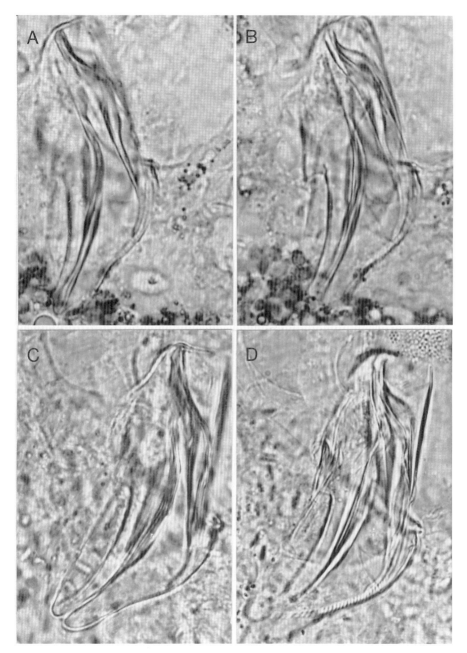

Abb. 161: *Ptychopera japonica*. Stilette mit Umkleidung durch Verhärtungen des Genitalkanals von zwei Exemplaren bei unterschiedlicher Fokussierung. A, B. Erstes Individuum bei schwächerer Festlegung im Präparat. C, D. Zweites Individuum unter stärkerer Quetschung. Japan. Lagune des Takase River am Ogawara Lake. (Original 1990)

Japan. Honshu. Aomori District
1. Lagune des Takase River (Locus typicus). Der Fluß verbindet den Lake Ogawara mit dem Pazifik. Detritusreicher Sand der Uferzone, zusammen mit *Macrostomum semicirculatum* (S. 114) (21.8.1990. Salzgehalt 15 ‰). Salzwiesenboden mit *Salicornia* (29.8.1990. Salzgehalt 15 ‰).
2. Obuchi Pond nördlich des Lake Ogawara. Mit hohem Salzgehalt von 25–30 ‰. Salzwiese (24.8.1990).

Länge 0,4–0,5 mm. Schlankes Tier mit Pigmentaugen, ohne Körperfärbung. Stilett. Das harte Kopulationsorgan wurde zu 62 µm Länge vermessen. Das ovoide Gebilde verjüngt sich proximal- und distalwärts. Ein Vergleich bietet sich in erster Linie zu den Stiletten von *P. westbladi* und *P. plebeia* an. Im Zentrum steht wieder ein kräftiger gebogener Kolben oder Finger. Durch ihn werden wahrscheinlich Sperma und Kornsekret ausgeleitet. Auf einer Seite folgt ein solider Haken. Auf der anderen Seite legt sich ein zweiter Finger an, der außen eine enge Riefelung in Form kleinster Zähne aufweist. Dieser zweite Finger könnte zum harten Mantel des Genitalkanals gehören. Ein Bild von den komplizierten Falten und Leisten des Mantels vermitteln die Mikrofotografien (Abb. 161).

Die sackförmige Bursa copulatrix trägt im unteren Teil eine unregelmäßige „kutikulare" Streifung; die Leisten sind nicht parallel geordnet wie bei *P. westbladi*. Die Einmündung des Ductus spermaticus in das Receptaculum seminis und der Abgang des Mundstücks liegen relativ eng beieinander. Das entspricht der Situation bei *P. westbladi*.

Ptychopera spinifera Hartog, 1966

(Abb. 162, 163)

Kanada
Baie des Chaleurs, Petit Rocher. Ästuar des Elmtree River. Salzwiese mit *Spartina* und *Salicornia* (AX & ARMONIES 1987).

South Carolina, USA
Georgetown. Morgan Park (East Bay Park) im nördlichen Teil der Winyah-Bay. Gezeitenstrand. Sand mit fädigen Cyanobakterien in Hochwasserlinie. Salzgehalt bei Niedrigwasser 3–4 ‰. (19.4.1995).

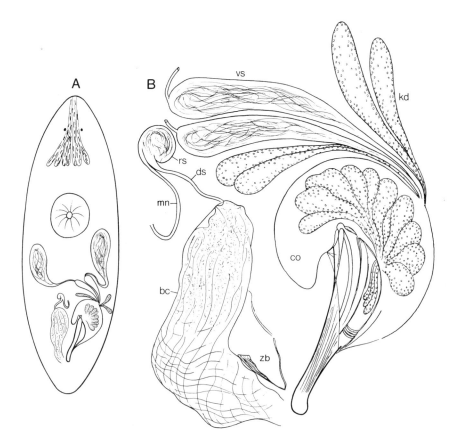

Abb. 162: *Ptychopera spinifera*. A. Organisation in männlicher Reife. B. Männliches Kopulationsorgan und weiblicher Zuleitungsapparat. Rantum, Sylt. (Ax 1971)

Europa
Deltaareale von Holland und Belgien (Rhein, Maas, Schelde). Nordsee-Insel Sylt.
Finnischer Meerbusen (Tvärminne-Region).
Die meisten Funde stammen aus Salzwiesen. Nach HARTOG (1966b, 1977) und ARMONIES (1987) liegen die Siedlungen bevorzugt im Meso- und Oligohalinicum. In Salzwiesen auf Sylt wurden maximale Individuendichten zwischen 5 und 10 ‰ Salzkonzentration gefunden. In der Formulierung von ARMONIES (l. c.) ist *P. spinifera* eine spezifische Brackwasserart der Salzwiesen.

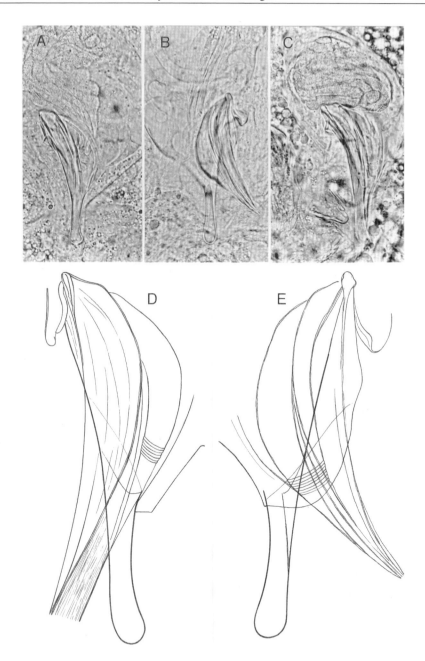

Abb. 163: *Ptychopera spinifera*. A-C. Stilette verschiedener Individuen bei unterschiedlicher Quetschung. In C der große Zahn der Bursa copulatrix links neben dem Stilett sichtbar. D und E. Stilette stark gequetscht. Kolben und Bündel von Lamellen nach unten auseinander gedrückt. Rantum, Sylt. (Ax 1971)

HELLWIG (1987) meldet einzelne Individuen aus dem Watt und im dichten Bestand von *Spartina anglica* vor einem Salzwiesengelände bei Kampen auf Sylt.

Umgekehrt dringt *P. spinifera* über Salzwiesen hinaus in Grasland im Süßwasser-Gezeitenbereich vor (HARTOG 1974, 1977).

Länge 0,2–0,5 mm nach HARTOG (1966b); 0,3–0,4 mm in männlicher Reife nach AX (1971). Pigmentaugen vorhanden. Mit gelblich-brauner Färbung.

Stilett. Das harte Kopulationsorgan wurde von HARTOG zu 56–63 µm Länge vermessen, von AX zu 58–60 µm. HARTOG spricht von 3 Kompartimenten in der Längsrichtung des Organs. Ich habe 2 Abschnitte unterschieden, die sich bei stärkerem Quetschen deutlich trennen lassen. Einem großen kolbenförmigen Fortsatz steht ein Bündel von Lamellen oder Leisten zur Seite, die distalwärts konvergieren. In der Mitte dieses lamellären Abschnitts verlaufen einige zarte Querleisten. Der verfestigte Mantel des männlichen Genitalkanals umschließt nur die proximale Hälfte des Stiletts.

Die schlauchförmige Bursa copulatrix erreicht 80 µm Länge. Im Mündungsbereich zum Atrium genitale steht nach meinen Beobachtungen ein großer, 18 µm langer Zahn; HARTOG (l. c.) hat hier öfter 2 dornige Auswüchse gesehen. Der einfache, gewundene Ductus spermaticus wird um 40 µm lang; das Mundstück des Receptaculum seminis erreicht 80 µm. Ich habe den Austritt des Mundstücks aus dem runden Receptaculum dicht neben dem Ductus spermaticus gefunden, HARTOG gegenüber von diesem.

Ptychopera subterranea Ax, 1971

(Abb. 164)

Französische Mittelmeerküste
Etang de Salses. Südufer. Feuchtsandzone 2 m landwärts des Wasserrandes, in 20–30 cm Tiefe. Brackwasser mit stark schwankendem Salzgehalt zwischen 22 ‰ und 2 ‰ (AX 1964).

Länge 0,5 mm. Ohne Pigmentaugen. Hoden in der zweiten Körperhälfte. Germarien ganz im Hinterende caudal des männlichen Kopulationsorgans.

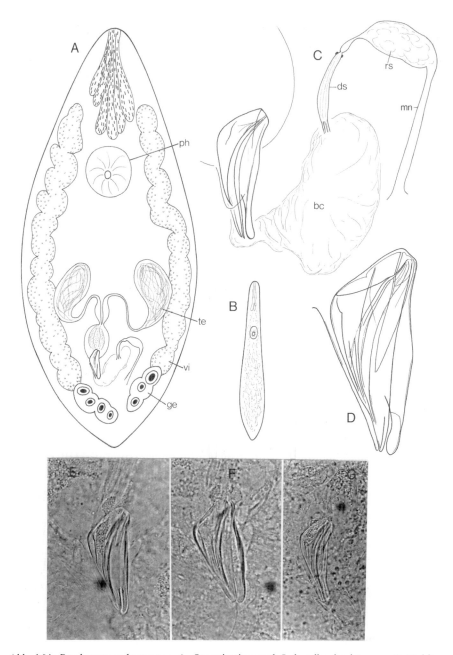

Abb. 164: *Ptychopera subterranea*. A. Organisation nach Lebendbeobachtungen. B. Habitus. C. Stilett und weiblicher Zuleitungsapparat nach Quetschpräparat. D. Stilett (hartes Kopulationsorgan) E–F. Mikrofotografien des Stiletts bei unterschiedlicher Quetschung. Etang de Salses, Frankreich. (Ax 1971)

Stilett. Das harte Kopulationsorgan von nur 36–37 µm Länge hat eine dreieckige Form. Die breite Trichteröffnung ist schräg gestellt. An der längeren Seite endet das Organ in einem kleinen Kolben. Zahlreiche Längsleisten konvergieren distalwärts und ergeben stachelartige Strukturen. Die schwache Versteifung des männlichen Genitalkanals schiebt sich bis zum Ende über das Stilett.

Die Bursa copulatrix hebt sich nur durch schwache Faltenbildungen ab. Der Ductus spermaticus von 20 µm Länge ist kurz vor dem ovoiden Receptaculum seminis eingeschnürt. Das Receptaculum-Mundstück wird 35 µm lang; es entspringt gegenüber dem Ductus spermaticus aus dem Receptaculum und erweitert sich am Ende trichterförmig.

Ptychopera ehlersi Ax, 1971

(Abb. 165)

Deutsche Nordseeküste. Insel Sylt
(1) Mittellotischer Sandstrand vor der alten Wattenmeerstation des Alfred-Wegener-Instituts für Polar- und Meeresforschung in List. 2 Expl. im Sandhang (U. EHLERS in AX 1971).
(2) Salzwiesenvorland. Häufig in dichtem Bestand des Schlickgrases *Spartina anglica* bei Kampen (HELLWIG 1987).
(3) Salzwiese. Besiedlung polyhaliner Salzwiesen in großer Dichte. Das Polyhalinicum des Grenzraumes Watt-Salzwiesen erscheint als ein typisches Habitat (ARMONIES 1987).

Körperlänge 0,5 mm. Ungefärbt. Ohne Pigmentaugen.

Stilett. Im harten Kopulationsorgan steht zentral ein leicht geschwungenes Rohr von 44 µm Länge mit proximaler Anschwellung und zunehmender Verjüngung in distaler Richtung. Das Rohr wird von einem kreisförmigen bis ellipsoiden Mantel umgeben; der Durchmesser beträgt 35 µm. Im unteren Teil gibt es auf einer Seite zwei tiefe Einkerbungen; dadurch entstehen zwei prominente zahnartige Stukturen.

Die große kuppelförmige Bursa copulatrix erreicht einen Durchmesser von 52 µm. Die Wand der Bursa hat zahlreiche längsorientierte Versteifungen. Aus diesem System von Leisten heben sich zwei kräftige Spangen heraus; sie erscheinen proximal durch eine Rippe verbunden und sind distal angeschwollen.

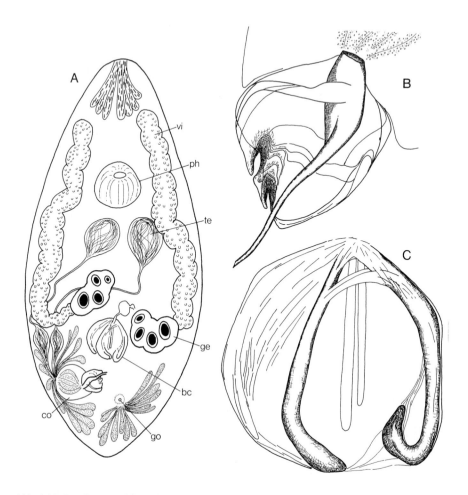

Abb. 165: *Ptychopera ehlersi*. A. Organisation nach Lebendbeobachtungen. B. Stilett mit zentralem Rohr und peripheren Mantel. C. Bursa copulatrix. List, Sylt. (U. Ehlers in Ax 1971)

Ein kurzer Ductus spermaticus führt zum runden Receptaculum seminis. Gegenüber seiner Einmündung entspringt das Mundstück des Receptaculums.

Ptychopera hartogi Ax, 1971

Ptychopera tuberculata: HARTOG, 1964; STRAARUP, 1970.
Nec *Proxenetes tuberculatus* Graff, 1882.

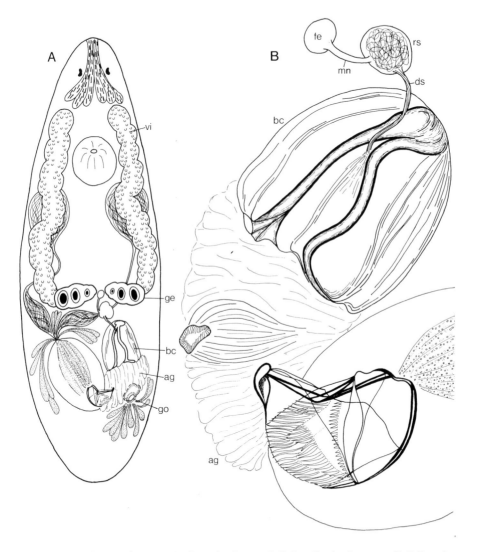

Abb. 166: *Ptychopera hartogi*. A. Organisation nach Lebendbeobachtungen. B Stilett des männlichen Kopulationsorgans und weiblicher Zuleitungsapparat. Insel Jordsand, Nordsee. (U. Ehlers in Ax 1971)

Kanada
New Brunswick. Campobello Island, Upper Duck Pond. Salzwiese am Rand der Uferböschung (AX & ARMONIES 1987).

Europa
Niederlande. Salzwiesen (HARTOG 1964b, 1966, 1977, p. 31: „on saltmarshes and mudflats in the euhalinicum, the polyhalinicum and the mesohalinicum"; VELDE & WINKEL 1975; SCHOCKAERT et al. 1989).
Schwedische Westküste. Halland: Laxvik. Unter *Mytilis*-Anwurf. Salzgehalt 11 ‰ (KARLING, Juni 1952).
Dänische Nordseeküste. Insel Jordsand im Osten von Sylt. Brackwassertümpel bei Salzgehaltswerten von 5,2 und 8,2 ‰ (Locus typicus). (U. EHLERS leg. 1970).
Deutsche Nordseeküste. Insel Sylt. (1) Hohe Dichten in einem Bestand von *Spartina anglica* vor Salzwiesen bei Kampen (HELLWIG 1987). (2) Bevorzugung unbeweideter Salzwiesen bei Salzkonzentrationen zwischen 10 und 20 ‰. Hier wurden Aggregationen bis zu 1090 Ind./10 cm² angetroffen (ARMONIES 1987). Danach muß trotz einiger Funde in anderen Lokalitäten der Verteilungsschwerpunkt in Salzwiesen vermutet werden.
Øresund. Im Brackwasser der Nivå Bay (STRAARUP 1970).
Ostsee. Kieler Bucht. Im Sandhang des Strandes von Schilksee. 2 Expl. (SCHMIDT 1972a).
Originalbeschreibung in AX (1971) nach Beobachtungen von U. EHLERS an Individuen aus einem Brackwassertümpel der Nordsee-Insel Jordsand.

Körperlänge 0,5–0,7 mm. Farblos. Mit Pigmentaugen.
   Stilett. Das harte Kopulationsorgan erreicht 43–56 µm Länge. Sehr charakteristisch ist die knaufartige Verdickung am distalen Ende. Ein Mantel des Genitalkanals umgibt das Stilett mit Ausnahme des proximalen Drittels. Er besteht wahrscheinlich aus mehreren Schichten, die in über 20 Lamellen unterschiedlicher Größe auslaufen.
   Die Bursa copulatrix hat wie bei *P. ehlersi* die Form einer Kuppel; Länge 60–78 µm. Und wie dort zeichnen sich unter den Falten der Bursawand zwei dicke Spangen ab, die von der Spitze der Bursa zum Atrium verlaufen. Die Spangen sind proximal fest verbunden, distal angeschwollen.
   Der Ductus spermaticus von 18–24 µm Länge entspringt zwischen den beiden Spangen. Das runde Receptaculum seminis hat einen Durchmesser von 12–19 µm. Das Mundstück des Receptaculum löst sich nahe der Einmündung des Ductus spermaticus. Der kurze, breite Gang von 7–9 µm Länge läuft zum kugelförmigen Fecundatorium.

Ptychopera avicularis Karling, 1974

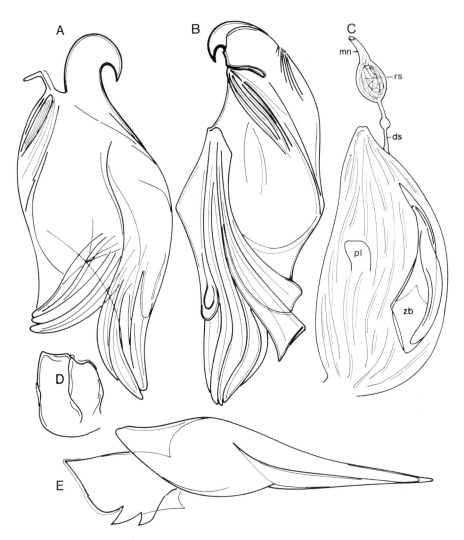

Abb. 167: *Ptychopera avicularis*. A. Stilett. B. Stilett eines anderen Individuums. C. Bursa copulatrix mit großem Zahn und kleiner Platte, Ductus spermaticus, Receptaculum seminis und Mundstück. D. Kleine Platte aus der Bursa copulatrix. E. Großer Zahn als Verfestigung in der Bursa. Godhavn, Grönland. (Ax 1995b)

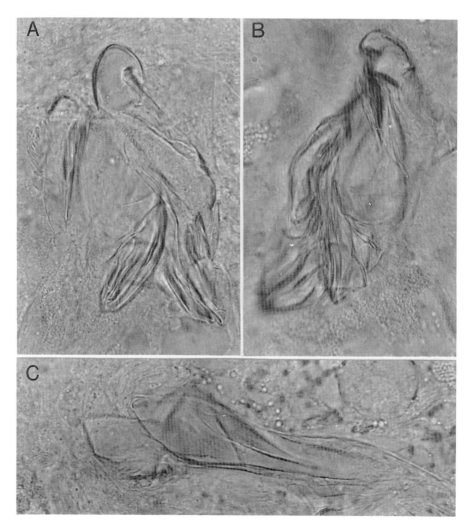

Abb. 168: *Ptychopera avicularis*. A, B. Stilette von verschiedenen Individuen. C. Zahn aus der Bursa copulatrix. Godhavn, Grönland. (Ax 1995b)

Finnischer Meerbusen
Henriksberg in der Tvärminne Area. Sand in 10–15 m Tiefe. Locus typicus (KARLING 1974).
Grönland
Insel Disko. Hafenbecken von Godhavn. Stark lenitischer Lebensraum im Eulitoral. Detritusreicher Sand auf FeS-Boden (AX 1995b).

Trotz stark divergierender Lebensräume lassen sich das eine Individuum aus dem Sublitoral im Brackwasser des Finnischen Meerbusens und die eulitorale Population aus dem marinen Hafenbecken von Godhavn als Repräsentanten einer Art interpretieren.

Die folgenden Angaben sind KARLING (1974) und AX (1995b) entnommen.

Körperlänge 0,8 mm. Paarige Pigmentaugen mit jeweils einer einzelnen Linse im Becher.

Stilett (hartes Kopulationsorgan). Länge in Finnland ungefähr 60 µm, in Grönland 80–85 µm. Das trichter- bis kastenförmige Organ trägt an der Oberfläche ein komplexes Faltenmuster. Distal läuft das Stilett in einen großen Haken aus; der nach KARLING an einen Vogelkopf erinnert (Artname).

In der ovoiden Bursa liegt ein gelber Zahn von 80 µ Länge und eine kleine schwach gelbliche Platte mit 20 µm Durchmesser.

Aus der Bursa führt der Ductus spermaticus in ein kleines Receptaculum seminis, das seinerseits in ein unpaares 15 µm langes Mundstück ausläuft.

Ptychopera alascana Ax & Armonies, 1990

(Abb. 169)

Alaska

Bisher nur aus unseren Untersuchungen an den Küsten Alaskas bekannt und zugleich die einzige *Ptychopera*-Art von dort.
(1) Seward. Fourth of July Beach. Strand mit Sand, Kies und Steinen. Detritusreicher Sand aus der Gezeitenzone. 11.7., 20.7. und 13.8.1988; an letzterem Termin unter Süßwasserausstrom.
(2) Anchorage. Salzwiese an der Nordküste in der Nähe der 5th Avenue. 13.7.1988, bei 12–13 ‰ Salzgehalt (AX & ARMONIES 1990).

Es liegen allein für das harte Kopulationsorgan hinreichende Daten vor. Sie gestatten eine einwandfreie Identifikation. Ich nehme deshalb die Art in unsere Übersicht auf.

Das kastenförmige Stilett wird 47–55 µm lang. Distalwärts ist es einseitig deutlich nach außen geschwungen. Auf der gegenüberliegenden Seite zieht ein prominenter, konischer Sporn durch das Stilett; in dem Sporn sammelt sich das Sekret der Körnerdrüsen.

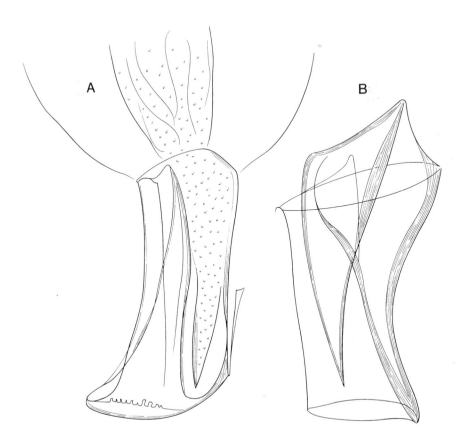

Abb. 169: *Ptychopera alaskana* von Alaska. Hartes Kopulationsorgan (Stilett). A. Von einem Individuum vom Sandstrand des Fourth of July Beach, Seward. B. Von einem Salzwiesenbewohner. Anchorage. (Ax & Armonies 1990)

Lutheriella diplostyla Hartog, 1966

(Abb. 170)

Niederlande
Salzwiesen in den Provinzen Noord-Brabant und Zeeland (HARTOG 1966b).

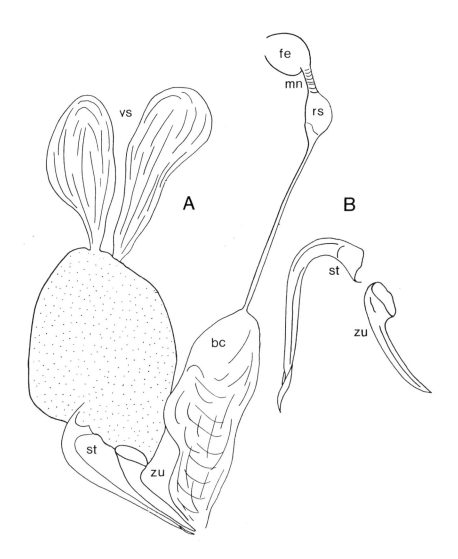

Abb. 170: *Lutheriella diplostyla*. A. Genitalapparat nach Lebendbeobachtungen. Stilett und zusätzliches Rohr des männlichen Hartorgans liegen mit ihren Spitzen dicht nebeneinander. B. Stilett und zusätzliches Rohr durch starken Deckglasdruck voneinander entfernt. Nord-Brabant, Niederlande. (Hartog 1966b)

In Salzwiesen und Schlickwatt im Euhalinicum, Polyhalinicum und Mesohalinicum (HARTOG 1977).

Sylt

In der Salzwiese „Nielönn" nördlich von Kampen. Keine signifikante Korrelation zu einer bestimmten Salzkonzentration (ARMONIES 1987). In dichtem Bestand des vorgelagerten Schlickgrases *Spartina anglica* (HELLWIG 1987).

Länge 0,3 mm. Mit Pigmentaugen. Ungefärbt. Pharynx wie bei *Ptychopera* im Vorderkörper.

Das muskulöse Kopulationsorgan entläßt seinen Inhalt durch zwei Hartgebilde, die HARTOG (1966b) als Stilett und zusätzliches Rohr (additional duct) bezeichnet. Das Stilett ist 44 µm lang. Es hat einen weiten proximalen Trichter, der sich unter starker Biegung in ein gerades Rohr mit zunehmender Verjüngung fortsetzt. Das Stilettrohr ist einmal vor der Spitze verdreht. Das zusätzliche Rohr wird 30 µm lang. Auch hier gibt es einen proximalen Trichter und ein distal spitz zulaufendes Rohr. Stilett und zusätzliches Rohr liegen unverbunden nebeneinander; sie laufen mit den Spitzen eng zusammen. Im Gegensatz zu den *Ptychopera*-Arten existiert augenscheinlich kein umkleidender Mantel aus dem Genitalkanal.

Dagegen entspricht die Durchgliederung des weiblichen Zuleitungsapparates dem Sachverhalt bei *Ptychopera*. Die Bursa copulatrix ist ein 60 µm langer Sack ohne Verfestigungen. Der dünne Ductus spermaticus mißt 45 µm. Das ellipsoide Receptaculum seminis erreicht 14 µm Länge. Das Mundstück des Receptaculums entspringt gegenüber der Einmündung des Ductus spermaticus. Das dicke, nur 8 µm lange Mundstück mit wandständiger Ringelung öffnet sich in ein dünnwandiges Fecundatorium.

Proxenetes Jensen, 1878

Das Mundstück des Receptaculum seminis beginnt mit einem Ring in der Wand des Receptaculums. Aus diesem entspringt entweder ein aufgerollter Gang, der sich später in zwei zarte Röhrchen aufgliedert oder es entstehen zwei, von vornherein getrennte Röhrchen. Vergleichbare Strukturen treten im Taxon *Trigonostomum* auf.

Die Plathelminthes der Salzwiesen werden generell als eine Lebensgemeinschaft von Brackwasserorganismen angesprochen (ARMONIES 1987). Ich habe mich dennoch mit der Aufnahme von *Proxenetes*-Arten, die bisher nur aus dem Euhalinicum und Polyhalinicum bekannt sind, zurückgehalten.

Proxenetes unidentatus steht am Anfang unserer Übersicht, weil alleine sie mit mehr oder minder guten Gründen als eine spezifische Brackwasserart interpretiert werden kann. Wie *P. unidentatus* sind *P. flabellifer*, *P. deltoides* und *P. simplex* mit Hartgebilden in der Bursa copulatrix versehen. Aber schon bei ihnen handelt es sich um euryhaline Arten mit Ausstrahlungen in Brackgewässer.

Unter ökologischen Aspekten ordne ich die folgenden Arten ohne Hartstrukturen in der Bursa.

P. karlingi repräsentiert noch einmal eine euryhaline Art, die in das Mesohalinikum der inneren Ostsee vordringt.

Proxenetes pratensis ist aus der Nordsee und aus der westlichen Ostsee bekannt, nicht mehr aber aus der schwachsalzigen inneren Ostsee.

5 Arten kennen wir nur aus der Nordsee und können sie gemäß ihren Salinitätsansprüchen auführen. *P. cisorius*, *P. britannicus* und *P. minimus* wandern in mesohalines Milieu ein. *P. cimbricus* und *P. puccinellicola* sind aus dem Euhalinicum und von polyhalinen Salzwiesen gemeldet worden. Wir nehmen diese beiden Arten mit Vorbehalt in unsere Darstellung auf; möglicherweise können auch sie lokal in Areale mit niedrigeren Salinitäten vordringen.

An den Schluß stelle ich *P. flexus* mit einem einzigen Brackwasserfundort. Das ist das Mündungsareal des Courant Lège in die Bucht von Arcachon. Eine ökologische Einordnung ist vorerst nicht möglich.

Proxenetes unidentatus Hartog, 1965

(Abb. 171)

Es gibt einige Argumente, um *P. unidentatus* als eine Brackwasserart anzusprechen. Die Art lebt im Mesohalinikum der inneren Ostsee. Nachweise stammen aus dem Finnischen Meerbusen (HARTOG 1965) und von der schwedischen Ostseeküste (KARLING 1974).
Von den zahlreichen Fundortsangaben aus Salzwiesen im Nordatlantik und an der Nordseeküste entnehmen wir HARTOG (1965) und ARMONIES (1987, 1988) wertvolle Daten zur Ökologie der Art. In diesem Lebensraum wird das Mesohalinikum bevorzugt. So besiedelt *P. unidentatus* auf Sylt vorzugsweise die höher gelegenen meso- bis oligohalinen Salzwiesenböden (ARMONIES l. c.). Die Art wurde hier aber auch im oberen, supralitoralen Teil von Sandstränden gefunden, die an Salzwiesen grenzen (HELLWIG 1987).

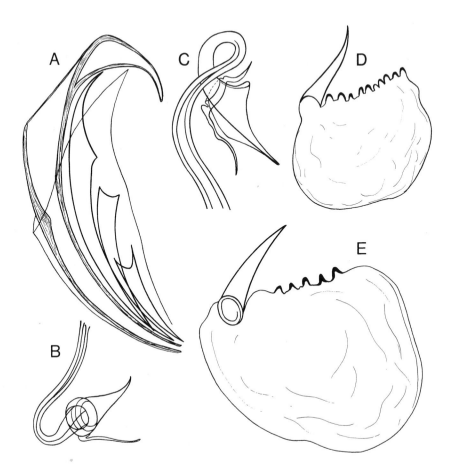

Abb. 171: *Proxenetes unidentatus*. A. Stilett. B. Mundstück des Receptaculum seminis. Nur ein Fortsatz am oberen Ring. C. Mundstück eines anderen Individuums mit 2 dornenartigen Fortsätzen am oberen Ring. D, E. Hartapparat der Bursa verschiedener Individuen. Mit einem Stachel und unterschiedlicher Zahl lichtbrechender Höcker. A, C, E Sylt: Rantum; B, D Cuxhaven. (Ax, 1971)

Island
Bucht Leiruvogur. Flußlauf mit Süßwasser, Grobsand (1993).
Kanada
Pocologan. Brackwasserbecken (AX & ARMONIES 1987).

Länge 0,8–1 mm. Mit Pigmentaugen. Ungefärbt.

Das Stilett von dreieckiger Form wird 38–40 µm lang. Ein umfangreicher Mantel umgibt das Rohr nach dem ersten Drittel und reicht nahezu bis zum Ende des Stiletts. Ich habe an Individuen von Sylt 3 Stacheln beobachtet; nach HARTOG gibt es 6 Stacheln.

Der weibliche Zuleitungsapparat beginnt mit einem langen Bursakanal; er erweitert sich am Übergang in das Atrium genitale und trägt hier den charakteristischen Hartapparat der Bursa. Die sackförmige-ovoide Basalplatte ist nur schwach verfestigt. Sie trägt an einer Seite einen 15–16 µm langen Stachel. Daneben liegen mehrere lichtbrechende Höcker oder Papillen; ich habe bis zu 10 Höcker gezählt, HARTOG gibt etwa 20 Papillen an. Auf die Bursa folgt das etwa 90 µm lange Receptaculum seminis. Das Mundstück hat zwei Ringe und zwei von Anbeginn getrennte Röhrchen. Der obere Ring trägt normalerweise zwei lange Sporne; an einem Individuum war nur 1 Fortsatz entwickelt.

Proxenetes flabellifer Jensen, 1878

(Abb. 172)

P. flabellifer wurde aus euhalinem Milieu an der norwegischen Küste beschrieben und für das Mesohalinicum des Finnischen Meerbusens angezeigt. Im Vergleich dieser beiden Fundorte ist die Kombination eines proximal halbkreisförmigen Stiletts mit einem harten Bursa-Apparat aus mehreren Stacheln allerdings nur von Individuen aus Norwegen dokumentiert (JENSEN 1878, taf. II, fig. 14, 16, 18; LUTHER 1943, fig. 44, 48,49). Angaben für Finnland sind weder bei LUTHER (1943, 1962) noch bei KARLING (1974) mit Figuren des Stiletts belegt.

Mein Blick wurde erst durch die Beschreibung von *P. deltoides* Hartog, 1965 mit einem weitreichend übereinstimmenden Stachelapparat der Bursa copulatrix, aber einem dreieckigen Stilett mit abgeschrägter proximaler Fläche geschärft. Meine vor diesem Zeitpunkt liegenden Bestimmungen von *P. flabellifer* aus der Nord- und Ostsee waren damit fragwürdig geworden. So gehört die Art nicht zur Salzwiesenfauna (BILIO 1964); sie wurde in diesem Lebensraum weder an den Küsten der Niederlande noch auf der Insel Sylt gefunden (HARTOG 1965, ARMONIES 1987). *P. flabellifer* siedelt hier vielmehr in detritusreichen Sandböden größerer Salzwiesenpriele des Eu- und Polyhalinicums (HARTOG 1977) sowie in schlickigen Böden mit Beständen von *Spartina anglica* (HELLWIG 1987).

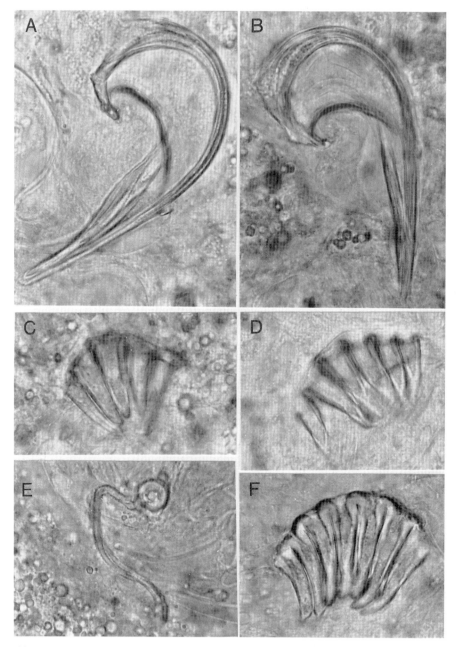

Abb. 172: *Proxenetes flabellifer*. A, B. Stilette von verschiedenen Individuen. Im oberen Abschnitt halbkreisförmig geschwungen. C, D, F. Stachelapparate der Bursa verschiedener Individuen mit 5, 6 und 7 Stacheln. E. Mundstück des Receptaculum seminis. Grönland. Hafen von Godhavn, Disko. (Ax 1995b)

Auf Grönland lebt *P. flabellifer* in lenitischen Arealen des Hafens von Godhavn, Disko in Gesellschaft von *P. deltoides* (AX 1971).

Länge 0,5–1,5 mm (HARTOG). Schwarze Pigmentaugen. Ungefärbt.

Das Stilett mißt bei Tieren der Niederlande 80 µm, bei 2 Individuen von Grönland 88 und 95 µm. Der obere Abschnitt ist halbkreisförmig gestaltet und ballonförmig erweitert. Das Stilett verjüngt sich distalwärts zunehmend und bekommt einen geraden Verlauf. Am proximalen Ende imponiert ein einwärts gebogener Haken, an welchem der harte Mantel des Genitalkanals ansetzt. Der Mantel umkleidet den unteren Teil des Stiletts und endet distal in 4 Stacheln (HARTOG).

Im Stachelapparat der Bursa können 5, 6 oder 7 Stacheln entwickelt sein. Die Stacheln erreichen eine Länge von 30 µm, nach HARTOG 25–27 µm.

Am Mundstück des Receptaculum seminis sind die beiden Röhrchen vollkommen getrennt. HARTOG beschreibt zwei Ringe. Der Basalring trägt nur einen zurückgebogenen Dorn, der obere Ring hat zwei, einander gegenüberliegende Dorne. Ich habe bei grönländischen Tieren keine Ausläufer beobachtet.

Proxenetes deltoides Hartog, 1965

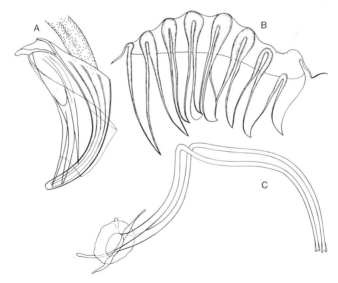

Abb. 173: *Proxenetes deltoides*. A. Stilett (mit proximal eintretenden Kornsekretsträngen). B. Stachelapparat der Bursa copulatrix. C. Mundstück des Receptaculum seminis. Kieler Bucht. Bottsand. (Ax 1971)

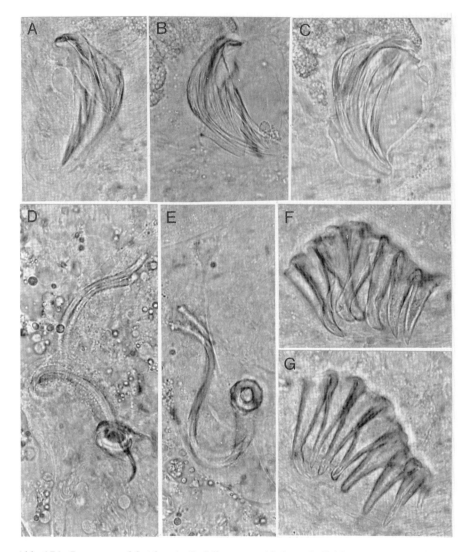

Abb. 174: *Proxenetes deltoides*. A–C. Stilette verschiedener Individuen. D, E. Mundstücke des Receptaculum seminis. F, G. Stachelapparate der Bursa von zwei Tieren. Grönland. Hafen von Godhavn, Disko. (Ax 1995b)

„*P. deltoides* has to be regarded as a faithful species for the *Puccinellietum maritimae*" (HARTOG 1965, p. 110). Sie siedelt im südwestlichen Deltagebiet der Niederlande in Salzwiesen und sandigem Schlickwatt vom Euhalinicum bis zum Mesohalinicum und lebt hier auch in isolierten Brackwassertümpeln (HARTOG 1977). Gut vergleichbar ist auf Sylt die Existenz in Salzwiesen (ARMONIES 1987) in einem Salzwiesengraben (HELLWIG-ARMONIES & ARMONIES 1987)und in Wattflächen oberhalb der MHWL (HELLWIG 1987).

P. deltoides wurde in der Niva Bucht am Øresund in einem Salzgehaltsspektrum von 10–20 ‰ nachgewiesen (STRAARUP 1970), in der Kieler Bucht in Andelrasen und Detritussand am Bottsand beobachtet (AX 1971).

Aus der inneren Ostsee ist *P. deltoides* bisher nicht gemeldet.

Island
Bucht Leiruvogur. a) Flußlauf mit Süßwasser, Grobsand. b) Salzwiesentümpel mit Brackwasser (1993).

Kanada
New Brunswick. St. Andrews, Sam Orr Pond, Deer Island, St. John. Überwiegend in Salzwiesen (AX & ARMONIES 1987).

Länge 0,8–1,1 mm (HARTOG), bis 1,8 mm (ARMONIES). Schwarze Pigmentaugen. Ungefärbt. Das dreieckige Stilett wird 40–50 µm lang, ist also erheblich kleiner als das Stilett von *P. flabellifer*. Das Stilett von *P. deltoides* ist ferner proximal nicht ballonförmig, sondern mit einer schrägen Fläche nach oben gerichtet, wo Sperma und Kornsekret eintritt. Der Mantel des Genitalkanals läuft distal in mehrere Stacheln aus.

Der Stachelapparat der Bursa besteht aus einer Platte mit zumeist 7–8 Dornen oder Zähnen (Variation von 6–10). Die Länge der Stacheln wurde an verschiedenen Fundorten gemessen: Niederlande 28–30 µm (HARTOG), Kieler Bucht 22–32 µm (AX 1971), Grönland 30–35 µm (AX 1995).

Mundstück des Receptaculum seminis. Die beiden Röhrchen sind wie bei *P. flabellifer* von Beginn an getrennt. Am basalen Ring habe ich auf Grönland 3 zipfelförmige Fortsätze gesehen.

Proxenetes simplex Luther, 1948

Proxenetes angustus Ax, 1951

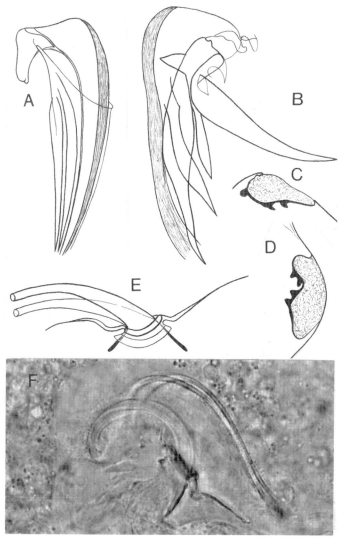

Abb. 175: *Proxenetes simplex*. A. Stilett bei schwacher Quetschung. B. Stilett stark gequetscht. 2 große und 2 kleine Mantelstacheln treten hervor. C, D. Wulst in der Bursa, überzogen von einer festen Membran mit Höckern. Nach verschiedenen Individuen. E. Anfangsteil des Receptaculum-Mundstücks mit Doppelring. Röhrchen vom Beginn an voneinander getrennt. F. Receptaculum-Mundstück. Kieler Bucht. Bottsand. (Ax 1971).

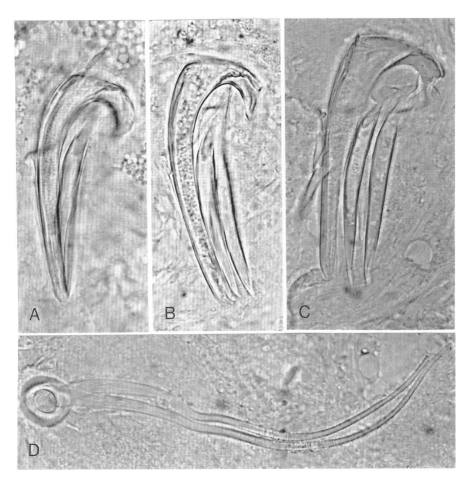

Abb. 176: *Proxenetes simplex*. A–C. Stilette. Aufnahmen unter zunehmenden Deckglasdruck. D. Receptaculum-Mundstück. Röhrchen gestreckt nach starkem Deckglasdruck. Kieler Bucht. Bottsand. (Ax 1971)

P. simplex (incl. *P. angustus*) ist eine marin-euryhaline Art mit extrem weiter Verbreitung. Ihr Siedlungsareal reicht von der Nordsee über die westliche Ostsee bis in das Baltikum. Sie wurde in Grönland und an der französischen Atlantikküste gefunden, in einem Brackwasseretang am Mittelmeer, im Marmara-Meer und im Schwarzen Meer.

Auf der Nordseeinsel Sylt zählt *P. simplex* zu den Charakterarten des Grenzraumes Watt – Salzwiesen (HELLWIG 1987). Sie siedelt hier in

Schlick und Schlicksand geschützter Habitate und kommt mit hoher Abundanz in Salzwiesenprielen vor.

In unserer Darstellung muß ich die Funde aus mesohalinen Brackgewässern hervorheben.

In Schleswig-Holstein siedelt die Art in der Schlei bei Lindaunis. Salzgehalt 12–13 ‰ (AX 1951a).

Im Greifswalder Bodden wurde sie bei Wieck nachgewiesen. Salzgehalt 6–7 ‰ (unpubl. 2001).

KARLING (1974) meldet *P. simplex* von der schwedischen Ostseeküste und aus dem Finnischen Meerbusen.

Am Mittelmeer ist die Art in den mesohalinen Etang de Salses eingedrungen (AX 1956c) und weiter ostwärts über den Bosporus in das Schwarze Meer vorgestoßen. Hier ist sie von der türkischen Küste bei Sile (AX 1959a) und von Rumänien bekannt (MACK-FIRA & CRISTEA-NASTASESCO 1971).

Länge 0,9–1,5 mm. Schwarze Pigmentaugen. Kein Körperpigment.

Die folgenden Daten wurden an Individuen vom Bottsand aus der Kieler Bucht erhoben (AX 1971). Sie stimmen überein mit der Bearbeitung von *P. simplex* aus dem Deltagebiet der Niederlande (HARTOG 1965).

Stilett. Das schlanke Hartorgan wird 56–58 µm lang. Das quer abgeschnittene Proximalende ist eingebuchtet; es wird bei stärkerem Quetschen etwas vorgewölbt. Das Stilett ist gegenüber dem leicht geschwungenen Rohr in einen großen Haken nach unten gezogen. Der Mantel des Genitalkanals hat an der konkaven Seite des Rohres 4 Stacheln. Bei mittlerer Quetschung treten zunächst 2 große Stacheln von 40–45 µm Länge hervor. Erst nach starkem Deckglasdruck werden zwischen ihnen 2 kleinere Stacheln von 20–25 µm Länge deutlich.

Der weibliche Zuleitungsapparat zeigt die übliche Gliederung in Bursa copulatrix (Bursastiel) und Receptaculum seminis. Nahe dem Genitalatrium springt ein sackförmiger Wulst von 20 µm Breite in das Lumen der Bursa hervor. Der Wulst ist von einer festen Membran mit mehreren kleinen Höckern überzogen. Diese Differenzierung der Bursawand ist ein artspezifisches Merkmal.

Das Mundstück des Receptaculums hat einen Doppelring. Vom oberen Ring ragen zwei lange, geschwungene Sporne zu entgegengesetzten Seiten ab. Die Röhrchen des Mundstücks sind bis zum Ring getrennt.

Proxenetes karlingi Luther, 1943

Abb. 177: *Proxenetes karlingi*. A, B. Stilette verschiedener Individuen. C. Mundstück des Receptaculum seminis. A, C Nordsee. Westerhever Sand; B Kieler Bucht. Heiligenhafen. (Ax 1971)

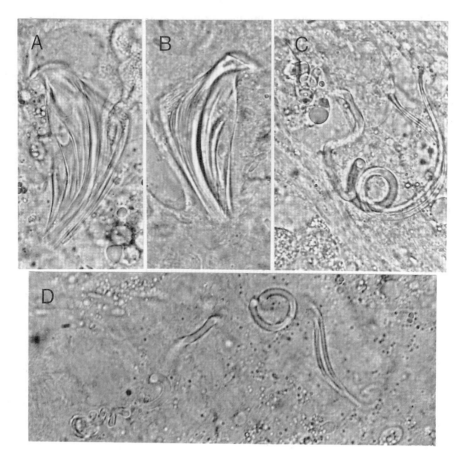

Abb. 178: *Proxenetes karlingi*. A, B. Stilette verschiedener Individuen. C, D. Mundstücke des Receptaculum mit vielfachen Windungen des Rohres. Nordsee. Cuxhaven. (Ax 1971)

P. karlingi ist eine euryhaline Stillwasserart nordischer Küsten Europas mit optimalen Entwicklungsmöglichkeiten im Poly- und Mesohalinicum (ARMONIES 1987).

Nach ersten Funden an der schleswig-holsteinischen Nordseeküste (BILIO 1964) liegen eingehende Beobachtungen aus Salzwiesen, Salzwiesengräben und Watt im Südwesten der Niederlande vor (HARTOG 1966a, 1977). Differenzierte Daten stammen ferner von Salzwiesen und detritusreichen Sanden lenitischer Habitate im Grenzbereich von Eu- zu Supralitoral auf der Insel Sylt (ARMONIES 1987; HELLWIG 1987).

Siedlungen im konstant mesohalinen Wasser der inneren Ostsee kennen wir von der schwedischen Küste bei Stockholm und aus der Tvärminne-Region des Finnischen Meerbusens; hier wurde *P. karlingi* bis in 24 m Tiefe nachgewiesen (LUTHER 1962; KARLING 1974).

Island
Bucht Leiruvogur. Salzwiesentümpel mit Brackwasser (1993).

Länge maximal 2 mm. Mit Pigmentaugen. Ungefärbt.

Für das dreieckige Stilett gibt HARTOG (1966a) eine Länge von 55–60 µm an; ich habe an Individuen vom Westerhever Sand 51–54 µm gemessen (AX 1971). Das leicht geschwungene Rohr beginnt proximal mit breiter Öffnung und verjüngt sich distalwärts zunehmend. Die Rohrwand ist auffallend dick. Im Mantelbereich habe ich an Tieren von der Nordsee und aus der Kieler Bucht wiederholt 4 freie Stacheln beobachtet.

Bursa copulatrix und ein großes Receptaculum sind getrennt vorhanden. Das Mundstück des Receptaculums zeigt artspezifische Eigenheiten. Es beginnt mit einem einfachen Ring ohne Fortsätze. Der lange und vielfach gewundene Gang bleibt über die Hälfte einheitlich; erst dann spaltet er sich in zwei Röhrchen auf.

Proxenetes pratensis Ax, 1960

(Abb. 179)

Salzwiesen in Nordsee und westlicher Ostsee. Niederländische Provinz Zeeland, Zeeuws Vlaanderen (HARTOG 1966a). „In salt-marshes in the euhalinicum" (HARTOG 1977, p. 31).

Eidermündung. Bottsand bei Kiel, Gelting Birk in der Flensburger Förde (AX 1960, BILIO 1964).

Sylt. Kampen, Rantum. *P. pratensis* bevorzugt Feinsand-Böden polyhaliner Wiesen (ARMONIES 1987).

Andere Habitate
Sandstrand bei Tromsø (SCHMIDT 1972b). Sandhang am Ellenbogen von List (AX 1971).

Detritus- bzw. schluffreiche geschützte Strände von Sylt, 10–40 cm über der MHWL im Königshafen List, bei Kampen, Rantum und Hörnum (HELLWIG 1987).

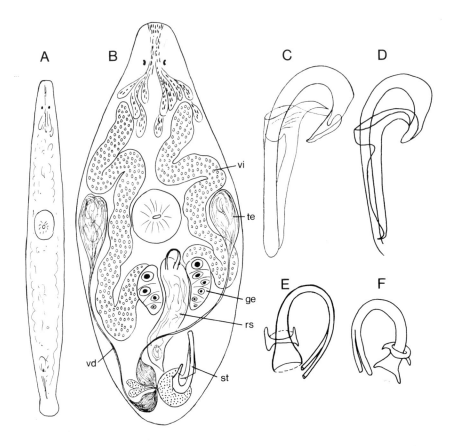

Abb. 179: *Proxenetes pratensis*. A. Habitus mit Schwanzplatte. B. Organisation nach Lebendbeobachtungen. C, D. Stilette verschiedener Individuen. E, F. Mundstücke des Receptaculum seminis verschiedener Tiere. A, B, C, E Kieler Bucht. Gelting Birk. D, F Niederlande. Zeeuws Vlaanderen. (A, B, C, E Ax 1960; D, F Hartog 1966)

Mit den Nachweisen in detritusreichen, vegetationslosen Sanden des Supralitorals ist *P. pratensis* nicht mehr als ein reiner Salzwiesenbewohner anzusehen.

Länge bis 0,5–0,6 mm. Mit Pigmentaugen. Ungefärbt. Pharynx etwa in der Körpermitte.

Vom Habitus ist die Entwicklung einer kleinen Schwanzplatte als Haftorgan hervorzuheben. Das steht in Korrelation zur Bevorzugung von Sandböden.

Stilett. Länge 55 µm nach Messungen an Tieren von verschiedenen Fundorten in der Kieler Bucht (Bottsand, Gelting Birk). Das rohrförmige Gebilde ist proximal stark gebogen, sodaß die Trichter-Öffnung nach hinten gerichtet wird. Im übrigen ist das Rohr nach der Biegung gerade gestellt mit leichter Anschwellung am distalen Ende. Der harte Mantel des Genitalkanals umkleidet das Stilettrohr nur oben am Übergang zwischen Bogen und geradem Abschnitt. Von dieser Manschette entspringt eine lange Lamelle, die das Rohr distalwärts begleitet, aber vor der Rohrspitze endet.

Der weibliche Zuleitungsapparat besteht aus einem einfachen, langen Sack ohne Differenzierung in Bursa copulatrix (Bursastiel) und Receptaculum seminis. Der Sack wird von HARTOG (1966a) als Bursa seminalis bezeichnet. Das Mundstück beginnt mit einer trichterförmigen Öffnung und beschreibt dann einen Halbkreis unter zunehmender Verjüngung. Im letzten Abschnitt teilt es sich in zwei schlanke Röhrchen. Unterhalb des Trichters ist das Mundstück von einem Ring mit 2 Dornen umgeben. Die Strecke von der proximalen Öffnung bis zur oberen Umbiegung mißt 20–22 µm.

Proxenetes cisorius Hartog, 1966

(Abb. 180)

Niederlande
An verschiedenen Stellen im Südwesten (HARTOG 1966a). „In salt-marshes in the euhalinicum and polyhalinicum" (HARTOG 1977, p. 31).

Sylt
Salzwiesen im Königshafen List, bei Kampen und Rantum. Eine der häufigsten Arten unbeweideter Salzwiesen. Aggregationsdichten bis zu 125 Ind./10cm²; dabei maximale Dichten bei Salzgehaltskonzentrationen um 20 ‰. Die Art besiedelt bevorzugt die poly- bis mesohalinen Wiesenzonen (ARMONIES 1987, 1988).

P. cisorius lebt aber auch im vorgelagerten Watt: Schlicksand im Königshafen List (AX 1971). Schlick und Pflanzenbestände bei Kampen und Rantum (HELLWIG 1987).

Länge 0,56–0,93 mm nach Messungen von Individuen aus den Niederlanden (HARTOG 1966a). Mit Pigmentaugen. Ungefärbt.
Das Stilett erreicht 52–55 µm bei Tieren aus den Niederlanden (HARTOG l. c.) und 62 µm bei Individuen von Sylt (AX 1971). Der halbkreisförmige pro-

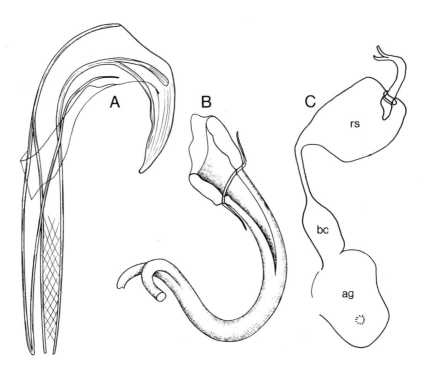

Abb. 180: *Proxenetes cisorius*. A. Stilett. B. Mundstück des Receptaculum seminis. C. Weiblicher Zuleitungsapparat. A, B Sylt. Rantum. C Niederlande (A, B Ax 1971; C Hartog 1966)

ximale Teil steht weit offen, geht dann aber unmittelbar in ein ziemlich gerades Rohr über. Sehr charakteristisch ist der Aufbau dieses Rohres aus zwei Systemen von Spiralleisten, die sich rechtwinklig kreuzen. Der Mantel des Genitalkanals umkleidet das Stilett wie bei *P. pratensis* nur auf einer kurzen Strecke zwischen rundem und geradem Abschnitt. Und wie dort begleitet ein langer Stachel aus dem Bereich des Mantels das Rohr bis zum Ende.

Der weibliche Zuleitungsapparat ist in Bursa copulatrix und Receptaculum seminis gegliedert, welche durch einen 40 µm langen Ductus spermaticus verbunden sind. Das Mundstück des Receptaculums ist ungewöhnlich stark verfestigt. Es beschreibt einen Halbkreis und zerlegt sich erst wenig vor dem Ende in 2 Röhrchen. Um den proximalen Trichter des Mundstücks liegt ein Ring, von welchem zwei schlanke Fortsätze entspringen und sich entgegengesetzt dem Rohr eng anlegen.

Proxenetes britannicus Hartog, 1966

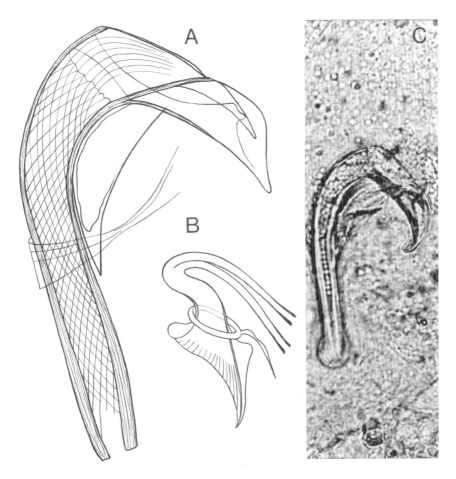

Abb. 181: *Proxenetes britannicus*. A. Stilett, gequetscht. B. Receptaculum-Mundstück. C. Stilett ungequetscht. Sylt. Königshafen. (Ax 1971. C fot. Ehlers)

Bisher nur aus der Nordsee bekannt. Nahezu alle Funde von Schottland, England, den Niederlanden (HARTOG 1966a, 1977) und von unseren Arbeiten auf Sylt (AX 1971; ARMONIES 1987) stammen aus Salzwiesen. Die Siedlungen reichen auf Sylt bis in mesohaline Areale. *P. britannicus* lebt aber auch in Schlick und detritusreichen Feinsand oberhalb der MHWL (HELLWIG 1987).

Länge 0,5–0,85 mm. Mit Pigmentaugen. Hinten ist der Körper eingeschnürt, sodaß ein leicht spatelförmiges Ende resultiert.

Das Stilett erreicht nach HARTOG (1966a) eine Länge von 64–71 µm, nach eigenen Messungen auf Sylt 76 µm (AX 1971). Das Stilett ist proximal halbkreisförmig geschwungen. Es endet hier in einem großen Haken, der im ungequetschten Zustand einwärts gerichtet wird. Distalwärts läuft das Rohr gerade aus, wobei die Wand zunehmend dicker wird. Ähnlich wie bei *P. cisorius* existiert eine Oberflächenstreifung aus dicht gestellten Leisten, die sich schräg überkreuzen.

Aus dem proximalen Mantelteil differenziert sich ein großer Stachel: Dieser legt sich der konkaven Rohrseite eng an. Im übrigen umgreift der Mantel den mittleren Teil des Rohres nur mit einer kleinen Manschette. Die distale Hälfte des Rohres bleibt frei.

Der weibliche Zuleitungsapparat ist in einen Bursakanal und das Receptaculum seminis gegliedert. Das Mundstück des Receptaculum beginnt mit einem weiten Trichter in einem Basalring, welcher einseitig in einen großen Sporn ausgezogen ist. Der folgende obere Ring trägt einen lateralen Fortsatz oberhalb des Sporns.

Proxenetes minimus Hartog, 1966

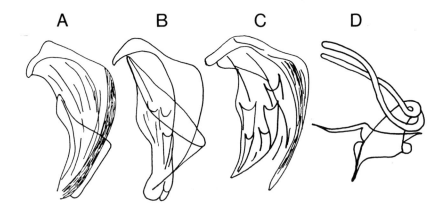

Abb. 182: *Proxenetes minimus*. A–C. Stilette verschiedener Individuen. D. Mundstück des Receptaculum seminis. Salzwiesen der Niederlande. (Hartog 1966)

P. minimus ist ein weitgehend euryhaliner Salzwiesenbewohner im Andelrasen der Nordseeküste. Funde liegen vor aus dem Südwesten der Niederlande (HARTOG 1966a, 1977) und von der Insel Sylt (ARMONIES 1987, 1988).

Eine Bevorzugung bestimmter Salzkonzentrationen ist nicht erkennbar. HARTOG fand Populationen vom Euhalinicum bis in schwachsalziges Milieu von ~ 4 ‰.

P. minimus ist indes keine reine Salzwiesenart. In geringer Dichte lebt sie auch im seewärts an Andelrasen angrenzenden Wattbereich (HELLWIG 1987).

Länge 0,35–0,65 mm. Zwei Pigmentaugen. Keine Färbung.

Das annähernd dreieckige Stilett wird 32–37 µm lang. Es ist über die ganze Länge gebogen und verjüngt sich distalwärts zunehmend. Das proximale Ende ist mit einem großen, zurückgebogenen Haken versehen.

Der Mantel zeigt mehrere Falten und besteht aus vier dornigen Lamellen, die proximal zusammenhängen. Daneben gibt es im Mantel 4 keilförmige freie Dornen. Das stumpfe distale Ende des Stiletts ragt eben aus dem Mantel heraus.

Der weibliche Zuleitungsapparat ist in eine 60 µm lange, ovoide Bursa copulatrix und das 110–115 µm lange, bohnenförmige Receptaculum seminis gegliedert. Sie sind durch einen dünnen, 40–45 µm langen Ductus spermaticus verbunden.

Das Mundstück des Receptaculums hat einen doppelten Ring, aus dem ein ungegliedertes Rohr hervorgeht. Im Verlauf einer Schlinge spaltet es sich in 2 feine Röhrchen auf. Der obere Ring trägt an einer Seite einen langen Dorn.

Proxentes cimbricus Ax, 1971

(Abb. 183)

Sylt
Salzwiesen und seewärts anschließende *Spartina*-Bestände werden regelmäßig, aber nur in geringer Dichte besiedelt. Bei Salzkonzentrationen unter 25 ‰ wurde die Art selten beobachtet, im Mesohalinicum nicht mehr nachgewiesen (ARMONIES 1987, 1988; HELLWIG 1987).

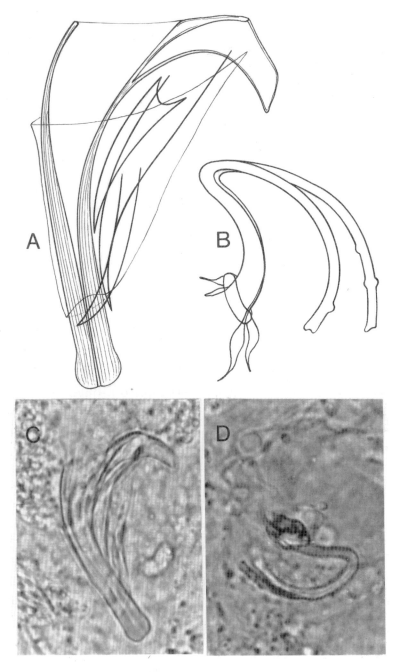

Abb. 183: *Proxenetes cimbricus*. A. Stilett. B. Mundstück des Receptaculum seminis. C und D. Mikrofotografien von Stilett und Mundstück. Sylt. Rantum. (Ax 1971)

Länge 0,5 mm.

Stilett. Das kleine Hartorgan ist nur 35 µm lang und proximal etwa 22 µm breit. Hervorzuheben ist die kontinuierliche Zunahme der Stärke des Rohres; im letzten Viertel bleibt überhaupt nur ein schmales Lumen frei. Das Rohrende ist leicht kolbenförmig angeschwollen.

Der umfangreiche Mantel läßt nur das distale Rohrende frei. An der konkaven Seite des Rohres liegen 3 Mantelstacheln.

Am Mundstück des Receptaculum seminis folgt auf den weiten Trichter ein kräftiger Ring. Dieser trägt auf einer Seite einen langen Fortsatz, gegenüber nur einen kurzen Stachel.

Proxenetes puccinellicola Ax, 1960
(Abb. 184)

P. puccinellicola ist aus Salzwiesen der Nordseeküste beschrieben und wurde auch später wiederholt aus diesem Lebensraum gemeldet.

Aestuar des Flusses Orne, Salanelles, Frankreich; in Nordholland und im südwestlichen Teil der Niederlande (HARTOG 1966a, 1977); von der Insel Nordstrand und aus der Meldorfer Bucht (AX 1960; BILIO 1964) sowie von Sylt (AX 1971; ARMONIES 1987, 1988). Soweit die Salinität der Fundorte genannt wird, liegt diese im Eu- oder Polyhalinicum. Maximale Individuendichten wurden auf Sylt bei Salzkonzentrationen über 20 ‰ gefunden. Die Art ist indes nicht auf den Andelrasen beschränkt. *P. puccinellicola* wurde auch auf schlickigem Boden des Supralitorals in Beständen von *Spartina anglica* und *Sueda maritima* beobachtet (HELLWIG 1987).

Mit einer Körperlänge von 1–1,5 mm ist *P. puccinellicola* eine ausgesprochen große Art im Taxon *Proxenetes*. Mit Pigmentaugen. Ungefärbt.

Das Stilett habe ich an Individuen aus der Meldorfer Bucht zu 130–135 µm Länge vermessen; es erreicht in den Niederlanden 180 µm (HARTOG 1966a). Im Anschluß an eine ovale Öffnung beschreibt das Rohr für die Ausleitung von Sperma und Kornsekret einen Halbkreis. Unter der Öffnung entspringt ein großer, distalwärts gerichteter Haken oder Zapfen. Das Rohr selbst setzt sich als mächtige, gestreckte Keule fort, die am Anfang angeschwollen ist. Am Ende schlägt die Wand der Keule in zwei proximal verlaufende Zapfen um. Über die Oberfläche der Keule verlaufen zwei Systeme

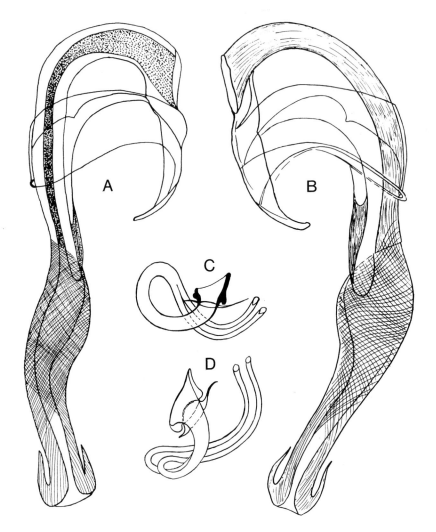

Abb. 184: *Proxenetes puccinellicola*. A. Stilett. Niederlande. Provinz Zeeland. B. Stilett. Deutschland. Meldorfer Bucht. C, D. Mundstücke des Receptaculum seminis von verschiedenen Individuen. Meldorfer Bucht. (A Hartog 1966; B, C, D Ax 1960)

von spiraligen Leisten – und zwar annähernd in rechtem Winkel zueinander. An dem großen proximalen Zapfen inserieren schwächer verfestigte Platten, die den oberen gebogenen Teil des Rohres partiell umkleiden. Wahrscheinlich handelt es sich um einen harten Mantel des männlichen Genitalkanals.

Das sackförmige Receptaculum seminis von 100–130 µm Länge zeigt eine charakteristische Anschwellung am distalen Ende (HARTOG l. c.).

Am Mundstück des Receptaculums ist die Wand der Trichteröffnung zu einem Basalring verdickt. Es folgt ein zweiter Ring, an welchem zwei einander gegenüberliegende Zipfel oder Dorne ansetzen. Das Rohr des Mundstücks beschreibt eine große Schlinge und spaltet sich dabei in zwei feine Röhrchen auf.

Proxenetes flexus Ax, 1971

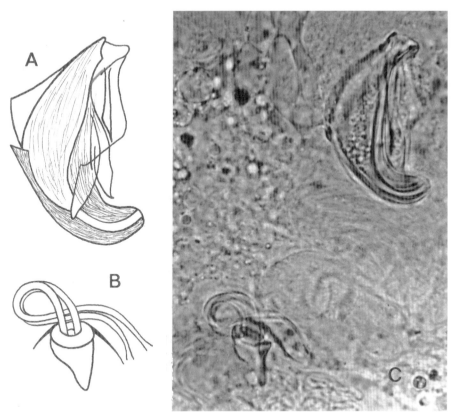

Abb. 185: *Proxenetes flexus*. A. Stilett. B. Mundstück des Receptaculum seminis. C. Mikrofotografie mit Stilett und Mundstück. Frankreich. Arcachon. (Ax 1971)

Französische Atlantikküste
Mündungsgebiet des Courant de Lège in die Bucht von Arcachon.
(1) Zwischen *Zostera nana* auf Schlick in der Mündung, Salzgehalt 30 ‰.
(2) Weiter flußaufwärts in Polstern von Cyanobakterien auf Schlick, bei Süßwasserausstrom (1964).

Länge 0,8 mm.

Kleines kompaktes Stilett, nur 37 µm lang. Das Rohr beginnt mit einer breiten, schräg gestellten Öffnung. Zur konvexen Seite schließt ein kleiner Haken an. Starke distale Verdickung der Rohrwand durch parallel verlaufende Leisten. Ein sehr auffälliges Merkmal ist die nahezu rechtwinklige Einkrümmung des Rohrendes. Der harte Mantel hat mindestens 3 Stacheln.

Kleines Mundstück des Receptaculum seminis mit kräftigem Basalring. Dieser läuft in einen dreieckigen Zapfen aus. Am oberen Rand des Ringes inserieren zwei zarte Lateralfortsätze. Die Röhrchen des Mundstücks sind bis zum Basalring voneinander getrennt; sie liegen in einer Schlinge. Die Strecke vom Kreisbogen bis zur Spitze der Röhrchen beträgt 25 µm.

Messoplana falcata (Ax, 1953)

(Abb. 186)

Psammobionter Organismus mit weiter Verbreitung in reinen und detritusarmen Sanden.

Europa (*M. falcata falcata*)
Nordsee (Sylt, Amrum), Kieler Bucht (Schilksee, Bülk), Mittelmeer (Sizilien), Marmara Meer (Florya, Prinzeninsel Heybeli), Schwarzes Meer (Sile) (AX 1953, 1959a, 1971; RIEDL 1954; HARTOG 1966a; EHLERS 1974).

Pazifischer Ozean
Galapagos Inseln (*M. falcata valida*) (EHLERS & AX 1974).

Die europäische Form wird gemäß ihrer Einwanderung in das Brackwasser des Schwarzen Meeres in unsere Darstellung aufgenommen. Die folgenden Angaben beziehen sich auf Beobachtungen von Sylt und aus der Kieler Bucht.

Länge 1,3–1,5 mm; im ufernahen Sandwatt von Sylt treten geschlechtsreife Tiere von 0,6 mm auf (EHLERS 1974). Habitus mit einer kleinen Haftplatte am Hinterende. Mit Pigmentaugen. Ungefärbt.

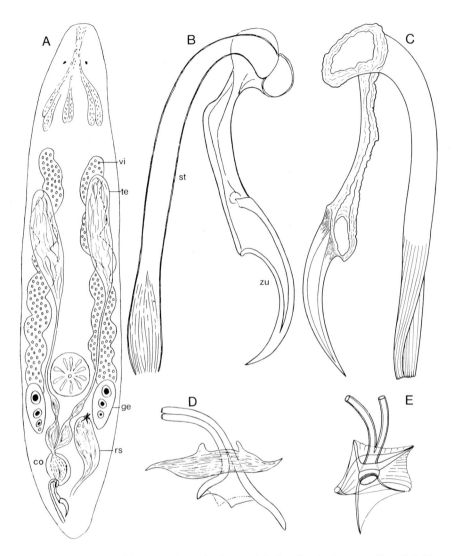

Abb. 186: *Messoplana falcata*. A. Organisation nach Lebendbeobachtungen. B und C. Harte Kopulationsorgane verschiedener Individuen. D und E. Mundstücke des Receptaculum seminis. A, B, D Kieler Bucht. (Ax 1953). C, E Sylt. (Ehlers & Ax 1974)

Das Kopulationsorgan besteht aus dem Stilett von 80–95 µm Länge und einem annähernd gleich dimensionierten „additional duct" (HARTOG) mit einem prominenten sichelförmigen Endabschnitt. Das Stilett ist oben halbkreisförmig geschwungen; es geht distalwärts in ein gerades Rohr über, das am Ende aufgefasert ist. Das „Zusatzrohr" (Nebenrohr) wird von HARTOG als transformierter Mantel des Genitalkanals gedeutet. Es ist proximal mit dem Stilett verbunden.

Das Mundstück des Receptaculum seminis besteht aus einem Basalabschnitt (Ring mit Fortsätzen) und zwei getrennten Röhrchen; sie sind im Unterschied zur Ausprägung bei *Proxenetes* nicht aufgerollt.

Brederveldia bidentata Velde & Winkel, 1975

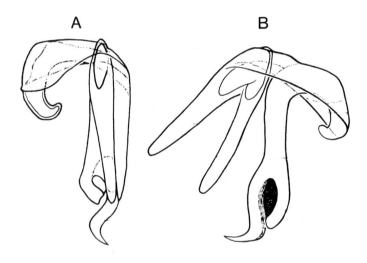

Abb. 187: *Brederveldia bidentata*. A. Hartes Kopulationsorgan in Ruhestellung. B. Hartes Kopulationsorgan nach stärkerer Quetschung. Dornen des Mantel abgespreizt. Texel, Niederlande. (Velde & Winkel 1975)

Texel
Salzwiese De Eendracht (VELDE & WINKEL 1975), zusammen mit *Macrostomum balticum* Luther, *Ptychopera westbladi* (Luther) und *Ptychopera hartogi* Ax.

Sylt
Salzwiese „Großer Gröning" im Königshafen der Insel. Salzwiesenpriel mit polyhalinem Wasser (ARMONIES 1987).

Länge 0,5 mm. Mit Pigmentaugen. Ungefärbt. Pharynx in der Körpermitte oder wenig dahinter. Ungewöhnliche Lage der Hoden im Hinterkörper caudal der Vitellarien.

Das harte Kopulationsorgan ist nur 18 µm lang und 10 µm breit. Das proximale Ende des Stiletts ist bogenförmig. Distal läuft es in ein rüsselförmiges Rohr mit einem Lappen an der Innenseite aus. Bei starkem Deckglasdruck treten zwei große Dorne hervor; sie sind am Ende abgerundet. Der äußere Dorn erscheint als eine Fortsetzung des Mantels, welcher nur das obere Ende des Stiletts umgibt. Der innere Dorn ist mit einem Ring an der Außenseite des Mantels verbunden.

Bursa copulatrix und weiblicher Zuleitungsapparat sind nicht bekannt.

Trigonostomum Schmidt, 1852

Trigonostomum-Arten haben einen „Rüssel" (Proboscis). Das ist eine Integumenteinstülpung an der Ventralseite nahe dem Vorderende, verbunden mit der Körperwand durch ein System von Retraktoren und Dilatoren. WILLEMS, ARTOIS, VERMIN & SCHOCKAERT (2004) legen eine Revision des Taxons *Trigonostomum* vor.

Trigonostomum-Arten sind überwiegend stenohaline Meeresorganismen und besiedeln vorzugsweise das Phytal des Litorals. Meldungen aus Gebieten mit vermindertem Salzgehalt sind spärlich. So gibt es aus der Ostsee nur den Nachweis von 2 Arten bei Kiel (AX 1952e) – *T. armatum* (Jensen, 1878) und *T. breitfussi* (Graff, 1905).

In unsere Darstellung sind 3 Arten aufzunehmen, welche in das Schwarze Meer eingedrungen sind.

Trigonostomum setigerum Schmidt, 1852

(Abb. 188 A, B)

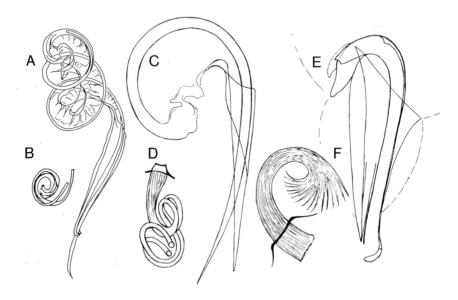

Abb. 188: *Trigonostomum*. A, B. *Trigonostomum setigerum*. A. Hartes Kopulationsorgan. B. Mundstück des Receptaculum seminis (Bursaanhang). Tiwi, Kenya (Willems et al. 2004). C, D. *Trigonostomum venenosum*. C. Hartes Kopulationsorgan. D. Mundstück des Receptaculum seminis. Bosporus (Ax 1959a). E, F. *Trigonostomum mirabile*. E. Hartes Kopulationsorgan. F. Mundstück des Receptaculum seminis. Sile, Schwarzes Meer. (Ax 1959a)

Mit weltweiter Verbreitung im marinen Milieu (WILLEMS et al. 2004).

Schwarzes Meer
Bucht von Sewastopol (PEREYASLAWZEWA 1892). Sile. Algenbewuchs an Felsen der Uferzone (AX 1959a).

Abbildungen von meinen Funden aus dem Schwarzen Meer liegen nicht vor. Ich reproduziere deshalb Figuren aus WILLEMS et al. (2004). Nach diesen Autoren ist *T. setigerum* durch ein aufgerolltes Stilett mit 2 vollständigen Windungen charakterisiert. Das Mundstück des Receptaculum seminis (Bursaanhang mit 2 Röhrchen) ist proximal über 360° gedreht.

Trigonostomum venenosum (Ulianin 1870)

(Abb. 188 C, D)

Marmara-Meer. Bosporus.
Funde im Schwarzen Meer.
An der türkischen Küste bei Sile im Algenaufwuchs zusammen mit *T. setigerum* (AX 1959a). Rumänische Küste (MACK-FIRA 1974). Bucht von Sewastopol (PEREYASLAWZEWA 1892).

Hartes Kopulationsorgan. Das Stilett ist proximal halbkreisförmig geschwungen; es läuft distal spitz zu. Der Mantel des Genitalkanals umgibt nur den unteren Teil des Stiletts; er verjüngt sich distal ebenfalls zu einer Spitze.
    Mundstück des Receptaculum seminis mit einem proximalen Ring und 2 Röhrchen. Diese sind bei Tieren vom Bosporus und Marmara Meer in 2–3 engen Windungen aufgerollt.

Trigonostomum mirabile (Pereyaslawzewa, 1892)

(Abb. 188 E, F)

Schwarzes Meer
Auch diese Art habe ich in einem Exemplar an der türkischen Schwarzmeerküste bei Sile gefunden; ferner im Marmara Meer bei Florya (AX 1959a).
    Bucht von Sewastopol (PEREYASLAWZEWA 1892). Bucht von Odessa (BEKLEMISCHEV 1927b) unter dem Namen *Proxenetes lictor*.
    Rumänische Küste (MACK-FIRA 1968a, b; 1974).

Hartes Kopulationsorgan. Das Stilett bildet proximal einen engen Halbring. Eine artspezifische Sonderheit liegt im distalen Ende. Die Rohrwand ist auf der äußeren Seite verlängert, biegt dann scharf einwärts und endet in einem dicken Zapfen. Die das Stilett flankierende Platte des Genitalkanals gliedert sich distalwärts undeutlich auf.
    Das Mundstück des Receptaculums hat zahlreiche, in einem Bündel vereinigte Röhrchen, welche distalwärts in einem großem Bogen auffächern.

Paramesostoma neapolitanum (Graff, 1882)

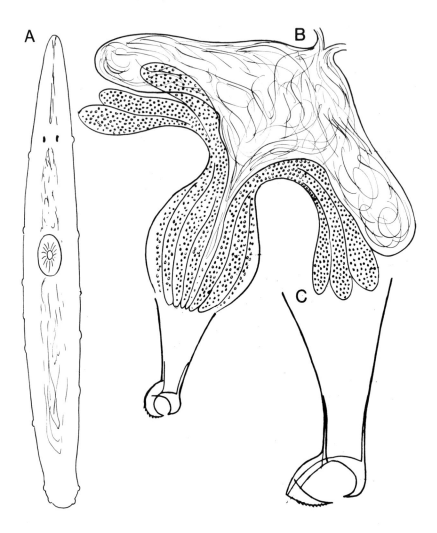

Abb. 189: *Paramesostoma neapolitanum*. A. Habitus mit terminaler Haftplatte. B. Männliches Kopulationsorgan mit Vesicula seminalis, Vesicula granulorum und Stilett. C. Stärker vergrößertes Stilett mit Klaue aus Sporn und Haken. Lebendbeobachtungen. Bosporus. (Ax 1959a)

Nach KARLING & MACK-FIRA (1973, p. 165) gehören „sämtliche vom ponto-mediterranen Gebiet beschriebene *Paramesostoma*-Phena einer einzigen Art an, *P. neapolitanum*."

Brackwasser des Schwarzen Meeres
Sewastopol
P. pachidermum (Pereyaslewzewa, 1892). *P. neapolitanum*. (GRAFF 1905).
Rumänische Küste
P. neapolitanum. (KARLING & MACK-FIRA 1973).
Vielerorts im Phytal (*Enteromorpha*, *Cystoseira*) in 0–3 m Tiefe.

Ich gebe Beobachtungen an Populationen aus dem Phytal (*Cystoseira*) vom Bosporus und Marmara Meer wieder, die unter dem Namen *P. pachidermum* publiziert wurden (AX 1959a).

Das Stilett hat eine weite proximale Öffnung; es verjüngt sich distalwärts zu einem geraden Rohr. Länge 43 µm. Das Ende des Rohres ist zu einer Klaue differenziert. Einem kurzen, einwärts gebogenen Sporn steht ein größerer, schlanker Haken gegenüber. Der Haken biegt zunächst schräg nach außen ab und krümmt sich dann wieder rechtwinklig ein. Auf letzterem Abschnitt liegt außen ein Borstenkamm aus einer Reihe winziger zähnchenartiger Fortsätze.

Typhloplanidae

Das unpaare Germar ist ein wesentliches Merkmal der Typhloplanidae – und das ist fraglos eine Apomorphie gegenüber dem verbreiteten Zustand paariger Germarien bei den „Typhloplanoida". Immerhin haben wir ein einfaches Reduktionsmerkmal vor uns. Die Frage ist ungeklärt, ob sich die Evolution zu einem unpaaren Germar einmal in der Stammlinie eines Taxons Typhloplanidae vollzog und mithin als Autapomorphie die Monophylie dieser Einheit begründen kann.

Bei dem Gros der Typhloplanidae handelt es sich um Süßwasserbewohner. Einige wenige Arten dringen sekundär in schwachsalziges Brackwasser ein. Im Finnischen Meerbusen sind das *Typhloplana viridata*, *Mesostoma lingua* sowie die 3 *Castrada*-Arten *C. lancoela*, *C. hofmanni* und *C. intermedia*. Die Invasoren aus dem Süßwasser zeigen keine Veränderungen gegenüber limnischen Populationen. Einen klärungsbedürftigen Problemfall füge ich den Süßwasserarten mit *Olisthanellinella rotundula* an.

Limnogene Brackwasserarten mit Zugehörigkeit zu artenreichen supraspezifischen Süßwassertaxa sind *Castrada subsalsa, Strongylostoma elongatum spinosum, Phaenocora subsalina* und *Opistomum immigrans*.

Hoplopera littoralis und *Hoplopera pusilla* aus supralitoralen Feuchtsanden und Salzwiesen werden in das supraspezifische Taxon *Hoplopera* Reisinger, 1924 zusammen mit terricolen Arten gestellt. Sie können Brackwasserarten terrestrischer Herkunft sein, verdienen mit *Stygoplanellina halophila* (s. u.) „aber auch Beachtung bei einem Versuch, die limnischterricole Hauptmasse der Typhloplaniden aus marinen Formen abzuleiten" (KARLING 1957, p. 32).

Eine Gruppe von Brackwasserbewohnern bilden Arten, für welche eine Zuordnung zu bestimmten limnischen Taxa nicht begründbar war und für die deshalb selbständige „Gattungen" im Brackwasser errichtet wurden. Ich nenne *Thalassoplanella collaris* mit weiter Verbreitung in Brackgewässern sowie *Thalassoplanina geniculata* als ein pontokaspisches Faunenelement. Der Art *Stygoplanellina halophila* aus dem Finnischen Meerbusen wird in dieser Arbeit *Stygoplanellina saksunensis* von den Färöer zur Seite gestellt. Unter dem Taxon-Namen *Haloplanella* Luther, 1946 wurden sogar 3 Arten *H. obtusituba, H. curvistyla* und *H. minuta* beschrieben; ihnen wird jetzt *H. carolinensis* aus Brackwasser von South Carolina angefügt.

An den Schluß stelle ich *Pratoplana salsa*. Sie erscheint wie *Pratoplana galeata* Ehlers 1974 als eine marine Art des Taxons Typhloplanidae.

Typhloplana viridata (Abildgaard, 1789)

(Abb. 190 A, B)

Finnischer Meerbusen. Tvärminne, Pojo-Wiek.
Die in Zentraleuropa häufige und weit verbreitete Süßwasser-Art wurde von LUTHER (1963) in Ostfennoskandien nur in sehr schwach brackigem Wasser gefunden.

Länge 0,7–1 mm. Lebhaft grüne Färbung durch Zoochlorellen. Pharynx vorne zwischen 1. und 2. Körperdrittel. Männlich-weibliche Geschlechtsöffnung dicht hinter dem Pharynx.

Kopulationsorgan mit einer proximalen Blase für Sperma und Kornsekret und einem distalen, spitz zulaufenden Teil, durch welchen zentral ein kutikularer Ductus ejaculatorius verläuft.

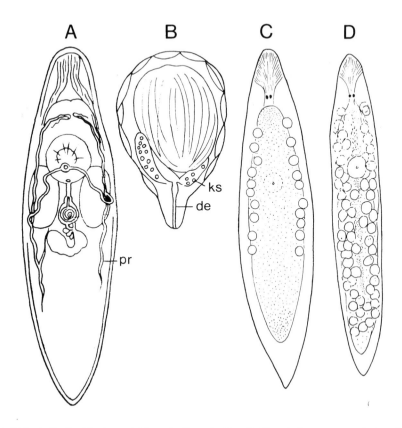

Abb. 190: A, B. *Typhloplana viridata*. A. Organisation. B. Kopulationsorgan nach dem Leben. C, D. *Mesostoma lingua*. C. Individuum mit Dauereiern, D mit Subitaneiern. Finnland. (Luther 1963)

Mesostoma lingua (Abildgaard, 1789)

(Abb. 190 C, D)

Finnischer Meerbusen. Tvärminne-Region.
Im Süß- bis Brackwasser von etwa 5–6 ‰ Salzgehalt. In der Vegetationszone (LUTHER 1963).

Schwarzes Meer. Rumänische Küste.
Agigea Lake, 1,3 ‰ Salzgehalt (MACK-FIRA 1974).

Länge 5–7 mm. Lanzettförmiger Körper. Farbe manchmal rein weiß, meist hell bräunlich durch Parenchympigment. Augenpigment stark verzweigt. Pharynx etwas vor der Körpermitte. Geschlechtsöffnung unmittelbar hinter der Mundöffnung.
    Mit Produktion von Subitan- und Dauereiern.

Castrada lanceola Braun, 1885

(Abb. 191 A)

Finnischer Meerbusen. Tvärminne-Region.
Von der Uferzone bis in 6 m Tiefe. Auf verschiedenen Böden, besonders in reicher Vegetation (LUTHER 1963).

Länge bis 3,5 mm. Körper unpigmentiert, farblos; erscheint aber durch Darminhalt partiell dunkel.
    Birnenförmiges Kopulationsorgan dicht hinter dem Pharynx mit sehr dehnbarem Ductus ejaculatorius. Die Bursa copulatrix besteht aus einer kugeligen Blase und einem Stiel, der außen von starken Ringmuskeln umgeben ist und innen Querreihen kleiner Stacheln trägt.

Castrada hofmanni Braun, 1885

(Abb. 191 B)

Finnischer Meerbusen. Tvärminne-Region.
In geschützten Buchten der inneren Schären in reicher Phanerogamen-Vegetation; bis in 3 m Tiefe. Erträgt Brackwasser bis ~ 5 ‰ Salzgehalt (LUTHER 1963).

Länge bis 1,5 mm. Grün durch Zoochlorellen, die bei Individuen aus dem Brackwasser fehlen können. Pharynx vor der Körpermitte.
    Eiförmiges Kopulationsorgan, proximal mit Spermaballen und Kornsekret gefüllt. Ductus ejaculatorius mit kurzem offenen Ast für Kornsekret

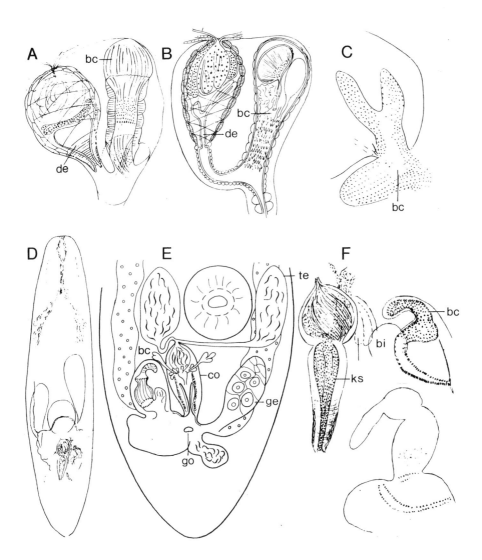

Abb. 191: A. *Castrada lanceola*. Kopulationsorgan (links) und Bursa copulatrix. B. *Castrada hofmanni*. Kopulationsorgan (links) und Bursa copulatrix. C. *Castrada intermedia*. Atrium copulatorium mit Bursa copulatrix und Blindsäcken (zweizipfeliger Blindsack) um den distalen Teil des Kopulationsorgans. D–F. *Castrada subsalsa*. D. Organisation nach Lebendbeobachtungen. E. Hinterkörper. F. Kopulationsorgan, lange, gebogene Bursa copulatrix und kurzer, runder Blindsack. Darunter Bursa copulatrix nach starker Quetschung; Stacheln nur teilweise angedeutet. A–D, F Finnland (Luther 1946, 1963). E Schwedische Ostseeküste. (Karling 1974)

und längerem zweizipfeligen, blinden Ast, der bei der Kopulation abreißen dürfte um die Spermatophorenhülle zu bilden.

Bursa copulatrix auch bei dieser Art mit muskulösem Stiel und Querreihen von kleinen Stacheln im Inneren. Die Bursa enthält gewöhnlich 1–4 bohnenförmige gestielte Spermatophoren.

Castrada intermedia (Volz, 1898)

(Abb. 191 C)

Finnischer Meerbusen. Tvärminne-Region.
An seichten Ufern, in Buchten und Wasserstraßen zwischen den Inseln; besonders an Pflanzen (LUTHER 1963).

Länge 1–1,5 mm. Zoochlorellen meist massenhaft vorhanden. Pharynx etwas vor der Körpermitte. Geschlechtsöffnung verhältnismäßig weit dahinter.

Kopulationsorgan klein, kugelig und dünnwandig. Das Atrium copulatrix trägt eine kleine Bursa copulatrix und entsendet einen zweizipfeligen Blindsack, der sich dem Kopulationsorgan anlegt. Atrium, Bursa und Blindsäcke sind innen fein bestachelt.

Castrada subsalsa Luther, 1946

(Abb. 191 D–F)

C. subsalsa wird als eine limnogene Brackwasserart meso- bis oligohaliner Salzwiesen interpretiert (ARMONIES 1987).

Ostsee
Finnischer Meerbusen. Tvärminne-Region. Sand zwischen den Wurzeln von *Scirpus uniglumis*, *Glaux maritima*, *Aster tripolium*, *Triglochin maritimum*, *Spergula salina* u. a. (LUTHER 1946, 1963).
Schwedische Ostseeküste. Askö Laboratorium. Salzwiese (KARLING 1974).

Nordsee
Sylt. Salzwiese im Königshafen. Ganzjährig in der Strandbinsenweide (Juncetum gerardii) (ARMONIES 1987).

Südwesten der Niederlande. Sandige Salzwiesen an Dünen, durchsickerndem Süßwasser ausgesetzt (HARTOG 1977).

Länge 1–1,5 mm. Augenlos (wie alle *Castrada*-Arten). Körper ohne Pigmentierung.

Das Kopulationsorgan hat proximal einen runden Behälter für Sperma und Kornsekret sowie distal einen langen weichen Ductus ejaculatorius ohne Bewaffnung.

Neben dem Kopulationsorgan liegen zwei Blindsäcke des Atriums copulatorium – eine runde glattwandige Blase und ein halbkreisförmig gebogener, bestachelter Schlauch. Von den Stacheln im Atrium copulatorium fällt besonders eine im Halbkreis stehende Doppelreihe auf.

„Viele Übereinstimmungen mit der Brackwasser-Art *C. subsalsa*" zeigt eine Population aus der Binnensalzstelle Numburger Solgraben in Thüringen, die KAISER (1974, p. 22) als eine separate Art *C. numburgi* anspricht. Neue vergleichende Studien zwischen Populationen von Küste und Binnenland erscheinen erforderlich, um mögliche Unterschiede in der Bestachelung des langen Blindsacks sicherzustellen.

Olisthanellinella rotundula Reisinger, 1924

Die Art wurde bei einer Untersuchung terricoler Plathelminthes der Steiermark ohne Abbildungen beschrieben. LUTHER (1948, 1963) gibt eine Darstellung von Individuen aus einem Tümpel des Zoologischen Instituts der Universität Helsinki unter dem Namen *O. rotundula*. Anhand dieser Studie identifiziert ARMONIES (1987) Tiere aus Salzwiesen von Sylt, deren Bodensalzkonzentration im Jahresverlauf unter 10 ‰ blieb, als Mitglieder der Art.

Ein Vergleich von Populationen aus Salzwiesen, limnischen Milieu und terrestrischem Lebensraum ist zur Klärung des Sachverhaltes erforderlich.

Strongylostoma elongatum spinosum Luther, 1950

(Abb. 192 A–C)

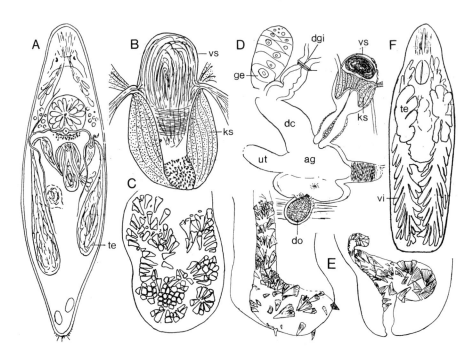

Abb. 192: A–C. *Strongylostoma elongatum spinosum*. A. Organisation nach Lebendbeobachtungen. B. Kopulationsorgan. C. Stacheln des Ductus ejaculatorius. Finnischer Meerbusen (Luther, 1963). D–F. *Phaenocora subsalina*. D. Genitalapparat. E. Bestachelung des Kopulationsorgans von 2 verschiedenen Individuen. F. Organisation nach Lebendbeobachtungen. Finnischer Meerbusen. (Luther 1921)

Ostsee
Finnischer Meerbusen. Tvärminne Region. Schlamm, Sand, Vegetation. Bis in 4 m Tiefe, bis 5 ‰ Salzgehalt (LUTHER 1950, 1963; KARLING 1974).

Schwarzes Meer
Rumänien. Brackwasser Lagunen im Mündungsbereich der Donau (MACKFIRA 1974).

Länge 1–1,25 mm. Schlanker Körper, vorne und hinten verjüngt. Mit Pigmentaugen. Ungefärbt, aber mit gelben Öltropfen. Im Vorderende mit unregelmäßigen schwarzen Pigmentzügen.

Keulenförmige Hoden in der hinteren Körperhälfte. Langgestreckte, eingeschnittene Vitellarien vom Pharynx bis in das Hinterende. Unpaares Germar.

Kopulationsorgan. Mit proximaler Samenblase und lateralen Strängen von Kornsekret, die sich in zwei Massen um den Ductus ejaculatorius gruppieren. Nur der distale Abschnitt des Ductus ist mit Stacheln besetzt, und zwar mit kräftigen stumpfen Stacheln von 12–13 µm Länge. In dieser Ausprägung der Bestachelung besteht ein wesentlicher Unterschied zur Süßwasserform *S. elongatum elongatum* Hofsten, 1907 mit dünnen spitzen Stacheln im Kopulationsorgan, welche nur 1,5–3,5 µm lang werden.

Phaenocora subsalina Luther, 1921

(Abb. 192 D–F)

Brackwasser-Organismus limnischer Herkunft.
Finnischer Meerbusen
Tvärminne-Region. Schlamm, Sand, Vegetation (LUTHER 1963; KARLING 1974).
Nordwest-Thüringen
Salzhaltiges Binnengewässer. Numburger Solgraben. Mesohalinicum (KAISER 1974).

Länge bis 2,5 mm. Körper langgestreckt, zungenförmig. Hinterende quer abgestutzt. Ohne Pigmentaugen.

Paarige Hoden gelappt. Paarige Vitellarien in der Hauptachse zweizeilig gefiedert. Unpaares Germarium länglich, eiförmig.

Genitalatrium mit einer für die Art charakteristischen „drüsigen Anhangsblase". Es handelt sich um eine von Sekretsträngen erfüllte und von einer Muskelhülle umschlossene Blase.

Kopulationsorgan. Distaler Teil in Ruhelage cirrusartig eingestülpt; mit kräftiger Bestachelung aus etwa 50–70 Stacheln.

Opistomum immigrans Ax, 1956

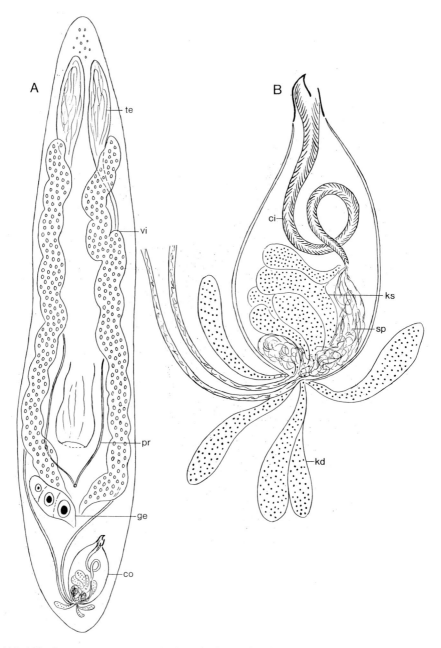

Abb. 193: *Opistomum immigrans*. A. Organisation nach Lebendbeobachtungen. B. Kopulationsorgan nach Quetschpräparat. Französische Mittelmeerküste. Etang de Canet. (Ax 1956c)

Französische Mittelmeerküste
Etang de Canet. Feuchtsand mit Cyanobakterien einwärts des Wasserrandes. Meso- bis Oligohalinicum (AX 1956a).

? Finnischer Meerbusen
Lappvik. Süßwassertümpel im Hafen, bei Hochwasser schwach brackig. Sand mit Cyanobakterien. Gute Übereinstimmung mit Fundstelle am Mittelmeer. Frage der Identität mit *O. immigrans* aus dem Etang de Canet aber ungeklärt (LUTHER 1963).

Länge 0,7 mm. Körper vorne und hinten konisch zulaufend. Ohne Pigmentaugen, ungefärbt.
   Paarige Hoden ganz im Vorderende. Paarige Vitellarien bilden lange Säcke in den Körperseiten. Unpaares Germar im Hinterende.
   Das Kopulationsorgan ist ein muskulöser Sack mit Ansammlungen von Sperma und Kornsekret im proximalen Teil und mit einem langen, einmal aufgerollten Cirrus im distalen Abschnitt. Der Cirrus ist mit spitzen Stacheln dicht besetzt; sie sind am eingestülpten Organ distalwärts gerichtet. Die Mündung des Cirrus wird durch eine spitze Kappe geschlossen.

Hoplopera littoralis Karling, 1957

(Abb. 194 A–D)

Sylt
Sandwatt bei Rantum und Hörnum (HELLWIG 1987).

Ostsee
Schwedische Ostseeküste. Skane. „Küstengrundwasser" bei Simrishamn (KARLING 1957).
   Die Funde im Euhalinicum der Nordsee und im Mesohalinicum der inneren Ostsee sind noch nicht befriedigend erklärbar. Die Art kann limnisch-terricoler Herkunft sein mit Einwanderung in Brackwasser und marines Milieu.

Länge 0,8 mm. Ohne Augen. Keine Körperfärbung. Spindelförmige Hoden vor dem Pharynx. Paarige Vitellarien in den Körperseiten. Unpaares Germar im Hinterende.
   Männliches Kopulationsorgan und Bursa copulatrix münden in ein Atrium commune.

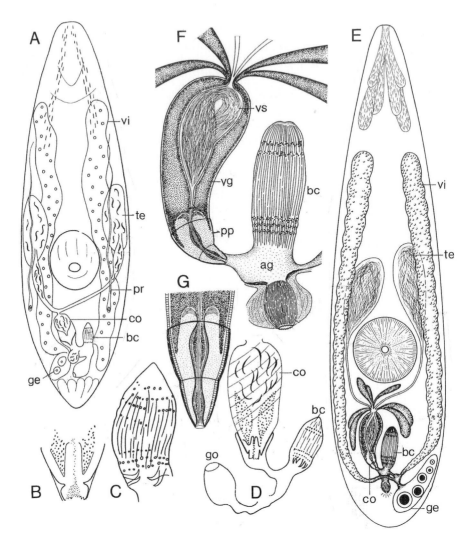

Abb. 194: A–D. *Hoplopera littoralis*. A. Organisation nach Quetschpräparat. B. Penispapille. C. Bursa copulatrix. D. Atrialorgane. Schwedische Ostseeküste. Simrishamn. E–G. *Hoplopera pusilla*. E. Organisation. F. Genitalregion mit Atrialorganen. G. Distalteil des männlichen Kopulationsorgans. Sylt. (A, D Karling 1974; B, C Karling 1957; E–G Ehlers 1974)

Das zylindrische Kopulationsorgan ist ~ 70 µm lang. Der Proximalteil fungiert als Vesicula seminalis. Kornsekret wird distal gespeichert. Es folgt eine harte, 20 µm lange Penispapille. Sie besteht aus einem basalen Mantel und einer Spitze, die partiell in den Mantel eingezogen ist. Der Mantel ist trichterförmig, der kleine Spitzenteil quer abgeschnitten.

Die Bursa copulatrix ist etwa 30 µm lang, mit kurzem Stiel und kegelförmiger Spitze. Die Wand ist in Form dünner, paralleler Leisten verfestigt. Kleine Körner bilden an beiden Seiten des Zylinders 2–4 Querringe. Distal stehen einige proximalwärts gerichtete Stacheln von 5–5,5 µm Länge.

Hoplopera pusilla Ehlers, 1974

(Abb. 194 E–G)

Sylt
Sandstrand am Ostufer der Insel vor der Wattenmeerstation des Alfred-Wegener-Instituts in List. Im Supralitoral 8 m landwärts der MHWL (EHLERS 1974).
Salzwiese des Königshafens. In der Strandbinsenweide (*Juncetum gerardii*). Salinität unter 10 ‰ (ARMONIES 1987, 1988).
Kieler Bucht
Sandstrand von Schilksee. Landwärts der Wasserlinie (EHLERS 1974).

ARMONIES (l. c.) kommt zu folgender ökologischen Einschätzung. An den beiden Stellen im Supralitoral lotischer Sandstrände ist mit erheblicher Aussüßung des Substrats zu rechnen. Alle Fundorte sind dem Meso- oder Oligohalinicum zuzuordnen. *H. pusilla* ist eine Brackwasserart.

Länge nur 0,3–0,35 mm und damit erheblich kleiner als *H. littoralis*. Keine Augen. Anordnung der Gonaden und der Atrialorgane wie bei *H. littoralis*. Kopulationsorgan, Bursa copulatrix und weiblicher Genitalkanal münden in ein gemeinsames Atrium genitale (A. commune). Zwischen diesem und der Geschlechtsöffnung liegt ein Abschnitt mit kräftiger Muskulatur.

Das männliche Kopulationsorgan wird 55 µm lang. Im proximalen Muskelbulbus wird zentral Sperma gespeichert; Kornsekret liegt in der Peripherie. Dem Bulbus sitzt distal ein hartes Organ (Penispapille) in Form eines Doppeltrichters auf; es mißt nur 15 µm.

Die Bursa copulatrix wird 30–32 µm lang. Sie besitzt bei *H. littoralis* zahlreiche feste Längsleisten sowie 5 Ringe feiner Höckerchen (Körner). Dagegen sind im Unterschied zu *H. littoralis* distal keine Stacheln entwickelt.

Thalassoplanella collaris Luther, 1946

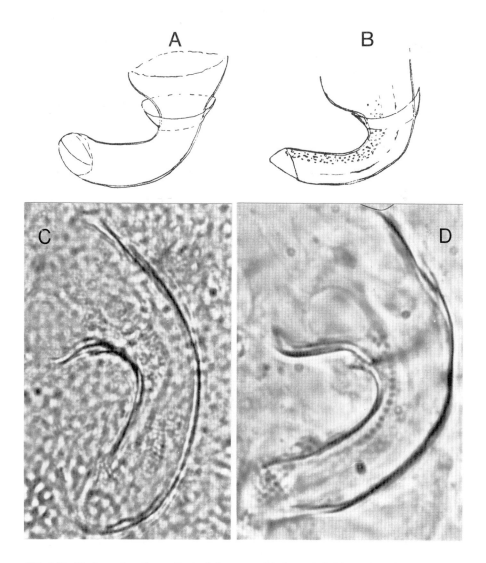

Abb. 195: *Thalassoplanella c–ollaris*. Stilette verschiedener Individuen. A und B. Finnischer Meerbusen. C. Sylt. D. Kanada, New Brunswick. (A, B Luther 1946; C, D Ax & Armonies 1987)

Französische Atlantikküste
Arcachon. Brackig-limnisches Mündungsgebiet des Courant Lège in die Bucht von Arcachon (AX 1971, p. 16).

Nordsee
Deltaareal im Südwesten der Niederlande. In Mollusken-Bruchschill nahe der Hochwasserlinie (HARTOG 1977).
   Eine nicht spezifizierte Angabe „marin" aus den Niederlanden von SCHOCKAERT et al. (1989).
   Sylt. Unbeweideter Andelrasen, in der Nähe kleiner Wiesentümpel. Höchste Dichten unter oligohalinen Bedingungen (ARMONIES 1987, 1988).
   Amrum. Strandtümpel im Kniepsand. Salzgehalt 6 ‰ (AX 1951a, p. 369; 1959a, p. 167).
   Weser. Gezeitensandstrand im Brackwasserbereich der Wesermündung. Salinität 7–11 ‰ (DÜREN & AX 1993).

Ostsee
Kieler Bucht. Windebyer Noor bei Eckernförde. Salzgehalt 5–6 ‰ (AX 1951a). Schlei, Missunde (1954).
   Greifswalder Bodden. Greifswald-Wieck. Detritusreicher Fein-Grobsand nördlich der Mündung des Ryck. Salzgehalt 6–7 ‰ (September 2001).

Schwedische Ostseeküste (LUTHER 1963).
Finnischer Meerbusen. Tvärminne-Region. Häufig in seichtem Wasser auf Sandböden (0–3 m T), dabei oft in Feuchtsand mit Wasserpflanzen einwärts des Wasserrandes. Auf der anderen Seite noch in 4–20 m Tiefe gefunden (LUTHER 1963; KARLING 1974).

Kanada
New Brunswick. Brackwasserbucht Pocologan. Detritusreicher Sand bis Schlicksand; zwischen Algen (AX & ARMONIES 1987).
   Nach diesen Befunden gehört *T. collaris* zum Kern der genuinen Brackwasser-Plathelminthes.

Länge 0,4–0,5 mm, selten bis 0,7 mm (LUTHER 1963). Mit Pigmentaugen. Farblos oder ganz schwach gelblich. Paarige Hoden vor dem Pharynx. Paarige Vitellarien an den Körperseiten. Ein unpaares Germar im Hinterkörper. Möglicherweise ein zweiter rudimentärer Keimstock vorhanden.
   Männliches Kopulationsorgan mit muskulösem Sperma/Kornsekretbehälter und einem Stilett, welches mit einem weiten, bauchigen Trichter beginnt und distalwärts in ein stark gebogenes Rohr übergeht. Ein spezifisches Merkmal für die Arterkennung ist eine kragenartige Lamelle am Übergang des Trichters

in das Rohr. Die Lamelle bildet gleichermaßen einen zweiten, kleinen Trichter.

Messwerte des Stiletts
Sylt: Länge 41 µm, proximale Öffnung 20 µm Durchmesser, distale Öffnung 10 µm.
Kanada: Länge 32 µm, proximale Öffnung 18 µm Durchmesser, distale Öffnung 7 µm.

Thalassoplanina geniculata (Beklemischev, 1927)

(Abb. 196)

Pontokaspisches Faunenelement, das in den 3 Brackwassermeeren Aralsee, Kaspisches Meer und Schwarzes Meer nachgewiesen ist, aber auch am Mittelmeer vorkommt.

Aralsee
Aralsk. Golf von Ssary-Tscheganak, auf *Zostera* in 5–8 m Tiefe (BEKLEMISCHEV 1927a).

Kaspisches Meer
Hafen von Lenkoran. An Pfählen im Bewuchs von *Cladophora*, *Polysiphonia*, *Enteromorpha* (BEKLEMISCHEV 1953).

Schwarzes Meer
Sile. Brackiger Endabschnitt eines Süßwasserzuflusses in einem Salzgehaltsbereich von 13,8–8,8 ‰. Sandboden (AX 1959a)

Mittelmeer
Camargue. Im zeitweilig schwachsalzigen Milieu des Canal de Fumemorte bei Le Sambuc. Zusammen mit O*ligochoerus limnophilus* und *Macrostomum hystricinum* (AX & DÖRJES 1966).

Länge 0,5–0,6 mm. Körper im schwimmenden Zustand stabförmig gestreckt. Schwarze, weit auseinander liegende Augen. Körper durchsichtig, pigmentlos.
 Pharynx rosulatus wenig hinter der Körpermitte. Paarige Hoden lateral neben der vorderen Hälfte des Pharynx. Paarige Vitellarien durchlaufen den Körper dorsolateral; sie sind vorne durch eine Querbrücke miteinander verbunden. Ein unpaares Germar im Hinterende. Gemeinsamer Porus für männ-

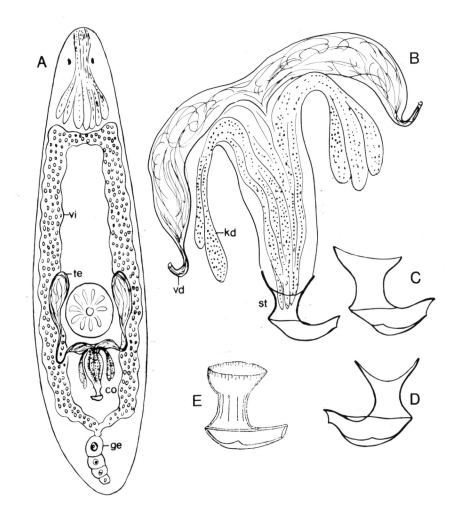

Abb. 196: *Thalassoplanina geniculata*. A. Habitus und Organisation nach Lebendbeobachtungen. B. Männliches Kopulationsorgan. C–E. Stilette verschiedener Individuen. A–D Schwarzes Meer. (Ax 1959a). E. Kaspisches Meer. (Beklemischev 1953)

liche und weibliche Organe ventral auf halber Strecke zwischen Pharynx und Hinterende.

T. geniculata hat ein langgestrecktes muskulöses Kopulationsorgan mit zwei Schichten von Spiralmuskeln.

Das sehr kleine Stilett erreicht nur 17 µm Länge. Das Organ beginnt mit einer weiten trichterförmigen Öffnung, verjüngt sich dann halsartig und geht distalwärts in eine rechtwinklig abgebogene Röhre über, die sich nach hinten bauchig erweitert. Die Grenze zwischen Hals und röhrenförmigem Endteil wird durch eine quer verlaufende Leiste markiert. In die bauchige Erweiterung des Rohres dringt eine Verdickung der Wand vor. Die distale Öffnung ist schräg abgeschnitten. Die Breite der Röhre beträgt 16–17 µm.

Stygoplanellina halophila Ax, 1954

(Abb. 197)

Finnischer Meerbusen
Lappvik. Subterraner Feuchtsand landwärts des Wasserrandes (AX 1954b).
Tvärminne. Tümpel am Sandstrand der Insel Långskär (LUTHER 1963).

? Kanada
New Brunswick. Campobello Island. Upper Duck Pond. Grobsand aus einer Salzwiesenregion mit Süßwasserausfluß (AX & ARMONIES 1987). Die Identität mit Individuen vom Locus typicus Lappvik, Finnland ist aufgrund von zwei Unterschieden fraglich (1 Hoden vor oder dorsal des Pharynx; äußere Kornsekretdrüsen).

Länge 1–1,5 mm. Vorderende zumeist keulenförmig verdickt. Ohne Pigmentaugen. Grau, undurchsichtig. Interstitieller Organismus. Das Tier zwängt sich mittels wechselnder Kontraktion und Verjüngung durch das Lückensystem des Sandbodens, schwimmt aber auch frei über dem Substrat.
  Große Rhabditendrüsen liegen im Vorderkörper; sie erstrecken sich bis zum Pharynx in der Körpermitte.
  Zwei sackförmige Hoden liegen hinter dem Pharynx an der Ventralseite. Das männliche Kopulationsorgan ist ein muskulöser Sack mit leichter Einschnürung in der Mitte. Spermien sammeln sich vorzugsweise im oberen Teil an, Kornsekretstränge füllen den unteren Abschnitt aus. Es gibt weder ein Stilett noch muskulöse Kopulationseinrichtungen.
  Zwei lange Vitellarien liegen dorsolateral im Körper; ein unpaares Germar befindet sich im letzten Körperdrittel.
  Vom weiblichen System ist die Bursa copulatrix am lebenden Tier als eine lange Keule neben dem Kopulationsorgan auffällig. Sie hat eine verfestigte Basalmembran, die von Ring- und Längsmuskeln umkleidet wird.

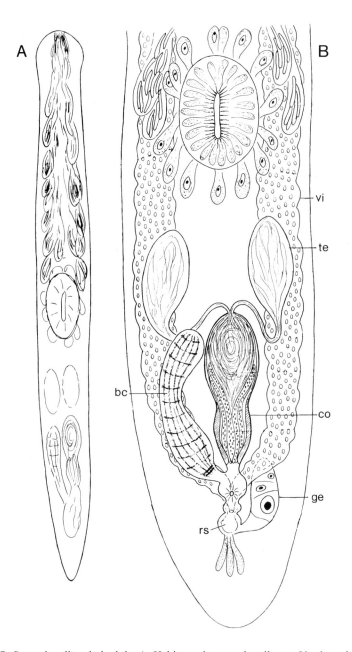

Abb. 197: *Stygoplanellina halophila*. A. Habitus mit angeschwollenem Vorderende. B. Organisation der Genitalregion nach Lebendbeobachtungen unter Ergänzung aus Schnittserien; Ventralansicht. Finnland. Lappvik. (Ax 1954b)

Stygoplanellina saksunensis n. sp.

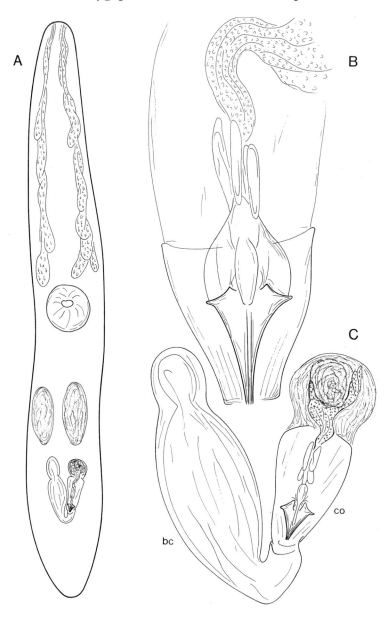

Abb. 198: *Stygoplanellina saksunensis*. A. Habitus und Organisation in männlicher Reife. B. Hartstruktur im distalen Teil des Kopulationsorgans. Ein zentrales vasenförmiges Gebilde wird von einer voluminösen Kappe (Kalotte) umgeben. C. Kopulationsorgan und Bursa copulatrix nach Lebendbeobachtungen. Färöer. Saksun. (Originale 1992)

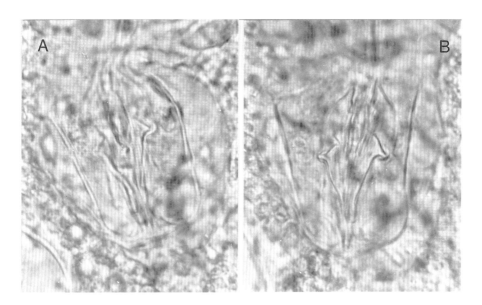

Abb. 199: *Stygoplanellina saksunensis*. A, B. Hartteile im Kopulationsorgan eines Individuums bei verschiedener Fokussierung. Färöer. Saksun. (Originale 1992)

Färöer
Lagune Pollur mit Brackwasser-Süßwasser bei Saksun im Nordwesten der Insel Streymoy. Mittel-Grobsand landwärts des Wasserrandes am inneren Ende der Lagune. Süßwasserbedingungen bei Probenentnahme am 6.8.1992 (AX 1995a).
1 Expl. in männlicher Reife.

Die Identifikation mit *Stygoplanellina halophila* (AX 1995a) muß ich zurücknehmen – insbesondere aufgrund der differenzierten Hartstrukturen im Kopulationsorgan.
 Länge 1,2 mm. Keine Augen. Ungefärbt. Vorderende zum Unterschied von *S. halophila* nicht verbreitert. Wie dort aber mit mächtigen Rhabditendrüsen vor dem Pharynx, welche in zwei großen Strängen nach vorne ziehen und jederseits der Mittellinie ausmünden. Zwei große Blasen mit Sperma liegen hinter dem Pharynx. Offensichtlich handelt es sich wie bei *S. halophila* um die Hoden in der ungewöhnlichen Position im Hinterkörper.

Übereinstimmend ist bei Lebendbeobachtungen von *S. halophila* und *S. saksunensis* das Bild der distalen Vereinigung von Kopulationsorgan und Bursa copulatrix.

Im Kopulationsorgan befinden sich proximal Sperma und Kornsekret in einer rundlichen Blase. Es folgt ein zweiter Abschnitt mit einer zarten, aber deutlichen Hartstruktur. Das ist ein klarer Unterschied zu *S. halophila*. Zentral befindet sich ein vasenförmiges Gebilde, das proximal kantig zu den Seiten ausschwingt und nach unten in ein Bündel feiner Leisten oder Stacheln zusammenläuft. Um dieses zentrale Element wird nach stärkerem Quetschen eine umfangreiche Kappe oder Kalotte sichtbar; sie tritt in unseren Fotos deutlich hervor. Man kann Ähnlichkeiten zu Becher und Stacheln von *Coronhelmis*-Arten erblicken. Über den Funktionsmechanismus der Hartgebilde ist bei *S. saksunensis* indes nichts bekannt.

S. saksunensis ist anhand vorliegender Daten leicht wieder zu erkennen und wird deshalb in unsere Abhandlung aufgenommen. Die unvollständigen Befunde gestatten indes keine Aussagen über Verwandtschaftsbeziehungen.

Haloplanella Luther, 1946

Abgeleitete Merkmale, die das Taxon *Haloplanella* als ein Monophylum begründen könnten, sind m. W. nicht bekannt. Ich behandle 4 im Mesohalinicum und Oligohalinicum nachgewiesene Arten.

H. obtusituba, *H. curvistyla* und *H. minuta* wurden von LUTHER (1946) aus dem Finnischen Meerbusen beschrieben und sind teilweise auch andernorts in Brackgewässern beobachtet worden, *H. minuta* darüber hinaus im marinen Milieu.

H. carolinensis wird in dieser Studie als neue Art aus dem Brackwasser der Winyah Bucht von South Carolina, USA beschrieben.

Haloplanella obtusituba Luther, 1946

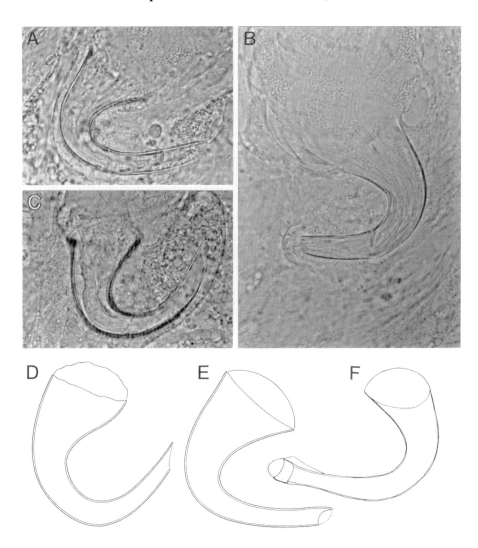

Abb. 200: *Haloplanella obtusituba*. Stilette verschiedener Individuen. A–E. Seward, Alaska. (Ax & Armonies 1990). F. Finnischer Meerbusen. (Luther 1946)

Balticum
Finnischer Meerbusen bis in 34–36 m Tiefe. Bottnischer Meerbusen (LUTHER 1963).

Sylt
Im Andelrasen in geringer Dichte (ARMONIES 1987, 1988).

Elbe
Im Süßwasser des Aestuars (MÜLLER & FAUBEL 1993).

Niederlande
Sand- und Mudwatt der Gezeitenzone; Euhalinicum und Polyhalinicum (HARTOG 1977). Nicht näher spezifizierte Angaben für die Niederlande (Brackwasser; marin) und Frankreich (Brackwasser) bei SCHOCKAERT et al. (1989).

Alaska
Seward. Fourth of July Beach, Sand. Flugplatz. Salzwiese, Schlick mit Algen, Salzgehalt 7–8 ‰. Anchorage. Salzwiese, Salzgehalt 12–13 ‰ (AX & ARMONIES 1990).

Länge 0,5–0,8 mm. Mit Pigmentaugen. Farblos oder schwach gelblich.

Über das Stilett orientieren wir uns zunächst bei LUTHER (1946, 1963) nach Beobachtungen an Tieren aus dem Finnischen Meerbusen. Das feste Stilett ist annähernd halbkreisförmig gebogen und beginnt mit einer weiten Öffnung, verschmälert sich distalwärts auf etwa den halben Durchmesser und erweitert sich am Ende wieder ein wenig. Die Mündungslippe ist etwas verstärkt. Die Mündung kann ferner eine kleine kielartige Membran tragen, was LUTHER aber nur an einem Expl. deutlich beobachtet hat (1963). Die ringförmige Erweiterung am Ende und der Kiel schienen aber auch zu fehlen.

In dieser Hinsicht sind unsere Befunde an Populationen von Alaska einheitlich (AX & ARMONIES 1987). Alle hier studierten Individuen hatten eine enge distale Öffnung ohne Ring oder Kiel.

Messwerte liegen nur von Tieren aus Alaska vor. Die proximale Öffnung ist 22–29 µm breit. Distal ist das Stilett schräg abgeschnitten mit einem Durchmesser um 7 µm. In der Diagonalen mißt das Stilett 62 µm, in der Vertikalen ist es 45–54 µm hoch und in der Horizontalen 60 µm weit.

Haloplanella curvistyla Luther, 1946

(Abb. 201 A–C)

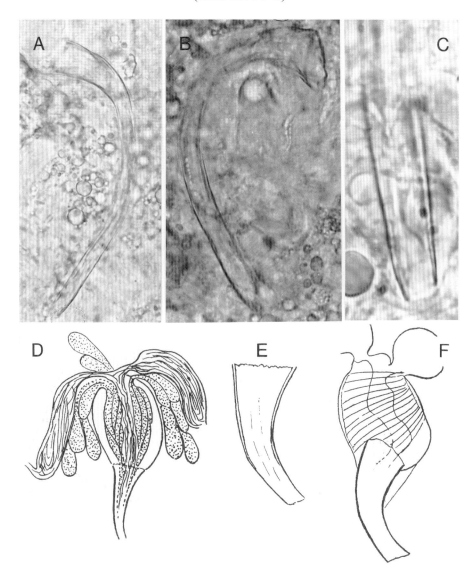

Abb. 201: A–C. *Haloplanella curvistyla*. Stilette und Spitze des Stiletts. Brackwasserbucht Pocologan. New Brunswick, Kanada. (Ax & Armonies 1987). D–F. *Haloplanella minuta*. Männliches Kopulationsorgan mit schrägen Muskeln und Stilett. Finnischer Meerbusen. (Luther 1946)

Finnischer Meerbusen
Umgebung von Hangö, Tvaerminne und Lappvik. Fein- bis Grobsand, bis 15 m Tiefe (LUTHER 1963; KARLING 1974).

Sylt
Salzwiese im Königshafen. In der Strandbinsenweide, Salzgehalt im Mittel 4–6 ‰.
1 Expl. (ARMONIES 1987).

Kanada
New Brunswick. Brackwasserbucht Pocologan. Sand, Schlick. Schwimmende und abgelagerte Algenmatten (AX & ARMONIES 1987).

Länge 0,5 mm in Finnland; 0,7–0,8 mm in Kanada. Kleine, schwarze Augenpigmentbecher. Farblos bis gelblich.

Das Stilett ist nach LUTHER (1963) ein halbkreisförmig gebogenes, distalwärts gleichmäßig verjüngtes Rohr mit schräg abgeschnittener Spitze. Nach unseren Aufnahmen von kanadischen Individuen (AX & ARMONIES 1987) ist das Rohr nur im Verlauf der ersten Hälfte gleichmäßig geschwungen und läuft distal annähernd gerade aus (Abb. 201 A, B).

Meßwerte von Kanada: Länge des Stiletts 86–88 µm (104 µm bei einem stark gequetschten Tier). Obere trichterförmige Öffnung 11 µm (bei einem Individuum 17 µm). Verjüngung des Rohres auf 6 µm Durchmesser; nach leichter Anschwellung vor dem Ende wird die distale Öffnung 4 µm weit.

Haloplanella minuta Luther, 1946

(Abb. 201 D–F)

Auch *H. minuta* wurde aus dem Mesohalinicum des Finnischen Meerbusens beschrieben. Während indes *H. obtusituba* und *H. curvistyla* aufgrund weiterer, allerdings spärlicher Funde mit Vorbehalt als Brackwasserarten gelten können, existieren für *H. minuta* verschiedene Beobachtungen aus dem marinen, euhalinen Milieu (? sekundärer Vorstoß aus dem Brackwasser).

Ostsee
Finnischer Meerbusen. Tvärminne. Sand mit *Zostera*, Sand-Gyttja. 5–12 m Tiefe (LUTHER 1963).
Kieler Bucht. Surendorf. Detritusreicher Sand der Uferzone (AX 1951a).

Nordsee
Sylt. Salzwiese Nösse, Hindenburgdamm-Nord. Andelrasen. 1 Expl. (AR-MONIES 1987). Schlickwatt, Mischwatt, *Spartina*-Bestände (HELLWIG 1987).
Niederlande. Aestuarien im Südwesten. Sandwatt im Euhalinicum (HARTOG 1977). Angabe marin bei SCHOCKAERT et al. (1989) nicht spezifiziert.

Französische Atlantikküste
Bucht von Arcachon. Chenal de Touze. Schlick (1954). Courant de Lège. Salzwiese, Salzgehalt 25 ‰ (1964).

Länge 0,4–0,7 mm. Augen mit schwarzem Pigment. Färbung ganz schwach gelblich.

Stilett. Messungen an zwei Individuen ergaben 44 und 48 µm Länge (LUTHER 1946). Das Stilett ist also erheblich kürzer als das Hartorgan von *H. curvistyla* und auch kleiner als das entsprechende Organ von *H. obtusituba* (s. o.).

Bei *H. minuta* liegt ein relativ weites, nur schwach gebogenes Trichterrohr vor, das am Ende quer abgeschnitten ist.

Haloplanella carolinensis n. sp.

(Abb. 202, 203)

South Carolina
Im oligohalinen Brackwasser der Winyah Bay an verschiedenen Stellen.
Georgetown. (1) Sandstrand des East Bay Park (Morgan Park). Mittelsand 3 m seewärts vom Wasserrand. (2) Stadtteil Maryville. Kleiner Strand an der Mündung des Sampit River in die Winyah Bay. Im Sandhang 8 m landwärts des Wasserrandes. Oktober 1996.
Hobcaw Barony. Sandschlick am Ufer. Süßwasser bei Probenentnahme am 10.4.1995, 5 ‰ Salzgehalt am 17.4.1995.
Insel in der Winyah Bay. Sandschlick, 5 ‰ Salzgehalt, 17. 4. 1995 (Locus typicus).

Länge 0,5–0,6 mm. Der Körper läuft vorne und hinten konisch zu. Mit Pigmentaugen, ungefärbt. Schnell schwimmendes Tier.

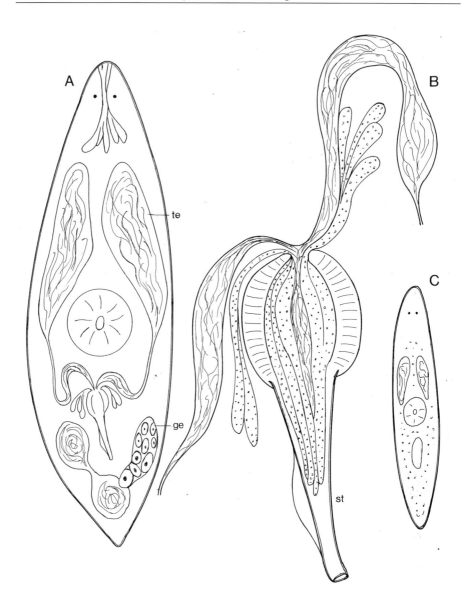

Abb. 202: *Haloplanella carolinensis*. A. Organisation nach Lebendbeobachtungen. B. Kopulationsorgan. C. Habitus. Winyah Bay, South Carolina. (1995)

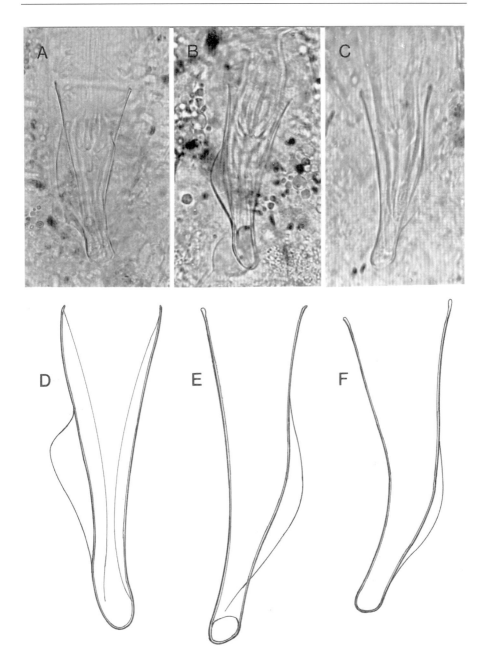

Abb. 203: *Haloplanella carolinensis*. Stilette verschiedener Individuen. Winyah Bay, South Carolina, USA. A. Insel in der Bucht (Locus typicus) (1995). B. Hobcaw Barony (1995). C. East Bay Park (1996). D. Hobcaw Barony (1995). E, F. East Bay Park. (1996)

Die großen Hoden füllen den Vorderkörper vor dem mittelständigen Pharynx aus. Vitellarien wurden nicht erkannt. Das Germar liegt im Hinterende; im Quetschpräparat gegenüber der Bursa copulatrix.

Der Bau des Kopulationsorgans läßt sich am besten mit den Verhältnissen bei *H. minuta* vergleichen. Der ovoide Bulbus hat hier wie dort eine kräftige Muskelhülle. Das Stilett von *H. carolinensis* ist allerdings weitgehend gerade oder nur im distalen Teil leicht gekrümmt, jedenfalls nicht durchgehend gleichmäßig gebogen wie bei *H. minuta*. Ein charakteristisches Merkmal von *H. carolinensis* ist die zarte Lamelle, welche dem Rohr in der zweiten Hälfte anliegt. Mit Meßwerten von 70, 72, 75 und 82 µm an 4 Individuen ist das Trichterrohr bedeutend länger als bei *H. minuta*.

Pratoplana salsa Ax, 1960

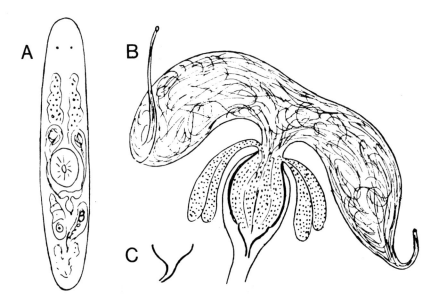

Abb. 204: *Pratoplana salsa*. A. Habitus. B. Kopulationsorgan nach Quetschpräparat. C. Stilett von einem anderen Individuum. Kieler Bucht. Bottsand. (Ax 1960)

Nordsee
Meldorfer Bucht, Sylt, Husum: Salzwiesen, insbesondere Andelrasen; Salzwiesengraben (AX 1960; BILIO 1964, ARMONIES 1987, 1988; HELLWIG-ARMONIES & ARMONIES 1987).
Sylt: Grenzraum Watt-Salzwiese. Weit verbreitet in schlick- bzw. detritusreichem Sediment (HELLWIG 1987).

Kieler Bucht
Bottsand, Gelting Birk: Andelrasen, unterer Rotschwingelrasen (AX 1960; BILIO 1964).

? Kanada
New Brunswick. Deer Island: Zwischen *Triglochin* auf Mud-Sand (AX & ARMONIES 1987).
   P. salsa ist weder ein reiner Salzwiesenbewohner noch eine Brackwasserart. Sie besiedelt auch vegetationsfreie, lenitische Lebensräume im Eu- und Polyhalinicum in hoher Individuendichte (HELLWIG 1987).

Länge 0,4 mm. Körper vorne und hinten rund. Mit Pigmentaugen. Durchsichtig, ungefärbt. Pharynx wenig hinter der Körpermitte.
   Die Hoden bilden zwei ovale, ventrolaterale Säcke dicht vor dem Pharynx, die Vitellarien zwei dorsolaterale Schläuche. Das unpaare Germar liegt im Hinterkörper median unter der dorsalen Wand.
   Zwei mächtige äußere Samenblasen verschmelzen in der Mitte zur Vesicula seminalis des Kopulationsorgans. Es folgt die sackförmige Vesicula granulorum. Das Stilett ist schwach entwickelt. Es beginnt mit einem weiten Trichter und läuft distal spitz zu. Die Länge beträgt nur 6 µm.

Solenopharyngidae

Anthopharynx vaginatus Karling, 1940

(Abb. 205)

Nordsee
Südwesten der Niederlande. Salzwiesen und Sandwatt im Euhalinicum und Polyhalinicum (HARTOG 1977).

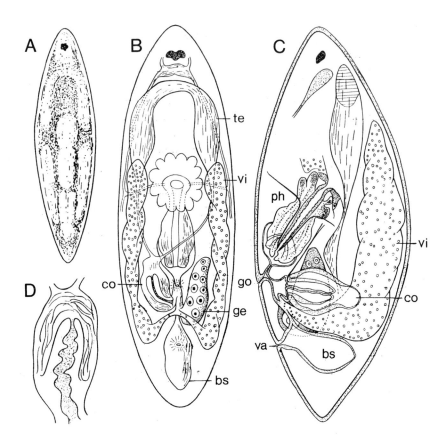

Abb. 205: *Anthopharynx vaginatus*. A. Habitus. B. Organisation nach Quetschpräparaten und Schnitten. C. Organisation in Lateralansicht von links. D. Kopulationsorgan nach Quetschpräparat. Finnischer Meerbusen. (Karling in Luther 1963)

Sylt. *Anthopharynx*-Funde in Salzwiesen und Watt, publiziert unter dem Namen *Anthopharynx sacculipenis* Ehlers, 1972. *A. vaginatus* und *A. sacculipenis* sind ökologisch und morphologisch nicht befriedigend zu trennen. Der Verdacht auf Identität ist zu prüfen (ARMONIES 1987; HELLWIG 1987).

Ostsee.
Bottsand. Salzwiesen (AX 1960; BILIO 1964). Schwedische Ostseeküste bei Stockholm. Feinsand mit Schlick, 15 m Tiefe.

Finnischer Meerbusen. Tvärminne-Gebiet. Sand mit Schlick, von 3–24 m T. (KARLING in LUTHER 1963).

Länge 0,8 mm. Körper drehrund spindelförmig. Pigmentbecher der beiden Augen im Vorderende zu einem unpaaren Gebilde verwachsen.

Hoden im Vorderkörper hufeisenförmig verschmolzen. Vitellarien als langgestreckte papillöse Schläuche in dorsolateraler Lage. Unpaares wurstförmiges Germar rechts neben dem Kopulationsorgan.

Begattungsorgan groß und eiförmig; mit langem, ausstülpbaren, unbewaffneten Ductus ejaculatorius. Der Proximalteil des Organs kann zu einer großen Samenblase erweitert werden.

Die gemeinsame Öffnung für Mund, Kopulationsorgan und weibliche Gonaden liegt am Beginn des letzten Körperdrittel, die Vagina externa ein Stück dahinter (KARLING in LUTHER 1963).

Kalyptorhynchia

Markantes Eigenmerkmal der Kalyptorhynchia ist der Scheidenrüssel im Vorderende des Körpers. Im Grundmuster handelt es sich um einen einheitlichen Muskelbulbus, dessen distaler Zapfen von einer Integumentscheide umhüllt ist. MEIXNER (1928) hat die mit einem einheitlichen Bulbus ausgestatteten Taxa unter dem Namen Eukalyptorhynchia vereinigt und ihnen die Träger eines Spaltrüssels aus zwei dorsoventral gegenüberstehenden Hälften als Schizorhynchia zur Seite gestellt.

Der Spaltrüssel der Schizorhynchia ist evolutiv aus dem ungeteilten Muskelbulbus entstanden (KARLING 1961); er kann unter der Annahme einer einmaligen Entstehung als eine Autapomorphie des Taxons interpretiert werden. Dem gegenüber bilden die „Eukalyptorhynchia" mit dem plesiomorphen einheitlichen Muskelbulbus ein Paraphylum.

"Eukalyptorhynchia"

Polycystididae

Acrorynchides robustus (Karling, 1931)

(Abb. 206 A, B)

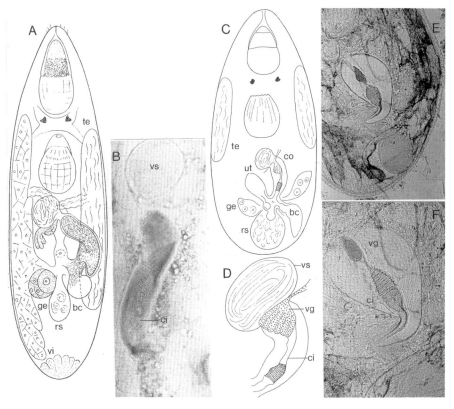

Abb. 206: A und B. *Acrorhynchides robustus*. A. Organisationsschema. Die paarigen Gonaden sind nur auf einer Seite eingezeichnet. Finnischer Meerbusen. (Karling 1963). B. Kopulationsorgan. Oben die kugelige Vesicula seminalis; anschließend der bestachelte männliche Genitalkanal. Rechts unten Stacheln aus dem Mündungsabschnitt der Bursa copulatrix. Cuxhaven. (Ax Original 1966). C–F. *Duplacorhynchus major*. C. Organisationsschema in Dorsalansicht. D. Kopulationsorgan nach Lebendbeobachtungen. Oregon, USA. (Schockaert & Karling 1970). E. Hinterkörper mit Atrialorganen im Anschluß an den Pharynx. F. Kopulationsorgan mit Vesicula granulorum und Cirrus. Distaler Teil des Cirrus bestachelt. Alaska, USA. (Ax & Armonies 1990)

Euryhaliner Meeresbewohner mit weiter Verbreitung im Nordatlantik von Kanada (AX & ARMONIES 1987) über Grönland (AX 1995b), Island (1993, unpubl.), die Färöer (AX 1995a)[1] bis nach Europa mit zahlreichen Funden von Norwegen bis Frankreich, in der Nord- und Ostsee (Literaturübersicht bei ARMONIES 1987 und HELLWIG 1987).

A. robustus ist ein ausgeprägter Halolenitobiont, vorzugsweise mit Siedlungen in detritusreichen Stillwasserbiotopen vom Euhalinicum bis in das Mesohalinicum. Als Orte mit weitester Entfernung sind aus letzterem zu nennen Brackgewässer der Küsten von New Brunswick, Kanada (s. o.) und der Raum der inneren Ostsee (KARLING 1931, 1963, 1974).

Folgende Angaben nach KARLING (1963). Länge bis 2 mm. Plumper Körper, ziemlich undurchsichtig. Mit Pigmentaugen.

Kopulationsorgan mit unpaarer kugelförmiger Vesicula seminalis und einer schwer sichtbaren Vesicula granulorum, welche der Samenblase oben dicht anliegt. Die beiden Blasen münden getrennt in das zugeschnürte proximale Endstück des männlichen Genitalkanals. Bei diesem handelt es sich um einen großen, geschwungenen Schlauch. Distal schließt eine runde Bursa copulatrix an. Der Genitalkanal ist dicht mit Stacheln besetzt, welche 5–15 µm lang werden und mit kleinen Basalscheiben versehen sind. Die Stacheln werden im Genitalkanal leicht nach hinten gerichtet, im Mündungsabschnitt der anschließenden Bursa dagegen proximalwärts.

Duplacorhynchus major Schockaert & Karling, 1970

(Abb. 206 C–F)

Oregon, USA
New Port. Ästuar des Yaquina River. Sandiges Schlickwatt (SCHOCKAERT & KARLING 1970).
Alaska, USA
Kenai Peninsula: Seward, Anchorage, Homer Spit, Hope, Ninilchik, Anchor Point.

---

1 Die Angaben für Island und die Färöer sind unsicher. Nach Durchsicht alter Skizzen und Fotos kann hier eine *Duplacorhynchus*-Art leben.

Kotzebue. Euryhaliner Halolenitobiont wie *Acrorhynchides robustus*. Detritusreicher Sand und Schlick der Gezeitenzone. Salzwiesen. In Biotopen mit Salzgehaltsschwankungen von 35–0 ‰ (AX & ARMONIES 1990).

Folgende Angaben nach SCHOCKAERT & KARLING (1970).
Länge um 1,5 mm. Durchsichtig, mit unregelmäßigen Streifen von dunkelbraunem Pigment im Parenchym. Mit Pigmentaugen.
Männliches Genitalsystem mit extrakapsulärer und intrakapsulärer Vesicula seminalis im Anfangsabschnitt des Kopulationsorgans. Ein enger Gang verbindet die innere Samenblase mit der Vesicula granulorum. Der anschließende Cirrus ist ein langes gebogenes Rohr mit Ring- und Längsmuskeln. Das Epithel ist teilweise mit kleinen Stacheln besetzt.

Djeziraia euxinica (Mack-Fira, 1971)

(Abb. 207)

Torkarlingia euxinica Mack-Fira, 1971
Djeziraia euxinica (Mack-Fira, 1971): SCHOCKAERT 1982

Die Art wurde als *Torkarlingia euxinica* beschrieben und von SCHOCKAERT (1982) in das Taxon *Djesiraia* Schockaert, 1971 überstellt.

Schwarzes Meer
Rumänien. Costinesti, Agigea. Schlammiger Sand der Phytalregion (MACK-FIRA 1971, 1974).

Mittelmeer
Sardinien (ARTOIS & SCHOCKAERT 2001).

Länge 1,5 mm. Ungefärbt, durchsichtig. Zwei Pigmentaugen. Pharynx an der Grenze zwischen 1. und 2. Körperdrittel. Paarige Gonaden. Männliches Kopulationsorgan: Auf eine große, runde Vesicula seminalis folgt eine sackförmige Vesicula granulorum Das röhrenförmige Stilett erreicht bei Tieren aus dem Schwarzen Meer 120 µm Länge (MACK-FIRA 1971); an Individuen vom Mittelmeer wurden 105 µm gemessen (ARTOIS et al. 2001). Das Stilett verjüngt sich distalwärts graduell; das stumpfe Ende ist leicht gebogen. An der proximalen Öffnung trägt das Rohr zwei distinkte ringförmige Verdickungen.

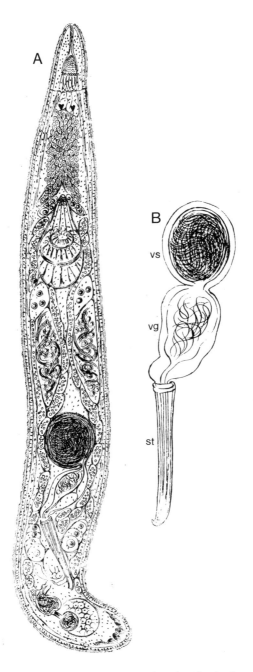

Abb. 207: *Djesiraia euxinica*. A. Organisation nach Lebendbeobachtungen. B. Männliches Kopulationsorgan. Schwarzes Meer. Rumänien. (Mack-Fira 1971)

Gyratrix hermaphroditus Ehrenberg, 1831

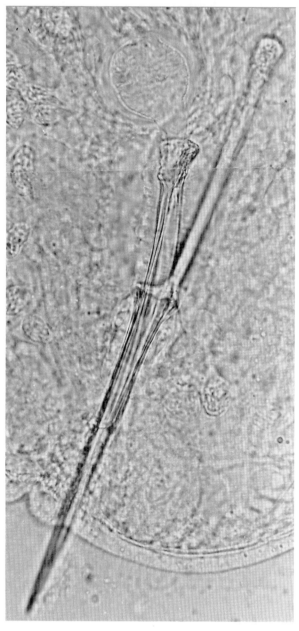

Abb. 208: *Gyratrix hermaphroditus*. Kopulationsorgan mit Stilett und Stilettscheide. Alaska, Seward: Lowell Point. (Ax & Armonies 1990)

Als Kosmopolit aus Süßwasser, Brackwasser und Meer gemeldet. Unter dem Namen *G. hermaphroditus* verbirgt sich ein Komplex von Arten (ARTOIS & SCHOCKAERT 2001). Unsere diversen Funde in Brackgewässern wurden im Hinblick auf diese Problematik nicht näher analysiert. Ich reproduziere hier nur eine Abbildung des harten Kopulationsorgans mit Stilett und gestielter Stilettscheide von einem Tier aus Alaska – Sandstrand bei Seward unter dem Einstrom von Süßwasser (AX & ARMONIES 1990). Das Stilett hat eine Länge von 130 µm. Die Stilettscheide mißt 32 µm, ihr Stiel 75 µm.

Palladia nigrescens (Evdonin, 1971)

(Abb. 209)

Nannorhynchides nigrescens **Evdonin, 1971**
Palladia nigrescens **(Evdonin, 1971): EVDONIN 1977**

Russland
Meerbusen von Posjet am Japanischen Meer. Nehrung Tschurchado. Schlammiger Sand des Sublitoral (EVDONIN 1971, 1977).

Japan
Honshu, Aomori Distrikt
1. Kominato River. Areal der Mündung in die Mutsu Bucht bei Asadokoro. Mehrere 100 m einwärts der Flußmündung. Salzgehalt 15 ‰. Schlammboden der Uferzone mit Algenpolstern. Zusammen mit *Japanoplana insolita* (S. 166) und *Multipeniata kho* (S. 163) (August 1990).
2. Obuchi Pond. „Brackwassersee" nördlich des Ogawara Lake am Pazifik. Hoher Salzgehalt von 25–30 ‰ bei Probenentnahme am 24.8.1990. Zwischen Algenpolstern.
3. Takase River (Mündung des Ogawara Lake). Flottierende Algenpolster. Salzgehalt 13 ‰ (29.8.1990).

Angaben nach EVDONIN (1971, 1977) und eigenen Beobachtungen.
   Kleine Art. Länge nur 0,4–0,6 mm. In meinen Proben lebhaft freischwimmend zwischen Algen. Dunkle Pigmentkörner im Parenchym unter der Epidermis. Die Tiere der japanischen Populationen hatten eine gelb-braune Färbung. Mit paarigen Pigmentaugen. Großer Rüssel von ~ 1/5 der Körper-

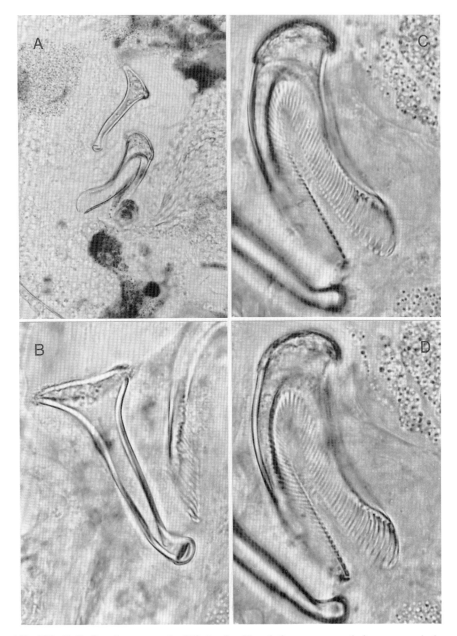

Abb. 209: *Palladia nigrescens*. A. Stilette des Kopulationsorgans und des accessorischen Drüsenorgans untereinander im Hinterkörper. B. Stilett des Kopulationsorgans. (Teil des Drüsenstiletts rechts im Bild).C und D. Stilett des Drüsenorgans bei verschiedener Scharfeinstellung (Distales Ende des Kopulationsstiletts jeweils links unten im Bild). Japan. Honshu. Kominato River, Mündungsbereich in die Mutsubucht. (Originale 1990)

länge. Pharynx am Beginn des zweiten Körperdrittels. Paarige Gonaden. Hoden keulenförmig, lateral in der vorderen Körperhälfte. Germarien im Hinterende. Vitellarien als dorsolaterale Stränge vom Gehirn nach hinten.

Das Kopulationsorgan hat zwei äußere Samenblasen, freie Kornsekretdrüsen, eine ovoide Vesicula granulorum und ein hartes Stilett von 44–48 µm Länge (EVDONIN l. c.); ich habe in Japan 47 µm gemessen. Das keulenförmige Stilett beginnt mit einem großen Trichter von 23 µm Breite (Japan). Das Stilett verjüngt sich distalwärts zu einem schlanken, geschwungenen Rohr, das an der Spitze noch einmal etwas anschwillt. *P. nigrescens* hat neben dem Kopulationsorgan ein accessorisches Drüsenorgan mit einem eigenen Drüsenstilett. EVDONIN (l. c.) gibt eine Länge von 44–48 µm an; ich habe einen Wert von 55 µ gemessen. Das Drüsenstilett ist ein schwach gebogenes Gebilde mit einem proximalen „Gelenkkopf". Zwei Stäbe oder Platten ziehen nach hinten und enden distal in einer breiten Öffnung. Die einander gegenüberliegenden Seiten der Stäbe (Platten) tragen jeweils einen Kamm von mehr als 50 Lamellen (Nadeln). Diese füllen gleichsam die innere Höhle des Drüsenstiletts aus.

Phonorhynchus Graff, 1905

Unter dem Namen *Phonorhynchus helgolandicus* (Mecznikow, 1865) stellt KARLING (1982) verschiedene Phäna (Formen) heraus, die mutmaßlich als separate Arten zu behandeln sind. Unsere Beobachtungen an Tieren aus kanadischen Brackgewässern reichen für eine präzise Zuordnung nicht aus (AX & ARMONIES 1987); ich muß auf die Aufnahme in diese Übersicht verzichten.

Phonorhynchus pernix Ax, 1959

(Abb. 210)

Marmara-Meer
Tuzla und Yesilköy. Schlicksand in Stillwasserbiotopen, bei Salzgehaltswerten zwischen 20,5 und 23,9 ‰ (AX 1959a).

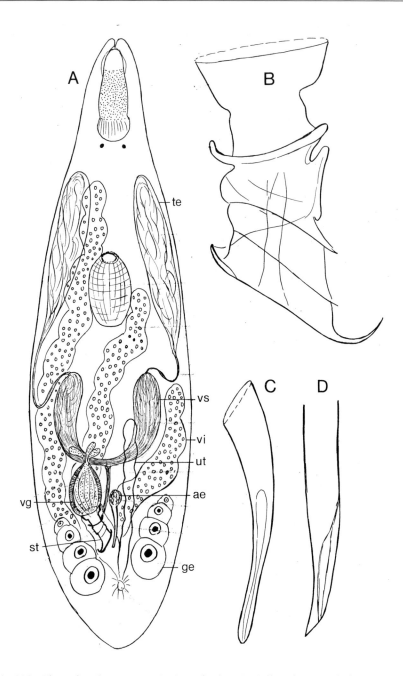

Abb. 210: *Phonorhynchus pernix*. A. Organisation. B. Stilett des Kopulationsorgans nach Lebendbeobachtungen. C und D. Stilette des Drüsenorgans von zwei verschiedenen Tieren. Marmara-Meer. Tuzla. (Ax 1959a)

Schwarzes Meer
Rumänien. Lagunen-Komplex Razelm-Sinoë: Tuzla-Duingi (MACK-FIRA 1974).

Länge 0,6–0,8 mm. Zwei Pigmentaugen dicht hinter dem Rüssel. Ungefärbt, durchsichtig. Mit sehr lebhafter, schneller Bewegung.

Paarige Hoden, Germarien und Vitellarien; letztere können sich stärker verzweigen.

Kopulationsorgan mit sackförmiger Körnerdrüsenblase und kompliziertem Stilett von 66–67 µm Länge. Das plumpe Organ beginnt proximal mit einem weit geöffneten Trichter. Auf eine kragenförmige Einschnürung folgt eine deutlich vorspringende Leiste. Weiter distalwärts zeichnen sich zahlreiche schwächere Leisten und Rillen ab. Am Ende ist das Rohr schräg abgestutzt; hier gibt es noch einmal eine prominent herausgehobene, ringförmig umlaufende Leiste.

Das accessorische Drüsenorgan besteht aus einem winzigen Sekretbehälter und einem einfachen, nur wenig gebogenen Stilett von 50–56 µm Länge. Hier existiert ein klarer Unterschied zu allen Formen von *P. helgolandicus* mit stark gebogenen, nadelförmig spitz zulaufenden Drüsenstiletten (KARLING 1982).

Phonorhynchus bitubatus Meixner, 1938

(Abb. 211)

Sylt
Salzwiesengraben im Königshafen (HELLWIG-ARMONIES & ARMONIES 1987).

Kieler Bucht
Stein, Laboe. Detritusreicher Sand und Schlamm der Uferzone (MEIXNER 1938; AX 1951a; KARLING 1992).

Bucht von Arcachon
Unveröffentlichte Funde von 1964
Ile aux Oiseaux: Tümpel mit lockerem Detritus, zwischen *Spartina*. Courant de Lège: Schlick, am Rand der Bucht von Lège. Region Près Salés: Schlick in Kanal eines Salzwiesengeländes. Probenentnahme bei Ebbe unter ausströmenden Süßwasser.

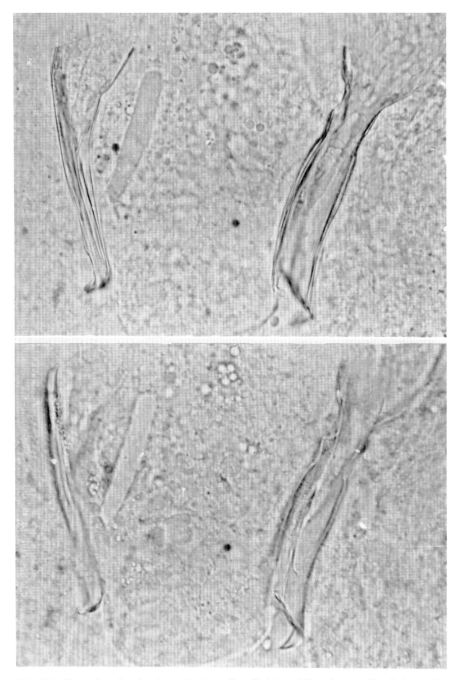

Abb. 211: *Phonorhynchus bitubatus*. Drüsenstilett (links) und Kopulationsstilett bei verschiedenen Scharfeinstellungen. Arcachon. (Originale 1964)

Hartstrukturen in der Population von Arcachon: Das Kopulationsstilett ist ein vasenförmiges Gebilde mit proximalem Trichter, leichter halsartiger Einschnürung und anschließender Erweiterung. Distal steht ein kleiner Haken. Die Länge des Rohres beträgt 73 µm. Das Drüsenstilett beginnt gleichfalls mit einer weiten Öffnung, verjüngt sich distalwärts zunehmend und krümmt sich am Ende zu einer Spitze ein; Länge 65 µm.

Phonorhynchus laevitubus n. sp.

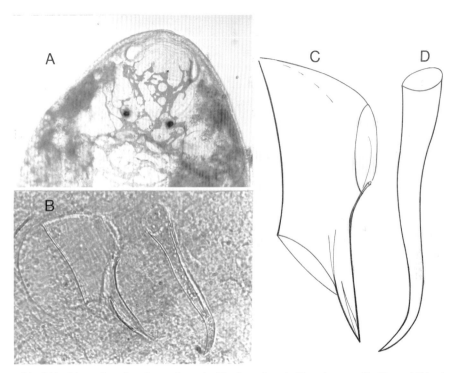

Abb. 212: *Phonorhynchus laevitubus*. A. Vorderende mit Netzpigment. B. Hartgebilde des Kopulationsorgans nach Mikrofoto. C. Stilett der Körnerdrüsenblase. D. Stilett des accessorischen Drüsenorgans. Georgetown. South Carolina. USA. (Originale 1996)

Winyah Bay, South Carolina, USA
Sandstrand des Morgan Park (East Bay Park) der Stadt Georgetown. Gezeitensandstrand im Brackwasserbereich (AX 1997a). Detritussand zwischen *Phragmites* (Okt. 1996).

Länge ~ 1 mm. Von kräftiger Erscheinung, vergleichbar mit *Acrorhynchides robustus*. Mit Pigmentaugen dicht hinter dem Rüssel. Das Tier hat ein ausgeprägtes, hellbraunes Netzpigment unter der Haut. Der Pharynx liegt im Endteil des 1. Körperdrittels.

Paarige Gonaden. Die Hoden befinden sich dicht hinter dem Pharynx in der Körpermitte; sie liegen lateral. Die Vitellarien reichen als lange Stränge vom Rüssel bis in den Hinterkörper; auf sie folgen beiderseits die Germarien.

Die Hartstrukturen des Kopulationsorgans sind einfache, glatte Gebilde.

Das Stilett der Körnerdrüsenblase wurde an einem Individuum zu 74 µm vermessen. Das Rohr beginnt proximal mit einem breiten Trichter. Von der Seite betrachtet, sind die Wände schräg gegeneinander versetzt. Eine Rohrwand verlängert sich in einen Sporn.

Das schlanke Stilett des accessorischen Drüsenorgans wird annähernd gleichgroß. Das Rohr ist in der zweiten Hälfte stärker geschwungen und läuft in eine scharfe Spitze aus.

Das Stilett der Vesicula granulorum ist in Länge und Form am ehesten mit dem entsprechenden Organ von *P. pernix* Ax vergleichbar. Die charakteristischen Leisten und Rillen dieser Art fehlen aber bei *P. laevitubus*; sie hat ein vollständig glattes Rohr.

Phonorhynchoides Beklemischev, 1927

Die unpaare Samenblase des Kopulationsorgans ist ein charakteristisches apomorphes Eigenmerkmal in der Diagnose des Taxons *Phonorhynchoides* (SCHOCKAERT 1971).

Phonorhynchoides flagellatus Beklemischev, 1927

(Abb. 213 A, B)

Aralsee
Aralsk. Zwischen Wasserpflanzen und in Bryozoen-Aufwuchs (BEKLEMISCHEV 1927a).

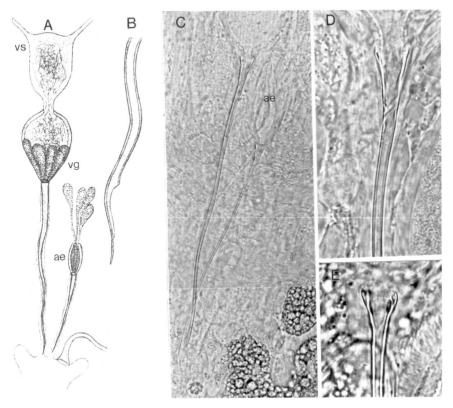

Abb. 213: A, B. *Phonorhynchoides flagellatus*. A. Kopulationsorgan mit Stilett und accessorisches Drüsenorgan nach Quetschpräparat. B. Spitze des Kopulationsstiletts stärker vergrößert. Aralsee. (Beklemischev 1927a). C–E. *Phonorhynchoides japonicus*. C. Stilette des Kopulationsorgans und des Drüsenorgans. D. Proximaler Trichter des Kopulationsstiletts. E. Trichter des Drüsenstiletts mit einwärts gerichteten Vorsprüngen. Japan. Aomori Distrikt. Takase River. (Originale 1990)

Schwarzes Meer

Rumänien. Lagunen-Komplex Razelm-Sinoë: Golovitza See, Salzgehalt 1–2 ‰ (MACK-FIRA 1974).

Länge 1,5 mm. Zwei schwarze, becherförmige Augen. Durchsichtig, farblos.

Kopulationsorgan. Die Vesicula seminalis ist an den Eintrittstellen der Vasa deferentia zipfelig ausgezogen. Das habe ich in ähnlicher Form bei *P. haegheni* vom Mittelmeer gefunden (s. u.). Der Vesicula granulorum fehlen angeblich äußere Körnerdrüsen. Das Stilett ist ein 100 µm langes, dünnes und biegsames Rohr, am Ende schräg abgeschnitten.

Das kleine accessorische Drüsenorgan besitzt ein Büschel extrakapsulärer Drüsen. Das ~ 80 µm lange, dünne Stilett läuft spitz zu.

Phonorhynchoides japonicus n. sp.

(Abb. 213 C–E, 214)

Japan. Honshu. Aomori Distrikt
Lagune des Takase River (Locus typicus).
Der Fluß verbindet den Lake Ogawara mit dem Pazifik. Feuchtsand der Uferzone mit Polstern von Cyanobakterien (21.8.1990. Salzgehalt 10–15 ‰). Mehrere Exemplare.

Länge 1–1,2 mm. Sehr schlank und stark kontraktil. Mit Pigmentaugen. Ungefärbt. Pharynx weit vorne im ersten Körperdrittel.

Paarige Hoden in der Körpermitte. Lange Vitellarienstränge beginnen dicht hinter den Augen und reichen bis in das Hinterende. Die Germarien liegen ein Stück hinter den Hoden.

Das Kopulationsorgan hat eine große, langgestreckte Samenblase, eine ovoide Körnerdrüsenblase und ein 170 µm langes, leicht geschwungenes Stilett. Etwas unter dem proximalen Trichter habe ich eine nach innen vorspringende Leiste gesehen. Eine vergleichbare Struktur zeigt ein Foto von *P. carinostylis* (AX & ARMONIES 1987, fig. 32B). Das distale Ende des Stiletts ist schräg abgeschnitten. Das accessorische Drüsenorgan ist kleiner als die Vesicula granulorum. Es trägt ein ebenfalls nur schwach gebogenes Stilett von ~ 125 µm Länge. Unterhalb des proximalen Trichters sind auch hier nach innen gerichtete Vorsprünge entwickelt.

Wie bei *P. flagellatus* Beklemischev, 1927, *P. somaliensis* Schockaert, 1971 und *P. carinostylis* Ax & Armonies, 1987 ist auch bei *P. japonicus* das Stilett des Kopulationsorgans länger als das Stilett des Drüsenorgans. Dabei ist die japanische Art aufgrund der nur leicht geschwungenen Stilette am besten mit *P. flagellatus* vergleichbar. Die Länge der Kopulations-Stilette stimmt überein; das Drüsenstilett von *P. flagellatus* ist erheblich kürzer (80 µm).

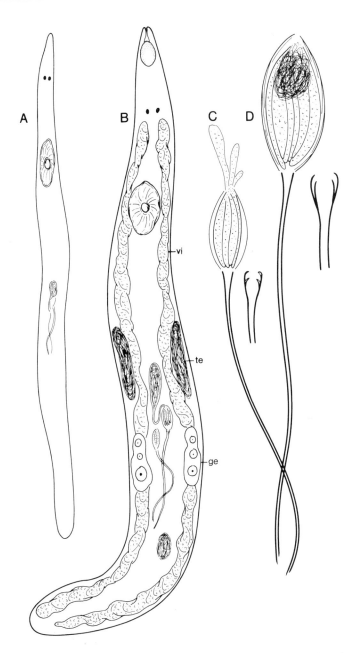

Abb. 214: *Phonorhynchoides japonicus*. A. Habitus. B. Organisation nach Lebendbeobachtungen. C. Drüsenorgan mit Stilett. Neben dem Stilett das Proximalende mit Verdickungen im Inneren stärker vergrößert. D. Kopulationsorgan mit Stilett. Auch hier das trichterförmige proximale Ende stärker vergrößert. Japan. Aomori Distrikt. Takase River. (Originale 1990)

Phonorhynchoides carinostylis Ax & Armonies, 1987

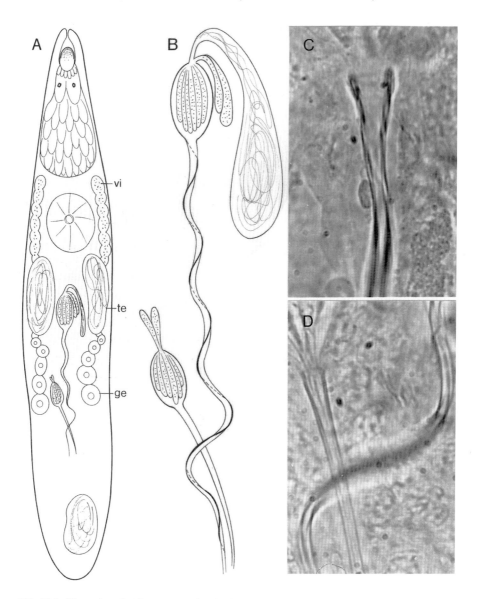

Abb. 215: *Phonorhynchoides carinostylis*. A. Organisation nach dem Leben. B. Kopulationsorgan und Drüsenorgan. C. Proximales Ende des Kopulationsstiletts. D. Proximaler Teil des Drüsenstiletts. Kanada. New Brunswick. Sam Orr Pond. (Ax & Armonies 1987)

Kanada. New Brunswick.
Sam Orr Pond. Hochgelegener Teich in Salzwiesengelände. Bei Niedrigwasser unter Süßwasserausstrom (AX & ARMONIES 1987).

Länge um 1 mm. Mit Pigmentaugen. Ungefärbt. Pharynx in der ersten Körperhälfte. Paarige Gonaden.

Kopulationsorgan mit unpaarer Samenblase und ovoider Körnerdrüsenblase. Messungen des Stiletts an zwei Individuen zu 210 und 228 µm Länge. Das Stilett verläuft in etwa 4 deutlichen Windungen, deren Ausmaß distalwärts zunimmt, indes nicht die Korkenzieher-Form von *P. somaliensis* Schockaert, 1971 erreicht. Als artspezifisches Merkmal gilt eine vorspringende Lamelle, welche das Stilettrohr in einer Spirale umrundet.

Das Stilett des Drüsenorgans ist ein einfaches, leicht gebogenes Rohr von 76 µm Länge.

Phonorhynchoides haegheni Artois & Schockaert, 2001

(Abb. 216, 217)

Fundort an der französischen Mittelmeerküste
Brackwasser-Strandsee Etang de Salses. Südufer (1962). Feuchtsand landwärts des Wasserrandes, zusammen mit *Gnathostomaria lutheri* (Gnathostomulida). Schwankungen des Salzgehaltes zwischen 2 und 22 ‰ (AX 1964).

Mit einigem Zögern ordne ich Befunde an Individuen vom Mittelmeer der Art *P. haegheni* zu, deren Locus typicus S. Hutchinson Island, Florida ist und die außerdem von Galapagos gemeldet wurde (ARTOIS & SCHOCKAERT 2001). Die folgenden Angaben beziehen sich auf meine Beobachtungen.

Länge 1,5 mm. Mit Pigmentaugen. Ungefärbt. Pharynx am Ende des 1. Körperdrittels.

Kopulationsorgan mit großer, unpaarer Vesicula seminalis, die an den Mündungen der Samenleiter zu Zipfeln ausgezogen ist. Äußere Kornsekretdrüsen vorhanden.

Lange Vesicula granulorum, die sich distalwärts schlauchförmig verjüngt. Das Stilett ist ein einfaches, ganz leicht gebogenes Rohr von etwa 80 µm Länge.

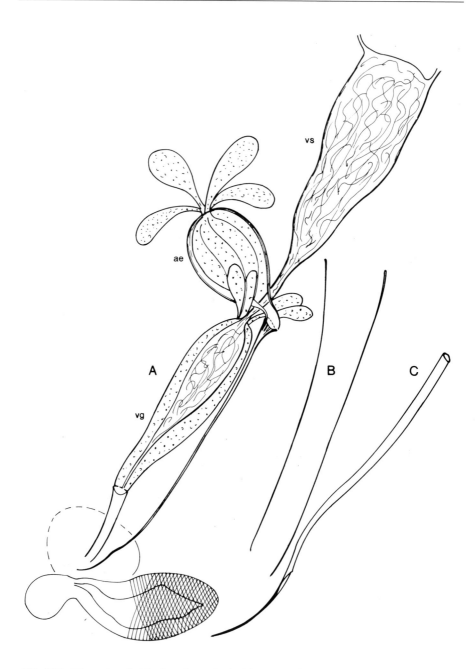

Abb. 216: *Phonorhynchoides haegheni*. A. Atrialorgane mit Kopulationsorgan, Drüsenorgan und Bursa. B. Stilett des Kopulationsorgans. C. Stilett des Drüsenorgans. Distaler Teil. Französische Mittelmeerküste. Etang de Salses. (Originale 1962)

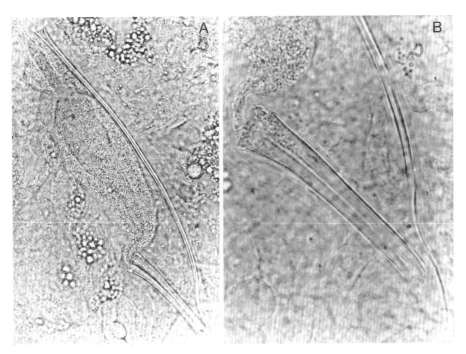

Abb. 217: *Phonorhynchoides haegheni*. A. Kopulationsorgan und Stilett des Drüsenorgans. B. Kopulationsstilett und distales Ende des Drüsenstiletts. Französische Mittelmeerküste. Etang de Salses. (Originale 1962)

Das accessorische Drüsenorgan ist eiförmig und erheblich kürzer als die Vesicula granulorum. Das Drüsenstilett erreicht 300 µm Länge; es handelt sich um ein extrem dünnes Rohr mit proximalem Trichter und einer scharfen distalen Spitze. Das Ende des Stiletts ist leicht geschwungen. Das Drüsensekret dürfte ein Stück vor der Spitze austreten. Caudal des Stiletts habe ich ein bursaähnliches Organ mit dicker Muskelwand aus sich kreuzenden Fasern gesehen.

Die Längen von Kopulationsstilett und Drüsenstilett sind mit den Befunden an Individuen vom Locus typicus in Florida gut vergleichbar. Sicherlich kann man kleine Unterschiede finden. So ist das Stilettrohr der Tiere vom Mittelmehr distal nicht zu einem Porus verjüngt wie für den Holotypus von Florida abgebildet (ARTOIS et al. 2001, fig. 2 C). Ferner erscheint das Drüsenstilett der Mittelmeer-Tiere noch dünner als das Rohr im Bild vom Holotypus (l. c., fig. 2 B). Das aber kann zur Errichtung einer separaten mediterranen Art kaum reichen – jedenfalls solange nicht, bis über die Struktur der Bursa ausreichende Informationen vorliegen.

Wie dem auch sei, die Populationen von Galapagos, Florida und Mittelmeer sind untereinander jedenfalls sehr ähnlich. Allein bei ihnen ist das Verhältnis zwischen dem kurzen Kopulationsstilett und dem längeren Drüsenstilett umgekehrt als bei den übrigen *Phonorhynchoides*-Arten.

Polycystis naegelii Kölliker, 1845

(Abb. 218 A)

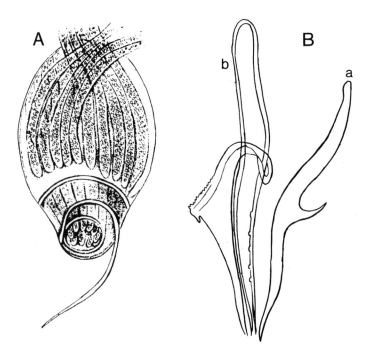

Abb. 218: A. *Polycystis naegeli*. Kopulationsorgan. Stilett und Flagellum. Schwarzes Meer. (Mack-Fira 1968a). B. *Rogneda tripalmata*. Stilettapparatur des Kopulationsorgans aus 2 Dolchen. Marmara Meer. Türkei. (Ax 1959a)

Zahlreiche ältere Fundortsangaben scheinen eine weite Verbreitung des litoralen Phytalbewohners zu belegen (AX 1959a); unlängst hat KARLING (1978) die Art von Bermuda gemeldet. Variabilität in der Pigmentierung und Differenzen in der Darstellung des Stiletts bei verschiedenen Autoren lassen Zweifel an der Einheitlichkeit einer Art mit dem Namen *Polycystis naegelii* aufkommen (KARLING l. c.).

Schwarzes Meer (neuere Angaben)
Türkei. Sile. Algenbewuchs (*Cystoseira*) der Uferzone (AX 1959a).
Rumänien. Agigea, Mamaia, Costinesti. In Algen der Felsküste, 0–5,5 m Tiefe (MACK-FIRA 1968a, 1974).

Eine Abbildung von MACK-FIRA (1968a) aus dem Schwarzen Meer zeigt ein kurzes Stilett mit einem langen Flagellum.

Progyrator mamertinus (Graff, 1874)

Schwarzes Meer
BEKLEMISCHEV (1927b, p. 200) erwähnt das Tier im laufenden Text seiner Arbeit über die Turbellarienfauna der Bucht von Odessa. Er liefert keine weiteren, überprüfbaren Daten, und das gilt gleichermaßen für meine Meldung von der türkischen Küste bei Sile (AX 1959a) und die von MACK-FIRA (1974) aus Rumänien.

Rogneda tripalmata (Beklemischev, 1927)

(Abb. 218 B)

Die Art wurde aus der Bucht von Odessa des Schwarzen Meeres als *Polycystis tripalmata* beschrieben (BEKLEMISCHEV 1927b) und ist seitdem nur noch einmal von der Prinzeninsel Heybeli des Marmara-Meeres (AX 1959a) gemeldet worden. Zwischenzeitlich hatte KARLING (1953) eine Revision des Taxons *Rogneda* Ulianin, 1870 vorgelegt.

Länge 1–1,5 mm. Charakteristische Pigmentierung an der Dorsalseite aus 2 Rückenstreifen und 2 Pigmentstreifen vor den Augen.

Die Hartteile des Kopulationsorgans bestehen aus 2 Dolchen, welche oberhalb der Vesicula granulorum liegen. Dolch a (Länge 154–180 µm) ist ein einheitliches Gebilde mit einer lateral abragenden Apophyse. Bei Dolch b (Länge 190–200 µm) entspringt in der Mitte ein langer, distalwärts gerichteter Anhang. Nach meinen Lebendbeobachtungen erschienen die Enden der Dolche zugespitzt. An einem in Anisöl aufgehellten Exemplar habe ich wie BEKLEMISCHEV (l. c.) aber auch schaufelförmig verbreiterte Endabschnitte gefunden.

Koinocystididae

Brunetia camarguensis **(Brunet, 1965)**

(Abb. 219 A, B)

Utsurus camarguensis: **MACK-FIRA 1974**
Brunetia camarguensis: **KARLING 1980**

Mittelmeer. Marseille, Camargue (BRUNET 1965).
Schwarzes Meer
Rumänien. Agigea. Sand unter Algen, 1–2 m Tiefe (MACK-FIRA 1974).

Folgende Angaben nach BRUNET (1965).
Länge 1,3–1,5 mm. Ungefärbt. Mit Pigmentaugen. Paarige Gonaden.
Das sackförmige Kopulationsorgan wird von einem Spermakanal (Ductus ejaculatorius) durchlaufen. Dieser entsteht proximal aus der Vereinigung der beiden Samenblasen; er endet distal in einer nackten Penispapille. Der proximale Abschnitt des Kopulationsorgans ist von 2 Sorten Kornsekret erfüllt. Grobkörniges Sekret wird durch ein langes Stilett lateral und dorsal der Penispapille ausgeführt. Das Kornsekret-Stilett erreicht 140 µm Länge; es hat die Form einer Rinne, die sich proximal schließt und distalwärts verjüngt. Feinkörniges Sekret mündet teilweise durch das Stilett, partiell über separate Poren.
Im männlichen Genitalkanal inserieren zwei große V-förmige Haken, Länge 45 µm (KARLING l. c.).

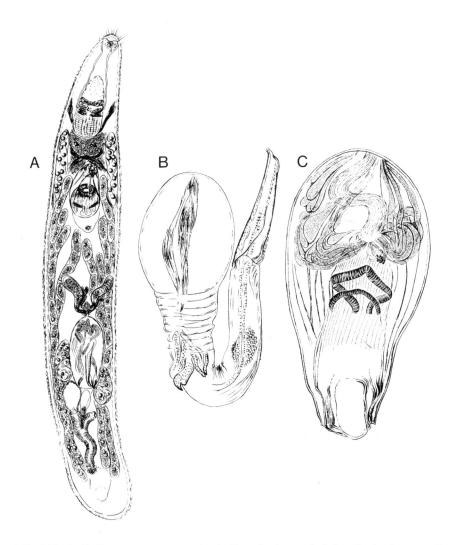

Abb. 219: A, B. *Brunetia camarguensis*. A. Organisation nach Lebendbeobachtungen. Das Kornsekret-Stilett liegt im Kopulationsorgan. B. Männliches Kopulationsorgan mit 2 großen Haken und ausgestülpten Kornsekret-Stilett. C. *Itaipusa karlingi*. Kopulationsorgan nach dem Leben. 2 Bänder aus Cirrusstacheln etwa in der Mitte des Organs. Schwarzes Meer. Rumänische Küste. (A, B Mack-Fira 1974; C Mack-Fira 1968a)

Itaipusa karlingi Mack-Fira, 1968

(Abb. 219 C)

Schwarzes Meer
Rumänien. Agigea, Costinesti, Vama Veche. Sand unter Algen, 0,5–3 m Tiefe (MACK-FIRA 1968a, 1974).

Mittelmeer
Region von Marseille (BRUNET 1972). Adria, Lussin Grande (KARLING 1980).

Angaben nach MACK-FIRA (1968a) und KARLING (1978).
Länge 1,5 mm. Ungefärbt, durchsichtig. Mit schwarzen Pigmentaugen.
Das männliche Kopulationsorgan wird 260 µm lang. Ein Cirrus nimmt die hinteren Zweidrittel ein. Der Cirrus trägt proximal 2 unvollständige Bänder aus Cirrusstacheln, die in Form von gezähnten Schuppen ausgebildet sind (KARLING 1978, fig. 48). Das obere Band ist 6,5 µm breit, das zweite Band mißt 3,7 µm. Das Kopulationsorgan endet in einer Penispapille.

Itaipusa scotica (Karling, 1954)

(Abb. 220)

Utelga scotica **Karling, 1954**
Utelga bocki, **KARLING, 1954**
Itaipusa scotica **(Karling, 1954): KARLING 1978, 1980**
Utelga scotica **Karling, 1954: AX 1995b**

Westatlantik
Nahant, Massachusetts, USA. Sandstrand in der Gezeitenzone (KARLING 1980).
Disko, Grönland. Sand. (REISINGER unpubl., AX 1995b).

Europa
Großbritannien. Nordkanal, Millport. Der Kanal, Whitley Bay (KARLING 1954, 1963).
Tromsø, Norwegen. Sandwatt (SCHMIDT 1972b).

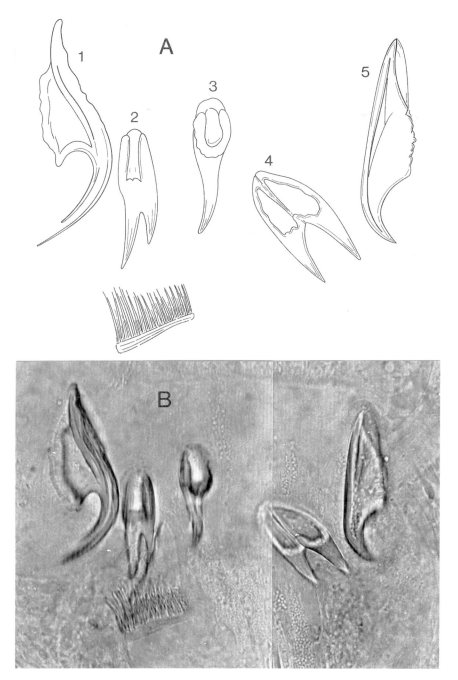

Abb. 220: *Itaipusa scotica*. Hartstrukturen des Kopulationsorgans in der Wiedergabe als Zeichnung (A) und Mikrofoto (B). Grönland. Disco. (Ax 1995b)

Niederlande (BOADEN 1976; SCHOCKAERT et. al. 1989).
Sylt. Sandhang und Sandwatt, Salzwiese (SCHILKE 1970b; REISE 1984; ARMONIES 1987; HELLWIG 1987).

Ostsee
Im Brackwasser an der schwedischen Ostseeküste und im Finnischen Meerbusen auf Lehmböden in 30–36 m Tiefe (KARLING 1963).

Länge bis 2 mm. Hell, gelbbraun. Paarige Pigmentaugen. Pharynx vor der Körpermitte. Paarige Hoden, paarige Vitellarien und Germarien. Ovoides Kopulationsorgan mit 3–5 Haken an der Basis der Penispapille und einem Bündel von 10–20 µm langen Nadeln auf einer kreisrunden Platte an der Papillenspitze.

KARLING (1963) verweist auf kleinere Unterschiede in Zahl und Struktur der Haken bei Tieren verschiedener Fundorte. Die Hartteile eines Individuums von Grönland (AX 1995b) sind nahezu identisch mit denen eines Tieres aus dem Finnischen Meerbusen (KARLING 1963, 1974).

In Grönland wurden folgende Werte bestimmt: Haken 1 = 55 µm Länge, mit einer Spitze; Haken 2 = 32 µm Länge, mit 2 Spitzen; Haken 3 = 27 µm Länge, einspitzig; Haken 4 = 30 µm Länge, zweispitzig; Haken 5 = 45 µm Länge, mit einer Spitze. Nadeln auf der Platte bis 15 µm lang.

Itaipusa sophiae (Graff, 1905)

(Abb. 221 A)

Acrorhynchus sophiae **Graff, 1905**
Koinocystis sophiae **(Graff, 1905): MEIXNER 1924**
Utelga sophiae **(Graff, 1905): KARLING 1954**
Itaipusa sophiae **(Graff, 1905): KARLING 1978, 1980**

Schwarzes Meer
Sewastopol. Sandboden, 10–16 m Tiefe (GRAFF 1905).

Marmara-Meer
Prinzeninsel Heybeli. Grobsand-Kies zwischen *Cystoseira* (AX 1959a).

GRAFF 1905: Länge 3 mm. Mattgelb. Schwarze Pigmentaugen. Träge Bewegung.

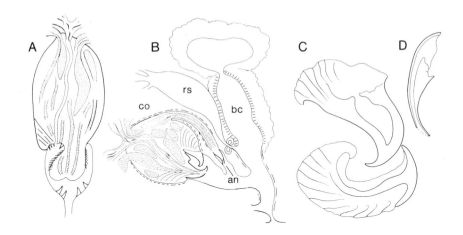

Abb. 221: A. *Itaipusa sophiae*. Halbdiagrammatische Rekonstruktion des Kopulationsorgans. Schwarzes Meer, Sewastopol. B–D. *Itaipusina graefei*. B. Atrialorgane im Sagittalschnitt. C. Haken vom Ende des Kopulationsorgans. Der untere Haken ist das Stilett. D. Adenodactylus aus dem männlichen Genitalkanal. Elbe. (A–D Karling 1980)

KARLING 1980: Kopulationsorgan groß, eiförmig, mit ziemlich starker Muskelwand. Die Kornsekretgänge sind zumindest teilweise fadenförmig. Die Cirrusstacheln sind partiell schuppenförmig. Der Ductus ejaculatorius öffnet sich frei in eine Tasche des männlichen Atriums neben der Penispapille. Die Kornsekretgänge entleeren sich teilweise um den Ejaculationsporus, teilweise durch die Penispapille.

In der halbdiagrammatischen Rekonstruktion des Kopulationsorgans durch KARLING finden sich 3 verschiedene Sorten von Stacheln – um den Porus des Ductus ejaculatorius, an der Außenwand des vorgestülpten Cirrus und im männlichen Atrium (Genitalkanal).

Eine neue Untersuchung ist erforderlich.

Itaipusina graefei Karling, 1980

(Abb. 221 B–D)

Elbe
Fährmannssand am schleswig-holsteinischen Elbufer zwischen Stromkilometer 642 und 648. Ausgedehnter Wattstreifen aus Schlick im Süßwasserbereich des Aestuars (PFANNKUCHE, JELINEK & HARTWIG 1975)
    I. graefei ist fraglos ein Immigrant aus dem Meer. Die Art wurde bisher aber nicht im Brackwasser oder im marinen Milieu nachgewiesen.

Länge um 1–2 mm. Ungefärbt. Mit paarigen Pigmentaugen.
    Das Kopulationsorgan ist ein großer ovoider Sack, der (zumindest) mit 2 Sorten von Kornsekret gefüllt wird. Das Organ hat keinen ausstülpbaren Cirrus. Der Bulbus wird distal von 2 großen kieferartigen Haken und deren kräftigen Muskeln geschlossen. Dabei fungiert ein Haken (Länge 38 µm) als Stilett. Der Ejaculationsdukt, welcher auch einen Teil des Kornsekretes aufnimmt, öffnet sich durch die konvexe Wand des Stiletts. Der andere Haken bleibt etwas kürzer (Länge 36 µm).
    Von der Dorsalseite des Kopulationsorgans entspringt zusätzlich ein harter, leicht gebogener Adenodactylus (Länge 30–32 µm). Ein Teil des Sekrets im Bulbus wird über eine Grube an der konkaven Seiten des Stachels ausgeführt.

Parautelga bilioi Karling, 1964

(Abb. 222)

Parautelga kielensis nom nud.: AX 1960

Nordamerikanische Atlantikküste
New Brunswick, Kanada. Brackwasserbucht Pocologan. Sand im oberen Gezeitenbereich (AX & ARMONIES 1987).
    South Carolina, USA. Winyah Bucht bei Georgetown. Gezeitensandstrand des Morgan Park (East Bay Park). Im Brackwasserbereich (AX 1997a); bei Probenentnahme am 6.4.1995 ~ 5 ‰ Salzgehalt. Sand zwischen Strandpflanzen, mit Cyanobakterien überzogen.

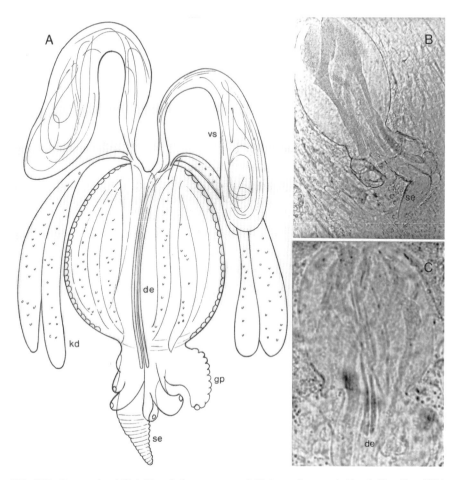

Abb. 222: *Parautelga bilioi*. Kopulationsorgan nach Untersuchungen in South Carolina, USA. A. Gesamtansicht nach Quetschpräparat. Gliederung in eine proximale Muskelblase und einen distalen Papillarteil. B. Kornsekretstränge im Inneren des Kopulationsorgans deutlich. Seminalpapille seitlich abgeknickt. C. Bei stärkerem Quetschen wird der zentrale Ductus ejaculatorius sichtbar. (Originale 1995)

Europa

Südwesten der Niederlande. „In salt-marshes in the euhalinicum" (HARTOG 1977). Brackwasser der niederländischen Deltaregion (SCHOCKAERT et al. 1989).

Sylt. Andelrasen. Maximale Individuendichten bei Salzgehaltskonzentrationen um 20 ‰ (ARMONIES 1987, 1988). An Salzwiesen seewärts anschließende Sedimente (Schlick, detritusreicher Sand) über der MHWL in Beständen von *Spartina* und *Salicornia* (HELLWIG 1987).

Kieler Bucht. Hauptsächlich im Andelrasen von Salzwiesen (AX 1960; BILIO 1964).

Länge 2–3 mm. Grau bis leicht gelblich gefärbt. 1 Paar Pigmentaugen hinter dem großen Rüssel. Pharynx vor der Körpermitte. Paarige Gonaden. Das ovoide bis sackförmige Kopulationsorgan hat keine Hartstrukturen; es erreicht 230–240 µm Länge.

Beobachtungen von KARLING (1964b).

Axial durch das Kopulationsorgan verläuft der Ductus ejaculatorius; er öffnet sich über eine mediane Papille in den männlichen Genitalkanal. Die Hauptmasse des Bulbusinhaltes besteht aus Kornsekretschläuchen. Das Sekret wird teilweise über die mediane Seminalpapille, teilweise über zwei fingerförmige Granularpapillen entleert.

Eigene Beobachtungen an Tieren von South Carolina (1995).

Das Kopulationsorgan ist stärker gegliedert in eine proximale rundliche Blase (Länge 120 µm) und einen distalen papillösen Teil (Länge 160 µm). Der Ductus ejaculatorius mündet in eine große, distalwärts konisch zulaufende Papille. Diese Seminalpapille ist sehr beweglich; sie kann zungenförmig vorgestoßen und wieder kontrahiert werden, wobei sich dann in der Peripherie Ringmuskeln abzeichnen. Daneben umfaßt der Papillarteil 5–6 kleinere, wurstförmige Vorstülpungen mit terminaler Öffnung; sie sind weniger beweglich. Diese Granularpapillen dürften der Ausleitung von Kornsekret dienen.

Pontaralia beklemischevi Mack-Fira, 1968

(Abb. 223 A)

Pontaralia beklemischevi Mack-Fira, 1968: KARLING 1980

Schwarzes Meer
Rumänien. Golovitza. Lagunen-Komplex Razelm-Sinoë. Zwischen Algen. 1–2 ‰ Salzgehalt. Süßwassersee Snagov bei Bukarest (MACK-FIRA 1968c, 1974).

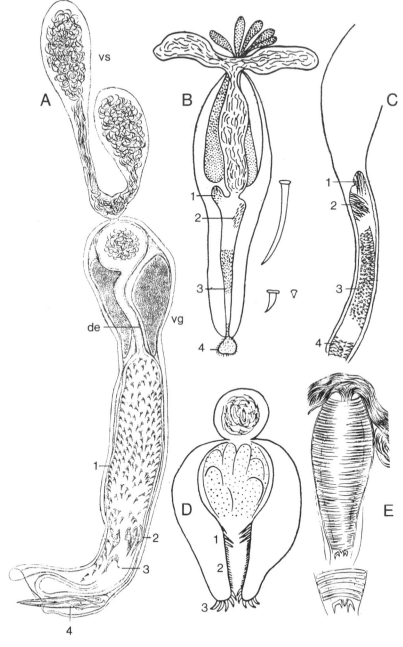

Abb. 223: A–C. *Pontaralia*. (Zahlen in den Figuren kennzeichnen unterschiedliche Stachelgruppen im Kopulationsorgan). A. *Pontaralia beklemischevi*. Kopulationsorgan nach Lebendbeobachtungen. Rumänien. Süßwassersee Snagov in der Nähe von Bukarest (Mack-Fira 1968c).

B. *Pontaralia relicta*. Kopulationsorgan eines Tieres aus dem Aralsee. Am Ende Cirrus mit Stacheln der Zone 4 ausgestülpt. Daneben ein großer Stachel aus Zone 2 und zwei kleine Stacheln aus Zone 3. (Beklemischev 1927a; Evdonin 1977). C. *Pontaralia relicta*. Kopulationsorgan eines Individuums aus dem Kaspischen Meer. (Beklemischev 1953). D. *Utelga spinosa*. Kopulationsorgan mit 3 Stachelzonen. Schwarzes Meer (Beklemischev 1927b; Evdonin 1977). E. *Utelga pseudoheinckei*. Kopulationsorgan mit 3 kleinen Stacheln am distalen Ende. Schwarzes Meer. Rumänien. Agigea. (Mack-Fira 1974)

Angaben nach MACK-FIRA 1968c und KARLING 1980.

Länge 1,5 mm. Ungefärbt und durchsichtig. Zwei schwarze Augen. Mit langsamen Bewegungen. Paarige Hoden, Germarien und Vitellarien.

Das schlauchförmige Kopulationsorgan erreicht 250 µm Länge am lebenden Tier. Der axiale Kanal ist proximal zur Körnerdrüsenblase differenziert; es folgt ein kurzer Verbindungskanal und ein langer Cirrus (KARLING) mit 3 verschiedenen Sorten von Stacheln. (1) Den Hauptteil des Cirrus nehmen zahlreiche kleine Stacheln von 4 µm Länge ein; sie sind leicht gebogen, ihre Basis ist verbreitert. (2) Distalwärts schließen 4 robuste Stacheln von 16–22 µm sowie (3) zwei deutlich kürzere Stacheln von 9 µm an. Dorsal der Penispapille zwischen dieser und der Wand des männlichen Genitalkanals inserieren in einer Tasche zwei große Stacheln (4) von 51–59 µm Länge; sie gehören nicht zum Cirrus.

Pontaralia relicta (Beklemischev, 1927)

(Abb. 223 B, C)

Koinocystis relicta Beklemischev, 1927
Utelga relicta (Beklemischev, 1927): KARLING 1954
Pontaralia relicta (Beklemischev, 1927): MACK-FIRA 1968c; KARLING 1980

Aralsee. Bucht bei Aralsk. In dichten Beständen von *Najas marina*, 2–4 m Tiefe (BEKLEMISCHEV 1927a).
Kaspisches Meer. Lenkoran (BEKLEMISCHEV 1953)
Schwarzes Meer. Rumänien. Golovitza. Lagunen-Komplex Razelm-Sinoë. Zwischen Algen (MACK-FIRA 1974).

Länge 1,5 mm. Farblos. Zwei schwarze, weit gestellte Augen.

Kopulationsorgan. In der breiteren proximalen Hälfte befinden sich peripher Kornsekrete, axial Ansammlungen von Sperma. Die distale schmalere Hälfte enthält den Cirrus mit 4 separierten Stachelzonen. Die erste Garnitur steht in einem kleinen proximalen Blindsack; die längsten Stacheln enthält die Zone 2. Ein weiteres Bild über die Anordnung der 4 Stachelgruppen gibt BEKLEMISCHEV (1953) von einem Individuum aus dem Kaspischen Meer.

Die Ausbildung von 4 getrennten Gruppen von Cirrusstacheln unterscheidet *P. relicta* von der einheitlichen Bekleidung kleiner Stacheln über den längsten Teil des Cirrus bei *P. beklemischevi*.

Utelga spinosa (Beklemischev, 1927)

(Abb. 223 D)

Koinocystis spinosa Beklemischev, 1927
Utelga spinosa (Beklemischev, 1927): **KARLING 1954, 1980**
Pontaralia spinosa (Beklemischev, 1927): **EVDONIN 1977**

Schwarzes Meer
Bucht von Odessa. „*Mytilus*-Schlamm" in 9–12 m Tiefe (BEKLEMISCHEV 1927b).

Länge 0,5–0,6 mm. Rötliche Färbung durch körniges Pigment im Epithel. Schwarze Augen. Guter Schwimmer.

Das Kopulationsorgan liegt fast neben dem Pharynx. Der birnenförmige Bulbus wird 110 µm lang. In der Bewaffnung des Cirrus unterscheidet BEKLEMISCHEV (l. c.) von proximal nach distal 3 Stachelzonen: (1) Eine Zone aus 3–4 Ringen von 12,6 µm langen und 2,4 µm breiten, nur schwach gebogenen Stacheln; (2) eine zweite Zone aus zahlreichen, äußerst kleinen Stacheln; (3) eine dritte Zone aus 5 Kränzen von großen Stacheln (9:4,5 µm) mit abgeknickten Spitzen.

Utelga pseudoheinckei Karling, 1980

(Abb. 223 E)

Utelga heinckei (Attems, 1897): BRUNET 1965
Utelga heinckei (Attems, 1897): MACK-FIRA 1974

Kalifornien, Tomales Bay. Norwegen, Bergen (KARLING 1980). Mittelmeer, Marseille (BRUNET 1965).

Schwarzes Meer
Rumänien. Agigea. Sand zwischen Algen in 2–3 m Tiefe (MACK-FIRA 1974).

KARLING (1980) hat *U. pseudoheinckei* mit dem Typlokal Korsfjord bei Bergen als eine selbständige Art von *U. heinckei* (Locus typicus: Helgoland) separiert. Die 3 schaufelförmigen Cirrushaken des Kopulationsorgans messen bei *U. heinckei* zwischen 22 und 36 µm. Bei *U. pseudoheinckei* erreichen die minutiösen Haken dagegen nur 4–12 µm; für Individuen von Marseille wurden Werte von 7 µm bestimmt, bei Tieren aus dem Schwarzen Meer sind sie extrem klein mit Werten um 4 µm.

Utelga carolinensis n. sp.

(Abb. 224)

Winyah Bay, South Carolina, USA
Sandstrand des Morgan Park (East Bay Park) von Georgetown. Gezeitensandstrand im Brackwasserbereich. Feuchtsand landwärts der Wasserlinie. Salzgehalt ~ 12 ‰ bei Probenentnahme am 25.4.1995. 1 Exemplar.

Körperlänge ~ 1 mm. Das Kopulationsorgan wird etwa 100 µm lang und erscheint als ein ovoides, in der Mitte annähernd kastenförmiges Gebilde. Hier verlaufen die Wände ungefähr parallel, wogegen sie proximal und distal konvergieren. Am Scheitel öffnen sich zwei Samenblasen und mehrere Kornsekretdrüsen in das Kopulationsorgan. An dem einen studierten Tier war das Kornsekret besonders dicht in lateralen Strängen angeordnet.

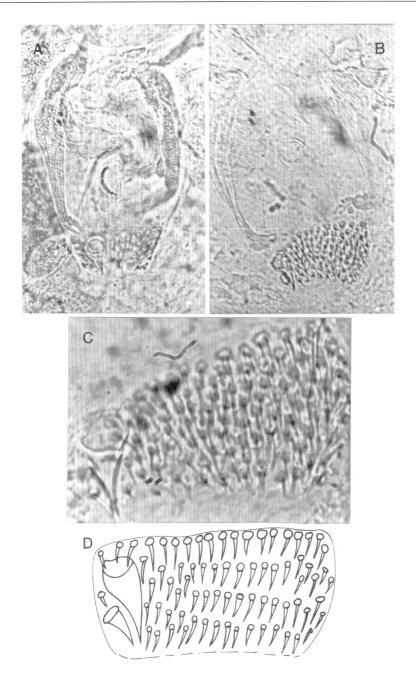

Abb. 224: *Utelga carolinensis*. A. Kopulationsorgan mit wandständigen Sekretsträngen. B. Desgl. nach stärkerer Quetschung. C und D. Cirrus mit regelmäßig angeordneten kleinen Stacheln und 2 großen Zähnen links im Bild. South Carolina. (Originale 1995)

Ein Cirrus von nur 25 µm Länge und 45 µm Breite nimmt das letzte Viertel des Kopulationsorgans ein. Der Cirrus ist in der Hauptsache mit zahlreichen kleinen uniformen Stacheln besetzt; es handelt sich dabei um leicht gebogene, nadelförmige Differenzierungen mit breitem Kopf von einigen µm Länge. Diese Stacheln stehen in 5–6 Längsreihen und etwa 20 Querreihen an der Innenwand des Cirrus. Zusätzlich trägt der Cirrus an einer Seite zwei größere Zähne; sie messen 10 und 18 µm. Die Zähne beginnen mit einer runden Basis ohne Basalplatte; sie laufen distal spitz zu.

Trotz unvollständiger Daten ist *Utelga carolinensis* über die Konstruktion des Cirrus einwandfrei charakterisierbar. Caudal des Kopulationsorgans habe ich eine schlauchförmige, stark muskulöse Bursa gesehen.

Für einen Vergleich suchen wir nach einer entsprechenden Cirrusbewaffnung mit einer Kombination aus zahlreichen kleinen Stacheln und wenigen großen Haken oder Zähnen. *Utelga montereyensis* Karling, 1980 von Kalifornien bietet sich an. In einem ähnlich kurzen Cirrus (30 µm) stehen viele kleine Stacheln (6 µm) mit wenigen großen Haken (12 µm Länge) zusammen. Allerdings handelt es sich hier um 3 stark gebogene Haken mit breiter Basalplatte (KARLING 1980).

Utelga monodon n. sp.

(Abb. 225–227)

Japan
Honshu, Aomori Distrikt
1. Takase River (Ausfluß des Süßwassersees Ogawara Lake in den Pazifischen Ozean).
   Lagune im Mündungsbereich. Detritusreicher Sand zwischen Salzpflanzen.
   Salzgehalt 15 ‰ (21.8.1990).
   Flußlauf etwa 1,5 km vom Meer entfernt. In flottierenden Algenpolstern, zusammen mit *Japanoplana parodoxa* (S. 166). Süßwasser bei Probenentnahme am 21.8.1990.
2. Obuchipond. „Brackwassersee" nördlich des Ogawara Lake am Pazifik. Detritusreicher Sand. 1,2 km Entfernung von der Mündung. 28 ‰ Salzgehalt am 24.8.1990.

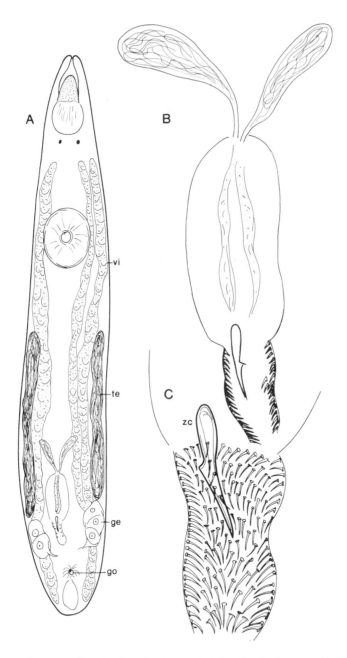

Abb. 225: *Utelga monodon*. A. Organisation nach Lebendbeobachtungen. B. Kopulationsorgan mit Zahn und distalem Cirrus. C. Zahn und Cirrus stärker vergr. Japan, Takase River. (Originale 1990)

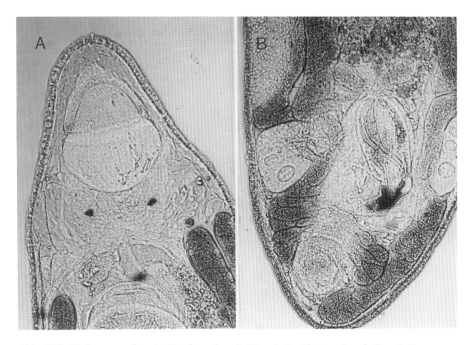

Abb. 226: *Utelga monodon*. A. Vorderende mit Rüssel. B. Hinterende mit Kopulationsorgan in der Mitte sowie Germarien und Vitellarien an den Seiten. Japan, Takase River. (Originale 1990)

Länge 1,5–2 mm. Ungefärbt. Mit Pigmentaugen.

Pharynx weit vorne, am Ende des 1. Körperdrittels. Paarige Gonaden. Lange wurstförmige Hoden lateral in der 2. Körperhälfte. Germarien seitlich im Hinterkörper, etwa in Höhe des Kopulationsorgans. Lange Vitellarienschläuche beginnen hinter dem Gehirn und erstrecken sich an den Seiten bis in das Körperende. Bei einem Individuum habe ich zwei Vitellarienstränge in der rechten Seite gesehen.

Das sackförmige Kopulationsorgan erreicht um 250 µm Länge. Am Scheitel treten zwei Samenblasen ein. Im Inneren verlaufen geschwungene Stränge von Kornsekret. Das letzte Drittel ist als Cirrus differenziert und durch eine Einschnürung deutlich abgesetzt. Auf den Fotos eines schwach gequetschten Individuums ist der Cirrus leicht gekrümmt (Abb. 227 A, B).

Der Cirrus ist innen rundum dicht mit Stacheln besetzt. Die gebogenen Stacheln haben eine verbreiterte Basalplatte. Die Länge der Stacheln nimmt distalwärts kontinuierlich zu – von 3–4 µm am Beginn auf 6–8 µm am Ende.

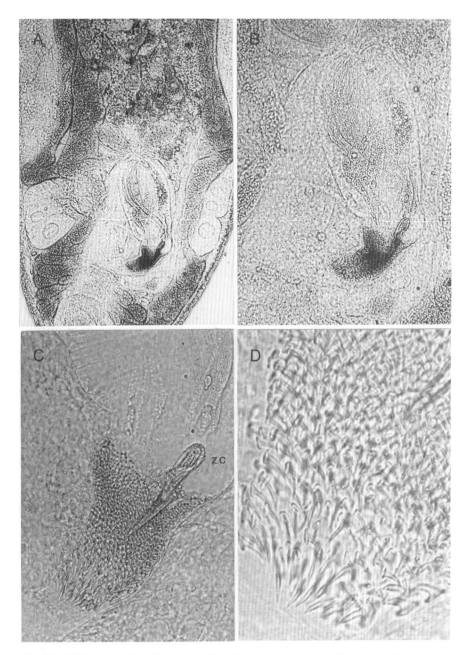

Abb. 227: *Utelga monodon*. Fotos vom Kopulationsorgan eines Individuums bei zunehmender Vergrößerung von A nach D. – A. Kopulationsorgan im Hinterkörper. B. Kopulationsorgan mit Strängen von Kornsekret im muskulösen Bulbus. C. Zahn und Cirrus. D. Stacheln vom distalen Ende des Cirrus. Japan, Takase River. (Originale 1990)

Ein sehr charakteristisches Merkmal ist der große Zahn im Kopulationsorgan; seine Länge beträgt 60 µm. Der Zahn ist oben kolbenförmig verdickt, verbreitert sich kurz in der Mitte und läuft nach unten spitz zu.

Sehr ähnlich, aber nicht identisch mit *Utelga monodon* ist eine „Polycystididae spec." von New Brunswick, Kanada und Sylt mit einem soliden Stab (Länge 36 µm) im Stachelcirrus (AX & ARMONIES 1987). Im übrigen kenne ich keinen anderen Vertreter der Koinocystididae mit einem entsprechenden Zahn im Kopulationsorgan. Vergleichbares existiert indes bei *Acrorhynchides styliferus* Schockaert & Karling, 1975 aus dem Taxon Polycystididae. Der große Stab dieser Art liegt aber im Cirrus eines Kopulationsorgans vom Divisa Typ, der Zahn von *U. monodon* im Kopulationsorgan vom Conjuncta-duplex Typ der Koinocystididae (KARLING 1980). Es handelt sich hier also mit Sicherheit um konvergente Bildungen.

Für die weitere Einordnung der neuen Art in die Koinocystididae fehlt die Kenntnis der weiblichen Atrialorgane. Der Anschluß an das Taxon *Utelga* ist eine provisorische Maßnahme.

Axiutelga aculeata (Ax, 1959)

(Abb. 228)

Utelga aculeata Ax, 1959
Itaipusa aculeata (Ax, 1959): KARLING 1978
Axiutelga aculeata (Ax, 1959): KARLING, 1980

Marmara-Meer
Tuzla. In zwei Buchten mit stärker divergierendem Salzgehalt von 23,9 und 34 ‰. Grobsand der Uferzone (AX 1959a).

Mittelmeer
Etang de Salses, Frankreich. Am Ausfluß des Brackwasser-Sees in das Mittelmeer bei Grau St. Ange. Grober Feuchtsand der Uferzone, 1 m landwärts der Wasserlinie, in 20–30 cm Tiefe (29.9.1962; Messung der Salinität am 4.10.1962 = 14.7. ‰). (Unpubliziert).

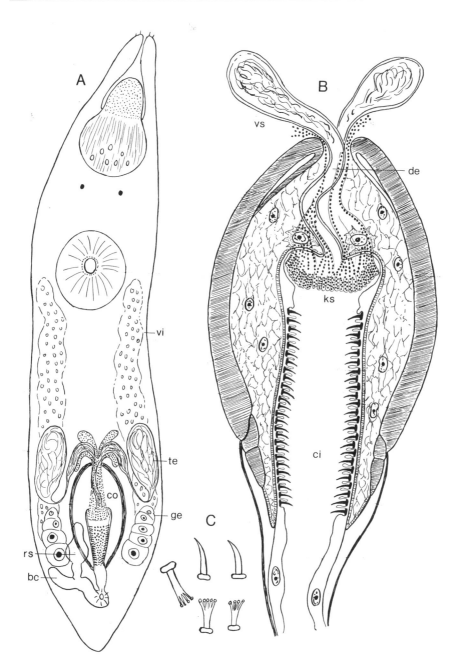

Abb. 228: *Axiutelga aculeata*. A. Organisation nach Lebendbeobachtungen. B. Kopulationsorgan. Rekonstruktion nach Sagittalschnitten und Lebenduntersuchungen. C. Stacheln des Cirrus in Seitenansicht (oben) und Aufsicht (unten). Marmara-Meer. (Ax 1959a)

Länge 1,5 mm. Plumper Körper, vorne und hinten abgerundet. Ungefärbt, durchsichtig. Mit Pigmentaugen. Langsame, träge Bewegung.

Pharynx im Vorderkörper, rostralwärts gerichtet. Paarige Hoden im Hinterkörper, lateral vom Kopulationsorgan. Die Germarien folgen auf die Hoden. Zwei Vitellarienschläuche beginnen hinter dem Pharynx und verlaufen lateral bis in die Höhe der Germarien.

A. aculeata hat ein großes ovoides Kopulationsorgan. Vor dem Bulbus vereinigen sich die Vasa deferentia zu einem unpaaren Ductus ejaculatorius; er durchläuft das obere Drittel des Kopulationsorgans bogenförmig und endet am Cirrus. Dessen Wand springt proximal buckelartig vor und umschließt eine mächtige Kalotte aus kurzen, fadenförmigen Kornsekretsträngen, die fächerförmig auseinander laufen. Es folgt ein langer bestachelter Abschnitt des Cirrus, der vollständig in den Kopulationsbulbus eingeschlossen ist. Die zahlreichen, dicht gestellten Stacheln sind untereinander ganz gleichförmig; lediglich ihre Länge nimmt distalwärts von 7 auf 9–10 µm zu. Die Stachelbasis ist knopfartig verbreitert. In der Seitenansicht läuft der einzelne, leicht gekrümmte Stachel spitz zu. In der Aufsicht erkennt man eine fiederförmige Aufspaltung in 4–5 Äste (Abb. 228 C).

Cystiplanidae

Cystiplana paradoxa Karling, 1964

(Abb. 229)

Listia paradoxa nom. nud.: AX 1959a.

Psammobionter Organismus mit Funden aus dem Nordatlantik bei Tromsø (SCHMIDT 1972b), in Sandstränden von Sylt (SCHILKE 1970b; HOXHOLD 1974; HELLWIG 1987; ARMONIES & HELLWIG-ARMONIES 1987)) sowie im Sublitoral der Kieler Bucht (AX).
Brackwasser
Marmara-Meer. Florya. Grobsand-Kies ~ 2–2,5 m landwärts des Wasserrandes. Salzgehalt 14,3 ‰.
Schwarzes Meer. Sile. Tümpel im Strand aus Fein- bis Mittelsand (AX 1959a).

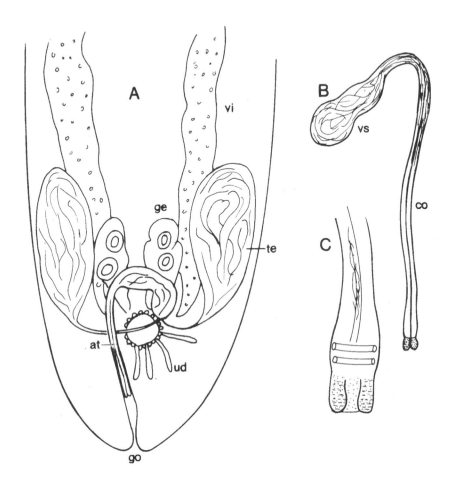

Abb. 229: *Cystiplana paradoxa*. A. Hinterende mit paarigen Hoden, Vitellarien und Germarien. Mit unpaarer Samenblase, schlauchförmigem Kopulationsorgan und terminaler Geschlechtsöffnung. B. Samenblase und Kopulationsorgan. C. zweigeteilter Endabschnitt des Kopulationsorgans mit Sekret. Sylt, Brandungssandstrand. (Originale, 1950)

Folgende Angaben nach KARLING (1964b). Länge bis 2 mm. Gelbe Färbung, mit rötlichen Pigmentaugen. Syncytiale Epidermis mit großen Vakuolen, vermutlich ein Druckpolster im instabilen interstitiellen Milieu.

Mit paariger Anlage von Hoden, Vitellarien und Germarien. Bei männlicher Reife liegt ein großer unpaarer Hodensack ventral hinter dem Pharynx.

C. paradoxa hat ein auffallend schwach entwickeltes Kopulationsorgan. Das kleine spindelförmige Organ liegt axial im Hinterkörper. Es empfängt proximal eine große, unpaare Samenblase und öffnet sich distal in ein röhrenförmiges Atrium commune, welches terminal ausmündet.

Nach eigenen Beobachtungen von der Nordsee (Sylt) hat *C. paradoxa* einen langen muskulösen Penis. Er liegt im Anschluß an die Samenblase im oberen Abschnitt des Atrium commune.

Cicerinidae

Cicerina Giard, 1904

Zwei psammobionte *Cicerina*-Arten dringen an den europäischen Küsten vom Meer in mesohaline Brackgewässer vor. *C. brevicirrus* und *C. tetradactyla* sind einander ähnlich, lassen sich indes durch die divergierende Ausprägung der Ductus spermatici (Bursamundstücke) gut unterscheiden. Für eine Trennung in 2 separate Art-Taxa spricht auch die Koexistenz von Populationen der beiden Einheiten an geographisch weiter entfernten Fundorten. KARLING (1952a) fand *C. brevicirrus* und *C. tetradactyla* in einem dänischen Gezeiten-Sandstrand bei Esbjerg, HELLWIG (1987) auf Sylt im Grenzraum Sandwatt/Salzwiese; ich habe Individuen beider Arten in marinen Sanden der Bucht von Arcachon beobachtet und auch von dort die Divergenzen in den Ductus spermatici dokumentiert (1964).

Eine mögliche Brackwasserform ist mit *Cicerina eucentrota* bisher nur aus dem Schwarzen Meer bekannt (AX 1959a).

Cicerina brevicirrus Meixner, 1928

(Abb. 230 A–D)

Euryhaliner Psammobiont mit zahlreichen Funden an den Küsten von Nord- und Ostsee (KARLING 1952a; 1974). Auf Sylt sind Siedlungen in mittel- bis schwach lotischen Sandstränden, im Sandwatt und in einem Salzwiesengraben nachgewiesen (SCHILKE 1970b, REISE 1984, HELLWIG 1987, AR-

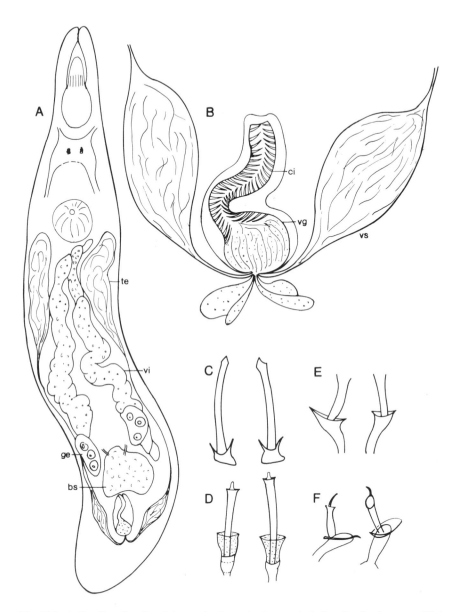

Abb. 230: A–D. *Cicerina brevicirrus*. A. Organisation nach Lebendbeobachtungen, Kieler Bucht. B. Kopulationsorgan mit gebogenem Cirrus. Kieler Bucht. C. Ductus spermatici (Bursamundstücke) von einem Tier aus der Kieler Bucht. Surendorf. D. Desgl. von einem Individuum aus der Bucht von Arcachon. Ile aux Oiseaux. E–F. *Cicerina tetradactyla*. E. Ductus spermatici (Bursamundstücke) von einem Tier aus der Kieler Bucht. Surendorf. F. Desgl. von einem Individuum aus der Bucht von Arcachon. Pilat Plage. (Originale A, B, C, E 1952; D, F 1964)

MONIES & HELLWIG-ARMONIES 1987; HELLWIG-ARMONIES & ARMONIES 1987).
Mesohalines Brackwasser der Ostsee
Finnischer Meerbusen. Hangö (KARLING 1974).
Frische Nehrung, Kurische Nehrung (AX 1951a).

Angaben nach KARLING (1952a) und eigenen Beobachtungen.
Länge 1–1,5 mm. Fadenförmig. Mit Pigmentaugen. Durchsichtiger Körper. 7 Gürtel mit Haftpapillen.

Das gedrungene Kopulationsorgan wird 130–150 µm lang; es ist differenziert in eine proximale Körnerdrüsenblase und einen distalen, schwach S-förmigen, kurzen Cirrus. Der Ductus ejaculatorius im Cirrus ist mit feinen, etwa 5 µm langen Stacheln besetzt; vorne im Cirrus treten die Stacheln nur schwach hervor. Das Begattungsorgan steht annähernd senkrecht im Körper und wird im Quetschpräparat gewöhnlich mit dem Cirrus nach vorne gerichtet.

Die Bursa liegt rostral vom Kopulationsorgan. Die stabförmigen Ductus spermatici (Bursamundstücke) gliedern sich in einen kurzen intrabursalen Teil und einen langen extrabursalen Abschnitt, welcher die Spermien des Geschlechtspartners zu den Ovidukten leitet. Über die Gesamtlänge liegen folgende Meßwerte vor: Nordsee 21,6 µm, 24,7 µm, 29 µm (KARLING); Kieler Bucht, Surendorf 22,4 µm (AX 1951a); Bucht von Arcachon, Ile aux Oiseaux 27 µm (1964). Die Länge des extrabursalen Abschnitts erreicht nach KARLING 17,6 µm, 20,2 µm und 23 µm, die des intrabursalen Teils gemäß den oben genannten Gesamtwerten jeweils also nur wenige µm. Der intrabursale Teil läuft in einen Kranz oder Trichter aus.

Cicerina tetradactyla Giard, 1904

(Abb. 230 E–F)

C. tetradactyla „ist im gesamten Ostseeraum und von der Nordsee bis zur französischen Atlantikküste verbreitet" (HELLWIG 1987, p. 213).

Auf Sylt tritt *C. tetradactyla* in sauberem Sand von der MHWL bis in das Supralitoral (+ 25 cm) auf. Populationen der Art siedeln im Grenzraum Watt-Salzwiese höher als *C. brevicirrus*; eine stärkere Toleranz gegenüber Aussüßung ist zu vermuten.

Mesohalines Brackwasser der Ostsee
Finnischer Meerbusen. Südküste der Hangö Halbinsel, Feinsand bis in 10 m Wassertiefe. Gotland. Schwedische Ostseeküste. Nynaeshamn, Åhus. Frische Nehrung. (KARLING 1952a; 1963).
Greifswalder Bodden. Wieck. Salzgehalt 6–7 ‰ (unpubl. 2001).

Angaben nach KARLING (1952a, 1963) und eigenen Beobachtungen.
In Länge und Habitus nicht von *C. brevicirrus* unterscheidbar. Länge 1–1,5 mm, fadenförmig, durchsichtig, mit Pigmentaugen, Tiere vom Atlantik mit 8 Haftpapillengürteln (BEAUCHAMP), von der Nordsee mit 7 Ringen (KARLING) und von Finnland mit 6 Gürteln (KARLING). Es bleibt fraglich, ob diese Werte konstante Unterschiede zwischen Populationen geographisch entfernter Fundorte markieren.
Auch im Bau des Kopulationsorgans sind *C. tetradactyla* und *C. brevicirrus* nach den vorliegenden Daten nicht unterscheidbar. Die Länge erreicht bei Tieren von der Nordsee 180 µm, bei Tieren aus dem Finnischen Meerbusen 84–95 µm (KARLING). Die Länge der Cirrusstacheln beträgt auch bei *C. tetradactyla* 4–5 µm.
Signifikante Unterschiede zwischen den beiden Arten existieren indes in der Struktur der Ductus spermatici (Bursamundstücke). Zunächst einmal sind sie bei *C. tetradactyla* erheblich kürzer – Finnland 14–14,5 µm (KARLING); Kieler Bucht, Surendorf 13–14 µm (AX); Esbjerg, Nordsee 10,4–14,5 µm; Arcachon, Pilat Plage, Atlantik 16–17 µm. Sodann sind intra- und extrabursaler Teil annähernd gleichlang. Und schließlich stehen sie bei *C. tetradactyla* in einem schrägen Winkel gegeneinander. Der extrabursale Teil trägt ein kurzes, haarfeines Endstück (KARLING).

Cicerina eucentrota Ax, 1959

(Abb. 231)

Schwarzes Meer
Sile, Türkei. Reiner Grobsand-Kies in etwa 1 m Wassertiefe (AX, 1959a).

Fadenförmiger Körper von ~ 1,5 mm Länge. Mit Augen, ungefärbt.
Kopulationsorgan. Im Unterschied zum Stachelcirrus von *C. brevicirrus* und *C. tetradactyla* ist *C. eucentrota* durch eine geringe Zahl großer Stacheln

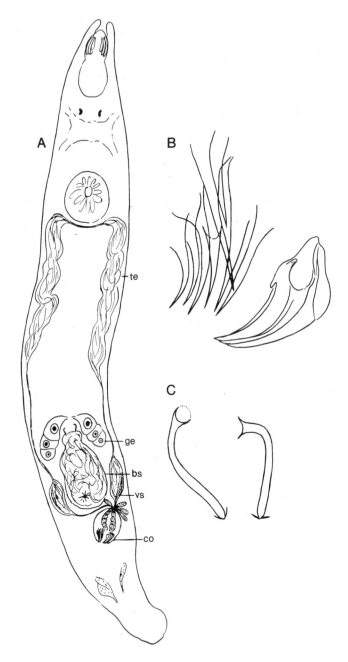

Abb. 231: *Cicerina eucentrota*. A. Organisation nach Lebendbeobachtungen. B. Stacheln und Haken des Kopulationsorgans. C. Ductus spermatici (Bursamundstücke). Schwarzes Meer, Sile. (Ax 1959a)

Stacheln im Kopulationsorgan ausgezeichnet; sie liegen distal im Anschluß an die Körnerdrüsenblase. Zunächst gibt es eine Gruppe aus 7–8 einzelnen Stacheln von 25–35 µm Länge. Daneben befindet sich ein dickes, hakenförmiges Gebilde, welches offenbar aus 3 verschmolzenen Stacheln zusammengesetzt ist; dieser Haken wird 35 µm lang.

Ductus spermatici. *C. brevicirrus* und *C. tetradactyla* haben die charakteristische Gliederung in unterscheidbare bursale und extrabursale Abschnitte. Im Gegensatz dazu sind die Ductus spermatici bei *C. eucentrota* von der Basis bis kurz vor die Spitze gleichstark; lediglich die distale Mündung ist trichterförmig erweitert und einwärts abgebogen. Die Länge beträgt 25 µm.

Paracicerina maristoi Karling, 1952

(Abb. 232)

Nur wenige marine Fundorte, die gleichwohl auf eine weite Verbreitung an nordeuropäischen Küsten schließen lassen (KARLING 1952a, 1963, 1974; BOADEN 1963; L'HARDY 1970; SCHILKE 1970b).
Mesohalines Brackwasser der Ostsee
Finnischer Meerbusen. Hangö, Tvärminne-Region, bis in 20 m Wassertiefe. Schwedische Ostseeküste. Nynaeshamn, Åhus (KARLING l. c.).

Psammobionter Organismus wie die vorstehenden *Cicerina*-Arten. Mit einer Länge von 2–2,5 mm werden vorzugsweise Mittel- und Grobsande besiedelt. Farblos, durchsichtig. Mit Pigmentaugen. Haftwarzen ohne besondere Anordnung in Ringe oder Gürtel. Pharynx wenig vor der Körpermitte.

Hoden im Unterschied zu *Cicerina* vor oder neben dem Pharynx. Nach eigenen Beobachtungen aus der Kieler Bucht können die vorderen Zipfel median verschmelzen (Abb. 232 A). Die Germovitellarien beginnen mit den Dotterstöcken hinter dem Pharynx; hier habe ich eine postpharyngeale Querverbindung gesehen. Die Germarteile liegen an der Grenze zum letzten Körperdrittel.

Das kugelig-ovoide Kopulationsorgan gliedert sich in zwei ~ gleichlange Abschnitte. In der proximalen Vesicula granulorum zeichnen sich am lebenden Objekt dicke Stränge mit Kornsekret ab. Es folgt der gerade Cirrus von 30–45 µm Länge mit einem dichten Stachelbesatz. Die Armatur besteht aus kräftigen, 5–14 µm langen Stacheln, welche schwach gebogen sind.

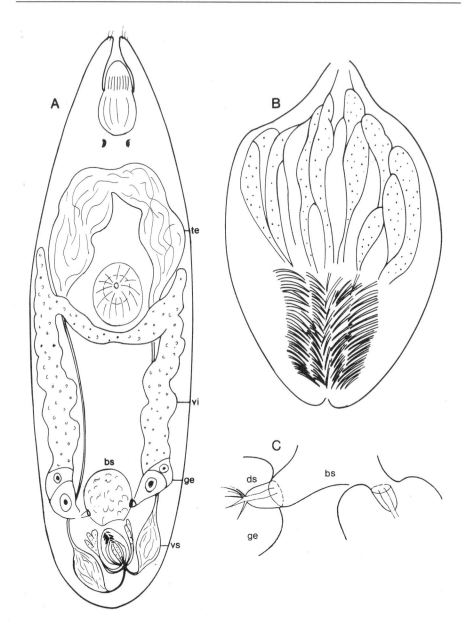

Abb. 232: *Paracicerina maristoi*. A. Organisation nach Lebendbeobachtungen. B. Kopulationsorgan mit Körnerdrüsenblase und dicht bestacheltem Cirrus. C. Ductus spermatici (Bursamundstücke), A, B Kieler Bucht. Bülk. (Originale 1951). C Finnischer Meerbusen. (Karling 1974)

Die Bursablase liegt vor dem Kopulationsorgan. Die paarigen Ductus spermatici (Bursamundstücke) entspringen aus der hinteren Wand der Blase. *P. maristoi* hat keine Röhren, sondern nur schwach verfestigte Trichter von 5–15 µm Länge; sie stecken mit breiter Öffnung in der Wand der Bursa, während die Spitzen zu den Germarien orientiert sind.

Zonorhynchus Karling, 1952

Wir behandeln 2 Arten mit Siedlungen in schwachsalzigem, mesohalinen Brackwasser – *Z. tvaerminnensis* (Karling, 1931) aus Europa und *Z. ruber* n. sp. von der Atlantikküste der USA.

Z. salinus Karling 1952, *Z. seminascatus* Karling, 1956 und *Z. pipettiferus* Armonies & Hellwig 1987 lasse ich außen vor. Nach den eingehenden Untersuchungen im Grenzraum zwischen Watt und Salzwiesen der Nordsee (HELLWIG 1987, ARMONIES 1987) handelt es sich um relativ stenohaline, marine Arten; die beiden letzteren dringen in polyhaline Salzwiesenareale vor.

Zonorhynchus tvaerminnensis (Karling, 1931)

(Abb. 233 A, B; 234 A)

Finnischer Meerbusen
Südseite der Hangö-Halbinsel. Feinsand mit Detritus, bis 22 m Tiefe.

Schwedische Ostseeküste
Gotland. Feinsand in 2 m Tiefe (KARLING 1963).
Kieler Bucht. Schlei, Haddebyer Noor (1954).

Französische Atlantikküste
Arcachon. Süßwasserzufluß Courant de Lège im Norden der Bucht. Schlick und Sand. Bei Probenentnahmen in einem Salinitätsbereich von 16,7 bis 1,9 ‰ (Sept. 1964).

Nordsee
Sylt. Hindenburgdamm Südseite. Rømø. Weststrand (SCHILKE 1970a).

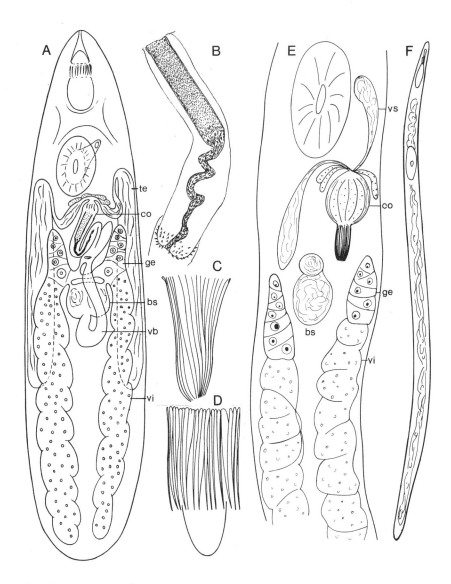

Abb. 233: A, B. *Zonorhynchus tvaerminnensis*. A. Organisationsschema. B. Distalteil des Kopulationsorgans. Finnischer Meerbusen. (Karling 1963). C–F. *Zonorhynchus ruber*. C. Stilett bei schwachem Deckglasdruck. D. Auflösung der streifigen Wandstruktur in feinste, spitz zulaufende Stäbe. E. Genitalregion hinter dem Pharynx. F. Habitus. Georgetown, South Carolina. (Originale 1996)

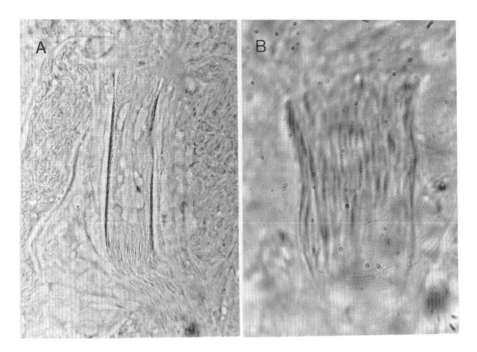

Abb. 234: A. *Zonorhynchus tvaerminnensis*. Stilett im Cirrus des Kopulationsorgans. Unter dem Stilett ist der Cirrus mit Stacheln sichtbar. Arcachon. (Original 1964). B. *Zonorhynchus ruber*. Stilett im Quetschpräparat. Georgetown, South Carolina. (Original 1996)

Nach den Funden in der inneren Ostsee und im Brackwasser bei Arcachon kann Z. tvaerminnenis eine Brackwasserart sein. Für die Sicherung der Aussage sollten die Fundorte auf den Nordseeinseln Sylt und Rømø detaillierter bekannt sein.

Länge bis 2 mm. Ohne Pigmentaugen. Schwach gelblich gefärbt, besonders im Vorderende. Kleiner Rüssel. Pharynx weit vorne im ersten Körperdrittel.

Paarige Hoden dorsolateral in der Körpermitte, hinter dem Pharynx. Germovitellarien mit den Germarteilen vor der Körpermitte; die breit anschließenden Vitellarabschnitte erstrecken sich bis in das Hinterende. Eine gemeinsame Geschlechtsöffnung in der Körpermitte.

Das langgestreckte Kopulationsorgan liegt dicht hinter dem Pharynx. Das Organ beginnt proximal mit einer kleinen Kornsekretblase. Es folgt ein weiches, zylindrisches Rohr von 70–90 µm Länge; in Fotos von der französischen Atlantikküste tritt es deutlich hervor. Das Stilettrohr ist in einen Cirrus mit winzigen Stacheln eingeschlossen. Im Anschluß an das Stilett kollabiert der Cirrus und erscheint jetzt zusammengepreßt und gefaltet (KARLING 1963).

Zonorhynchus ruber n. sp.

(Abb. 233 C–F; 234 B)

Winyah Bay, Georgetown. South Carolina, USA
Sandstrand des Morgan Park (East Bay Park). Gezeiten-Sandstrand im Brackwasserbereich (vgl. AX 1997a). Sand zwischen *Scirpus*, *Phragmites*; teilweise mit Cyanobakterien bedeckt und verfilzt (Okt. 1996, April 1998).

Länge 1,5 mm. Ohne Pigmentaugen. Auffällige rötliche Färbung, die teils auf den Vorderkörper (und hier am stärksten in der Rüsselregion) konzentriert war, sich teilweise aber auch über den ganzen Körper erstreckte. Die Färbung erschien mir von Flüssigkeit unter der Epidermis herzurühren, jedenfalls nicht von runden bis ovoiden Hautsekreten, die über den ganzen Körper dicht angeordnet sind.

Die Position des Pharynx im Vorderkörper und die Entwicklung der Gonaden hinter dem Schlundkopf stimmen mit *Zonorhynchus tvaerminnensis* überein.

Das Kopulationsorgan hat eine große, ovoide Körnerdrüsenblase. Das anschließende Stilett wird nur ~ 36 m lang. Es handelt sich wie bei *Z. tvaerminnensis* um ein schwach verfestigtes Rohr. Die Wand erscheint streifig oder faserig. Bei stärkerem Deckglasdruck lösen sich die „Streifen" in feinste „Stäbe" auf, die dann distal spitz zulaufen. Zwischen den Stäben tritt eine weiche Papille von ~ 8 µm Länge hervor. Eine dem Cirrus von *Z. tvaerminnensis* vergleichbare Struktur habe ich nicht beobachtet.

Placorhynchidae

Rüssel mit zwei unbewaffneten Muskelplatten aus senkrecht gestellten Lamellen. Sie stehen dorsal und ventral und schließen einen Muskelzapfen ein.

Stachelapparatur des Kopulationsorgans

Aufgrund eingehender Analysen der Hartstrukturen des Kopulationsorgans diverser Populationen der Taxa *Placorhynchus* und *Chlamydorhynchus* von verschiedenen Fundorten ist heute eine Aufgliederung in mehrere Arten vorzunehmen.

Im Vergleich von Populationen mit 8 Stacheln im Kopulationsorgan haben wir 3 *Placorhynchus*-Arten zu unterscheiden, die allesamt in Brackgewässern siedeln. Zwischen *P. octaculeatus octaculeatus* und *P. octaculeatus dimorphis* gibt es keine Übergänge; sie treten mit weiter Verbreitung in gleichartigen Lebensräumen auf, teilweise sogar nebeneinander. Dementsprechend sind sie als eigenständige Arten zu führen. Das Differentialmerkmal liegt in der gänzlich verschiedenen Ausformung des 4. Stachelpaares.

Zwei Individuen mit 8 Haken von Kanada, die zunächst als Vertreter von *P. octaculeatus* angesprochen wurden, weichen in der plattenförmigen Ausprägung der Stacheln des 3. Paares stark von dieser ab; ich interpretiere sie als Repräsentanten einer selbständigen Art *P. separatus*.

Sodann treten 2 Arten mit 4 Stacheln im Brackwasser auf. Zu *P. tetraculeatus* von Sylt und Arcachon kommt *P. magnaspina* mit mächtigen Stacheln aus South Carolina hinzu.

Schließlich gehören *Chlamydorhynchus evekuniensis* und 3 *Placorhynchus*-Arten mit zahlreichen kleinen Stacheln in unser Brackwasser-Thema. *C. evekuniensis* vom Bering-Meer, von Kanada, Grönland und Island hat einen Cirrus mit gleichförmigen Stacheln ohne weitere Hartelemente. Bei *P. echinulatus* von Europa und den Färöer treten zwei große Stacheln zur Cirrusbewaffnung hinzu. *P. paratetraculeatus* aus Kanada hat 4 größere Stacheln und bei *P. pacifica* von der nordamerikanischen Pazifikküste schließt der bestachelte Cirrus ein Stilettrohr ein.

Placorhynchus octaculeatus Karling, 1931

(Abb. 235, 236)

KARLING (1931) hat schon bei der Originalbeschreibung auf zwei Formen mit unterschiedlicher Stachelapparatur im Kopulationsorgan verwiesen und diese Formen später (1947) als Subspecies behandelt – *P. octaculeatus octaculeatus* und *P. octaculeatus dimorphis*. Unlängst wurden sie als getrennte Arten ausgewiesen (ARMONIES 1987, HELLWIG 1987).

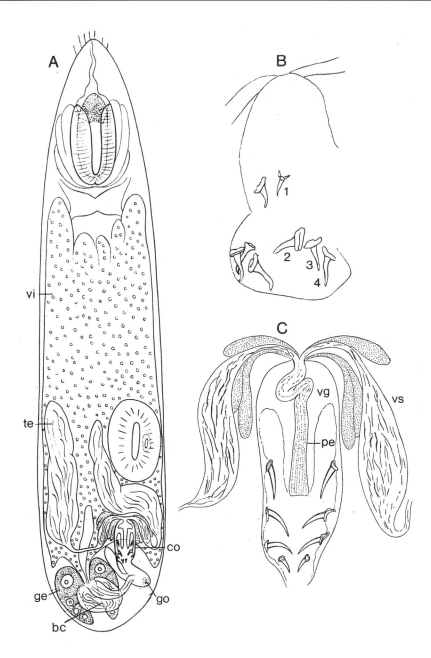

Abb. 235: *Placorhynchus octaculeatus*. A. Organisation nach Lebendbeobachtungen. Finnischer Meerbusen. (Karling 1963). B. Stacheln des Kopulationsorgans. Abfolge der Stachelpaare mit 1–4 numeriert. Finnland. (Karling 1931). C. Kopulationsorgan. Französische Mittelmeerküste. (Ax 1956c)

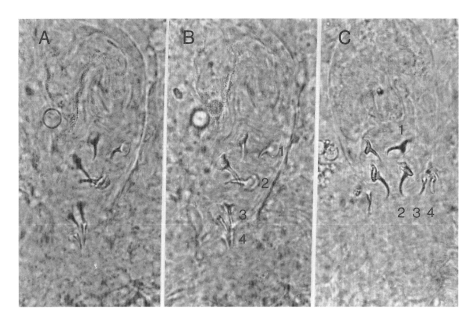

Abb. 236: *Placorhynchus octaculeatus*. Stachelapparatur des Kopulationsorgans zweier Individuen von Island. A, B. Ein Tier vom Fundort Leiruvogur. Stacheln mit unterschiedlicher Fokussierung. C. Anderes Tier vom Fundort Ölfusa. Letzte Stacheln nach vorne neben das 3. Stachelpaar verschoben. (Originale 1993)

Auch wenn ältere Angaben ohne eine entsprechende Differenzierung unberücksichtigt bleiben, dokumentieren diverse Funde, bei denen explizit auf „*P. octaculeatus octaculeatus*" Bezug genommen wird, die weite Verbreitung der euryhalinen Art – insbesondere in lenitischen Lebensräumen.

Finnischer Meerbusen (KARLING 1963).
Greifswalder Bodden: Wieck, 6–7 ‰ Salzgehalt (unpubl. 2001).
Kieler Förde: Strande (SCHILKE 1970a).
Øresund. Brackwasser der Niva Bucht (STRAARUP 1970).
Norwegen. Salzwiese am Trondheimsfjord (VELDE 1976).
Island. Leiruvogur. Salzwiesengelände mit Einstrom von Süßwasser. Abgeschlossener Tümpel (Salzgehalt 25 ‰). Ölfusa. Flaches Sandwatt mit Süßwasser bei Niedrigwasser (August 1993).
Sylt. Sandstrände am Ostufer der Insel (SCHILKE 1970a). Salzwiesen. Maximale Individuendichten bei Salzkonzentrationen um 10 ‰ (ARMO-

NIES 1987). Grenzraum Salzwiese-Watt mit hohen Abundanzen in Schlamm bzw. weichem Schlick (HELLWIG 1987).
Amrum. Sandstrände und Sandwatt (SCHILKE 1970a)
Niederlande. Deltagebiet im Südwesten. Salzwiesen und Mudwatt im Eu-, Poly-, und Mesohalinicum. Isolierte Brackwassertümpel (HARTOG 1977).
Belgische Küste und französische Nordseeküste. Brackwasser (SCHOKKAERT et al. 1989).
Arcachon. Süßwasserzufluß Courant de Lège. Sand, Schlickboden mit Cyanobakterien (Sept. 1964).
Französische Mittelmeerküste. Etang de Canet. Brackwasser. Detritusreicher Grobsand. Feuchtsand mit Cyanobakterien (AX 1956c).
Bosporus. Süßwasserzufluß Gök Su. Feinsand. Salzgehalt 8,8 ‰.
Schwarzes Meer. Süßwasserzufluß bei Sile. Feinsand in verschiedenen Abschnitten bei Salzgehaltswerten zwischen 2,8 und 14,3 ‰ (AX 1959a).

Folgende Angaben sind insbesondere von KARLING (1963) über Individuen aus der inneren Ostsee entnommen.

Länge bis 1,2 mm. Ohne Pigmentaugen. Undurchsichtig. Die Muskelplatten des Rüssels sowie das benachbarte Drüsengewebe sind rötlich gelb. Diese auffallende Ausfärbung findet sich auch bei anderen *Placorhynchus*-Arten. Pharynx weit hinten im letzten Körperdrittel.

Paarige Hoden ventrolateral neben dem Pharynx oder hinter diesem. Paarige Germarien liegen caudal der Hoden. Die Vitellarien verschmelzen in voller Reife zu einem unregelmäßigen dorsalen Mantel.

Das ovoid-zylindrische Kopulationsorgan hat einen Cirrus mit 4 Paaren ähnlich gestalteter, distalwärts gebogenen Stacheln oder Haken. Sie sitzen auf ausgehöhlten Basalplatten oder Basalscheiben. Schon in der ersten Figur von KARLING 1931 (Abb. 235 B) sind Stacheln des 2. Paares als die größten Elemente gezeichnet, was auch später unterstrichen wird (KARLING 1947). Meine Figur vom Mittelmeer (AX 1956c) ist vielleicht zu schematisch. An neuem Material von Island kann ich KARLINGS Angaben bestätigen. Die Stacheln von zwei Individuen verschiedener Fundorte wurden fotografiert (Abb. 236) und vermessen. 1. Individuum (Leiruvogur). Stacheln von Paar 1 = 9 µm, von Paar 2 = 11 µm, von 3 = 8 µm und von 4 = 5 µm. 2. Individuum (Ölfusa). Stacheln von Paar 1 = 7 µm, von 2 = 11 µm, von 3 = 6 µm und von 4 = 5 µm. Wie in Finnland sind also auch auf Island die Stacheln des 2. Paares am längsten.

Placorhynchus dimorphis Karling, 1947

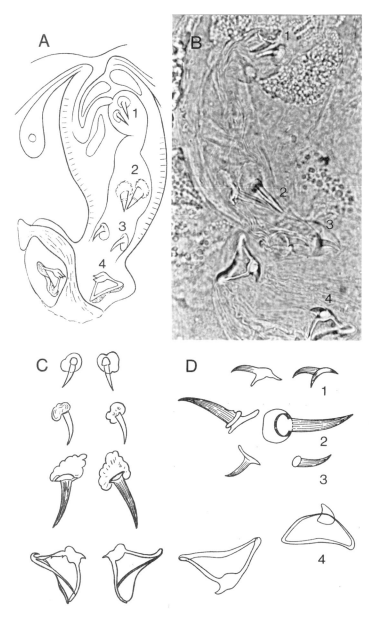

Abb. 237: *Placorhynchus dimorphis*. Stachelapparatur des Kopulationsorgans von Individuen verschiedener Fundorte. A. Finnischer Meerbusen (Karling 1963). B. Arcachon (Original 1964). C. Schwarzes Meer. Sile (Ax 1959a). D. Kanada. Brackwasserbucht Pocologan. (Ax & Armonies 1987)

Finnischer Meerbusen (KARLING 1963)
Greifswalder Bodden. Wieck. Salzgehalt 6–7 ‰ (unpubl. 2001)
Schleswig-Holstein. Bad Oldesloe. Salzhaltige Binnengewässer (Rixen 1961).
Öresund. Brackwasser der Niva Bucht. Zusammen mit *P. octaculeatus*, aber sehr viel seltener als diese Art (STRAARUP 1970).
Sylt. Sandstrand am Ostufer vor der alten Wattenmeerstation des Alfred-Wegener-Instituts (SCHILKE 1970a). Salzwiesen bei Salzkonzentrationen unter 10 ‰, meist unter 5 ‰ (ARMONIES 1987; 1988). Grenzraum Salzwiese-Watt. Schlickiges Sediment in *Spartina*-Beständen (HELLWIG 1987).
Weser. Unterlauf bei Bollen (SOPOTT-EHLERS 1989) und Brackwasserstrände im Mündungsbereich (DÜREN & AX 1993).
Elbe. Oligohaliner und limnischer Bereich des Aestuars (MÜLLER & FAUBEL 1993).
Niederlande. Delta-Gebiet im Südwesten. In isolierten, schwach brackigen, ehemaligen Aestuarien (HARTOG 1977).
Belgische Küste. Brackwasser (SCHOCKAERT et al. 1989).
Arcachon. Süßwasserzufluß Courant de Lège. Schlickboden mit Cyanobakterien am Uferrand (Sept. 1964).
Schwarzes Meer. Süßwasserzufluß Gök Su. Detritusreicher Feinsand bei 8,8 ‰ Salzgehalt (AX 1959a).
Kanada. New Brunswick. Brackwasserbucht Pocologan. Mud, Sand. Baie de Chaleur (1) Miguasha-Cliff. Grobsand. (2) Petit Rocher, Elm tree. Salzwiese (AX & ARMONIES 1987).

Kopulationsorgan. Der signifikante Unterschied zu *P. octaculeatus* liegt in der plattenförmigen Ausprägung des 4. Paares von „Stacheln". Ich schildere die Stachelapparatur vollständig. In der Position 1 befindet sich stets ein Paar relativ kurzer Stacheln. Nach KARLING (1931, 1947) gehören die längsten Stacheln (20–24 µm) zum 3. Paar; in seiner Abbildung von 1963 (fig. 56) kommt das allerdings nur schwach zum Ausdruck.

Nach unseren Beobachtungen an Populationen verschiedener Fundorte wechselt das längste Stachelpaar zwischen Position 2 und 3 (Abb. 237). Bei Tieren von Sile am Schwarzen Meer stehen die längsten Stacheln in Position 3, und das gilt ebenso für Individuen von Arcachon. Bei Tieren von der kanadischen Atlantikküste waren die längsten Stacheln in Position 2 zu finden. In jedem Fall aber ist das 4. Paar in Form dreieckiger Platten (Höcker, Warzen) entwickelt, die je 1–2 kleine Spitzen tragen können.

Placorhynchus separatus n. sp.

Placorhynchus octaculeatus **Karling, 1931: AX & ARMONIES 1987**

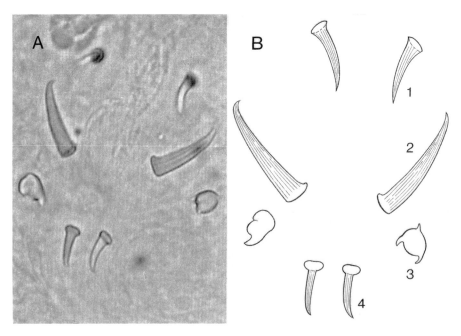

Abb. 238: *Placorhynchus separatus*. Stachelapparatur. A. Foto und B. Zeichnung von einem Individuum. Auffällig ist die plattenförmige Ausprägung im 3. Stachelpaar. Kanada. Pocologan. (Ax & Armonies 1987, fig. 35c unter dem Namen *Placorhynchus octaculeatus*)

Brackwasserbucht Pocologan, New Brunswick, Kanada
Sand aus dem oberen Gezeitenbereich. 2 Expl.

Die kanadischen Individuen wurden in AX & ARMONIES (1987) als Vertreter von *P. octaculeatus* angesehen, müssen indes als eine separate Art behandelt werden.

Länge 0,7–0,8 mm. Der Rüssel ist nur schwach gefärbt.

Kopulationsorgan. Die Stacheln der Paare 1, 2 und 4 sind mit den entsprechenden Stacheln von *P. octaculeatus* vergleichbar, werden allerdings deutlich kräftiger und länger – Stachel 1 = 10 µm, Stachel 2 = 16 µm, Stachel 4 = 9 µm. Der wesentliche Unterschied liegt im 3. Paar. Hier handelt es sich bei *P. separatus* um kleine, dreieckige Platten mit Zipfeln; Länge etwa 6 µm.

Placorhynchus tetraculeatus Armonies & Hellwig, 1987

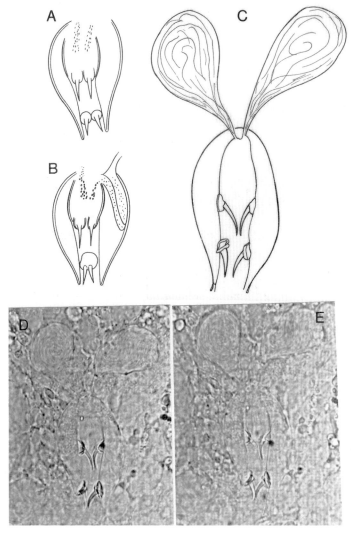

Abb. 239: *Placorhynchus tetraculeatus*. Kopulationsorgan. A, B von Sylt. C–E von Arcachon. A. Alle Stacheln auf getrennten Basalstücken. B. Hintere Stacheln auf gemeinsamer Basalplatte. C. Stacheln mit kurzen Basalstücken. D, E. Dasselbe Individuum. Fotos bei unterschiedlicher Fokussierung. (A, B Armonies & Hellwig 1987; C–E Originale 1964)

Die Beobachtungen von den zwei Fundorten werden infolge kleiner Unterschiede getrennt wiedergegeben.

Deutsche Nordseeküste. Sylt. Andelrasen einer Salzwiese bei Kampen (ARMONIES & HELLWIG 1987).

Zwei Stachelpaare im Kopulationsorgan. Alle Stacheln messen 8 µm. Hinzu kommen Basalstücke. Für das proximale Paar sind das 3–4 µm hohe Gebilde, distal deutlich flachere Elemente. Einige Individuen mit Ansatz der distalen Stacheln auf einer gemeinsamen Grundplatte.

Französische Atlantikküste. Arcachon. Courant de Lège. Im Süßwasserbereich des Flußlaufes; mariner Einfluß während Hochwasser möglich. 1 Exemplar (Sept. 1964). Stachellänge einschließlich Basalstücke: Erstes Paar 11 µm, Zweites Paar 10 µm. Die sockelförmigen Basalstücke sind beim ersten Paar einheitlich, beim zweiten Paar durch eine Ringfurche unterteilt.

Placorhynchus magnaspina n. sp.

(Abb. 240)

Winyah Bay, South Carolina, USA
Sandstrand des Morgan Park (East Bay Park) von Georgetown.

Gezeiten-Sandstrand im Brackwasserbereich. Mittelsand, bei Niedrigwasser ~ 1 m landwärts der Wasserlinie. Salzgehalt von 3–4 ‰ bei Probenentnahme am 19.4.1995, ~ 12 ‰ am 25.4.1995. (Ausführliche Darstellung des Fundortes in AX 1997a).

Länge 0,7–1 mm. Intensiv rötlicher Rüssel, im übrigen ungefärbt.

Kopulationsorgan mit 4 Stacheln und also zahlenförmiger Übereinstimmung mit *P. tetraculeatus*. Form und Größe sind indes völlig verschieden. Das gilt insbesondere für das erste Stachelpaar. Hier handelt es sich um 18 µm lange, massive Gebilde mit kegelförmigem Basalstück und scharf nach außen gekrümmten Spitzen. Die Stacheln des zweiten Paares erreichen eine Länge von 12,5 µm; sie sind nur schwach gebogen. Das kleine Basalstück ist ein kugeliges Element.

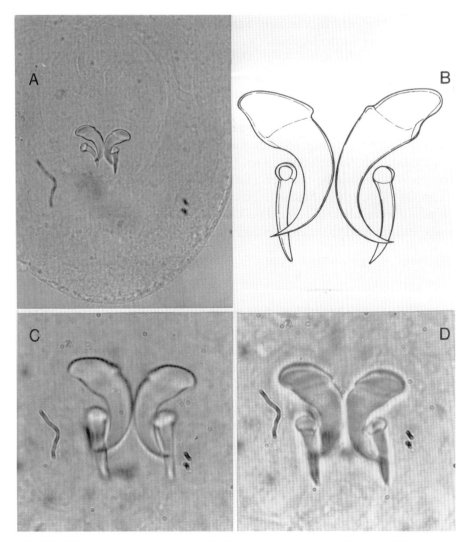

Abb. 240: *Placorhynchus magnaspina*. Alle Figuren von einem Individuum. A. Kopulationsorgan. B. Zeichnung der Stacheln. C und D. Fotos bei unterschiedlicher Fokussierung. Georgetown. South Carolina. (Originale 1995)

Placorhynchus echinulatus Karling, 1947

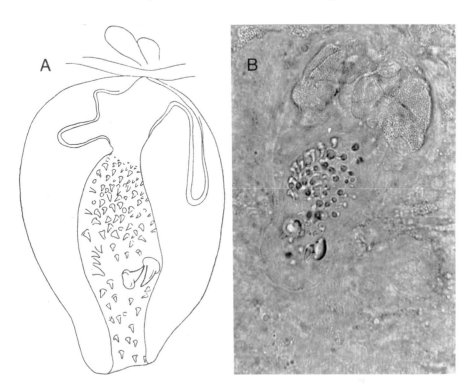

Abb. 241: *Placorhynchus echinulatus*. Kopulationsorgane nach Quetschpräparaten. Cirrus mit zahlreichen kleinen Stacheln und 2 großen Stacheln. A. Norwegen. Herdla. (Karling 1947). B. Grönland. Disko. Godhavn. (Ax 1995b)

Marine Fundorte
Grönland, Disko. Hafenbecken von Godhavn. Detritusarmer Mittel-Grobsand (AX 1995b). Norwegen, Herdla. Phytal. Schwedische Westküste, Gullmaren. Lehmboden bis 20 m Tiefe (KARLING 1947, 1952).
N. Wales, Anglesey. In Kies von Molluskenschalen (BOADEN 1963b).
Brackwasser
Innere Ostsee. Schwedische Ostseeküste und Finnischer Meerbusen (KARLING 1963, 1974).
Färöer. Hosvik, Streymoy. Mittelsand in Süßwasserausfluß (Aug. 1992).

Länge 0,8–1 mm. Ohne Pigmentaugen. Muskelplatten des Rüssels schwach gelb oder gänzlich ungefärbt. Sackförmiges Kopulationsorgan. Cirrus bei Tieren von Grönland mit ~ 50 kleinen Stacheln bis 5 µm Länge und 2 großen Stacheln von 10 µm Länge. Alle Stacheln sind in eine Basalscheibe und einen Haken gegliedert; bei den größeren Haken setzt sich die runde Basalscheibe gegen den gekrümmten Haken scharf ab (AX 1995b). In Norwegen hat KARLING (1947) zwei große, etwa 9,5 µm lange Stacheln und zahlreiche kleine Stacheln von 0,5–4 µm gefunden. Auf den Färöer habe ich die großen Stacheln zu 7 µm vermessen.

P. bidens Brunet, 1973 aus dem Golf von Marseille hat einen vergleichbaren Cirrus mit zahlreichen kleinen Stacheln und 2 großen Stacheln oder Zähnen. Diese sind aber erheblich größer als bei *P. echinulatus*. Sie erreichen bei *P. bidens* eine Länge von 32 µm und sind bei dieser Art zudem am Ende zweigeteilt.

Placorhynchus paratetraculeatus Ax & Armonies, 1990

(Abb. 242 A, B)

Alaska, USA
Anchorage. Salzwiese. Mudboden mit aufliegenden Algen. Salinität 12–13 ‰ (AX & ARMONIES 1990).

Länge 0,7–0,8 mm. Cirrus mit zahlreichen, kleinen, schlanken Stacheln von 1–3 µm Länge und 4 kegelförmigen, größeren Stacheln, die 3,5–5 µm erreichen.

Placorhynchus pacificus Karling, 1989

(Abb. 242 C, D)

Oregon, USA
New Port. Yaquina Bucht. Feuchtsand und Küstentümpel (KARLING 1989).
Alaska, USA
(1) Seward. Sandstrände. (2) Kenai Halbinsel. Ninilchik. Sandstrand an der Mündung des Ninilchik River. Salzgehalt 0–6 ‰. (3) Anchor Point. Sandstrand an der Mündung des Anchor River. Süßwasser (AX & ARMONIES 1990).

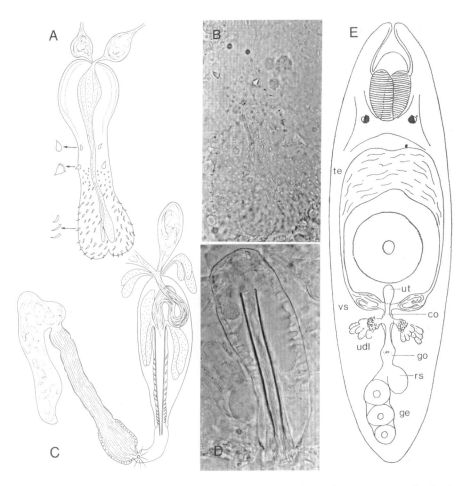

Abb. 242: A, B. *Placorhynchus paratetraculeatus*. Ausgestülpter Cirrus. Im Foto B ist das 2. Paar der großen Stacheln scharf wiedergegeben. Alaska. Anchorage. C, D. *Placorhynchus pacificus*. C. Kopulationsorgan und Bursa. Alaska. Kenai Halbinsel. Ninilchik. D. Cirrus mit Stilett. Alaska. Seward. E. *Clyporhynchus monolentis*. Organisation nach Quetschpräparaten. Finnischer Meerbusen. (A–D Ax & Armonies 1990; E Karling 1947)

Schlanker unpigmentierter Organismus von 0,8–1 mm Länge. Ohne Pigmentaugen. Kopulationsorgan. Der ausstülpbare Cirrus ist mit zahlreichen kleinen Stacheln besetzt; er umschließt ein Stilettrohr von 90–100 μm Länge.

Chlamydorhynchus evekuniensis Evdonin, 1977

Placorhynchus ? echinulatus Karling, 1947: AX & ARMONIES 1987.
Chlamydorhynchus evekuniensis Evdonin, 1977: AX 1995b.

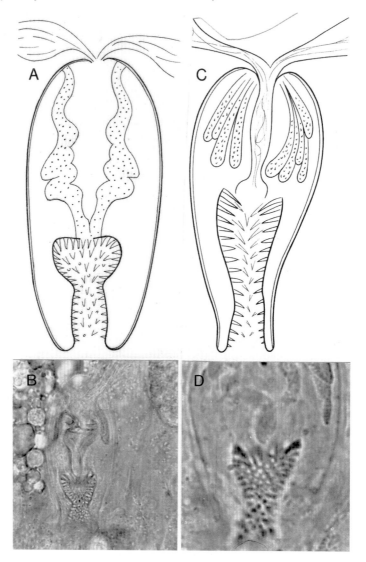

Abb. 243: *Chlamydorhynchus evekuniensis*. Kopulationsorgane. A, B. Cirrus bei leichter Quetschung mit Einschnürung in der Mitte. C, D. Gestreckter Cirrus bei stärkerem Deckglasdruck. A. Island, Leiruvogur. (Ax 1995b). B. Grönland. Disko. Godhavn. (Ax 1995b). C und D. Kanada, New Brunswick, Deer Island. (Ax & Armonies 1987)

Russland
Bering-Meer. Haff Jewekun. Sand (EVDONIN 1977)

Grönland
Disko. Felstümpel mit Algen bei Godhavn (AX 1995b).

Kanada, New Brunswick
(1) Deer Island. Sand-Mud. (2) Campobello Island. Mittel- und Grobsand der Uferzone. (3) Brackwasserbucht Pocologan. Sand. (AX & ARMONIES 1987).

Island
Leiruvogur. Salzwiesengelände. Tümpel mit weichem Detritus, 10 ‰ Salzgehalt (Juli 1993).

Individuen von Kanada haben wir zunächst mit einem Fragezeichen als Vertreter von *Placorhynchus echinulatus* Karling angesprochen. Es hat sich indes gezeigt, daß der Mangel großer Haken im Cirrus ein konstantes Merkmal von Individuen geographisch weit getrennter Fundorte ist (Bering-Meer, Grönland, Kanada, Island). Ich habe unsere einschlägigen Befunde mit der Beschreibung von *Chlamydorhynchus evekuniensis* vom Bering-Meer identifiziert. Die Darstellung von EVODONIN (1977) beruht allerdings nur auf einem Individuum.

Länge 0,6–0,8 mm. Ohne Pigmentaugen.

Das Kopulationsorgan erreicht ~ 40 µm Länge. Proximal sind wurstförmige Stränge von Kornsekret auffällig.

Der bestachelte Cirrus mißt an allen 4 Fundstellen um 20–25 µm. Die kleinen Stacheln sind in der Cirruswand in Längsreihen angeordnet. Dabei handelt es sich um einfache, leicht gekrümmte Gebilde ohne besondere Basalplatte.

In einer Längsreihe stehen 12–14 Stacheln (EVDONIN), 15–16 nach Beobachtungen in Kanada und auf Island. Die Stacheln werden nach unten zunehmend kürzer. Am Beginn des Cirrus wurden 6 µm (Bering-Meer), 3,6 µm (Kanada) und 3 µm (Island) gemessen, distal jeweils um 1–2 µm.

An leicht gequetschten Individuen (Grönland, Island) hat der Cirrus die Form eines Pilzes – mit einem verbreiterten Hut, einer folgenden Einschnürung und einem distalen Stiel. Bei stärkerem Deckglasdruck streckt sich der Cirrus und die Gliederung verschwindet.

Clyporhynchus monolentis Karling, 1947

(Abb. 242 E)

Finnischer Meerbusen. Tvärminne. Sand in Uferzone und 3 m Tiefe.
Schwedische Ostseeküste. Archipel von Stockholm. Feinsand in 1 m Tiefe.
Nord-Ostsee-Kanal. Brackwasser. Feinsand der Uferzone.
Alle Angaben nach Karling (1963).

Länge 0,8 mm. Körper und Rüssel farblos. Große Augen mit halbkugeligen Pigmentschalen, die je einen Retinakolben umschließen.

Paarige Hoden vor dem Pharynx, medial miteinander verwachsen. Germovitellarien mit mediodorsalem Vitellarteil und unpaaren Germarteil im Hinterende.

Das Kopulationsorgan besteht aus einer ~ 13 µm langen Ampulle ohne Penisgebilde und ohne Hartteile. Dieser Umstand erschwert eine Identifikation der Art bei Lebendbeobachtungen.

Gnathorhynchidae

Zwei dorsoventral einander gegenüberstehende, kieferartige Haken sitzen dem Muskelbulbus des Rüssels an der Basis des Endkegels auf (MEIXNER 1929; KARLING 1947).

Prognathorhynchus campylostylus **Karling, 1947**

(Abb. 244 A–D)

Finnischer Meerbusen. Tvärminne. Sand bis 15 m Tiefe.
Schwedische Ostseeküste. Askö Laboratorium, Hållsfjärden. Sand mit Lehm und Steinen, 15 m Tiefe (KARLING 1974).

Länge bis 2 mm. Zwei sehr kleine Pigmentaugen. Farblos bis schwach gelblich.

Rüsselhaken mit einem ringförmigen Basalwulst und gebogenem Zahn.

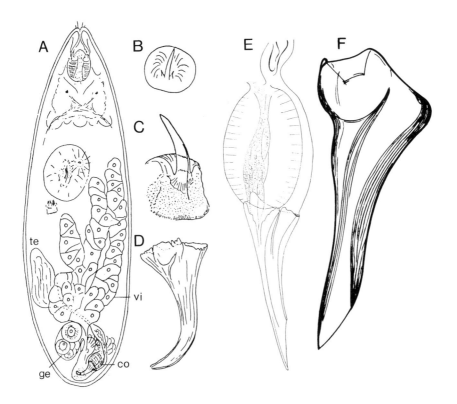

Abb. 244: *Prognathorhynchus campylostylus*. A. Organisation nach Lebendbeobachtungen. B und C. Rüsselhaken. D. Stilett. Finnischer Meerbusen.(Karling 1947). E und F. *Prognathorhynchus canaliculatus*. E. Begattungsorgan nach Quetschpräparat. Schwedische Westküste oder Ostseeküste. (Karling 1956b). F. Stilett. Färöer. (Original 1992)

Im muskulösen Kopulationsorgan sind Ductus ejaculatorius und Kornsekretbehälter nebeneinander geschaltet; sie münden getrennt in die Stilettbasis. Das Stilett wird 60 µm lang; es handelt sich um einen verjüngten Trichter mit seitwärts gebogener Spitze.

Prognathorhynchus canaliculatus Karling, 1947

(Abb. 244 E, F; 245)

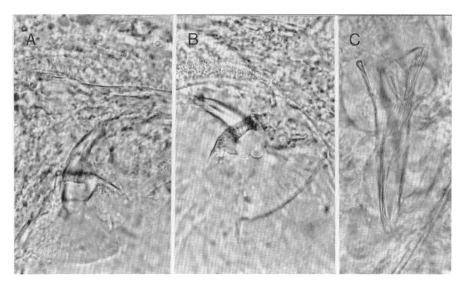

Abb. 245: *Prognathorhynchus canaliculatus*. A. Rüsselhaken in Seitenansicht. B. Rüsselhaken bei Aufsicht auf die Basalscheibe (Basalwulst). C. Stilett. Island. Süßwasserlagune Hlidarvatn. (Originale 1993)

Die Funde von *P. canaliculatus* reichen von wenigen Meldungen aus dem vollmarinen Milieu bis an die Grenze zum Süßwasser, liegen mit Schwerpunkt aber eindeutig im Brackwasser. Das rechtfertigt die Interpretation von *P. canaliculatus* als eine Brackwasserart unter den Gnathorhynchidae.

Befunde aus dem Meer stammen von Laxvik an der schwedischen Westküste (KARLING 1956b) sowie aus dem Euhalinicum (und Polyhalinicum) von Salzwiesen und Sandwatt im südwestlichen Deltagebiet der Niederlande (HARTOG 1977). Die Siedlungen in Salzwiesen setzen sich auf Sylt (ARMONIES 1987, 1988) und in die westliche Ostsee (BILIO 1964) fort. In Sylter Salzwiesen erreicht *P. canaliculatus* maximale Individuendichten zwischen 10 und 20 ‰ Salzgehalt.

Klassische Brackwasserfundorte liegen in der Schlei (Schleswig-Holstein) (AX 1951a) und in der inneren mesohalinen Ostsee – hier an der schwedischen Ostseeküste und im Finnischen Meerbusen bis in 15 m Wassertiefe (JANSSON 1968; KARLING 1963, 1974).

Unlängst sind Funde inmitten des Nordatlantik hinzugekommen. Auf den Färöer ist *P. canaliculatus* aus mehreren Brackwasserbuchten und dem Kaldbacksfjord der Insel Streymoy nachgewiesen (AX 1995a). Auf Island ist die „Süßwasser"-Lagune Hlidarvatn ein nahezu limnischer Siedlungsort. Bei einem Salzgehalt um 1 ‰ lebt *P. canaliculatus* hier in einem Sandstrand im Nordosten der Lagune, zusammen mit *Haplovejdovskya subterranea* (S. 591) (1993).

Länge bis 2 mm. Schwach gelblich, mit kleinen Augen.
Rüsselhaken etwa wie bei *P. campylostylus*. Länge zwischen 44 und 56 µm.
Der Bulbus des Kopulationsorgans ist wie bei *P. campylostylus* in verschiedene Wege für Sperma und Kornsekret geteilt. Demgemäß enthält auch das Stilett zwei Röhren, von denen die Spermaröhre nicht geschlossen ist, sondern rinnenförmig erscheint (KARLING 1956b). Dabei ist das Stilett im Unterschied zu *P. campylostylus* ein nahezu gerades Gebilde mit schief abgeschnittener Spitze. KARLING hat an verschiedenen Fundorten die Länge gemessen: Finnischer Meerbusen 62 µ; schwedische Ostseeküste 84 µm; schwedische Westküste 80 µm.

Prognathorhynchus dividibulbosus Ax & Armonies, 1990

(Abb. 246)

Alaska, USA
Kenai Peninsula. Seward. Sandstrand Lowell Point. Feinsand des unteren Sandhangs. Probenentnahme bei ausströmendem Süßwasser (Juli, August 1988).

Robuste Tiere, Länge bis 3 mm. Keulenförmiger Körper mit abgerundeten Enden. Ohne Augen, unpigmentiert.
Die Rüsselhaken sind leicht gebogen; sie entspringen aus tassenförmigen Basalteilen. Länge ~ 38 µm.
Unpaarer Hoden, unpaares Germar und Vitellar. Genitalporus am Hinterende.
Vom ovoiden, muskulösen Kopulationsorgan ist eine runde Drüsenblase mit feinem Sekret abgesetzt. Diese Blase ist ein artspezifisches Merkmal von

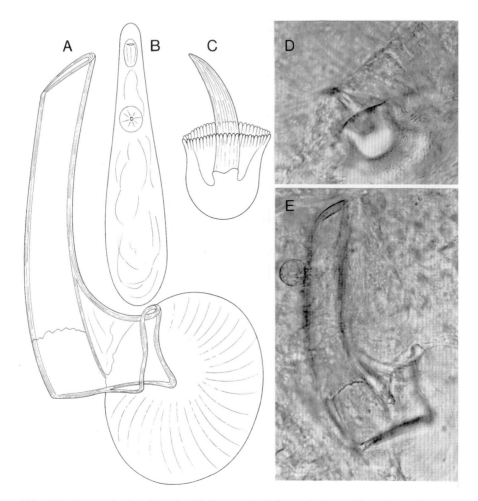

Abb. 246: *Prognathorhynchus dividibulbosus*. A. Stilett mit Drüsenblase. B. Habitus. C. Rüsselhaken. D. Rüsselhaken. Scharfeinstellung auf den Rand des tassenförmigen Basalteils. E. Stilett. Seward. Alaska. (Ax & Armonies 1990)

P. dividibulbosus. Sie erscheint als eine Aussackung des Kopulationsorgans mit der Funktion einer Sekretpumpe.

Das Stilett ist ein leicht gebogenes Rohr; es erreicht eine Länge von 110 µm. Proximal gibt es einen breiten Anhang, der das Sekret aus der Drüsenblase aufnimmt. Distal ist das Stilett schräg abgeschnitten.

Uncinorhynchus flavidus Karling, 1947

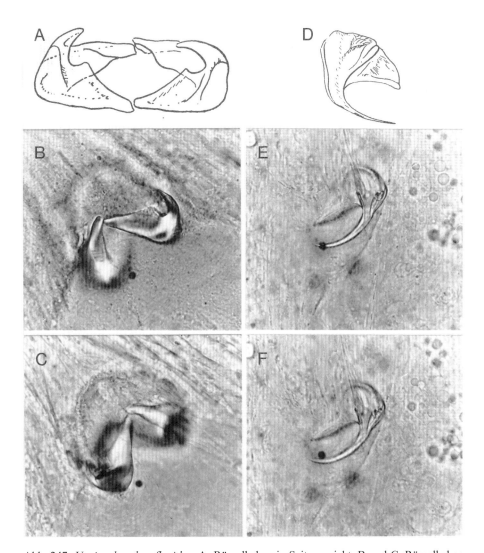

Abb. 247: *Uncinorhynchus flavidus*. A. Rüsselhaken in Seitenansicht. B und C. Rüsselhaken in Aufsicht. Verschiedene Scharfeinstellung der Zähne der Haken. D. Stilett des Kopulationsorgans. E, F. Stilett mit ganz breitem Basaltrichter. A, D Finnischer Meerbusen. (Karling 1947); B, C, E, F Bucht von Arcachon. (Originale 1964)

Überwiegend psammobionter, aber doch eurytoper und euryhaliner Meeresbewohner mit weiter Verbreitung. Den ausführlichen Angaben von KARLING (1963) können unpublizierte Funde aus der Bucht von Arcachon hinzugefügt werden: Sandhang des Ufers im Inneren der Bucht; Sand von einem Prielrand der Ile aux Oiseaux; Schlicksand im Mündungsgebiet des Courant de Lège bei 22,1 ‰ Salzgehalt (1954, 1964).

Siedlungen im mesohalinen Brackwasser sind belegt von der Frischen Nehrung und Kurischen Nehrung (AX 1951a), aus dem Finnischen Meerbusen und von der schwedischen Ostseeküste.

Länge bis 1,5 mm. Ohne Pigmentaugen. Färbung grünlich gelb.

Rüssel ohne Muskelwülste. Der kleine Endkegel wird von den Basalstücken der beiden Rüsselhaken ringsum eingeschlossen. Die Rüsselhaken bestehen aus hufeisenförmigen, etwa 37 µm weiten Basalbögen (Basalstücken), die lateral einander berühren und diesen aufsitzenden, bis 28 µm hohen Stacheln (Zähnen) (KARLING 1963).

Das ovoide Begattungsorgan trägt ein krallenförmiges Stilett von 17–33 µm Länge. Auf Fotos von Arcachon schwingt der basale Trichter noch weiter aus als in den Abbildungen von KARLING aus Finnland. Die Fotos reichen indes nicht für ein Urteil über mögliche Beziehungen zu *Uncinorhynchus proporus* Brunet, 1973 von Marseille.

Odontorhynchus lonchiferus Karling, 1947

(Abb. 248)

Finnischer Meerbusen
Entlang der Hangö-Halbinsel. Weichböden in Tiefen von 15–35 m. Auch aus Feinsand geringerer Tiefe (KARLING 1963).

Westliche Ostsee
Heiligenhafen. Graswarder. Sandhang (SCHILKE 1970a).

Schwedische Westküste
Koster, Kilesand. Bruchschill am Ufer. Feinsand in 1 m Tiefe (KARLING 1963).

Sylt
Ostufer der Insel. Sandwatt und Sandhang. Hindenburgdamm (SCHILKE 1970a).

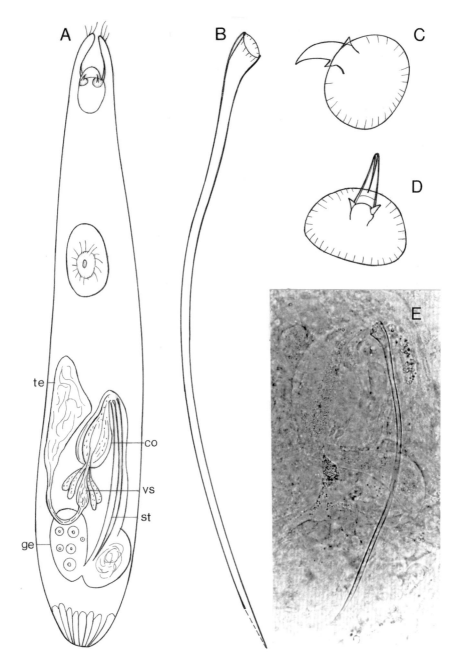

Abb. 248: *Odontorhynchus lonchiferus*. A. Organisation nach dem Leben. B. Stilett. C, D. Rüsselhaken in verschiedenen Ansichten. E. Vesicula granulorum und Stilett. Französische Mittelmeerküste. Etang de Salses. (Originale 1962)

Nordirland
Strangford Lough (BOADEN 1966).

Französische Mittelmeerküste
Strandsee Etang de Salses. Südufer (1962). Zusammen mit *Phonorhynchoides haegheni* (S. 453) und *Gnathostomaria lutheri* (Gnathostomulida) in Feuchtsand landwärts der Wasserlinie. Salzgehaltsschwankungen zwischen 2 und 22 ‰ (AX 1964).

Länge ~ 1 mm. Ohne Augen, ungefärbt. Pharynx im Vorderkörper.
Rüsselhaken. Finnischer Meerbusen (KARLING 1963): Länge ~ 20 µm. Schwach gebogener Stachel und fast quadratische bis annähernd kreisrunde Basalscheibe, bisweilen mit zwei kleinen Nebenzähnchen. – Mittelmeer (eigene Beobachtungen): Stachel 7 µm lang, Basalscheibe 15 µm lang und 18 µm breit. Die beiden näher studierten Individuen mit Nebenzähnchen.
Unpaarer Hoden rechts, unpaares Germar und Vitellar links gelegen.
Kopulationsorgan mit feinem, etwas gebogenen Stilett; proximal leicht trichterförmig, distal mit schief abgeschnittener Spitze. Länge des Rohres 160–250 µm (KARLING l. c.), an zwei Individuen vom Mittelmeer zu 175 µm und 200 µm gemessen.

Neognathorhynchus lobatus (Ax, 1952)

(Abb. 249 A–D)

Psammobionte Art, bisher nur mit wenigen Funden aus dem Meer und Brackwasser bekannt.
Nordwales und Nordirland (BOADEN 1963b, 1966).
Westliche Ostsee. Hohwachter Bucht. Reiner Mittelsand (AX 1952a).
Mesohalinicum der Baltischen See. Frische Nehrung (AX 1952a). Finnischer Meerbusen. Balget bei Tvärminne (KARLING 1956b).

Länge 1 mm. Die Rüsselhaken sind 22,4 µm (KARLING) – 24 µm (AX) lang. Die Haken setzen sich zusammen aus einem nach vorne gerichteten Zahn, einem Mittelteil mit lateralen flügelförmigen Lappen und einem kegelförmigen Basalteil. Das gerade Stilett des Kopulationsorgans ist rinnenförmig; es mißt 36,2 µm (KARLING) – 39–40 µm (AX).

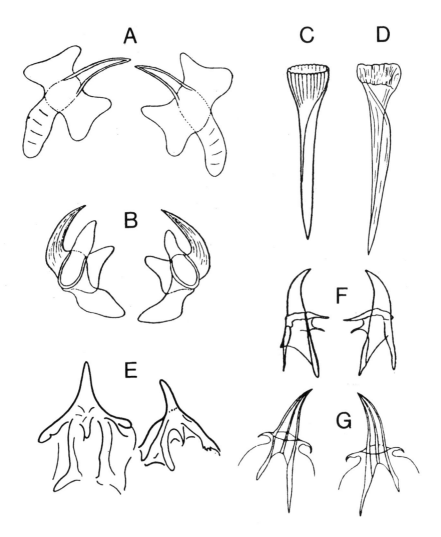

Abb. 249: A–D. *Neognathorhynchus lobatus*. A. Rüsselhaken in Aufsicht. B. Rüsselhaken in Seitenansicht. C und D. Stilett des Kopulationsorgans. A, B, C Kieler Bucht. Hohwacht (Ax 1952a). D Finnischer Meerbusen. Tvärminne. (Karling 1956b). E. *Gnathorhynchus „krogeni"*. Rüsselhaken. Finnischer Meerbusen. Tvärminne. (Karling 1947) (wahrscheinlich identisch mit *G. conocaudatus*). F, G. *Gnathorhynchus conocaudatus*. F. Rüsselhaken in Seitenansicht. G. Rüsselhaken in der Aufsicht. Kieler Bucht. (Ax 1952a)

Gnathorhynchus conocaudatus Meixner, 1929

(Abb. 249 F, G)

? *Gnathorhynchus krogeni* Karling, 1947 (Abb. 249 E)

Europäische Küsten der Arktis und des Atlantik. Nordamerikanische Atlantikküste (Cap Cod) (KARLING 1992).
Funde aus dem mesohalinen Brackwasser
Schwedische Ostseeküste, Åhus (Feinsand in 3 m Tiefe) unter dem Namen *G. conocaudatus*.
Finnischer Meerbusen, Tvärminne (Sand in 4 m Tiefe) unter dem Namen *G. krogeni*. Hierzu schreibt KARLING (1974): „Imperfecty known, taxonomic delimination against *G. conocaudatus* uncertain."

Länge 1–1,5 mm. Mit Pigmentaugen. Sehr durchsichtig, ungefärbt. Form des Hinterendes variabel, kegelförmig zulaufend, aber auch mehr oder minder abgerundet. Kopulationsorgan ohne hartes Stilett.
   Rüsselhaken. Die Basalteile sind nach unten weit offen; sie enden oben in einem vorspringenden Ringwulst. Die leicht gebogenen Zähne haben im Inneren ein verfestigtes Längsseptum. Die Rüsselhaken erreichen bei Tieren aus der Kieler Bucht 22–24 µm (AX 1952a), bei Individuen aus dem Sublitoral von Sylt 24–27 µm (NOLDT 1989b).
   Unter dem Namen *G. krogeni* wurden Tiere aus dem Finnischen Meerbusen mit Rüsselhaken beschrieben, „die aus einer Gänsefuß-ähnlichen, 20 µm breiten Basalscheibe und einem gleich langen Stachel bestehen" (KARLING 1947). Neben den Angaben vom Originalfund bei Tvärminne existieren keine weiteren Beobachtungen. *G. krogeni* ist wahrscheinlich ein Synonym zu *G. conocaudatus*.

Schizorhynchia

Die Schizorhynchia sind durch den apomorphen Spaltrüssel als ein Monophylum begründet (S. 435). Dabei gehört ein unbewaffneter Spaltrüssel mit zwei schlanken, im Querschnitt halbkreisförmigen Muskelzungen in das Grundmuster der Einheit – ein Zustand, welcher etwa im Taxon *Proschizorhynchus* realisiert ist.

Diese Aussage wirft Licht auf die herkömmliche Gliederung der Schizorhynchia in die Schizorhynchidae, Karkinorhynchidae und Diascorhynchidae (KARLING 1961; AX 1984). In der Vereinigung von Arten mit einem Zangenapparat aus zwei unbewaffneten Muskelzungen bilden die Schizorhynchidae ein Paraphylum ohne eine Autapomorphie. Gehen wir im nächsten Schritt davon aus, daß Greifhaken am Spaltrüssel der Schizorhynchia nur einmal evolviert wurden, dann repräsentieren Karkinorhynchidae + Diascorhynchidae zusammen ein Monophylum, das bisher unbenannt ist. Innerhalb dieses Monophylum sind die Karkinorhynchidae erneut eine paraphyletische Versammlung von Arten, denn bei ihnen sitzen die Haken auf den ursprünglichen Muskelzungen der Schizorhynchia. Allein die Diascorhynchidae bilden ein gut ausgewiesenes Monophylum. Die ursprünglichen Muskelzungen wurden reduziert und die Rüsselhaken mit zwei neuen, langen Drüsenschläuchen verbunden.

Neue Beiträge zu dieser Problematik liefert SCHILKE (1969, 1970b)

„Schizorhynchidae"

Proschizorhynchus Meixner, 1928

NOLDT (1985) beschränkt das Taxon *Proschizorhynchus* auf 8 Arten mit einer gebogenen Penispapille, welche ein inneres Stilett und einen bewaffneten Cirrus umschließt.

Für 3 Arten dieser Gruppe gibt es Befunde aus Brackgewässern – für *P. gullmarensis* aus der Bucht von Arcachon und aus der inneren Ostsee, für *P. arenarius* vom Mittelmeer und für *P. tricingulatus* aus dem Schwarzen Meer.

Proschizorhynchus gullmarensis Karling, 1950

(Abb. 250 A, B)

P. gullmarensis ist an der Nordsee (Sylt, Amrum) und in der westlichen Ostsee (Kieler Bucht) ein spezifischer Bewohner von Grobsand-Kies an lotischen

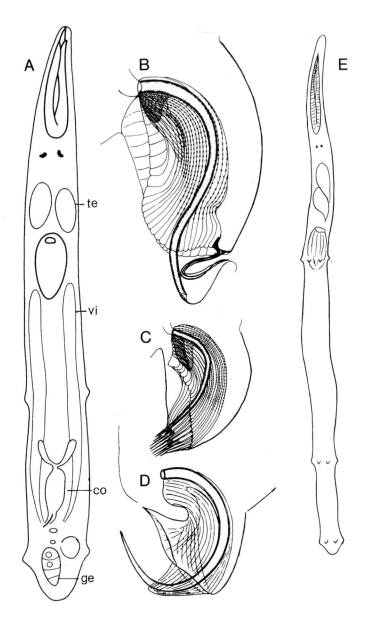

Abb. 250: *Proschizorhynchus*. A, B. *P. gullmarensis*. A. Semidiagrammatische Ansicht. Mit 2 Haftgürteln. B. Hartteil des Kopulationsorgans. C, E. *P. tricingulatus*. C. Hartteil des Kopulationsorgans. E. Habitus. Mit 3 Haftgürteln. D. *P. arenarius*. Hartteil des Kopulationsorgans. A, B Kristineberg, Schweden (A Karling 1981, B Noldt 1985). C ? Rumänien. E Türkei. Schwarzes Meer. (C Noldt 1985, E Ax 1959a). D Etang de Salses. Mittelmeer (Ax 1956c)

Sandstränden (AX 1951a; SCHILKE 1970a). Das entspricht sehr gut den ersten Funden von KARLING (1950) an grobkiesigen und steinigen Ufern der schwedischen Westküste (Kristineberg). Mittlerweile liegen weitere Angaben aus dem marinen Milieu vor (KARLING 1974), bis in einen Salzwiesengraben und in sublitorale Sande bei Sylt (NOLDT 1989; ARMONIES & HELLWIG-ARMONIES 1987; HELLWIG-ARMONIES & ARMONIES 1987). *P. gullmarensis* erscheint als ein weitgehend stenohaliner Meeresorganismus. Es gibt indes einige Befunde über Siedlungen im Brackwasser.

Bucht von Arcachon
Aestuar de L'Eyre im Bereich der Gezeiten. Grobsand in der Mitte des Flußes. Bei Niedrigwasser nahezu süß, bei Hochwasser 28 ‰ S gemessen (Sept. 1964).

Øresund
Gezeiten-Sandstrand im Norden von Helsingør (FENCHEL et al. 1967).

Innere Ostsee
Mesohalinicum jenseits der Darßer Schwelle. Frische und Kurische Nehrung (AX 1951a). Simrishamn. Sandstrand an der schwedischen Ostseeküste (BRINCK et al. 1955).

Große Art bis 4 mm Länge. Mit zwei Haftgürteln. Der erste Gürtel in der Körpermitte besteht aus 10 Haftfeldern, der zweite Gürtel am Hinterende aus 8 Haftfeldern. Zwei kleine Augen liegen auf dem Gehirn. Die Farbe ist schwach grünlichgelb.

Gonaden: 1 Paar Hoden vor dem Pharynx. Paarige Vitellarienschläuche lateral hinter dem Schlundkopf. Unpaares Germar ventral im Hinterende.

Das Kopulationsorgan besteht aus einem langen muskulösen Sack und einem distalen Hartteil. Der Muskelsack speichert Kornsekret und führt zentral einen weiten Ductus ejaculatorius.

Den distalen Hartteil des Kopulationsorgans schildere ich über eine Kombination von Daten aus KARLING (1950, 1981) und NOLDT (1985). Der Endabschnitt hat die Form einer gebogenen Papille mit geschlossener konvexer Oberseite sowie offener Unterseite und Spitze. Die Länge der Papille beträgt 40–50 µm, die Breite 30–35 µm. Die Penispapille umschließt ein zweifach gebogenes Stilettrohr, welches distal ein Stück hervorragt; Länge 55–70 µm. Der basale Teil des Stiletts ist mit einer dreieckigen Platte versehen. Von der Spitze des Stiletts entspringt ein feiner Faden. Die Innenwand der Papille ist als Cirrus vorstülpbar; sie trägt 50–55 longitudinale Kämme (Falten), welche ein Streifenmuster erzeugen. Der Cirrus ist ferner mit feinen Haaren (Stacheln) versehen – proximal sehr klein, distal länger und neben der Spitze des Stiletts zu einem Bündel zusammengeballt.

Proschizorhynchus tricingulatus Ax, 1959

(Abb. 250 C, E)

Als Subspecies *P. gullmarensis tricingulatus* beschrieben (AX 1959a), von NOLDT (1985) in den Rang einer separaten Art gestellt.

Marmara-Meer
Sandstrand bei Florya. Feinsand in 60–80 cm Wassertiefe.
Schwarzes Meer
Sandstrand bei Sile. Feinsand in ~ 1 m Wassertiefe (AX 1959a).
Wahrscheinlich auch an der Küste von Rumänien. Hierher dürfte das von MACK-FIRA gesammelte Material stammen, aus welchem NOLDT (1985, Abb. 5 F) die Hartstrukturen des Kopulationsorgans von *P. tricingulatus* wiedergegeben hat.

Länge 2–2,5 mm. Mit Augen, ungefärbt. Mit 3 Haftgürteln, der erste am Ende des Pharynx, der zweite in Höhe des Kopulationsorgans, der dritte Gürtel dicht vor dem Hinterende. Jeder Gürtel besteht aus 6 regelmäßig über den Körperquerschnitt verteilten Haftfeldern.
  Der Hartteil des Kopulationsorgans wird 30–40 µm lang. Das Stilett ist ein einfach gebogenes Rohr von der Länge der Penispapille. Kleine Stacheln stoßen über den Rand der Penispapille vor (NOLDT 1985).

Proschizorhynchus arenarius (Beauchamp, 1927)

(Abb. 250 D)

P. arenarius wurde aus Diatomeen-Sand von Arcachon beschrieben und von mir hier im Sandwatt der Ile aux Oiseaux beobachtet (Sept. 1964). Befunde aus dem Brackwasser liegen in der Bucht von Arcachon nicht vor.

Am Mittelmeer sind Siedlungen aus zwei französischen Strandseen bekannt – aus dem salzreichen Etang de Lapalme und aus dem brackigen Etang de Salses bei 11–12 ‰ Salzgehalt (AX 1956c).

Fadenförmig, etwas über 2 mm lang. Ohne Augen, ungefärbt.
Gonaden in üblicher Anordnung. 2 Hoden vor dem Pharynx, 2 Vitellarienschläuche lateral in der zweiten Körperhälfte, unpaares Germar im Hinterende.
In der harten Penispapille liegt das Stilett in einem großen Bogen; es läuft weit aus der distalen Öffnung und beschreibt insgesamt mehr als einen Halbkreis. Die gestreifte Scheide außerhalb der Öffnung (Abb. 250 D) repräsentiert wahrscheinlich einen leicht evertierten Cirrus mit vorgestülpten Stacheln oder einem Bündel von Haaren (NOLDT 1985).

Schizorhynchus tataricus Graff, 1905

(Abb. 251 A)

Schwarzes Meer
Aus Sand nächst Sewastopol. Wassertiefe 10–16 m. 1 Expl. (GRAFF 1905).
Rumänische Küste Predeltaic region: Sulina arm, the Northern Bay, Tiefe 5 m. „Some how questionable, since only a not well-preserved specimen was available" (MACK-FIRA 1974, p. 276).
Leider liegen nur Angaben von GRAFF (1905) vor, die heute mit größter Vorsicht zu behandeln sind (KARLING 1950). Immerhin sollte das Tier an der Zeichnung des Stilettrohres erkennbar sein.

Länge ~ 1mm. Ohne Augen, vollständiger Mangel an Pigment. Der Pharynx liegt ungewöhnlich weit hinten im Ende des zweiten Körperdrittel.
2 Hoden dicht hinter dem Gehirn. Die Angabe über wahrscheinlich 2 Germarien wird angezweifelt (MEIXNER 1928). Das Stilett des Kopulationsorgans ist ein enges Rohr von 72 µm Länge. Es verjüngt sich distalwärts und ist am Ende leicht eingekrümmt.

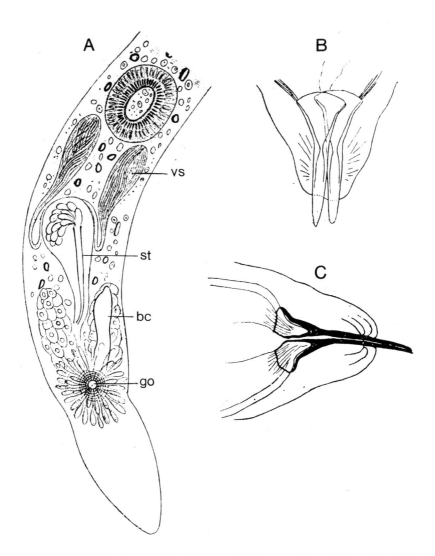

Abb. 251: A. *Schizorhynchus tataricus*. Sewastopol, Schwarzes Meer. Hinterende mit Genitalregion nach Lebendbeobachtungen (Graff 1905). B, C. *Proschizorhynchella helgolandica*. Bretagne. Stilette im Ende des Kopulationsorgans. In B sind die übereinander liegenden Halbrohre etwas gegeneinander verschoben. C interpretiere ich als eine Seitenansicht. (L'Hardy 1965)

Proschizorhynchella helgolandica (L'Hardy, 1965)

(Abb. 251 B, C)

L'HARDY (1965) übernimmt den Namen *Proschizorhynchus helgolandicus* für die ausführliche Beschreibung einer Art, die MEIXNER früher in Feinsand bei Helgoland gefunden hat und 1938 als Nomen nudum erwähnt hat. Derzeit wird sie provisorisch im paraphyletischen Taxon *Proschizorhynchella* Schilke geführt (SCHILKE 1970a, NOLDT 1985, KARLING 1992).

Weite Verbreitung an der europäischen Atlantikküste (KARLING 1992).

Sylt. Sowohl im Eulitoral (SCHILKE 1970a) als auch in sublitoralen Fein- und Mittelsanden (NOLDT 1989a).

Gotland. Einziger Nachweis im mesohalinen Brackwasser. Feinsand in 2 m Wassertiefe (L'HARDY 1965; KARLING 1974).

Körperlänge bis 2,2 mm (NOLDT 1989a). Mit Augen. Mit 3 Haftgürteln.

Zwei Hoden vor dem Pharynx, paarige Vitellarienschläuche dahinter. Unpaares Germar im Hinterende.

Unverwechselbar sind die Hartteile des Kopulationsorgans. Es handelt sich um 2 Stilette (Haken, Scheiden) in der Form von Halbröhren, die sich mit ihren konkaven Seiten aneinander legen und so einen Kanal für die Ausleitung von Sperma und Kornsekret bilden. Die Stilette sind proximal stark verbreitert; sie enden distal in stumpfen Spitzen. Die Länge beträgt 19–26 µm (Bretagne), 27 µm (Gotland), 19,5–23 µm (Sylt) (L'HARDY 1965, NOLDT 1989a).

Carcharodorhynchus subterraneus Ax, 1951

(Abb. 252)

Carcharodorhynchus subterraneus Meixner, 1938 nom. nud.: KARLING 1992

Noch in der Darstellung der Kalyptorhynchia Ostfennoskaniens durch KARLING (1963) werden alle Funde von Schizorhynchia mit Häkchenreihen auf dem Rüssel unter dem Namen *C. subterraneus* geführt. Erst L'HARDY (1963), BRUNET (1967) und SCHILKE (1970a, b) haben die Existenz von 6 ähnlichen Arten mit subtilen Unterschieden in der Bewaffnung des Spaltrüssels herausgestellt.

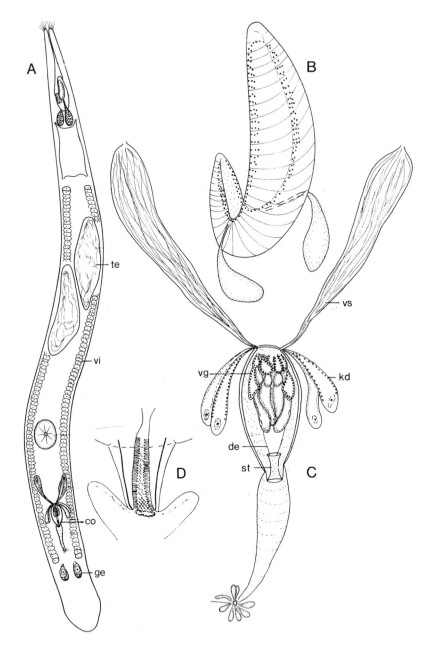

Abb. 252: *Carcharodorhynchus subterraneus*. A. Organisation. B. Rüssel nach Quetschpräparat. Dorsaler Muskelwulst rechts. C. Kopulationsorgan nach Lebendbeobachtungen. D. Invertierter Cirrus stärker vergrößert. (A–C Kieler Bucht. A, C Schilke 1970b; B Schilke 1970a; D Innere Ostsee. Karling 1974)

C. isolatus, *C. ambronensis*, *C. listensis* und *C. subterraneus* besiedeln den Sandstrand am Ostufer von List/Sylt in horizontaler Abfolge vom Sublitoral bis in das Supralitoral (SCHILKE 1970b).

C. subterraneus lebt im oberen Sandhang unmittelbar am Dünenfluß, also im Brackwasserbereich des Nordsee-Sandstrandes. Diesem Verhalten entspricht ökologisch sehr gut der Fund von SCHMIDT (1972a) im oberen Hang am Sandstrand von Schilksee in der Kieler Bucht. Damit werden frühere Angaben von SCHILKE (1970b) für die westliche Ostsee spezifiziert.

Es sieht so aus, als wenn *C. subterraneus* der einzige Repräsentant des Taxons *Carcharodorhynchus* in der Ostsee ist. So dürften die Angaben von KARLING (1963) für den Finnischen Meerbusen und die schwedische Ostseeküste von Individuen dieser Art stammen, ebenso seine neuen Figuren (1974). Darüber hinaus ist für alle weiteren Meldungen unter dem Namen *C. subterraneus* eine Überprüfung einzufordern.

Die folgenden Daten sind überwiegend von SCHILKE (1970a, b) entnommen; Ergänzungen stammen von KARLING (1963, 1974).

Länge 1–1,2 mm. Spitzes Vorderende, etwas verschmälertes Hinterende nach caudalem Haftring. Keine Augen, ohne Körperpigment. Pharynx hinter der Körpermitte.

Asymmetrischer Spaltrüssel mit stumpfen Muskelwülsten. Der dorsale Wulst wird 60–80 µm lang, der ventrale Wulst erreicht nur die Hälfte oder Zweidrittel.

Rüsselhäkchen. Auf dem kürzeren Wulst laufen lateral zwei Streifen mit jeweils 1–2 Häkchenreihen. Auf dem längeren, dorsalen Wulst sind basal 3 Reihen vorhanden; im mittleren Teil kann eine 4. Reihe hinzukommen. Vor der Spitze vereinigen sich die beiden lateralen Streifen. Hinter den Wülsten sind zwei laterale Drüsensäcke entwickelt.

Zwei große Hoden im Vorderkörper, etwas verschoben oder hintereinander gelegen. Paarige Vitellarien in den Körperseiten, paarige Germarien im Hinterkörper.

Das Kopulationsorgan wird 40 µm lang. Es enthält proximal 3 Gruppen von Kornsekretgängen mit verschiedenem Inhalt. Der distale Cirrus besteht aus einem inneren und einem äußeren Rohr. Das Innenrohr ist 8–10 µm lang, rund, in der Mitte tailliert. Winzige Häkchen sind an der Innenseite in spiralig verlaufenden Reihen angeordnet. Das sehr feine, unbewaffnete Außenrohr ist nur etwa einfach spiralisiert. Innenrohr und Außenrohr sind am Ende verwachsen. Eine Figur von KARLING (Abb. 252 D) entspricht dieser Beschreibung.

Thylacorhynchus Beauchamp, *1927*

Im Grundmuster der Schizorhynchia hat der Rüssel zwei schlanke Zungen, die im Querschnitt annähernd halbkreisförmig sind. Dagegen ist der Rüssel von *Thylacorhynchus* stark abgeleitet durch lippenförmige, breite, abgeplattete und intensiv gefaltete Zungen. Die breiten Zungenränder sind mit mehreren triangulären Loben versehen (KARLING 1961).

Thylacorhynchus arcassonensis Beauchamp, 1927

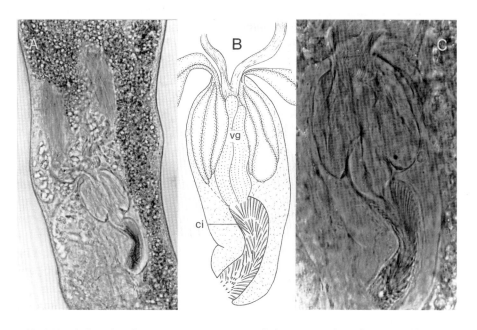

Abb. 253: *Thylacorhynchus arcassonensis*. A. Kopulationsorgan mit großen Samenblasen. B, C. Kopulationsorgan stärker vergrößert. Charakteristisch ist die einseitige Vorbuchtung am Beginn des Cirrus. Arcachon. (A, C Originale 1964; B Schilke 1970b)

Funde im Meeressand reichen von der Bucht von Arcachon (BEAUCHAMP 1927c; AX 1964, Pilat Plage) über Nordirland (BOADEN 1966), die schwedische Westküste und dänische Nordseeküste (KARLING 1974) zu den nordfriesischen Inseln Amrum (SCHILKE 1970a) und Sylt (HELLWIG 1987).

In der Folge einer Beobachtung aus dem Brackwasser an der schwedischen Ostseeküste (Århus, Feinsand in 3 m Tiefe) haben wir die Art in unsere Übersicht aufzunehmen.

Neuere Darstellung durch SCHILKE (1970a), in welche eigene Befunde von Arcachon (1964) eingegangen sind.

Länge 1,2 mm. Mit zwei nierenförmigen Augenbechern. Kein Körperpigment. Zwei Haftgürtel, einer kurz vor der Körpermitte, der andere am Hinterende.

Zwei Hoden vor dem Pharynx. Paarige Vitellarien erstrecken sich vom Gehirn bis ins Hinterende. Ein unpaares Germar am Beginn des letzten Körperdrittels. Neben dem Keimstock beginnt eine sackförmige Bursa, die am lebenden Tier durch unregelmäßige, glänzende Sekrete auffällt.

Das Kopulationsorgan mißt zwischen 125 und 140 µm. In der proximalen Kornsekretblase sind die Kornsekrete in eine zentrale Gruppe und darum liegende kürzere Beutel geordnet.

Der gekrümmte Cirrus wurde in Arcachon zu 50 µm vermessen, bei Tieren von Amrum zu 68–71 µm. Das Organ ist proximal auf einer Seite bauchig aufgetrieben, in der Mitte tailliert und läuft zum Ende wieder breiter aus. Die längsten Stacheln von ~ 10 µm stehen proximal im Cirrus. Distal werden sie kürzer und sind hier leicht gebogen.

Thylacorhynchus macrorhynchos n. sp.

(Abb. 254)

Bucht von Arcachon
Brandungsstrand bei Cap Ferret. Grobsand 200 m vor Prallhang. Bei Niedrigwasser 30–40 cm Wasserbedeckung (Sept. 64).

Courant Lège. Mehrere Funde von salzreichem Milieu bis an die Grenze Brackwasser-Süßwasser. Feuchtsand der Uferzone (29,9 ‰ S), reiner Feinsand in der Mitte eines seitlichen Zuflusses (16,7 ‰ S), Schlicksand (1,9 ‰ S).

Aestuar de L'Eyre im Gezeitenbereich. Grobsand in der Mitte des Flusses. Bei Niedrigwasser nahezu süß, bei Hochwasser 28 ‰ Salzgehalt (Sept. 1964).

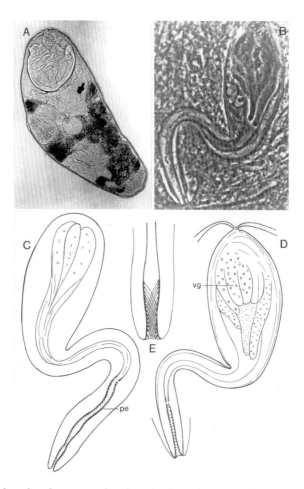

Abb. 254: *Thylacorhynchus macrorhynchos*. A. Quetschpräparat eines lebenden Tieres zur Demonstration des großen Rüssel. B–D. Kopulationsorgane verschiedener Individuen. E. Endteil des Cirrus mit feinen Leisten an der Innenwand. Arcachon. (Originale 1964)

Kleine Art von 0,8–1 mm Länge. Mit Augen, ungefärbt. Der ungewöhnlich große Rüssel nimmt 1/4 bis 1/5 der Körperlänge ein.

Das Kopulationsorgan ist ein S-förmig geschwungenes Gebilde mit einer ovoiden Körnerdrüsenblase und einem schlauchförmigen Penis. Die Länge beträgt ~ 120 µm.

In der Körnerdrüsenblase habe ich 3 verschiedene Sorten von Sekret gefunden – feine, mittlere und grobe Körner.

Der Endteil des Penis erscheint an der Innenauskleidung mit winzigen Stacheln versehen – an der Grenze des lichtoptischen Auflösungsvermögens. Die Länge dieses „bestachelten Cirrus" betrug an einem Exemplar 55 µm, war an einem zweiten Individuum aber wesentlich kürzer. Das lichtmikroskopische Bild kann folgende Erklärung haben. Feine kutikulare Leisten besetzen den Cirrus innen und stehen hier in schrägem Winkel zueinander. Ihre Ansätze an der Wand erscheinen im optischen Schnitt als feinste Zähnchen oder Stacheln.

Thylacorhynchus filostylis **Karling, 1956**

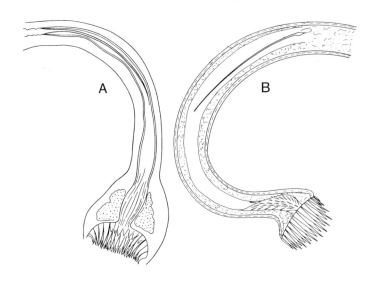

Abb. 255: *Thylacorhynchus filostylis*. Cirrus mit Stilett im Inneren. A. Finnischer Meerbusen. (Karling 1956a). B. Sylt. (Schilke 1970b)

Finnischer Meerbusen (Tvärminne, Hangö) und Kurische Nehrung (KARLING 1974)
Schwedische Westküste: Tylösand.
Nordseeinsel Sylt: Blidselbucht am Ostufer (SCHILKE 1970a).
Weser. Gezeitensandstrand Dedesdorf. Brackwasser der Wesermündung. Salzgehalt 7–11 ‰ (DÜREN & AX 1993).

Die originale Beschreibung von KARLING (1956a) aus dem Finnischen Meerbusen besteht aus einer Zeichnung des distalen Kopulationsorgans. Ich stütze mich vorwiegend auf ergänzende Lebendbeobachtungen von SCHILKE (1970a) an einem Individuum von Sylt.

Länge ~ 1mm. Der Körper ist braun marmoriert. Zwei winzige Augen aus jeweils nur 6–8 Pigmentkörnern. Zwei Haftringe.

Das langgestreckte Kopulationsorgan erreicht 220 µm. Auf die ovoide Kornsekretblase folgt ein konstant starker Cirrus von 110 µm Länge und einem Durchmesser von 12 µm. Proximal inseriert im Cirrus ein nadeldünnes Stilettrohr (46 µm). An dem Sylter Exemplar ist der Cirrus wenig vor dem Ende dicht mit kurzen Nadeln besetzt. In der Abbildung aus dem Finnischen Meerbusen sind sie nicht vermerkt. Bei beiden Autoren finden wir einen sehr charakteristischen Abschluß des Cirrus. Es handelt sich um eine weite, glockenförmig nach hinten offene Nadelkuppel.

Thylacorhynchus pyriferus Karling, 1950

(Abb. 256)

West-Atlantik
Grönland. Disko, Godhavn. Detritusarmer Mittel-Grobsand im Hafenbecken (AX 1995b)
Nordsee
Tromsö. Sandwatt (SCHMIDT 1972b).
Sylt. Ostufer der Insel: Mittel- schwach lotische Sandhänge. Sandwatt (SCHILKE 1970b)
Kristineberg (KARLING 1974).
Ostsee
Schwedische Ostseeküste. Gotland. Sand. Bis 4 m Wassertiefe.
Finnischer Meerbusen. Hangö Halbinsel. Sand in Tiefen von 0,5–17 m (KARLING 1963, 1974).

Länge bis 1,5 mm. Augen mit großen Pigmentbechern. Farblos. Mit zwei Haftgürteln. Spaltrüssel. Die stark gefalteten Zungen sind vorne in je 3 Loben mit gezahnten Rändern gegliedert.

Paarige Hoden vor dem Pharynx. Paarige Vitellarienschläuche dorsolateral; unpaares medianes Germar im Hinterende.

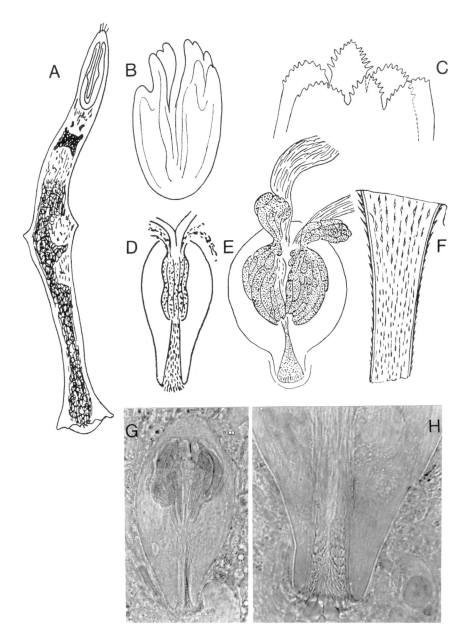

Abb. 256: *Thylacorhynchus pyriferus*. A. Tier beim Anheften. B. Rüssel. C. Kanten der Rüssellippen. D und E. Kopulationsorgan bei unterschiedlicher Quetschung. F. Ausgestülpter Cirrus. G. Kopulationsorgan. H. Distaler Teil des Kopulationsorgans mit Stachelreihen an der Innenfläche des Cirrus. A–F Finnischer Meerbusen. (Karling 1963, 1974); G, H Grönland. Disko. (Ax 1995b)

Kopulationsorgan. Birnenförmig, mit proximaler Kornsekretblase und distalem ausstülpbaren Cirrus. Gesamtlänge zwischen 95 und 170 µm; der Cirrus nimmt kaum die Hälfte ein. Bei diesem Organ handelt es sich um einen geraden, distal schwach erweiterten Trichter mit fein bestachelter Wand.

Es erscheint fraglich, ob Tiere aus dem Sublitoral von Sylt mit Stacheln von 4,5 µm Länge im distalen Cirrus (NOLDT 1989a) zu dieser Art gehören.

Thylacorhynchus conglobatus Meixner, 1928

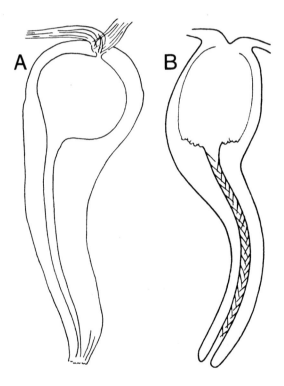

Abb. 257: *Thylacorhynchus conglobatus*. A. Kopulationsorgan eines Tieres aus dem Finnischen Meerbusen. Cirrus ohne Stacheln. (Karling 1950). B. Kopulationsorgan eines Individuums von der dänischen Nordseeküste mit Stachelcirrus. (Karling 1963, 1974). Die beiden Bilder stammen möglicherweise von Vertretern verschiedener Arten.

Länge, Gestalt, Lage der Augen und Bewegungsweise stimmen mit *T. pyriferus* überein (KARLING 1950).

MEIXNER (1928) berichtet über Tiere aus der Kieler Bucht von einem sehr langgestreckten Kopulationsorgan, dessen Cirrus unbestachelt ist. Dem entsprechen Beobachtungen an Individuen aus dem Finnischen Meerbusen durch KARLING (1950). Schließlich schreibt BOADEN (1963, p. 196) nach Untersuchungen in Nordwales über *T. conglobatus* „Penis a cuticular tube without spines or papillae".

Dem stehen Angaben von der Norseeinsel Sylt über einen bestachelten Cirrus gegenüber. (SCHILKE 1970a; NOLDT 1989a). Und auch KARLING (1963) bildet ein Tier von der dänischen Nordseeküste mit Stacheln im Cirrus ab. KARLING (1974, p. 59) stellt die Frage, inwieweit es sich bei Tieren mit und ohne Stacheln im Cirrus um Vertreter von 2 verschiedenen Arten handeln könne.

Für unsere Brackwasser-Problematik müssen wir uns an der Darstellung von KARLING (1950) orientieren, gemäß welcher der Cirrus des birnenförmigen Kopulationsorgan in einer Population von Tvärminne ein enges Rohr ohne Stachelbildungen bildet. Vielleicht ist diese Population mit Tieren der Originalbeschreibung aus Kiel (MEIXNER 1928) und solchen von Nordwales (BOADEN 1963) identisch.

„Karkinorhynchidae"

Baltoplana magna Karling, 1949

(Abb. 258 A–C, 259)

B. magna ist ein marin-euryhaliner, psammobionter Organismus. In Korrelation zu einer Körpergröße von mehreren Millimetern werden vorzugsweise Mittel- und Grobsande besiedelt (KARLING 1974) – an Nord- und Ostsee, im Nordatlantik, am Mittelmeer. Als Beispiele längerfristiger Studien nenne ich Aufnahmen von Sylt für die Nordsee und aus der Kieler Bucht für die Ostsee.

Auf Sylt besiedelt *B. magna* mittel- und schwach lotische Sandhänge am Ostufer der Insel (SCHILKE 1970b). Sie ist zudem im Sublitoral bis in 17 m Tiefe festgestellt (NOLDT 1989a).

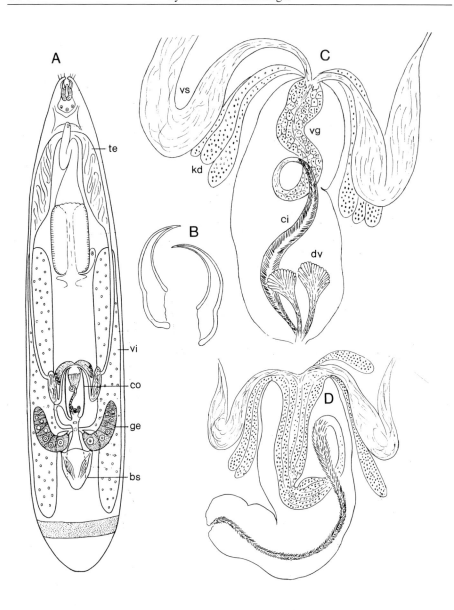

Abb. 258: A–C *Baltoplana magna*. A. Organisation nach Quetschpräparat und Schnitten. Finnischer Meerbusen. (Karling 1963). B. Rüsselhaken. C. Kopulationsorgan nach Quetschpräparat. Mittelmeer. Etang de Canet. (Ax 1956c). D. *Baltoplana valkanovi*. Kopulationsorgan. Bosporus. Poyrazköy. (Ax 1959a)

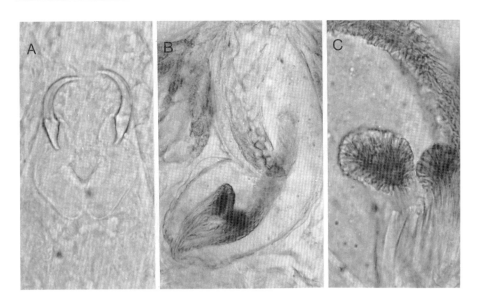

Abb. 259: *Baltoplana magna*. A. Rüsselhaken auf wurstförmigen Muskelkolben. B. Kopulationsorgan mit Vesicula granulorum. Cirrus und zwei Stacheldivertikeln. C. Pilzhutförmiger Proximalteil eines Stacheldivertikels; zweiter Divertikel im Hintergrund. Baie de Chaleur. Kanada. (Ax & Armonies 1987)

In der Kieler Bucht wurde *B. magna* am Strand von Schilksee regelmäßig im Brandungsufer mit Otoplanen-Zone und seewärts folgenden Grobsand beobachtet – vergesellschaftet mit *Bothriomolus balticus* und *Itaspiella helgolandica*, mit *Coelogynopora biarmata* und *Promesostoma cochleare* (AX 1951a).

Im Brackwasser des Finnischen Meerbusens wurde *B. magna* vom Wasserrand bis in 10 m Tiefe nachgewiesen (KARLING 1963).

Auf beiden Seiten des Nordatlantik dringt *B. magna* über brackige Flußmündungen an die Grenze zum Süßwasser vor. Das ist in Kanada im Elmtree River der Baie de Chaleur der Fall (AX & ARMONIES 1987). Und an der französischen Atlantikküste habe ich *B. magna* im Courant de Lège (Arcachon) bis zu einem Salzgehalt von 1,9 ‰ gefunden (1964).

Im Etang de Canet am Mittelmeer betrug die Salinität an einem Fundort 0,9 ‰ (AX 1956c).

Länge 3–4 mm, maximal 5 mm (KARLING 1974). Schlanker Körper; vor dem Hinterende ein prominent vorspringender Haftring. Ohne Pigmentaugen, ungefärbt. Pharynx mit langer, bestachelter Schlundtasche und weit vorne gelegener Mundöffnung.

Kleiner Rüssel. Gleichgestaltete Rüsselhaken um 30 µm lang, mit einwärts gebogenen Spitzen, bedeutend kräftiger entwickelt als die schlanken Haken im Taxon *Cheliplana*. Die Haken stehen auf wurstförmigen Muskelkolben, zwischen den sich lateral paarige Tastfinger mit Sekretgängen befinden.

Paarige Hoden vor dem Pharynx sind dorsal in der Mittellinie miteinander verwachsen. Paarige Vitellarien durchlaufen den Körper lateral, paarige Germarien liegen im Hinterende unter den Vitellarien.

Die Länge des Kopulationsorgans schwankt offensichtlich erheblich. KARLING (1963) gibt Werte von 120–330 µm an. In dem sackförmigen Organ liegt proximal die Vesicula granulorum. Unter Bildung einer Schlinge folgt der Cirrus in Form eines Schlauches mit Stacheln. Sehr charakteristisch für *B. magna* sind zwei zusätzliche Stacheldivertikel im distalen Teil des Kopulationsorgans. Sie gehen von schlanken Stielen aus und verbreitern sich pilzhutförmig in das Innere des Kopulationsorgans. Nach KARLING (1949) münden sie zusammen mit dem Cirrus in eine eingestülpte Distaltasche, können möglicherweise auch getrennt vom Cirrus austreten.

Baltoplana valkanovi Ax, 1959

(Abb. 258 D)

Eigene Funde stammen vom Bosporus. Hier wurde *B. valkanovi* in Grobsand-Kies der Uferzone („Küstengrundwasser") bei Poyrazköy entdeckt. Salzgehalt 11,2 ‰.

Ferner hat VALKANOV die Art bei Varna an der rumänischen Küste des Schwarzen Meeres nachgewiesen (Dokumentation in AX 1959a).

Zwei Merkmale unterscheiden die Art von *B. magna*. (a) *B. valkanovi* ist mit einer Länge von 1,8 mm wesentlich kleiner als *B. magna*. (b) Bei *B. valkanovi* fehlen die beiden Stacheldivertikel im Kopulationsorgan, welche *B. magna* so eindrucksvoll auszeichnen. Im übrigen habe ich im Kopulationsorgan von *B. valkanovi* mit einer Schlinge zwischen Vesicula granulorum und dem bestachelten Cirrus keine weiteren Unterschiede zu *B. magna* gefunden.

Cheliplana Beauchamp, 1927

Wir behandeln 5 Vertreter aus dem artenreichen Taxon *Cheliplana* (BRUNET 1968, KARLING 1983, 1989; NOLDT & HOXHOLD 1984; NOLDT 1989a), für welche Beobachtungen aus Brackgewässern vorliegen.

C. stylifera wurde zuerst aus dem Brackwasser des Finnischen Meerbusens bekannt, später aber auch im marinen Milieu gefunden.

Von besonderem Interesse erscheint in unserem Zusammenhang die neue Art *C. deverticula*. Sie ist ausschließlich in Brackwasserarealen der Bucht von Arcachon und im Mesohalinicum des Greifswalder Boddens nachgewiesen. Mit den heute bekannten Siedlungen in zwei weit getrennten Gebieten kann sie als ein genuiner Brackwasserorganismus angesprochen werden.

C. deverticula verdient aber auch noch in anderer Hinsicht Beachtung. Sie hat im Kopulationsorgan anstelle einer blasenförmigen Vesicula granulorum einen langen, in einen Kreis gelegten Schlauch. Das entspricht ungefähr Befunden an Tieren aus dem mediterranen Etang de Canet, die ich seinerzeit als Individuen der Art *C. vestibularis* identifiziert habe (AX 1956c). Individuen dieser Art aus dem marinen Milieu von Arcachon besitzen indes eine rundliche Vesicula granulorum (BEAUCHAMP 1927b). Es kann sich mit anderen Worten bei den Populationen vom Atlantik und vom Mittelmeer um Repräsentanten zweier verschiedener Arten handeln; darauf komme ich unten zurück.

C. euxeinos gehört mit seiner Verbreitung im Schwarzen Meer (Türkei, Rumänien) in diese Abhandlung. Dagegen nehme ich *C. orthocirra* (AX, 1959a) nicht auf, weil sie bisher nur aus dem Polyhalinicum des Marmara-Meeres bekannt ist.

Schließlich melde ich *C. setosa* aus einem Brackwasserbiotop an der japanischen Pazifikküste.

Cheliplana deverticula n. sp.

(Abb. 260, 261)

Französische Atlantikküste
Bucht von Arcachon. Sandböden in Brackwasserregionen der Mündungen des Courant de Lège und de l'Eyre. Ils aux Oiseaux. Supralitoraler Feuchtsand am Rand eines Priels (Sept. 1964).

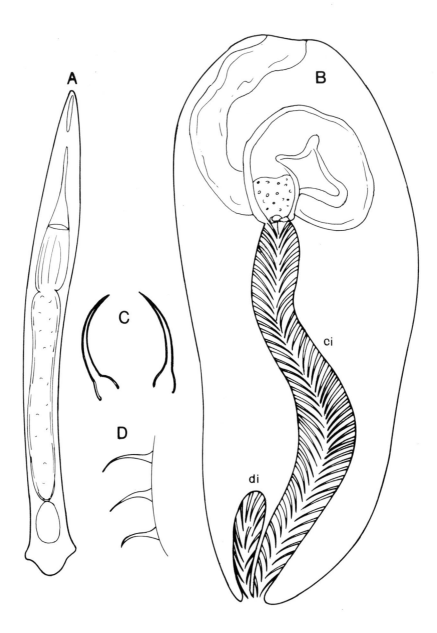

Abb. 260: *Cheliplana deverticula*. A. Habitus. B. Kopulationsorgan mit einem Stacheldivertikel distal neben dem Cirrus. C. Rüsselhaken. D. Einzelne Haken aus dem Cirrus. Greifswald-Wieck. (Originale 2001)

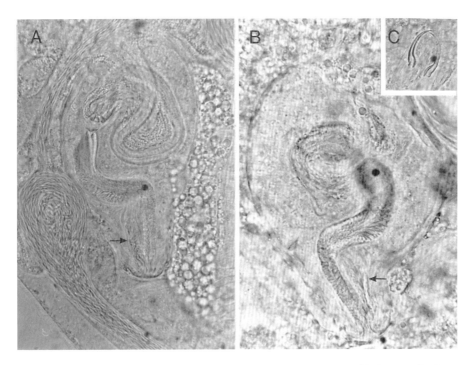

Abb. 261: *Cheliplana deverticula*. A, B. Kopulationsorgane von 2 verschiedenen Individuen. Pfeile zeigen auf den Stacheldivertikel neben dem Cirrus. C. Rüsselhaken. Arcachon. Courant de Lège. (Originale 1964)

Ostsee

Im Mesohalinicum des Greifswalder Boddens. Greifswald-Wieck. Detritushaltiger Fein- bis Mittelsand nördlich der Mündung des Ryck. Salzgehalt 5–6 ‰. Der oxydierte Sand wird in wenigen Millimetern von FeS-Sand unterlagert. Zusammen mit *Provortex balticus* (Sept. 2001).

Länge ~ 1 mm. Ohne Augen, ungefärbt. Kurz vor dem Hinterende tritt gewöhnlich ein Haftring hervor.

Die Rüsselhaken messen 17–18 µm; von einer trichterförmigen Basis laufen sie geschwungen nach vorne und enden in einer scharfen Spitze.

Über die Hoden liegen keine Beobachtungen vor. Unpaares Vitellar und Germar. Kopulationsorgan. In einem großen, länglichen Sack wird das proximale Drittel von einem Schlauch eingenommen, der konstant eine Kreiswindung beschreibt. Dieser Schlauch ist wohl eher ein Leitungskanal (Ductus ejaculatorius) als ein Speicherorgan (Vesicula granulorum). Mit einer scharfen Grenze und unter deutlicher Einschnürung schließt ein geschwungener Cirrus von etwa 75 µm Länge an. Der Cirrus ist an der Innenwand dicht mit Stacheln besetzt. Am ausgestülpten Organ zeigen sich die Stacheln als leicht gebogene Gebilde mit breiter Basis und scharfer Spitze; Länge 7–8 µm.

Neben dem Ausgang des Cirrus steht konstant ein Stacheldivertikel von ~ 18 µm Länge. Es handelt sich um eine keulenförmige Einstülpung der Wand des Kopulationsorgans, die oben blind geschlossen ist. Der Divertikel kann zusammen mit dem Cirrus ausgestülpt werden. Die Stacheln sind mit jenen im Cirrus identisch.

Der Stacheldivertikel ist das artspezifische Merkmal von *C. deverticula*. Bei *Baltoplana magna* sind zwei Divertikel ausgebildet, die zudem am oberen Ende wie ein Pilzhut verbreitert sind. Zwei Stacheldivertikel hat auch *Archipelagoplana triplocirro* von Galapagos (NOLDT & HOXHOLD 1984).

Die nächststehende *Cheliplana*-Art ist *C. vestibularis* in der Darstellung von Tieren aus einem mediterranen Brackwasser-Strandsee.

Cheliplana vestibularis Beauchamp, 1927

(Abb. 262)

Französische Atlantikküste
Arcachon. Diatomeensand. Marin. (BEAUCHAMP 1927b).
? Französische Mittelmeerküste
Etang de Canet. Detritusreicher Feuchtsand der Uferzone. Mesohalinicum (AX 1956a).

Länge an beiden Fundstellen um 1 mm. Ohne Augen, ungefärbt.

Rüsselhaken 16–17 µm lang; am Atlantik und Mittelmeer von gleicher Struktur.

Zwei Hoden, partiell verschmolzen. Paarige Vitellarien in zwei Follikelreihen hinter dem Pharynx (BEAUCHAMP), unpaares Germar am Hinterende.

Kopulationsorgan. Nach Beobachtungen in Arcachon steht proximal eine papillöse Blase. Es folgt ein leicht geschwungener Ejakulationsschlauch, wel-

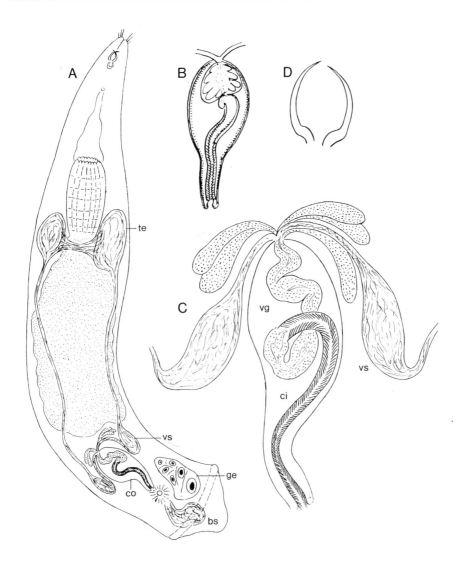

Abb. 262: *Cheliplana vestibularis*. A. Organisation nach Lebendbeobachtungen. B. Kopulationsorgan mit blasenförmiger Vesicula granulorum (vom Locus typicus). C. Kopulationsorgan mit Schlauch anstelle der Blase. D. Rüsselhaken. A, C, D Mittelmeer. Etang de Canet. (Ax 1956c); B. Atlantik. Arcachon. (Beauchamp 1927b)

cher in einen Penis ausstülpbar ist. Seine Wand erscheint durch kleine, schräge Stäbchen gestreift (BEAUCHAMP 1927b).

An Tieren vom Mittelmeer habe ich anstelle der Blase einen Schlauch gefunden, diese Differenz seinerzeit aber nicht weiter berücksichtigt. Das sieht nach der Kenntnis von *C. deverticula* heute anders aus, auch wenn der Schlauch dort einen vollständigen Kreisbogen durchläuft. Der Cirrus mit Stacheln in der Mittelmeerpopulation entspricht dann zweifelsfrei dem gestreiften Ejakulationsschlauch in der Darstellung von BEAUCHAMP aus Arcachon.

Es bleibt festzuhalten, daß „*C. vestibularis*" weder in Arcachon noch am Mittelmeer den charakteristischen Stacheldivertikel von *C. deverticula* besitzt.

Ergebnis: Am marinen Locus typicus in Arcachon ist zu prüfen, ob die Ausprägung einer blasenförmigen Vesicula einen konstanten, realen Unterschied zum Schlauch im Kopulationsorgan der Brackwassertiere vom Mittelmeer darstellt. Sollte das der Fall sein, so müßte die mediterrane Brackwasser-Population wohl als ein separates Taxon ausgewiesen werden.

Cheliplana stylifera Karling, 1949

(Abb. 263 A–C)

Deutsche und dänische Nordseeküste
Halbinsel Eiderstedt. Reiner Feinsand am Westerhever Sand (AX in KARLING 1963).
Amrum, Rømø. Lotische Ufer am Weststrand (SCHILKE 1970b).
Sylt. Sublitoraler Fein- und Mittelsand (NOLDT 1989a).

Schwedische Ostküste.
Åhus. Feinsand in 2–3 m Tiefe (KARLING 1963).

Finnischer Meerbusen
Südküste der Hangö-Halbinsel. Mittelsand in 2–6 m Tiefe (KARLING 1949, 1963).

C. stylifera ist eine marin-euryhaline Art des Mesopsammon mit Einwanderung in mesohalines Brackwasser.

Länge 1 mm. Vor dem Hinterende mit ringförmigen Haftgürtel. Ohne Augen, gelbbräunlich.

Rüsselhaken schwach gekrümmt, nadelfein. Länge 17–33 µm. Schwach entwickelte Basalkolben. Hoden paarig hinter dem Pharynx. Vitellar und Germar unpaar.

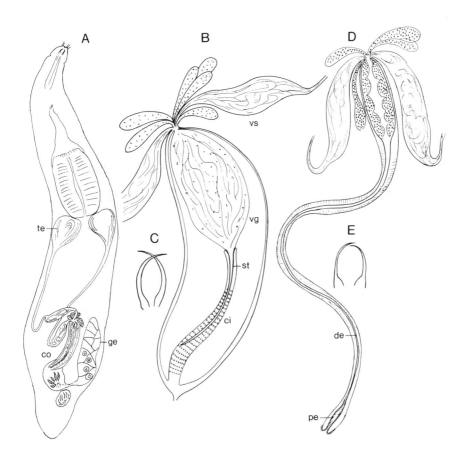

Abb. 263: A–C. *Cheliplana stylifera*. A. Organisation nach Lebendbeobachtungen. B. Kopulationsorgan mit Stilett im Cirrus. C. Rüsselhaken. D–E. *Cheliplana euxeinos*. D. Kopulationsorgan. E. Rüsselhaken. A, C Finnischer Meerbusen. (Karling 1963); B. Nordsee. Halbinsel Eiderstedt (Original 1951); D, E Schwarzes Meer. Sile. (Ax 1959a)

Das gestreckte, wurstförmige Begattungsorgan erreicht etwa 120 μm Länge. Es enthält proximal die Vesicula granulorum und distal einen Cirrus mit winzigen Höckern. Letzterer umschließt ein leicht gebogenes, feines Stilett von 45 μm Länge. Beim Ausstülpen des Cirrus wird das Stilett vorgestoßen.

Cheliplana euxeinos Ax, 1959

(Abb. 263 D, E)

Schwarzes Meer
Sandstrand von Sile an der türkischen Küste. In Strandtümpeln mit Salinität zwischen 14,5 und 17,9 ‰ (AX 1959a).
Rumänische Küste. Agigea. Sand in 3 m Tiefe (MACK-FIRA 1974).

Länge bis 2 mm. Ungefärbt, durchsichtig.
  Die Rüsselhaken sind 14 µm lang. Sie laufen von einer trichterförmigen Basis zunächst gerade nach vorn und biegen erst am Ende sichelförmig nach innen ein.
  C. euxeinos hat einen Hoden hinter dem Pharynx, ein langgestrecktes Vitellar und ein Germar im Hinterende.
  Das Kopulationsorgan besitzt zwei große Samenblasen. Sie öffnen sich proximal zusammen mit den Kornsekretdrüsen in eine sackförmige Vesicula granulorum. Diese setzt sich wie bei *C. asica* Marcus 1952 in einen sehr langen, gewundenen Ductus ejaculatorius fort. Seine innere Auskleidung ist verfestigt. Distal schwillt der Ductus zu einem kolbenförmigen Penis mit kleinen Stacheln an. Die Stacheln setzen sich von der Innenwand des Penis über die Öffnung ein Stück auf die Aussenwand fort. Die Bewehrung des Penis liefert ein gutes Unterscheidungsmerkmal gegenüber *C. asica* mit unbestacheltem Penis.

Cheliplana setosa Evdonin, 1971

(Abb. 264)

C. setosa wurde von EVDONIN (1971, 1977) aus der Japanischen See (Bucht Peter des Großen) beschrieben und von KARLING (1983) an der Küste Kaliforniens (Tomales Bay) entdeckt. Wir können den Nachweis in einem Brackwasserbiotop anfügen.

Japan. Honshu. Aomori District
Lagune des Takase River (Der Fluß verbindet den Lake Ogawara mit dem Pazifik). Detritussand der Uferzone, zusammen mit *Macrostomum semicirculatum* und *Ptychopera japonica* (S. 358). (21.8.1990. Salzgehalt 15 ‰). 1 Exemplar.

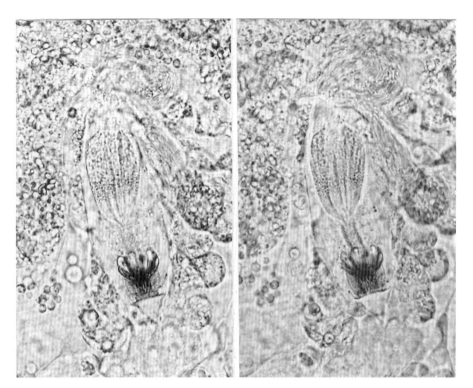

Abb. 264: *Cheliplana setosa*. Kopulationsorgan bei verschiedener Scharfeinstellung des Cirrus. Japan. (Originale 1990)

Der langgestreckte Cirrus besteht aus 3 Abschnitten. Das Organ beginnt proximal mit einem geraden Rohr, welches mit feinen Stacheln ausgekleidet ist. Distal befindet sich ein kürzeres, erheblich breiteres Rohr mit kräftigen Stacheln in regulären Reihen. Zwischen diesen beiden Abschnitten steht ein Kranz oder Gürtel von 5 oder 6 großen Haken, die in Taschen eingebettet sind. Wie KARLING (1983) vermerkt, sieht man am lebenden Tier nicht die Haken, sondern vielmehr den Gürtel der charakteristischen Taschen; sie sind leicht gebogen und am Ende angeschwollen. Meßwerte liegen für das japanische Tier nicht vor.

Cheliplanilla caudata Meixner, 1938

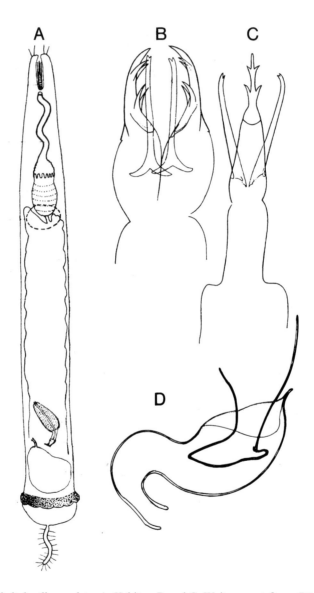

Abb. 265: *Cheliplanilla caudata*. A. Habitus. B und C. Weit vorgestoßener Rüssel mit Greifhaken und zusätzlichen Apparaten in Form von Stäben. B. Darstellung in schiefer Lateralansicht. C. In Dorsalansicht. Nur ein Haken gezeichnet. D. Stilett in einem schwach verfestigten Rohr. (A Kieler Bucht. Meixner 1938; B und C Esbjerg oder Schwedische Ostseeküste. Karling 1961a; D Kieler Bucht. Hohwacht. Original 1951)

Verbreitet in litoralen Fein- bis Mittelsanden von Nordsee, Ostsee und Mittelmeer (Literatur in KARLING 1974).

Aus Brackwassergebieten engerer Umgrenzung existieren nur 3 Angaben. STRAARUP (1970) meldet *C. caudata* aus der Nivå Bucht am Øresund, AX (1951a) von der Frischen Nehrung und Kurischen Nehrung sowie KARLING (1956a) von der Schwedischen Ostseeküste bei Åhus (3 m Tiefe) und um Gotland (1–5 m Tiefe).

Länge von 0,5 mm (MEIXNER 1938) bis ~ 0,7 mm. Mit Haftgürtel kurz vor dem Hinterende und terminalem Haftfaden. Ohne Augen, ungefärbt.

Rüssel mit Greifhaken und Nebenapparaten (MEIXNER 1938, KARLING 1961a). Die gebogenen Haken tragen unter der Spitze 2 Paar gespaltener Nebenspitzen. Neben den Greifhaken existieren zusätzliche Fangapparate. Es handelt sich um 2 Stäbe mit einer Gabelspitze und einem quergestellten Basalstück; Länge 24–29 µm (KARLING l. c.).

Das Kopulationsorgan hat eine große Vesicula granulorum und ein kleines stiefelförmiges Stilett. Letzteres steht in einer dünnwandigen Rohrbildung von stark wechselnder Ausprägung. Vermutlich handelt es sich dabei um „die schwach kutikularisierte Wand der Stilettscheide und des nächstliegenden Atrialabschnittes" (KARLING 1956a, p. 275).

Diascorhynchidae

Rüsselapparat mit zwei dorsoventral einander gegenüberliegender Haken, die hinten durch einen Muskelbogen vereinigt sind. Zwei Rüsselschläuche münden lateral zwischen den Haken in die Rüsselbasis. In jeden Schlauch treten hinten große Drüsen ein.

Diascorhynchus Meixner, 1928
Diascorhynchus serpens Karling, 1949

(Abb. 266)

Euryhaline, psammobionte Art mit dokumentierten Siedlungen im Litoral von Nordsee, Ostsee und Mittelmeer (HELLWIG 1987, KRUMWIEDE &

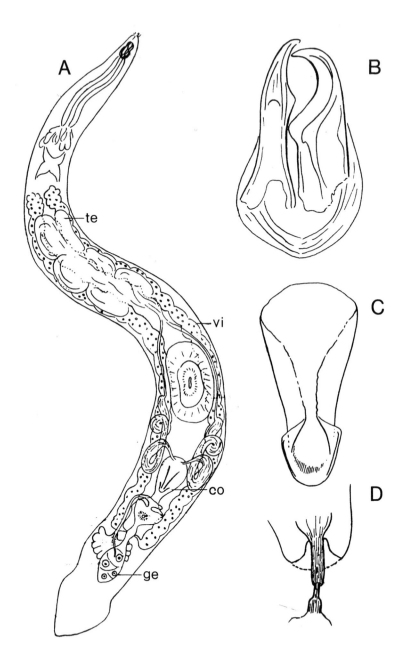

Abb. 266: *Diascorhynchus serpens*. A. Organisation nach Lebendbeobachtungen. B. Rüsselhaken mit Muskelbogen. C. Stilett des Kopulationsorgans. D. Bursamundstück. Finnischer Meerbusen. (Karling 1963)

WITT 1995). Wir stellen die Befunde aus dem Mesohalinicum der inneren Ostsee heraus.

Finnischer Meerbusen

Entlang der Südküste der Hangö-Halbinsel von Hangö bis Lappvik. Vom Feuchtsand landwärts des Wasserrandes bis in 6 m Tiefe (KARLING 1949, 1963, 1974; AX 1954b).

Gotland. Gnisvård. Feinsand in 4 m Tiefe. Schwedische Ostseeküste. Åhus. Feinsand, 3 m Tiefe (KARLING 1963).

Länge bis 1,8 mm. Fadenförmiger Körper mit konisch verjüngtem Hinterende. Farblos.

Rüsselhaken 27–40 µm lang. Mit einem Paar medialer Höcker für die Occlusoren der Zange. Der dorsale Haken ist kräftiger als der ventrale Haken, etwas kürzer und mit stärker gebogener Kralle.

Die paarigen Hoden und Vitellarien sind in voller Reife in unscharf abgegrenzte Sekundärfollikel aufgeteilt. Die Hodenbläschen liegen vor dem Pharynx, die Dottersäcke durchziehen den ganzen Körper. Das Germar liegt ventromedian im Hinterkörper.

Die Samenblasen sind mehrfach gewunden. Das birnenförmige Begattungsorgan trägt ein stumpfes, rinnenförmiges Stilett mit kragenartig umgeschlagenen Distalecken; Länge 39–50 µm. Bursa mit schwach verfestigtem Ductus spermaticus.

Diascorhynchus caligatus Ax, 1959

(Abb. 267 A–D)

Türkische Küste des Schwarzen Meeres
Sile. Feinsand. 50 m E vom Ufer, 1 m T (AX 1959a).

Länge 1,6–2 mm. Fadenförmiger Körper.

Rüsselhaken. Kräftiger dorsaler Haken von 29–30 µm Länge; die Spitze ist stark einwärts gebogen. Schlanker ventraler Haken mit 32 µm etwas länger; Spitze nur schwach gebogen; dicht hinter ihr liegt ein Höcker.

6 Hodenfollikel bilden einen einheitlichen Strang im Vorderkörper. Paarige Vitellarien durchziehen den Körper lateral. Das unpaare Germar befindet sich im Hinterende. Große Samenblasen liegen vor dem muskulösen

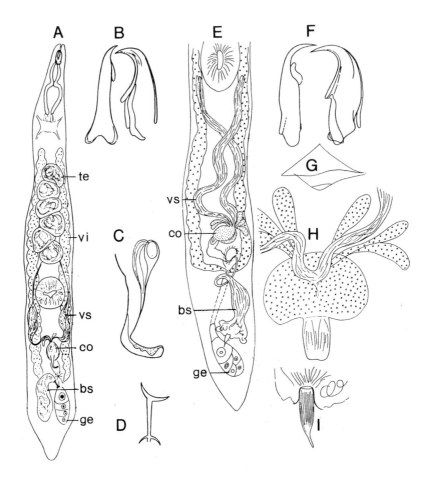

Abb. 267. A–D. *Diascorhynchus caligatus*. A. Organisation nach dem Leben. B. Rüsselhaken nach Quetschpräparat. C. Stilett des Kopulationsorgans. D. Bursamundstück. Schwarzes Meer. Sile. (Ax 1959a). E–I. *Diascorhynchus lappvikensis*. E. Organisation des Genitalapparates im Hinterende. F. Rüsselhaken. G. Kutikulartrichter des Kopulationsorgans. H. Kopulationsorgan mit weicher Penispapille am Ende. I. Bursamundstück. Finnischer Meerbusen. Lappvik in der Tvärminne-Region. (Karling 1963)

Kopulationsorgan. Distal schließt das stiefelförmige Stilett von 37–38 μm Länge an. Das Rohr ist distal rechtwinklig abgebogen.

Die sackförmige Bursa besitzt ein charakteristisches Mundstück von 19 μm Länge; es besteht aus einem schlanken Stab mit zwei kleinen Tellern an den Enden.

Diascorhynchus lappvikensis **Karling, 1963**

(Abb. 267 E–I)

Wir schließen unsere Übersicht für die Kalyptorhynchia mit einer Brackwasserart der Diascorhynchidae. „Alle Funde stammen aus stark aussüßenden Habitaten" (HELLWIG 1987, p. 218). Auf der Insel Sylt hat die Autorin *D. lappvikensis* im obersten Bereich eines Strandes bei Keitum angetroffen, 50–60 cm über der MHWL an der Grenze zur Salzwiese. Sie lebt hier zusammen mit *Haplovejdovskya subterranea* als einer weiteren Brackwasserart. SCHILKE (1970b) konnte *D. lappvikensis* auf Sylt nur in einem Sandhang an der Blidselbucht nachweisen.

Diesen Befunden aus Zonen von Sylt mit meso- bis oligohalinen Brackwasserbedingungen stehen Beobachtungen aus dem Supralitoral („Küstengrundwasser") der schwedischen Westküste, Tylösand, vom brackigen Mündungsareal der Weser und aus dem Finnischen Meerbusen (Lappvik bei Tvärminne) zur Seite (KARLING 1963; DÜREN & AX 1993; AX 1954b).

Länge bis 2 mm. Das Hinterende erzeugt bei der Verankerung eine etwa zehnzipfelige Haftscheibe.

Rüsselhaken in Länge und Asymmetrie mit *D. serpens* übereinstimmend. Ventraler Haken mit rektangulärem Höcker, der rostralwärts verschoben ist (KARLING 1961a).

Ausbildung der Gonaden etwa wie bei *D. serpens*. Bis zu 14 Hodenbläschen. Das rundliche Begattungsorgan trägt distal eine weiche Penispapille. Diese umschließt einen zarten, „kutikularen" Trichter. Das Begattungsorgan wird 70 µm lang, der Trichter 20–30 µm. Das zylindrische Bursamundstück ist 27 µm lang; es läuft zum Germar in einen feinen Kanal aus.

Doliopharyngiophora

Der Pharynx doliiformis im Vorderkörper bildet die herausragende, namensgebende Autapomorphie des Monophylums Doliopharyngiophora. Gegenüber dem plesiomorphen Pharynx rosulatus der Rhabdocoela können für die Stammlinie der Doliopharyngiophora 3 markante Veränderungen postuliert werden, die bei ihrer letzten gemeinsamen Stammart vorhanden waren. Das sind (1) die Verlagerung des Schlundkopfes aus der Körpermitte in das Vorderende mit terminaler Mündung, (2) die vollständige Reduktion der Bewimperung des Pharynxepithels und (3) wahrscheinlich die Bildung eines Kropfes aus kernführenden Teilen des inneren Pharynxepithels (EHLERS 1985; AX 1995d).

Die Doliopharyngiophora umfassen die primär freilebenden „**Dalyellioida**" und die parasitischen **Neodermata** mit Saugwürmern und Bandwürmern. Die Neodermata sind ein Monophylum, gekennzeichnet durch eine cilienlose, syncytiale Epidermis der Adulti, welche in der Ontogenese das primäre, bewimperte Ektoderm der Larven ersetzt. Dagegen sind die „Dalyellioida" ein Paraphylum ohne Autapomorphien; sie bilden den Gegenstand unserer Abhandlung.

Für ein Paraphylum kann es bei dem Mangel einer nur ihren Vertretern gemeinsamen Stammart verständlicherweise kein phylogenetisches System geben; allenfalls wäre die Begründung der Monophylie herkömmlicher Teiltaxa möglich. Das ist aber nicht der Fall bei der konventionellen Klassifikation der „Dalyellioida" in die ranghohen Teiltaxa Graffillidae, Provorticidae und Dalyelliidae (LUTHER 1962). Gleichwohl folge ich ihr bei der Anordnung der vorgestellten Arten aus Brackgewässern, um mangels einer besseren Alternative den Anschluß an existierende Übersichten zu halten. Die freilebenden Dalyelliidae (sensu LUTHER 1955) werden zusammen mit den symbiontischen Temnocephalida als ein Monophylum interpretiert (EHLERS & SOPOTT-EHLERS 1993).

Vertreter der Graffillidae und Provorticidae leben ganz überwiegend im Meer und im Brackwasser. Genau umgekehrt handelt es sich bei den Dalyelliidae vornehmlich um Süßwasserbewohner.

Ich führe im Folgenden Taxa im konventionellen Rang von „Gattungen" auf, die Repräsentanten im Brackwasser enthalten.

Graffillidae: *Pseudograffilla, Bresslauilla*
Provorticidae: *Provortex, Vejdovskya, Haplovejdovskya, Baicalellia, Canetellia, Hangethellia, Coronopharyx, Balgetia, Pogaina, Selimia, Kirgisella, Annulovortex, Eldenia.*

Dalyelliidae: *Microdalyellia, Gieyztoria, Halammovortex, Jensenia, Beauchampiola, Alexlutheria, Axiola.*

Graffillidae

Pseudograffilla arenicola Meixner, 1938
(Abb. 268)

? *Pseudograffilla hymanae* Mack-Fira, 1974. Schwarzes Meer.

Marin-euryhaliner Organismus mit weiter Verbreitung an europäischen Küsten. ARMONIES (1987) und HELLWIG (1987) geben ein differenziertes Bild über Siedlungsmuster in Salzwiesen und im Sandwatt der Nordseeinsel Sylt.

Der Vorstoß in das mesohaline Brackwasser bis zu wenigen ‰ Salzgehalt ist wiederholt dokumentiert – aus der inneren Ostsee, von der Schlei in Schleswig-Holstein oder vom Etang de Canet an der französischen Mittelmeerküste (LUTHER 1948, 1962; KARLING 1974; AX 1951a, 1956c).
Neuer Fund auf Island
Bucht Leirovogur nordöstlich von Reykjavik. Brackwassertümpel mit flockigem Mudboden und fädigen Algen. Salzgehalt 5 ‰. 1993.

Pseudograffilla arenicola ist ein gelbbrauner Riese unter seinesgleichen in Sand- und Schlickböden – wobei Angaben über seine Länge allerdings erheblich schwanken (1,5 mm bei MEIXNER 1938; 2–2,5 mm bei LUTHER 1948; maximal 3 mm bei KARLING 1974). Das gelbbraune Tier wälzt sich träge durch das oberflächliche Sediment.

In der Kombination von Größe, plumpen Habitus, Färbung und Bewegung ist *Pseudograffilla arenicola* auf den ersten Blick zu erkennen. Dennoch haben wir bei Felduntersuchungen große Schwierigkeiten mit einer Gleichsetzung von Populationen aus geographisch isolierten Fundorten oder der Aufdeckung möglicher Unterschiede zwischen ihnen. Das muskulöse Kopulationsorgan hinter dem Pharynx ist am lebenden Objekt schwer auszumachen; und es gibt zudem keine sklerotisierten Hartstrukturen in diesem Organ. Vergleichende Untersuchungen an Schnittserien von Individu-

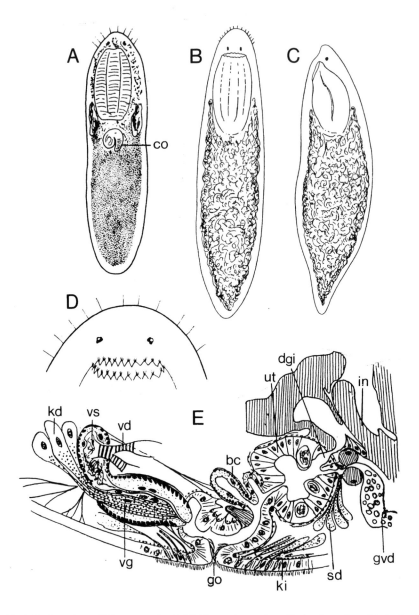

Abb. 268: *Pseudograffilla arenicola*. A. Habitus mit paarigen Hoden lateral am Ende des Pharynx und bogenförmigen Kopulationsorgan dicht hinter dem Pharynx. Finnischer Meerbusen. B und C. Habitus. Mittelmeer. Dorsal- und Seitenansicht. D. Vorderende. Vorderrand des Pharynx mit Papillen. Finnland. E. Längsschnitt durch den Geschlechtsapparat mit muskulösem Kopulationsorgan und Verbindung des Uterus zum Darm (Genitointestinal-Verbindung). (A, D Karling 1974; B, C Ax 1956c; E Luther 1948)

en verschiedener Lokalitäten liegen nicht vor. Unter dieser Perspektive erscheint mir die Errichtung einer selbständigen Art *Pseudograffilla hymanae* (MACK-FIRA 1974) für eine Population von der rumänischen Schwarzmeerküste anhand angeblicher, geringfügiger Differenzen zur Bearbeitung von *P. arenicola* aus dem Finnischen Meerbusen durch LUTHER (1948) fragwürdig.

Bresslauilla relicta Reisinger, 1929

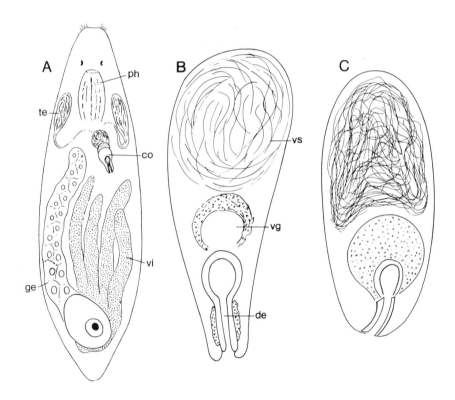

Abb. 269: *Bresslauilla relicta*. A. Organisation nach Lebendbeobachtungen. Frankreich. Mittelmeerküste. B. Kopulationsorgan. Kanada. Brackwasser, New Brunswick. C. Kopulationsorgan. Grönland. Marines Milieu im Hafenbecken von Godhavn, Disko. (A Ax 1956c; B Original 1984; C Ax 1995b)

Aufgrund der Verbreitung im Süßwasser, Brackwasser und Meer gehört *B. relicta* zu den wenigen Plathelminthes, die als holeuryhaline Organismen angesprochen werden. Die Art wurde von REISINGER (1929) aus dem österreichischen Wörthersee beschrieben, von KARLING (1930) im Brackwasser des Finnischen Meerbusens gefunden und später im marinen Milieu der deutschen Nordseeküste nachgewiesen (AX 1952d).

Mittlerweile liegen zahlreiche Funde aus den 3 großen Lebensräumen vor (RIXEN 1961; LUTHER 1962; KARLING 1974; MACK-FIRA 1974; ARMONIES 1987; HELLWIG 1987 u. a.). Jenseits des Atlantik ist *B. relicta* von Kanada (AX & ARMONIES 1987) und aus dem San Juan Archipel der nordamerikanischen Pazifikküste gemeldet (AX, AX & EHLERS 1997).

Es bleibt das Problem, ob es sich in allen Fällen um Tiere handelt, die als Mitglieder einer einzigen Art interpretierbar sind. Nur wenige Befunde sind von Abbildungen des Kopulationsorgans begleitet (REISINGER 1929; KARLING 1930; AX 1956c). Und dieses Organ hat wie bei *Pseudograffilla arenicola* keine sklerotisierten Strukturen.

Ich reproduziere eine unpublizierte Skizze aus unserem kanadischen Material (Abb. 269 B). Bei dem 60 µm langen Kopulationsorgan folgt auf die große Samenblase eine kleine Vesicula granulorum mit peripherer Anordnung des Kornsekrets. Am Ductus ejaculatorius befindet sich proximal eine kugelige Anschwellung. Der röhrenförmige Ductus hat eine Länge von 20 µm; er wird von Streifen körnigen Sekretes begleitet.

Die Daten aus Finnland, vom Mittelmeer, von Grönland und von Kanada zeigen gute Übereinstimmungen. Beispielsweise ist der Ductus ejaculatorius in allen Fällen am Beginn kugelig erweitert. Es gibt aber auch Eigenheiten lokaler Populationen. Allein in der grönländischen Population ist der Ductus ejaculatorius leicht gebogen. Und nur im kanadischen Material liegt granuläres Sekret in Streifen neben dem Ductus.

Provorticidae

Provortex Graff, 1882

Provortex-Arten stehen in vielen lokalen Faunenlisten von Plathelminthes aus dem Nordatlantik und seinen Nebenmeeren. In der letzten Diagnose für ein Taxon *Provortex* findet man bei LUTHER (1962, p. 10, 11) aber nur

Merkmale, die in den Grenzen der „Dalyellioida" als Plesiomorphien gelten. Das sind die paarigen männlichen und weiblichen Gonaden mit der Trennung letzterer in Germarien und Vitellarien sowie die Lage der Geschlechtsöffnung im Hinterkörper. Die folgenden 7 *Provortex*-Arten bilden mit anderen Worten eine provisorische Versammlung ähnlicher Arten anhand ursprünglicher Merkmale. Eine Begründung des Taxons *Provortex* als Monophylum liegt nicht vor.

Den Darstellungen der einzelnen Arten stelle ich einige allgemeine Aussagen voran. Für die älteste Art *Provortex balticus* konnte durch neue Untersuchungen am Originalfundort Greifswald eine präzise Charakterisierung erreicht werden. Gesicherte Nachweise existieren nur für Meeres- und Brackwasserbiotope entlang der europäischen Festlandsküsten.

Studien aus der Mitte und dem Westen des Nordatlantik führen zur Errichtung einer neuen Art *Provortex impeditus* für Populationen von den Färöer, Island, Grönland und der kanadischen Küste. Individuen mit differierender Stilettstruktur werden detailliert dargestellt.

Als einzige genuine Brackwasserart kann *Provortex pallidus* angesprochen werden. Eine weite geographische Verbreitung wird durch neue Funde von den Färöer und von Island dokumentiert.

Provortex karlingi bildet die zweite Art mit vergleichbar weiter Verbreitung im Nordatlantik. Hierbei handelt es sich indes um einen euryhalinen Meeresorganismus mit ausgeprägter Tendenz zur Einwanderung in Brackgewässer.

Provortex psammophilus und *P. tubiferus* müssen als überwiegend stenöke Meeresbewohner gelten. In der Ostsee bilden sie offenbar nur noch in der Kieler Bucht regelmäßige Siedlungen aus individuenreichen Populationen. Immerhin gibt es für beide Arten Meldungen von Gotland.

Im Verhalten gegenüber dem Salzgehalt kann *Provortex affinis* angeschlossen werden. Die Immigration in den Ostseeraum reicht nur bis in die Kieler Bucht.

Provortex balticus (Schultze, 1851)

(Abb. 270)

Infolge einer unzureichenden Darstellung des Kopulationsorgans kann die Originalbeschreibung keinen sicheren Bezugspunkt liefern, um Individuen anderer Herkunft als Mitglieder eines Taxons mit dem Namen *Provortex bal-*

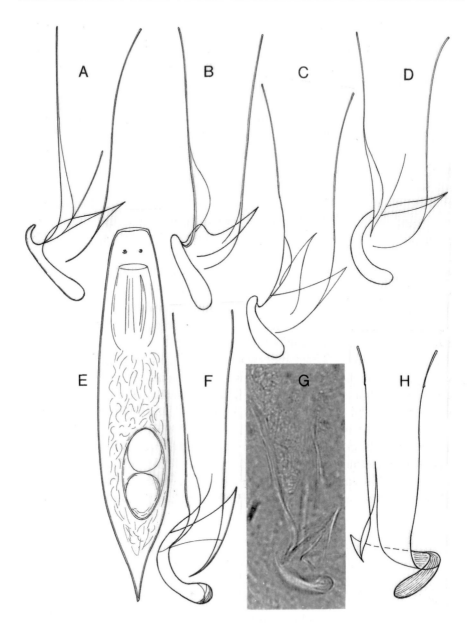

Abb. 270: *Provortex balticus*. A–D. Stilette des Kopulationsorgans verschiedener Individuen vom Locus typicus Greifswald. Der distale Fortsatz hat in Abhängigkeit von der Quetschung des Objekts die Form einer Schuhsohle oder einer Wurst. Gegenüber dem Fortsatz ragt stets ein scharfer Dorn von der Rohrwand ab. E. Habitus. Greifswald. F. Stilett. Lappvik, Finnischer Meerbusen. G. Stilett. Nordseeinsel Sylt. H. Stilett. Kieler Bucht. (A–F Originale 2001, 1997; G Ax & Armonies 1987; H Original 1948)

ticus anzusprechen. Unsicherheit über die Umgrenzung der Art war die Folge (LUTHER 1962; HARTOG 1977). Klarheit sollten neue Untersuchungen am Locus typicus „in der Nähe von Greifswald" (SCHULTZE 1851, p. 49) schaffen; ich habe sie im September 2001 durchgeführt. An der Mündung des Flusses Ryck in den Greifswalder Bodden existiert nur eine *Provortex*-Population mit identischen Individuen. Bei dieser Sachlage kann sie einwandfrei als eine Population von *Provortex balticus* ausgewiesen werden. Damit wird die an verschiedenen Individuen analysierte Stilettstruktur repräsentativ für die Art.

Stilett
Die Länge des Organs liegt nach mehreren Messungen in den engen Grenzen von 55–57 µm. Ein schlankes Rohr bildet den Hauptteil des Stilett. Die Rohrwand schwingt proximal leicht nach außen; die obere Öffnung wurde einmal zu 15 µm vermessen. Unter zunehmender Verjüngung kommt es distal zu einer auffälligen Krümmung des Rohres. An seinem Ende liegt quer ein Fortsatz, der je nach Fokussierung die Form einer Schuhsohle oder einer Wurst wiedergibt. Bei schwacher Anquetschung liegt der Fortsatz außerhalb der Rohrebene; dann kann ein kleiner zipfelförmiger Anhang an einem Ende sichtbar werden (Abb. 270 A). Bei stärkerer Festlegung des Tieres wird aus der Sohle ein langes Gebilde, welches das Rohr in einem Halbkreis umgreift (Abb. 270 D) und in einem scharfen Dorn ausläuft. Der Dorn oder Sporn ragt nur wenig von der Rohrwand ab; er ließ sich bei allen studierten Individuen und unter verschiedenen Scharfeinstellungen beobachten. Dieser Dorn ist ein sehr charakteristisches Element im Stilett von P. *balticus*. Im distalen Rohrabschnitt befinden sich einige schwer auszumachende Längsleisten. Ganz konstant ist eine geschwungene Leiste an der konkaven Seite des gekrümmten Rohrendes. Sie erzeugt eine lamellenartige Struktur im Stilett.

Fund bei Greifswald
Regelmäßig in Proben vom Ufer der Ortschaft Wieck zu beiden Seiten der Mündung des Ryck. Das Spektrum der Sedimente reicht von stark detritushaltigem Boden zwischen *Phragmites communis* bis zu reinem Fein- und Grobsand am Strandbad Eldena (2001). Salzgehalt 6–7 ‰.

Der ufernahe Grobsand ist hervorzuheben, weil dieser in der Kieler Bucht einen Lebensraum von *Provortex karlingi* bildet (AX 1951a). Im Greifswalder Bodden war hier nur *Provortex balticus* nachweisbar.

Verbreitung

Im Anschluß an die neue Charakterisierung von *Provortex balticus* kann ich nur Meldungen mit Abbildungen akzeptieren, welche eine eindeutige Identifikation mit unseren Daten vom Locus typicus Greifswald gestatten.

Am Finnischen Meerbusen habe ich Material von einem Sandstrand bei Lappvik analysiert (1997, Abb. 270 F). Die Identität mit Individuen vom Greifswalder Bodden ist einwandfrei dokumentiert. Die Länge des Stiletts beträgt 57µm. Der distale lange Fortsatz läuft auch hier an der gegenüberliegenden Seite in den Dorn aus; selbst die Lamelle im gekrümmten Rohrende war nachweisbar. Will man überhaupt einen Unterschied suchen, so könnte allenfalls auf das proximal etwas schlankere Rohrende bei dem abgebildeten finnischen Tier verwiesen werden; das aber ist eine unbedeutende Differenz, die zudem von der Festlegung des Objekts unter dem Deckglas abhängig sein kann.

Auf der Basis des skizzierten Vergleichs lassen sich alle Abbildungen von LUTHER (1962, fig. 2) auf Individuen von *Provortex balticus* zurückführen. Das gilt gleichermaßen für eine Zeichnung von KARLING (1974, fig. 48) aus der inneren Ostsee (vermutlich Schweden). Von den deutschen Küsten sind Funde aus der Kieler Bucht (AX 1951a, fig. 20) und von der Nordseeinsel Sylt (ARMONIES 1987; HELLWIG 1987) durch Zeichnungen oder Photographien dokumentiert (Abb. 270 G, H). Schließlich lassen sich von der französischen Atlantikküste unter dem Namen *Soccoria uncinata* beschriebene Tiere (BEAUCHAMP 1913b, fig. 1 und 2) einwandfrei als Individuen von *Provortex balticus* ansprechen. Für Brackgewässer außerhalb des europäischen Festlandes liegen keine entsprechend belegten Nachweise vor. Die Angabe für die Färöer ist falsch (AX 1995a); hierbei handelt es sich um Populationen der folgenden Art *Provortex impeditus*.

Provortex impeditus n. sp.

(Abb. 271–278)

Im Nordatlantik (Kanada, Grönland, Island, Färöer) habe ich zahlreiche *Provortex*-Populationen studiert, die im Durchschnitt aus Individuen mit weitreichender Ähnlichkeit oder Identität des Stiletts bestehen und zugleich keiner bisher bekannten Art zugeordnet werden können. Ich interpretiere diese Individuen als Mitglieder einer neuen Art *Provortex impeditus* und be-

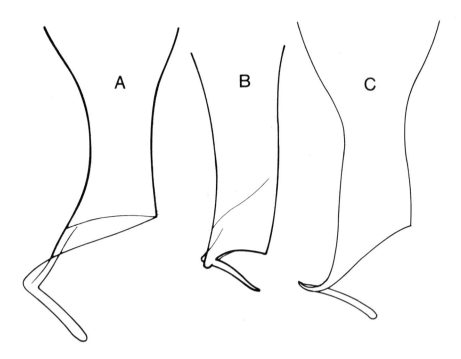

Abb. 271: *Provortex impeditus* von Grönland. Basisform des Stiletts. A-C. Stilette von 3 verschiedenen Individuen von Sandböden aus dem Hafen von Godhavn auf Disko (Ax 1995b)

zeichne das übereinstimmende Stilett als „Basisform". Dies hat folgenden Grund. Wiederholt wurden Individuen mit abweichender Stilettstruktur analysiert, deren Zugehörigkeit zu *P. impeditus* fraglich ist. Als Ausgang für weitere Populationsstudien markiere ich die Stilette von Fundort zu Fundort als „Abweichung".

Godhavn auf der grönländischen Insel Disko wird zum Locus typicus der neuen Art bestimmt.

Grönland
Provortex spec. A: AX 1995b
Godhavn auf Disko. Marine Lebensräume: Sandböden im Hafen. Felstümpel mit Grünalgen.
„Basisform" des Stiletts (Abb. 271, 272).

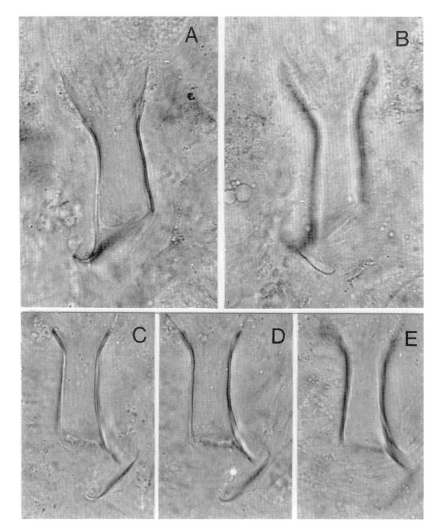

Abb. 272: *Provortex impeditus* von Grönland. Basisform des Stiletts. A, B. Ein Individuum aus dem Hafen von Godhavn, Disko. Stilett bei verschiedener Fokussierung. In B distaler, leicht geschwungener Stab sichtbar. C–E. Anderes Individuum aus einem Felstümpel mit Grünalgen bei Godhavn. Stilett bei unterschiedlicher Scharfeinstellung (Ax 1995b)

Alle auf Disko studierten Individuen haben einheitlich die folgende Basisform. Das Stilett besteht aus dem Rohr und einem distalen, leicht geschwungenen Stab. Die Länge von Rohr + Stab beträgt 50–55 µm. Im Anschluß an den trichterförmigen Eingang laufen die Rohrwände entweder auf kurzer

Strecke parallel oder schwingen sogleich bogenförmig nach außen. Am Ende bildet das Rohr einseitig eine prominente Spitze, welche unter Drehung nach oben in den stabförmigen Fortsatz übergeht; dieser schwenkt in die Bildebene ein und nimmt einen Winkel von etwa 45° zur Rohrmündung ein.

Kanada
Provortex spec.: AX & ARMONIES 1987
(1) Deer Island, New Brunswick. Salzwiesenboden mit Polstern von Cyanobakterien (Fundort 1: AX & ARMONIES 1987)
„Basisform" des Stiletts (Abb. 273 A–C).
Länge von Rohr und Stab: 51–53 µm. Übereinstimmung mit Individuen von Grönland.
„Abweichung" (Abb. 273 D–F).
1 Individuum mit auffallend kurzem Stab, der möglicherweise aber nicht optimal in der Bildebene lag.
(2) Manawagonish Salzwiese bei St. John, New Brunswick. Tümpel mit Algen auf Schlickboden (Fundort 3: AX & ARMONIES 1987).
„Abweichung" (Abb. 274 A–C).
Unterschiede zur Basisform von Deer Island nach Untersuchung von einem Individuum: Länge 63 µm; Rohrende mit stark gekrümmten „Fleischerhaken". Möglicherweise Vertreter einer separaten Art.

Island (1993)
(1) Reykjavik. Mündungsareal des Flusses Ellidaar. Individuenreiche Populationen in Schlicksand und Salzwiese der Uferzone. Der Fundort lag bei Niedrigwasser unter Süßwasser-Ausstrom.
„Basisform" des Stiletts (Abb. 275)
Länge von Rohr + Stab: 50–56 µm; der schräg gestellte Stab erreicht 17 µm. Es gibt Individuen, bei denen der Trichter am Rohreingang nur schwach verfestigt erscheint.
(2) Leirovogur. Bucht am Südende des Kollafjördur. Ausgedehntes Salzwiesengelände mit Süßwasserzufluß. Mudboden.
„Abweichung" (Abb. 276).
Die zweite Hälfte des Rohres ist bauchig aufgetrieben. Der Stab mißt nur 8 µm und ist stärker nach unten gerichtet als bei der Basisform von Reykjavik. Im übrigen stimmt die Gesamtlänge von Rohr + Stab mit 50 µm überein.

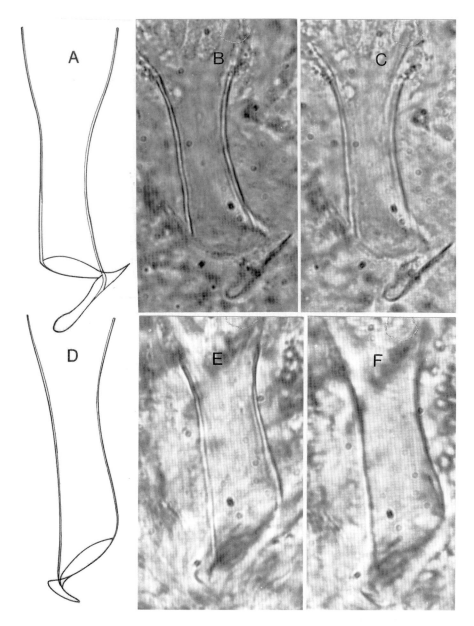

Abb. 273: *Provortex impeditus* von Kanada. Deer Island, New Brunswick (Salzwiese). A–C. Basisform des Stiletts. D–F. Abweichung. Stilett eines Individuums mit kurzem distalen Stab (Originale 1984)

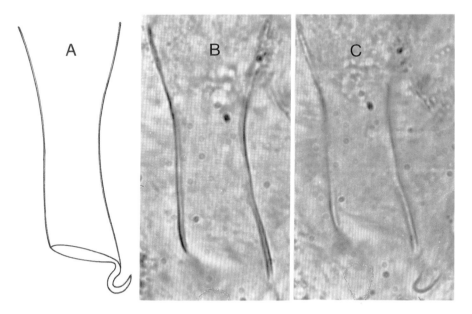

Abb. 274: *Provortex* ?*impeditus* von Kanada. Manawagonish Salzwiese, St. John, New Brunswick. A–C. Abweichung. Stab am Ende des Rohres zu einem Haken eingekrümmt. (Originale 1984)

Färöer (1992)
(1) Bucht von Hvalvik, Insel Streymoy. Mittel-Grobsand der Uferzone. Salzgehalt 5‰.
 „Basisform" des Stiletts (Abb. 277).
 Gute Übereinstimmung mit den Basisformen von Grönland, Kanada und Island. Die Länge von Rohr + Stab ist mit 48 µm etwas geringer.
(2) Vestmanna, Insel Streymoy. Detritusreicher Sand vom Ufer des Hafenbeckens.
 „Abweichung" (Abb. 278 A, B)
 Länge von Rohr + Stab 45–48 µm. Kompaktes, relativ breites Rohr und bogenförmiger Stab, welcher zur distalen Öffnung des Rohres zurückläuft.
(3) Kaldbaksbotnur am inneren Ende des Kaldbaksfjördur, Streymoy. Sandboden der Uferzone unter Süßwasserzufluß. Stark wechselnder Salzgehalt von marinem Milieu bis Süßwasser in Abhängigkeit von Gezeiten und Windrichtung.

„Abweichung" (Abb. 278 C, D)
Wiederum ein kurzes kompaktes Rohr mit proximal schwach verfestigtem Trichter und distal weit auseinander laufenden Wände. Bogenförmig eingekrümmter Stab wie bei Individuen vom Fundort Vestmanna.
Die von den Fundorten 2 und 3 wiedergegebenen Stilette können zu Individuen einer selbständigen Art gehören.

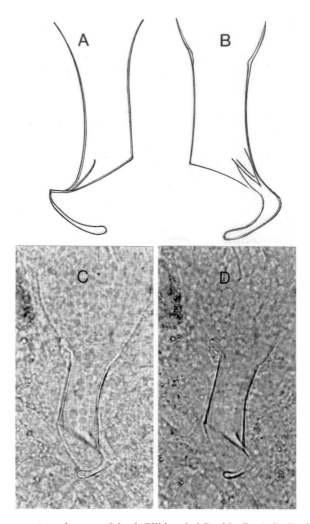

Abb. 275: *Provortex impeditus* von Island. Ellidaar bei Reykjavik. A–D. Basisform des Stiletts. Bei der Fotografie vom Individuum in C erscheint der Stilett-Trichter nur schwach entwickelt. (Originale 1993)

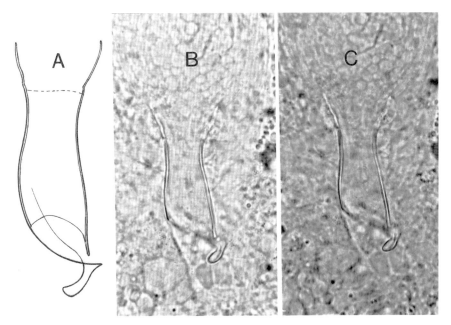

Abb. 276: *Provortex impeditus* von Island. Leirovogur. Abweichung. A–C. Ein Individuum mit angeschwollenen Rohr und kurzem Stab. (Original 1993)

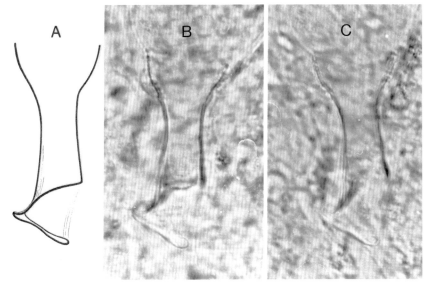

Abb. 277: *Provortex impeditus* von den Färöer. Bucht von Hvalvik auf der Insel Streymoy. A–C. Basisform des Stiletts. (Originale 1992)

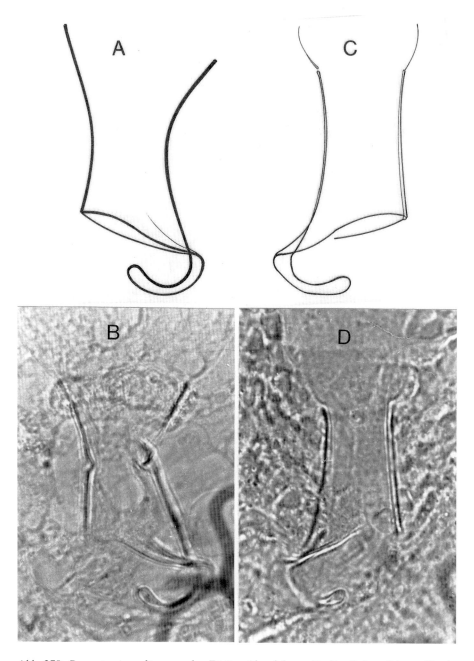

Abb. 278: *Provortex impeditus* von den Färöer. Abweichung. Breites Rohr mit bogenförmig eingekrümmten Stab. A, B. Individuum von Vestmanna, Insel Streymoy. C, D. Individuum vom Kaldbaksbotnur, Insel Streymoy. (Originale 1992)

Provortex pallidus Luther, 1948

(Abb. 279, 280)

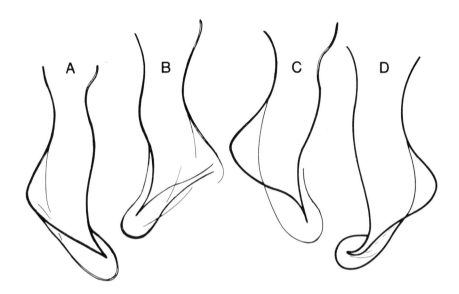

Abb. 279: *Provortex pallidus*. Stilette verschiedener Individuen von Island und von den Färöer. A, B. Leiruvogur, Island. C. Hvalfjördur, Island. D. Saksun, Färöer. (Originale 1992, 1993)

Einzige Art des Taxons *Provortex*, welche mit guter Begründung als ein genuiner Brackwasserorganismus interpretiert werden kann.

Provortex pallidus wurde aus dem Mesohalinicum des Finnischen Meerbusens beschrieben (LUTHER 1948) und später aus entsprechendem Milieu von der schwedischen Ostseeküste gemeldet (JANSSON 1968).

Ausführlich sind wir über die Verbreitung in Salzwiesen der Nordsee und der Kieler Bucht informiert (HARTOG 1977; ARMONIES 1987, 1988; AX 1960; BILIO 1964). Auf Sylt wurde *P. pallidus* „nur bei Salzkonzentrationen unter 15‰ gefunden, maximale Dichten ergaben sich zwischen 5 und 10‰" (ARMONIES 1987; p. 124). Dieser Befund entspricht den Analysen im südwestlichen Delta-Areal der Niederlande: „In salt-marshes in the mesohalinicum and oligohalinicum, rarely in more marine-estuarine sections" (HARTOG 1977, p. 30).

Schließlich ist die Tendenz zur Einwanderung in das Süßwasser hervorzuheben. HARTOG (1971, 1977) hat Populationen von *P. pallidus* im limni-

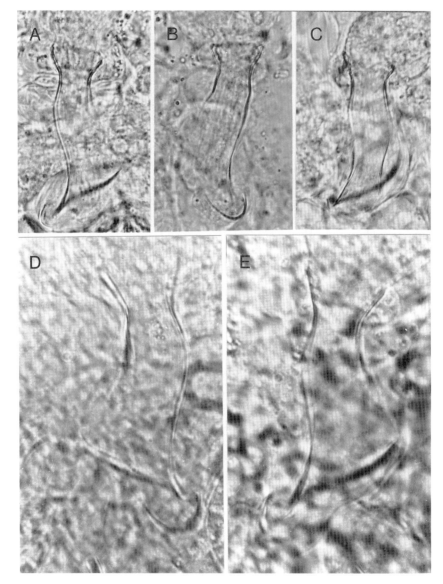

Abb. 280: *Provortex pallidus*. Stilette verschiedener Individuen von Island und von den Färöer. A–C. Leirovogur, Island. D, E. Saksun, Färöer. (Originale 1992, 1993)

schen Gezeitenbereich der Aestuarien von Rhein und Maas nachgewiesen. MÜLLER & FAUBEL (1993) melden die Art aus dem Oligohalinicum des Elbeaestuars.

Beobachtungen auf den Färöer (1992) und auf Island (1993) bestätigen das Grenzareal zwischen Brackwasser und Süßwasser als einen regelmäßig besiedelten Lebensraum.

Färöer

Lagune Saksun, Streymoy. Ostende der Lagune: Mittel-Grobsand am Wasserrand. Bei Probenentnahme (6.8.1992) Süßwasserbedingungen infolge Eintritt eines Wasserfalles.

Skalafjördur, Eysturoy. Am Nordende des gleichlautenden Fjordes. Mittel-Grobsand einer Süßwasserlagune.

Island (1993)

Gröndafjördur. Nordöstlich von Akranes. Inneres Ende der Bucht. Detritusreiches Sediment im limnischen Milieu.

Hvalfjördur. Bucht Midsandur an der Nordseite des Fjordes. Grobsand-Kies im Supralitoral und am Rande eine Süßwasserflusses. Bucht Laxarnes. Grobsand-Kies am Rand des Flusses Laxévogur; keine Salinität.

Kollafjördur. Salzwiesengelände bei Leiruvogur. Von Süßgewässern durchflossen. Detritusreicher Sand. Bei schwachem Ausstrom ~1–2‰ Salzgehalt.

See Holtsós an der Südseite von Island, Grobsand-Kies am nördlichen Ufer. Süßwasser. (1 ‰ Salzgehalt; Auskunft Dr. Ingolfson).

Ein einziger Fundort auf Island liegt im marinen Bereich. Es handelt sich um ein Sand-Schlickwatt am Südufer des Hvalfjördur. Dieser Nachweis korrespondiert mit der Meldung aus einem marinen Sandstrand von Wales (BOADEN 1963a). Auch ein Einzelfund aus dem Weserästuar (KRUMWIEDE & WITT 1995) dürfte aus salzreicherem Wasser stammen.

Stilett

Die Länge beträgt nach Vermessungen mehrerer Individuen von Island und den Färöer konstant 60–62 µm. Das Rohr ist oben eingeschnürt und in diesem Bereich verdickt; das hat LUTHER (1948) hervorgehoben. Danach springt einseitig ein Kiel vor, der distal zusammen mit der gegenüberliegenden Wand des Rohres in eine scharfe Spitze ausläuft. Die Spitze ist von einer Lamelle umgeben; KARLING (1974) bezeichnet sie als Flügel.

Proximale Einschnürung und Verdickung des Rohres, der Kiel in der Mitte und die distale Verbreiterung zu einer Lamelle bilden artspezifische Eigenheiten am Stilett von *Provortex pallidus*.

Provortex karlingi Ax, 1951

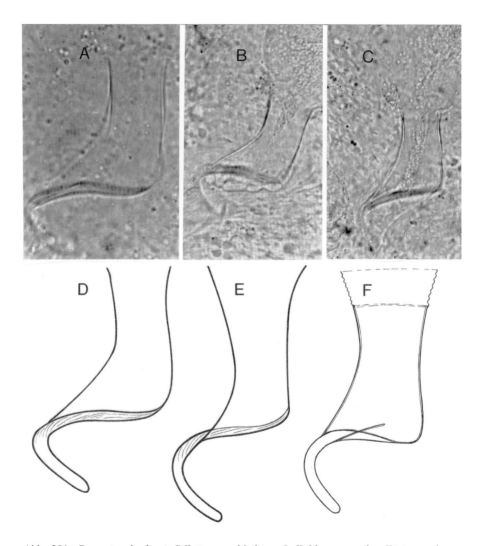

Abb. 281: *Provortex karlingi*. Stilette verschiedener Individuen von den Färöer und von Island. A. Hvalvik, Färöer. B, C. Blautos, Island. D. Hvalvik, Färöer. E. Nordskali, Färöer. F. Blautos, Island. (Originale 1992, 1993)

P. karlingi ist eine euryhaline Art mit weiter geographischer Verbreitung im marinen Milieu. Ich nenne exemplarisch die Funde bei Tromsö und auf

Spitzbergen (SCHMIDT 1972b) oder auf Disko, Grönland (AX 1995b). Nach ARMONIES (1987) ist *P. karlingi* poly- bis mesohalinen Stillwasserbiotopen zuzuordnen.

Wir registrieren die Existenz im Mesohalinicum der inneren Ostsee (LUTHER 1962; KARLING 1974) sowie der Kieler Bucht (Schlei, Große Breite. 1954) und stellen diesen Daten unsere Befunde über parallele Einwanderungen in Brackwassergebiete von Island (1993) und auf den Färöer (1992) mit Dokumentation des Stiletts zur Seite.

Island
Halbinsel Akranes. Bucht Blautos nordöstlich von Akranes. Im Supralitoral eines Sandstrandes. Grobsand-Kies ~ 30 m landwärts des Wasserrandes (vgl. *Jensenia angulata*, S. 652)

Färöer
Nordskali am Sund zwischen Eysturoy und Streymoy. Grobsand-Kies der Uferzone. Limnische Bedingungen durch Süßwasserzufluß.
Hvalvik, Streymoy. Sandstrand der Bucht. Etwa 10 ‰ Salzgehalt bei Probenentnahme.
Sarvagur, Varga. Sandwatt der Uferzone.

Stilett
Länge zwischen 54 und 70 μm. Finnischer Meerbusen: 52–64 μm (LUTHER 1962); Kiel: 54 μm (AX 1951a); Grönland: 60–70 μm; Island: 57–59 μm; Färöer: 55–56 μm (AX 1995b).

Die Form des relativ breiten Stilettrohres ist durch Deckglasdruck leicht veränderlich. In jedem Fall schwingt die Rohrwand oben und unten nach außen, was zu einer taillenförmigen Einschnürung in der Mitte führt. Schon früher habe ich eine leichte ringförmige Verdickung wenig unterhalb der proximalen Öffnung beobachtet (AX 1951a). Bei Individuen von Grönland und Island erscheint mir dieser Ring eine schwach verfestigte, proximale Manschette abzugrenzen.

Um die distale Öffnung läuft eine verdickte Leiste, die häufig eine feine Streifung aufweist. Die Leiste setzt sich in einen kräftigen hakenförmigen Anhang fort, der sich annähernd in einem Halbkreis unter das Rohr dreht.

Provortex psammophilus Ax, 1951

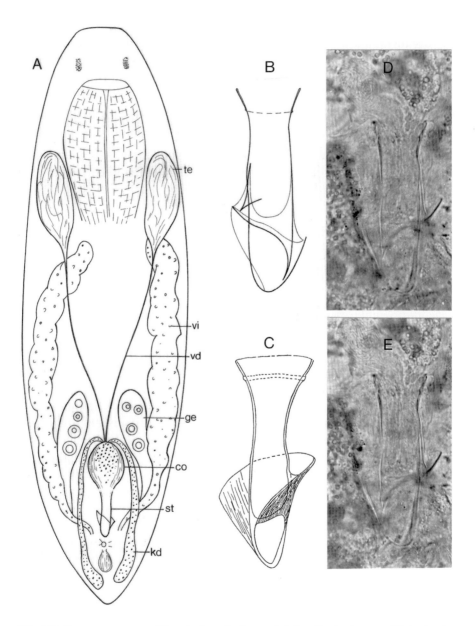

Abb. 282: *Provortex psammophilus*. A. Organisation nach Lebendbeobachtungen. Kieler Bucht. B. Stilett. Kieler Bucht. C. Stilett, wahrscheinlich von Gotland. D, E. Stilette nach Mikrofotografien aus dem Becken von Arcachon. (A, B, D, E Originale 1948, 1964; C Karling 1974)

Französische Atlantikküste. Becken von Arcachon. Im marinen Sandwatt der Ile aux Oiseaux (1964, unpubl.).

Regelmäßige Siedlung im vollmarinen, lenitischen Sandwatt der Nordseeküste – im Südwesten der Niederlande (HARTOG 1977) und auf der Insel Sylt (EHLERS 1973; HELLWIG 1987; HELLWIG-ARMONIES & ARMONIES 1987). In der salzreicheren westlichen Ostsee verbreitet in reinem Feinsand (AX 1951a).

Nicht näher spezifizierte Angaben liegen für Brackgewässer von Belgien und den Niederlanden vor (SCHOCKAERT et al. 1989). Von der Ostseeinsel Gotland stammt der einzige Nachweis aus einem mesohalinen Brackwassergebiet (KARLING 1974). Im Finnischen Meerbusen wurde die Art nicht beobachtet.

Die Körperlänge reicht von 0,5–0,8 mm (AX 1951a) bis 1 mm (KARLING 1974). Das Stilett ist leicht zu erkennen, aber schwer zu beschreiben. Die Länge beträgt 70–72 µm. Das zentrale Rohr erscheint als ein zapfenförmiges Gebilde; es hat proximal die übliche trichterförmige Erweiterung, schwillt distal leicht an und läuft am Ende konisch zu. Im letzten Drittel zeichnen sich Leisten um das Rohr ab, die man insgesamt als Tüte (KARLING l. c), Kragen oder auch Manschette bezeichnen kann. In jedem Fall ist die Struktur proximal offen, distal mit dem zentralen Rohr vereinigt.

Ein weiteres artspezifisches Merkmal bildet das schwarze Kornsekret, welches ganz terminal im hinteren Körperende produziert wird. Die Kornsekretdrüsen erstrecken sich von hier mit langen Gängen zum Scheitel des Kopulationsorgans.

Provortex tubiferus Luther, 1948

(Abb. 283 A–C)

Zahlreiche Fundortangaben aus Nord- und Ostsee. Eurytope Art mit Populationen in diversen Lebensräumen wie Sand, Schlick, Salzwiesen oder mariner Vegetation (AX 1951a; LUTHER 1962; BOADEN 1966; STRAARUP 1970, KARLING 1974, HARTOG 1977; REISE 1984; ARMONIES 1987; HELLWIG 1987; HELLWIG-ARMONIES & ARMONIES 1987).

Im besiedelten Salinitätsspektrum existieren gute Übereinstimmungen zwischen *P. tubiferus* und *P. psammophilus*. Beide Arten erscheinen als rela-

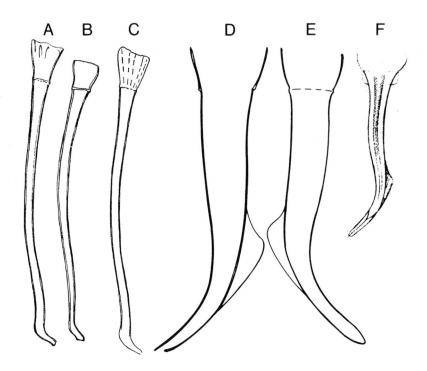

Abb. 283: A–C. *Provortex tubiferus*. Stilette verschiedener Individiuen. A, B. Herdla, Norwegen. Zeichnungen von Karling. C. Wahrscheinlich aus der inneren Ostsee, Schweden. D–F. *Provortex affinis*. Stilette verschiedener Individuen. D, E. Kiel, Deutschland. F. Bergen, Norwegen. (A, B Luther 1948; C Karling 1974; D, E Originale 1957; F Jensen 1878)

tiv stenöke marine Organismen mit unteren Siedlungsgrenzen um 15–20 ‰ Salzgehalt. Meldungen von SCHOCKAERT et al.(1989) aus Brackwasser von Nordfrankreich, Belgien und den Niederlanden sind ohne Details. Mit Gotland gibt es – wie bei *Provortex psammophilus* – nur einen Fundort aus der inneren Ostsee. Für den von LUTHER und KARLING gut studierten Finnischen Meerbusen auszuschließen, ebenso für mesohaline Randgebiete im Raum der Kieler Bucht.

Das Stilett ist ein langes dünnes Rohr; es mißt zwischen 110 und 124 μm (LUTHER 1948, 1962). Proximal beginnt das Rohr mit einem kurzen Trichter; das distale Ende ist in stumpfem Winkel gebogen.

Provortex affinis (Jensen, 1878)

(Abb. 283 D–F)

Marine Art mit zahlreichen Angaben aus dem euhalinen Milieu nordatlantischer Küsten bis zu jüngsten Funden von Populationen im Sandwatt der Nordseeinsel Sylt (HELLWIG 1987).

Dagegen liegen aus dem Brackwasser nur wenige Beobachtungen vor. STRAARUP (1970) meldet *Provortex affinis* für Brackwasserbiotope am Öresund; SCHOCKAERT et al. (1989) fanden die Art in Brackwassergebieten der belgischen Küste.

Im Ostseeraum ist *Provortex affinis* nur aus dem Polyhalinicum der Kieler Bucht bekannt – aus *Enteromorpha*-Bewuchs (OTTO 1936), aus ufernahem Feinsand (AX 1951a) und aus Grobsand-Kies vor Bülk, 4 m Wassertiefe (unpubl. 1951). Die Art kann für die innere Ostsee ausgeschlossen werden; in den umfassenden Studien von LUTHER (1962) und KARLING (1974) gibt es keinen Hinweis auf eine Existenz im baltischen Mesohalinicum.

Stilett
Unpublizierte Zeichnungen von Material aus der Kieler Bucht (1957) lassen sich mit dem Bild des Stiletts vom Locus typicus der Art bei Bergen zweifelsfrei gleichsetzen.

Die Stilette von zwei Individuen aus einem ufernahen *Zostera*-Bestand der Kieler Förde wurden zu 85 und 86 µm vermessen. Das schlanke Rohr beginnt mit einem leicht verbreiterten Trichter, verjüngt sich danach zunehmend und ist mit dem letzten Drittel deutlich abgebogen. Ein artspezifisches Merkmal bildet der dreieckige Kamm an der konvexen Seite der Biegung.

Im Taxon *Provortex* sind nur *P. affinis* und *P. tubiferus* die Träger eines langen, röhrenformigen Stiletts. Dabei ist das Rohr von *P. affinis* vergleichsweise aber breiter, kürzer und nur hier mit einer kammartigen Struktur versehen.

Vejdovskya Graff, 1905

Für die 7 Arten des Taxons *Vejdovskya* ist das gemeinsame ökologische Verhalten herauszustellen. Es handelt sich ausnahmslos um Brackwasser-Organismen. Im übrigen kenne ich keine strukturelle Autapomorphie für die Begründung eines Monophylums *Vejdovskya*.

In der Morphologie zeichnen sich zwei Artengruppen ab. Augenlose Arten (Apomorphie) mit Differenzierung des Stiletts in Rohr und Flagellum (Apomorphie) sind *V. pellucida, V. parapellucida, V. mesostyla* und *V. ignava*. Als eine Art ohne Pigmentbecherocellen und mit vergleichbarem Rohr, allerdings ohne Flagellum (? sekundär) kann *V. simrisiensis* angeschlossen werden. Auf der anderen Seite stehen *V. halileimonia* und *V. helictos* mit pigmentierten Augen, aber ohne Gliederung des Stiletts in Rohr und Flagellum. Das besagt indes wenig für eine Verwandtschaftsanalyse, da es sich bei beiden Merkmalen um Plesiomorphien handeln kann.

Vejdovskya pellucida (Schultze, 1851)

(Abb. 284 A, B; 286 A, B)

Bereits vor 150 Jahren aus dem Brackwasser der Ostsee bei Greifswald beschrieben, gehört *Vejdovskya pellucida* heute mit *Macrostomum curvituba* und *Coronhelmis lutheri* zum harten Kern genuiner psammobionter Brackwasser-Organismen, für welche eine weite geographische Verbreitung nachgewiesen ist. Die Fundorte liegen auf beiden Seiten des Nordatlantik inklusive Nord- und Ostsee (AX 1951a; AX & ARMONIES 1987; ARMONIES 1987, 1978; BILIO 1964; BOADEN 1963; HELLWIG 1987; KARLING 1974; LUTHER 1962; SCHMIDT 1972a, b; SCHOCKAERT et al 1989; STERRER 1965; STRAARUP 1970; VAN DER VELDE 1976), im Mittelmeer (AX 1956c) und im Schwarzen Meer (PEREYASLAWZEWA 1892).

In der Ökologie gehe ich auf zwei Aspekte ein.

(1) Wiederholt wird die primäre Existenz der Art im Interstitium von Sandböden hevorgehoben. *V. pellucida* meidet Sedimente, in denen das Lückensystem zwischen den Sandkörnern durch Feinpartikel versetzt ist (STRAARUP 1970), dringt aber in sandige Salzwiesen des Supralitorals ein (ARMONIES 1987) und besiedelt das Lückensystem im Wurzelwerk von Andelrasen und unterem Rotschwingelrasen (BILIO 1964).

(2) Zur Begründung von *V. pellucida* als Brackwasserart liefern quantitative Analysen kleinräumiger Verteilungsmuster im Grenzbereich zum marinen Milieu klare Daten. SCHMIDT (1972b) hat *V. pellucida* an lotischen

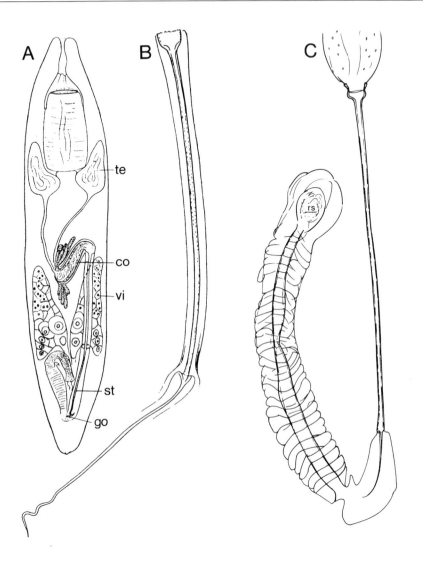

Abb. 284: A, B. *Vejdovskya pellucida*. Ostsee. A. Organisation nach dem Leben. B. Stilett im männlichen Genitalkanal mit langem Flagellum. C. *Vejdovskya parapellucida*. South Carolina, USA. Stilett mit kurzem Flagellum und Bursa copulatrix mit Receptaculum seminis (A Luther 1962; B Karling 1957; C Ax 1997a)

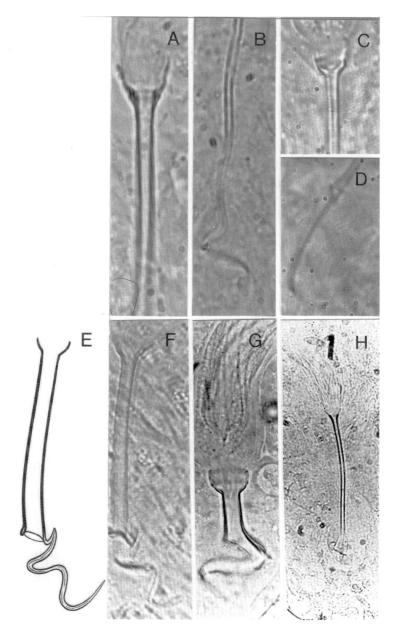

Abb. 286: A, B. *Vejdovskya pellucida*. Stilett. A. Proximalteil mit Trichter. B. distales Flagellum. New Brunswick, Kanada. C, D. *Vejdovskya parapellucida*. Stilett. C. Trichter am proximalen Ende. D. Halbkreisförmiges Flagellum am distalen Ende. South Carolina. E, F. *Vejdovskya mesostyla*. Stilett. Färöer. G *Vejdovskya ignava*. Stilett. Finnischer Meerbusen. H. *Vejdovskya simrisiensis*. Stilett. Kieler Bucht, leg. P. Schmidt. (Originale)

Gezeitensandstränden bei Tromsö nur landwärts der mittleren Hochwasserlinie (MHWL) nachweisen können – d. h. im mittleren und oberen Sandhang mit verminderter Salinität des Interstitialwassers. Ganz entsprechend liegt das Siedlungsareal am gezeitenlosen Strand der Kieler Bucht im mittleren Sandhang (SCHMIDT 1972a). und schließlich erreicht *V. pellucida* im lenitischen Watt von Sylt nur in detritusreichen Stränden oberhalb der MHWL hohe Abundanzen (HELLWIG 1987).

Nach ARMONIES (1987) siedelt *V. pellucida* in Salzwiesen der Nordsee bei Salzkonzentrationen von 10–20 ‰.

Körperlänge bis 1 mm (KARLING 1974), nach eigenen Messungen kaum mehr als 0,5–0,6 mm. Keine pigmentierten Augen und auch im übrigen kein Körperpigment.

V. pellucida zeichnet sich durch ein extrem langes Stilettrohr des Kopulationsorgans von einem Drittel der Körperlänge aus. Die vorliegenden Meßwerte reichen von 190–200 µm in der Kieler Bucht (AX 1951a) über 220 µm von Kanada (AX & ARMONIES 1987) bis zu 230 µm in der inneren Ostsee (LUTHER 1962). Das Organ beginnt mit einem Trichter von 17 µm Durchmesser. Das anschließende Rohr mit einem konstanten Durchmesser von ~ 6–7 µm nimmt weit über die Hälfte der Stilettlänge ein; unter abrupter Verjüngung geht es in einen extrem dünnen Anhang über, der als Flagellum bezeichnet wird. Nach einigen Windungen läuft der Anhang am Ende in einen Haken aus.

Vejdovskya parapellucida Ax, 1997

(Abb. 284 C; 286 C, D)

Die Art wurde unlängst an der Atlantikküste von South Carolina entdeckt und ist vorerst nur von zwei Sandstränden der Winyah Bay bekannt. (1) Ein Strand befindet sich am Morgan Park der Stadt Georgetown (S. 62). Der Lebensraum liegt an der Grenze von Brackwasser und Süßwasser mit Salzgehaltswerten unter 6 ‰. (AX 1997a). (2) Der zweite Fundort liegt gleichfalls in der Winyah Bay an der Südseite der Hobcaw Barony (S. 222).

Winzige Art von nur 0,4 mm Länge. Ungefärbt, ohne pigmentierte Augen.

Das Kopulationsorgan beginnt mit einem langgestreckten Muskelsack für Sperma und Kornsekret. Das Stilett wird etwa 105 µm lang. Es ist gegliedert in einen proximalen Trichter (Durchmesser 6 µm), das lange Rohr (Durchmesser ~ 2 µm) und ein kurzes distales Flagellum von 18 µm Länge. Das Flagellum ist zur Spitze hin nur leicht gekrümmt.

Neben dem Kopulationsorgan liegt eine voluminöse, gestreckte Bursa copulatrix, welche in ein blasenförmiges Receptaculum seminis mündet. Ein regelmäßiges System fester Lamellen umgibt rechtwinklig den zentralen Kanal der Bursa. Das Receptaculum war an den studierten Individuen mit Sperma gefüllt.

Im Vergleich mit *Vejdovskya pellucida* sind zwei artspezifische Eigenheiten für *V. parapellucida* herauszustellen. Das Stilett dieser Art erreicht nur die Hälfte der Stilettlänge von *V. pellucida*; die Durchmesser von Trichter und Rohr sind entsprechend geringer. Das kurze Flagellum am Rohr von *V. parapellucida* verläuft ohne Windungen in einem leichten Bogen.

Vejdovskya mesostyla Ax, 1954

(Abb. 285 A–C; 286 E, F)

Vejdovskya mesostyla mesostyla: AX 1960; ARMONIES 1987.
Vejdovskya mesostyla hemicycla: AX 1960; BILIO 1964; ARMONIES 1987.

V. mesostyla wurde von einem Sandstrand bei Lappvik im Finnischen Meerbusen beschrieben. Diesem Biotop entspricht der Siedlungsraum auf den Färöer. Hier handelt es sich um einen Sandstrand am Ostende der Lagune von Saksun; zur Zeit der Probenentnahme (6.8.1992) herrschten Süßwasserbedingungen infolge der Mündung eines Wasserfalles in die Lagune.

V. mesostyla ist ferner in Salzwiesen an den deutschen Küsten nachgewiesen. Im Rotschwingelrasen von Gelting Birk (Kieler Bucht) betrug der Salzgehalt bei Probenentnahme weniger als 4 ‰ (BILIO 1964). Auf Sylt an der Nordsee ist *V. mesostyla* eng an sandige Wiesenböden mit geringem Salzgehalt gebunden (ARMONIES 1987).

Körperlänge 0,3 mm (Finnland) bis 0,4 mm (Färöer). Ungefärbter Körper ohne Pigmentaugen.

Das harte Kopulationsorgan hat die für *V. pellucida* und *V. parapellucida* dargestellte Gliederung in Rohr und Flagellum, ist mit einer Gesamtlänge um 50 µm indes erheblich kürzer. Einzelwerte: Rohr 38 µm, Flagellum 14 µm (Finnland); Rohr 32 µm, Flagellum 16 µm (Kieler Bucht); Rohr 42 µm, Flagellum 15 µm (Färöer).

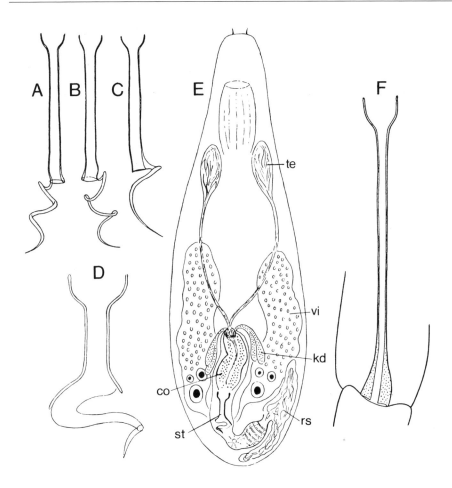

Abb. 285: A–C. *Vejdovskya mesostyla*. Stilette verschiedener Individuen. A, B Finnischer Meerbusen, C Kieler Bucht. D, E. *Vejdovskya ignava*. D Stilett. E. Organisation. Französische Mittelmeerküste. F. *Vejdovskya simrisiensis*. Stilett. Schwedische Ostseeküste. (A, B Ax 1954b; C Ax 1960; D, E Ax 1956c; F Karling 1957)

In der Diskussion steht die Form des Flagellums. Bei Individuen aus Finnland und von den Färöer beschreibt das Flagellum 3 spiralige Windungen bevor es in eine halbkreisförmig geschwungene Spitze ausläuft (Abb. 285 A, B; 286 E, F). Bei Individuen aus Salzwiesen der westlichen Ostsee habe ich dagegen ein Flagellum mit nur einem großen Halbkreis gefunden (Abb. 285 C). Gegen die nomenklatorische Abgrenzung als *V. mesostyla hemicycla* (AX 1960) spricht indes der Nachweis beider Formen in Salzwiesen von Sylt. Dabei ist der halbkreisfömige Zustand des Flagellums augenscheinlich nur die Folge eines stärkeren Deckglasdruckes bei Lebendbeobachtungen (ARMONIES 1987).

Vejdovkya ignava Ax, 1951

(Abb. 285 D, E; 286 G)

Neben *Vejdovskya pellucida* können wir auch *Vejdovskya ignava* in die Gruppe genuiner Brackwasser-Plathelminthes mit Siedlungsschwerpunkt im Mesohalinicum einordnen. Der in dieser Hinsicht klassische Locus typicus ist die Große Breite des Flusses Schlei in Schleswig-Holstein; hier beträgt der mittlere Salzgehalt 7–8 ‰ (AX 1951a). Gut vergleichbar sind die Bedingungen im Mesopsammal des Greifswalder Boddens mit 6–7 ‰ Salzgehalt bei Wieck (unpubl. 2001), des Finnischen Meerbusens (AX 1954b; LUTHER 1962; AX & AX 1970) und bei Stockholm (leg. KARLING), ebenso aber auch im Etang de Canet an der französischen Mittelmeerküste (AX 1956c). Schließlich liegen Meldungen aus dem Brackwasser der Delta-Region von Holland vor (SCHOCKAERT et al. 1989).

An salzreicheren Küsten wechselt *V. ignava* wie *V. pellucida* in das brackige Supralitoral jenseits des Wasserrandes über. In der Kieler Förde (Salzgehalt 15–18 ‰) ist die Besiedlung supralitoraler Feuchtsande mit Cyanobakterien hervorzuheben (AX 1951a; GERLACH 1954). Auf Sylt an der Nordsee lebt *V. ignava* in sandigen Böden mesohaliner Salzwiesenareale (ARMONIES 1987, 1988).

Ferner überwindet *V. ignava* in Norddeutschland die Grenze zwischen Brackwasser und Süßwasser. In der Weser wurde die Art über das Oligohalinicum des Aestuars (KRUMWIEDE & WITT 1995) hinaus im küstenfernen Flußlauf nachgewiesen (AX & AX 1970; SOPOTT-EHLERS 1989; DÜREN & AX 1993), der seinerzeit allerdings durch industrielle Abwässer schwach versalzt war. Im limnischen Gezeitensandstrand der Elbe bei Hamburg erreicht *V. ignava* hohe Abundanzen bis 150 Ind./100 cm^3 Sandboden (DÜREN & AX 1993).

Die Körperlänge beträgt 0,3–0,4 mm (AX 1951a), 0,3–0,8 mm (LUTHER 1962) und soll sogar 1 mm erreichen (KARLING 1974).

Das Stilett ist im Vergleich mit *V. pellucida*, *V. parapellucida* und auch *V. mesostyla* deutlich kürzer und gedrungener. Die Länge beträgt nur 35 µm (AX 1951a), 34–36 µm (AX 1956c) bzw. 30–42 µm (LUTHER 1962). Das kurze Rohr (Durchmesser 5–6 µm) hat einen großen proximalen Trichter (Durchmesser 12–15 µm); eine distale Erweiterung resultiert aus den schräg abragenden Wänden. Der anschließende Haken kann mit dem Flagellum der oben genannten Arten homologisiert werden. Der kräftige Haken steht im rechten Winkel zum Rohr; die scharfe Spitze ist erneut um 90° oder mehr nach unten gedreht.

In der Bursa findet sich wie bei *V. parapellucida* ein System ringförmig angeordneter Lamellen.

Vejdovskya simrisiensis Karling, 1957

(Abb. 285 F; 286 H)

Wenngleich bis heute nur wenige Angaben existieren, ist für diese Art ein ähnliches ökologisches Verhalten wie für *Vejdovskya ignava* wahrscheinlich. Wiederum liegt der Locus typicus im Mesohalinicum; es handelt sich um einen Sandstrand an der schwedischen Ostseeküste bei Skåne (KARLING 1957).

In der salzreicheren westlichen Ostsee wurde ein Exemplar bei Kiel im supralitoralen Sandhang 10 m oberhalb der Wasserlinie gefunden (SCHMIDT 1972a). An der Nordsee liegt der Nachweis aus einem Brackwassertümpel der dänischen Insel Jordsand vor (EHLERS in SCHMIDT 1972a). Am Atlantik bei Tromsö lebt *V. simrisiensis* im oberen Sandhang des Supralitorals – zusammen mit *V. pellucida* (SCHMIDT 1972b).

Von einem Foto aus der Kieler Bucht abgesehen, beschränkt sich die Kenntnis der Morphologie auf die kurze Beschreibung von KARLING (1957).

Körperlänge 0,5 mm. Farblos, ohne Augen.

Das Stilett ist mit 70 µm etwa doppelt so lang wie das von *V. ignava*. Dem Rohr sitzt auch bei *V. simrisiensis* ein erweiterter Trichter auf. Am distalen Ende verbreitet sich das Rohr stempelförmig. Dabei handelt es sich um eine auswärts gerichtete Verdickung der Rohrwand; der Durchmesser des Lumens bleibt konstant. Ein distaler Anhang ist nicht vorhanden; es fehlt mit anderen Worten das für *V. pellucida*, *V. parapellucida* und *V. mesostyla* kennzeichnende Flagellum.

Vejdovskya halileimonia Ax, 1960

(Abb. 287 A–C)

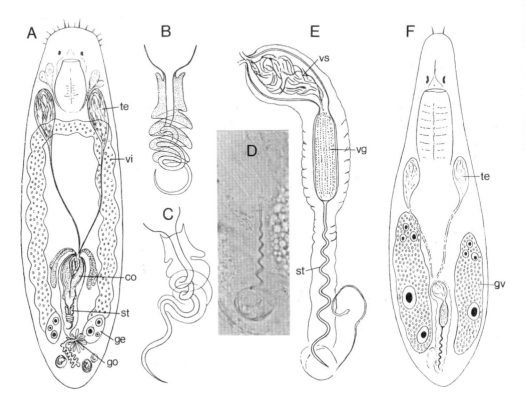

Abb. 287: A–C. *Vejdovskya halileimonia*. A. Organisation nach dem Leben. B. Stilett mit axialem Rohr in kräftigen Spiralwindungen und peripherer Manschette. C. Distal vorgestoßenes Stilett eines anderen Individuums nach stärkerer Quetschung. Kieler Bucht. Bottsand. D–F. *Vejdovskya helictos*. D. Schwach gewundenes Stilettrohr. Französische Atlantikküste, Becken von Arcachon. E. Kopulationsorgan mit Vesicula seminalis, V. granulosum und Stilett. F. Organisation. Französische Mittelmeerküste, Etang de Salses. (A–C Ax 1960; D Original 1964; E, F Ax 1956c)

Die Art wird als ein biotopeigener Bewohner von Salzwiesen interpretiert. Sie ist bekannt von der norwegischen Atlantikküste, von der deutschen Nordseeküste, aus Salzwiesen der Niederlande, von Frankreich und England sowie mit dem Locus typicus aus der westlichen Ostsee (AX 1960; BILIO 1964; HARTOG 1966a, 1966b, 1968a, 1974, 1977; VAN DER VELDE 1976; ARMONIES 1987, 1988; HELLWIG 1987; SCHOCKAERT et al.

1989). Der Siedlungsschwerpunkt liegt in salzreicheren Arealen von Salzwiesen. Die Art fehlt im untersuchten Mesohalinicum der inneren Ostsee.

Ein kleinräumiger Vergleich von Studien über Salzwiesen und das vorgelagerte Watt auf der Nordsee-Insel Sylt ergibt ein differenziertes Bild über das ökologische Verhalten der Art. In Salzwiesen siedelt *Vejdovskya halileimonia* mit hoher Abundanz im Polyhalinicum (25–20 ‰), in geringer Individuendichte im Euhalinicum und ebenso mit geringer Abundanz im Mesohalinicum (15–5 ‰) (ARMONIES 1987, 1988). Aber auch im Schlickwatt zwischen Beständen des Schlickgrases *Spartina salina* existieren dauerhafte, individuenarme Siedlungen (HELLWIG 1987).

Körperlänge 0,5–0,7 mm. Zwei Augen mit Pigmentbechern dicht vor dem Pharynx.

Das Stilett erreicht 50 µm Länge. Das Organ hat eine ganz charakteristische, unverwechselbare Struktur; es setzt mit einem weiten Trichter am Muskelbulbus des Kopulationsorgans an. Der Trichter verjüngt sich zu einem axialen Rohr, welches sich nach einem kurzen geraden Stück in 3–4 große spiralige Windungen legt. Der Durchmesser des Rohres nimmt distalwärts kontinuierlich ab; das Rohr läuft schließlich spitz aus. Das Flagellum anderer *Vejdovskya*-Arten gibt es bei *V. halileimonia* nicht.

Ein einzigartiges Element ist die Manschette um das axiale Rohr. Um den proximalen geraden Rohrabschnitt ist die Manschette kastenförmig angelegt; distalwärts folgt sie dem spiraligen Rohr in großen Windungen, die im optischen Schnitt als schräg versetzte Halbbögen erscheinen.

Vejdovskya helictos Ax, 1956

(Abb. 287 D–F)

3 Nachweise aus separierten Brackgewässern ohne Siedlungen im marinen Milieu sprechen für die Interpretation von *V. helictos* als eine Brackwasserart.

(1) Etang de Salses an der französischen Mittelmeerküste. Mittelsand. Entfernung vom Ufer 40–50 m, Wassertiefe 30–40 cm. Salzgehalt 12–15 ‰ (AX 1956c).
(2) Sile am Schwarzen Meer. Im Feinsand der Uferzone eines Süßwasserzuflusses. Salzgehaltsbereich 8,8–14,3 ‰ (AX 1959a).

(3) Becken von Arcachon an der französischen Atlantikküste. Mittelsand mit flockigem Detritus aus der brackigen Mündung des Courant de Lège im Norden des Beckens. Salzgehalt 11,4 ‰ bei Probenentnahme (1964, unpubl.).

Körperlänge 0,5–0,6 mm. Mit Pigmentbecherocellen.

Im Vergleich mit den übrigen *Vejdovskya*-Arten ist das muskulöse Kopulationsorgan stärker in eine proximale Vesicula seminalis und die distale Vesicula granulorum gegliedert.

Das Stilett beginnt mit einem kleinen Trichter und endet in einer scharfen Spitze. Dem kurzen geraden Rohr am Beginn folgen konstant 6 schwache Spiralwindungen. Dabei ist das Organ insgesamt gerade ausgerichtet. Neben dem Distalende des Stiletts liegt ein schwach verfestigtes, eingedrehtes Röhrchen, das vielleicht zu einer Kopulationsbursa des Genitalapparates gehört.

Ein Stilett mit spiraligen Windungen gibt es im Taxon *Vejdovskya* nur bei *V. helictos* und der zuvor behandelten *V. halileimonia*. Das kann eine Synapomorphie der beiden Arten sein. Allerdings fehlt bei *V. helictos* die charakteristische Manschette um das Stilett von *V. halileimonia*.

Haplovejdovskya subterranea Ax, 1954

(Abb. 288, 289)

Anhand des Verhaltens im Freiland sowie experimenteller Daten aus dem Laboratorium kann *H. subterranea* mit wünschenswert sicherer Begründung als eine genuine Brackwasserart ausgewiesen werden.

Die Art ist ein charakteristisches Faunenelement in Sandstränden der inneren Ostsee. Nach der Beschreibung aus dem Finnischen Meerbusen (AX 1954b) wurde sie wiederholt an der schwedischen Ostküste nachgewiesen. Bei Askö hat JANSSON (1968) individuenreiche Populationen in zahlreichen quantitativen Proben bei Salinitäten von 6–7 ‰ bis zu 0,1 ‰ beobachtet und außerdem in Experimenten eine optimale Existenz bei einem Salzgehalt um 5–10 ‰ gefunden. Im Fall von *H. subterranea* kann der niedrige Salzgehalt selbst der ursächliche Faktor für die Bindung an den Lebensraum Brackwasser sein.

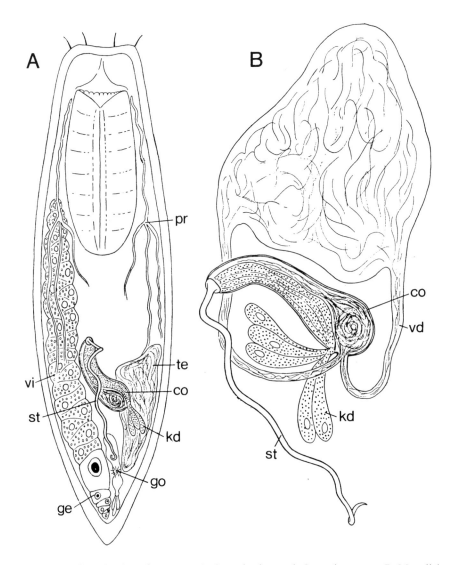

Abb. 288: *Haplovejdovska subterranea*. A. Organisation nach Quetschpräparat. B. Männliche Geschlechtsorgane mit großem unpaaren Hoden, einem einheitlichen muskulösen Kopulationsorgan für Sperma und Kornsekret sowie dem gewundenen Stilettrohr. Ostsee, Finnischer Meerbusen. (Ax 1954b)

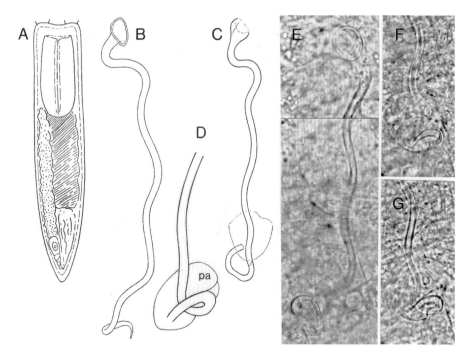

Abb. 289: *Haplovejdovskya subterranea*. A–C. Material aus der Ostsee. A. Habitus. B. Stilettrohr mit spitz zulaufendem Haken. C. Stilettrohr eines anderen Individuums mit abgestutztem Distalende. D–G. Material von Island. D. Distalende des Rohres mit quer abgeschnittener Öffnung. E. Stilett in ganzer Länge. F. Distalende. G. Distalende bei anderer Fokussierung; blasenförmige Papille (pa) des Genitalkanals sichtbar. (A–C Ax 1954b; D–G Originale 1993)

Eine eindrucksvolle Parallele bietet die Siedlung in einem entsprechenden Brackwasser-Milieu der westlichen Ostsee. Hier wurde *H. subterranea* in einem Sandstrand der mittleren Schlei bei einem Salzgehalt von 7–8 ‰ nachgewiesen (Große Breite bei Fleckeby, 1954 unpubl.).

Den elementaren Wert präziser Fundortsangaben für eine ökologische Charakterisierung mag der zunächst unerwartete Nachweis von *H. subterranea* an der Nordseeküste demonstrieren. HELLWIG (1987) hat die Art am Ostufer von Sylt vor einem Salzwiesenareal gefunden – aber nur im oberen Supralitoral eines schwach lotischen Sandstrandes unter meso- bis oligohalinen Brackwasserbedingungen.

In der Wesermündung siedelt *H. subterranea* in einem Gezeitensandstrand bei Salzgehaltswerten von 7–11 ‰ (DÜREN & AX 1993).

Nachweise von der schwedischen Westküste (Grundwasser, Felstümpel: KARLING 1974) und aus dem Weißen Meer (KOTIKOVA & JOFFE 1988) wurden ohne nähere Biotopangaben publiziert.

Neuer Fund auf Island (1993)
„Süßwasser"-Lagune Hlidarvatn an der Südseite von Island am Beginn der ostwärts gerichteten Halbinsel Reikjanes. Die Lagune hat eine schmale Verbindung zum Meer. Mit einem Salzgehalt von 1 ‰ ist sie ein Lebensraum des Brackwasser-Amphipoden *Gammarus duebeni* (mdl. Mitteilung von Dr. Ingolfson, Rejkjavik).
4 Expl. am Wasserrand eines Strandes aus Mittel- bis Grobsand am Nordostende der Lagune.

Kleine Art mit einer durchschnittlichen Körperlänge von 0,5–0,6 mm. Habitus mit breit abgestutzten Vorderende und konisch zulaufendem Hinterende. Ohne Pigmentbecherocellen.

Ein unpaares Germovitellar und ein unpaarer Hoden bilden Apomorphien im Vergleich mit den paarigen Geschlechtsorganen im Taxon *Vejdovskya*. Ursprünglich bleibt *H. subterranea* aber in der Ausprägung von zwei Vasa deferentia, die distal beiderseits aus dem Hodensack entspringen.

Das Stilett des Kopulationsorgans ist ein langes, mehrfach gewundenes Rohr mit einem proximalen Trichter und einem hakenförmig eingekrümmten Distalende. Den Längenwerten von 110–155 µm aus der inneren Ostsee fügen sich Messungen an zwei Individuen von Island mit 112 und 115 µm ein. Bei Individuen aus der Ostsee erscheint das distale Ende des Rohres verschieden gestaltet – entweder als ein spitz zulaufender Haken (LUTHER, AX) oder als quer abgestutzte, offene Kanüle (KARLING). Bei den auf Island studierten Individuen ist die zweite Variante realisiert; hier wie dort zeichnet sich eine Papille des männlichen Genitalkanals als zarte blasenförmige Struktur um das Ende des Stiletts ab (Abb. 289 D).

Baicalellia Nasonov, 1930

Die paarigen Hoden sind am Vorderende durch eine Brücke miteinander verbunden (NASONOV 1930; LUTHER 1962). Auch wenn dieser apomorphe Zustand als Ergebnis eines einfachen evolutiven Prozesses erscheint, spricht nichts gegen eine einmalige Entstehung in einer den *Baicalellia*-Arten gemeinsamen Stammlinie. Die Verwachsung der Hoden kann mit anderen Worten als Autapomorphie eines Taxons *Baicalellia* gelten.

Es gibt einen problematischen Fall. Bei *Baicalellia canadensis* sind die Hoden nach meinen Skizzen von lebenden Tieren getrennt, und an den verfügbaren Schnittserien war ihr Zustand nicht aufklärbar. Die Zuordnung zum Taxon *Baicalellia* muß vorerst ein Provisorium bleiben.

Individuen von *Baicalellia*-Arten besiedeln das gesamte aquatische Milieu vom Meer bis zum Süßwasser. Nur aus dem Meer bekannt sind *B. strelzovi* Joffe & Selinova, 1988 von der Barentsee und *B. groenlandica* Ax, 1995 von Disko, Grönland. Auf der anderen Seite meldet NASONOV (1930) 5 Arten aus dem Baikalsee; sie werden unzureichend beschrieben und sind wohl nur schwer identifizierbar. Mit *B. evelinae* von Sao Paulo und Umgebung bringt MARCUS (1946) eine weitere Süßwasserart zur Kenntnis.

Sodann gibt es 7 Arten mit Siedlungen im Brackwasser, die also hier zu behandeln sind. Allerdings haben wir für 5 Arten bisher jeweils nur ein Fundareal. Das sind *B. posieti* Nasonov, 1930 aus dem Japanischen Meer; *B. canadensis* Ax & Armonies, 1987 von der kanadischen Atlantikküste; *B. anchoragensis* Ax & Armonies, 1990 und *B. sewardensis* Ax & Armonies, 1990 von Alaska, sowie *B. rectis* n. sp. von der französischen Atlantikküste. Es verbleiben *B. brevituba* (Luther, 1921) und *B. subsalina* Ax, 1954, deren ökologische Ansprüche über eine ganze Reihe von Fundmeldungen aus der Nord- und Ostsee gut charakterisierbar sind. *B. brevituba* ist eine extrem euryhaline Art, wogegen *B. subsalina* als eine genuine Brackwasserart angesprochen werden kann.

Baicalellia posieti Nasonov, 1930

(Abb. 290)

Rußland. Westliches Japanisches Meer. Brackwasser-Standort bei Posiet in der Nähe der koreanischen Grenze. Kleiner See mit Verbindung zum Meer (Bucht Peter des Großen). Starke Schwankungen des Salzgehaltes von 18 ‰ bis zu Süßwasserbedingungen in Abhängigkeit von Gezeiten und Niederschlag (NASONOV 1932).

Länge 1–1,2 mm. Auffallendes Pigment aus dunkelbraunen Streifen, die vorzugsweise nach vorne und hinten verlaufen und untereinander anastomosieren. Eine vergleichbare Pigmentierung existiert bei *Baicalellia nigrofasciata*

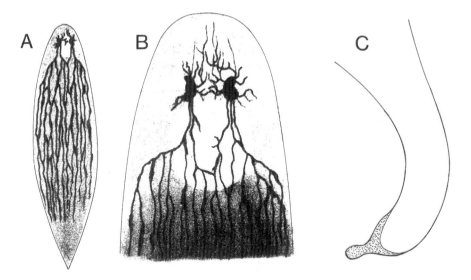

Abb. 290: *Baicalellia posieti*. A. Habitus von der Rückenseite. B. Vorderende mit Augen und streifenförmiger Anordnung des Pigments. C. Stilett. Abgezeichnet aus einem Längsschnitt durch das Kopulationsorgan. Rußland, Japanisches Meer. (Nasonov 1932)

aus dem Baikalsee (NASONOV 1930), nicht aber bei den übrigen Arten aus Meer- und Brackwasser.

Das röhrenförmige Stilett verläuft in zwei schwachen Biegungen. Am Ende befindet sich ein plattenartiger Auswuchs in Form eins längsgerichteten Kammes; das ist das knopfartige Gebilde in Abb. 290 C. Diese Figur steht aber unter dem Vorbehalt, daß sie aus der Wiedergabe eines Längsschnitts (NASONOV 1932, taf. VI, fig. 10) abgezeichnet worden ist. Ein detailliertes Bild des Stiletts nach Lebendbeobachtungen existiert nicht.

Baicalellia brevituba (Luther, 1921)

(Abb. 291)

B. brevituba ist eine ausgeprägt marin-euryhaline Art. An den Küsten der Nord- und Ostsee findet man sie vom voll marinen Milieu bis in schwach salziges Brackwasser – und dabei vorzugsweise in lenitischen Lebensräumen

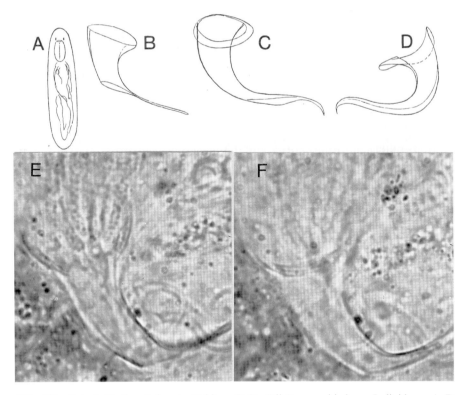

Abb. 291: *Baicalellia brevituba*. A. Habitus. B–D. Stilette verschiedener Individuen. A–D Kieler Bucht, Ostsee. E–F. Mikrofotografien von Stiletten. Bocabec River, New Brunswick Kanada. (A–D Ax 1954a; E, F Ax & Armonies 1987)

(AX 1954a; LUTHER 1962; KARLING 1974). Als extrem divergierende Siedlungsareale kann man das marine Sandwatt am Ostufer der Insel Sylt (HELLWIG 1987) und das Schlickwatt im Weseraestuar bis an die Grenze Brackwasser/Süßwasser (KRUMWIEDE & WITT 1995) gegenüberstellen. Im Brackwasser-Lebensraum Salzwiese wurde *B. brevituba* regelmäßig nachgewiesen (BILIO 1964; HARTOG 1966a, 1974, 1977; ARMONIES 1987, 1988). Aus der Schlei liegen Funde von der Großen Breite vor (1954).

Unlängst habe ich Individuen der Art jenseits der Darßer Schwelle im Mesohalinicum des Greifswalder Boddens beobachtet (Greifswald-Wieck. Detritusreicher Sand der Uferzone, ~ 6 ‰ Salzgehalt. 2001).

Schließlich ist eine Einwanderung in die Elbe dokumentiert. PFANN-KUCHE et al. (1975) melden *B. brevituba* vom Süßwasserwatt Fährmannssand bei Wedel (Hamburg); nach MÜLLER & FAUBEL (1993) ist sie der dominante Vertreter der freilebenden Plathelminthes im Elbeästuar.

Eine amphiatlantische Verbreitung von *B. brevituba* kann mit Fotografien des Stiletts von Individuen aus New Brunswick, Kanada belegt werden (AX & ARMONIES 1987). Dagegen ist die Angabe der Art für Westgrönland (STEINBÖCK 1932) mangels von Abbildungen nicht nachvollziehbar; möglicherweise handelt es sich bei dem dort studierten Material um die inzwischen beschriebene *Baicalellia groenlandica* (AX 1995b).

Körperlänge 0,6–0,8 mm (LUTHER 1921); 0,5–0,6 mm (AX 1954a); 1 mm (KARLING 1974).

Das Stilett ist ein dickes, gebogenes Rohr mit einem weit ausladenden proximalen Trichter und einem langen seitlichen Fortsatz am distalen Ende. Der Trichter wird von einer Lamelle umgeben. Das Stilett mißt bei Individuen von Kanada 42–47 µm.

Baicalellia subsalina Ax, 1954

(Abb. 292)

Die Art ist offenkundig wie *Canetellia beauchampi* (s. u.) ein genuiner Brackwasserorganismus. Sie existiert im Mesohalinicum und dringt von hier bis in den limnischen Bereich von Aestuarien vor.

In der Schlei lebt *B. subsalina* bei einem Salzgehalt von 7–8 ‰ (Große Breite, 1954).

Regelmäßige Meldungen stammen aus Untersuchungen brackiger Flußmündungen. Ich zähle auf den Courant de Lège, welcher an der französischen Atlantikküste in das Becken von Arcachon mündet (AX 1971, p. 16), das Delta-Areal der Niederlande (HARTOG 1977; SCHOCKAERT, JOUK & MARTENS 1989), das Weserästuar bis in das Süßwasser (DÜREN & AX 1993; KRUMWIEDE & WITT 1995) sowie das Elbeästuar bei Brunsbüttelkoog (AX 1954a) und Haseldorf (MÜLLER & FAUBEL 1993).

Baicalellia subsalina ist ferner im Nord-Ostsee-Kanal (Schleswig-Holstein) verbreitet. In der inneren Ostsee hat KARLING die Art vor der schwedischen Küste nachgewiesen (LUTHER 1962).

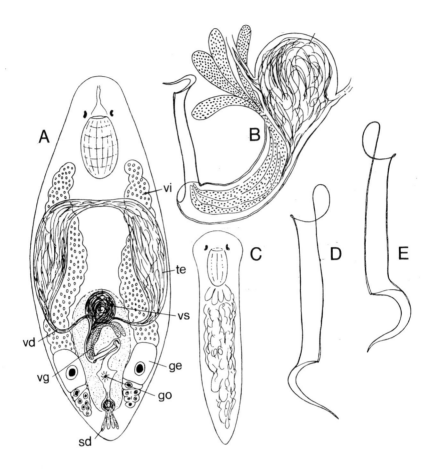

Abb. 292: *Baicalellia subsalina*. A. Organisation nach Lebendbeobachtungen, Ergänzungen nach Schnittserien. B. Kopulationsorgan. C. Habitus. D-E. Stilette von verschiedenen Individuen. Nord-Ostsee Kanal, Schleswig Holstein. (Ax, 1954a)

Körperlänge 0,4–0,6 mm (AX 1954a). Vom Habitus ist das keulenförmig angeschwollene Vorderende hervorzuheben. Damit kann *B. subsalina* schon bei schwacher Vergrößerung von *B. brevituba* mit einem abgerundeten Vorderende unterschieden werden.

Ganz gravierend sind die Differenzen zu dieser Art dann in der Struktur des Stiletts. Das langgestreckte Rohr misst 39–45 µm. Proximal verlängert es sich einseitig zu einer großen, ovalen Schlinge. Distal läuft das Rohr in einen prominenten, einwärts geschwungenen Haken aus.

Baicalellia rectis n. sp.

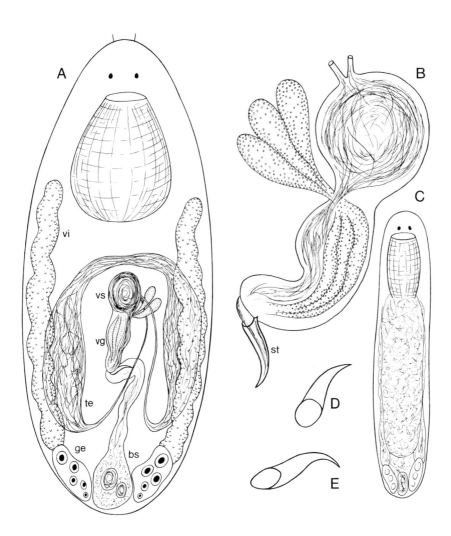

Abb. 293: *Baicalellia rectis*. A. Organisation nach Lebendbeobachtungen. B. Kopulationsorgan mit Samenblase, Körnerdrüsenblase und Stilett. C. Habitus eines schwimmenden Tieres. D und E. Stilette von zwei verschiedenen Individuen. Bucht von Arcachon, Courant de Lège. Frankreich. (Originale 1964)

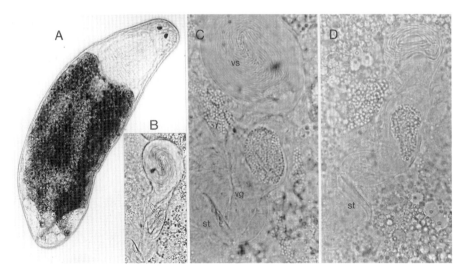

Abb. 294: *Baicalellia rectis*. A. Leicht gequetschtes Tier mit großem Pharynx. B. Kopulationsorgan. C. Dasselbe stärker vergrößert. Stilett gegen die Vesicula granulorum stark abgewinkelt. D. Anderes Individuum. Stilett zur rechten Seite abgesetzt. Bucht von Arcachon, Frankreich. (Originale 1964)

Französische Atlantikküste (1964)
Mündungsbereich des Süßwasserzuflusses Courant de Lège in die Nordspitze des Beckens von Arcachon. Sand mit Detritus aus der Uferzone. Der Lebensraum der studierten Population stand bei Ebbe unter Süßwasser; ein geringer mariner Einfluß erscheint bei Hochwasser möglich.

Wir beginnen mit 2 Eigenmerkmalen, welche die Art gut kennzeichnen: (1) *B. rectis* besitzt einen vergleichsweise großen Pharynx, welcher das Vorderende eines ungestört gleitenden Tieres weitgehend ausfüllt. (2) *B. rectis* hat ein kleines, hakenförmiges und nur schwach sklerotisiertes Stilett; charakteristisch ist die rechtwinklige Lage zur Längsachse des weichen Kopulationsorgans.

B. rectis erreicht eine Länge von 0,6–0,7 mm. Die Körperform kann man mit einer kurzen, dicken Zigarre vergleichen. Vorder- und Hinterende sind abgerundet, die Seiten verlaufen parallel.

Das Stilett des Kopulationsorgans habe ich bei zwei Individuen zu 28 und 30 µm gemessen. Soweit Vergleichswerte von anderen *Baicalellia*-Arten existieren, liegen die Stilettlängen zumeist zwischen 40 und 60 µm. Der schwach gekrümmte Haken hat eine runde bis ovale Öffnung am proximalen Ende; er läuft distal spitz zu.

RIXEN (1961) behandelt eine „Provorticidorum spec." aus dem Süßwasser des Großen Plöner Sees (Schleswig-Holstein), die mit *B. rectis* identisch sein kann. Übereinstimmung besteht in der Form des kleinen, haken- oder sichelförmigen Stiletts und seiner rechtwinkligen Stellung zum weichen Kopulationsorgan. Die Angabe über paarige Hoden kann ein (eigener) Beobachtungsfehler sein. Eine Klärung ist nur über neue Studien an Individuen aus Schleswig-Holstein erreichbar.

Baicalellia anchoragensis Ax & Armonies, 1990

(Abb. 295)

Alaska
Kotzebue, Anchorage und Kenai Halbinsel (Hope, Ninilchik, Homer Spit, Seward).
Salzwiesen und Salzwiesentümpel mit Mudsediment. Sand mit Detritus und Mud im oberen Gezeitenbereich. Sehr variable Salinitäten zwischen Süßwasser und Meerwasser. Zahlreiche Messungen von 0,2–3, 5, 7–8, 12–13 und 35 ‰.

Großes robustes Tier bis 2 mm Länge. Im Habitus und in der trägen Bewegung gibt es Ähnlichkeiten mit *Pseudograffilla arenicola* (S. 553).

Samenblase und Kornsekretdrüsen vereinigen sich im muskulösen Kopulationsorgan, das im Vergleich mit *B. subsalina* oder *B. sewardensis* breiter und gedrungener ist. Dazu entsprechend ist das Stilett ein kurzes, weites Rohr von 35 µm Länge. An diesem Organ bildet ein langer lateraler Fortsatz das herausragende Artmerkmal; er kann die Länge des Rohres übertreffen. Der Fortsatz läuft in zwei geschwungene Dorne aus, einen langen proximalen Dorn und einen kurzen distalen Stachel.

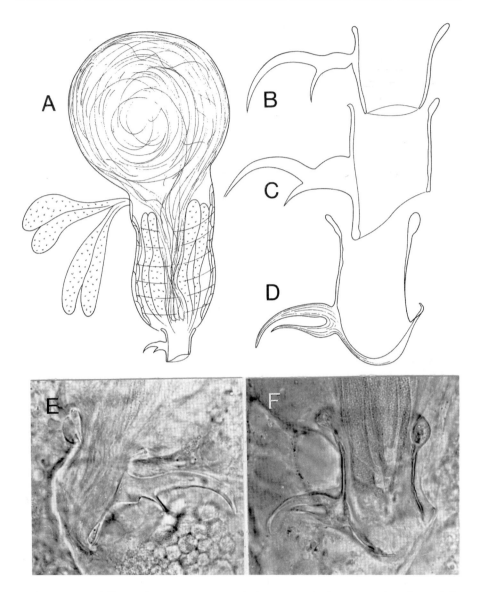

Abb. 295: *Baicalellia anchoragensis*. A. Kopulationsorgan. Anchorage. B, C. Stilett. Ninilchik, Kenai Halbinsel. D. Stilett. Anchorage. E. Stilett. Ninilchik, Kenai Halbinsel. F. Stilett. Anchorage. Alaska. (Ax & Armonies, 1990)

Baicalellia sewardensis Ax & Armonies, 1990

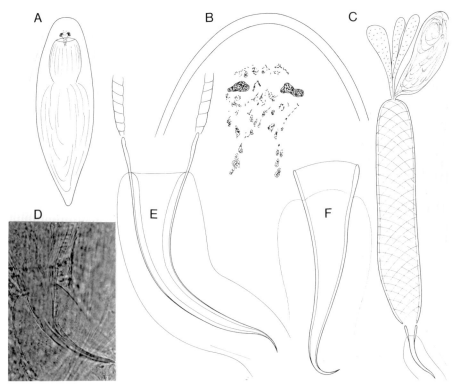

Abb. 296: *Baicalellia sewardensis*. A. Habitus. B. Vorderende mit Augen und Gruppen feiner Pigmentgranula. C. Männliches Kopulationsorgan. D–F. Stilette verschiedener Individuen. Seward, Alaska. (Ax & Armonies, 1990)

Alaska

Seward: Fourth of July Beach. Im Sandhang und vorgelagerten Sandwatt der Gezeitenzone. Bei Ebbe unter dem Einfluß von Gletscherwasser, das im Gezeitenbereich aus dem Hang austritt. Bei Hochwasser lag eine Messung im Sommer bei 14 ‰ Salinität.

Mit einer Länge von 2–3 mm ist *B. sewardensis* die größte Art des Taxons *Baicalellia*. Zwischen den Augen und über dem Pharynx Ansammlungen feiner Pigmentgranula.

Langes Kopulationsorgan von etwa 250 µm mit 2 Schichten von Spiralmuskeln. Proximal treten Kornsekretdrüsen neben der Samenblase ein.

Distal schließt das Stilett in Form einer gekrümmten Röhre mit scharfer Spitze an. Die Länge beträgt 70 µm. Wahrscheinlich ist nur der proximale Teil röhrenförmig geschlossen, der distale Abschnitt grubenartig ausgehöhlt.

Baicalellia canadensis Ax & Armonies, 1987

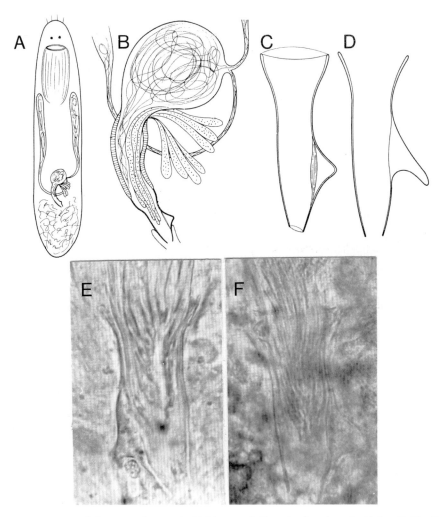

Abb. 297: *Baicalellia canadensis*. A. Habitus und Organisation in männlicher Reife. B. Kopulationsorgan. C–F. Stilette verschiedener Individuen. New Brunswick, Kanada. (Ax & Armonies 1987)

Kanada

New Brunswick: Brackwasserbucht Pocologan. Feinsand bis Grobsand mit Detritus im Gezeitenbereich; zwischen flottierenden Algen. Salzwiese Manawagonish bei St. John. Mud zwischen *Spartina*.

Unpigmentierte Tiere von 1,5 mm Länge. Mit einem auffallend großen Pharynx doliiformis, der im Quetschpräparat das erste Viertel des Körpers einnimmt.

Lange paarige Hoden habe ich im Quetschpräparat getrennt gezeichnet; die Schnittserien sind für eine definitive Aussage unzureichend. Die Organisation der Kopulationseinrichtung ist „normal" – mit terminaler Vesicula seminalis, lateral einmündenden Kornsekretdrüsen, Muskelschlauch und Stilett. Hierbei handelt es sich um ein 64–66 µm langes Rohr mit proximalem Trichter (Breite 12 µm) und distaler Verengung (5 µm). Wiederum liefert ein lateraler Fortsatz ein wichtiges Artmerkmal. Bei *B. canadensis* finden wir ein dreieckiges Gebilde, das direkt zur Seite oder schräg nach unten gerichtet ist.

Canetellia Ax, 1956

Im Anschluß an *Canetellia beauchampi* mit Locus typicus am Mittelmeer wird *Canetellia nana* als neue Art aus der Kieler Bucht beschrieben. Damit machen wir *Canetellia* vorläufig zu einem supraspezifischen Taxon aus zwei Arten.

Es gibt indes keine hinreichende Begründung von *Canetellia* als Monophylum. LUTHER (1962) hat in seiner Diagnose zwei Merkmale hervorgehoben. Die Lage der Hoden in der zweiten Körperhälfte sowie die kaudale Lage des Keimlagers in den Germarien. Beide Ausprägungen existieren aber auch in anderen Taxa der Dalyellioida – die Position der Hoden im Hinterkörper bei *Coronopharynx pusillus* und *Balgetia*, das nach vorne orientierte Wachstum der Germocyten (Oocyten) bei *Balgetia*, *Baicalellia* oder *Haplovejdovskya*.

Canetellia beauchampi Ax, 1956

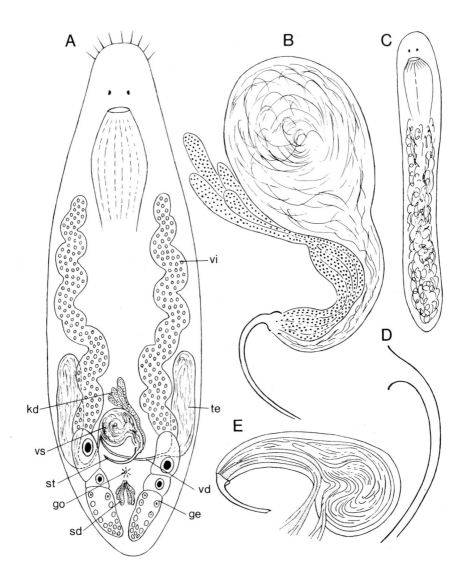

Abb. 298: *Canetellia beauchampi*. A. Organisation nach dem Leben. B. Kopulationsorgan mit Samenblase, Körnerdrüsenblase und Stilett. C. Schwimmendes Tier mit angeschwollenem Vorderende. D. Stilett. Französische Mittelmeerküste. E. Kopulationsorgan. Finnischer Meerbusen. (A–D Ax 1956c; E Luther 1962)

C. beauchampi ist bisher nur von wenigen Fundorten bekannt – vom Mittelmeer und Atlantik, in Schleswig-Holstein und in der inneren Ostsee. Dabei handelt es sich ausnahmslos um Funde aus dem Mesohalinicum. *C. beauchampi* ist als eine genuine Brackwasserart interpretierbar.

Französische Mittelmeerküste. Im Brackwasser der Strandseen Etang de Salses und Etang de Canet (AX 1956c).

Französische Atlantikküste. Brackige Mündung des Courant de Lège in das Becken von Arcachon (AX 1971, p. 16).

Nord-Ostsee-Kanal mit Brackwasser. Schleswig-Holstein (AX 1954a).

Schwedische Ostküste und finnische Südküste (AX 1954a; LUTHER 1962; KARLING 1974).

Körperlänge 0,6–0,8 mm, nach KARLING (1974) sogar 1 mm. Der Körper ist ungefärbt. Der Darm erhält durch stark lichtbrechende Körnchen einen grauen Ton. Aus der ausführlichen Beschreibung der Art (AX 1956c) nehme ich einige Merkmale auf, die unten im Vergleich mit *Canetellia nana* herangezogen werden.

Die paarigen Hoden liegen in der zweiten Körperhälfte dicht vor den Germarien oder sogar in Höhe der vorderen, reifen Germocyten (Oocyten), die von hinten her herangewachsen sind. Die Vasa deferentia treten am Scheitel einer ovoiden Vesicula seminalis ein. Im Anschluß an die Samenblase münden Kornsekretdrüsen in eine schlauchförmige Vesicula granulorum.

C. beauchampi besitzt ein einfaches Stilett. Das stark gebogene Rohr beginnt mit einem kleinen Trichter; das distale Ende ist schräg abgeschnitten. Die Länge beträgt nur 19 µm (LUTHER 1962).

Individuen von *C. beauchampi* lösen sich leicht vom Substrat und schwimmen dann lebhaft frei im Wasser; dabei drehen sie sich um die eigene Körperachse (LUTHER 1962, p. 26). Beim Schwimmen kann das Vorderende keulenförmig anschwellen, das Hinterende sich entsprechend verjüngen (Abb. 298 C). LUTHER hat Kontraktionen zu einer Kugel beobachtet.

Canetellia nana n. sp.

(Abb. 299)

Bisher nur im polyhalinen Brackwasser der Kieler Bucht nachgewiesen. Grobsand-Kies vor Schilksee, Bülk und Weißenhaus, vom Stoller Grund, Vodrups-Flach und Veisnaes-Flach in 2–15 m Wassertiefe (1950–1959).

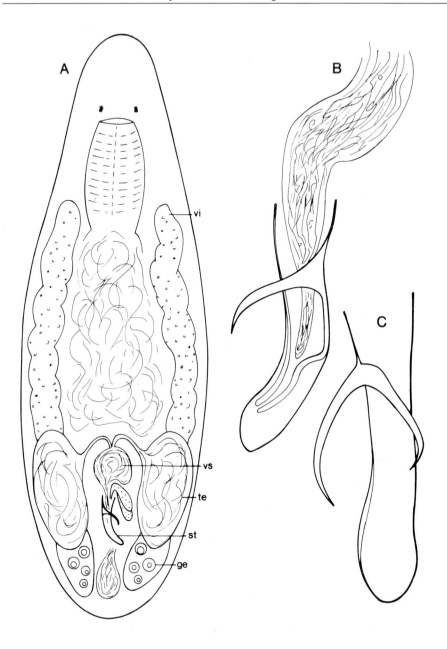

Abb. 299: *Canetellia nana*. A. Organisation nach Lebendbeobachtungen. B. Stilett in Seitenansicht. Ein großer Haken erkennbar, der im oberen Drittel über das Rohr verläuft. C. Stilett in Aufsicht mit einem Anker aus zwei Haken. Kieler Bucht. (Originale 1953)

Beobachtungen an Individuen aus Grobsand vor Bülk (5 m T; 1953) liegen der folgenden Darstellung zugrunde. Dieser Fundort bildet den Locus typicus der Art.

Sehr kleine Art mit einer Länge von 0,4–0,5 mm. Das Tier ist hell, durchsichtig. Paarige Pigmentbecherocellen liegen vor dem Pharynx.

Paarige Germovitellarien erstrecken sich lateral vom Ende des Pharynx bis in das Hinterende. Die beiden Hoden liegen wie bei *C. beauchampi* in der zweiten Körperhälfte. Eine Besonderheit bildet dann der Austritt der Vasa deferentia; sie entspringen entgegen der Norm am oberen Ende der Hodenblasen und treten nach kurzer Schleife in den Scheitel der Vesicula seminalis ein. Kornsekretdrüsen öffnen sich distal der Samenblase in das weiche Kopulationsorgan.

Stilett

Das sklerotisierte Kopulationsorgan von 45 µm Länge ist ein relativ weites und leicht gekrümmtes Rohr; es beginnt proximal mit einer etwas verbreiteten Öffnung und endet distal in einem mäßig angeschwollenen Zapfen. Wenn das krumme Gebilde auf der Seite liegt, erkennt man im oberen Drittel einen großen, spitzen Haken, welcher von der konvexen Krümmung in Richtung auf die konkave Eindellung herüberschlägt (Abb. 299 B). Bei einem Blick von oben treten zwei Haken am jetzt ziemlich gerade gestreckten Rohr hervor (Abb. 299 C). Der eben genannte große Haken ragt weit lateral ab. Am Rohr selbst ist er mit einem kleineren Haken verbunden, welcher auf der Gegenseite eng am Rohr entlang läuft und wahrscheinlich deshalb in der Seitenansicht nicht erkannt wurde.

Die beiden Haken des Stiletts bilden zusammen einen starren Ankerapparat.

Im Hinblick auf das Stilett bietet sich ein Vergleich mit der Art *Provortex rubrobacillus* Gamble, 1893 an, die allerdings ganz ungenügend analysiert ist. In der Meinung von WESTBLAD (briefl. Mitteilung an LUTHER) kann sie mit *Pogaina suecica* (Luther, 1948) identisch sein. *Canetellia nana* und *Provortex rubrobacillus* stimmen in der Form des breiten und leicht gekrümmten Rohres gut überein. Am Rohr von *P. rubrobacillus* wird indes nur ein Haken gezeichnet (GAMBLE 1893, taf. 39, fig. 12). Aber selbst wenn ein zweiter Haken übersehen sein sollte, so verbleibt ein gewichtiger Unterschied zwischen den Arten. Der Haken befindet sich bei *P. rubrobacillus* ganz am distalen Ende des Rohres; zudem ragt er hier gerade vom Rohr ab.

Im Vergleich mit dem einfachen, stärker gekrümmten Rohr von *Canetellia beauchampi* gibt es keine verwertbaren Übereinstimmungen.

Zwischen *C. beauchampi* und *C. nana* existieren indes einige Entsprechungen, die mit anderen Taxa nicht in dieser Zahl vorkommen. In der Kombination mit den ursprünglich paarigen Germovitellarien sind das die caudale Position der Hoden im Hinterkörper (? Apomorphie), die Mündung von Kornsekretdrüsen distal der Samenblase in das Kopulationsorgan (? Apomorphie) und das Wachstum der Germocyten von hinten nach vorne. Eine rein quantitative Häufung übereinstimmender Merkmale mit unsicherer Bewertung reicht der phylogenetischen Systematik aber nicht für die Begründung von Verwandtschaftsbeziehungen. Die Zusammenführung der beiden Arten in ein supraspezifisches Taxon *Canetellia* bleibt vorerst ein Provisorium.

Hangethellia calceifera Karling, 1940

(Abb. 300)

Die Art war lange Zeit nur von sublitoralen Weichböden bekannt (Sand, Schlamm bis 40 m Tiefe) – vom euhalinen Milieu bis in das mesohaline Brackwasser: Adria (RIEDL 1956); Norwegen (KARLING 1940); Skagerrak (LUTHER 1948; RIEDL 1956); Kieler Bucht (AX 1954a); Finnischer Meerbusen (KARLING 1940; LUTHER 1962).

Die ersten Funde aus dem Eulitoral stammen von der Nordseeinsel Sylt (HELLWIG 1987; ARMONIES & HELLWIG-ARMONIES 1987; HELLWIG-ARMONIES & ARMONIES 1987). Wenig später wird die Art von Belgien aus marinen und brackigen Biotopen des Eulitorals gemeldet (SCHOKKAERT et al. 1989).

Im Stand der Untersuchungen resultiert das Bild eines euryhalinen und eurytopen Meeresbewohners.

Langgestreckter Organismus von 1–1,5 mm Körperlänge. Unpigmentiert, aber wenig durchsichtig. Zwei Augenbecher aus dunkelbraunen Pigmentgranula am Vorderrand des Gehirns.

Aus dem Bau des Pharynx ist die folgende, bei anderen Plathelminthen unbekannte Apomorphie herauszustellen. Zwei biegsame Röhren als Ausführgänge intrapharyngealer Drüsen durchlaufen den Pharynxkörper; sie münden ventral am Pharynxsaum dicht nebeneinander aus.

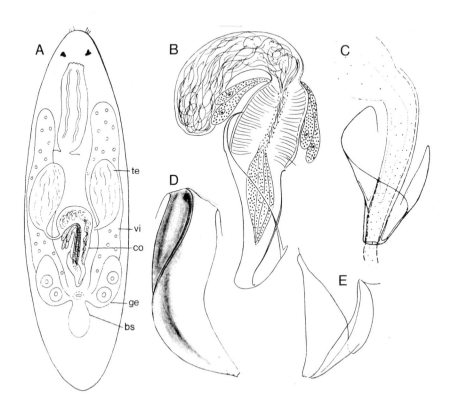

Abb. 300: *Hangethellia calceifera*. A. Organisation nach Lebendbeobachtungen. Pharynx mit zwei scharf umrissenen Drüsengängen. Innere Ostsee. B. Kopulationsorgan mit Vesicula seminalis, Vesicula granulorum und Stilett. Kieler Bucht. C. Kopulationsorgan mit Penisstilett (nach adriatischen und nordischen Tieren). D. Plastische Abbildung des Stiletts, nach einem Plastilinmodell. Finnischer Meerbusen. E. Stilett nach einem Quetschpräparat Finnischer Meerbusen. (A Karling 1974; B Ax 1954a; C Riedl 1956; D, E Karling 1940)

Am Kopulationsorgan ist die Struktur des Stiletts unzureichend analysiert. Es erscheint fraglich, ob die in der Literatur abgebildeten Organe (KARLING 1940, 1974; AX 1954a; RIEDL 1956; LUTHER 1962) von Individuen ein- und derselben Art stammen.

Das Stilett erreicht eine Länge von 60–80 µm. Es sieht im Quetschpräparat etwa wie ein Schuh aus (KARLING). In anderer Formulierung bildet es einen von den Seiten zusammengedrückten, schwach gewundenen

Zapfen (KARLING) oder Trichter (LUTHER) mit einem verdickten Kamm, der von dorsal nach ventral umläuft. Diesem Detail dürfte die Leiste entsprechen, die bei einem Kieler Exemplar über das Stilett hinwegzieht (Abb. 300 B). Eine etwas andere Auffassung gibt RIEDL wieder (Abb. 300 C).

Coronopharynx pusillus Luther, 1962

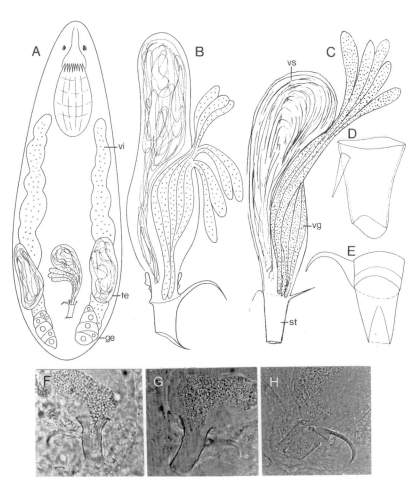

Abb. 301: *Coronopharynx pusillus*. A. Organisation und B. Kopulationsorgan nach Lebendbeobachtungen. Individuen von Seward, Alaska. C. Kopulationsorgan. Finnischer Meerbusen. D. Stilett. Innere Ostsee. E. Stilett, Oregon, USA. F–H. Stilette verschiedener Individuen von Seward, Alaska. (A, B, F–H Ax & Armonies 1990; C Luther 1962; D Karling 1974; E Karling 1986)

Genuine Brackwasserart. Bekannt von der Nordsee (TULP 1974, ARMONIES 1987), aus der Ostsee (LUTHER 1962; FENCHEL & JANSSON 1966; KARLING 1974), vom Weißen Meer (KOTIKOVA & JOFFE 1988) und am Pazifik von Oregon (KARLING 1986) und von Alaska (AX & ARMONIES 1990).

„As far as measurements are available, all localities have a salinity in the oligohaline (< 5 ‰ S) range" (AX & ARMONIES 1990, p. 83).

Die Aussage mag für die Befunde vom Pazifik spezifiziert werden. „Oregon, the estuary of Yaquina River, pools on a mudflat" (KARLING 1986, p. 201). Alaska. Seward und Ninilchik auf der Kenai Halbinsel, Sand und Mud der Gezeitenzone unter dem Ausstrom von Gletscherwasser (Ax & ARMONIES 1990).

Die Körperlänge wurde gemessen zu 0,5 –0,6 mm (AX & ARMONIES 1990), 0,55–0,9 mm (LUTHER 1962), 0,5–1mm (KARLING 1986).

Etwa 25 ciliäre Taster am Pharynxsaum erscheinen bei schwacher Vergrößerung als ein Kranz zugespitzter Tentakel. Sie gelten als ein Eigenmerkmal von *Coronopharynx pusillus* (LUTHER 1962; KARLING 1986).

Man kann ferner die ungewöhnliche Lage der paarigen Hoden in der zweiten Körperhälfte herausstellen; dieses Merkmal teilt *C. pusillus* aber beispielsweise mit *Canetellia beauchampi* und *C. nana* (S. 603).

Stilett
Das sklerotisierte Kopulationsorgan ist ein kurzes, weites Rohr mit leichter distaler Verjüngung. Bei Individuen von Alaska haben wir eine Länge von 24–30 µm gemessen, einen proximalen Durchmesser von 17–19 µm und eine distale Öffnung von 10–12 µm (AX & ARMONIES 1990). Aus der Ostsee gibt KARLING 29 µm an, für ein Exemplar von Oregon 35 µm Länge (KARLING 1986).

Sehr charakteristisch für das Stilett ist ein großer, schlanker Sporn, welcher proximal vom Rohr abragt (Länge: 22–23 µm Alaska, 17 µm Oregon, 15 µm Ostsee – nach eben genannten Autoren). Der Sporn ist nach Untersuchungen von LUTHER (1962) in der Ostsee ein gerader oder gebogener Zipfel. Auch KARLING (1986) hat in baltischem Material beide Ausprägungen gesehen, bezeichnet allerdings den geraden Dorn als gewöhnlichen Zustand. Und nur dieser wird von LUTHER (1962) und KARLING (1974) für Individuen aus der Ostsee abgebildet. Dagegen ist an der Pazifikküste (Oregon, Alaska) bisher nur ein geschwungener Sporn am Stilett dokumentiert. Möglicherweise handelt es sich um einen durchgehenden Unterschied zwischen europäischen und amerikanischen Individuen.

Eingehendere Populationsstudien sind indes erforderlich, um den Gedanken einer Existenz separater *Coronopharynx*-Arten im Pazifik und Atlantik zu verfolgen.

Beachtliche Ähnlichkeiten bestehen zum sklerotisierten Kopulationsorgan von *Baicalellia anchoragensis* (S. 605). An dem kurzen, weiten Rohr inseriert hier wie dort ein langer, lateraler Fortsatz. Im Gegensatz zur einheitlichen Struktur bei *Coronopharynx pusillus* spaltet sich der Fortsatz (Sporn) bei *Baicalellia anchoragensis* zur Spitze hin in zwei Dorne auf.

Balgetia Luther, 1962

Merkmale des Taxons sind nach LUTHER (1962): Lage der paarigen Hoden im Hinterkörper; langes, wurstförmiges Kopulationsorgan; Germarium und Vitellarium getrennt, unpaar.

Es ist nicht entschieden, ob die caudale Lage der Hoden und (oder) die unpaare weibliche Gonade als Autapomorphien für ein Monophylum *Balgetia* gelten können.

Balgetia hyalina Karling, 1962
(in LUTHER 1962)

(Abb. 302 A–D)

Ostsee
Finnischer Meerbusen in der Tvärminne-Region. Von KARLING (1962) aus Grobsand bei Balget beschrieben, von mir in Mittelsand bei Henriksberg (1953) gefunden.
Kieler Bucht. Ufernaher Grobsand bei Schilksee (1954).

Französische Atlantikküste
Becken von Arcachon. Brackwasserbereich des im Norden einfließenden Courant de Lège. Sand der Uferzone (1964).

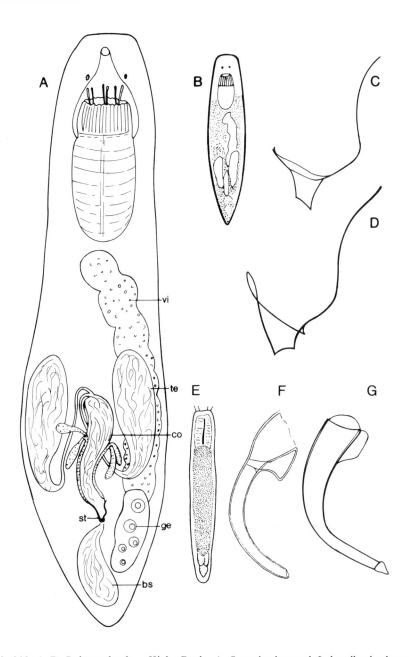

Abb. 302: A–D. *Balgetia hyalina*. Kieler Bucht. A. Organisation nach Lebendbeobachtungen. B. Habitus. C, D. Stilette von zwei Individuen. E–G. *Balgetia semicirculifera*. E. Habitus. F. Stilett. Finnischer Meerbusen. G. Stilett. Schlei, westliche Ostsee. (A–D Originale 1954; E, F Karling in Luther 1962; G Original 1954)

Heller unpigmentierter Körper von ~ 0,5 mm Länge; mit kleinen Augen. Apomorphe Eigenheiten liegen insbesondere in der Konstruktion des Pharynx. Der letzte, distale Abschnitt in der Pharyngealtasche setzt sich mit einer Einschnürung deutlich gegen den übrigen Pharynxkörper ab. KARLING hebt den Pharynxsaum aus 6 rundlichen Lappen mit jeweils einem Stäbchen hervor. Dabei handelt es sich vermutlich um sensorische Einheiten. Die 6 Stäbe treten auch an Individuen von Kiel markant in Erscheinung (Abb. 302 A).

Die Konstruktion der Gonaden stimmt mit den Verhältnissen bei *Balgetia semicirculifera* und anderen *Balgetia*-Arten (*B. papii* Kolasa, 1976; *B. pacifica* Ax et al. 1979) überein. Paarige Hoden liegen hinter der Körpermitte, Germar und Vitellar in unpaarer Ausprägung lateral im Körper.

Das langgestreckte, wurstförmige Kopulationsorgan empfängt proximal die Vasa deferentia und etwa auf halber Höhe die Kornsekretdrüsen. Im harten Distalteil des Kopulationsorgans – Stilett, Penispapille – gibt es Unterschiede zwischen Individuen aus dem Finnischen Meerbusen und der Kieler Bucht. Für Finnland werden die Wände des trichterartigen Stiletts gleichlang wiedergegeben (LUTHER 1962; fig. 14 C). Nach meinen Beobachtungen aus Kiel ist nur eine Seite lang hochgezogen, die andere Seite bleibt kurz (Abb. 302 C, D). Die Länge des Stiletts beträgt etwa 30 µm (Finnischer Meerbusen) und 26 µm (Kieler Bucht).

Balgetia semicirculifera Karling, 1962
(in LUTHER 1962)

(Abb. 302 E–G)

Euryhaline Art. Weite Verbreitung an den Küsten der Nord- und Ostsee nachgewiesen.
Norwegen, Bergen. Sandstrand und Kies in der Gezeitenzone (KARLING 1974).
Deutschland.
Im Sandstrand von Sylt mutmaßlich mit 2 Generationen pro Jahr (EHLERS 1973). Bevorzugter Lebensraum in lenitischen Stränden an der mittleren Hochwasserlinie (HELLWIG 1987). Sandwatt am Ostufer der Insel (EHLERS in SCHMIDT 1972a; REISE 1984; SCHERER 1985; HELLWIG 1987). In Salzwiesen nur Irrgast aus anschließendem Sandwatt (ARMONIES 1987). Salzwiesengraben (HELLWIG-ARMONIES & ARMONIES 1987).

Kieler Bucht. Sandstrand bei Schilksee (SCHMIDT 1972a). Schlei. Ufersand in der Großen Breite. Klassisches Mesohalinicum mit wenigen Promille Salzgehalt (1954, unpubl.).

Dänemark. Sandstrand in der Nivå Bucht am Öresund (STRAARUP 1970).

Schwedische und Finnische Ostseeküste. Sandböden, im Finnischen Meerbusen bis 5 m Wassertiefe (LUTHER 1962; KARLING 1974).

Körperlänge um 1 mm. Im Gegensatz zu *Balgetia hyalina* eine augenlose Art. LUTHER (1962) vermerkt die habituelle Ähnlichkeit mit *Vejdovskya pellucida*; entsprechende Aufzeichnungen habe ich über Individuen aus dem Brackwasser der Schlei gemacht (1954).

Stilett. Das halbkreisförmige Rohr beginnt mit einem breiten Trichter, welcher einseitig einen flügelförmigen Anhang trägt. Diese Ausgestaltung des proximalen Rohrendes liefert ein artspezifisches Merkmal von *B. semicirculifera*. Die Länge beträgt zwischen 51 und 76 µm (LUTHER).

Pogaina Marcus, 1954

Pogaina-Arten haben Zooxanthellen im Parenchym, welche dem lebenden Tier eine intensiv gelbbraune Färbung verleihen. Das Phänomen trifft auch auf *Nygulgus evelinae* Marcus, 1954 zu, welche von KARLING (1986) in das Taxon *Pogaina* überstellt wird.

Der Besitz von Zooxanthellen ist einwandfrei ein apomorphes Merkmal innerhalb der „Dalyellioida", und ich sehe keine Argumente gegen die sparsamste Annahme einer einmaligen Entstehung in diesem „Verwandtschaftskreis". Die Existenz von Zooxanthellen kann hier mit anderen Worten die Monophylie eines Taxons *Pogaina* begründen.

Pogaina-Arten siedeln vorzugsweise im marinen Milieu. *P. suecica* (Luther, 1948) und *P. natans* (Ax, 1951) sind in das Polyhalinicum der westlichen Ostsee eingewandert und haben hier individuenreiche Siedlungen in Feinsanden der Kieler Bucht (AX 1951a). Da sie beide aber nicht im mesohalinen Kernbereich des Brackwassers vorkommen, werden sie in der folgenden Übersicht nicht berücksichtigt. Immerhin verbleiben 5 *Pogaina*-Arten mit Funden aus Brackgewässern – *P. kinnei* und *P. oncostylis* von der kanadischen Atlantikküste, *P. alaskana* von der Pazifikküste Alaskas sowie die beiden neu zu beschreibenden Arten *P. japonica* und *P. scypha* aus Japan.

Pogaina kinnei Ax, 1970

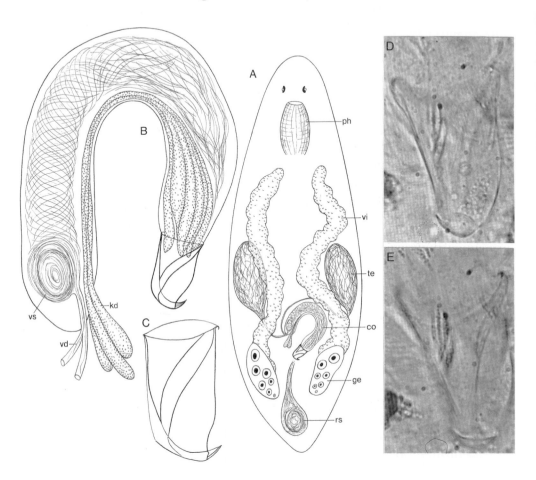

Abb. 303: *Pogaina kinnei*. A. Organisation nach Lebendbeobachtungen. B. Kopulationsorgan. C. Sklerotisiertes Hartorgan. D, E. Hartorgan unter verschiedener Fokussierung. A–C Nordsee, Sylt. D, E Kanada, New Brunswick. (A–C Ax 1970; D, E Ax & Armonies 1987)

Nordsee
Sandwatt. Ostufer der Insel Sylt, Halbinsel Eiderstedt (AX 1970; EHLERS 1973; REISE 1984; HELLWIG 1987; ARMONIES & HELLWIG-ARMONIES 1987).
An der Nordsee nur aus dem marinen Bereich bekannt.

Kanada
New Brunswick. New River Beach. Sandstrand unter dem Einfluß von Süßwasser (AX & ARMONIES 1987).

Das kleine Tier von 0,4–0,5 mm Länge verfügt über ein lebhaftes Schwimmvermögen.

Vesicula seminalis und V. granulorum bilden ein einheitliches Organ mit bogenförmiger Krümmung. Die beiden Vasa deferentia und die Kornsekretdrüsen treten proximal dicht nebeneinander ein. Das sklerotisierte Kopulationsorgan ist eine kleine Tüte mit breiter proximaler Öffnung und abgerundetem oder abgestutzten Ende. Schräg verlaufende Leisten befinden sich an der Außenwand. Distal steht einseitig ein kleiner deutlicher Sporn. In den Meßwerten bestehen Unterschiede zwischen Tieren von den beiden Seiten des Atlantik. An der Nordsee wurden 24–25 µm und 30 µm gemessen, bei Individuen von Kanada 40–41 µm (AX & ARMONIES 1987).

Pogaina oncostylis Ax & Armonies, 1987

(Abb. 304)

Kanada
New Brunswick. Der bisher einzige Fundort ist ein Sandstrand nördlich von St. Andrews (Pagan Point). Individuenreiche Populationen in der Gezeitenzone mit und ohne Süßwassereinfluß.

Körperlänge 0,6–0,9 mm. Robust erscheinende, schnell schwimmende Tiere. Dunkle Ausfärbung bei schwacher Vergrößerung durch den dichten Besatz mit Zooxanthellen.

Männliche Organe mit großer rundlicher Vesicula seminalis und langgestreckter Vesicula granulorum. Das sklerotisierte Stilett besteht aus einem Rohr (30 µm) und einem distal ansetzenden, einwärts gekrümmten Haken (17 µm Länge). Das Rohr ist kurz hinter dem Eingangstrichter stark eingeschnürt und springt dann wieder vasenförmig vor.

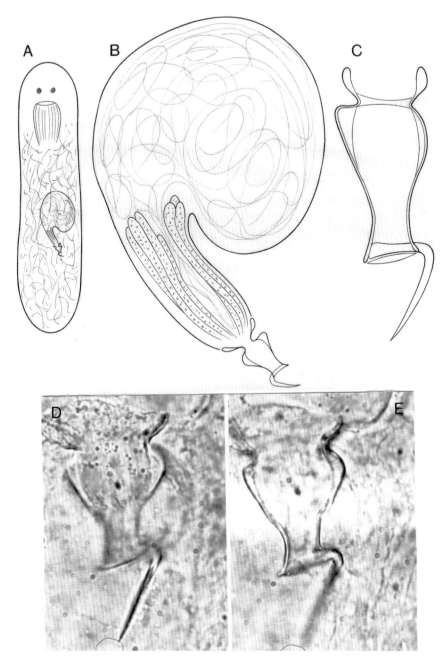

Abb. 304: *Pogaina oncostylis*. A. Habitus. B. Kopulationsorgan. C. Sklerotisiertes Hartorgan (Stilett). D, E, Hartorgan unter verschiedener Fokussierung. Kanada, New Brunswick. (Ax & Armonies 1987)

Pogaina alaskana Ax & Armonies, 1990

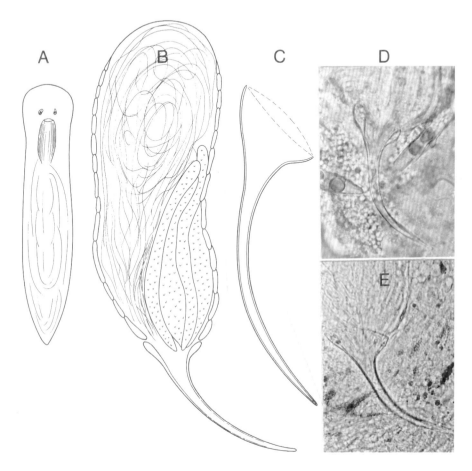

Abb. 305: *Pogaina alaskana*. A. Habitus. B. Kopulationsorgan. C–E. Stilett (sklerotisiertes Hartorgan). Alaska, Seward. (Ax & Armonies 1990)

Alaska
Seward. Fourth of July Beach. Sandboden im oberen Bereich der Gezeitenzone unter dem Einfluß von ausströmendem Schmelzwasser.

Körper von 0,5 mm Länge mit leicht verbreitertem Vorderende. Neben Zooxanthellen sind Längsstreifen von braunem Pigment entwickelt.

Das Stilett des Kopulationsorgans ist ein schlankes Rohr von 68–75 µm Länge. Der proximal weit ausladende Trichter hat einen Durchmesser von 23–28 µm. Das leicht geschwungene Rohr verjüngt sich distalwärts zunehmend und endet in einer scharfen Spitze.

Pogaina japonica n. sp.

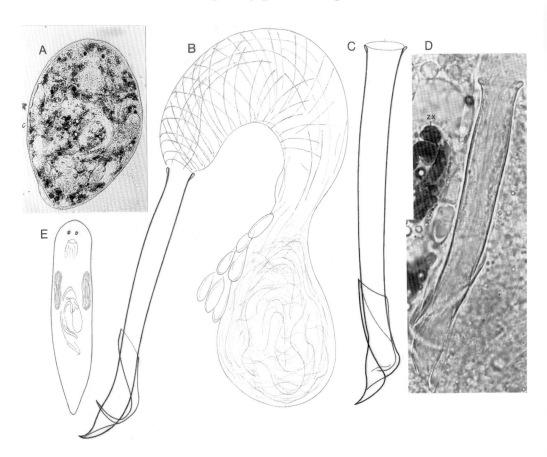

Abb. 306: *Pogaina japonica*. A. Mikrofotografie eines schwach gequetschten Individuums. Die schwarzen Flecken sind Anhäufungen von Zooxanthellen. B. Kopulationsorgan. C und D. Sklerotisiertes Hartorgan (Stilett) von verschiedenen Individuen. E. Habitus. Japan. Honshu. Ogawara Lake. (Originale 1990)

Japan. Honshu. Aomori Distrikt.
Fluß Takase, welcher eine Verbindung zwischen dem Küstensee Ogawara und dem Pazifik herstellt. 1 km von der Mündung entfernt. Bei Probentnahme im August 1990 keine Salinität. In flottierenden Algen der Uferzone (Locus typicus).
Obuchi Pond. Brackwasser-See nördlich vom Ogawara See. Enge Mündung zum Pazifik, geringer Süßwasserzufluß. Im August 1990 Salzgehalt bei 25–30 ‰. Wiederum in Algenpolstern am Ufer.
Noheji River. Etwa 250 m vor Mündung in die Mutsu Bay am Pazifik. Detritusreicher Sand. Kein Salzgehalt (1.9.1990).

Körperlänge 0,5–0,6 mm. Rundes Vorderende und leicht konisch zulaufender Hinterteil. In einer Mikrofotografie bei schwacher Vergrößerung führen die dicht liegenden Zooxanthellen zu einem fleckenhaften Färbungsmuster; die einzelnen Zooxanthellen sind rundlich-ovoid, bohnen- oder wurstförmig gestaltet.

Im Kopulationsorgan in der Körpermitte ist die Einheit aus Vesicula seminalis und V. granulorum wie bei *P. kinnei* bogenförmig geschwungen. *P. japonica* hat ein ungewöhnlich langes Stilett; rund 100 µm wurden bei verschiedenen Individuen gemessen. Das leicht gebogene Rohr hat die Form eines sehr langen, schlanken Stiefels. Proximal ist es nur unwesentlich nach außen gestellt. Der distale Stiefelabschnitt wird von einer Manschette umgeben; einmal habe ich ein sichelförmiges Gebilde erkannt, welches sich quer über das Rohr legt (Abb. 306 B). Am Ende ist das Stilett spitz abgebogen.

Aufgrund der röhrenförmigen Stilettstruktur und des Fundortes in Nordjapan liegt ein Vergleich mit *Pogaina ussuriensis* (Nasonov, 1932) aus der Ussuri Bucht bei Wladiwostok nahe. Trotz eingehender Bearbeitung entspricht die Darstellung des „chitinösen Penis" nicht dem heutigen Standard. Übereinstimmung zwischen den beiden Arten besteht in der Existenz eines schwach gebogenen Rohres. Dieses ist „am etwas abgerundeten Ende leicht verengt" (NASONOV 1932, p. 104). Über zusätzliche sklerotisierte Strukturen am Distalende des Stiletts gibt es keine Befunde. Ein sicheres Urteil über *P. ussuriensis* ist nur über neue Untersuchungen am Locus typicus zu gewinnen.

Pogaina scypha n. sp.

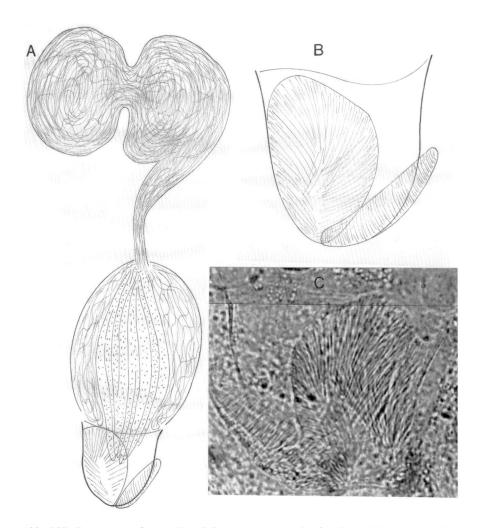

Abb. 307: *Pogaina scypha*. A. Kopulationsorgan. B. Becherförmiges, sklerotisiertes Hartorgan. C. Hartorgan eines anderen Individuums in seitenverkehrter Ansicht. Japan. Honshu. Obuchi Pond. (Originale 1990)

Japan. Honshu. Distrikt Aomori.
Obuchi Pond (siehe Daten bei *Pogaina japonica*).
Detritusreicher Sand aus der Uferzone (Locus typicus).

Mit einem Längenwert um 0,7 mm ist *P. scypha* eine relativ große Art im Taxon *Pogaina*. Aber auch hier bestand die studierte Population aus lebhaften, schnell schwimmenden Individuen.

Die Vesicula seminalis ist über einen engen Gang schärfer gegen die Vesicula granulorum abgesetzt; in letzterer werden zentral gelegene Kornsekretstränge in der Peripherie von Sperma umgeben.

Das schwach sklerotisierte Hartorgan hat die Form eines Bechers. Die Länge beträgt 50 µm. In der einen Hälfte des Bechers befindet sich eine pilzförmige, gestreifte Struktur aus dicht gestellten nadelartigen Elementen. Gegenüber liegt ein kleineres, wurstförmiges Gebilde mit paralleler Streifung quer zur Längsrichtung; dieses Gebilde greift lateral über den Becherrand hinaus.

Selimia vivida Ax, 1959

(Abb. 308, 309)

Bosporus, Türkei
Neben einem Fund in Feinsand aus 1,5–2 m Wassertiefe sind Nachweise in Mündungsgebieten von Süßwasserzuflüssen hervorzuheben. Hier lebt *S. vivida* in detritusreichem bis schlickigen Sand der Uferzone; Salzgehalt zwischen 14 und 19 ‰ (AX 1959a).
Becken von Arcachon, Frankreich
Süßwasserzufluß Courant de Lège. Schlicksand im Mündungsbereich. Salzgehalt um 20 ‰ (1964, unpubl.).

Wir beginnen mit Daten über die Population vom Bosporus. Länge 0,5–0,6 mm. Der Körper läuft vorne und hinten konisch zu. Mit lebhafter, schneller Bewegung; die Tiere schwimmen gewöhnlich frei über dem Substrat.

Gonaden. Paarige Hoden liegen ventral in der Körpermitte. Das unpaare Germar ist eine mächtige, leicht gebogene Keule aus zahlreichen Oocyten (Germocyten). Das Germar beginnt mit den jüngsten Keimzellen ventral zwischen den Hoden; die Eizellen wachsen in einem lateralen Strang nach oben; die letzte reife Eizelle liegt dorsal. Das gleichfalls unpaare Vitellar zerlegt sich nach vorne in 6–7 Stränge, die dorsal durch den Körper laufen.

Das männliche Leitungssystem besteht aus zwei Komplexen – einer schlauchförmigen Vesicula seminalis und einem kegelförmigen, muskulösen

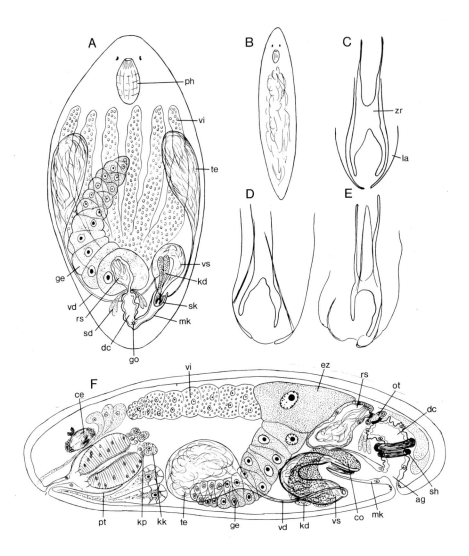

Abb. 308: *Selimia vivida* vom Bosporus, Türkei. A. Organisation nach Lebendbeobachtungen und Schnittserien. B. Habitus. C–E Kopulationsorgan. Hartteile verschiedener Individuen nach Quetschpräparaten (Normalzustand in C). Zwei laterale Stacheln (la) flankieren eine zentrale Rinne (zr); diese läuft distal in 2 Äste aus. F. Schema der Organisation nach Sagittalschnitten. (Ax 1959a)

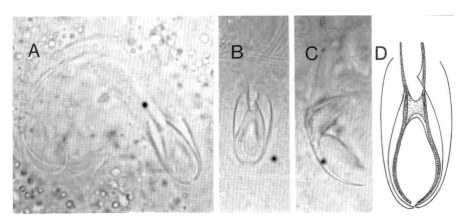

Abb. 309: *Selimia vivida* aus dem Becken von Arcachon, Courant de Lège, Frankreich. A. Halbkreisförmiges weiches Kopulationsorgan und anschließende Hartteile. B. Sklerotisierte Teile mit lateralen Dolchen sowie zentraler Rinne und distalen Ästen. C. Hartteile in „Seitenansicht". Laterale Dolche in verschiedenen Ebenen. D. Zeichnung der Hartteile. (Originale 1964)

Kopulationsorgan mit sklerotisierten Hartteilen. Es gibt keine abgesetzte Vesicula granulorum.

Die Vesicula seminalis beschreibt einen Halbkreis; die Vasa deferentia münden am caudalwärts gerichteten proximalen Pol ein. Erst ganz distal treten Kornsekretdrüsen zusammen mit der Samenblase in das Kopulationsorgan ein.

Im Kopulationsorgan sind 3 verschiedene, schwach sklerotisierte Elemente differenziert. Im Quetschpräparat sind sie leicht verschiebbar und führen zu divergierenden Bildern. Als Norm gilt (1) eine zentrale, dorsal offene Rinne, welche sich distal (2) in zwei laterale Äste aufspaltet; sie wird (3) von zwei dolchartigen Stacheln flankiert, welche am Ende einwärts gebogen sind (Abb. 308 C). Die Gesamtlänge der Hartteile beträgt 42 µm.

Als *Selimia similis* Ax, 1959 habe ich seinerzeit eine Population aus einer salzreichen Stillwasserbucht bei Tuzla am Marmara-Meer separiert. Maßgeblich waren signifikante Unterschiede in den sklerotisierten Elementen des Kopulationsorgans (Abb. 310 A, B). Die zentrale Rinne ist am Ende quer abgeschnitten, sie spaltet nicht in Äste auf. Die lateralen Dolche differenzieren sich aus einer breiten Basalplatte, die unter der Rinne verläuft. Die Länge der Hartteile erreicht nur 32 µm.

Meine Daten des sklerotisierten Kopulationsorgans von Tieren aus Frankreich (Abb. 309) vermitteln zwischen *S. vivida* vom Bosporus und *S. similis* aus dem Marmara-Meer (Abb. 308, 310). In der Ausprägung der zentralen Rinne besteht gute Übereinstimmung mit den Individuen vom Bosporus; die Rinne spaltet sich hier wie dort distalwärts in 2 Äste auf. Dagegen ist die weite proximale Ausdehnung der lateralen Dolche (Stacheln) ähnlich wie bei den Tieren vom Marmara-Meer. Mit diesen teilt die Population von Arcachon ferner die geringe Länge der Hartteile. Die zentrale Rinne erreicht 30 µm; die lateralen Dolche messen 26 µm.

Möglicherweise präsentieren die aus dem Bosporus, dem Marmara-Meer und der Bucht von Arcachon studierten Populationen nur variierende Ausprägungen des Kopulationsorgans einer Art.

Kirgisella forcipata Beklemischev, 1927

(Abb. 310 C, D)

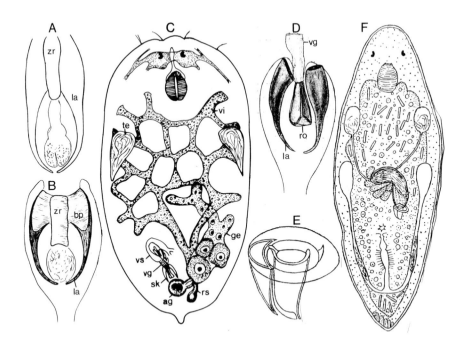

Abb. 310: A–B. *Selimia similis*. A. Hartteile des Kopulationsorgans nach Quetschpräparat. A. Zentrale Rinne (zr) distal quer abgeschnitten. Sperma und Kornsekret zwischen den lateralen Dolchen (la). B. Rekonstruktion der Hartteile nach Schnitten. Die Dolche ent-

springen einer breiten Basalplatte (bp). Marmara-Meer, Türkei. C–D. *Kirgisella forcipata*. C. Organisation nach Lebendbeobachtungen und Schnittserien. D. Hartteile des Kopulationsorgans, Quetschpräparat. Zentrales Rohr von lateralen Dolchen (Stacheln) flankiert. Aralsee. E–F. *Annulovortex monodon*. E. Hartteil des Kopulationsorgans. F. Organisation nach Lebendbeobachtungen. Kaspisches Meer. (A, B Ax 1959a; C, D Beklemischev 1927a; E, F Beklemischev 1953)

Aralsee
In Buchten neben der Stadt Aralsk. Zwischen Fadenalgen und dichten Beständen von *Najas marina*.

Mit einer Länge von 0,5 mm wie *Selimia vivida* lebhaft schwimmende Organismen.

Gonaden. Zwei Hoden befinden sich ventrolateral in der Körpermitte. Ein unpaares voluminöses Germar liegt in der rechten Körperhälfte; es ist bei jüngeren Tieren schlauchförmig und etwas gebogen wie bei *Selimia vivida*, wird bei voller Geschlechtsreife aber zu einem verästelten Gebilde. Das unpaare Vitellar umspannt in netzförmiger Ausprägung die Dorsalseite des Darmes.

Die schlauchförmige Vesicula seminalis ist hufeisenförmig gebogen; ihr folgt distal eine kürzere Vesicula granulorum. Kornsekretdrüsen treten an der Grenze zwischen den beiden Blasen ein. Die sklerotisierten Hartteile der Kopulationseinrichtung liegen nach BEKLEMISCHEV (1927a) in einem Divertikel des Genitalatriums. Das zentrale Rohr hat die Form einer dreiseitigen Pyramide mit distaler Erweiterung. Zwei dolchartige laterale Stacheln sitzen an der Wand des Genitalatriums.

Selimia und *Kirgisella* gehören zusammen. Sie zeigen prinzipielle Übereinstimmungen im Aufbau der sklerotisierten Teile des Kopulationsorgans aus einem zentralen Abschnitt (Rinne, Rohr) und zwei lateralen Dolchen, im Besitz eines ungewöhnlich großen Germars und dem unpaaren Vitellar. Allerdings ist letzteres bei *Selimia* in mehrere Stränge gegliedert, bei *Kirgisella* mit Anastomosen von netzartiger Struktur.

Unterschiede in der Ausprägung von Vesicula granulorum (Existenz bei *Kirgisella*, Mangel bei *Selimia*) oder muskulösem Kopulationsorgan (bei *Selimia* vorhanden, bei *Kirgisella* nicht) bedürfen der Abklärung in neuen Untersuchungen.

Annulovortex monodon Beklemischev, 1953

(Abb. 310 E, F)

Kaspisches Meer
Hafen von Lenkoran. Zwischen Algen in 3 m Wassertiefe.

Körperlänge etwas weniger als 1mm. Abgerundetes Vorderende. Farblos. Keine Rhabditen. Schwarze Augenbecher in Form flacher Tassen mit jeweils zwei Kristallkörpern (Linsen).

Muskulöses Kopulationsorgan stark gebogen. Der proximale Abschnitt ist als Samenblase differenziert. Die Kornsekretdrüsen treten danach von lateral ein.

Das sklerotisierte Kopulationsorgan besteht aus 3 Teilen – einem Ring, dem Stilett als Spermaleiter und einem zusätzlichen Dorn. Der Ring bildet eine Grenzplatte am distalen Ende des muskulösen Organs; er umgibt die Basis des Stiletts. Bei dem Stilett handelt es sich um ein kurzes, dickes Rohr, konvex auf der einen Seite, flach gestaltet auf der anderen Seite. Das Stilett hat eine breite proximale Öffnung; die enge distale Mündung liegt an der flachen Seite. Der Dorn legt sich dachförmig an die konvexe Seite des Stiletts an. Seine halbmondförmige Basis ist eng mit der Ringplatte verbunden.

Annulovortex monodon hat paarige weibliche Gonaden und ist in diesem Merkmal urprünglicher als *Selimia* und *Kirgisella* mit unpaarer Ausprägung von Germar und Vitellar. Ich erwähne das an dieser Stelle, weil nur *Selimia* und *Kirgisella* mit Stacheln (Dornen) im sklerotisierten Kopulationsorgan ausgestattet sind. Es handelt dort aber um paarige Gebilde ohne einen basalen Ring. Das macht eine Homologie mit dem unpaaren Dorn von *Annulovortex* wenig wahrscheinlich.

Eldenia reducta n. sp.

(Abb. 311)

Greifswald, Deutschland
Ortschaft Wieck an der Mündung des Flusses Ryck in den Greifswalder Bodden. Salzgehalt 5–6 ‰ (September 2001).

(1) Detritusreicher Sand am Ufer zwischen *Phragmites communis* nördlich des Ryck.
(2) Reiner Fein- bis Mittelsand der Uferregion des Strandbades im Ortsteil Eldena südlich des Ryck.

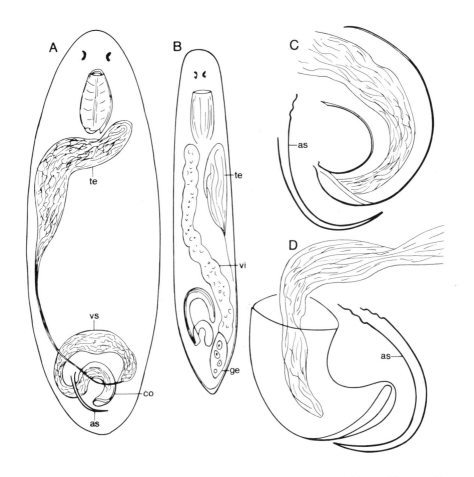

Abb. 311: *Eldenia reducta*. A. Organisation eines Individuums in männlicher Reife. B. Habitus eines frei schwimmenden Tieres und Anordnung der Gonaden. C. und D. Kopulationsorgan und accessorischer Stachel von zwei verschiedenen Individuen. Greifswald. (Originale 2001)

In einem Winzling von 0,3–0,4 mm Länge ist ein vollständiger zwittriger Genitalapparat untergebracht – allerdings in reduzierter Form mit nur einem Hoden, einer Samenblase, einem Germovitellar und ohne Kornsekretdrüsen.

Das kleine Tier mit runder Front und konisch zulaufenden Hinterende ist ein guter Schwimmer über dem Substrat. Große Augenbecher vor dem Pharynx werden schon bei schwacher Vergrößerung sichtbar.

Bei einem Individuum in männlicher Reife erstreckt sich ein länglicher Hoden hinter dem Pharynx von einer zur anderen Körperseite herüber. Das Vas deferens tritt im Hinterkörper in die quergestellte, wurstförmige Samenblase ein, welche zunächst einen großen Halbbogen beschreibt, um dann distalwärts in einer gegenläufigen Windung zum Kopulationsorgan zu ziehen. Ein Spermastrang tritt ohne Kornsekret zentral in das Kopulationsorgan ein. Dabei handelt es sich um ein voluminöses, aber offensichtlich nur schwach sklerotisiertes Rohr, das zur Spitze hin stark gekrümmt ist. An der Spitze ist eine leistenartige Struktur differenziert; einmal habe ich hier eine düsenartige Öffnung beobachtet. Die Länge des Kopulationsorgans beträgt ~35 µm.

Ein schlanker accessorischer Stachel begleitet konstant das Kopulationsorgan; er ist stets gegenläufig zu diesem eingekrümmt. Die Wand des Stachels ist proximal leicht gewellt; distal läuft er spitz zu. Es gibt keine Verbindung des Stachels, weder zum Kopulationsorgan noch etwa zu einem Drüsenorgan, wie wir das von verschiedenen Kalyptorhynchia (*Phonorhynchus* u. a.) kennen.

Das Germovitellar beginnt zusammen mit dem Hoden hinter dem Pharynx, durchläuft als einfacher Vitellarstrang den Körper und endet mit dem Germarabschnitt im Hinterkörper. Die Eizellen wachsen von hinten nach vorne heran. Vom übrigen weiblichen System gibt es keine Beobachtungen.

Die unzureichenden Daten über *Eldenia reducta* gestatten keinen detaillierten Vergleich mit anderen Taxa der Dalyellioida. Ich behandele die neue Art im Anschluß an *Selimia*, *Kirgisella* und *Annulovortex*, weil der accessorische Stachel von *Eldenia reducta* möglicherweise einem der lateralen Stacheln im Kopulation von *Selimia* und *Kirgisella* oder dem einen Dorn bei *Annulovortex monodon* entspricht. Da indes bei *Eldenia* keine Verbindung zwischen Stachel und Kopulationsorgan erkennbar war, ist dieser Gedanke vorerst nicht weiter zu verfolgen. Schnittserien-Untersuchungen sind für ein besseres Verständnis von *Eldenia* erforderlich.

Dalyelliidae (sensu Luther 1955)

Microdalyellia Gieyztor, 1938
und
Gieysztoria Ruebush & Hayes, 1939

Wir beginnen mit dem Verhalten primärer Süßwasserbewohner. Die artenreichen Taxa *Microdalyellia* und *Gieysztoria* haben Repräsentanten im Brackwasser. Über Untersuchungen im Aralsee und Kaspischen Meer (BEKLEMISCHEV 1927a, 1953), im Finnischen Meerbusen und in Italien (LUTHER 1955), an der Schwarzmeerküste von Rumänien (MACK-FIRA 1967, 1974) sowie in Binnensalzstellen von Schleswig-Holstein und Thüringen (RIXEN 1961, KAISER 1974) lassen sich 3 verschiedene Sachverhalte herausstellen.

1. Identität zwischen Süßwasser- und Brackwasserpopulationen.
Im Finnischen Meerbusen wurden Brackwasserpopulationen der Arten *Microdalyellia armigera, M. fusca, M. brevimana, Gieysztoria virgulifera* und *G. cuspidata* gefunden, im Schwarzen Meer von *M. fusca, G. cuspidata, G. macrovariata* und *G. triquetra*. Aus Binnensalzstellen liegen Meldungen für *M. fusca* vor. Strukturelle Unterschiede zwischen Populationen aus dem Süßwasser und Brackwasser sind nicht bekannt.

2. Limnogene Brackwasserarten.
Für finnische Brackwasserpopulationen der Arten *Gieysztoria expedita* und *G. ornata* errichtet LUTHER (1955) die neuen Subspecies. *G. expedita expeditoides* und *G. ornata maritima*. Sie wurden später auch in anderen Brackgewässern gefunden. Wie weiter unten begründet wird, müssen sie als separate Arten *G. expeditoides* und *G. maritima* limnischer Herkunft behandelt werden.

3. Derzeit nicht interpretierbare Brackwasserpopulationen.
Die 3 *Gieystoria*-Arten *G. subsalsa* von S. Rossore, Italien, *G. knipovici* aus dem Kaspischen Meer und *G. bergi* aus dem Aralsee kennen wir jeweils nur vom salzigen Fundort ihrer Originalbeschreibung – weder aus dem Süßwasser noch von anderen Brackgewässern. Damit ist vorerst nicht entscheidbar, ob es sich schlicht um unveränderte Immigranten aus dem Süßwasser handelt oder aber um Brackwasserarten limnischer Herkunft.

Microdalyellia armigera (Schmidt, 1861)

(Abb. 312 A)

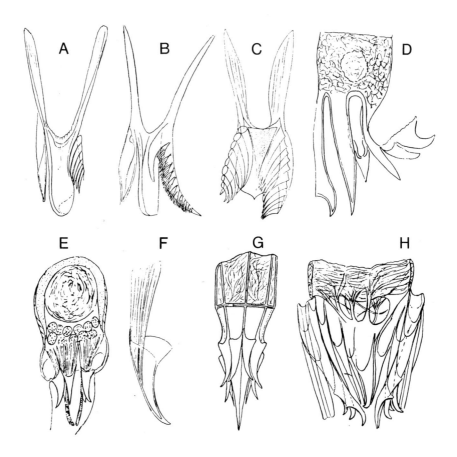

Abb. 312: Süßwasserarten der Taxa *Microdalyellia* und *Gieysztoria* mit Siedlungen in Brackgewässern. Hartapparate des Kopulationsorgans. A. *M. armigera*. Finnland, Tvärminne. B. *M. fusca*. Finnland, Lappvik. C. *M. brevimana*. Finnland, Pojo. D. *G. virgulifera*. Finnland, Pojo-Wiek. E. *G. cuspidata*. Kopulationsorgan. Finnland. F. *G. cuspidata*. Einzelner Stachel. G. *G. macrovariata*. Berlin, Tiergarten. H. *G. triquetra*. Italien, Lago Maggiore. (Luther 1955)

Süßwasserart mit Populationen in folgenden Brackgewässern
Finnischer Meerbusen. Tvärminne-Region.
Schwarzes Meer. Bulgarien, Varna.
An beiden Fundorten in schwachem Brackwasser (LUTHER 1955).

Länge 0,9–1,5 mm.

Der Hartapparat des Kopulationsorgans besteht aus 2 proximalen Stielen, einem sie verbindenden Querbalken, der von dem Balken ausgehenden Rinne und zwei distalen, bestachelten Endästen als Fortsetzungen der Stiele.

Die Stiele sind ebenso lang oder länger als die Rinne; für sie zusammen wurden 100 µm (LUTHER 1955) und 84 µm (RIXEN 1961) gemessen. Die Rinne hat versteifte Ränder; der Boden ist sehr dünn, das Ende abgerundet und löffelförmig. Der linke Endast trägt gewöhnlich nur einen großen, schwach gebogenen Stachel; der rechte Endast hat häufig 4–6 kleine Stacheln.

Microdalyellia fusca (Fuhrmann, 1894)

(Abb. 312 B)

Süßwasserart mit Populationen in folgenden Brackgewässern
Finnischer Meerbusen. Tvärminne-Region; Schwedische Ostseeküste. Nynäshamn (LUTHER 1955).
Schleswig-Holstein. Binnensalzstellen bei Oldesloe (RIXEN 1961).
Thüringen. Salzstelle Numburger Solgraben (KAISER 1974).
Schwarzes Meer. Lagunen-Komplex Razelm-Sinoë.
Rumänien (MACK-FIRA 1967, 1974).

Länge in voller weiblicher Reife bis 1,5 mm.

Hartapparatur des Kopulationsorgans nach dem *Microdalyellia armigera*-Muster. Gesamtlänge bei einem Individuum von der Oldesloer Binnensalzstelle 175 µm (RIXEN l. c.). Ein Endast mit 1–3 großen Stacheln (Haken), der andere Ast mit zahlreichen (bis 13) kleinen, am Ende gezackten (gefransten) Stacheln (LUTHER 1955, KARLING 1974).

Es existieren keine strukturellen Unterschiede zwischen Süßwasser- und Brackwasserpopulationen. Die Aufstellung einer „Unterart" *M. fusca mesohalina* (KAISER 1974) erscheint nicht gerechtfertigt.

Microdalyellia brevimana (Beklemischev, 1921)

(Abb. 312 C)

Süßwasserart mit schwachem Vorstoß in das Brackwasser
Finnischer Meerbusen. Vereinzelt in Buchten der Tvärminne-Region (LUTHER 1955).

Länge 1–1,2 mm
Der Hartapparat des Kopulationsorgans ist stark verfestigt. Für die Stiele gibt es Längenwerte zwischen 106 und 176 µm, für die Rinne von 76–84 µm (LUTHER l. c.). Die Rinne ist sehr breit, gekielt und am Ende in einen spitzen Zipfel ausgezogen. Die Endäste (Seitenäste) differieren gewöhnlich etwas in der Länge; entsprechend verschieden ist die Zahl ihrer Stacheln – von 7–10 am kürzeren Ast und 8–12 am längeren Ast.

Gieysztoria virgulifera (Plotnikow, 1906)

(Abb. 312 D)

Süßwasserart
„Bisher bloß in sehr schwach brackischem Wasser im Anschluß an den Finnischen Meerbusen gefunden" (LUTHER 1955, p. 236).

Länge 0,6–0,7 mm, selten 0,8 mm.
Die Hartstruktur des Kopulationsorgans setzt sich zusammen aus einem basalen Gürtel und einem anschließenden Stachelapparat.
Der Gürtel mit einem Fenster besteht aus einem Geflecht von Fasern. Am Stachelapparat trägt der rechte Seitenast einen langgestielten, krallenförmigen Stachel, der linke Seitenast 4–7 kleinere Stacheln. Zwischen den Seitenästen liegen zwei Gebilde – ein dolchförmiger Stachel und ein Ast des männlichen Vorraums, der einen, zuweilen 2 kleine Endstacheln trägt.

Gieysztoria cuspidata (Schmidt, 1861)

(Abb. 312 E, F)

Süßwasserart
Finnischer Meerbusen

„Die Art verträgt eine schwache Beimischung von brackigem Wasser" (vielleicht 1–2 ‰ Salzgehalt) (LUTHER 1955, p. 178). Ihr Lebensraum in Felsentümpeln auf den Schären erhält oft brackiges Spritzwasser.
Frankreich
Etang de Canet. Salzgehalt 0,9 ‰ (LUTHER l. c., AX 1956c).
Italien
Umgebung von Pisa. Schwach brackiges Wasser (LUTHER l. c.).
Bulgarien
Varna. Schwach brackiges Wasser (LUTHER l. c.).
Rumänien
Lagunen-Komplex Razelm-Sinoë (MACK-FIRA 1974)

Länge 0,7–1,35 mm.
Hartapparat des Kopulationsorgans. 3–6 starke, auswärts gebogene Stacheln von ~ 20 µm Länge umgeben die Penispapille. LUTHER (l. c.) hat in Finnland gewöhnlich 5 Stacheln gefunden.

Vom proximalen inneren Teil der Stacheln entspringen Gruppen platter Fasern, die proximalwärts auseinander strahlen. Diese Fasern sollen dem Gürtel anderer *Gieysztoria*-Arten entsprechen.

Gieysztoria macrovariata (Weise, 1942)

(Abb. 312 G)

Süßwasserart
Schwarzes Meer. Rumänien. Lagunen-Komplex Razelm-Sinoë (MACK-FIRA 1974).

Länge bis 2,3 mm.
Der Hartapparat des Kopulationsorgans aus Gürtel und Stacheln hat eine Gesamtlänge von ~ 102–139 µm. Der Gürtel (~ 25–47 µm) ist eine Membran, die dreifach verstärkt wird – durch ein Maschenwerk von Fasern, durch Längsleisten und eine distale Randleiste. Es folgen 8–10 symmetrisch angeordnete Stacheln (75–97 µm) mit langem Basalteil und tütenförmigem, schwach gebogenen Spitzenteil.

Gieysztoria triquetra (Fuhrmann, 1894)

(Abb. 312 H)

Süßwasserart
Westliche Baltische See. Brackiges Wasser im Frischen Haff (DORNER 1902).
Schwarzes Meer. Rumänien. In Brackwasser des Lagunen-Komplexes Razelm-Sinoë (MACK-FIRA 1974).

Länge 1,5 mm.
 Hartapparat des Kopulationsorgans. Der „Gürtel ist aus Fasern aufgebaut, die proximal annähernd parallel verlaufen, distal aber ein Geflecht mit gröberen und feineren Maschen bilden, zwischen denen unregelmäßige Fensterbildungen entstehen können. In der Mitte entspringt mit breiter Basis ein starker, auswärts gekrümmter Stachel." Seitlich befestigen sich am Gürtel, bzw. an den Endästen, jederseits 7–8 Stacheln, die äußersten Stacheln sind die kürzesten. Einer oder zwei, dem mittleren Haken benachbarte Stachel sind lang, gerade und spitz. Die weiter seitlich entspringenden Stacheln sind am Ende hakenförmig auswärts gebogen (LUTHER 1955, p. 60).

Gieysztoria expeditoides Luther, 1955

(Abb. 313 A, B)

Gieysztoria expedita expeditoides Luther, 1955

Brackwasserart
Finnischer Meerbusen
Umgebung der Zoologischen Station Tvärminne. In verschiedenen Lebensräumen mit Brackwasser vom Salzgehalt des Meerbusen (LUTHER 1955, KARLING 1974).
Niederlande
Wattenmeer-Insel Ameland. Im schwachen Brackwasser von Poldern (TULP 1974).

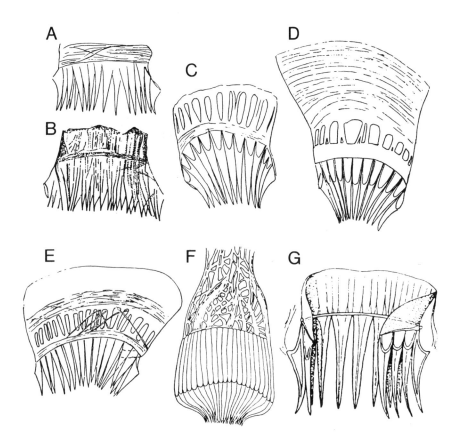

Abb. 313: Brackwasserbewohner aus dem Taxon *Gieysztoria*. Hartapparate des Kopulationsorgans. A. *G. expeditoides*. Finnland, Tvärminne. B. *G. expeditoides*. Niederlande, Ameland. C. *G. maritima*. Finnland, Tvärminne. D und E. *G. subsalsa*. Italien, S. Rossore. F. *G. knipovici*. Kaspisches Meer. G. *G. bergi*. Aralsee. (A, C–G Luther 1955; B Tulp 1974)

LUTHER (1955, p. 186) schafft in der Monographie der Dalyelliidae für *Gieysztoria expedita* (Hofsten, 1907) eine neue Unterart *G. expedita expeditoides*, spricht aber stets nur von *Gieysztoria expeditoides* – in den Unterschriften der Abb. 34 und 35 ebenso wie im laufenden Text. „*G. expeditoides* vertritt *expedita* im Brackwasser des Finnischen Meerbusens und der Ufertümpel" (LUTHER l. c. p. 189). Der Autor handelt korrekt. Ohne geographische oder ökologische Separation von der in Ostfennoskandien weit verbreiteten *G. expedita*, die auch in stark ausgesüßtem Brackwasser

(Salzgehalt 0,55–0,66 ‰) vorkommt (LUTHER l. c. p. 183), kann *G. expeditoides* keine Subspecies von *G. expedita* bilden; die unter dem Namen *expeditoides* geführten Brackwasser-Populationen müssen als eine separate Art interpretiert werden.

Länge 0,8 mm. Darm farblos, im Gegensatz zu *G. expedita* ohne Zoochlorellen.
    Der Hartapparat des Kopulationsorgans ist ähnlich gebaut wie bei *G. expedita*. Es handelt sich um ein sehr zartes, schwer analysierbares Gebilde. Es gibt vermutlich 20–24 Stacheln von maximal 19–20 µm Länge. Der Gürtel ist schmal, weniger breit als der Gürtel von *G. expedita*.

Gieysztoria maritima Luther, 1955
(Abb. 313 C)

Gieysztoria ornata maritima Luther, 1955

Brackwasserart

Finnischer Meerbusen
Umgebung von Tvärminne bis Segelskär, einer der äußersten Schären im Insel-Archipel vor der Küste; Salzgehalt hier 5–6 ‰ (LUTHER, 1955).
Schwarzes Meer
Rumänien. Agigea See, Salzgehalt 1,3 ‰ (MACK-FIRA 1974).
Thüringen
Binnensalzstelle Numburger Solgraben, bis 18 ‰ Salzgehalt (KAISER 1974).
Schleswig-Holstein
? Binnensalzstelle bei Bad Oldesloe (RIXEN 1961).

In Weiterführung der Argumentation bei *G. expeditoides* behandle ich auch das von LUTHER (1955) als *Gieysztoria ornata* (HOFSTEN 1907) subsp. *maritima* benannte Taxon als eine separate Art *G. maritima*.
    Länge 0,55–0,8 mm; selten 1 mm.
    Hartapparat des Kopulationsorgans sehr zart, meist äußerst schwer genau zu erkennen (LUTHER l. c.). Die Dimensionen variieren mit der Größe der Tiere. Bei einem Individuum von Tvärminne betrug die Gesamtlänge 24 µm,

die Länge der Stacheln 16 μm (LUTHER). An der Binnensalzstelle Numburger Solgraben wurde eine Gesamtlänge von 40 μm gemessen; davon entfielen auf den Gürtel 12–15 μm, auf die Stacheln 25–28 μm (KAISER).

Am Gürtel fehlt der Proximalring oder ist nur schwach angedeutet. Diesen Umstand hebt KAISER (l. c.) auch für Tiere aus dem Numburger Solgraben hervor.

Bei schwachem Deckglasdruck werden etwa 10–12 Stacheln mit auswärts gebogenen Spitzen sichtbar. Die mittleren Stacheln sind die längsten, die außen an den Enden des Gürtels stehenden Stacheln sind die kürzesten. Bei starker Quetschung sieht man um 25 Stacheln. Erst dann wird deutlich, daß die Stacheln eine doppelte Reihe bilden (LUTHER). Von Tieren aus dem Numburger Solgraben wird „das Vorhandensein einer doppelten Stachelreihe" bestätigt (KAISER).

Gieysztoria subsalsa Luther, 1955

(Abb. 313 D, E)

Italien
S. Rossore bei Pisa. Tümpel am Mittelmeer, Salzgehalt 1,3–16,3 ‰.

Länge 0,8 mm.

Der Hartapparat des Kopulationsorgans mißt etwa 40 μm. Der Gürtel ist auffallend hoch, insbesondere der proximale Ring. Es folgen die gefensterte Brückenregion und der gut ausgeprägte distale Ring.

G. subsalsa hat mit *G. maritima* eine doppelte Stachelreihe gemeinsam. Die Anzahl der Stacheln ist allerdings erheblich größer. Bei *G. subsalsa* sind es 23 äußere, stärkere Stacheln und ebensoviele innere, dünnere Stacheln.

Gieysztoria knipovici (Beklemischev, 1953)

(Abb. 313 F)

Kaspisches Meer
Häfen von Enseli, Krasnovodsk und Lenkoran (BEKLEMISCHEV 1953).

Länge 1,5 mm.

Der Gürtel des Hartapparates besteht aus einem Geflecht von verzweigten und anastomosierenden Fasern. Zwischen stärkeren, schräg verlaufenden Längsfasern spannt sich ein Netz von feineren Fasern aus.

Der Stachelkranz besteht aus wenigstens 30 schmalen Stacheln. Die basalen Öffnungen sind sehr lang gestreckt und übertreffen die freien, schwach S-förmig gebogenen Spitzen der Stacheln.

Gieysztoria bergi (Beklemischev, 1927)

(Abb. 313 G)

Aralsee
Hafen von Aralsk und benachbarte Buchten (BEKLEMISCHEV 1927a).

Länge 1 mm.

Der Hartapparat des Kopulationsorgans besteht aus einem 30 µm hohen Gürtel und 24 gleichlangen Stacheln.

Der unterbrochene Gürtel hat keine Fenster; ein distales Ringsband ist als dünne Verstärkungsleiste vorhanden. Die Enden des Gürtels sind an der proximalen Seite abgerundet, an der distalen Seite zu kleinen, die Ansätze der letzten Stacheln überragende Spitzen ausgezogen.

Die Stacheln sind schwach gekrümmt, sehr platt, vierkantig und scharf zugespitzt. Je 2–4 Stacheln sind miteinander verklebt, trennen sich aber bei stärkerem Deckglasdruck (BEKLEMISCHEV l. c., LUTHER 1955).

Halammovortex Karling, 1943

Halammovortex-Arten zeichnen sich durch 4 Augen und einen ungewöhnlich großen Tonnen-Pharynx aus, der über 1/3 des Körpers ausfüllen kann. Im Rahmen der Dalyelliidae sind die beiden Merkmale als Autapomorphien für die Begründung von *Halammovortex* als Monophylum interpretierbar.

Das sklerotisierte Kopulationsorgan gehört zum *Gieysztoria*-Typ der Dalyelliidae (LUTHER 1955). Bei *Halammovortex* besteht es aus einem proximalen Gürtel (Ringband, Zylinder) und distal anschließenden Stacheln.

Letztere bilden entweder einen einzigen Stachelkranz oder mehrere, aufeinander folgende Kränze (Querreihen) von Stacheln. Danach lassen sich zwei Artengruppen unterscheiden.
(1) *Macropharynx*-Gruppe. Ein Kranz unterschiedlich langer Stacheln in asymmetrischer Anordnung.
H. macropharynx, H. promacropharynx.
(2) *Nigrifrons*-Gruppe. Mehrere Stachelkränze in symmetrischer Ausprägung.
H. nigrifrons, H. supranigrifrons, H. pseudonigrifrons.

In das Grundmuster des Taxons *Halammovortex* dürfte ein einzelner Kranz gleichlanger Stacheln gehören, wie er bei der marinen Art *Thalassovortex tyrrhenicus* realisiert ist (PAPI 1957).

Halammovortex lewisi (Jones & Ferguson, 1948) ist ungenügend bekannt (LUTHER 1955); das Taxon muß unberücksichtigt bleiben.

Halammovortex macropharynx Meixner, 1938

(Abb. 314)

Euryhaliner Organismus mit weiter Verbreitung in marinen Sandböden und in Brackgewässern.
Nordsee. Tromsø. Sandwatt (SCHMIDT 1972b). Sylt. Sandwatt (REISE 1984; DITTMANN & REISE 1985; HELLWIG 1987; ARMONIES & HELLWIG-ARMONIES 1987). Niederlande. Sandwatt in Ästuarien (HARTOG 1977; SCHOCKAERT et al. 1989).
Ostsee. Kieler Bucht (MEIXNER 1938; AX 1951a). Finnischer Meerbusen (KARLING 1943, 1974; LUTHER 1955).
Barentsee. (KOTIKOVA & JOFFE 1988).
Mittelmeer. Etangs der französischen Küste. Sandböden (AX 1956c).
Amerikanische Atlantikküste. New Brunswick, Kanada (AX & ARMONIES 1987).
Französische Atlantikküste. Bucht von Arcachon. Ile aux Oiseaux. Schlick. Courant de Lège. Sand. Mitte des Flußlaufes bei Süßwasserausstrom (1964).

Körperlänge bis 1 mm. 4 getrennte Augen.
Darstellungen des Stiletts in KARLING (1943, 1974), LUTHER (1955), AX (1956c) und AX & ARMONIES (1987). Länge des Organs zwischen 55 und 65 µm. Ein herausragendes Merkmal ist die asymmetrische Anordnung der

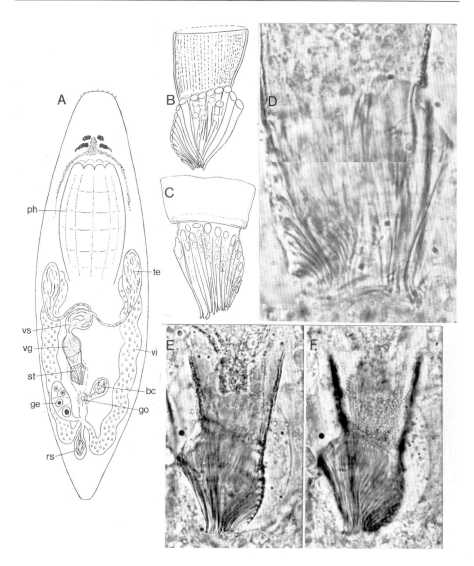

Abb. 314: *Halammovortex macropharynx*. A. Habitus und innere Organisation nach Quetschpräparat. Frankreich, Mittelmeer. B. Stilett des männlichen Kopulationsorgans. Frankreich, Mittelmeer. C. Stilett. Finnland, Ostsee. D. Stilett. New Brunswick, Kanada. Atlantikküste. E, F. Stilett. Französische Atlantikküste. Aufnahmen von einem Individuum bei verschiedener Fokussierung. (A, B Ax 1956c; C Karling 1943; D Ax & Armonies 1987; E, F Originale 1964)

Stacheln in der distalen Stachelapparatur. „In dem Stachelgürtel nehmen die Stacheln gegen die eine Seite in Größe ab, aber in Anzahl zu" (KARLING 1943, p. 20). Entsprechende Beobachtungen habe ich in Frankreich (Mittelmeer, Atlantik) und in Kanada gemacht.

Es bestehen indes Zweifel an der Zusammenführung des vorgestellten Materials unter einem Artnamen. Individuen aus dem Finnischen Meerbusen (Abb. 314 C) und von Kanada (Abb. 314 D) haben ein vergleichsweise kurzes Ringband. Bei Tieren aus Etangs der Mittelmeerküste (Abb. 314 B) und aus der Bucht von Arcachon am Atlantik (Abb. 314 E, F) erreicht der proximale Gürtel ungefähr die Hälfte des Stiletts.

Halammovortex promacropharynx n. sp.

(Abb. 315, 316, ? 317)

? *Halammovortex nigrifrons*: AX & ARMONIES 1990, fig. 68 A–D.
Diese Arbeit Abb. 317

Seward, Alaska. Fourth of July Beach; Lowell Point.
Winyah Bay, Georgetown, South Carolina. USA
Sandstrand des Morgan Park (East Bay Park) (Locus typicus), 1995.
Material: Zwei Individuen. Lebendbeobachtungen, Fotografien.

Die Beschreibung gründet sich auf Beobachtungen in South Carolina. Die Frage der möglichen Identität einer Population aus Brackwasser von Alaska wird danach behandelt.

Eine wesentliche Übereinstimmung mit *H. macropharynx* existiert in der asymmetrischen Ausprägung des Stachelkranzes am Kopulationsorgan. Trotzdem lassen sich die Individuen von South Carolina nicht dieser Art zuordnen. Die entscheidenden Differenzen liegen in der doppelten Körperlänge und einer nahezu dreifachen Länge des Stiletts.

H. promacropharynx erreicht eine Länge von 2,2 mm, wobei der Pharynx die Hälfte des Körpers einnimmt. Die 4 Augen sind getrennt ohne zusätzliches verbindendes Pigment.

Das Stilett mißt 156 µm, wobei knapp die Hälfte (72 µm) auf den distalen Stachelkranz entfällt. Das proximale Ringband zeichnet sich durch eine körnige Feinstruktur aus; stellenweise erscheinen die Granula in Längs- und Querreihen geordnet. Bei der distalen Stachelapparatur handelt es sich wie

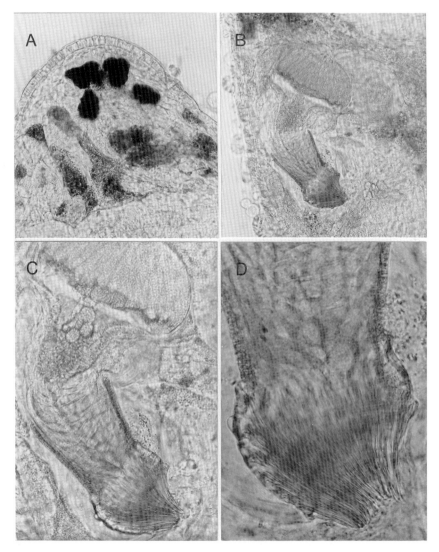

Abb. 315: *Halammovortex promacropharynx*. A. Vorderende mit 4 separierten Augen. B und C. Kopulationsorgan. D. Distaler Stachelkranz des Stiletts mit deutlicher Asymmetrie. Winyah Bay, South Carolina. Amerikanische Atlantikküste. (Originale 1995)

bei *H. macropharynx* um einen einzigen Kranz aus zahlreichen Stacheln. Auf der einen Seite werden die schlanken Stacheln zunehmend kleiner; auf der anderen Seite durchmessen dickere Stacheln die gesamte Länge des Kranzes.

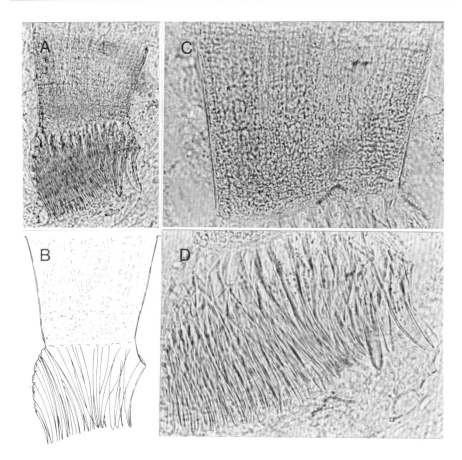

Abb. 316: *Halammovortex promacropharynx*. A–D. Stilettapparatur von stark gequetschtem Individuum. In C tritt die körnige Feinstruktur des Ringbandes hervor. In D werden die großen Stacheln einer Seite des Stachelgürtels sichtbar. Winyah Bay, South Carolina. Amerikanische Atlantikküste. (Originale 1995)

Wir kommen zur oben erwähnten Alaska-Population. Für Identität mit unserem Material von South Carolina spricht die Übereinstimmung in der charakteristischen Granulierung des Ringbandes. (Abb. 317). Dagegen ist die bei *H. promacropharynx* schon unter schwacher Vergrößerung deutlich hervortretende Asymmetrie des Stachelgürtels in meinen Fotografien von Alaska weniger ausgeprägt. Zudem ist das Stilett mit 100–110 µm deutlich kürzer (AX & ARMONIES 1990, p. 94). Bei der Arten-Diversität, die sich jetzt für das Taxon *Halammovortex* abzeichnet, könnte es sich um eine weitere, separate Art handeln.

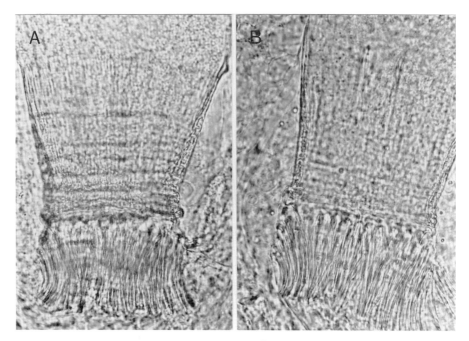

Abb. 317: *Halammovortex ?promacropharynx*. A, B. Stilettapparatur bei stärkerer Quetschung. Kenai Peninsula, Alaska. Amerikanische Pazifikküste. (Originale 1998)

Halammovortex nigrifrons (Karling, 1935)

(Abb. 318 A, B)

Dalyellia nigrifrons: KARLING 1935a. Ostsee (Finnischer Meerbusen).
Halammovortex nigrifrons: KARLING 1943, 1974; LUTHER 1955. Ostsee (Finnischer Meerbusen).
Nec *Halammovortex nigrifrons*: AX & ARMONIES 1987, fig. 43 C, D. Kanada (New Brunswick).
Nec *Halammovortex nigrifrons*: AX & ARMONIES 1990, fig. 68 A–D. Alaska (Seward).

Spindelförmiger Körper von 0,9 mm Länge. Das Pigment der 4 Augen fließt im Vorderkörper zu einem großen, dunklen Fleck zusammen. Ausläufer des Pigments erstrecken sich nach hinten.

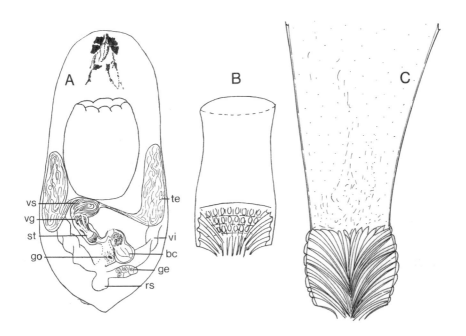

Abb. 318. A und B. *Halammovortex nigrifrons*. A. Organisation nach Quetschpräparat. B. Stilett mit 4 Querreihen von Stacheln. Finnischer Meerbusen, Ostsee. C. *Halammovortex supranigrifrons*. Stilett mit 8 Querreihen von Stacheln. Winyah Bay, South Carolina. Amerikanische Atlantikküste. (A Karling 1935a; B Karling 1974; C Original 1995)

Die Länge des Stiletts erreicht 78 µm (KARLING 1935a). Das harte Organ besteht aus einem langen proximalen Gürtel (50–60 µm) und einem distalen symmetrischen Stachelapparat (12–18 µm) mit Aufstellung der Stacheln in 4 Querreihen (KARLING 1943, 1974).

Nur aus dem Brackwasser des Finnischen Meerbusens liegen mit Abbildungen dokumentierte Fundortsangaben vor. Meldungen von der Frischen Nehrung (AX 1951a), aus dem Sandwatt und von Salzwiesen der Nordsee (HELLWIG 1987; ARMONIES 1987) sowie von der Barentsee (KOTIKOVA & JOFFE 1988) sind ohne einen entsprechenden Beleg. Im Hinblick auf unsere neuen Befunde an amerikanischen Küsten müssen sie unter Vorbehalt gestellt werden. In South Carolina lebt der Riese *Halammovortex supranigrifrons* n. sp. Unser als *H. nigrifrons* angesprochenes Material von New Brunswick (AX & ARMONIES 1987) schätze ich heute als eine neue Art

Halammovortex pseudonigrifrons n. sp. ein. Schließlich sind die von Alaska als *H. nigrifrons* bezeichneten Individuen (AX & ARMONIES 1990) möglicherweise der Art *Halammovortex promacropharynx* aus South Carolina zuzuordnen (S. 646).

Halammovortex supranigrifrons n. sp.
(Abb. 318 C)

Winyah Bay, Georgetown, South Carolina. USA. Sandstrand des Morgan Park (East Bay Park) (Locus typicus). 1995
Material
Lebendbeobachtungen an einem Individuum

In zwei Punkten bestehen Übereinstimmungen mit *Halammovortex nigrifrons*.
(a) Die 4 Augen sind durch zusätzliches Pigment von netzartiger Struktur zu einem schwarzen Fleck im Vorderkörper verbunden.
(b) Im Stilett entfällt ~ ⅔ der Länge auf den proximalen Gürtel, der Rest auf die distale Stachelkappe.

Signifikante Unterschiede resultieren in den folgenden drei Merkmalsalternativen.
(a) Mit 1,8–2 mm ist *H. supranigrifrons* doppelt so lang wie *H. nigrifrons*. Der plumpe Körper und eine langsame Bewegung erinnern an *Pseudograffilla arenicola* – einen anderen nicht näher verwandten Vertreter der Dalyellioida.
(b) Mit der Körpergröße ist die Größe des sklerotisierten Kopulationsorgan korreliert. *H. supranigrifrons* erreicht mit 150 µm die doppelte Länge des Stiletts von *H. nigrifrons*.
(c) In der distalen Stachelkuppe stehen bei *H. supranigrifrons* ~ 8 Kränze von Stacheln – doppelt soviel wie bei *H. nigrifrons*.

Die 3 für *H. supranigrifrons* vorgestellten Ausprägungen interpretiere ich als artspezifische Merkmale.

Halammovortex pseudonigrifrons n. sp.

Halammovortex nigrifrons: AX & ARMONIES 1987, p. 72, fig. 43 C, D.

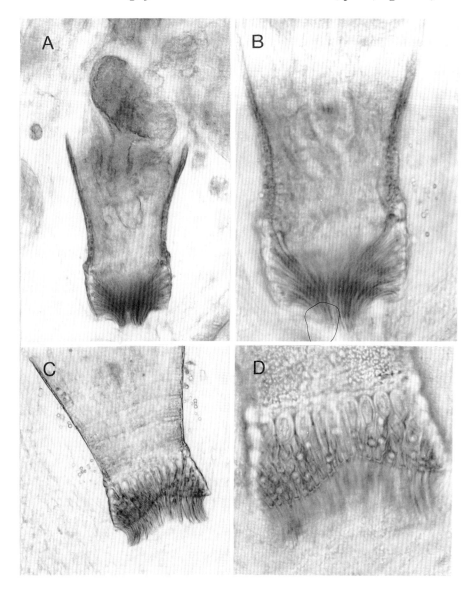

Abb. 319:. *Halammovortex pseudonigrifrons*. A und B. Stilett bei schwacher Festlegung des Individuums. Stachelkappe mit 6 Kränzen von Stacheln. C und D. Stilett bei stärkerer Quetschung. New Brunswick, Kanada. Amerikanische Atlantikküste. (Originale 1984)

Brackwasserbucht Pocologan (Quoddy Region) an der Küste von New Brunswick, Kanada.

Mit Entdeckung der eben beschriebenen *H. supranigrifrons* in South Carolina muß die in Kanada studierte Population von „*H. nigrifrons*" neu beurteilt werden. Es existieren klare Unterschiede zu *H. nigrifrons* und *H. supranigrifrons*.

Das sklerotisierte Kopulationsorgan liegt mit Werten zwischen 56 und 72 µm nur unbedeutend unter der Länge des Organs bei *H. nigrifrons*. Eine signifikante Eigenheit für *H. pseudonigrifrons* resultiert aber aus dem Aufbau der Stachelkappe. Nach Fotografien verschiedener Individuen existieren etwa 6 Stachelkränze. Das ist eine intermediäre Ausprägung zwischen den Verhältnissen bei *H. nigrifrons* und *H. supranigrifrons*. Ein zweiter Punkt kommt hinzu. Gegenüber den eben genannten Arten hat *H. pseudonigrifrons* 4 getrennte Augen ohne ein verbindendes Pigment.

Im Vergleich mit *H. nigrifrons* und *H. supranigrifrons* begründen diese beiden Merkmale den Status einer separaten Art für die kanadische Population.

Jensenia Graff, 1882

Augenlose Arten. Mit verbreitertem, quer abgestutzten Vorderende.

Das sklerotisierte Kopulationsorgan von *Jensenia angulata* gehört bei LUTHER (1955, p. 49) zum *Microdalyellia*-Typ, „wenngleich in stark modifizierter Form." Der proximale Abschnitt besteht nach neuen Untersuchungen von EHLERS (1990) aber nicht wie dort aus zwei isolierten Stäben, sondern vielmehr aus einem geschlossenen Rohr mit zwei lateralen, stielartigen Verdickungen (s. u.).

Jensenia angulata (Jensen, 1878)

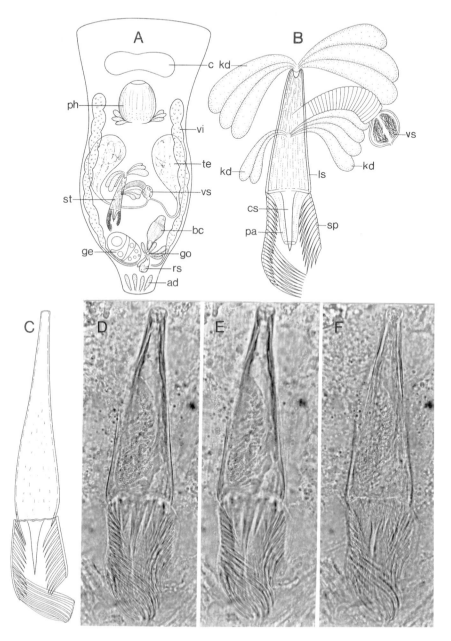

Abb. 320: *Jensenia angulata*. A. Organisation nach Quetschpräparaten. Ostsee, Kiel. B. Kopulationsorgan mit Samenblase, Muskelbulbus, Kornsekretdrüsen und dem Stilettapparat.

Ostsee, Kiel. C. Stilett eines Individuums von Disko. Grönland. D–F. Fotografien des Stilett eines Individuums aus einem Brackwasser-Lebensraum bei Akranes, Island unter verschiedener Fokussierung. Medianer Dorn und die beiden lateralen Dorne treten in D deutlich hervor. (A, B Ehlers 1990; C Ax 1995b; D–F Originale 1993)

Zahlreiche Fundortsangaben aus dem Nordatlantik; Zusammenstellungen in LUTHER (1955), KARLING (1974) und EHLERS (1990). Meldungen ohne Beleg (Zeichnungen, Fotografien) sind fragwürdig. Dokumentationen mit differenzierter Darstellung des Kopulationsorgans liegen nur von Tieren aus der westlichen Ostsee (EHLERS 1990), von Grönland (AX 1995b) und von Island (s. u.) vor.

Siedlungen im Brackwasser
Innere Ostsee (The Baltic Proper). Sandstrand bei Askö, 60 km südlich von Stockholm. Salzgehalt 5,1 ‰ (JANSSON 1968).
Island. Blautos nordöstlich von Akranes (1993).
Sandstrand in einer kleinen Felsbucht. Sand-Kies ~ 30 m landwärts des Wasserrandes am Fuß von Dünen. Supralitoraler Lebensraum mit herabgesetztem, mutmaßlich stärker wechselnden Salzgehalt. Neben *Jensenia parangulata* und zusammen mit klassischen Brackwasserarten wie *Coelogynopora schulzii* oder *Coronhelmis lutheri*.

Dokumentation
Westliche Ostsee bei Kiel, Schilksee (Ehlers 1990) (Abb. 320 A, B). Das Stilett von 117–120 µm Länge besteht aus einem einfachen proximalen Rohr und einem komplizierten distalen Stachelabschnitt. Das zarte Rohr verdichtet sich an gegenüber liegenden Wänden zu kräftigen Stielen. Im Stachelabschnitt steht median ein großer Dorn. Zahlreiche Stacheln sind von ihrem peripheren Ansatz in das Innere des Organs gerichtet.

Im Vergleich damit verjüngt sich der Rohrabschnitt bei Individuen von Grönland (Disko) (Abb. 320 C) und Island (Abb. 320 D–F) proximal stärker; hier gibt es ferner eine leichte Einschnürung zwischen Rohr und Stachelabschnitt. Die Länge wurde zu 120 µm (Grönland) und 130 µm (Island) gemessen. Bei Individuen der isländischen Population steht im Stachelteil neben dem medianen Dorn (30 µm Länge) jederseits ein kürzerer Dorn von 12–13 µm Länge. Entsprechende laterale Dorne wurden im Material aus der Ostsee und von Grönland nicht beobachtet.

Anhand dieser wenigen Befunde scheinen kleine konstante Unterschiede zwischen geographisch separierten Populationen zu bestehen. Subtile Analysen von möglichst vielen Fundorten sind wünschenswert.

Jensenia parangulata Ax & Armonies, 1990

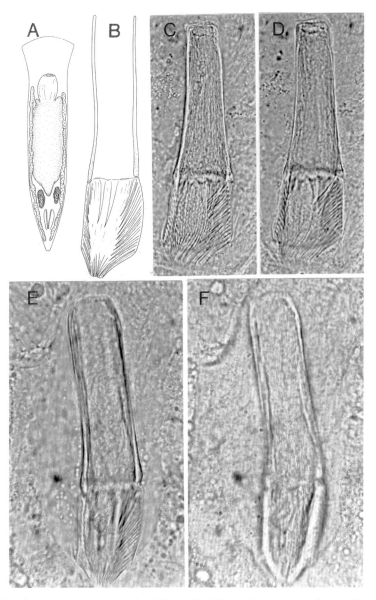

Abb. 321: *Jensenia parangulata*. A. Habitus; B. Stilett. Mündungsareal einer Süßwasserlagune in das Meer auf Disko, Grönland. C, D. Stilett eines Individuums von der Kenai Halbinsel, Alaska bei verschiedener Fokussierung. E, F. Stilett eines Individuums aus einem Brackwasserlebensraum bei Akranes, Island unter verschiedener Scharfeinstellung. (A, B Ax 1995b; C, D Ax & Aromonies 1990; E, F Originale 1993)

Aufgrund der derzeit bekannten Verbreitung in Brackwasserbiotopen an den Küsten von Alaska, Grönland und Island kann es sich bei *Jensenia parangulata* um eine genuine Brackwasserart handeln.

In Alaska wurde eine Population am Pazifik in einer Brackwasserlagune der Kenai-Halbinsel beobachtet (AX & ARMONIES 1990), auf Grönland (Disko) im Mündungsareal eine Süßwasserlagune (AX 1995b). Bei der isländischen Fundstelle handelt es sich um den für *Jensenia angulata* beschriebenen Sandstrand von Blautos bei Akranes (1993).

Zwischen den Kopulationsorganen von Individuen aus Alaska, Grönland und Island existieren keine signifikanten Differenzen. Im Vergleich mit *J. angulata* ist das Stilett deutlich kürzer; die Länge liegt jeweils um 100 µm. Der Rohrabschnitt ist proximal breiter als bei *J. angulata*; sein Durchmesser vergrößert sich distalwärts nur wenig. Der Stachelabschnitt ist asymmetrisch konstruiert. An der geraden Wand stehen kurze, nach unten gerichtete Stacheln. An der gegenüberliegenden leicht gebogenen Wand inserieren längere und stärker nach innen gerichtete Stacheln. Der für *J. angulata* charakteristische zentrale Dorn fehlt bei allen 3 Populationen von *J. parangulata*.

Beauchampiola Luther, 1957

Beauchampiella: LUTHER 1955
Beauchampiola: LUTHER 1957

Für die Art *Jensenia oculifera* Beauchamp, 1927 hat LUTHER (1955, 1957) eine separate „Gattung" *Beauchampiola* errichtet. Heute wird der Name für ein supraspezifisches Taxon mit 4 Arten benutzt, wobei die Begründung der Einheit als Monophylum schwach ist (s. u.).

Zwei Arten sind Meeresbewohner. *Beauchampiola oculifera* (Beauchamp, 1927) stammt aus einem supralitoralen Felstümpel der Bretagne, *Beauchampiola arctica* Ehlers & Franke, 1994 aus Sandstränden von Norwegen und Island.

Die beiden anderen Arten sind bisher nur aus Brackgewässern bekannt. *Beauchampiola canadiana* n. sp. wurde an der Atlantikküste von Kanada entdeckt. *Beauchampiola mackfirae* n. sp. nenne ich eine Art aus dem Schwarzen Meer nach Beobachtungen von MACK-FIRA (1975) an Individuen, die mit Vorbehalt als Mitglieder von *Jensenia oculifera* angesprochen wurden.

Wir gehen auf die Konstruktion des sklerotisierten Kopulationsorgans näher ein. Die *Beauchampiola*-Arten haben wahrscheinlich einen schwach verfestigten Gürtel mit Stielen als Versteifungsleisten. Bei *B. oculifera* zeigt das seitlich komprimierte Organ eine Leiste oder zwei übereinander liegende Stiele; dabei handelt es sich um Verdichtungen einer Membran, welche einen nur dorsal und ventral spaltförmig unterbrochenen Mantel oder Gürtel bildet (BEAUCHAMP 1927a; LUTHER 1955, p. 317). Ganz ähnlich besitzt *B. arctica* ... "a prominent and slightly curved bipartite handle" ... (EHLERS et al. 1994, p. 245). Dagegen liegen bei *B. canadiana* und *B. mackfirae* zwei getrennte Stiele einander gegenüber (s. u.). Der Mantel (Gürtel) wurde nur bei *B. oculifera* an Schnittserien beobachtet; bei *B. mackfirae* spricht die Abb. 323 C für seine Existenz. Wahrscheinlich also besteht prinzipielle Übereinstimmung mit dem proximalen, durch Stiele verfestigten Rohr im Taxon *Jensenia* (s. o.).

Eine Autapomorphie von *Beauchampiola* ergibt sich nach meiner Einschätzung dann in der Ausprägung der Stachelapparatur. Hierbei handelt es sich – zumindest partiell – um bogenförmige Stacheln, welche von außen nach innen aufeinander zugehen – etwa so wie die Zähne eines Greifbaggers.

Im übrigen behandeln wir nur die beiden Brackwasser-Arten.

Beauchampiola canadiana n. sp.

(Abb. 322)

Kanada

Campobello Island, New Brunswick (1984). Upper Duck Pond (Locus typicus). Oberer Rand der Salzwiese einer Uferböschung aus welcher süßes Sickerwasser austrat. In dem „high marsh sediment" assoziiert mit den Brackwasserarten *Macrostomum hamatum*, *Coronhelmis multispinosus* und *Ptychopera hartogi* (AX & ARMONIES 1987).

Länge 0,8 mm. Vorderende nur leicht, aber deutlich verbreitert. Ohne pigmentierte Augen.

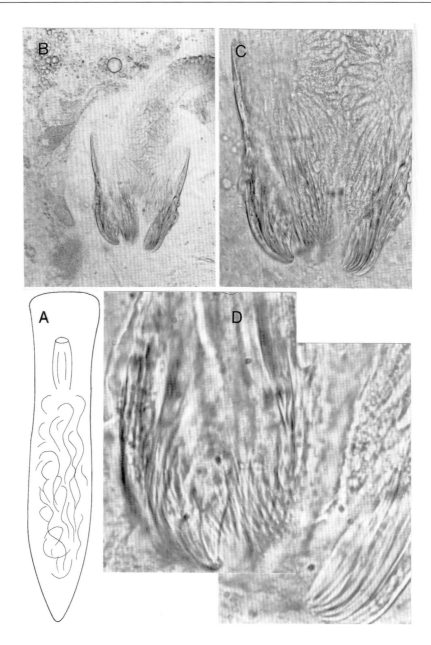

Abb. 322: *Beauchampiola canadiana*. A. Habitus. B. Männliches Kopulationsorgan mit vollständiger Stilettapparatur. C. Stilett stärker vergrößert; proximaler Stab der rechten Seite abgeschnitten. D. Distale Enden der Stacheln (Ölimmersion). Auf der linken Seite folgt auf die gebogenen Stacheln einwärts eine Gruppe schlanker, gerader Stacheln mit Überkreuzung. Campobello Island, New Brunswick. Kanada. (Originale 1984)

Das Stilett mißt 91 µm Länge. In der proximalen Hälfte der Hartstruktur imponieren zwei gleichlange Stäbe. Im distalen Stachelabschnitt greifen grundsätzlich zwei Gruppen leicht einwärts gebogener Stacheln von den Seiten her aufeinander zu. Dabei zerfällt die Appratur in zwei ungleiche Teile. Auf der rechten Seite stehen 6–8 Bogenstacheln, die nach innen zunehmend kleiner werden. Auch der linke, stärkere Teil beginnt außen wieder mit langen Bogenstacheln; die beiden inneren Bogenstacheln sind kurz mit knopfartigen Verdickungen. Dann aber schließt nur an der linken Seite eine Gruppe schlanker, wohl überwiegend gerader Stacheln an, die sich überkreuzen können. Insgesamt resultiert das Bild einer ausgeprägten Asymmetrie der zweiteiligen Stachelapparatur.

Beauchampiola mackfirae n. sp.

Jensenia oculifera: MACK-FIRA (1975)

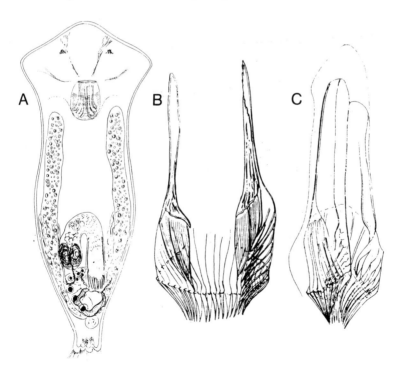

Abb. 323: *Beauchampiola mackfirae*. A. Habitus und Organisation nach Lebendbeobachtungen. B und C. Stilette von zwei Individuen. Rumänien. Schwarzes Meer. (Mack-Fira 1975)

Beobachtungen an 5 Individuen; „probably the material of MACK-FIRA does not belong to *B. oculifera*" (EHLERS & FRANKE 1994, p. 248).

Rumänien. Küste des Schwarzen Meeres in der Nähe der Station marine d'Agigea. Grobsand des Litorals in 0,3 m Wassertiefe (Locus typicus).

Länge 0,7 – 0,8 mm. Stark verbreitertes Vorderende mit 2 pigmentierten Augen wie bei *Beauchampiola oculifera*. Abgestutztes Hinterende mit reicher Ausstattung an Drüsen und Haftpapillen. Offensichtlich handelt es sich um das „caudal duo-gland adhesive system" aus dem Grundmuster der Rhabditophora, wie es unlängst für *Jensenia angulata* aufgedeckt wurde (EHLERS & SOPOTT-EHLERS 1993).

Das sklerotisierte Kopulationsorgan hat eine Länge von 112–125 µm. Im proximalen Abschnitt sind 2 gleichlange Stäbe wahrscheinlich Stützelemente eines Gürtels (s. o.). Die distale Stachelapparatur besteht vermutlich aus einem kontinuierlich umlaufenden Kreis leicht einwärts gebogener Stacheln. Im optischen Schnitt zeichnen sich an den Seiten zwei gleichstarke Stachelpartien ab – im Gegensatz zur asymmetrischen Stachelapparatur von *B. canadiana*.

Gehen wir davon aus, daß *Beauchampiola oculifera*, *B. arctica*, *B. canadiana* und *B. mackfirae* zusammen ein Monophylum bilden, dann werden wir mit eigentümlichen Überkreuzungen bestimmter Merkmalskombinationen konfrontiert. Die Übereinstimmung in der Existenz eines einzelnen, zweigeteilten Stabes oder auch von zwei dicht zusammenliegenden Stielen bei *B. arctica* und *B. oculifera* kann als Synapomorphie gegenüber zwei getrennten Stielen bei *B. canadiana* und *B. mackfirae* interpretiert werden; das ergibt sich aus einem Vergleich mit dem Taxon *Jensenia*. Dagegen dürfte die starke Verbreiterung des Vorderendes bei *B. oculifera* und *B. mackfirae* ein apomorpher Zustand sein, der Mangel von pigmentierten Augen eine Apomorphie bei *B. arctica* und *B. canadiana*.

Alexlutheria Karling, 1956

Unter dem Namen *Alexlutheria acrosiphoniae* beschreibt KARLING (1956c) Tiere aus dem Felslitoral der Westküste von Schweden, die in der Brandungszone am Felsboden selbst oder im dichten Bewuchs der Grünalge *Acrosiphonia* leben. Das sklerotisierte Kopulationsorgan besteht aus 3 Elementen – (1) einem proximalen Rohr, (2) einem anschließenden schwach gebogenen Stilett in (3) einer bestachelten Penistasche, die zu einem Cirrus differenziert ist.

Psammobionte Tiere mit Rohr, Stilett und Stacheln habe ich in South Carolina, USA gefunden, kann aber keine Begründung für eine mögliche Homologie mit *Alexlutheria acrosiphoniae* liefern. Die unvollständige Beschreibung von *Alexlutheria psammophila* n. sp. anhand von zwei Individuen bleibt eine provisorische Maßnahme.

Alexlutheria psammophila n. sp.

(Abb. 324, 325)

Winyah Bay. Georgetown, South Carolina, U.S.A.
Sandstrand des Morgan Park (East Bay Park) 1995. Proben bei Niedrigwasser. Salinität 5 ‰. 1 Expl. (Locus typicus).
Sandstrand im Ortsteil Maryville. 1996. Proben bei Niedrigwasser. Salzgehalt 0,1 ‰. 1 Expl.
Lebendbeobachtungen an 2 Individuen in männlicher Reife.

Körper von 0,6–0,7 mm Länge, Vorderende deutlich verbreitert. Auffällig sind die beiden Augen mit dunklem Pigment und jeweils einer großen ovoiden Linse (Durchmesser 6,5 x 4 µm). Der Pharynx liegt hinter dem breiten Vorderende am Beginn des Rumpfes.

Messungen des sklerotisierten Kopulationsorgans: Holotypus = Gesamtlänge 88 µm; Rohr 38 µm. 2. Expl. = Länge 72 µm; Rohr = 40 µm.

Das schlanke Rohr verjüngt sich distalwärts kontinuierlich. Das anschließende Stilett ist ein langes, kolbenförmiges, am Ende leicht angeschwollenes Gebilde. Dieser Kolben wird von einem Kranz zarter, sehr schlanker Stacheln umstellt. Die Stacheln inserieren alle auf gleicher Höhe am Übergang zwischen Rohr und Stilett; sie nehmen zu einer Seite hin deutlich an Größe ab.

Will man den Gedanken einer Homologie der Stacheln bei den zwei Arten verfolgen, so müßte man eine distale Ausdehnung der Stacheln in der Penistasche von *A. acrosiphoniae* annehmen oder aber umgekehrt eine proximal gerichtete Konzentration zu einem Kranz bei *A. psammophila*.

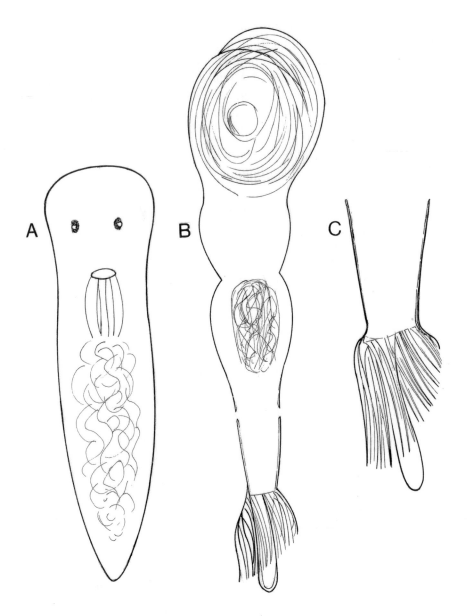

Abb. 324: *Alexlutheria psammophila*. A. Habitus. B. Kopulationsorgan. C. Stilett stärker vergrößert. Winyah Bay, South Carolina. Amerikanische Atlantikküste. (Originale 1995)

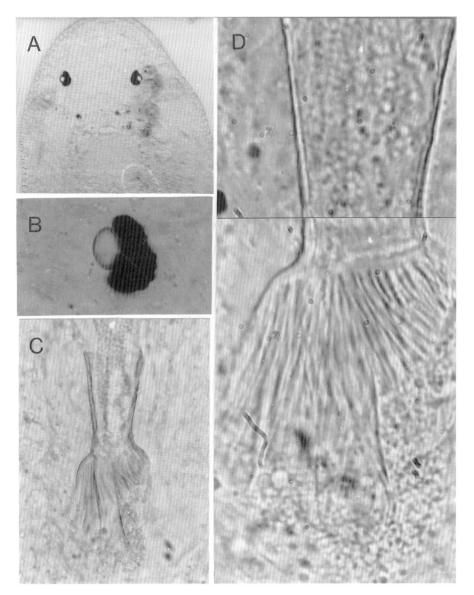

Abb. 325: *Alexlutheria psammophila*. A. Vorderende im Quetschpräparat. B. Auge mit Pigmentbecher und Linse. C und D. Stilette in unterschiedlicher Vergrößerung. Winyah Bay, South Carolina. Amerikanische Atlantikküste. (Originale 1995)

Axiola Luther, 1957

Axia: LUTHER 1955
Axiola: LUTHER 1957

Taxon mit zwei Arten – *Axiola luetjohanni* und *A. remanei*. Das retortenförmige Stilett weicht stark ab von den sklerotisierten Kopulationsorganen der Dalyelliidae wie wir sie bisher besprochen haben. Es liegt nahe, die sehr ähnlichen Organe von *A. luetjohanni* und *A. remanei* als eine synapomorphe Übereinstimmung der beiden Arten auszuweisen. Für eine sichere Aussage wäre die Kenntnis der Schwestergruppe von *Axiola* wünschenswert.

Möglicherweise handelt es sich bei beiden Arten um genuine Brackwasserorganismen; es gibt allerdings nur wenige Fundstellen.

Axiola luetjohanni (Ax, 1952)

(Abb. 326 A–C)

Jensenia luetjohanni: AX 1952c

Bislang nur aus dem Nord-Ostsee-Kanal bekannt. Mesohalinicum. In Bewuchs von Pfählen und Steinen (AX 1952c; LUTHER 1955; SCHÜTZ & KINNE 1955, SCHÜTZ 1966; KARLING 1974).

Geringe Körperlänge von 0,3–0,4 mm. Deutlich verbreiterter Kopfabschnitt. Große Augen mit Linsen in nierenförmigen Pigmentbechern. Stilettrohr proximal ein langer Hals, distal stark erweitert und abgerundet. Länge des Stiletts 55–65 µm.

Axiola remanei (Luther, 1955)

(Abb. 326 D, E)

Jensenia spec.: AX 1952c
Axia remanei: LUTHER 1955

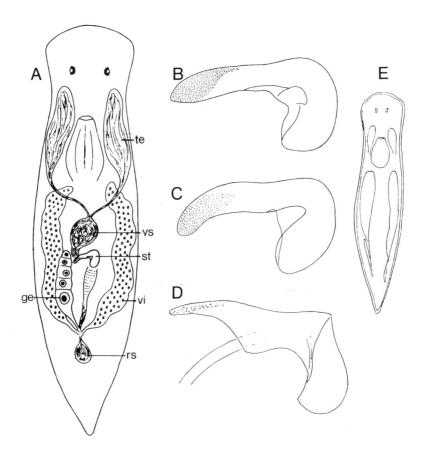

Abb. 326: A–C. *Axiola luetjohanni*. A. Habitus eines frei schwimmenden Tieres; innere Organisation nach Quetschpräparat. B und C. Retortenförmige Stilette von 2 verschiedenen Individuen. Nord-Ostsee-Kanal. D und E. *Axiola remanei*. D. Stilett. E. Habitus. Nord-Ostsee-Kanal. (A–C Ax 1952c; D, E Luther 1955)

Frisches Haff (leg. A. REMANE). Nord-Ostsee-Kanal. Mesohalinicum. Auf detritusreichem Feinsand und in Algenbewuchs mit Detritus (LUTHER 1955, SCHÜTZ 1966).

Körperlänge 0,8–1mm. Abgesehen von der doppelten Länge liegen die artspezifischen Unterschiede zu *A. luetjohanni* in der Struktur des harten Kopulationsorgans. Das Proximalende des Stilettrohres ist schief abgeschnitten und in einen Zipfel ausgezogen. Der folgende Mittelteil ist eingeschnürt; der distale Abschnitt erweitert sich trichterförmig.

Abkürzungen in den Abbildungen

ab   äußere Samenblase
ac   accessorische Zellen
aci   accessorischer Cirrus
ad   Anheftungsdrüsen
ae   accessorische Drüsen
af   Antrum femininum
ag   Atrium genitale
am   Antrum masculinum
an   Adenodactylus
ao   accessorische Genitaldrüsen
ap   Augenpigment
as   accessorischer Stachel
at   Atrium commune
bc   Bursa copulatrix
bi   Blindsack
bo   Bursalorgan
bp   Basalplatte im sklerotisierten Kopulationsorgan
br   Bursatrichter
bs   Bursa seminalis
bt   Bursastiel
bu   Bursakanal
ce   Gehirn
cg   Canalis genito-intestinalis
ci   Cirrus
cl   Cilien
co   Kopulationsorgan
cs   zentraler Stachel (Dorn) des Stiletts
dc   Ductus communis
de   Ductus ejaculatorius
dgi   Ductus genito-intestinalis
di   Diatomeen
do   Drüsenorgan
ds   Ductus spermaticus

dt	Drüsenstilett
dv	Stacheldivertikel
ez	Eizelle
fd	Frontaldrüsen
fe	Fecundatorium
gc	gemeinsamer Germovitellodukt
ge	Germar
go	Geschlechtsöffnung
gp	Granularplatte
gv	Germovitellar
gvd	Germovitellodukt
ha	Hartapparat im Bursalorgan
hd	Hautdrüsen
hp	Haftpapillen
in	Intestinum
ins	Intestinalschlinge
is	intestinales Syncytium
kd	Kornsekretdrüsen
ki	Kittdrüsen
kk	Körnerkolben
kp	Kropf des Pharynx
ks	Kornsekret
la	lateraler Stachel (Dorn) des Stiletts
lm	Lamelle am Penisstilett
ls	lateraler Stiel des Stiletts
mf	Muskelfasern
mi	Mittelstück des Hartapparates
mk	männlicher Genitalkanal
mn	Mundstück des Receptaculum seminis
mp	Mundporus
mr	Muskelring um Darm
ms	Medianstachel
mu	Mundstück des Hartapparates
ot	Ootyp
ov	Ovar
pa	Papille des Stiletts
pd	Penisdrüsen
pe	Penis
ph	Pharynx
pht	Pharynxtasche

pi	Pigmentring
pl	Platte in der Bursa
pp	Penispapille
pr	Protonephridien
ps	Penisstilett
rb	rostrales Ringband
rh	Rhabditen
ri	Ring am Stilett
rk	Retinakolben
ro	zentrales Rohr im sklerotisierten Kopulationsorgan
rp	rostrales Körperpigment
rs	Receptaculum seminis
sa	Statocyste
sc	Stachel des Drüsenorgans
sd	Schalendrüsen
se	Seminalpapille
sh	Sphinkter
sk	sklerotisiertes Kopulationsorgan
sl	Statolith
sn	Stilettnadel
so	Sonnenorgan
sp	Stachel des Stiletts
sr	Stacheln des Cirrus
st	Stilett
su	Spermatube
tb	Tastborste
te	Hoden
tg	Tastgeißel
tr	Trichterrohr
du	Uterusdrüsen
ut	Uterus
va	Vagina
vb	Vaginalbursa
vc	Vakuole
vd	Vas deferens
vg	Vesicula granulorum
vi	Vitellar
vp	Vaginalporus
vr	Vesicula resorbiens
vs	Vesicula seminalis

vt   Vitellodukt
wg   weiblicher Genitalkanal
za   Zähnchen
zb   Zahn der Bursa copulatrix
zc   Zahn des Cirrus
zr   zentrale Rinne im Kopulationsorgan
zu   zusätzliches Rohr
zx   Zooxanthellen

Literatur

AMANIEU, M. (1969). Recherches écologiques sur les faunes des plages arbitées de la région d'Arcachon. Helgoländer wiss. Meeresunters. **19**, 455–557.

ARMONIES, W. (1986a). Free-living Plathelminthes in North Sea salt marshes: adaptations to environmental instability. An experimental study. J. Exp. Mar. Biol. Ecol. **99**, 181–197.

ARMONIES, W. (1986b). Plathelminth abundance in North Sea salt marshes: environmental instability causes high diversity. Helgoländer Meeresunters. **40**, 229–240.

ARMONIES, W. (1987). Freilebende Plathelminthen in supralitoralen Salzwiesen der Nordsee: Ökologie einer borealen Brackwasser-Lebensgemeinschaft. Mikrofauna Marina **3**, 81–156.

ARMONIES, W. (1988). Common patterns of Plathelminth distribution in North Sea salt marshes and in the Baltic Sea. Arch. Hydrobiol. **111**, 625–636.

ARMONIES, W. (1989). Semiplanktonic Plathelminthes in the Wadden Sea. Mar. Biol. **101**, 521–527.

ARMONIES, W. & M. HELLWIG (1987). Neue Plathelminthes aus dem Brackwasser der Insel Sylt (Nordsee). Microfauna Marina **3**, 249–260.

ARMONIES, W. & M. HELLWIG-ARMONIES (1987). Synoptic patterns of meiofaunal and macrofaunal abundances and specific composition in littoral sediments. Helgoländer Meeresuntersuch. **41**, 83–111.

ARTOIS, T. J. & E. R. SCHOCKAERT (2001). Interstitial fauna of the Galapagos: Duplacrorhynchinae, Macrorhynchinae, Polycystidinae, Gyratricinae (Plathyhelminthes Polycystididae). Tropical Zoology **14**, 63–85.

AX, P. (1951a). Die Turbellarien des Eulitorals der Kieler Bucht. Zool. Jb. Syst. **80**, 277–378.

Ax, P. (1951b). Über zwei marine Macrostomida (Turbellaria) der Gattung Paromalostomum, Vertreter eines bemerkenswerten Organisationstyps. Kieler Meeresforsch. **8**, 30–48.

AX, P. (1952a). Zur Kenntnis der Gnathorhynchidae. Zool. Anz. **148**, 49–58.

AX, P. (1952b). Turbellarien der Gattung Promesostoma von den deutschen Küsten. Kieler Meeresforsch. **8**, 218–226.

AX, P. (1952c). Eine Brackwasser-Lebensgemeinschaft an Holzpfählen des Nord-Ostsee-Kanals. Kieler Meeresforsch. **8**, 229–243.

AX, P. (1952d). Bresslauilla relicta Reisinger, ein holeuryhalines Turbellar des Meer- und Süßwassers. Faun. Mitt. aus Norddeutschland **1**, 18.

AX, P. (1952e). Turbellaria Trigonostominae aus der Kieler Bucht. Kieler Meeresforsch. **9**, 90–93.

AX, P. (1953). Proxenetes falcatus nov. spec. (Turbellaria Neorhabdocoela) aus dem Mesopsammal der Ostsee und der Mittelmeerküste. Kieler Meeresforsch. **9**, 238–240.

AX, P. (1954a). Marine Turbellaria Dalyellioida von den deutschen Küsten. I. Die Gattungen Baicalellia, Hangethellia und Canetellia. Zool. Jb. Syst. **82**, 481–496.

AX, P. (1954b). Die Turbellarienfauna des Küstengrundwassers am Finnischen Meerbusen. Acta Zool. Fenn. **81**, 1–54.

AX, P. (1954c). Zwei neue Monocelididae (Turbellaria, Proseriata) aus dem Eulitoral der Nord- und Ostsee. Kieler Meeresforsch. **10**, 229–242.

AX, P. (1955). Studien über psammobionte Turbellaria Macrostomida. III. Paromalostomum mediterraneum nov. spec. Vie et Milieu **6**, 69–73.

AX, P. (1956a). Monographie der Otoplanidae (Turbellaria). Morphologie und Systematik. Akad. d. Wiss. u. d. Lit. Mainz. Abh. d. Math.-Naturw. Kl. Jahrgang 1955, Nr. **13**, 1–298.

AX, P. (1956b). Turbellarien der Gattung Promesostoma von der französischen Atlantikküste. Kieler Meeresforsch. **12**, 110–113.

AX, P. (1956c). Les Turbellariés des étangs côtiers du littoral méditerranéen de la France meridionale. Vie et Milieu, Suppl. **5**, 1–215.

AX, P. (1956d). Das oekologische Verhalten der Turbellarien in Brackwassergebieten. Proc. XIV Int. Congress of Zoology, 462–464. Copenhagen 1956.

AX, P. (1957). Die Einwanderung mariner Elemente der Mikrofauna in das limnische Mesopsammal der Elbe. Verh. Dtsch. Zool. Ges. Hamburg 1956, 428–435.

AX, P. (1959a). Zur Systematik, Ökologie und Tiergeographie der Turbellarienfauna in den ponto-kaspischen Brackwassermeeren. Zool. Jb. Syst. **87**, 43–184.

AX, P. (1959b). Zur Kenntnis der Gattung Promonotus Beklemischev (Turbellaria, Proseriata). Zool. Anz. **163**, 370–385.

AX, P. (1960). Turbellarien aus salzdurchtränkten Wiesenböden der deutschen Meeresküsten. Z. wiss. Zool. **163**, 209–235.

AX, P. (1964). Die Kieferapparatur von Gnathostomaria lutheri Ax (Gnathostomulida). Zool. Anz. **173**, 174–181.

AX, P. (1966). Die Bedeutung der interstitiellen Sandfauna für allgemeine Probleme der Systematik, Ökologie und Biologie. Veröffentl. Inst. Meeresforsch. Bremerhaven. Sonderband II, 15–65.

AX, P. (1968). Turbellarien der Gattung Promesostoma von der nordamerikanischen Pazifikküste. Helgoländer wiss. Meeresunters. **18**, 116–123.

AX, P. (1969). Populationsdynamik, Lebenszyklen und Fortpflanzungsbiologie der Mikrofauna des Meeressandes. Verh. Dtsch. Zool. Ges. Innsbruck 1968, 65–113.

AX, P. (1970). Neue Pogaina-Arten (Turbellaria, Dalyellioida) mit Zooxanthellen aus dem Mesopsammal der Nordsee- und Mittelmeerküste. Mar. Biol. **5**, 337–340.

Ax, P. (1971). Zur Systematik und Phylogenie der Trigonostominae (Turbellaria, Neorhabdocoela). Mikrofauna Meeresboden **4**, 1–84.

AX, P. (1977a). Life cycles of interstitial Turbellaria from the eulittoral of the North Sea. Acta Zool. Fenn. **154**, 11–20.

AX, P. (1977b). Problems of speciation in the interstitial fauna of the Galapagos. Mikrofauna Meeresboden **61**, 29–43.

AX, P. (1984). Das Phylogenetische System. Systematisierung der lebenden Natur aufgrund ihrer Phylogenese. G. Fischer. Stuttgart, New York.

AX, P. (1991). Northern circumpolar distribution of brackish-water plathelminthes. Hydrobiologia **227**, 365–368.

AX, P. (1992a). Promesostoma teshirogii n. sp. (Plathelminthes, Rhabdocoela) aus Brackgewässern von Japan. Microfauna Marina **7**, 159–165.

AX, P. (1992b). Plathelminthes from brackish water of Northern Japan: No identical species with the corresponding boreal community. Microfauna Marina **7**, 341–342.

AX, P. (1993a). Turbanella lutheri (Gastrotricha, Macrodasyoida) im Brackwasser der Färöer. Microfauna Marina **8**, 139–144.

AX, P. (1993b). Die Brackwasserart Coelogynopora hangoensis (Proseriata, Plathelminthes) von Grönland und den Färöer. Mikrofauna Marina **8**, 145–152.

AX, P. (1993c). Promesostoma-Arten (Plathelminthes, Rhabdocoela) von Grönland. Microfauna Marina **8**, 153–162.

AX, P. (1994a). Japanoplana insolita n. sp. – eine neue Organisation der Lithophora (Seriata, Plathelminthes) aus Japan. Microfauna Marina **9**, 7–23.

AX, P. (1994b). Coronhelmis-Arten (Rhabdocoela, Plathelminthes) von Grönland, Island und den Färöer. Microfauna Marina **9**, 221–237.

AX, P. (1994c). Macrostomum magnacurvituba n. sp. (Macrostomida, Plathelminthes) replaces Macrostomum curvituba in coastal waters of Greenland and Iceland. Microfauna Marina **9**, 335–338.

AX, P. (1995a). Brackish-water Plathelminthes from the Faroe Islands. Hydrobiologia **305**, 45–47.

AX, P. (1995b). Plathelminthes aus dem Eulitoral von Godhavn (Disko, Grönland). Microfauna Marina **10**, 249–294.

AX, P. (1995c). New Promesostoma-Species (Rhabdocoela, Plathelminthes) from the North Inlet Salt Marsh of Hobcaw Barony, South Carolina, USA. Microfauna Marina **10**, 313–318.

AX, P. (1995d). Das System der Metazoa I. Ein Lehrbuch der phylogenetischen Systematik. G. Fischer, Stuttgart, Jena, New York.

AX, P. (1997a). Beklemischeviella angustior Luther and Vejdovskya parapellucida n. sp. (Rhabdocoela, Plathelminthes) from brackish water of the Winyah Bay, South Carolina, USA. Microfauna Marina **11**, 19–26.

AX. P. (1997b). Two Prognathorhynchus species (Kalyptorhynchia, Plathelminthes) from the North Inlet Salt Marsh of Hobcaw Barony, South Carolina, USA. Microfauna Marina **11**, 317–320.

AX, P. & W. ARMONIES (1987). Amphiatlantic identities in the composition of the boreal brackish water community of Plathelminthes. A comparison between the Canadian and European Atlantic coast. Microfauna Marina **3**, 7–80.

AX, P. & W. ARMONIES (1990). Brackish water Plathelminthes from Alaska as evidence for the existence of a boreal brackish water community with circumpolar distribution. Microfauna Marina **6**, 7–109.

AX, P. & R. AX (1967). Turbellaria Proseriata von der Pazifikküste der USA (Washington) I. Otoplanidae. Z. Morph. Tiere **61**, 215–254.

AX, P. & R. AX (1970). Das Verteilungsprinzip des subterranen Psammon am Übergang Meer-Süßwasser. Mikrofauna Meeresboden **1**, 1–51.

AX, P. & R. AX (1974a). Interstitielle Fauna von Galapagos. V. Otoplanidae (Turbellaria, Proseriata). Mikrofauna Meeresboden **27**, 1–28.

AX, P. & R. AX (1974b). Interstitielle Fauna von Galapagos. VII. Nematoplanidae, Polystyliphoridae, Coelogynoporidae (Turbellaria, Proseriata). Mikrofauna Meeresboden **29**, 1–28.

AX, P. & R. AX (1977). Interstitielle Fauna von Galapagos. XIX. Monocelididae (Turbellaria, Proseriata). Mikrofauna Meeresboden **64**, 1–44.

AX, P., AX, R. & U. EHLERS (1979). First record of a free-living dalyellioid turbellarian from the Pacific: Balgetia pacifica nov. spec. Helgoländer wiss. Meeresuntersuch. **32**, 359–364.

AX, P. & J. DÖRJES (1966). *Oligochoerus limnophilus* nov. spec., ein kaspisches Faunenelement als erster Süßwasservertreter der Turbellaria Acoela in Flüssen Mitteleuropas. Int. Revue ges.Hydrobiol. **51**, 15–44.

AX, P. & A. FAUBEL (1974). Anatomie von Psammomacrostomum equicaudum Ax, 1966 (Turbellaria, Macrostomida). Mikrofauna Meeresboden **48**, 1–12.

AX, P. & R. HELLER (1970). Neue Neorhabdocoela (Turbellaria) vom Sandstrand der Nordsee-Insel Sylt. Mikrofauna Meeresboden **2**, 1–46.

AX, P. & A. SCHMIDT-RHAESA (1992). The fastening of egg capsules of Multipeniata Nasonov, 1927 (Prolecithophora, Plathelminthes) on bivalves – an adaptation to living conditions in soft bottom. Microfauna Marina **7**, 167–175.

AX, P. & B. SOPOTT-EHLERS (1979). Turbellaria Proseriata von der Pazifikküste der USA (Washington) II. Coelogynoporidae. Zool. Scripta **8**, 25–35.

AX, P., E. WEIDEMANN & B. EHLERS (1978). Zur Morphologie sublitoraler Otoplanidae (Turbellaria, Proseriata) von Helgoland und Neapel. Zoomorphologie **90**, 113–133.

BĂCESCU, M. C., MÜLLER, G. L. & M.-T. GOMOIU (1971). Ecologie Marină. Cercetări de ecologi bentală in Marea Neagră – Analiza cantitativă, calitativă şi comperata a fauni bentale pontice – Vol. IV, Ed. Acad. R. S. R., 352 p.

BAGUÑÀ, J., CARRANZA, S., PAPS, J., RUIZ-TRILLO, I. & M. RIUTORT (2001). Molecular taxonomy and phylogeny of the Tricladida. In D.T.J. LITTLEWOOD & R. A. BRAY. Interrelationships of the Plathelminthes. Syst. Ass. Spec. Vol. Ser. **60**, 41–48.

BALL, I. R. & T. B. REYNOLDSON (1981). British Planarians. Platyhelminthes: Tricladida. Cambridge University Press, London.

BEAUCHAMP, P. DE (1910). Archiloa rivularis n. g. n. sp. Turbellarié Alloeocoele d'eau douce. Bull. Soc. zool. France **35**, 211–219.

BEAUCHAMP, P. DE (1913a). Un nouveau rhabdocoele marin, Prorhynchopsis minuta n. g. n. sp. Bull. Soc. zool. France **37**, 299–302.

BEAUCHAMP, P. DE (1913b). Sur la faune (Turbellaries en particulier) des eaux saumatres du Socoa. I. Socorria uncinata n. g. n. sp. Bull. Soc. zool. France **38**, 94–98.

BEAUCHAMP, P. DE (1913c). Sur la faune (Turbellaries en particulier) des eaux saumatres du Socoa. II. Monoophorum graffi n. sp. Bull. Soc. zool. France **38**, 159–162.

BEAUCHAMP, P. DE (1913d). Sur la faune (Turbellaries en particulier) des marais saumatres du Socoa. III. Coup d'oeil sur l'ensemble de la faune et ses variations. Bull. Soc. zool. France **38**, 172–178.

BEAUCHAMP, P. DE (1927a). Jensenia oculifera n. sp., turbellarié rhabdocoele marin. Bull. Soc. zool. France **52**, 122–126.

BEAUCHAMP, P. DE (1927b). Rhabdocoeles des sables a diatomées d'Arcachon. I. Coup d'oeil sur l'association Schizorhynchidae. Bull. Soc. zool. France **52**, 351–359.

BEAUCHAMP, P. DE (1927c). Rhabdocoeles des sables a diatomées d'Arcachon. II. Autres formes nouvelles ou peu connues. Bull. Soc. zool. France **52**, 386–392.

BEKLEMISCHEV, W. N. (1927a). Über die Turbellarienfauna des Aralsees. Zool. Jb. Abt. Syst. **54**, 87–138.

BEKLEMISCHEV, W. N. (1927b). Über die Turbellarienfauna der Bucht von

Odessa und der in dieselbe mündenden Quellen. Bull. Inst. Rech. Biol. Perm **5**, 177–207.

BEKLEMISCHEV, W. N. (1951). Die Arten der Gattung Macrostomum (Turbellaria, Rhabdocoela) der Sowjetunion. Zschr. Moskauer Nat. Ges. **56**, 31–40.

BEKLEMISCHEV, W. N. (1953). Die Strudelwürmer (Turbellaria) des Kaspischen Meeres. I. Rhabdocoela. Zschr. Moskauer Nat. Ges. **58**, 35–45.

BEKLEMISCHEV, W. N. (1954). Die Strudelwürmer des Kaspischen Meeres. II. Triclada Maricola. Zschr. Moskauer Nat. Ges. **59**, 41–44.

BILIO, M. (1964). Die aquatische Bodenfauna von Salzwiesen der Nord- und Ostsee. I. Biotop und ökologische Faunenanalyse: Turbellaria. Int. Revue ges. Hydrobiol. **49**, 509–562.

BILIO, M. (1967). Die aquatische Bodenfauna von Salzwiesen der Nord- und Ostsee. III. Die Biotopeinflüsse auf die Faunenverteilung. Int. Revue ges. Hydrobiol. **52**, 487–533.

BOADEN, P. J. S. (1963a). The interstitial fauna of some North Wales beaches. J. mar. biol. Ass. U. K. **43**, 79–96.

BOADEN, P. J. S. (1963b). The interstitial Turbellaria Kalyptorhynchia from some North Wales beaches. Proc. Zool. Soc. London **141**, 173–205.

BOADEN, P. J. S. (1966). Interstitial fauna from Northern Ireland. Veröffentl. Inst. Meeresf. Bremerhaven. Sonderband II, 125–130.

BOADEN, P. J. S. (1968). Water movement – a dominant factor in interstitial ecology. Sarsia **34**, 125–136.

BOADEN, P. J. S. (1976). Soft meiofauna of sand from the Delta region of the Rhine, Meuse and Scheldt. Netherl. J. Sea Res. **10**, 461–471.

BRANDTNER, P. (1935). Eine neue marine Triclade, zugleich eine Studie über die Turbellarien des Rycks. Z. Morph. Ökol. Tiere **29**, 472–480.

BRINCK, P., DAHL, E. & W. WIESER (1955). On the littoral subsoil fauna of the Simrishamn beach in Eastern Scania. Kungl. Fysiogr. Sällsk. Lund Förhandl. **21**. 1–21.

BRÜGGEMANN, J. (1985). Ultrastruktur und Bildungsweise penialer Hartstrukturen bei freilebenden Plathelminthen. Zoomorphology **105**, 143–189.

BRUNET, M. (1965). Turbellariés Calyptorhynques de substrats meubles de la region de Marseille. Rec. Trav. St. Mar. Endoume **39**, 127–219.

BRUNET, M. (1968). Turbellariés Karkinorhynchidae de la region de Marseille. Le genres Cheliplana et Cheliplanilla. Cah. Biol. mar. **9**, 421–440.

BRUNET, M. (1972). Koinocystididae de la region de Marseille (Turbellaria, Kalyptorhynchia). Zool. Scripta **1**, 157–174.

BRUNET, M. (1973). Turbellaries Calyptorhynques de la region Marsellaise. Les familles des Placorhynchidae et Gnathorhynchidae. Bull. Soc. zool. France **98**, 121–134.

CARRANZA, S., LITTLEWOOD, D. T. J., CLOUGH, K. A., RUIZ-TRILLO, I., BAGUÑÀ, J. & M. RIUTORT (1998a). A robust molecular phylogeny of the Tricladida (Platyhelminthes: Seriata) with a discussion on morphological synapomorphies. Proc. R. Soc. London B **265**, 631–640.

CARRANZA, S., RUIZ-TRILLO, I., LITTLEWOOD, D. T. J., RIUTORT, M. & J. BAGUÑÁ (1998b). A reappraisal of the phylogenetic and taxonomic position of land planarians (Plathelminthes, Turbellaria, Tricladida) inferred from 18S rDNA sequences. Pedobiologia **42**, 433–440.

CASU, M. & M. CURINI-GALLETTI (2004). Sibling species in interstitial flatworms: a case study using Monocelis lineata (Proseriata: Monocelididae), Mar. Biol. **145**, 669–679.

CASU, M. & M. CURINI-GALLETTI (2006). Genetic evidence for the existence of cryptic species in the mesopsammic flatworm Pseudomonocelis ophiocephala (Rhabditophora: Proseriata). Biol. J. Linn. Soc. **87**, 553–576

CURINI-GALLETTI, M. (1997). Contribution to the knowledge of the Proseriata (Platyhelminthes, Seriata) from eastern Australia: genera Necia Marcus, 1950 and Pseudomonocelis Meixner, 1938 (partim). Ital. J. Zool. **64**, 75–81.

CURINI-GALLETTI, M. (2001). The Proseriata. In D. T. J. LITTLEWOOD & R. A. BRAY. Interrelationhips of the Platyhelminthes. Syst. Ass. Spec. Vol. Ser. **60**, 41–48.

CURINI-GALLETTI, M. & L. CANNON (1995). Contribution to the knowledge of the Proseriata (Platyhelminthes: Seriata) from eastern Australia. II. Genera Pseudomonocelis Meixner, 1943 and Acanthopseudomonocelis n. g. Contr. Zool. **65**, 271–280.

CURINI-GALLETTI, M. & L. R. G. CANNON (1996a). The genus Minona (Platyhelminthes, Seriata) in eastern Australia. Zool. Scripta **25**, 193–202.

CURINI-GALLETTI, M. & M. CASU (2005). Contribution to the knowledge of the genus Pseudomonocelis Meixner, 1943 (Rhabditophora: Proseriata). J. Nat. Hist. **39**, 2187–2201.

CURINI-GALLETTI, M. & P. M. MARTENS (1995). Archilina israelitica n. sp. (Platyhelminthes, Proseriata) from the eastern Mediterranean. Boll. Zool. **62**, 267–271.

CURINI-GALLETTI, M. & F. MURA (1998). Two new species of the genus Monocelis Ehrenberg, 1831 (Platyhelminthes: Proseriata) from the Mediterranean with a redescription of Monocelis lineata (O. F. Müller, 1774). Ital. J. Zool. **65**, 207–217.

CURINI-GALLETTI, M., OGGIANO, G. & M. CASU (2001). New Unguiphora (Platyhelminthes: Proseriata) from India. Proc. Biol. Soc. Washington **114**, 737–745.

CURINI-GALLETTI, M., OGGIANO, G. & M. CASU (2002). The genus Nematoplana Meixner, 1938 (Platyhelminthes: Unguiphora) in eastern Australia. Journ. Nat. Hist. **36**, 1023–1046.

DITTMANN, S. & K. REISE (1985). Assemblage of free-living Plathelminthes on an intertidal mud flat in the North Sea. Microfauna Marina **2**, 95–115.

DOE, D. A. (1986). Ultrastructure of the copulatory organ of Haplopharynx quadristimulus and its phylogenetic significance (Plathelminthes, Haplopharyngida). Zoomorphology **106**, 163–173.

DORNER, G. (1902). Darstellung der Turbellarienfauna der Binnengewässer Ostpreussens. Schriften Physik.-ökon. Ges. Königsberg i. Pr. **43**, 1–58.

DÜREN, R. & P. AX (1993). Thalassogene Plathelminthen aus Sandstränden von Elbe und Weser. Microfauna Marina **8**, 267–280.

EHLERS, B. & U. EHLERS (1980). Zur Systematik und geographischen Verbreitung interstitieller Turbellarien der Kanarischen Inseln. Mikrofauna Meeresboden **80**, 1–23.

EHLERS, U. (1973). Zur Populationsstruktur interstitieller Typhloplanoida und Dalyellioida (Turbellaria, Neorhabdocoela). Mikrofauna Meeresboden **19**, 1–105.

EHLERS, U. (1974). Interstitielle Typhloplanoida (Turbellaria) aus dem Litoral der Nordseeinsel Sylt. Mikrofauna Meeresboden **49**, 1–102.

EHLERS, U. (1980). Interstitial Typhloplanoida (Turbellaria) from the area of Roscoff.. Cah. Biol. Mar. **21**, 155–167.

EHLERS, U. (1985). Das Phylogenetische System der Plathelminthes. G. Fischer, Stuttgart, New York.

EHLERS, U. (1988). The Prolecithophora – a monophyletic taxon of the Plathelminthes? Fortschr. Zoologie **36**, 359–365.

EHLERS, U. (1990). On the morphology and amphiatlantic distribution of Jensenia angulata (Jensen, 1878) (Dalyelliidae, Plathelminthes). Microfauna Marina **6**, 111–119.

EHLERS, U. & P. AX (1974). Interstitielle Fauna von Galapagos. VIII. Trigonostominae (Turbellaria, Typhloplanoida). Mikrofauna Meeresboden **30**, 1–33.

EHLERS, U. & M. FRANKE (1994). Beauchampiola arctica nov. spec. (Plathelminthes, Dalyelliidae) from Norway and Iceland. Microfauna Marina **9**, 239–249.

EHLERS, U. & B. SOPOTT-EHLERS (1989). Drei neue interstitielle Rhabdocoela (Plathelminthes) von der französischen Atlantikküste. Microfauna Marina **5**, 207–218.

EHLERS, U. & B. SOPOTT-EHLERS (1990). Organization of statocysts in the Otoplanidae (Plathelminthes): an ultrastructural analysis with implications for the phylogeny of the Proseriata. Zoomorphology **109**, 309–318.

EHLERS, U. & B. SOPOTT-EHLERS (1993). The caudal duo-gland adhesive system of Jensenia angulata (Plathelminthes, Dalyelliidae): ultrastructure and phylogenetic significance (with comments of the phylogenetic position of the Temnocephalida and the polyphyly of the Cercomeria). Microfauna Marina **8**, 65–76.

EVDONIN, L. A. (1971). The interstitial Kalyptorhynchia (Turbellaria Neorhabdocoela) from the bay of Great Peter of the Sea of Japan. Issledovanija Fauny Morjej VIII (XVI), 55–71.

EVDONIN, L. A. (1977). Turbellaria Kalyptorhynchia in the fauna of USSR and adjacent areas. Fauna SSSR **115**, 1–400.

FAUBEL, A. (1974). Macrostomida (Turbellaria) von einem Sandstrand der Nordseeinsel Sylt. Mikrofauna Meeresboden **45**, 1–32.

FAUBEL, A., BLOME, D. & L. R. G. CANNON (1994). Sandy beach meiofauna of Eastern Australia (Southern Queensland and New South Wales). I. Introduction and Macrostomida (Platyhelminthes). Invertebr. Taxon. **8**, 989–1007.

FENCHEL, T. & B. O. JANSSON (1966). On the vertical distribution of the microfauna in the sediments of a brackish-water beach. Ophelia **3**, 161–177.

FENCHEL, T., JANSSON, B.-O. & W. v. THUN (1967). Vertical and horizontal distribution of the metazoan microfauna and of some physical factors in a sandy beach in the northern part of the Øresund. Ophelia **4**, 227–243.

FERGUSON, F. F. (1937). The morphology and taxonomy of Macrostomum beaufortensis n. sp. Zool. Anz. **120**, 230–235.

FERGUSON, F. F. & E. R. JONES (1949). A survey of the shore line fauna of the Norfolk Peninsula. Amer. Midl. Natur. **41**, 436–466.

GAMBLE, F. W. (1893). Contributions to a knowledge of British marine Turbellaria. Quart. J. Microsc. Sci., 1893, 1–96.

GERLACH, S. A. (1954). Das Supralitoral der sandigen Meeresküsten als Lebensraum einer Mikrofauna. Kieler Meeresforsch. **10**, 121–129.

GERLACH, S. A. (1977). Means of Meiofauna dispersal. Mikrofauna Meeresboden **61**, 89–103.

GERLACH, S. A. (1994). Spezielle Ökologie. Marine Systeme. Springer. Berlin, Heidelberg.

GIEYSZTOR, M. (1931). Contribution à la connaissance des Turbellariés Rhabdocèles (Turbellaria Rhabdocoela) d'Espagne. Bull. Acad. Polonaise Sc. Lettr. Sér. B (II). 1931, 125–153.

GIEYSZTOR, M. (1938). Über einige Turbellarien aus dem Süßwasserpsammon. Arch. Hydrobiol. Ichtyol. **11**, 364–382.

GIEYSZTOR, M. (1939). Übersicht der Rhabdocoelen und Alloeocoelen Polens. Arch. Hydrobiol. Ichtyol **12**, 1–54.

GRADINGER, R. (1998). Life at the underside of Arctic sea-ice: biological interactions between the ice cover and the pelagic realm. Mem. Soc. Fauna Flora Fennica **74**, 53–60.

GRAFF, L. VON (1882). Monographie der Turbellarien. I. Rhabdocoelida. 1–441, T. 1–20. Leipzig.

GRAFF, L. VON (1905). Marine Turbellarien Orotavas und der Küsten Europas. II. Rhabdocoela. Z. wiss. Zool. **83**, 68–150.

GRAFF, L. VON (1911). Acoela, Rhabdocoela und Alloeocoela des Ostens der Vereinigten Staaten von Amerika. Mit Nachträgen zu den „Marinen Turbellarien Orotavas und der Küsten Europas". Z. wiss. Zool. **99**, 321–428.

GRAFF, L. VON (1913). Turbellaria II. Rhabdocoelida. Das Tierreich. Lief. 35, XX + 484 p. Berlin.

HALLEZ, P. (1910). Un nouveau type d'Alloiocoele (Bothriomolus constrictus n. g. n. sp.). Arch. Zool. expér. gen., 5. ser., **3**, 611–667.

L'HARDY, J-P. (1965). Turbellariés Schizorhynchidae des sables de Roscoff II. – Le genre Proschizorhynchus. Cah. Biol. Mar. **6**, 135–161.

HARTOG, C. DEN (1962). De Nederlandse platwormen, Tricladida. Meded. K. N. N. V. **42**, 1–40.

HARTOG, C. DEN (1963). The distribution of the marine Triclad Uteriporus vulgaris in the Netherlands. Proc. Koninkl. Ned. Akad. Wetenschap. C **66**, 196–204.

HARTOG, C. DEN (1964a). Proseriate Flatworms from the Deltaic Area of the rivers Rhine, Meuse and Scheldt I–II. Proc. Koninkl. Ned. Akad. Wetenschap. C **67**, 10–34.

HARTOG, C. DEN (1964b). A preliminary revision of the Proxenetes group (Trigonostomidae, Turbellaria). I–III. Proc. Koninkl. Ned. Akad. Wetenschap. C **67**, 371–407.

HARTOG, C. DEN (1964c). Typologie des Brackwassers. Helgoländer wiss. Meeresunters. **10**, 377–390.

HARTOG, C. DEN (1965). A preliminary revision of the Proxenetes group (Trigonostomidae, Turbellaria). IV–V. Proc. Koninkl. Ned. Akad. Wetenschap. C **68**, 98–120.

HARTOG, C. DEN (1966a). A preliminary revision of the Proxenetes group

(Trigonostomidae, Turbellaria). VI–X. Proc. Koninkl. Ned. Akad. Wetenschap. C **69**, 97–163.

HARTOG, C. DEN (1966b). A preliminary revision of the Proxenetes group (Trigonostomidae, Turbellaria) Supplement. Proc. Koninkl. Ned. Akad. Wetenschap. C **69**, 557–570.

HARTOG, C. DEN (1968a). Marine triclads from the Plymouth area. J. mar. biol. Ass. U. K. **48**, 209–223.

HARTOG, C. DEN (1968b). An analysis of the Gnathorhynchidae (Neorhabdocoela, Turbellaria) and the position of Psittacorhynchus verweyi nov. gen. nov. sp. in this family. Proc. Koninkl. Ned. Akad. Wetenschap. C **71**, 335–345.

HARTOG, C. DEN (1971). The border environment between the sea and the fresh water, with special references to the estuary. Vie et milieu, Suppl. **22**, 739–751.

HARTOG, C. DEN (1974). Salt-marsh Turbellaria. In N. W. RISER & M. P. MORSE (Eds.). Biology of the Turbellaria. Mc Graw-Hill. New York: 229–247.

HARTOG, C. DEN (1977). Turbellaria from intertidal flats and salt-marshes in the estuaries of the south-western part of the Netherlands. Hydrobiologia **52**, 29–32.

HELLWIG, M. (1981). Artenzahl und Individuendichte der Turbellaria im Grenzbereich zwischen Salzwiesen und Watt der Nordsee bei Sylt. Diplomarbeit Universität Göttingen.

HELLWIG, M. (1987). Ökologie freilebender Plathelminthen im Grenzraum Watt-Salzwiese lenitischer Gezeitenküsten. Microfauna Marina **3**, 157–248.

HELLWIG-ARMONIES, M. & W. ARMONIES (1987). Meiobenthic gradients with special reference to Plathelminthes and Polychaeta in an estuarine salt marsh creek – a small-scale model for boreal tidal coasts. Helgoländer Meeresunters. **41**, 201–216.

HOXHOLD, S. (1974). Populationsstruktur und Abundanzdynamik interstitieller Kalyptorhynchia. Mikrofauna Meeresboden **41**, 1–134.

JANSSON, B.-O. (1968). Quantitative and experimental studies of the interstitial fauna in four swedish sandy beaches. Ophelia **5**, 1–71.

JENSEN, O. S. (1978). Turbellaria ad litora Norvegiae occidentalia. Turbellaria ved Norges vestkyst. 98 p. Bergen.

JOFFE, B. I. & R. V. SELINOVA (1988). New species of the genus Baicalellia (Turbellaria, Dalyellioida) from the Barentz Sea. Zool. Zh. **68**, 1109–1115.

JONDELIUS, U., NORÉN, M. & J. HENDELBERG (2001). The Prolecithophora. In P. T. J. LITTLEWOOD & R. A. BRAY (Eds.). Interrelationships of the Plathelminthes. Syst. Ass. Spec. Vol. Ser. **60**, 74–80.

JONES, E. R. (1941). The morphology of Enterostomula graffi (= Monoophorum graffi Beauchamp). J. Morph. **68**, 215–230.

JONES, E. R. & F. F. FERGUSON (1948). Studies on the Turbellarian fauna of the Norfolk area. II. Jensenia lewisi n. sp. Transact. Amer. Micr. Soc. **67**, 305–314.

KAISER, H. (1974). Die Turbellarienfauna in salzhaltigen Gewässern und Quellregionen Nordwest-Thüringens. Limnologica **9**, 1–62.

KARLING, T. G. (1930). Bresslauilla relicta Reisinger (Turbellaria, Rhabdocoela) zum ersten Male in Finnland angetroffen. Mem. Soc. Fauna Flora Fenn. **6**, 128–130.

KARLING, T. G. (1935a). Mitteilungen über Turbellarien aus dem Finnischen Meerbusen. 1. Dalyellia nigrifrons n. sp. Mem. Soc. Fauna Flora Fenn. **10**, 388–391.

KARLING, T. G. (1935b). Mitteilungen über Turbellarien aus dem Finnischen Meerbusen. 2. Promesostoma cochlearis n. sp. Mem. Soc. Fauna Flora Fenn. **10**, 391–395.

KARLING, T. G. (1940). Zur Morphologie und Systematik der Alloeocoela Cumulata und Rhabdocoela Lecithophora (Turbellaria). Acta Zool. Fenn. **26**, 1–260.

KARLING, T. G. (1943). Studien an Halammovortex nigrifrons (Karling). Acta Zool. Fenn. **37**, 1–23.

KARLING, T. G. (1947). Studien über Kalyptorhynchien (Turbellaria). I. Die Familien Placorhynchidae und Gnathorhynchidae. Acta Zool. Fenn. **50**, 1–64.

KARLING, T. G. (1952a). Studien über Kalyptorhynchien (Turbellaria). IV. Einige Eukalyptorhynchia. Acta Zool. Fenn. **69**, 1–49.

KARLING, T. G. (1952b). Kalyptorhynchia (Turbellaria). Further zoological results of the swedish Antarctic expedition **IV**, 9, 1–50.

KARLING, T. G. (1953). Zur Kenntnis der Gattung Rogneda ULIANIN (Turbellaria, Kalyptorhynchia). Ark. Zool. **5**, 349–368.

KARLING, T. G. (1954). Einige marine Vertreter der Kalyptorhynchien-Familie Koinocystididae. Ark. f. Zool. **7**, 165–183.

KARLING, T. G. (1956a). Morphologisch-histologische Untersuchungen an den männlichen Atrialorganen der Kalyptorhynchia (Turbellaria). Ark. f. Zool. **9**, 187–279.

KARLING, T. G. (1956b). Zur Kenntnis einiger Gnathorhynchiden nebst Beschreibung einer neuen Gattung. Ark. f. Zool. **9**, 343–352.

KARLING, T. G. (1956c). Alexlutheria acrosiphoniae n. gen., n. sp., ein bemerkenswerter mariner Vertreter der Familie Dalyelliidae (Turbellaria). Ark. f. Zool. **10**, 331–345.

KARLING, T. G. (1957). Drei neue Turbellaria Neorhabdocoela aus dem Grundwasser der schwedischen Ostseeküste. Kungl. Fysiogr. Sällk. i Lund Förhandl. **27**, 25–33.

KARLING, T. G. (1958). Zur Kenntnis der Gattung Coelogynopora Steinböck (Turbellaria, Proseriata). Ark. f. Zool. **11**, 559–567.

KARLING, T. G. in LUTHER, A. (1960). Die Turbellarien Ostfennoskandiens I. Acoela, Catenulida, Macrostomida, Lecithoepitheliata, Prolecithophora, und Proseriata. (S. 133–143). Fauna Fenn. **7**, 1–155.

KARLING, T. G. (1961a). Zur Morphologie, Entstehungsweise und Funktion des Spaltrüssels der Turbellaria Schizorhynchia. Ark. f. Zool. **13**, 253–286.

KARLING, T. G. (1961b). On a species of the genus Multipeniata Nasonov (Turbellaria) from Burma. Ark. f. Zool. **15**, 105–111.

KARLING, T. G. (1962a). Marine Turbellaria from the Pacific Coast of North America I. Plagiostomidae. Ark. f. Zool. **15**, 113–141.

KARLING, T. G. (1962b). Marine Turbellaria from the Pacific Coast of North America II. Pseudostomidae and Cylindrostomidae. Ark. f. Zool. **15**, 181–209.

KARLING, T. G. (1963). Die Turbellarien Ostfennoskandiens. V. Neorhabdocoela. 3. Kalyptorhynchia. Fauna Fenn. **17**, 1–59.

KARLING, T. G. (1964a). Marine Turbellaria from the Pacific Coast of North America. III. Otoplanidae. Ark. f. Zool. **16**, 527–541.

KARLING, T. G. (1964b). Über einige neue und ungenügend bekannte Turbellaria Eukalyptorhynchia. Zool. Anz. **172**, 159–183.

KARLING, T. G. (1966a). Marine Turbellaria from the Pacific Coast of North America. IV. Coelogynoporidae and Monocelididae. Ark. f. Zool. **18**, 493–528.

KARLING, T. G. (1966b). On nematocysts and similar structures in Turbellarians. Acta Zool. Fenn. **116**, 1–28.

KARLING, T. G. (1970). Bothriomolus balticus Meixner 1938 (Turbellaria) in dem Schwedischen Binnensee Vättern. Zool. Anz. **184**, 120–121.

KARLING, T. G. (1974). Turbellarian fauna of the Baltic Proper. Indentification, ecology and biogeography. Fauna Fenn. **27**, 1–101.

KARLING, T. G. (1978). Anatomy and systematics of marine Turbellaria from Bermuda. Zool. Scripta **7**, 225–248.

KARLING, T. G. (1980). Revision of Koinocystididae (Turbellaria). Zool. Scripta **9**, 241–269.

KARLING, T. G. (1981). Typhlorhynchus nanus Laidlaw, a kalyptorhynch turbellarian without proboscis (Platyhelminthes). Ann. Zool. Fennici **18**, 169–177.

KARLING, T. G. (1982). Anatomy and taxonomy of Phonorhynchus Graff (Turbellaria), with special references to P. helgolandicus (Mecznikow). Zool. Scripta **11**, 165–171.

KARLING, T. G. (1983). Structural and systematic studies on Turbellaria Schizorhynchia (Platyhelminthes). Zool. Scripta **12**, 77–89.

KARLING, T. G. (1985). Revision of Byrsophlebidae (Turbellaria Typhloplanoida). Ann. Zool. Fennici **22**, 105–116.

KARLING, T. G. (1986). Free-living marine Rhabdocoela (Platyhelminthes) from the N. American Pacific coast with remarks on species from other areas. Zool. Scripta **15**, 201–209.

KARLING, T. G. (1989). New taxa of Kalyptorhynchia (Platyhelminthes) from the N. American pacific coast. Zool. Scripta **18**, 19–32.

KARLING, T. G. (1992). Identification of the Kalyptorhynchia (Plathelminthes) in Meixners „Turbellaria" 1938 with remarks on the morphology and distribution of the species in the North Sea and the Baltic Sea. Zool. Scripta **21**, 103–118.

KARLING, T. G. (1993). Anatomy and evolution in Cylindrostomidae (Plathelminthes, Prolecithophora). Zool. Scripta **22**, 325–339.

KARLING, T. G. & U. JONDELIUS (1995). An East Pacific species of Multipeniata Nasonov and three Antarctic Plagiostomum species (Plathelminthes, Prolecithophora). Microfauna Marina **10**, 147–158.

KARLING, T. G. & H. KINNANDER (1953). Några virvelmaskar från Östersjön. Svensk. Faun. Revy **3**, 73–79.

KARLING, T. G. & V. MACK-FIRA (1973). Zur Morphologie und Systematik der Gattung Paramesostoma Attems (Turbellaria Typhloplanoida). Sarsia **52**, 155–170.

KARLING, T. G., MACK-FIRA, V. & J. DÖRJES (1972). First report on marine microturbellarians from Hawaii. Zool. Scripta **1**, 251–269.

KINNE, O. (1971). Salinity, Animals, Invertebrates. In O. KINNE (Ed.). Marine Ecology, Vol. I, Part 2, 821–995. Wiley-Interscience, London, New York, Sydney, Toronto.

KOLASA, J. (1976). A freshwater species of Kirgisellinae (Turbellaria) – Balgetia papii sp. nov. Bull. Polon. Acad. Sci., Sér. Sci. Biol. **24**, 725–728.

KONSOULOVA, Z. (1978). Turbellaria from the Bulgarian Black Sea Coast. Jzv. Inst. Ribn. Resur., Varna (= Proceed. Inst. Fish., Varna) **18**, 87–102.

KOTIKOVA, E. A. & B. I. JOFFE (1988). On the nervous system of the dalyellioid turbellarians. In P. AX, U. EHLERS & B. SOPOTT-EHLERS (Eds.). Free-living and Symbiotic Plathelminthes. Fortschritte Zool. **36**, 191–194.

KRUMWIEDE, A. & J. WITT (1995). Zur Verbreitung freilebender Plathelminthen im Weserästuar. Microfauna Marina **10**, 319–326.

KUNERT, T. (1988). On the protonephridia of Macrostomum spirale Ax, 1956. In P. AX, U. EHLERS & B. SOPOTT-EHLERS (Eds.). Free-living and Symbiotic Plathelminthes. Fortschritte Zool. **36**, 423–428.

LEVINSEN, G. M. R. (1879). Bidrag til kundskap om Grønlands Turbellariefauna. Vidensk. Medd. fra Naturh. Foren i Kjøbenhavn 1879–80: 165–204, Tab. III.

LITTLEWOOD, D. T. J., CURINI-GALLETTI, M. & E. A. HERNIOU (2000). The interrelationships of Proseriata (Platyhelminthes: Seriata) tested with molecules and morphology. Mol. Phylog. Evol. **16**, 449–466.

LUTHER, A. (1921). Untersuchungen an rhabdocoelen Turbellarien. I. Über Phaenocora typhlops (Vejd.) und Ph. subsalina n. subsp. II. Über Provortex brevitubus Luther. Acta Soc. Fauna et Flora Fenn. **48**, 1–59.

LUTHER, A. (1936). Studien an rhabdocoelen Turbellarien. III. Die Gattung Maehrenthalia v. Graff. Acta Zool. Fenn. **18**, 1–24.

LUTHER, A. (1943). Untersuchungen an rhabdocoelen Turbellarien. IV. Über einige Repräsentanten der Familie Proxenetidae. Acta Zool. Fenn. **38**, 1–95.

LUTHER, A. (1946). Untersuchungen an rhabdocoelen Turbellarien. V. Über einige Typhloplaniden. Acta Zool. Fenn. **46**, 1–56.

LUTHER, A. (1947). Untersuchungen an rhabdocoelen Turbellarien. VI. Macrostomiden aus Finnland. Acta Zool. Fenn. **49**, 1–40.

LUTHER, A. (1948). Untersuchungen an rhabdocoelen Turbellarien. VII. Über einige marine Dalyellioida. VIII. Beiträge zur Kenntnis der Typhloplanoida. Acta Zool. Fenn. **55**, 1–122.

LUTHER, A. (1950). Untersuchungen an rhabdocoelen Turbellarien. IX. Zur Kenntnis einiger Typhloplaniden. X. Über Astrotorhynchus bifidus (M' Int.). Acta Zool. Fenn. **60**, 1–42.

LUTHER, A. (1955). Die Dalyelliiden (Turbellaria Neorhabdocoela). Eine Monographie. Acta Zool. Fenn. **87**, I–XI + 1–337.

LUTHER, A. (1957). Die Namen der Turbellariengattungen Axia und Beauchampiella, Luther 1955, sind durch neue zu ersetzen. Mem. Soc. Fauna et Flora Fenn. **32**, 121.

LUTHER, A. (1960). Die Turbellarien Ostfennoskandiens. I. Acoela, Catenulida, Macrostomida, Lecithoepitheliata, Prolecithophora, und Proseriata. Fauna Fenn. **7**, 1–155.

LUTHER, A. (1961). Die Turbellarien Ostfennoskandiens. II. Tricladida. Fauna Fenn. **11**, 1–42.

LUTHER, A. (1962). Die Turbellarien Ostfennoskandiens. III. Neorhabdocoela 1. Dalyellioida, Typhloplanoida: Byrsophlebidae und Trigonostomidae. Fauna Fenn. **12**, 1–71.

LUTHER, A. (1963). Die Turbellarien Ostfennoskandiens. IV. Neorhabdocoela 2. Typhloplanoida: Typhloplanidae, Solenopharyngidae und Carcharodopharyngidae. Fauna Fenn. **16**, 1–163.

MACK-FIRA, V. (1967). Citiva representanti din subordinul Dalyellioida (Turbellaria Rhabdocoela) din România. Anal. Univ. Bucaresti (Biol.) **16**, 19–26.

MACK-FIRA, V. (1968a). Turbellariés de la mer Noire. Rapp. Comm. Int. Mer Médit. **19**, 179–182.

MACK-FIRA, V. (1968b). Turbellariate de pe litoralul Românesc al Mării Negre. An. Univ. Bucaresti. Ser. Stiint. Nat. Biol. **17**, 28–33.

MACK-FIRA, V. (1968c). Pontaralia beklemischevi n. gen. n. sp. un Kalyptorhynque relicque du bassin Ponto-aralo-caspian. Trav. Mus. Hist. Nat. „Gr. Antipa" **8**, 333–341.

MACK-FIRA, V. (1968d). Sur un nouveau Turbellarié, Hartogia pontica n. gen. n. spec. (Rhabdocoela Typhloplanoida) de la Mer Noire. Rev. Roum. Biol. (Zoologie) **13**, 411–415.

MACK-FIRA, V. (1971). Deux Turbellariés nouveaux de la Mer Noire. Rev. Roum. Biol. (Zool.) **16**, 233–240.

MACK-FIRA, V. (1974). The turbellarian fauna of the Romanian littoral waters of the Black Sea and its annexes. In N. W. RISER & M. P. MORSE (Eds.). Biology of the Turbellaria. Mc Graw-Hill. New York: 248–290.

MACK-FIRA, V. (1975). Quelques données nouvelles sur les Turbellariés de la Mer Noire. Rapp. Comm. Int. Mer Médit. **23**, 133–135.

MACK-FIRA, V. & M. CRISTEA-NASTASESCO (1971). Sur la faune littorale des Turbellariés côte roumaine de la mer Noir. Rapp. Comm. Int. Mer Médit. **20**, 225–228.

MARCUS, E. (1946). Sôbre Turbellaria brasileiros. Bol. Fac. Fil. Ciên. Letr. Univ. São Paulo. Zool. **11**, 5–254.

MARCUS, E. (1951). Turbellaria brasileiros (9). Bol. Fac. Fil. Ciên. Letr. Univ. São Paulo **16**, 5–216.

MARCUS, E. (1954). Turbellaria brasileiros – XI. Papéis Avulsos Dept. Zool. São Paulo **24**, 419–489.

MARINOV, T. (1975). Pecularities of the Meiobenthos from the sandy pseudolittoral and the ground water of a sandy beaches. Institute of Fisheries, Varna. Proceedings **14**, 103–135.

MARTENS, P. M. (1983). Three new species of Minoninae (Turbellaria, Proseriata, Monocelididae) from the North Sea, with remarks on the taxonomy of the subfamily. Zool. Scripta **12**, 153–160.

MARTENS, P. M. & M. C. CURINI-GALLETTI (1987). Karyological study of three Monocelis-species, and description of a new species from the Mediterranean, Monocelis longistyla sp. n. (Monocelididae, Plathelminthes). Microfauna Marina **3**, 297–308.

MARTENS, P. M. & M. C. CURINI-GALLETTI (1989). Monocelididae and Archimonocelididae (Platyhelminthes Proseriata) from South Sulawesi (Indonesia) and Northern Australia with biogeographical remarks. Tropical Zool. **2**, 175–205.

MARTENS, P. M. & M. C. CURINI-GALLETTI (1994). Revision of the Archiloa genus complex with description of seven new Archilina species (Platyhelminthes, Proseriata) from the Mediterranean. Bijdragen tot de Dierkunde **64**, 129–150.

MARTENS, P. M. & M. C. CURINI-GALLETTI (1995). Phylogenetic relationships within the Archiloa genus complex (Proseriata, Monocelididae). Hydrobiologia **305**, 11–14.

MARTENS, P. M., CURINI-GALLETTI, M. C. & I. PUCCINELLI (1989). On the morphology and karyology of the genus Archilopsis (Meixner). Hydrobiologia **175**, 237–256.

MARTENS, P. M. & E. R. SCHOCKAERT (1981). Sand dwelling Turbellaria from Netherlands Delta area. Hydrobiologia **84**, 113–127.

MEIXNER, J. (1924). Studien zu einer Monographie der Kalyptorhynchia und zum System der Turbellaria Rhabdocoela. Zool. Anz. **60**, 89–125.

MEIXNER, J. (1926). Beitrag zur Morphologie und zum System der Turbellaria-Rhabdocoela: II. Über Typhlorhynchus nanus Laidlaw und die parasitischen Rhabdocölen nebst Nachträgen zu den Calyptorhynchia. Z. Morph. Ökol. Tiere **5**, 577–624.

MEIXNER, J. (1928). Aberrante Kalyptorhynchia (Turbellaria Rhabdocoela) aus dem Sande der Kieler Bucht (I). Zool. Anz. **77**, 229–253.

MEIXNER, J. (1929). Morphologisch-ökologische Studien an neuen Turbellarien aus dem Meeressande der Kieler Bucht. Z. Morph. Ökol. Tiere **14**, 765–791.

MEIXNER, J. (1938). Turbellaria (Strudelwürmer). D. Tierwelt der Nord- und Ostsee IV. b. 164 p.

MÜLLER, D. & A. FAUBEL (1993). The „Turbellaria" of the River Elbe Estuary: A faunistic analysis of oligohaline and limnic areas. Arch. Hydrobiol. / Suppl. **75**, 363–396.

MURINA, G.-V. (1981). Notes on the biology of some psammophile Turbellaria of the Black Sea. Hydrobiologia **84**, 129–130.

NASONOV, N. (1930). Vertreter der Familie Graffillidae (Turbellaria) des Baikalsees. Bull. Acad. Science URSS. Classe Sci. physico-mathém. 1930, 727–738.

NASONOV, N. (1932). Zur Morphologie der Turbellaria Rhabdocoelida des Japanischen Meeres. Trav. Labor. Zool. Expér. et Morphol. Animaux **2**, 1–112.

NEISWESTNOVA-SHADINA, K. (1935). Zur Kenntnis des rheophilen Mikrobenthos. Arch. Hydrobiol. **28**, 555–582.

NOLDT, U. (1985). Typhlorhynchus syltensis n. sp. (Schizorhynchia, Plathelminthes) and the adelphotaxa-relationships of Typhlorhynchus and Proschizorhynchus. Microfauna Marina **2**, 347–370.

NOLDT, U. (1989a). Kalyptorhynchia (Plathelminthes) from sublitoral coastal areas near the island of Sylt (North Sea). I. Schizorhynchia. Microfauna Marina **5**, 7–85.

NOLDT, U. (1989b). Kalyptorhynchia (Plathelminthes) from sublittoral costal areas near the island of Sylt (North Sea). II. Eukalyptorhynchia. Mikrofauna Marina **5**, 295–329.

NOLDT, U. & S. HOXOLD (1984). Interstitielle Fauna von Galapagos. XXXIV. Schizorhynchia (Plathelminthes, Kalyptorhynchia). Microfauna Marina **1**, 199–256.

OTTO, G. (1936). Die Fauna der Enteromorpha-Zone der Kieler Bucht. Kieler Meeresforsch. **1**, 1–47.

PAPI, F. (1951). Ricerche sui Turbellari Macrostomidae. Archivio Zool. Italiano **36**, 289–340.

PAPI, F. (1953). Beiträge zur Kenntnis der Macrostomiden (Turbellaria). Acta Zool. Fenn. **78**, 1–32.

PAPI, F. (1957). Un nuovo genero marino di Dalyelliidae. Mon. Zool. Ital. **64**, 6–15.

PAPI, F. (1959). Specie nuove o poco note del gen. Macrostomum (Turbellaria Macrostomida) rinvenute in Italia. Mon. Zool. Italiano **66**, 1–19.

PEREYASLAWZEWA, S. (1892). Monographie des Turbellariés de la Mer Noire. Schrift. d. neuruss. Naturf. Ges. Odessa **17**, 303 p.

PFANNKUCHE, O., JELINEK, H. & E. HARTWIG (1975). Zur Fauna eines Süßwasserwattes im Elbe-Aestuar. Arch. Hydrobiol. **76**, 475–498.

PURASJOKI, K. J. (1945). Quantitative Untersuchungen über die Mikrofauna des Meeresbodens in der Umgebung der Zoologischen Station Tvärminne an der Südküste Finnlands. Soc. Sc. Fenn. Comment. Biol. **9**, 14, 1–24.

REISE, K. (1984). Free-living Platyhelminthes (Turbellaria) of a marine sand flat: an ecological study. Microfauna Marina **1**, 1–62.

REISE, K. & P. AX (1979). A meiofaunal „Thiobios" limited to the anaerobic sulfide system of marine sand does not exist. Marine Biology **54**, 225–237.

REISE, K. & P. AX (1980). Statement on the Thiobios-hypothesis. Marine Biology **58**, 31–32.

REISINGER, E. (1924). Die terricolen Rhabdocoelen Steiermarks. Zool. Anz. **59**, 33–48, 72–86, 128–143.

REISINGER, E. (1929). Zum Ductus genito-intestinalis-Problem. I. Über primäre Geschlechtstrakt-Darmverbindungen bei rhabdocoelen Turbellarien. Z. Morph. Ökol. Tiere **16**, 49–73.

REMANE, A. (1937). 8. Die übrige Tierwelt. In R. NEUBAUER & S. JAECKEL. Die Schlei und ihre Fischereiwirtschaft. Schrift. Naturw. Ver. f. Schleswig-Holstein **22**, 209–225.

REMANE, A. (1950). Das Vordringen limnischer Tierarten in das Meeresgebiet der Nord- und Ostsee. Kieler Meeresforsch. **7**, 5–23.

REMANE, A. (1955): Die Brackwasser-Submergenz und die Umkomposition der Coenosen in Belt- und Ostsee. Kieler Meeresforsch. **11**, 59–73.

REMANE, A. (1958). Ökologie des Brackwassers. In A. REMANE & C. SCHLIEPER (Hrsg.). Die Biologie des Brackwassers. Schweizerbart'sche Verlagsbuchhandlung, Stuttgart.

REMANE, A. (1969). Wie erkennt man eine genuine Brackwasserart? Limnologica **7**, 9–21.

REMANE, A. & E. SCHULZ (1935). Die Tierwelt des Küstengrundwassers bei Schilksee (Kieler Bucht) I–VII. I. Das Küstengrundwasser als Lebensraum. Schrift. Naturw. Verein Schleswig-Holstein **20**, 399–408.

RIEDL, R. (1954). Neue Turbellarien aus dem mediterranen Felslitoral. Zool. Jb. Syst. **82**, 157–244.

RIEDL, R. (1956). Zur Kenntnis der Turbellarien adriatischer Schlammböden sowie ihrer geographischen und faunistischen Beziehungen. Thalassia Jugoslavica 1, 69–184.

RIEGER, R. M. (1971a). Die Turbellarienfamilie Dolichomacrostomidae nov. fam. (Macrostomida). I. Teil. Vorbemerkungen und Karlingiinae nov. sub. fam. 1. Zool. Jb. Syst. **98**, 236–314.

RIEGER, R. M. (1971b). Die Turbellarienfamilie Dolichomacrostomidae. II. Teil. Dolichomacrostominae 1. Zool. Jb. Syst. **98**, 569–703.

RIEGER, R. M. (1977). The relationship of character variability and morphological complexity in copulatory structures of Turbellaria-Macrostomida and -Haplopharyngida. Mikrofauna Meeresboden **61**, 197–216.

RIEGER, R. M. (2001). Phylogenetic systematics of the Macrostomorpha. In D. T. J. LITTLEWOOD & R. A. BRAY. Interrelationhips of the Platyhelminthes. Syst. Ass. Spec. Vol. Ser. **60**, 28–38.

RIEGER, R. M. & S. TYLER (1974). A new glandular sensory organ in interstitial Macrostomida (Turbellaria) I. Ultrastructure. Mikrofauna Meeresboden **42**, 1–41.

RIEMANN, F. (1965). Turbellaria Proseriata mariner Herkunft aus Sanden der Flußsohle im limnischen Bereich der Elbe. Zool. Anz. **174**, 299–312.

RIEMANN, F. (1966). Die interstitielle Fauna im Elbe-Aestuar. Verbreitung und Systematik. Arch. Hydrobiol. Suppl. **31**, 1–279.

RISER, N. W. (1981). New England Coelogynoporidae. Hydrobiologia **84**, 139–145.

RIXEN, J. U. (1961). Kleinturbellarien aus dem Litoral der Binnengewässer Schleswig-Holsteins. Arch. Hydrobiol. **57**, 464–538.

SCHERER, B. (1985). Annual dynamics of a meiofauna community from the „sulfide layer" of a North Sea sand flat. Microfauna Marina **2**, 117–161.

SCHILKE, K. (1969). Zwei neuartige Konstruktionstypen des Rüsselapparates der Kalyptorhynchia (Turbellaria). Z. Morph. Tiere **65**, 287–314.

SCHILKE, K. (1970a). Zur Morphologie und Phylogenie der Schizorhynchia (Turbellaria, Kalyptorhynchia). Z. Morph. Tiere **67**, 118–171.

SCHILKE, K. (1970b). Kalyptorhynchia aus dem Eulitoral der deutschen Nordseeküste. Helgoländer wiss. Meeresunters. **21**, 143–265.

SCHMIDT, O. (1861). Untersuchungen über Turbellarien von Corfu und Cephalonia. Nebst Nachträgen zu früheren Arbeiten. Z. wiss. Zool. **11**, 1–30.

SCHMIDT, P. (1968). Die quantitative Verteilung und Populationsdynamik des Mesopsammons am Gezeiten-Sandstrand der Nordseeinsel Sylt. I. Faktorengefüge und biologische Gliederung des Lebensraumes. Int. Revue ges. Hydrobiol. **53**, 723–779.

SCHMIDT, P. (1969). Die quantitative Verteilung und Populationsdynamik des Mesopsammons am Gezeiten-Sandstrand der Nordsee-Insel Sylt. II. Quantitative Verteilung und Populationsdynamik einzelner Arten. Int. Revue ges. Hydrobiol. **54**, 95–174.

SCHMIDT, P. (1972a). Zonierung und jahreszeitliche Fluktuationen des Mesopsammons im Sandstrand von Schilksee (Kieler Bucht). Mikrofauna Meeresboden **10**, 1–60.

SCHMIDT, P. (1972b). Zonierung und jahreszeitliche Fluktuationen der interstitiellen Fauna in Sandstränden des Gebiets von Tromsø (Norwegen). Mikrofauna Meeresboden **12**, 1–86.

SCHMIDT, P. & B. SOPOTT-EHLERS (1976). Interstitielle Fauna von Galapagos. XV. Macrostomum O. Schmidt, 1848 und Siccomacrostomum triviale nov. gen. nov. spec. (Turbellaria, Macrostomida). Mikrofauna Meeresboden **57**, 1–44.

SCHMIDT-RHAESA, A. (1993). Ultrastructure and development of the spermatozoa of Multipeniata (Plathelminthes, Prolecithophora). Microfauna Marina **8**, 131–138.

SCHMITT, E. (1955). Über das Verhalten von Süßwasserplanarien (Planaria gonocephala Dugès und Pl. lugubris O. Schmidt) in Brackwasser. Kieler Meeresforsch. **11**, 48–58.

SCHOCKAERT, E. R. (1971). Turbellaria from Somalia. I. Kalyptorhynchia (Part 1). Mon. Zool. Ital. (N. S.) Suppl. **4**, 101–122.

SCHOCKAERT, E. R. (1982). Turbellaria from Somalia. II. Kalyptorhynchia (Part 2). Mon. Zool. Ital. (N. S.) Suppl. **17**, 81–96.

SCHOCKAERT, E. R., JOUK, P. E. H. & P. M. MARTENS (1989). Free-living Plathelminthes from the Belgien coast and adjacent areas. Verhandel. Symp. „Invertebraten van Belgie", 1989, 19–25.

SCHOCKAERT, E. R. & T. G. KARLING (1970). Three new anatomically remarkable Turbellaria Eukalyptorhynchia from the North American Pacific coast. Ark. f. Zool. **23**, 237–253.

SCHOCKAERT, E. R. & P. M. MARTENS (1987). Turbellaria from Somalia. IV. The genus Pseudomonocelis MEIXNER, 1943. Mon. Zool. Ital. (N. S.) Suppl. **22**, 101–115.

SCHÜTZ, L. (1963). Die Fauna der Fahrrinne des NO-Kanals. Kieler Meeresforsch. **19**, 104–115.

SCHÜTZ, L. (1966). Ökologische Untersuchungen über die Benthosfauna im Nordostseekanal. II. Autökologie der vagilen und hemisessilen Arten im Bewuchs der Pfähle: Mikro- und Mesofauna. Int. Rev. ges. Hydrobiol. **51**, 633–685.

SCHÜTZ, L. & O. KINNE (1955). Über die Mikro- und Makrofauna der Holzpfähle des Nord-Ostsee-Kanals und der Kieler Förde. Kieler Meeresforsch. **11**, 110–135.

SCHULTZE, M. S. (1851). Beiträge zur Naturgeschichte der Turbellarien. Greifswald.

SEGERSTRÅLE, S. G. (1957). Baltic Sea. Treatise on Marine Ecology and Palaeontology, Vol. 1. Geol. Soc. Am., Mem **67**, 751–800.

SEIFERT, R. (1938). Die Bodenfauna des Greifswalder Boddens. Ein Beitrag zur Ökologie der Brackwasserfauna. Z. Morph. Ökol. Tiere **31**, 221–271.

SICK, F. (1933). Die Fauna der Meeresstrandtümpel des Bottsandes (Kieler Bucht). Arch. f. Naturgeschichte. N. F. **2**, 54–96.

SLUYS, R. (1989a). Phylogenetic relationships of the triclads (Platyhelminthes, Seriata, Tricladida). Bidragen tot de Dierkunde **59**, 3–25.

SLUYS, R. (1989b). A monograph of the marine triclads. A. A. Balkema, Rotterdam.

SLUYS, R. (1990). A monograph of the Dimarcusidae (Platyhelminthes, Seriata, Tricladida). Zool. Scripta **19**, 13–29.

SLUYS, R. & L. F. BUSH (1988). On Pentacoelum punctatum, an amphi-Atlantic marine triclad (Platyhelminthes; Tricladida: Maricola). Trans. Am. Microsc. Soc. **107**, 162–170.

SOPOTT, B. (1972). Systematik und Ökologie von Proseriaten (Turbellaria) der deutschen Nordseeküste. Mikrofauna Meeresboden **13**, 1–72.

SOPOTT, B. (1973). Jahreszeitliche Verteilung und Lebenszyklen der Proseriata (Turbellaria) eines Sandstrandes der Nordseeinsel Sylt. Mikrofauna Meeresboden **15**, 1–106.

SOPOTT-EHLERS, B. (1976). Interstitielle Macrostomida und Proseriata von der französischen Atlantikküste und den Kanarischen Inseln. Mikrofauna Meeresboden **60**, 1–35.

SOPOTT-EHLERS, B. (1980). Zwei neue Coelogynopora-Arten (Turbellaria, Proseriata) aus dem marinen Sublitoral. Zool. Scripta **9**, 161–163.

SOPOTT-EHLERS, B. (1984). Feinstruktur pigmentierter und unpigmentierter Photoreceptoren bei Proseriata (Plathelminthes). Zool. Scripta **13**, 9–17.

SOPOTT-EHLERS, B. (1985). The phylogenetic relationships within the Seriata (Platyhelminthes). In S. CONWAY MORRIS, J. D. GEORGE, R. GIBSON & H. M. PLATT (Eds.). The origin and relationships of lower invertebrates. The Systematic Association Spec. Vol. **28**, 159–167. Oxford Univ. Press. Oxford.

SOPOTT-EHLERS, B. (1989). Coelogynopora visurgis nov. spec. (Proseriata) und andere freilebende Plathelminthes mariner Herkunft aus Ufersanden der Weser. Microfauna Marina **5**, 87–93.

SOPOTT-EHLERS, B. (1992a). Coelogynopora sequana nov. spec. (Proseriata, Plathelminthes) aus der Seine-Mündung. Microfauna Marina **7**, 177–184.

SOPOTT-EHLERS, B. (1992b). Coelogynopora faenofurca nov. spec. (Proseriata, Plathelminthes) aus Wohnröhren des Polychaeten Arenicola marina. Microfauna Marina **7**, 185–190.

SOPOTT-EHLERS, B. (1993). Ultrastructural features of the pigment eyespot in Pseudomonocelis agilis (Plathelminthes, Proseriata). Microfauna Marina **8**, 77–88.

SOPOTT-EHLERS, B. & P. AX (1985). Proseriata (Plathelminthes) von der Pazifikküste der USA (Washington). III. Monocelididae. Microfauna Marina **2**, 331–346.

SOPOTT-EHLERS, B. & U. EHLERS (1999). Ultrastructure of spermiogenesis and spermatozoa in Bradynectes sterreri and remarks on sperm cells in Haplopharynx rostratus and Paromalostomum fusculum: phylogenetic implications for the Macrostomorpha. Zoomorphology **119**, 105–115.

SOPOTT-EHLERS, B. & U. EHLERS (2001). Spermatozoa of Psammomacrostomum turbanelloides (Plathelminthes, Macrostomida) – submicroscopic anatomy and phylogenetic implications. Invertebrate Reproduct. Develop. **39**, 81–86.

STAMMER, H.-J. (1928). Die Fauna der Ryckmündung, eine Brackwasserstudie. Z. Morph. Ökol. Tiere **11**, 36–101.

STEINBÖCK, O. (1924). Untersuchungen über die Geschlechtstrakt-Darmverbindung bei Turbellarien nebst einem Beitrag zur Morphologie des Trikladendarmes. Z. Morph. Ökol. Tiere **2**, 461–504.

STEINBÖCK, O. (1932). Die Turbellarien des arktischen Gebietes. Fauna arctica **6**, 296–342.

STERRER, W. (1965). Zur Ökologie der Turbellarien eines südfinnischen Sandstrandes. Botanica Gothoburgensia **3**, 211–218.

STRAARUP, B. J. (1970). On the ecology of turbellarians in a sheltered brackish shallow-water bay. Ophelia **7**, 185–216.

TAJIKA, K.-I. (1979). Marine Turbellarien aus Hokkaido, Japan. III. Nematoplana Meixner, 1938 (Proseriata, Nematoplanidae). J. Fac. Sci. Hokkaido Univ. Ser. VI, Zool. **22**, 69–87.

TAJIKA, K.-I. (1983). Zwei neue interstitielle Turbellarien der Gattung Archotoplana (Proseriata, Otoplanidae) aus Hokkaido, Japan. J. Fac. Sci. Hokkaido Univ. Ser. VI, Zool. **23**, 179–194.

TULP, A. S. (1974). Turbellaria van Ameland. De Levende Natuur: nederlands tijdschrift voor veldbiologie **77**, 62–69. Amsterdam.

ULIANIN, W. (1870). Turbellarien der Bucht von Sewastopol. Arb. d. II. Versamml. russ. Naturf. Moskau 1869, **II**, Abt. Zool. Anat. Physiol. 96 p.

VALKANOV, A. (1954). Beitrag zur Kenntnis unserer Schwarzmeerfauna. Arb. Biol. Meeresstat. Varna **18**, 49–53.

VALKANOV, A. (1955). Katalog unserer Schwarzmeerfauna. Arb. Biol. Meeresstation Varna **19**, 1–62.

VELDE, G. VAN DER (1976). New records of marine Turbellaria from Norway. Zool. Mededelingen **49**, 293–298.

VELDE, G. VAN DER & J. L. M. W. VAN DE WINKEL (1975). Brederveldia bidentata gen. n., sp. n., a new species of the family Trigonostomidae (Turbellaria, Neorhabdocoela) from the Netherlands. Bull. Zool. Mus. Univ. Amsterdam **4**, 197–199.

WEISE, M. (1942). Die Rhabdocoela und Alloeocoela der Kurmark mit besonderer Berücksichtigung des Gebietes von Groß-Berlin. Sitzungsber. Ges. Naturf. Freunde, Berlin. 141–204, 1942.

WESTBLAD, E. (1935). Pentacoelum fucoideum m., ein neuer Typ der Turbellaria metamerata. Zool. Anz. **111**, 65–82.

WESTBLAD, E. (1953). Marine Macrostomida (Turbellaria) from Scandinavia and England. Ark. f. Zool. **4**, 391–408.

WESTBLAD, E. (1955). Marine „Alloeocoels" (Turbellaria) from North Atlantic and Mediterranean coasts. I. Ark. f. Zool. **7**, 491–526.

WILLEMS, W. R., ARTOIS, T. J., VERMIN, W. A. & E. R. SCHOCKAERT (2004). Revision of Trigonostomum Schmidt, 1852 (Plathyhelminthes, Typhloplanoida, Trigonostomidae) with the description of seven new species. Zool. J. Linn. Soc. **141**, 271–296.

WOLF, W. J. (1999). Exotic invaders of the meso-oligohaline zone of estuaries in the Netherlands: why are there so many? Helgoländer Meeresunters. **52**, 393–400.